中国国家标准汇编

564

GB 29235～29253

（2012年制定）

中国标准出版社　编

中国标准出版社

北　京

图书在版编目(CIP)数据

中国国家标准汇编:2012年制定.564:
GB 29235～29253/中国标准出版社编.—北京:
中国标准出版社,2013.9
ISBN 978-7-5066-7294-8

Ⅰ.①中… Ⅱ.①中… Ⅲ.①国家标准-
汇编-中国-2012 Ⅳ.①T-652.1

中国版本图书馆CIP数据核字(2013)第183976号

中国标准出版社出版发行
北京市朝阳区和平里西街甲2号(100013)
北京市西城区三里河北街16号(100045)

网址 www.spc.net.cn
总编室:(010)64275323 发行中心:(010)51780235
读者服务部:(010)68523946
中国标准出版社秦皇岛印刷厂印刷
各地新华书店经销

*

开本 880×1230 1/16 印张 39.25 字数 1 191 千字
2013年9月第一版 2013年9月第一次印刷

*

定价 220.00 元

出 版 说 明

1.《中国国家标准汇编》是一部大型综合性国家标准全集。自1983年起，按国家标准顺序号以精装本、平装本两种装帧形式陆续分册汇编出版。它在一定程度上反映了我国建国以来标准化事业发展的基本情况和主要成就，是各级标准化管理机构，工矿企事业单位，农林牧副渔系统，科研、设计、教学等部门必不可少的工具书。

2.《中国国家标准汇编》收入我国每年正式发布的全部国家标准，分为"制定"卷和"修订"卷两种编辑版本。

"制定"卷收入上一年度我国发布的、新制定的国家标准，顺延前年度标准编号分成若干分册，封面和书脊上注明"20××年制定"字样及分册号，分册号一直连续。各分册中的标准是按照标准编号顺序连续排列的，如有标准顺序号缺号的，除特殊情况注明外，暂为空号。

"修订"卷收入上一年度我国发布的、被修订的国家标准，视篇幅分设若干分册，但与"制定"卷分册号无关联，仅在封面和书脊上注明"20××年修订-1，-2，-3，……"字样。"修订"卷各分册中的标准，仍按标准编号顺序排列（但不连续）；如有遗漏的，均在当年最后一分册中补齐。需提请读者注意的是，个别非顺延前年度标准编号的新制定的国家标准没有收入在"制定"卷中，而是收入在"修订"卷中。

读者配套购买《中国国家标准汇编》"制定"卷和"修订"卷则可收齐由我社出版的上一年度我国制定和修订的全部国家标准。

3.由于读者需求的变化，自1996年起，《中国国家标准汇编》仅出版精装本。

4.2012年我国制修订国家标准共2 101项。本分册为"2012年制定"卷第564分册，收入国家标准GB 29235～29253的最新版本。

中国标准出版社

2013年8月

目　　录

ICS 33.040.01
M 19

中华人民共和国国家标准

GB/T 29235.1—2012

接入设备节能参数和测试方法
第1部分：ADSL用户端

Energy efficiency metrology and test methods for access equipments—
Part 1: ADSL CPE

2012-12-31 发布　　　　2013-06-01 实施

中华人民共和国国家质量监督检验检疫总局
中国国家标准化管理委员会　发布

前　言

GB/T 29235《接入设备节能参数和测试方法》分为两个部分：

——第 1 部分：ADSL 用户端；

——第 2 部分：ADSL 局端。

本部分为 GB/T 29235 的第 1 部分。

本部分按照 GB/T 1.1—2009 给出的规则起草。

请注意本文件的某些内容可能涉及专利。本文件的发布机构不承担识别这些专利的责任。

本部分由中华人民共和国工业和信息化部提出。

本部分由中国通信标准化协会归口。

本部分起草单位：工业和信息化部电信研究院，华为技术有限公司，中兴通讯股份有限公司，上海贝尔股份有限公司。

本部分主要起草人：葛坚、刘谦、陈洁、程强、侯聪、李云洁、陆洋、敖立、孙方林、袁立权、陈祁。

接入设备节能参数和测试方法 第1部分:ADSL用户端

1 范围

GB/T 29235的本部分规定了ADSL用户端设备(特指ADSL2+用户端设备)的节能参数、指标要求以及节能参数的测试方法。

本部分适用于公众电信网环境下的ADSL2+用户端设备,专用电信网也可参照使用。

2 规范性引用文件

下列文件对于本文件的应用是必不可少的。凡是注日期的引用文件,仅注日期的版本适用于本文件。凡是不注日期的引用文件,其最新版本(包括所有的修改单)适用于本文件。

GB/T 28519—2012 通信产品能耗测试方法通则

YD/T 322—1996 铜芯聚烯烃绝缘铝塑综合护套市内通信电缆

3 术语和定义

下列术语和定义适用于本文件。

3.1

功耗 power consumption

设备在指定条件下正常工作的输入功率。

3.2

节能参数 energy efficiency metrology

设备节能分级的依据,包括功耗、能效及辅助性参数,其中功耗和能效是节能分级的最主要依据。

3.3

能效指数 energy efficiency index

设备的实际功耗与功耗基准值之间的比值。

3.4

能效等级 energy efficiency class

评价设备节能水平的参数,根据能效指数确定。

4 缩略语

下列缩略语适用于本文件。

ADSL2+	频谱扩展的第二代不对称数字用户线	Asymmetric Digital Subscriber Line Transceivers 2 plus
CPE	用户驻地设备	Customer Premises Equipment
DSL	数字用户线	Digital Subscriber Line
LAN	局域网	Local Area Network

OAM	操作、管理与维护	Operation, Administration and Maintenance
WLAN	无线局域网	Wireless LAN
USB	通用串行总线	Universal Serial Bus

5 设备功耗状态

本标准中CPE的功耗状态定义为以下三种:CPE全功耗状态(CPE-on-state)、CPE低功耗状态(CPE-low-power-state)、CPE关闭状态(CPE-off-state)。

CPE全功耗状态(简称S1状态):处于该状态的CPE设备提供它的正常功能。

CPE低功耗状态(简称S2状态):当设备所有用户侧模块功能不活跃时,CPE进入低功耗状态。CPE低功耗状态需要运行最小基本功能(例如:路由、网桥、防火墙等)。

CPE关闭状态(简称S4状态):处于该状态的CPE设备没有运行任何功能。CPE通过机械或电子开关的关闭达到该状态。仅可能的功耗来自于外部供电电源。设备只能通过人工开启。

CPE低功耗状态下的各模块状态见表1,CPE由低功耗转入全功耗状态的转换期间不应影响用户业务体验。

表1 CPE低功耗状态

端口/模块	低功耗状态
核心功能模块[1)]	不处理任何用户业务流
ADSL 接口	链路已建立,但不发送用户业务流
以太网端口	端口未连接或无以太网链路,但已激活以太网链路检测功能
WLAN接口	开启信标(Beacon),但不发送用户业务流且无用户连接
话音接口	连接1个电话,处于挂机状态,激活摘机检测功能。如果有多个话音接口,仅连接其中一个,其他接口处于无电话或其他负载连接但可检测业务连接请求的状态
USB 2.0接口	未连接设备,激活USB设备检测功能

CPE全功耗状态下的各模块状态见表2。

表2 CPE全功耗状态

端口/模块	全功耗状态
核心功能[2)]	正常处理WAN接口和LAN接口处所接收到的用户数据
ADSL 接口	激活(链路建立且收发用户业务流)
以太网端口	所有端口全部激活(链路建立且收发用户业务流)
WLAN接口[3)]	CPE开启Beacon,在同一个房间内距离WLAN终端1 m～5 m并与其建立连接,在相同的频带内避免干扰,且上下行速率均为5 Mbit/s;当支持双频带同时工作时,每个频带的速率为5 Mbit/s

---

1) 包括处理器和存储器,如路由、防火墙、OAM(例如TR-069)、用户接口功能。

2) 包括处理器和存储器,如路由、防火墙、OAM(例如TR-069)、用户接口功能。

3) IEEE 802.11b/g或802.11a。

表 2（续）

端口/模块	全功耗状态
WLAN 接口[4]	CPE 开启 Beacon，在同一个房间内距离 WLAN 终端 1 m～5 m 并与其建立连接，在相同的频带内避免干扰，且上下行速率均为 10 Mbit/s；当支持双频带同时工作时，每个频带的速率为 10 Mbit/s
话音接口	连接 1 个电话，处于摘机状态，激活 1 个呼叫。如果有多个接口，仅连接其中一个，其他接口处于无电话或其他负载连接但可检测业务连接请求的状态
USB 2.0 接口	未连接设备，激活 USB 设备检测功能

6 节能参数及指标要求

6.1 用户端功耗

表 3 为 DSL 的 CPE 功耗限定值，表 4 是可额外增加功耗的端口，表 5 为无负载时的电源消耗限定值。

表 3 CPE 核心功能功耗限定值

CPE 核心功能	低功耗状态 W	工作状态 W
ADSL2＋	4.2	4.2

表 4 CPE 模块功耗要求

家庭网关以太网接口和附加功能模块	低功耗状态 W	工作状态 W
1 个快速以太网口	0.3	0.4
1 个千兆以太网口	0.3	1.3
WLAN[5]	0.7	2.0
WLAN[6]	1.0	2.5
WLAN[7]	2.0	5.0
语音接口	0.5	1.5
USB 2.0 接口	0.25	0.25

4） IEEE 802.11n。

5） IEEE 802.11a/b/g。

6） IEEE 802.11n。

7） IEEE 802.11n，2×2 天线。

表 5 关机状态电源适配器功耗要求

输出功率 W	无负载时电量消耗 W
0.3～50	0.30

6.2 能效

设备能效衡量参数为能效指数。设备的能效等级由能效指数来确定。能效指数是一个无量纲的数值，由式(1)计算得出：

$$E_{CPE}=\frac{P_{ADSL}}{P_{LMT-ADSL}} \quad \cdots\cdots(1)$$

式中：

E_{CPE} ——能效指数，无量纲；

P_{ADSL} ——设备的功耗，单位为瓦(W)；

$P_{LMT\text{-}ADSL}$ ——设备功耗的限定值，单位为瓦(W)。

ADSL用户端的能效指数定义为设备在全功耗下、低功耗状态下和关机状态下的加权平均值的比值，由式(2)得出：

$$E_{ADSL-CPE}=\frac{\beta_{S1}P_{ADSL-S1}+\beta_{S2}P_{ADSL-S2}+\beta_{S4}P_{ADSL-S4}}{\beta_{S1}P_{LMT-ADSL-S1}+\beta_{S2}P_{LMT-ADSL-S2}+\beta_{S4}P_{LMT-ADSL-S4}} \quad \cdots\cdots(2)$$

式中：

$E_{ADSL-CPE}$ ——ADSL用户端的能效指数；

$P_{ADSL-S1}$，$P_{ADSL-S2}$，$P_{ADSL-S4}$ ——分别是ADSL用户端在全功耗状态下、低功耗状态下和关机状态下设备的功耗值，单位为瓦(W)。

$P_{LMT-ADSL-S1}$，$P_{LMT-ADSL-S2}$，$P_{LMT-ADSL-S4}$ ——分别是ADSL用户端在全功耗状态下、低功耗状态下和关机状态下功耗限定值，单位为瓦(W)。限定值为包含设备所有端口的限定值，具体数值见表3、表4和表5。

β_{S1}、β_{S2}和β_{S4} ——分别是ADSL用户端在全功耗状态下、低功耗状态下和关机状态下的加权系数，详见式(3)：

$$\beta_{S1}+\beta_{S2}+\beta_{S4}=1 \quad \cdots\cdots(3)$$

本标准中，$\beta_{S1}=0.2$，$\beta_{S2}=0.2$，$\beta_{S4}=0.6$。

6.3 能效指数分级

ADSL用户端产品能效可分为5级，最高等级为1级。能效等级越高，代表设备的节能效果越好。具体指标见表6。

表 6 能效指数分级

能效级别	对应能效指数
1	$E_{CPE}<0.70$
2	$0.70\leqslant E_{CPE}<0.75$
3	$0.75\leqslant E_{CPE}<0.80$
4	$0.80\leqslant E_{CPE}<0.90$
5	$0.90\leqslant E_{CPE}<1.00$

7 节能参数的测量

7.1 测试环境

DSLAM 设备的节能参数应在表 7 规定的环境下进行测试。

表 7 ADSL 用户端设备节能参数测试环境要求

环境名称	最小	最大
气压	86 kPa	106 kPa
相对湿度	30%	75%
震动	忽略	
温度	+23 ℃	
温度准确度	±5 ℃	

7.2 供电要求

ADSL 用户端设备在测试节能参数时采用其标配的供电方式，由供电方式带来的测量误差将包含在设备的功耗和能效计算中。在需要进行功耗和能效比较时，建议采用相同的供电方式。

ADSL 用户端设备的节能参数应在表 8 规定的供电电源电压下进行测试。

表 8 DSLAM 设备节能参数测试用供电电源要求

类型	标称值	测试参考值
AC	220 V，50 Hz	220 V±2.2 V，50 Hz±0.5 Hz

7.3 仪表要求

功耗测试仪表应符合 GB/T 28519—2012 的规定。功耗测试准确度应不低于±0.5%。

7.4 配置参数

测试配置参数见表 9。

表 9 DSL 测试线路参考模型

环路类型	环路长度 m	线路连接方式	交织时延 ms	目标噪声裕度 dB	速率 kbit/s	
					上行	下行
YD/T 322—1996 中定义的线径为 0.4 mm 的市内通信电缆	2 000	使用 30 芯线缆，应接满一个线缆中的子单元，再接下一个子单元；同一个电缆的子单元接满，再接下一个电缆	8	6	900	9 284

7.5 测试系统和参考点

测试系统配置如图1所示。

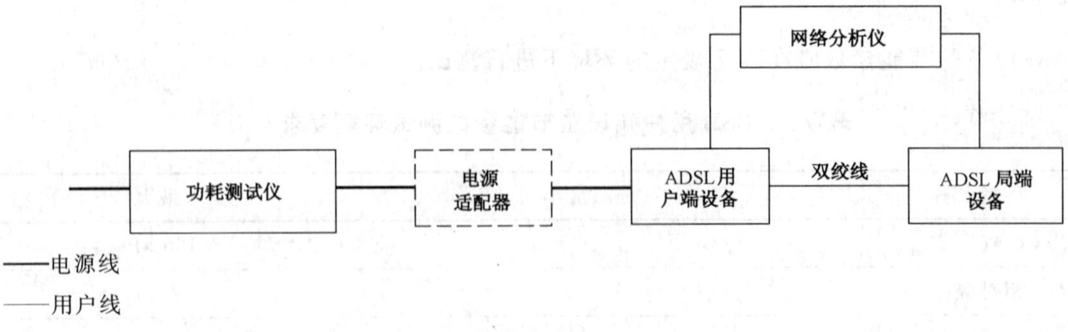

图1 测试系统和参考点

7.6 测试步骤

7.6.1 单一以太网端口的CPE功耗测试

测试步骤如下：

a) 配置测试环境,关闭ADSL用户端电源,记录此时的功率数值；

b) 配置与步骤1相同的测试环境,开启ADSL用户端电源,ADSL用户端正常训练,以太网端口不接网线,使ADSL用户端进入低功耗状态，单次测试时长1 min,测试5次取平均值；

c) 配置与步骤1相同的测试环境,根据表9进行参数配置,运行网络分析仪,使CPE各个模块进入表2的规定的状态且稳定工作5 min后,单次测试时长1 min测试5次取平均值；

d) 根据能效指数公式计算能效值。

7.6.2 多以太网端口的CPE功耗测试

测试步骤如下：

a) 配置测试环境,关闭ADSL用户端电源,记录此时的功率数值；

b) 配置与步骤1相同的测试环境,开启ADSL用户端电源,ADSL用户端正常训练,以太网端口不接网线,使ADSL用户端进入低功耗状态,稳定工作5 min后,单次测试时长1 min测试5次取平均值；

c) 配置与步骤1相同的测试环境,激活CPE上的LAN端口,根据表9进行参数配置,运行网络分析仪,使CPE各个模块进入表2的规定的状态且稳定工作5 min后,单次测试时长1 min测试5次取平均值；

d) 根据能效指数公式计算能效值。

7.6.3 家庭网关型CPE功耗测试

测试步骤如下：

a) 配置测试环境,关闭ADSL用户端电源,记录此时的功率数值；

b) 开启可增加功耗的额外端口,如WLAN等；

c) 配置与步骤1相同的测试环境,开启ADSL用户端电源,ADSL用户端正常训练,以太网端口不接网线,使ADSL用户端进入低功耗状态且稳定工作5 min后,单次测试时长1 min测试5次取平均值；

d) 配置与步骤1相同的测试环境,根据表9的参数,运行网络分析仪使CPE各个模块进入表2的规定的状态且稳定工作5 min后,单次测试时长1 min测试5次取平均值;

e) 根据能效指数公式计算能效值。如果WLAN模块为双模,则表4的WLAN指标需乘以2倍。

7.7 测试数据记录

测试时需详细记录测试环境、电源供电、设备配置、测量结果信息。

测试环境应包含以下内容:

——温度;

——气压;

——湿度。

以上信息需在测试现场实测。电源供电应包含以下内容:

——CPE标配供电方式;

——交流电压和频率。

以下信息需在测试现场实测:

——设备型号和序列号;

——DSL线路长度、线规、目标噪声余裕、交织参数、串扰;

——设备标配附件信息,包括电源适配器、表2中所列的各种模块等。

CPE设备测量结果应包含:

——各种测试参考模型下的全功耗状态、低功耗状态和关闭状态下的功耗。

8 节能技术

设备可采用的节能技术有多种,附录A介绍了几种可应用的节能技术。

附 录 A
（资料性附录）
节 能 技 术

A.1 L2 模式

DSL 线路经常处于“永远在线”状态，而且即使用户在使用 DSL 通信，也不一定是处在较高的网络流量状态。当 DSL 线路数据传输过程中，将使用空闲信元填充用户未使用的带宽。针对这种情形，ADSL2/2＋定义了 L2 模式（即低功耗模式）。当 TPS-TC 层检测到用户数据流量低于设定阈值并持续一定的时间时，ADSL2/2＋就进入 L2 模式。在 L2 模式下，采用较低的 PSD 发送信号，每个子载波只承载少量比特，从而达到降低收发器功耗的目的。当 TPS-TC 层检测到用户数据流量增大到设定阈值并持续一定时间时，ADSL2/2＋则可以自动退出 L2 模式进入 L0 模式（常规功耗模式）。

虽然 L2 模式可以大大降低 ADSL2/2＋的能耗。但由于 L2 模式将改变 DSL 发射机的发送功率谱的功率，这样对相邻线对的串扰会产生很大的波动。出于对这个系统的线路稳定性的考虑，在实际网络中 L2 模式并未被广泛使用。

A.2 线路驱动（Line Driver）

A.2.1 Line Driver 节能概述

ADSL2/2＋ 的 Line Driver 功耗大约占了 ADSL2/2＋ 总功耗的 70％；在 VDSL2 中，Line Driver 的功耗占了 VDSL2 总功耗的 50％以上。因此，降低 Line Driver 的功耗将极大地降低 DSL 的总功耗。

针对 DMT 符号 PAR 较大但很稀少的特点，可使 Line Driver 供电电压随信号峰值的变化而进行改变。

目前，xDSL 普遍使用的是 AB 类 Line Driver ，其效率较低，只有 14％ 左右。其主要原因在于 DMT 符号具有较高的峰均比，为了减少信号峰值被削掉的概率，并符合系统误码率要求，Line Driver 需要提供较高的供电电压。

G 类和 H 类 Line Driver 针对 DMT 符号出现信号峰值概率很小的特点，动态调整其供电电压。使得 Line Driver 的效率较 AB 类提高 30％～40％。

A.2.2 G 类 Line Driver

G 类 Line Driver 与 AB 类 Line Driver 的不同之处在于 G 类 Line Driver 有两个高低不同的供电电压。它根据输入信号的电平幅度大小在两个高低供电电压之间进行动态切换。当输入信号的幅值小于设定阈值时，G 类 Line Driver 采用低供电电压。当输入信号的幅值超过设定阈值时，G 类 Line Driver 切换到高的供电电压。这样，既降低了功耗，又避免了将信号峰值削掉。其原理如图 A.1 所示。

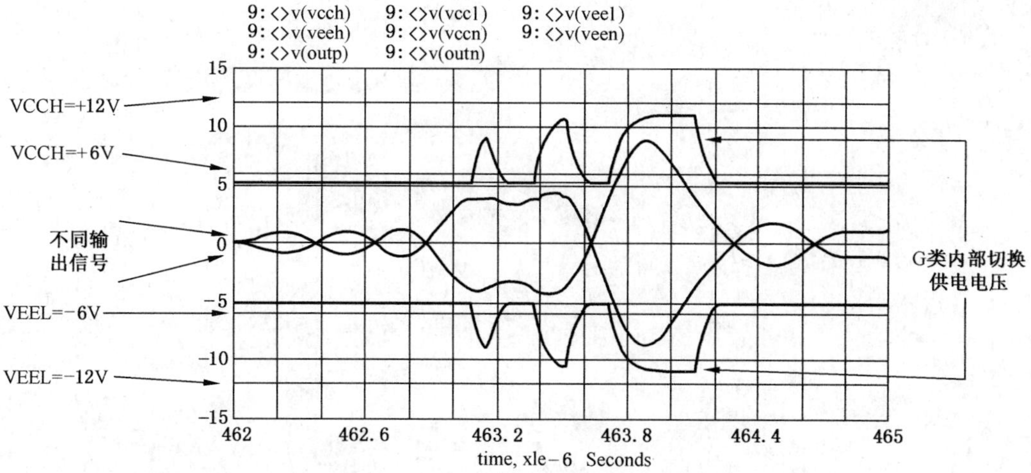

图 A.1 G类 Line Driver 时域分析图

A.2.3 H类 Line Driver

H类 Line Driver 与 G类 Line Driver 的不同之处在于 H类 Line Driver 只有一个供电电压。当 H类 Line Driver 的输入信号幅度达到一定开启电压时，在电荷泵的作用下，供电电压将跟随输出信号的电平幅度的变化而变化，其工作原理如图 A.2 所示。相对 G类 Line Driver，既达到了降功耗、减小削波失真的目的，又减少了供电电压的数量。

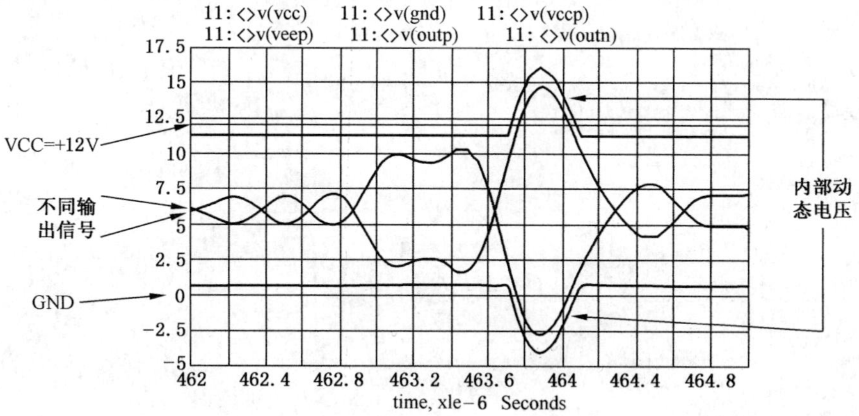

图 A.2 H类 Line Driver 时域分析图

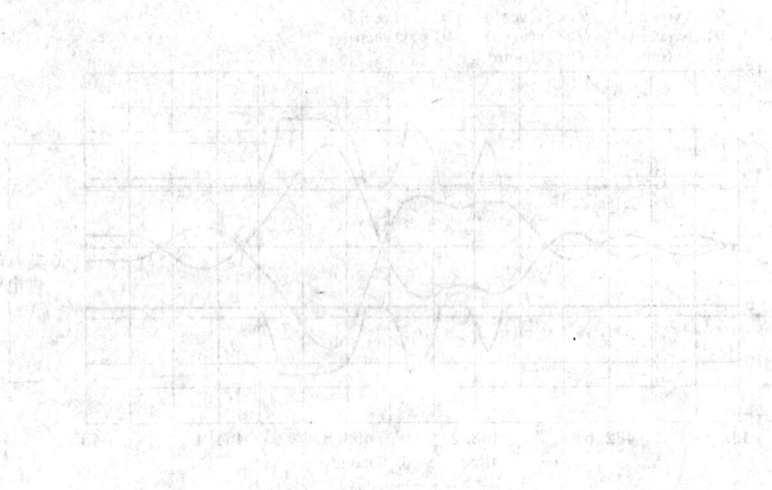

图 A.[illegible] [illegible] Line Driver 的[illegible]图

A.2.[illegible] [illegible] Line Driver

[illegible]

图 A.7 [illegible] Line Driver 的[illegible]图

ICS 33.040.01
M 19

中华人民共和国国家标准

GB/T 29235.2—2012

接入设备节能参数和测试方法
第2部分:ADSL局端

Energy efficiency metrologies and test methods for access equipments—Part 2: ADSL DSLAM

2012-12-31 发布　　2013-06-01 实施

中华人民共和国国家质量监督检验检疫总局
中国国家标准化管理委员会　发布

前　言

GB/T 29235《接入设备节能参数和测试方法》分为两个部分：

——第1部分：ADSL用户端；

——第2部分：ADSL局端。

本部分是GB/T 29235的第2部分。

本部分按照GB/T 1.1—2009给出的规则起草。

请注意本文件的某些内容可能涉及专利。本文件的发布机构不承担识别这些专利的责任。

本部分由中华人民共和国工业和信息化部提出。

本部分由中国通信标准化协会归口。

本部分起草单位：工业和信息化部电信研究院、华为技术有限公司、中兴通讯股份有限公司、上海贝尔股份有限公司。

本部分主要起草人：陈洁、刘谦、敖立、葛坚、孙方林、袁立权、李云洁、陆洋、程强、侯聪、李志龙。

接入设备节能参数和测试方法
第2部分：ADSL局端

1 范围

GB/T 29235的本部分规定了ADSL局端设备(主要是ADSL2+局端设备)的节能参数、指标要求，以及节能参数的测试方法。

本部分适用于公众电信网环境下的ADSL局端设备，专用电信网也可参照使用。

2 规范性引用文件

下列文件对于本文件的应用是必不可少的。凡是注日期的引用文件，仅注日期的版本适用于本文件。凡是不注日期的引用文件，其最新版本(包括所有的修改单)适用于本文件。

GB/T 28519—2012　通信产品能耗测试方法通则

YD/T 322—1996　铜芯聚烯烃绝缘铝塑综合护套市内通信电缆

YD/T 1530—2006　接入网技术要求——频谱扩展的第二代不对称数字用户线(ADSL2+)

3 术语和定义

下列术语和定义适用于本文件。

3.1

功耗　power consumption

设备在指定条件下正常工作时的输入功率。

3.2

节能参数　energy efficiency metrology

设备节能分级的依据，包括功耗、能效及辅助性参数，其中功耗和能效是节能分级的最主要依据。

3.3

能效指数　energy efficiency index

设备的实际功耗与功耗基准值之间的比值。

3.4

能效等级　energy efficiency class

评价设备节能水平的参数，根据能效指数确定。

4 缩略语

下列缩略语适用于本文件。

AC：交流电(Alternating Current)

ADSL：不对称数字用户线(Asymmetric Digital Subscriber Line)

ADSL2：第二代不对称数字用户线(Asymmetric Digital Subscriber Line 2)

ADSL2+：频谱扩展的第二代不对称数字用户线(Asymmetric Digital Subscriber Line 2 plus)

CPE:用户驻地设备(Customer Premises Equipment)
DC:直流电(Direct Current)
DMT:离散多音频(Discrete Multiple Tone)
DPBO:下行功率回退(Downstream Power Back Off)
DSL:数字用户线(Digital Subscriber Line)
DSLAM:DSL 接入复用器(DSL Access Multiplexer)
PAR:峰均比(Peak-to-Average Ratio)
PCB:功率消减(Power Cut Back)
PSD:功率谱密度(Power Spetral Density)
TPS-TC:传输协议特定汇聚子层(Transmission Protocal Specific TC)
UPBO:上行功率回退(Upstream Power Back Off)

5 ADSL 局端设备的功耗状态

本部分中 ADSL 局端设备(即 DSL 接入复用器,DSLAM)的功耗状态定义为以下三种:

——全功耗状态(简称 S1 状态):该状态下设备的 DSL 端口处于 YD/T 1530—2006 规定的 L0 状态。

——DSL 端口开启但未连接 CPE 状态(简称 S5 状态):该状态下 DSLAM 设备的 DSL 端口处于开启状态,但未连接用户端设备或所连接的用户端设备处于掉电状态,此时 DSLAM 设备能够对用户端设备的建链请求立即做出响应。

——DSL 端口关闭状态(简称 S6 状态):该状态下设备的 DSL 端口处于关闭状态,不能与用户端设备进行通信。

6 节能参数及指标要求

6.1 DSLAM 整机功耗

DSLAM 整机功耗是 S1、S5 和 S6 状态下 DSLAM 整机功耗的加权值,计算方法见式(1):

$$P_{\text{DSLAM}} = R \times (\beta_{\text{S1}} \times P_{\text{DSLAM-S1}} + \beta_{\text{S5}} \times P_{\text{DSLAM-S5}}) + (1 - R) \times P_{\text{DSLAM-S6}} \quad \cdots\cdots\cdots(1)$$

式中:

P_{DSLAM} ——DSLAM 整机功耗,单位为瓦(W);

$P_{\text{DSLAM-S1}}$——所有 DSL 端口均处于 S1 状态时的 DSLAM 整机功耗,单位为瓦(W);

$P_{\text{DSLAM-S5}}$——所有 DSL 端口均处于 S5 状态时的 DSLAM 整机功耗,单位为瓦(W);

$P_{\text{DSLAM-S6}}$——所有 DSL 端口均处于 S6 状态时的 DSLAM 整机功耗,单位为瓦(W);

R ——DSLAM 设备的端口开通率,典型值为 60%;

β_{S1},β_{S5} ——分别是 S1 和 S5 状态下 DSL 端口功耗的权重值,且有 $\beta_{\text{S1}} + \beta_{\text{S5}} = 1$(本部分中,$\beta_{\text{S1}}$ 和 β_{S5} 的取值为 0.4 和 0.6)。

6.2 DSL 端口功耗

DSL 端口功耗是衡量 DSLAM 设备节能水平的重要指标,是 DSLAM 整机功耗平均到各 DSL 端口的功耗值,与 DSLAM 整机功耗的计算关系定义见式(2)、式(3)和式(4):

$$P_{\text{DSLAM-PORT-S1}} = \frac{P_{\text{DSLAM-S1}}}{N_{\text{DSLAM-PORT}}} \quad \cdots\cdots\cdots(2)$$

$$P_{\text{DSLAM-PORT-S5}} = \frac{P_{\text{DSLAM-S5}}}{N_{\text{DSLAM-PORT}}} \qquad \cdots\cdots(3)$$

$$P_{\text{DSLAM-PORT-S6}} = \frac{P_{\text{DSLAM-S6}}}{N_{\text{DSLAM-PORT}}} \qquad \cdots\cdots(4)$$

式中：

$P_{\text{DSLAM-PORT-S1}}$——S1 状态下的 DSL 端口功耗，单位为瓦(W)；

$P_{\text{DSLAM-PORT-S5}}$——S5 状态下的 DSL 端口功耗，单位为瓦(W)；

$P_{\text{DSLAM-PORT-S6}}$——S6 状态下的 DSL 端口功耗，单位为瓦(W)；

$P_{\text{DSLAM-S1}}$——所有 DSL 端口均处于 S1 状态时的 DSLAM 整机功耗，单位为瓦(W)；

$P_{\text{DSLAM-S5}}$——所有 DSL 端口均处于 S5 状态时的 DSLAM 整机功耗，单位为瓦(W)；

$P_{\text{DSLAM-S6}}$——所有 DSL 端口均处于 S6 状态时的 DSLAM 整机功耗，单位为瓦(W)；

$N_{\text{DSLAM-PORT}}$——DSLAM 设备整机满配时支持的 DSL 端口数目。

6.3 功耗限定值

对于采用 DC 供电方式的 DSLAM 设备，当 DSLAM 整机支持的 DSL 端口数大于或等于 100 时，各种状态下的 DSL 端口功耗限定值应符合表 1 的要求。

表 1 各种状态下的 DSL 端口功耗限定值

接口类型	功耗限定值 W		
	S1	S5	S6
ADSL2＋	1.3	0.6	0.4

当 DSLAM 整机支持的 DSL 端口数小于 100 时，则 DSL 端口功耗限定值应在表 1 规定值基础上增加 0.3 W，整机功耗限定值增加总量小于 10 W 时按 10 W 计算。

当 DSLAM 采用百兆以太网上联接口时，每提供一个百兆以太网端口，DSLAM 整机功耗限定值应增加 1 W；当 DSLAM 采用千兆以太网上联接口时，每提供一个千兆以太网端口，DSLAM 整机功耗限定值应增加 4.5 W；当 DSLAM 采用万兆以太网上联接口时，每提供一个万兆以太网端口，DSLAM 整机功耗限定值应增加 18 W。

对于采用 AC 供电方式的 DSLAM 设备，当 DSLAM 整机支持的 DSL 端口数大于等于 100 时，DSLAM 整机功耗限定值应在 DC 供电方式的 DSLAM 整机功耗限定值基础上增加 10%；当 DSLAM 整机支持的 DSL 端口数小于 100 时，DSLAM 整机功耗限定值应在 DC 供电方式的 DSLAM 整机功耗限定值基础上增加 20%。

6.4 能效指数

DSLAM 设备根据能效指数进行分级，DSLAM 设备的能效指数计算方法见式(5)～式(9)：

$$E_{\text{DSLAM-A}} = \frac{P_{\text{DSLAM}}}{P_{\text{LMT-DSLAM}}} \qquad \cdots\cdots(5)$$

$$P_{\text{LMT-DSLAM}} = R \times (\beta_{\text{S1}} \times P_{\text{LMT-DSLAM-S1}} + \beta_{\text{S5}} \times P_{\text{LMT-DSLAM-S5}}) + (1-R) \times P_{\text{LMT-DSLAM-S6}} + \sum_i P_{\text{LMT-UPLINK},i} \qquad \cdots\cdots(6)$$

$$P_{\text{LMT-DSLAM-S1}} = P_{\text{LMT-DSLAM-PORT-S1}} \times N_{\text{DSLAM-PORT}} \qquad \cdots\cdots(7)$$

$$P_{\text{LMT-DSLAM-S5}} = P_{\text{LMT-DSLAM-PORT-S5}} \times N_{\text{DSLAM-PORT}} \qquad \cdots\cdots(8)$$

$$P_{LMT-DSLAM-S6} = P_{LMT-DSLAM-PORT-S6} \times N_{DSLAM-PORT} \quad \cdots\cdots(9)$$

式中：

$E_{DSLAM-A}$ ——DSLAM 设备能效指数；

P_{DSLAM} ——DSLAM 整机功耗(计算方法见 6.1)，单位为瓦(W)；

$P_{LMT-DSLAM}$ ——根据式(6)～式(9)计算的 DSLAM 整机功耗限定值，单位为瓦(W)；

$P_{LMT-DSLAM-PORT-S1}$ ——6.3 规定的 S1 状态 DSL 端口功耗限定值，单位为瓦(W)；

$P_{LMT-DSLAM-PORT-S5}$ ——6.3 规定的 S5 状态 DSL 端口功耗限定值，单位为瓦(W)；

$P_{LMT-DSLAM-PORT-S6}$ ——6.3 规定的 S6 状态 DSL 端口功耗限定值，单位为瓦(W)；

$P_{LMT-UPLINK}$ ——由 DSLAM 上联接口引入的整机功耗限定值的增加值，单位为瓦(W)；

$N_{DSLAM-PORT}$ ——DSLAM 设备整机满配时支持的 DSL 端口数目；

R ——DSLAM 设备的端口开通率，典型值为 60%；

β_{S1}，β_{S5} ——分别是 S1 和 S5 状态下 DSL 端口功耗的权重值，且有 $\beta_{S1}+\beta_{S5}=1$（本部分中，β_{S1} 和 β_{S5} 的取值为 0.4 和 0.6）。

当 DSLAM 设备在各状态下的 DSL 端口功耗符合 6.3 规定的限定值要求时，可进行能效分级，分级方法应符合表 2 的规定。能效最高等级为一级，能效等级越高，代表设备的节能效果越好。

表 2　ADSL DSLAM 设备能效分级表

能效级别	能效指数 $E_{DSLAM-A}$
一级	<0.70
二级	$0.70 \leqslant E_{DSLAM-A} < 0.75$
三级	$0.75 \leqslant E_{DSLAM-A} < 0.80$
四级	$0.80 \leqslant E_{DSLAM-A} < 0.90$
五级	$0.90 \leqslant E_{DSLAM-A} \leqslant 1.00$

对于混插 ADSL2+或 VDSL2 业务板的 DSLAM 设备，附录 A 介绍了一种根据板卡混插比例对 DSLAM 设备能效级别进行综合评定的方法。

7　节能参数的测量

7.1　测试环境

DSLAM 设备的节能参数应在表 3 规定的环境下进行测试。

表 3　DSLAM 设备节能参数测试环境要求

环境参数	最小	最大
气压	86 kPa	106 kPa
相对湿度	30%	75%
震动	忽略	
温度范围	+23 ℃±5 ℃	

7.2　供电要求

DSLAM 设备在测试节能参数时采用其标配的供电方式，由供电方式带来的测量误差将包含在设备的功耗和能效计算中。在需要进行功耗和能效比较时，建议采用相同的供电方式。

DSLAM 设备的节能参数应在表 4 规定的供电电源电压下进行测试。

表 4　DSLAM 设备节能参数测试用供电电源要求

类　型	标称值	测试参考值
AC	220 V，50 Hz	220 V±2.2 V，50 Hz±0.5 Hz
DC	−48 V	−53 V±1 V

7.3　测试参考配置

DSLAM 设备功耗测试参考配置如图 1 所示，功耗测试系统由 AC 或 DC 电源、供电电路、交流/直流功耗测试仪、被测 DSLAM 设备、IP 性能测试仪、DSL 用户端设备和 DSL 线路(双绞线)组成。

图 1　DSLAM 设备功耗测试参考配置

7.4　仪表要求

功耗测试仪表应符合 GB/T 28519-2012 的规定，功耗测试准确度应不低于±0.5%。

7.5　DSL 测试线路参考模型

DSLAM 应采用表 5 规定的线路模型进行功耗测试。

表 5　DSL 测试线路参考模型

环路类型	环路长度 m	噪声		交织时延 ms	目标噪声裕度 dB	速率 Kbit/s	
		CO 端	CPE 端			上行	下行
直连环路，采用符合 YD/T 322—1996 规定的线径为 0.4 mm 的市内通信电缆	2 000	使用 30 芯线缆，应接满一个线缆中的子单元，再接下一个子单元；同一个电缆的子单元接满，再接下一个电缆	使用 30 芯线缆，应接满一个线缆中的子单元，再接下一个子单元；同一个电缆的子单元接满，再接下一个电缆	8	6	900	9 284

7.6　测试方法

DSLAM 设备功耗测试步骤如下：

步骤1,DSLAM机框仅保留电源模块、风扇、背板和主用主控板,并插入一块上联板(若上联接口不在主控板上),IP性能测试仪向DSLAM上联接口发送测试帧,使上联板上所有上联接口均处于有数据流量状态,待设备稳定工作5 min后测试DSLAM机框功耗 P_0,单次测试时长1 min,测试5次取平均值。

步骤2,在DSLAM机框上插入一块业务板卡,每个DSL口连接一个CPE,按照7.5规定的测试线路模型配置线路,IP性能测试仪按照测试线路模型规定的速率发送上下行测试帧,待设备稳定工作5 min后测试DSLAM的功耗 P_1,单次测试时长1 min,测试5次取平均值。

步骤3,硬件配置同步骤2,使DSLAM业务板卡上所有的DSL端口处于激活状态,但所连接的CPE处于掉电状态,并使上联板上所有上联接口均处于有数据流量状态,待设备稳定工作5 min后测试此时的DSLAM功耗 P_2,单次测试时长1 min,测试5次取平均值。

步骤4,硬件配置同步骤2,使DSLAM业务板卡上所有的DSL端口处于去激活状态,并使上联板上所有上联接口均处于有数据流量状态,待设备稳定工作5 min后测试此时的DSLAM功耗 P_3,单次测试时长1min,测试5次取平均值。

步骤5,按照式(10)计算DSLAM在S1状态下的整机功耗,式中 N_{CARD} 为DSLAM满配时的业务板数量。

步骤6,按照式(11)计算DSLAM在S5状态下的整机功耗,式中 N_{CARD} 为DSLAM满配时的业务板数量。

步骤7,按照式(12)计算DSLAM在S6状态下的整机功耗,式中 N_{CARD} 为DSLAM满配时的业务板数量。

步骤8,按6.1规定的公式计算DSLAM设备整机功耗。

步骤9,按6.2规定的式(2)～式(4)分别计算DSLAM设备在S1、S5和S6状态下的DSL端口功耗。

步骤10,按6.4规定的式(5)计算DSLAM设备的能效指数并进行能效评级。

$$P_{DSLAM-S1}=P_0+(P_1-P_0)\times N_{CARD} \qquad (10)$$

$$P_{DSLAM-S5}=P_0+(P_2-P_0)\times N_{CARD} \qquad (11)$$

$$P_{DSLAM-S6}=P_0+(P_3-P_0)\times N_{CARD} \qquad (12)$$

以上测试过程中,设备的散热系统应在自动模式下运行,不应手动调低风扇转速或关闭散热系统(风扇等)。

7.7 测试数据记录

测试时需详细记录测试环境、电源供电、设备配置、测试结果信息。

测试环境应包含以下内容:

——温度;

——气压;

——湿度。

以上信息需在测试现场实测。

电源供电应包含以下内容:

——DSLAM标配供电方式;

——直流电压;

——交流电压和频率。

以上信息需在测试现场实测。

设备配置应包含以下内容:

——设备型号和序列号;

——DSLAM 整机满配时的业务板卡数量；

——业务板卡 DSL 端口密度；

——DSLAM 整机满配 DSL 接口数量；

——上联接口类型和数量；

——DSL 线路长度、线规、目标噪声余裕、交织时延、串扰；

——设备标配附件信息，包括风扇、交流直流转换器等。

测试结果应包含以下内容：

——设备机框功耗；

——各种状态下的业务板卡功耗；

——各种状态下的设备整机功耗；

——各种状态下的 DSL 端口功耗。

8 节能技术

DSLAM 设备可采用的节能技术有多种，附录 B 介绍了几种可应用的节能技术。

附 录 A
（资料性附录）
混插式 DSLAM 设备能效的综合评定方法

目前存在一类支持混插 ADSL2＋和 VDSL2 业务板卡的 DSLAM 设备，这类设备在实际应用中会以某种比例混插 ADSL2＋和 VDSL2 业务板卡，因此在确定此类混插式 DSLAM 设备的整机功耗限定值时，可以按照一定的模型考虑 ADSL2＋和 VDSL2 板卡的比例，对混插板卡的 DSLAM 设备给出一个综合的整机功耗限定值，并由此对设备能效进行综合评定。

综合评定混插式 DSLAM 设备的能效时，能效指数按式（A.1）～式（A.3）计算。

$$E_{DSLAM}=\frac{P_{DSLAM}}{P_{LMT-DSLAM}} \quad \cdots\cdots(A.1)$$

$$P_{DSLAM}=\delta_{ADSL2+}\times P_{DSLAM-A}+\delta_{VDSL2}\times P_{DSLAM-V} \quad \cdots\cdots(A.2)$$

$$P_{LMT-DSLAM}=\delta_{ADSL2+}\times P_{LMT-DSLAM-A}+\delta_{VDSL2}\times P_{LMT-DSLAM-V} \quad \cdots\cdots(A.3)$$

式中：

E_{DSLAM} ——混插式 DSLAM 的综合能效指数；

P_{DSLAM} ——按 ADSL2＋和 VDSL2 板卡混插比例计算后的 DSLAM 设备的整机功耗测试值，具体计算方法见式（A.2），单位为瓦（W）；

$P_{LMT-DSLAM}$ ——按 ADSL2＋和 VDSL2 板卡混插比例计算后的 DSLAM 设备的整机功耗限定值，具体计算方法见式（A.3），单位为瓦（W）；

$P_{DSLAM-A}$ ——DSLAM 设备全部插满 ADSL2＋业务板卡时的整机功耗测试值，具体定义见式（1），测试方法见 7.6，单位为瓦（W）；

$P_{LMT-DSLAM-A}$ ——DSLAM 设备全部插满 ADSL2＋业务板卡时的整机功耗限定值，具体计算方法见式（6），单位为瓦（W）；

$P_{DSLAM-V}$ ——DSLAM 设备全部插满 VDSL2 业务板卡时的整机功耗测试值，具体定义和测试方法参见 YDB 069—2012 的规定，单位为瓦（W）；

$P_{LMT-DSLAM-V}$ ——DSLAM 设备全部插满 VDSL2 业务板卡时的整机功耗限定值，具体计算方法参见 YDB 069—2012 的规定，单位为瓦（W）；

δ_{ADSL2+}，δ_{VDSL2} ——ADSL2＋板卡和 VDSL2 板卡的混插比例，有 $\delta_{ADSL2+}+\delta_{VDSL2}=1$。

混插式 DSLAM 设备可根据表 A.1 进行能效分级。

表 A.1 混插式 DSLAM 设备的能效分级表

能效级别	能效指数 E_{DSLAM}
一级	<0.70
二级	$0.70\leqslant E_{DSLAM}<0.75$
三级	$0.75\leqslant E_{DSLAM}<0.80$
四级	$0.80\leqslant E_{DSLAM}<0.90$
五级	$0.90\leqslant E_{DSLAM}\leqslant 1.00$

附　录　B
（资料性附录）
节 能 技 术

B.1　概述

ADSL局端设备可采用的节能技术有多种，可分为设备级节能技术和芯片级节能技术。

设备级节能技术包括风扇节能技术、电源效率节能技术等，芯片级节能技术包括各种睡眠节能技术等。

B.2　设备级节能技术

B.2.1　风扇节能技术

图B.1是恒定转速风扇与可调转速风扇转速对比示意图。可调转速风扇是根据机柜温度，在一定范围内自动地调节风扇的转速。在一年中，机柜温度在大部分时间里均处于35 ℃以下，只有小部分时间处于35 ℃以上。因此，相对于固定转速风扇，可调转速风扇可降低约40%～50%的能耗。

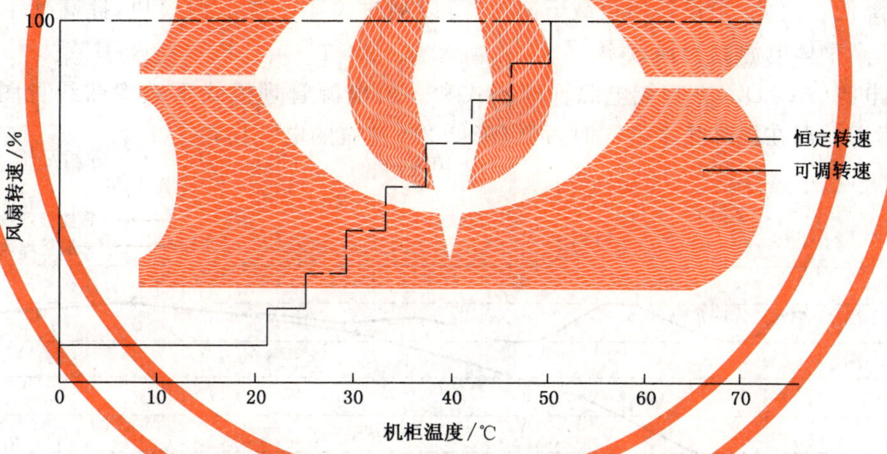

图B.1　风扇调速原理示意图

B.2.2　电源效率节能技术

B.2.2.1　智能电源管理模式

单个AC/DC模块(将220 V交流电源转变为48 V直流电源)的效率曲线如图B.2所示。

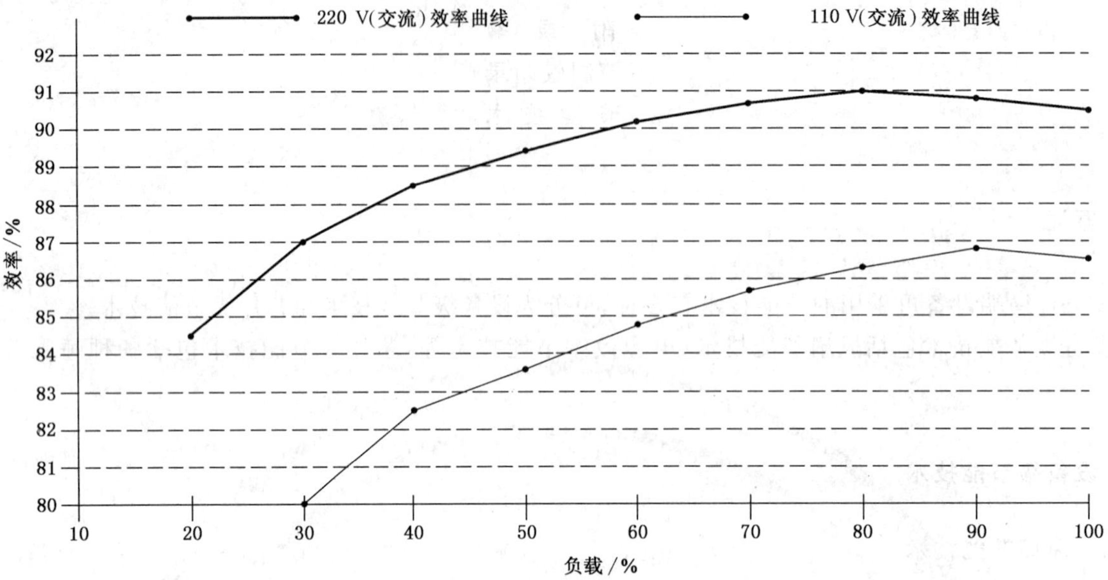

图 B.2 AC/DC 模块效率曲线

从效率曲线可以看出,当单个 AC/DC 模块的负载为 80%～90%时,电源转换效率最高,效率随着负载的下降而降低。因此,当设备的负载下降时,可以通过关闭一些电源模块,提高剩下电源模块的负载的方式,以提高整体电源的转换效率。

设备系统电源(AC/DC)在智能电源管理模式和一般电源管理模式下效率曲线见图 B.3。经验数据显示,智能管理电源在提高效率的同时,可以降低 2%左右的电源损耗。

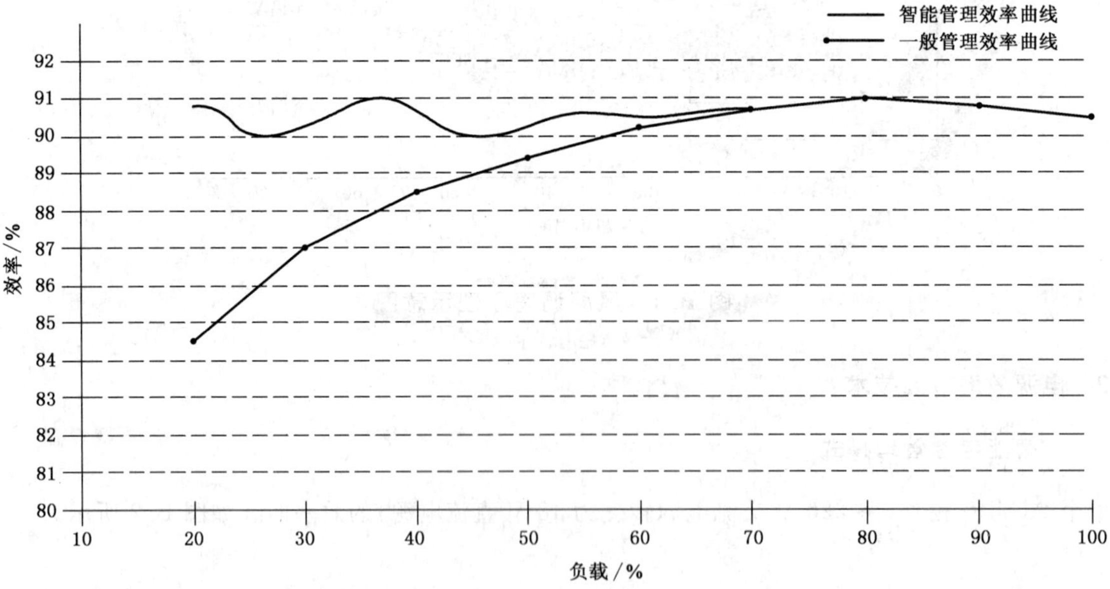

图 B.3 智能管理和一般模式电源效率曲线

B.2.2.2 二次电源管理节能技术

二次电源 DC/DC 电源模块是将系统供电电压转换为线路卡供电电压。通常，DC/DC 电源模块的效率随着负载的降低而下降。根据负载的大小调节 DC/DC 电源可以降低能耗。DC/DC 电源模块在普通模式和省电模式下输出功率与损耗功率的关系见图 B.4。

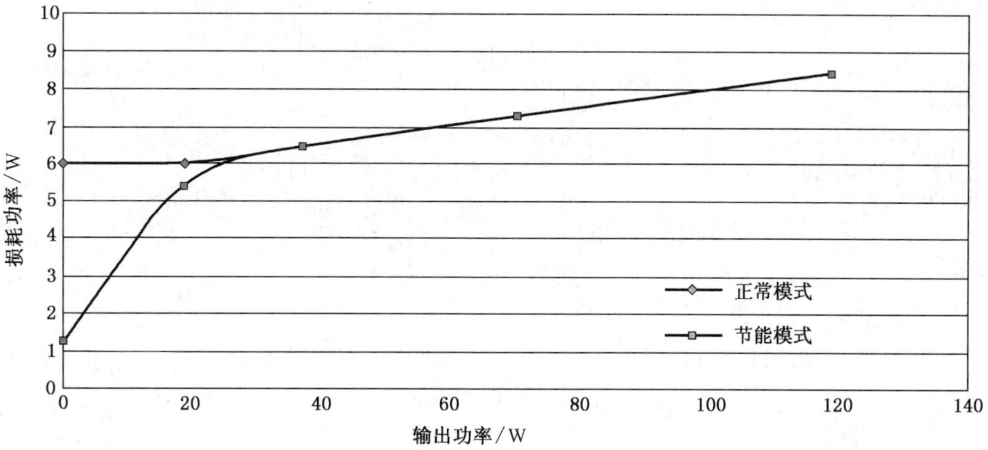

图 B.4 DC/DC 电源模块节能曲线

B.3 芯片级节能技术

B.3.1 线路驱动电路节能技术

传统 DSL 线路驱动电路通常采用两个射极跟随器组成的推挽输出级电路（AB 类放大器）。由于 DMT 符号具有较高的峰均比（PAR），为了减少信号峰值被削掉的概率，满足系统误码率要求，需要为线路驱动电路提供较高的供电电压。这导致了目前 xDSL 普遍使用的 AB 类线路驱动效率较低，只有 14%左右。

G 类和 H 类放大器针对 DMT 符号出现信号峰值概率很小的特点，均可动态调整其供电电压。使得线路驱动的效率较 AB 类可以提高 30%～40%。

B.3.2 限制信号过剩发射功率

目前，DSLAM 有两种主要部署方式：一种是部署在局端。在这种情况下，DSL 线路一般较长。另一种是 DSLAM 部署在交接箱。这种部署的 DSL 线路相对比较短。在目前光进铜退的大背景下，越来越多的 DSLAM 部署在交接箱位置。同时，由于许多运营商采用固定 DSL 速率的业务布放方式。这导致 DSL 线路的信号发送功率过高。过高的信号发送功率表现为线路有过高信噪比裕度，有的线路信噪比裕度甚至高达 20 dB～30 dB。降低过高的信号发送功率，可进一步降低线路驱动的功耗。

降低发送功率的现有措施有很多，例如：UPBO、DPBO、PCB、限制总发送功率、限制最大信噪比裕度、限制 PSD 等。

B.3.3 线路低功耗模式

DSL 线路经常处于“永远在线”状态，而且即使用户在使用 DSL 通信，也不一定是处在较高的网络流量状态。当 DSL 线路数据传输过程中，将使用空闲信元填充用户未使用的带宽。针对这种情形，

ADSL2/2＋定义了L2模式(即低功耗模式)。当TPS-TC层检测到用户数据流量低于设定阈值并持续一定的时间时,ADSL2/2＋就进入L2模式。在L2模式下,采用较低的PSD发送信号,每个子载波只承载少量比特,从而达到降低收发器功耗的目的。当TPS-TC层检测到用户数据流量增大到设定阈值并持续一定时间时,ADSL2/2＋则可以自动退出L2模式进入L0模式(常规功耗模式)。

虽然L2模式可以大大降低ADSL2/2＋的能耗。但由于L2模式将改变DSL发射机的发送功率谱的功率,这样对相邻线对的串扰会产生很大的波动。出于对这个系统的线路稳定性的考虑,在实际网络中L2模式并未被广泛使用。

参 考 文 献

[1] YDB 069—2012 接入设备节能参数和测试方法 VDSL2 系统

ICS 13.030.10
Z 71

中华人民共和国国家标准

GB/T 29236—2012

通信网络设备可回收性能评价准则

Criteria for evaluating recoverability of telecommunication infrastructure equipment

2012-12-31 发布　　　　2013-06-01 实施

中华人民共和国国家质量监督检验检疫总局
中国国家标准化管理委员会　发布

前　言

本标准是通信产品回收处理系列标准之一，该系列标准拟分为：

——通信网络设备可回收性能评价准则；

——通信终端产品可回收性能评价准则；

——通信终端产品绿色包装规范；

——通信网络设备可回收利用率计算方法；

——通信终端产品可回收利用率计算方法；

——废弃通信产品回收处理设备要求；

——通信记录媒体的回收处理要求；

——通信网络设备的回收处理要求；

——通信终端设备的回收处理要求；

——通信用锂离子电池的回收处理要求；

——通信用铅酸蓄电池的回收处理要求；

——废弃通信产品再使用技术要求；

——废弃通信产品有毒有害物质环境无害化处理技术要求。

本标准按照 GB/T 1.1—2009 给出的规则起草。

本标准由中华人民共和国工业和信息化部提出。

本标准由中国通信标准化协会归口。

本标准起草单位：工业和信息化部电信研究院、佛山市南海讯联信息有限公司、华为技术有限公司、杭州华三通信技术有限公司、中国移动通信集团公司、上海贝尔股份有限公司。

本标准主要起草人：郭伟祥、蒋京鑫、申许民、卢春阳、刘妍、朱永光、万晓兰、彭军、高健、王敏。

通信网络设备可回收性能评价准则

1 范围

本标准规定了通信网络设备的可回收性能评价准则。

本标准适用于通信网络设备。

2 规范性引用文件

下列文件对于本文件的应用是必不可少的。凡是注日期的引用文件，仅注日期的版本适用于本文件。凡是不注日期的引用文件，其最新版本(包括所有的修改单)适用于本文件。

GB/T 16288 塑料制品的标志

GB/T 22421—2008 通信网络设备的回收处理要求

GB/T 28523 通信网络设备可回收利用率计算方法

ISO 11469 塑料产品的一般鉴定和标志标准(Plastics—Generic identification and marking of plastics products)

3 术语和定义

下列术语和定义适用于本文件。

3.1

通信网络设备 telecommunication infrastructure equipment

通信网络运营机构用以提供网络通信服务的设备。通信网络运营机构包括公网运营商和专网运营商。

3.2

可回收性能 recoverability

产品有利于被回收利用的相关性能。

4 可回收性能评价准则

4.1 模块化设计准则

除了按照功能对产品进行模块化划分以外，还应按照易于回收利用的原则对产品进行模块划分和设计。易于回收利用的模块化设计应考虑：

——通信网络设备的部件或配件的再使用性；

——特殊材料相对独立性和相对集中性；

——产品维修和升级的方便性；

4.2 可再生利用率与可回收利用率

通信网络设备应尽量提高产品的可再生利用率与可回收利用率，产品可再生利用率与可回收利用率的计算方法见GB/T 28523。

4.3 产品回收处理指导信息的完整性

产品应附有完整的产品回收处理指导信息。具体要求见 GB/T 22421—2008 中 3.4。

4.4 易于收集和运输

产品应设计合理，易于产品报废后，对产品进行安全和方便的收集和运输。

4.5 零部件标准化准则

通信网络设备应尽量采用标准化零部件，从而提高零部件的易分类性、易拆解性等。

4.6 零部件通用性准则

通信网络设备宜采用通用性零部件并减少零部件的种类。

4.7 零部件易识别准则

通信网络设备中需要特殊处理的零部件宜声明，以便于回收处理时进行识别。

4.8 利用回收零部件或材料准则

在回收零部件的性能、使用寿命满足使用要求时，应尽可能将其应用于新通信网络设备设计中；或者在新通信网络设备设计中尽可能选用回收的可再生材料。

4.9 结构易拆卸和材料组合易分离准则

通信网络产品宜选用易于接近并分离的联结结构，降低因拆卸造成的目标零件(要回收的材料及重用的零部件)损伤风险。有些零件为满足使用性能要求，在目前状况下不得不采用不同材料组合，这样在设计时应从结构上考虑其便于拆卸分离，方便以后回收。

例如：

——明确连接点、折断点和切割分离线以提高拆卸效率；

——减少对连接进行拆卸所需要的工具数量；

——使用可拆卸连接，避免永久连接，少用半永久连接；

——减少粘接，防止不兼容粘接造成材料的污染而降低材料回收纯度；

——在结构允许的情况下尽量采用卡接方式；

——部件或器件尽量采用插拔结构；

——不能回收、含液体物质或有害物质的零部件宜可拆卸分离。

4.10 材料易回收准则

在满足功能要求的前提下，宜选用可回收的材料，避免使用有害材料，并应尽量减少选用材料种类。

4.11 材料易识别准则

生产企业应按照相关的国家法规和标准对产品中使用的材料进行材质标识。除此之外，建议通过以下方式提高材料的易识别性：

——金属材料在可能的情况下标识出材料成分；

——塑料材料标识按照 GB/T 16288 及 ISO 11469 进行。

标识宜采用注塑或冲压成型工艺，尽量减少丝印和标签的工艺使用。

4.12 材料的相容性准则

当在一个产品中选择某个零件的材料时，满足功能要求的材料可能有多种类型，这时应考虑与周围零件材料的相容性，若采用相容的材料，则可以在减少拆卸工作量的前提下，进行材料再生，并可以获得较好性能的材料。如，标签与线材尽量使用同种材料，避免线缆标签和粘胶残留，连接件与被连接部件尽量使用相同或兼容的材料，如果不兼容要易于分离。

ICS 13.030.10
Z 71

中华人民共和国国家标准

GB/T 29237—2012

通信终端产品可回收性能评价准则

Criteria for evaluating recoverability of telecommunication terminal equipment

2012-12-31 发布　　　　2013-06-01 实施

中华人民共和国国家质量监督检验检疫总局
中国国家标准化管理委员会　发布

前　言

本标准是通信产品回收处理系列标准之一，该系列标准拟分为：

——通信网络设备可回收性能评价准则；

——通信终端产品可回收性能评价准则；

——通信终端产品绿色包装规范；

——通信网络设备可回收利用率计算方法；

——通信终端产品可回收利用率计算方法；

——废弃通信产品回收处理设备要求；

——通信记录媒体的回收处理要求；

——通信网络设备的回收处理要求；

——通信终端设备的回收处理要求；

——通信用锂离子电池的回收处理要求；

——通信用铅酸蓄电池的回收处理要求；

——废弃通信产品再使用技术要求；

——废弃通信产品有毒有害物质环境无害化处理技术要求。

本标准按照 GB/T 1.1—2009 给出的规则起草。

本标准由中华人民共和国工业和信息化部提出。

本标准由中国通信标准化协会归口。

本标准起草单位：工业和信息化部电信研究院、佛山市南海讯联信息有限公司、华为技术有限公司、杭州华三通信技术有限公司、中国移动通信集团公司。

本标准主要起草人：郭伟祥、蒋京鑫、申许民、王丽琴、杨帆、朱永光、万晓兰、孔令军。

通信终端产品可回收性能评价准则

1 范围

本标准规定了通信终端产品的可回收性能评价准则。

本标准适用于通信终端产品。

2 规范性引用文件

下列文件对于本文件的应用是必不可少的。凡是注日期的引用文件，仅注日期的版本适用于本文件。凡是不注日期的引用文件，其最新版本(包括所有的修改单)适用于本文件。

GB/T 16288　塑料制品的标志

GB/T 22423—2008　通信终端设备的回收处理要求

GB/T 28523　通信终端产品可回收利用率计算方法

ISO 11469　塑料　产品的一般鉴定和标志(Plastics—Generic identification and marking of plastics products)

3 术语和定义

下列术语和定义适用于本文件。

3.1

通信终端产品　telecommunication terminal equipment

连接在公用通信网末端，为用户提供发送和接收信息功能的通信设备，以及设计和预定直接连接到通信网络的信息技术设备。

3.2

可回收性能　recoverability

有利于其被回收利用的相关性能。

4 可回收性能评价准则

4.1 模块化准则

除了按照功能对产品进行模块化划分以外，还应按照易于回收利用的原则对产品进行模块划分和设计。易于回收利用的模块化准则包括：

——应考虑通信终端产品的部件或配件的再使用性，使这些部件或配件相对独立于其他部件或配件；

——应考虑特殊材料相对独立性和相对集中性；

——应考虑产品维修和升级的方便性；

——应考虑不同产品材料分离和提取的方便性。

4.2 可再生利用率与可回收利用率

通信终端产品应尽量提高产品的可再生利用率与可回收利用率，产品可再生利用率与可回收利用率的计算方法见 GB/T 28523。

4.3 产品回收处理指导信息的完整性

产品应附有完整的产品回收处理指导信息。具体要求见 GB/T 22423—2008 中 3.4。

4.4 零部件标准化准则

通信终端产品宜采用标准化零部件并减少零部件的种类。

4.5 零部件易识别准则

通信终端产品中需要特殊处理的零部件(例如电池、墨盒等)宜声明,以便于回收处理时进行识别。

4.6 利用再生材料准则

在新通信终端产品设计中尽可能选用再生材料。

4.7 结构易拆卸和材料组合易分离准则

通信终端产品宜选用易于接近并分离的联结结构,降低因拆卸造成的目标零件(要回收的材料及重用的零部件)损伤风险。有些零件为满足使用性能要求,在目前状况下不得不采用不同材料组合,这样在设计时应从结构上考虑其便于拆卸分离,方便以后回收。

例如:

——明确连接点、折断点和切割分离线以提高拆卸效率;

——减少对连接进行拆卸所需要的工具数量;

——使用可拆卸连接,避免永久连接,少用半永久连接;

——减少粘接,防止不兼容粘接造成材料的污染而降低材料回收纯度;

——在结构允许的情况下尽量采用卡接方式;

——部件或器件应尽量采用插拔结构;

——不能回收、含液体物质或有害物质的零部件宜可拆卸分离。

4.8 材料易回收准则

在满足功能要求的前提下,宜选用可回收的材料,避免使用不可回收的有害材料,并尽量减少选用材料种类。

4.9 材料易识别准则

生产企业应按照相关的国家法规和标准对产品中使用的材料进行材质标识。除此之外,建议通过以下方式提高材料的易识别性:

——金属材料在可能的情况下标识出材料成分;

——所有质量在 25 g 以上的塑料零件进行标识,塑料标识按照 GB/T 16288 及 ISO 11469 进行。

标识宜采用一次注塑或冲压成型工艺,尽量减少丝印和二次标签的工艺使用。

4.10 材料的相容性准则

当在一个产品中选择某个零件的材料时,满足功能要求的材料可能有多种类型,这时应考虑与周围零件材料的相容性,若采用相容的材料,则可以在减少拆卸工作量的前提下,进行材料再生,并可以获得较好性能的材料。如,标签与线材尽量使用同种材料,避免线缆标签和粘胶残留,连接件与被连接部件尽量使用相同或兼容的材料,如果不兼容要易于分离。

ICS 33.060.20
M 37

中华人民共和国国家标准

GB/T 29238—2012

移动终端设备节能参数和测试方法

Parameter and measurement of energy saving for the mobile equipment

2012-12-31 发布　　2013-06-01 实施

中华人民共和国国家质量监督检验检疫总局
中国国家标准化管理委员会　发布

前　言

本标准按照 GB/T 1.1—2009 给出的规则起草。

本标准由中华人民共和国工业和信息化部提出。

本标准由中国通信标准化协会归口。

本标准起草单位：工业和信息化部电信研究院、中兴通讯股份有限公司、华为技术有限公司、展讯高科通信技术有限公司。

本标准主要起草人：李锦仪、李波、郭启超、刘晋兴、马小丽、王勇。

引　言

随着中国通信产业的不断发展，通信已经成为国民经济发展的支柱产业，在国家大力开展节能减排，走可持续发展循环经济道路的大背景下，为了更好地引导通信产品向节能降耗方向发展，以切实达到节约能源、环境保护的目的，特制定本标准。

在GB/T 26262—2010《通信产品节能分级导则》中规定节能参数是通信产品节能分级的依据，包括功耗、能效及辅助性参数，其中功耗和能效是节能分级的主要依据。

本标准依据GB/T 26262—2010中的规定，在考虑到移动终端设备的自身特点下，选取了待机功耗、通话功耗、数据传输功耗以及其他业务和功能功耗等作为移动终端设备的节能参数。

本标准制定参数只代表特定条件下功耗表现，不代表实际网络下的功耗表现。

移动终端设备节能参数和测试方法

1 范围

本标准规定了移动终端设备在待机、通话、数据业务应用以及其他业务应用与功能的功耗参数配置及测试方法。

本标准适用于移动通信手持机，包括 GSM(GPRS)/CDMA/WCDMA/TD-SCDMA 等制式的单模、双模移动终端，不适用于企业和行业特殊应用设备。

2 术语、定义和缩略语

2.1 术语和定义

下列术语和定义适用于本文件。

2.1.1

额定容量 rated capacity

生产厂标明的电池容量，指电池在环境温度为 20 ℃±5 ℃条件下，以 5 h 率放电至终止电压时所应提供的电量，用 C5 表示，单位为 Ah(安培小时)或 mAh(毫安小时)。

2.2 缩略语

下列缩略语适用于本文件。

AMR：自适应多速率(Adaptive Multi Rate)

ADC：模/数转换器(Analog-to-Digital Converter)

BA：BCCH 信道分配(BCCH allocation)

BCCH：广播控制信道(Broadcast Control Channel)

BCH：广播信道(Broadcast Channel)

CCCH-PCH：公共控制信道-寻呼信道(Common Control Channel-Paging Channel))

CDG：CDMA 发展组(Code Division Multiple Access Development Group)

CDMA：码分多址接入(Code Division Multiple Access)

CPICH：公共导频信道(Common Pilot Channel)

DPCH：专属物理信道(Dedicated Physical channel)

DRX：非连续接收(Discontinuous Receive)

DTX：非连续发送(Discontinuous Transmission)

FTAP：前向测试应用协议(Forward Test Application Protocl)

GPRS：通用分组无线业务(General Packet Radio Service)

GSM：全球移动通信系统(Global System for Mobile Communications)

HRPD：高速率分组数据(High Rate Packet Data)

MMS：多媒体信息服务(Multimedia Message Service)

MS；移动台(Mobile Station)

PCCPCH:主要公共控制物理信道(Primary Common Control Physical Channel)
PCL:功率控制等级(Power Control Level)
PLMN:公众陆地移动网(Public Land Mobile Network)
PS:分组域(Packet Switched Domain)
QPCH:快速寻呼信道(Quick Paging Channel)
RTAP:反向测试应用协议(Reverse Test Application Protocol)
RSCP:接收信号码域功率(Received Signal Code Power)
SIM:用户鉴权模块(Subscriber Identity Module)
SMS:短消息业务(Short Messaging Service)
SS:系统模拟器(System Simulator)
TDMA:时分多址接入(Time Division Multiple Access)
TD-SCDMA:时分同步码分多址接入(Time Division Synchronize Code Division Multiple Access)
UE:用户设备(User Equipment)
USIM:通用用户识别模块(Universal Subscriber Identity Module)
WCDMA:宽带码分多址接入(Wideband Code Division Multiple Access)

3 概述

移动终端功耗测试系统原理如图1所示,它包含网络环境、电流采集系统和被测终端。

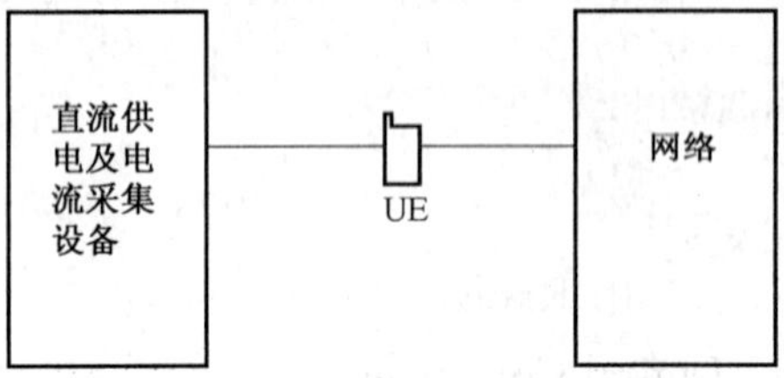

图1 功耗测试系统原理图

双模终端功耗测试系统原理如图2所示,它包含系统模拟器A、系统模拟器B、电流采集系统和被测终端。

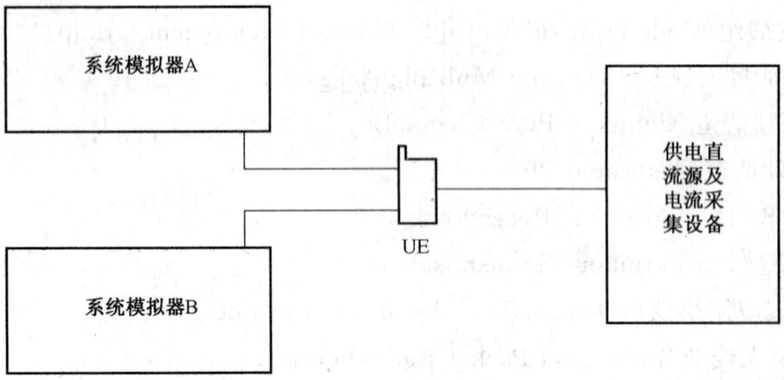

图2 双模终端测试系统原理图

功耗测试系统示意图如图3、图4所示。

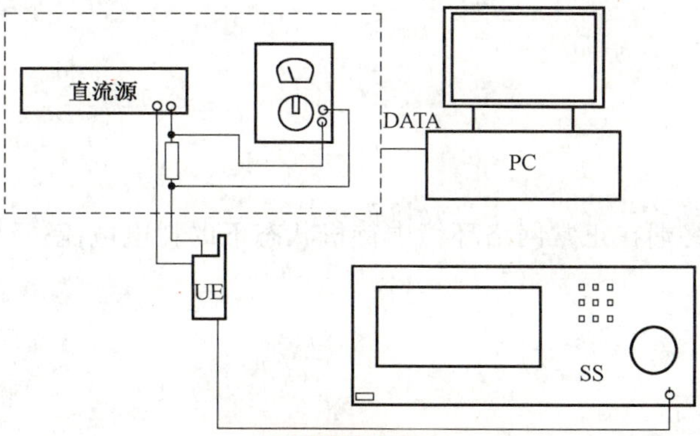

图 3 直流源供电功耗测试系统示意图

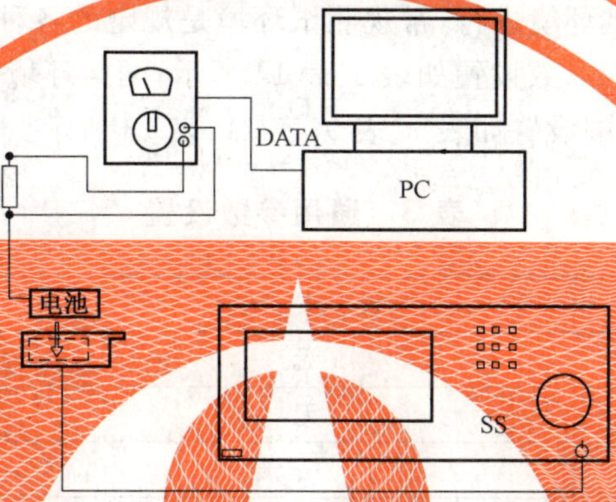

图 4 电池供电功耗测试系统示意图

仪表说明：主要测试仪表为高精度电流/电压表和系统模拟器。高精度电流/电压表作为移动终端功耗测试设备；系统模拟器与UE建立各种通信业务状态。检测设备测量要求如表1、表2所示。

表 1 待机测量要求

测量条件	要求限值
测量电阻	≤0.5 Ω
精度/类型	1%,0.5 W,高精密金属膜电阻器
采样率	≥5万次/s
分辨力	≤0.1 mA
噪声基底(noise floor)	小于最低的ADC步进

表 2 业务测量要求

测量条件	要求限值
测量电阻	≤0.1 Ω
精度/类型	1%,2 W,高精密金属膜电阻器
采样率	≥5万次/s
分辨力	≤0.5 mA
噪声基底(noise floor)	小于最低的ADC步进
注：宜在综测仪和移动终端之间建立良好的连接；移动终端在屏蔽环境，避免干扰。宜使用带有感应线的电阻；否则，需要精确地测量电阻值，并考虑连接线缆的阻抗。	

4 待机功耗测试

4.1 测试目的

通过测量各制式移动终端在正常网络环境中待机状态下的耗电电流，反映其待机功耗。

4.2 测试条件

4.2.1 通用条件

本标准采用的网络环境均为模拟网络。如果没有条件，测试中也可采用现网环境，但应对现网环境进行说明。

待机功耗测试是在常规测试环境进行，常规测试环境是规定的各种条件的组合，参见附录 A。

移动终端待机状态下的通用参数设置如表 3、表 14 所示；网络环境参数设置如表 4、表 5、表 6、表 8、表 10、表 12、表 14 所示；移动终端设置如表 7、表 9、表 11、表 13 所示。

表 3 通用参数设置

设置参数	设置值	注释
小区重选	无	—
小区广播	无	—
SIM/USIM/UIM 卡	—	支持时钟停止模式
SMS/MMS	无	—
PLMN	本地	—
附加业务	关闭	—
终端附加功能	关闭	—

4.2.2 GSM/GPRS 终端

4.2.2.1 GSM/GPRS 通用网络环境

表 4 GSM/GPRS 通用网络环境参数设置

设置参数	设置值	注释
工作频段	UE 工作的频段中心频率 (各频段参见附录 B)	应在测试结果注明终端频段
UE 接收电平	−82 dBm	—
切换设置	无	—
BA 列表[a]	16	—
DTX	无	—
DRX	7	该值为默认值，如选择其他值应在测试结果中注明
相邻小区	无	—
周期性位置更新	关闭	T3212=0
[a] 要求按照列表对邻小区进行测量，但 SS 并不提供邻小区信号，避免终端发起同步。		

4.2.2.2 GPRS 网络环境

表 5 GPRS 网络环境参数设置

设置参数	设置值	注释
DRX	7	该值为默认值，如选择其他值应在测试结果中注明
网络操作模式[a]	1	—
寻呼信道	CCCH-PCH	—
相邻小区	无	—

[a] 网络操作模式 1 表示所有寻呼信息均通过 PPCH 信道发送，若无 PPCH 信道时也可使用 CCCH-PCH 信道来发送。当 PS 域连接时 CS 域寻呼信令是由 PDTCH 信道传送。

表 6 BA 列表邻小区信道号

参数	工作频段	参数值
邻小区信道号	900 频段	1,9,17,26,34,42,50,58,67,75,83,91,99,108,116,124
	1800 频段	512,536,560,585,610,635,660,685,710,735,760,785,810,835,860,885

4.2.2.3 终端设置

表 7 终端设置

设置参数	设置值
蓝牙/红外/摄像头等其他辅助外设	关闭
按键	无按压
音量	—
显示屏	省电模式
背景灯	关闭或设为最低

4.2.3 TD-SCDMA 终端

4.2.3.1 网络环境

表 8 网络环境参数设置

设置参数	设置值	注释
工作频段	UE 工作的频段中心频率	2 010 MHz～2 025 MHz 频段的中间值 2 017.4 MHz （该值为默认值，如果涉及其他频段，请在结果中标明）

表 8（续）

设 置 参 数	设 置 值	注 释
邻小区列表	不少于 4	—
PCCPCH RSCP	−80 dBm	—
DRX	7	该值为默认值，如选择其他值应在测试结果中注明
周期性位置更新	关闭	T3212=0

4.2.3.2 终端设置

表 9 终端设置

设 置 参 数	设 置 值
蓝牙/红外/摄像头等其他辅助外设	关闭
按键	无按压
音量	—
显示屏	省电模式
背景灯	关闭或设为最低

4.2.4 WCDMA 终端

4.2.4.1 网络环境

表 10 网络环境参数设置

设 置 参 数	设 置 值	注 释
工作频段	UE 工作的频段中心频率（各频段参见附录 B）	应在测试结果注明终端频段
邻小区列表[a,b]	16	—
DRX	7	该值为默认值，如选择其他值应在测试结果中注明
CPICH_RSCP(Ec)（公共导频信道接收功率）	−82 dBm	—
DPCH_Ec/Ior	−5 dB	—
Ec/No	>−12 dB	—
周期性位置更新	关闭	T3212=0

[a] 要求按照列表对同频邻小区进行测量，但 SS 并不提供邻小区信号，避免终端发起同步。

[b] 默认只做同频邻小区搜索，如有其他设置，请在测试结果中注明。

4.2.4.2 终端设置

表 11 终端设置

设置参数	设置值
蓝牙/红外/摄像头等其他辅助外设	关闭
按键	无按压
音量	—
显示屏	省电模式
背景灯	关闭或设为最低

4.2.5 **CDMA 终端**

4.2.5.1 网络环境

表 12 网络环境参数设置

设置参数	设置值	注释
工作频段	UE 工作的频段中心频率	应在测试结果注明终端频段；BAND class0 和 BAND class6 中实际使用频段
Ior	−75 dBm	—
Pilot $\frac{Ec}{Ior}$	−7 dB	—
Paging $\frac{Ec}{Ior}$	−12 dB	—
快速寻呼信道	0-不支持	—
REG_PRD	58	注册周期近似为 31 min
SLOT CYCLE INDEX（循环时隙参数）	1	MAX SLOT CYCLE INDEX 设为 1 或 0

4.2.5.2 终端设置

表 13 终端设置

设置参数	设置值
蓝牙/红外/摄像头等其他辅助外设	关闭
按键	无按压
音量	—
显示屏	省电模式
背景灯	关闭或设为最低

4.2.6 双模终端

4.2.6.1 双模通用参数设置

表 14 双模通用参数设置

设置参数	设置值	注释
网络切换	无	—
网络重选	无	—

4.2.6.2 双模单待终端

双模单待终端是指带有网络自动切换功能的移动终端。

表 15 列出了双模单待终端常见的制式模式组合,及其网络参数设置和 UE 状态设置参考的章条。

表 15 组合列表

常见的制式组合	参考章条	注释
TD-SCDMA/GSM/GPRS	4.2.3/4.2.2	—
WCDMA/GSM/GPRS	4.2.4/4.2.2	—
CDMA/GSM	4.2.5/4.2.2	—

4.2.6.3 双模双待终端

双模双待终端是指支持两个独立通信模块同时工作的移动终端。

表 16 列出了双模双待终端常见的模式组合,及其网络参数设置和 UE 状态设置参考的章条。

表 16 组合列表

常见的制式组合	参考章条	注释
TD-SCDMA/GSM/GPRS	4.2.3/4.2.2	—
WCDMA/GSM/GPRS	4.2.4/4.2.2	—
CDMA/GSM	4.2.5/4.2.2	—
GSM/GSM/GPRS	4.2.2	—

4.3 测试方法

4.3.1 单模终端测试方法

单模终端测试方法如下:

a) 方法 1
   1) 按照图 3 建立测试系统连接。
   2) 被测终端插入测试 SIM/USIM/UIM 卡。
   3) 按照 4.2 所提供各制式功耗的参数进行设置。

4) 用直流电压源通过模拟电池给被测移动台供电，在电源环路中，串联一个小内阻电流表。电压源的电压设置为3.8V，同时通过电压源的反馈端进行电压补偿，以保证电压源的输出电压稳定。
5) 开启UE，完成网络注册。UE此时处于待机状态。
6) 待UE进入节电状态后，无操作等待1 min。
7) 记录连续30 min内的耗电电流采样值并计算其待机平均耗电电流 $I_{idle\text{-}average}$。

b) 方法2

1) 按照图4建立测试系统连接。
2) 被测终端插入测试SIM/USIM/UIM卡。
3) 按照4.2所提供各制式功耗的参数进行设置。
4) 在20 ℃±5 ℃的条件下，将标配电池(出厂未超过六个月且未被使用过)以0.2C5A充电，当电池端电压达到充电限制电压时，改为恒压充电，直到充电电流小于或等于0.01C5A，最长充电时间不大于8 h；充电完成后，搁置0.5 h～1 h，在相同环境下以0.2C5A电流放电到终止电压，完成一次充放电。连续冲放电3次。
5) 将电池装入UE，UE处于关机状态，使用标配充电器，并按照移动终端制造商在用户手册中说明的充电方法，进行充分地充电，完成后等待1 h。
6) 将标配电池重新装入UE，其正极与符合表1中参数设置的感应电阻相连，负极与UE负极相连，电阻的另一端与UE正极相连。
7) 开启UE，完成网络注册。UE此时处于待机状态。
8) 待UE进入节电状态后，无操作等待1 min。
9) 记录连续30 min内的耗电电流采样值并计算其待机平均耗电电流 $I_{idle\text{-}average}$。

4.3.2 双模终端测试方法

4.3.2.1 双模单待终端

双模单待终端测试方法如下：

a) 方法1

1) 按照图4建立测试系统连接。
2) 被测终端插入SIM/USIM/UIM卡。若为双卡槽则根据移动台制造商的用户手册中的说明插入对应的SIM/USIM/UIM卡。
3) 按照4.2中各对应制式的参数进行设置。
4) 用直流电压源通过模拟电池给被测移动台供电，在电源环路中，串联一个小内阻电流表。电压源的电压设置为3.8V，同时通过电压源的反馈端进行电压补偿，以保证电压源的输出电压稳定。
5) 开启UE，对支持网络模式选择的UE，选择某一制式优先的网络模式。确保UE驻留在所选的网络中，待UE进入节电状态后，无操作等待1 min。
6) 记录所选网络连续30 min内的耗电电流采样值并计算其待机平均耗电电流 $I_{idle\text{-}average}$。
7) 选择另一优先网络模式，重复5)～6)步骤。

b) 方法2

1) 按照图4建立测试系统连接。
2) 被测终端插入SIM/USIM/UIM卡。若为双卡槽则根据移动台制造商的用户手册中的说明插入对应的SIM/USIM/UIM卡。
3) 按照4.2中各对应制式的参数进行设置。

4） 在 20 ℃±5 ℃的条件下，将标配电池（出厂未超过六个月且未被使用过）以 0.2C5A 充电，当电池端电压达到充电限制电压时，改为恒压充电，直到充电电流小于或等于 0.01C5A，最长充电时间不大于 8 h；充电完成后，搁置 0.5 h～1 h，在相同环境下以 0.2C5A 电流放电到终止电压，完成一次充放电。连续冲放电 3 次。

5） 将电池装入 UE，UE 处于关机状态，使用标配充电器，并按照移动终端制造商在用户手册中说明的充电方法，进行充分地充电，完成后等待 1 h。

6） 将标配电池重新装入 UE，其正极与符合表 1 中参数设置的感应电阻相连，负极与 UE 负极相连，电阻的另一端与 UE 正极相连。

7） 开启 UE，对支持网络模式选择的 UE，选择某一制式优先的网络模式，使 UE 驻留在所选的网络中，待 UE 进入节电状态后，无操作等待 1 min。

8） 记录所选网络连续 30 min 内的耗电电流采样值并计算其待机平均耗电电流 $I_{\text{idle-average}}$。

9） 选择另一优先网络模式，重复 7）～8）步骤。

4.3.2.2 双模双待终端

双模双待终端测试方法如下：

a） 方法 1

1） 按照图 3 建立测试系统连接。

2） 被测终端根据终端制造商的用户手册中的说明分别将 2 张 SIM/USIM/UIM 卡插入对应的卡槽中。

3） 按照 4.2 中各对应制式的参数进行设置。

4） 用直流电压源通过模拟电池给被测移动台供电，在电源环路中，串联一个小内阻电流表。电压源的电压设置为 3.8V，同时通过电压源的反馈端进行电压补偿，以保证电压源的输出电压稳定。

5） 开启 UE，选择双网络同时工作模式。

6） 确认注册在两个网络之后，待 UE 进入节电状态后，无操作等待 1 min。

7） 记录 UE 连续 30 min 的耗电电流采样值并计算其待机平均耗电电流 $I_{\text{idle-average}}$。

b） 方法 2

1） 按照图 4 建立测试系统连接。

2） 被测终端根据终端制造商的用户手册中的说明分别将 2 张 SIM/USIM/UIM 卡插入对应的卡槽中。

3） 按照 4.2 中各对应制式的参数进行设置。

4） 在 20 ℃±5 ℃的条件下，将标配电池（出厂未超过六个月且未被使用过）以 0.2C5A 充电，当电池端电压达到充电限制电压时，改为恒压充电，直到充电电流小于或等于 0.01C5A，最长充电时间不大于 8 h；充电完成后，搁置 0.5 h～1 h，在相同环境下以 0.2C5A 电流放电到终止电压，完成一次充放电。连续冲放电 3 次。

5） 将电池装入 UE，UE 处于关机状态，使用标配充电器，并按照移动终端制造商在用户手册中说明的充电方法，进行充分地充电，完成后等待 1 h。

6） 将标配电池重新装入 UE，其正极与符合表 1 中参数设置的感应电阻相连，负极与 UE 负极相连，电阻的另一端与 UE 正极相连。

7） 开启 UE，选择双网络同时工作模式。

8） 确认注册在两个网络之后，待 UE 进入节电状态后，无操作等待 1 min。

9） 记录 UE 连续 30 min 的耗电电流采样值并计算其待机平均耗电电流 $I_{\text{idle-average}}$。

5 通话功耗测试

5.1 测试目的

通过测量各制式移动终端在正常网络环境中通话状态下的耗电电流，从而反映出通话功耗。

5.2 测试条件

5.2.1 通用条件

本标准采用的网络环境均为模拟网络。如果没有条件，测试中也可采用现网环境，但应对现网环境进行说明。

通话功耗测试是在常规测试环境进行，常规测试环境是规定的各种条件的组合，参见附录A。

移动终端通话状态下的通用参数设置如表17所示；网络环境参数设置如表18、表20、表22、表24所示；移动终端设置如表19、表21、表23和表25所示。

表17 通用参数设置

设置参数	设置值	注释
小区重选	无	—
小区广播	无	—
切换	无	—
SMS/MMS	无	—
SIM/USIM/UIM卡	—	支持时钟停止模式
PLMN	本地	—
附加业务	关闭	除语音通话外其他业务
终端附加功能	关闭	—

5.2.2 GSM/GPRS终端

5.2.2.1 网络环境

表18 网络环境参数设置

设置参数	设置值	注释
工作频段	UE工作的频段中心频率 （各频段参见附录B）	应在测试结果注明终端频段
移动台接收电平	−82 dBm	—
UE发射功率	PCL12:19 dBm(GSM 900/850/480/450) PCL5:20 dBm(GSM 1800/1900)	若选择其他PCL值 应在测试结果中标明
DTX	无	—
速率	全速率	—

5.2.2.2 终端设置

表 19 终端设置

设置参数	设置值
蓝牙/红外/摄像头等其他辅助外设	关闭
按键	无按压
音量	最大音量
显示屏	省电模式
背景灯	关闭或设为最低

5.2.3 **TD-SCDMA 终端**

5.2.3.1 网络环境

表 20 网络环境参数设置

设置参数	设置值	注释
工作频段	UE 工作的频段中心频率	2 010 MHz～2 025 MHz 频段的中间值 2 017.4 MHz
PCCPCH RSCP	−80 dBm	—
速率	AMR 12.2 kbit/s	—
UE 发射功率	10 dBm	若选择其他发射功率应在测试结果中标明

5.2.3.2 终端设置

表 21 终端设置

设置参数	设置值
蓝牙/红外/摄像头等其他辅助外设	关闭
按键	无按压
音量	最大音量
显示屏	省电模式
背景灯	关闭或设为最低

5.2.4 WCDMA 终端

5.2.4.1 网络环境

表 22 网络环境参数设置

设置参数	设置值	注释
工作频段	UE 工作的频段中心频率 (各频段参见附录 B)	应在测试结果注明终端频段
CPICH_RSCP(Ec)	−82 dBm	—
DPCH_Ec/Ior	−5 dB	—
Ec/No	>−12 dB	—
信道类型(上行/下行/承载)	12.2 kbit/s 自适应码率 语音:12.2 kbit/s(上行)/12.2 kbit/s(下行) 信令:3.4 kbit/s(上行)/3.4 kbit/s(下行)	—
UE 发射功率	10 dBm	若选择其他发射功率应 在测试结果中标明
DTX	无	—

5.2.4.2 终端设置

表 23 终端设置

设置参数	设置值
蓝牙/红外/摄像头等其他辅助外设	关闭
按键	无按压
音量	最大音量
显示屏	省电模式
背景灯	关闭或设为最低

5.2.5 CDMA 终端

5.2.5.1 网络环境

表 24 网络环境参数设置

设置参数	设置值	注释
工作频段	UE 工作的频段中心频率	应在测试结果注明终端频段; BAND class0 和 BAND class6 中实际使用频段
Ior	−75 dBm	—
Pilot $\frac{Ec}{Ior}$	−7 dB	—

表 24（续）

设置参数	设置值	注释
Traffic $\frac{Ec}{Ior}$	-15 dB	—
前向及反向速率	EVRC 声码器	—
UE 发射功率	10dBm	若选择其他发射功率应在测试结果中标明
无线配置	1	—

5.2.5.2 终端设置

表 25 终端设置

设置参数	设置值
蓝牙/红外/摄像头等其他辅助外设	关闭
按键	无按压
音量	最大音量
显示屏	省电模式
背景灯	关闭或设为最低

5.2.6 双模终端

对于双模终端网络参数设置参见各制式单模终端。

5.3 测试方法

本标准列举了以下两种测试方法：

a) 方法 1

1) 按照图 3 建立测试系统连接。

2) 被测终端插入测试 SIM/USIM/UIM 卡。

3) 按照 5.2 所提供各制式功耗的参数进行设置。

4) 用直流电压源通过模拟电池给被测移动台供电，在电源环路中，串联一个小内阻电流表。电压源的电压设置为 3.8V，同时通过电压源的反馈端进行电压补偿，以保证电压源的输出电压稳定。

5) 开启 UE，完成网络注册。

6) 建立语音呼叫连接。

7) 待 UE 进入节电状态后，无操作等待 30 s。

8) 记录 UE 连续 10 min 的耗电电流采样值并计算其通话平均耗电电流 $I_{talk\text{-}average}$。

b) 方法 2

1) 按照图 4 建立测试系统连接。

2) 被测终端插入测试 SIM/USIM/UIM 卡。

3) 按照5.2所提供各制式功耗的参数进行设置。

4) 在20 ℃±5 ℃的条件下,将标配电池(出厂未超过六个月且未被使用过)以0.2C5A充电,当电池端电压达到充电限制电压时,改为恒压充电,直到充电电流小于或等于0.01C5A,最长充电时间不大于8 h;充电完成后,搁置0.5 h～1 h,在相同环境下以0.2C5A电流放电到终止电压,完成一次充放电。连续冲放电3次。

5) 将电池装入UE,UE处于关机状态,使用标配充电器,并按照移动终端制造商在用户手册中说明的充电方法,进行充分地充电,完成后等待1 h。

6) 将标配电池重新装入UE,其正极与符合表2中参数设置的感应电阻相连,负极与UE负极相连,电阻的另一端与UE正极相连。

7) 开启UE,完成网络注册。

8) 建立语音呼叫连接。

9) 待UE进入节电状态后,无操作等待30 s。

10) 记录UE连续10 min的耗电电流采样值并计算其通话平均耗电电流$I_{talk\text{-}average}$。

6 分组域数据传输功耗测试

6.1 测试目的

测量得出各制式移动终端在正常网络环境中进行分组域数据传输时的耗电电流,从而反映出终端分组数据传输的功耗。

6.2 测试条件

6.2.1 通用条件

本标准采用的网络环境均为模拟网络。如果没有条件,测试中也可采用现网环境,但应对现网环境进行说明。

分组域数据传输功耗测试是在常规测试环境进行,常规测试环境是规定的各种条件的组合,参见附录A。

移动终端在分组数据传输时通用参数设置如表26所示;网络环境参数设置如表27、表29、表31、表33所示;移动终端设置如表28、表30、表32和表34所示。

表26 通用参数设置

设置参数	设置值	注释
小区重选	无	—
小区广播	无	—
SIM/USIM/UIM卡	—	支持时钟停止模式
SMS/MMS	无	—
PLMN	本地	—
附加业务	关闭	—
终端附加功能	关闭	—

6.2.2 GSM/GPRS

6.2.2.1 网络环境

表 27 网络环境参数设置

设置参数	设置值	注释
工作频段	UE 工作的频段中心频率(各频段详见附录 B)	应在测试结果注明终端频段
移动台接收电平	−82 dBm	—
UE 发射功率	PCL12:19 dBm(GSM 900/850/480/450) PCL5:20 dBm(GSM 1800/1900)	若选择其他 PCL 值应在测试结果中标明
多时隙等级	12(下行:4TS /上行:1TS)	—
PS 域速率	53.6 kbit/s(下行)/13.4 kbit/s(上行)	表中提供的速率是一个基本速率配置,目的是为了设置一个统一的测试环境。也可以选择其他的速率配置但需在测试结果中对配置进行描述
DTX	无	—
编码方式	CS4	—

6.2.2.2 终端设置

表 28 终端设置

设置参数	设置值
蓝牙/红外/摄像头等其他辅助外设	关闭
按键	无按压
显示屏	省电模式
背景灯	关闭或设为最低

6.2.3 TD-SCDMA

6.2.3.1 网络环境

表 29 网络环境参数设置

设置参数	设置值	注释
工作频段	UE 工作的频段中心频率	2 010 MHz～2 025 MHz 频段的中间值 2 017.4 MHz
PCCPCH RSCP	−80 dBm	—
DPCH(下行)	SF16(384 kbit/s)	—
DPCH(上行)	SF8(12 kbit/s)	—

表 29（续）

设置参数	设置值	注释
时隙	4TS(下行)/1TS(上行)	—
PS 域速率	12.2 kbit/s(上行)/384 kbit/s(下行)	表中提供的速率是一个基本速率配置，目的是为了设置一个统一的测试环境。也可以选择其他的速率配置但需在测试结果中对配置进行描述
UE 发射功率	10 dBm	若选择其他发射功率应在测试结果中标明

6.2.3.2 终端设置

表 30 终端设置

设置参数	设置值
蓝牙/红外/摄像头等其他辅助外设	关闭
按键	无按压
显示屏	省电模式
背景灯	关闭或设为最低

6.2.4 WCDMA

6.2.4.1 网络环境

表 31 网络环境参数设置

设置参数	设置值	注释
工作频段	UE 工作的频段中心频率 (各频段详见附录 B)	应在测试结果注明终端频段
CPICH_RSCP(Ec)	−82 dBm	—
DTX	无	—
Ec/No	>−12 dB	—
DPDCH(下行)	SF8(384 kbit/s)	—
DPDCH(上行)	SF32(64 kbit/s)	—
时隙	4TS(下行)/1TS(上行)	—
编码	1/3 码	—
信道类型(上行/下行/承载)	交互式或背景业务 PS64 kbit/s(上行)/384 kbit/s(下行) 信令：3.4 kbit/s(上行)/3.4 kbit/s(下行)	表中提供的速率是一个基本速率配置，目的是为了设置一个统一的测试环境。也可以选择其他的速率配置但需在测试结果中对配置进行描述
UE 发射功率	10 dBm	若选择其他发射功率应在测试结果中标明

6.2.4.2 终端设置

表 32 终端设置

设置参数	设置值
蓝牙/红外/摄像头等其他辅助外设	关闭
按键	无按压
显示屏	省电模式
背景灯	关闭或设为最低

6.2.5 cdma2000

6.2.5.1 网络环境

表 33 网络环境参数设置

设置参数	设置值	注释
频率	UE 工作的频段中心频率	应在测试结果注明终端频段； BAND class0 和 BAND class6 中实际使用频段
Ior	−75 dBm	—
PS 域速率	153.6 kbit/s(上行)/307.2 kbit/s(下行)	表中提供的速率是一个基本速率配置，目的是为了设置一个统一的测试环境。也可以选择其他的速率配置但需在测试结果中对配置进行描述
Open Loop Adjust	81(−81 dB),频段类型 0(800 MHz) 84(−84 dB),频段类型 6(2 GHz)	—
Probe Initial Adjust	15(15 dB)	—
Power Step	15(7.5 dB/步长)	—
UE 发射功率	10 dBm	若选择其他发射功率应在测试结果中标明
注：设置一个测试应用会话，建立一条相应的连接。配置测试应用 RTAP，使得反向数据信道速率为 153.6 kbit/s。同时配置测试应用 FTAP，使得前向业务信道数据速率为 2-slot 的 307.2 kbit/s(2 时隙)，ACK 信道在所有时隙上传送。		

6.2.5.2 终端设置

表 34 终端设置

设置参数	设置值
蓝牙/红外/摄像头等其他辅助外设	关闭
按键	无按压
显示屏	省电模式
背景灯	关闭或设为最低

6.3 测试方法

本标准列举了以下两种测试方法：

a) 方法 1

1) 按照图 3 建立测试系统连接。

2) 被测终端插入测试 SIM/USIM/UIM 卡。

3) 按照 6.2 所提供各制式功耗的参数进行设置。

4) 用直流电压源通过模拟电池给被测移动台供电，在电源环路中，串联一个小内阻电流表。电压源的电压设置为 3.8V，同时通过电压源的反馈端进行电压补偿，以保证电压源的输出电压稳定。

5) 开启 UE，完成网络注册。

6) 建立 UE 分组数据连接。

7) 待 UE 进入节电状态后，无操作等待 1 min。

8) 记录 UE 连续 10 min 的耗电电流采样值并计算其平均电流 $I_{packet\text{-}average}$，并记录试验期间数据传输量。

b) 方法 2

1) 按照图 4 建立测试系统连接。

2) 被测终端插入测试 SIM/USIM/UIM 卡。

3) 按照 6.2 所提供各制式功耗的参数进行设置。

4) 在 20 ℃±5 ℃的条件下，将标配电池（出厂未超过六个月且未被使用过）以 0.2C5A 充电，当电池端电压达到充电限制电压时，改为恒压充电，直到充电电流小于或等于 0.01C5A，最长充电时间不大于 8 h；充电完成后，搁置 0.5 h～1 h，在相同环境下以 0.2C5A 电流放电到终止电压，完成一次充放电。连续冲放电 3 次。

5) 将电池装入 UE，UE 处于关机状态，使用标配充电器，并按照移动终端制造商在用户手册中说明的充电方法，进行充分地充电，完成后等待 1 h。

6) 将标配电池重新装入 UE，其正极与符合表 1 中参数设置的感应电阻相连，负极与 UE 负极相连，电阻的另一端与 UE 正极相连。

7) 开启 UE，完成网络注册。

8) 建立 UE 分组数据连接。

9) 待 UE 进入节电状态后，无操作等待 1 min。

10) 记录 UE 连续 10 min 的耗电电流采样值并计算其平均电流 $I_{packet\text{-}average}$，并记录试验期间数据传输量。

7 其他业务和功能功耗测试

7.1 测试目的

测量得出各制式移动终端在正常网络环境中进行各类业务和功能应用的耗电电流，从而反映出终端在各类业务和功能应用的功耗。本章条所列项目宜做参考项。

7.2 测试条件

本标准采用的网络环境均为模拟网络。如果没有条件，测试中也可采用现网环境，但应对现网环境进行说明。

其他业务和功能功耗测试是在常规测试环境进行，常规测试环境是规定的各种条件的组合，参见附录 A。

移动终端在其他业务的通用业务参数设置如表 35 所示；其他功能的通用功能参数设置如表 36 所示。

注：下列测试所采用音频、JAVA 标准文件均参考 GSMA DG.09。

表 35 通用其他业务参数设置

<table>
<tr><th>业务</th><th colspan="4">测试条件</th></tr>
<tr><td rowspan="9">SMS</td><td colspan="2">网络参数</td><td colspan="2">终端参数</td></tr>
<tr><td>设置参数</td><td>设置值</td><td>设置参数</td><td>设置值</td></tr>
<tr><td>频率</td><td>终端工作中心频率</td><td>显示屏 LCD 亮度</td><td>中值</td></tr>
<tr><td>UE 接收电平</td><td>参见第 5 章各制式的电平设置</td><td>提示方式</td><td>铃音</td></tr>
<tr><td rowspan="4">UE 发射功率</td><td rowspan="4">参见第 5 章各制式的功率设置</td><td>音量</td><td>最大值</td></tr>
<tr><td>键盘背景灯</td><td>关</td></tr>
<tr><td>信息长度</td><td>140 Byte</td></tr>
<tr><td>信息类型</td><td>文本</td></tr>
<tr><td colspan="4">注：连续重复 5 次接收/发送耗电电流采样值；采用环回接收/发送方式。</td></tr>
<tr><td rowspan="8">MMS</td><td colspan="2">网络参数</td><td colspan="2">终端参数</td></tr>
<tr><td>设置参数</td><td>设置值</td><td>设置参数</td><td>设置值</td></tr>
<tr><td>频率</td><td>终端工作中心频率</td><td>显示屏 LCD 亮度</td><td>中值</td></tr>
<tr><td>UE 接收电平</td><td>参见第 6 章各制式的电平设置</td><td>提示方式</td><td>铃音</td></tr>
<tr><td>UE 发射功率</td><td>参见第 6 章各制式的功率设置</td><td>音量</td><td>最大值</td></tr>
<tr><td rowspan="2">速率</td><td rowspan="2">参见第 6 章各制式的速率设置</td><td>键盘背景灯</td><td>关</td></tr>
<tr><td>信息类型</td><td>包含文本和 80×60 的 JPEG 图片</td></tr>
<tr><td colspan="4">注：连续重复 5 次接收/发送耗电电流采样值；采用环回接收/发送方式。</td></tr>
</table>

表 35（续）

业务	测试条件			
流媒体	网络参数		终端参数	
	设置参数	设置值	设置参数	设置值
	频率	终端工作中心频率	显示屏 LCD 亮度	中值
			音量	最大值
			键盘背景灯	关
	UE 接收电平	参见第 6 章各制式的电平设置	播放方式	通过输入 URL 链接播放
			媒体文件格式	MPEG-4
			显示模式	全屏
	UE 发射功率	参见第 6 章各制式的功率设置	声音播放	扬声器
	速率	参见第 6 章各制式的速率设置	存储方式[a]	外部存储卡
			并发业务	无
	注：连续 5 min 的耗电电流采样值。			
	[a] 如果终端不支持外部存储卡，则可用内部存储。			
可视电话	网络参数		终端参数	
	设置参数	设置值	设置参数	设置值
	频率	终端工作中心频率	显示屏 LCD 亮度	中值
	UE 接收电平	参见第 5 章各制式的电平设置	音量	最大值
	UE 发射功率	参见第 5 章各制式的功率设置	键盘背景灯	关
	速率	参见第 5 章各制式的速率设置	音频编解码	AMR/EVRC
			视频编解码	H.263
			显示模式	窗口
			声音播放	扬声器
	注 1：连续 5min 的耗电电流采样值。 **注 2**：采用 Video lookback 模式作为测试业务。			
JAVA（下载）	网络参数		终端参数	
	设置参数	设置值	设置参数	设置值
	频率	终端工作中心频率	显示屏 LCD 亮度	中值
	UE 接收电平	参见第 6 章各制式的电平设置	音量	最大值
	UE 发射功率	参见第 6 章各制式的功率设置	键盘背景灯	关
	速率	参见第 6 章各制式的速率设置	链接方式	WAP
			存储方式[a]	外部存储卡
			并发业务	无
	注：连续 5min 的耗电电流采样值。			
	[a] 如果终端不支持外部存储卡，则可用内部存储。			

表 36　其他功能参数设置

功　　能	测试条件	
手机电视	设置参数	设置值
	显示屏 LCD 亮度	中值
	音量	最大值
	键盘背景灯	关
	声音播放	扬声器
	外部事件	无
	显示模式	全屏
	注：连续 10 min 的耗电电流采样值。	
MP3 播放	设置参数	设置值
	显示屏 LCD 亮度	省电模式
	音量	最大值
	键盘背景灯	关
	外部事件	无
	声音播放	扬声器
	注 1：连续 10 min 的耗电电流采样值。 **注 2**：MP3 音源：http://gsmworld.mobi/blm/downloads/music.mp3。	
游戏	设置参数	设置值
	显示屏 LCD 亮度	中值
	音量	最大值
	键盘背景灯	关
	外部事件	无
	声音播放	扬声器
	注 1：连续 10 min 的耗电电流采样值。 **注 2**：JAVA music player：http://www.jbenchmark.com/battery/(Battery MP3)； JAVA game：http://www.jbenchmark.com/battery/(Battery 3D)。	
网络自动切换	测试条件	测试方法
	待定	待定

7.3　测试方法

本标准列举了以下两种测试方法：

a)　方法 1

1)　建立测试系统连接。

2)　被测终端插入测试 SIM/USIM/UIM 卡。

3)　用直流电压源通过模拟电池给被测移动台供电，在电源环路中，串联一个小内阻电流表。电压源的电压设置为 3.8V，同时通过电压源的反馈端进行电压补偿，以保证电压源的输出电压稳定。

4） 开启 UE，完成网络注册。

5） 建立 UE 相应业务连接或开启相应功能。

6） 记录全过程 UE 耗电电流采样值并计算其平均耗电电流 $I_{average}$。

7） 如有必要记录试验期间的数据量。

b） 方法 2

1） 建立测试系统连接。

2） 被测终端插入测试 SIM/USIM/UIM 卡。

3） 在 20 ℃±5 ℃的条件下，将标配电池（出厂未超过六个月且未被使用过）以 0.2C5A 充电，当电池端电压达到充电限制电压时，改为恒压充电，直到充电电流小于或等于 0.01C5A，最长充电时间不大于 8 h；充电完成后，搁置 0.5 h～1 h，在相同环境下以 0.2C5A 电流放电到终止电压，完成一次充放电。连续冲放电 3 次。

4） 将电池装入 UE，UE 处于关机状态，使用标配充电器，并按照移动终端制造商在用户手册中说明的充电方法，进行充分地充电，完成后等待 1 h。

5） 将标配电池重新装入 UE，其正极与符合表 1 中参数设置的感应电阻相连，负极与 UE 负极相连，电阻的另一端与 UE 正极相连。

6） 开启 UE，完成网络注册。

7） 建立 UE 相应业务连接或开启相应功能。

8） 记录全过程 UE 耗电电流采样值并计算其平均耗电电流 $I_{average}$。

9） 如有必要记录试验期间的数据量。

附　录　A
（资料性附录）
测 试 环 境

表 A.1　常规测试环境

大气压	86 kPa～106 kPa
温度	15℃～35℃
相对湿度	20％～55％

附 录 B
（资料性附录）
各制式工作频段

表 B.1 GSM 工作频段对应信道号

频段/MHz	信道号
900	$1 \leqslant N \leqslant 124$
1 800	$512 \leqslant N \leqslant 885$

表 B.2 WCDMA 工作频段

工 作 频 段	上行频段 终端发射，基站接收	下行频段 终端接收，基站发射
I	1 920 MHz～1 980 MHz	2 110 MHz～2 170 MHz
BAND I		
上行链路	$N_u = 5 \times f_{uplink}$ N 为 9 612～9 888	1 922.4 MHz $\leqslant f_{uplink} \leqslant$ 1 977.6 MHz 其中 f_{uplink} 是上行频率，单位 MHz
下行链路	$N_u = 5 \times f_{downlink}$ N 为 10 562～10 838	2 112.4 MHz $\leqslant f_{downlink} \leqslant$ 5 167.6 MHz 其中 $f_{downlink}$ 是下行频率，单位 MHz

表 B.3 CDMA 工作频段

频段类别 0 的 CDMA 信道号和频率		
发射机	CDMA 信道号	CDMA 信道的中心频率
移动台	$1 \leqslant N \leqslant 799$	$0.030N + 825.000$
	$991 \leqslant N \leqslant 1\,023$	$0.030(N - 1\,023) + 825.000$
基站	$1 \leqslant N \leqslant 799$	$0.030N + 870.000$
	$991 \leqslant N \leqslant 1\,023$	$0.030(N - 1\,023) + 870.000$
频段类别 6 的 CDMA 信道号和频率		
发射机	CDMA 信道号	CDMA 信道的中心频率
移动台	$1 \leqslant N \leqslant 1\,199$	$1\,920.000 + 0.050N$
基站	$1 \leqslant N \leqslant 1\,199$	$2\,110.000 + 0.050N$

表 B.4 TD-SCDMA 工作频段

频段\信道号	信 道 号
1 880 MHz～1 920 MHz	9 404≤N≤9 596
2 010 MHz～2 025 MHz	10 054≤N≤10 121
2 300 MHz～2 400 MHz	11 504≤N≤11 996

参 考 文 献

［1］ GB/T 18287—2000 蜂窝电话用锂离子电池总规范

［2］ YD/T 1215—2006 900/1 800 MHz TDMA 数字蜂窝移动通信网通用分组无线业务(GPRS)设备测试方法:移动台

［3］ YD/T 1368.1—2008 2 GHz TD-SCDMA 数字蜂窝移动通信网 终端设备测试方法 第1部分:基本功能、业务和性能测试

［4］ YD/T 1395—2009 GSM/CDMA 1X 双模数字移动台测试方法

［5］ YD/T 1548.1—2009 2 GHz WCDMA 数字蜂窝移动通信网 终端设备测试方法(第三阶段) 第1部分:基本功能、业务和性能

［6］ YD/T 1576.1—2007 2 GHz cdma2000 数字蜂窝移动通信网设备检测方法:移动台 第1部分 基本无线指标、功能和性能

［7］ YD/T 1779—2011 TD-SCDMA/GSM(GPRS)双模单待机数字移动通信终端测试方法

［8］ YDC 023—2006 800MHz CDMA 1X 数字蜂窝移动通信网设备测试方法:移动台(含机卡一体) 第1部分 基本无线指标、功能和性能

［9］ YDC 065—2007 900/1 800 MHz TDMA 数字蜂窝移动通信网移动台设备(双卡槽)技术要求及测试方法

［10］ YDC 064—2007 TD-SCDMA/GSM(GPRS)双模双待机数字移动通信终端测试方法

［11］ GSM Association:Battery life measurement technique(Version 4.6,May 2008)

［12］ CDG 35:CDG Stage 4 optional system performance tests

ICS 33.060
M 34

中华人民共和国国家标准

GB/T 29239—2012

移动通信设备节能参数和测试方法 基站

Energy efficiency metrics and measurement method for mobile communication equipment—Base station

2012-12-31 发布　　2013-06-01 实施

中华人民共和国国家质量监督检验检疫总局
中国国家标准化管理委员会　发布

前　言

本标准是《移动通信设备节能参数和测试方法》系列标准之一，该系列标准结构及名称目前预计如下：

——移动通信设备节能参数和测试方法　基站；

——移动通信设备节能参数和测试方法　终端。

随着技术的发展，还将制定后续的相关标准。

本标准按照 GB/T 1.1—2009 给出的规则起草。

本标准由中华人民共和国工业和信息化部提出。

本标准由中国通信标准化协会归口。

本标准起草单位：工业和信息化部电信研究院、中国移动通信集团公司、中国电信集团公司、中国联合网络通信集团有限公司、中讯邮电咨询设计院有限公司、华为技术有限公司、中兴通讯股份有限公司、大唐电信科技产业集团、鼎桥通信技术有限公司、上海贝尔股份有限公司、南京爱立信熊猫通信有限公司、诺基亚西门子通信(上海)有限公司。

本标准主要起草人：李星、陈永欣、王丽、金磊、李志军、刘申建、李轶群、贺琳、周桦、范亚红、李国红、赵孝武、陈栋、沈东栋、胡海宁、吴慧、夏欣、贺敬。

引　　言

随着中国通信产业的不断发展，通信已经成为国民经济发展的支柱产业，在国家大力开展节能减排，走可持续发展循环经济道路的大背景下，为了更好地引导通信产品向节能降耗方向发展，指导相关节能分级更加科学、合理，以切实达到节约能源、环境保护的目的，特制定GB/T 26262—2010《通信产品节能分级导则》。

在GB/T 26262—2010中规定节能参数是通信产品节能分级的依据，包括功耗、能效及辅助性参数，其中功耗和能效是节能分级的主要依据。

本标准在考虑到移动通信基站的自身特点下，选取了基站的功耗、基站的输出功率、基站的输入输出功率比等作为移动通信基站的节能参数。本标准还提供了基站关键部件的节能参数，作为基站整机节能情况的参考依据。

移动通信设备节能参数和测试方法
基站

1 范围

本标准规定了移动通信基站设备的节能参数、参考测试模型和测量方法。在测量方法中定义了测试环境、供电、测试参考点、仪表、测量误差、测试数据记录等方面的要求。

本标准适用于GSM、TD-SCDMA、WCDMA和CDMA制式的基站设备。

2 规范性引用文件

下列文件对于本文件的应用是必不可少的。凡是注日期的引用文件，仅注日期的版本适用于本文件。凡是不注日期的引用文件，其最新版本(包括所有的修改单)适用于本文件。

GB/T 28519—2012 通信产品能耗测试方法通则

YD/T 883—2009 900/1 800 MHz TDMA数字蜂窝移动通信网基站子系统设备技术要求及无线指标测试方法

YD/T 1553—2009 2 GHz WCDMA数字蜂窝移动通信网 无线接入子系统设备测试方法(第三阶段)

YD/T 1850—2009 2 GHz TD-SCDMA数字蜂窝移动通信网 高速上行分组接入(HSUPA)无线接入子系统设备测试方法

YDC 022—2008 800 MHz CDMA 1X数字蜂窝移动通信网设备测试方法:基站收发信机

YDC 067—2008 800 MHz CDMA 1X数字蜂窝移动通信网HRPD设备测试方法:AN第二阶段

3GPP TS25.141 基站一致性测试[Base Station (BS) conformance testing (FDD)]

3 术语和定义

下列术语和定义适用于本文件。

3.1

参考业务量 reference traffic load

用于基站功率测量的标准业务量模型。

3.2

功耗 power consumption

通信产品在指定条件下正常工作的输入功率。

3.3

节能参数 energy efficiency metrology

通信产品节能分级的依据，包括功耗、能效及辅助性参数，其中功耗和能效是节能分级的最主要依据。

3.4

节能技术 energy efficiency technology

可降低设备功耗或提高设备能源使用效率的硬件或软件技术。

3.5

忙时负荷 traffic load of busy

参考高业务量时网络平均业务负荷。

3.6

能效 energy efficiency

通信产品的有用输出能量和输入能量之比,体现通信产品的能量有效转化效率。

3.7

输出功率 output power

衡量通信产品功能贡献的主要参数,即为满足一定的覆盖和容量,基站通常需要保证一定的机顶发射功率。

3.8

闲时负荷 traffic load of low

参考低业务量时网络平均业务负荷。

3.9

中等负荷 traffic load of medium

介于参考高业务量和参考低业务量之间的网络平均业务负荷。

4 节能参数

4.1 参数

基站整机的节能参数可通过以下参数衡量:

——基站的功耗;

——基站的输出功率;

——基站的输入输出功率比;

其中基站的功耗为在不同参考业务负荷模型下测量的输入功率加权平均值;基站的输出功率为在不同参考业务负荷模型下测量机顶输出功率的加权平均值;基站的输入输出功率比为基站的功耗和基站的机顶输出功率的比值。

基站重要部件的节能参数可通过以下参数衡量:

——分布式基站的射频拉远单元的输入输出功率比;

——分布式基站的主设备的单位载扇功耗;

——电源交流直流转换损耗。

基站重要部件的能效对整机能效有较大影响,这些参数可作为评估基站能效的辅助性参数。

4.2 基站的功耗

基站的功耗,根据基站的站型,主要包含两种模型:

——集中式基站;

——分布式基站。

集中式基站的功耗定义如下:

$$P_{\text{equipment}}=\frac{P_{\text{BH}}\cdot t_{\text{BH}}+P_{\text{MED}}\cdot t_{\text{MED}}+P_{\text{LOW}}\cdot t_{\text{LOW}}}{t_{\text{BH}}+t_{\text{MED}}+t_{\text{LOW}}} \quad \cdots\cdots\cdots\cdots(1)$$

式中:

P_{BH} ——忙时负荷时电源输入功率,单位为瓦(W);

P_{MED} ——中等负荷时电源输入功率,单位为瓦(W);

P_{LOW} ——闲时负荷时电源输入功率，单位为瓦(W)；
t_{BH} ——忙时负荷持续时间，单位为小时(h)；
t_{MED} ——中等负荷持续时间，单位为小时(h)；
t_{LOW} ——闲时负荷持续时间，单位为小时(h)。

分布式基站的功耗定义如下：

$$P_{equipment} = P_C + \sum_i P_{RRU,i} \quad \cdots\cdots(2)$$

$$P_C = \frac{P_{BH,C} \cdot t_{BH} + P_{MED,C} \cdot t_{MED} + P_{LOW,C} \cdot t_{LOW}}{t_{BH} + t_{MED} + t_{LOW}} \quad \cdots\cdots(3)$$

$$P_{RRU,i} = \frac{P_{BH,RRU,i} \cdot t_{BH} + P_{MED,RRU,i} \cdot t_{MED} + P_{LOW,RRU,i} \cdot t_{LOW}}{t_{BH} + t_{MED} + t_{LOW}} \quad \cdots\cdots(4)$$

式中：
P_C ——基站主设备的电源输入功率，单位为瓦(W)；
$P_{RRU,i}$ ——第 i 个射频拉远单元的电源输入功率，单位为瓦(W)；
$P_{BH,C}$，$P_{BH,RRU,i}$ ——忙时负荷时的主设备和第 i 个射频拉远单元的电源输入功率，单位为瓦(W)；
$P_{MED,C}$，$P_{MED,RRU,i}$ ——中等负荷时的主设备和第 i 个射频拉远单元的电源输入功率，单位为瓦(W)；
$P_{LOW,C}$，$P_{LOW,RRU,i}$ ——闲时负荷时的主设备和第 i 个射频拉远单元的电源输入功率，单位为瓦(W)；
t_{BH} ——忙时负荷持续时间，单位为小时(h)；
t_{MED} ——中等负荷持续时间，单位为小时(h)；
t_{LOW} ——闲时负荷持续时间，单位为小时(h)。

i 的取值范围由具体基站站型中射频拉远单元的数量决定。

分布式基站主设备和射频拉远单元的连接方式为星型连接。

4.3 基站的输出功率

集中式基站的输出功率定义如下：

$$P'_{equipment} = \frac{P'_{BH} \cdot t_{BH} + P'_{MED} \cdot t_{MED} + P'_{LOW} \cdot t_{LOW}}{t_{BH} + t_{MED} + t_{LOW}} \quad \cdots\cdots(5)$$

式中：
P'_{BH} ——忙时负荷时的机顶输出功率，单位为瓦(W)；
P'_{MED} ——中等负荷时的机顶输出功率，单位为瓦(W)；
P'_{LOW} ——闲时负荷时的机顶输出功率，单位为瓦(W)；
t_{BH} ——忙时负荷持续时间，单位为小时(h)；
t_{MED} ——中等负荷持续时间，单位为小时(h)；
t_{LOW} ——闲时负荷持续时间，单位为小时(h)。

分布式基站输出功率定义如下：

$$P'_{equipment} = \sum_i P'_{RRU,i} \quad \cdots\cdots(6)$$

$$P'_{RRU,i} = \frac{P'_{BH,RRU,i} \cdot t_{BH} + P'_{MED,RRU,i} \cdot t_{MED} + P'_{LOW,RRH,i} \cdot t_{LOW}}{t_{BH} + t_{MED} + t_{LOW}} \quad \cdots\cdots(7)$$

式中：
$P'_{BH,RRU,i}$ ——忙时负荷时的第 i 个射频拉远单元输出功率，单位为瓦(W)；

$P'_{MED,RRU,i}$ ——中等负荷时的第 i 个射频拉远单元输出功率,单位为瓦(W);
$P'_{LOW,RRU,i}$ ——闲时负荷时的第 i 个射频拉远单元输出功率,单位为瓦(W);
t_{BH} ——忙时负荷持续时间,单位为小时(h);
t_{MED} ——中等负荷持续时间,单位为小时(h);
t_{LOW} ——闲时负荷持续时间,单位为小时(h)。

i 的取值范围由具体基站站型中射频拉远单元的数量决定。

4.4 基站的输入输出功率比

基站的输入输出功率比为基站正常工作时满足覆盖和容量的前提下单位射频输出功率所需的输入功率,反映了基站设备由电源到机顶发射的能源利用效率。

基站的输入输出功率比定义如下:

$$EE_{equipment} = P_{equipment} / P'_{equipment} \quad\cdots\cdots(8)$$

式中:

$P_{equipment}$ ——根据设备类型的不同,根据式(1)或式(2)中得出的基站平均功耗,单位为瓦(W);
$P'_{equipment}$ ——根据设备类型的不同,根据式(5)或式(6)中得出的基站平均输出功率,单位为瓦(W);
$EE_{equipment}$——衡量基站能源转化效率的参数,取值为大于1的实数,数值越小反映能效越高。

4.5 分布式基站的射频拉远单元输入输出功率比

分布式基站的射频拉远单元消耗了基站的较大比例的功率。分布式基站的射频拉远单元的能效高低对基站整机的节能有较大影响。分布式基站的射频拉远单元输入输出功率比是指射频拉远单元的电源输入功率与射频拉远单元的射频输出功率的比值。

射频拉远单元的输入输出功率比定义如下:

$$EE_{RRU} = P_{RRU,i} / P'_{RRU,i} \quad\cdots\cdots(9)$$

式中:

$P_{RRU,i}$ ——根据式(4)中得出的第 i 个射频拉远单元的功耗,单位为瓦(W);
$P'_{RRU,i}$——根据式(7)中得出的第 i 个射频拉远单元的输出功率,单位为瓦(W);
EE_{RRU}——衡量射频拉远单元能源转化效率的参数,取值为大于1的实数,数值越小反映能效越高。

4.6 分布式基站的主设备单位载扇功耗

实际使用中,分布式基站的主设备(或称基带单元)需要搭配多个射频拉远单元以实现多个扇区和载波的覆盖。扇区数量和每扇区载波的数量取决于具体的站型。

$$P_{sector,carrier} = P_C / (N_{sector} \times N_{carrier}) \quad\cdots\cdots(10)$$

式中:

P_C ——式(3)中得出的基站主设备的平均功耗,单位为瓦(W);
N_{sector}, $N_{carrier}$——基站站型所对应的扇区数量和每扇区载波数量;
$P_{sector,carrier}$ ——衡量分布式基站的主设备能源转化效率的参数,表示每扇区载波所消耗的分布式基站主设备功率。

4.7 电源的交流直流转换损耗

交流直流转换器在进行转换的过程中存在一定的电能量损耗。

电源的交流直流转换损耗定义如下:

$$Loss_{AC-DC} = 1 - P_{DC-out} / P_{AC-in} \quad\cdots\cdots(11)$$

$$P_{DC-out} = (P_{DC-max} + P_{DC-half})/2 \quad \cdots\cdots(12)$$

$$P_{AC-in} = (P_{AC-max} + P_{AC-half})/2 \quad \cdots\cdots(13)$$

式中：

P_{DC-max}，$P_{DC-half}$——交流直流转换器的标称最大直流输出功率和50%标称最大直流输出功率，单位为瓦(W)；

P_{AC-max}，$P_{AC-half}$——交流直流转换器的标称最大直流输出功率和50%标称最大直流输出功率对应的交流输入功率，单位为瓦(W)；

5 参考测试模型

5.1 GSM 基站

5.1.1 GSM 参考基站配置

GSM 基站的参考基站配置：

——参考站型：2/2/2，4/4/4，6/6/6，8/8/8，所有站型限单机柜方案。

——时隙发射功率(有数据发送时)：单位载波参考发射功率。

——单位载波参考发射功率：2/2/2 时为 20 W，4/4/4 时为 15 W，6/6/6 时为 10 W，8/8/8 时为 8 W。如某型号设备的单载波发射功率小于对应载波数的参考发射功率，厂商可以根据设备标称值自定义单载波发射功率；如某型号设备的单载波发射功率大于对应载波数的参考发射功率，厂商可以按照对应站型的参考发射功率和设备自身标称值分别进行测试。

——数据类型：伪随机比特序列。

——信道调制方式：GMSK。

——分布式基站采用星型连接。

——各载波工作频点在设备支持的频带内平均分布。

5.1.2 GSM 参考业务负荷模型

GSM 基站的参考业务负荷模型定义见表1。

表 1 GSM 业务负荷模型

参数		闲时负荷	中等负荷	忙时负荷
2/2/2 站型的 RF 信号发射模型	BCCH TRX	8 个时隙按照单位载波参考发射功率发射	8 个时隙按照单位载波参考发射功率发射	8 个时隙按照单位载波参考发射功率发射
	其他 TRX	所有时隙空闲状态	所有时隙空闲状态	每扇区 4 个时隙按照单位载波参考发射功率发射，其余时隙空闲状态
4/4/4 站型的 RF 信号发射模型	BCCH TRX	8 个时隙按照单位载波参考发射功率发射	8 个时隙按照单位载波参考发射功率发射	8 个时隙按照单位载波标参考发射功率发射
	其他 TRX	所有时隙空闲状态	每扇区 8 个时隙按照单位载波参考发射功率发射，其余时隙空闲状态	每扇区 16 个时隙按照单位载波参考发射功率发射，其余时隙空闲状态

表 1（续）

参　数		闲时负荷	中等负荷	忙时负荷
6/6/6 站型的 RF 信号发射模型	BCCH TRX	8 个时隙按照单位载波参考发射功率发射	8 个时隙按照单位载波标称功率发射	8 个时隙按照单位载波标称功率发射
	其他 TRX	所有时隙空闲状态	每扇区 16 个时隙按照单位载波参考发射功率发射，其余时隙空闲状态	每扇区 28 个时隙按照单位载波参考发射功率发射，其余时隙空闲状态
8/8/8 站型的 RF 信号发射模型	BCCH TRX	8 个时隙按照单位载波标称参考发射功率发射	8 个时隙按照单位载波参考发射功率发射	8 个时隙按照单位载波参考发射功率发射
	其他 TRX	所有时隙空闲状态	每扇区 24 个时隙按照单位载波参考发射功率发射，其余时隙空闲状态	每扇区 40 个时隙按照单位载波参考发射功率发射，其余时隙空闲状态
参考业务负荷时长		6 h	10 h	8 h

5.2 TD-SCDMA 基站

5.2.1 TD-SCDMA 参考基站配置

TD-SCDMA 基站的参考基站配置：

——参考站型：单通道 6 载波，单通道 9 载波，八通道 S4/4/4(单频段)，八通道 S8/8/8(单频段)，八通道 S8/8/8(4 个 A 频段，4 个 F 频段)；

——各 TRX 时隙发射功率(有数据发送时)：见 TD-SCDMA 业务负荷模型；

——单位载波参考发射功率：单通道设备为 2 W；多通道设备为 0.5 W；

——上下行业务时隙配置比：2∶4；

——数据类型：伪随机比特序列；

——参考信道模型：见表 2；

——分布式基站采用星型连接；

——每扇区中各载波工作频点在设备支持的频带内平均分布。

表 2　TD-SCDMA 参考信道模型

时隙	信道配置
TS0	PCCPCH：1/2 参考发射功率 SCCPCH：1/2 参考发射功率
DwPTS	DwPCH：参考发射功率
下行业务时隙	TS3-TS6 单载波单时隙总共占用 16 个 SF16 的 RU，每个 RU 下行功率为参考发射功率的 1/16，2 个 RU 组成一个下行 12.2 kbit/s 参考测量信道。按照负载比例配置 RU 数量，如负荷为 3/4 则配置 12 个 RU

5.2.2 TD-SCDMA 参考业务负荷模型

TD-SCDMA 基站的参考业务负荷模型定义见表 3。

表 3 TD-SCDMA 业务负荷模型

参数		闲时负荷	中等负荷	忙时负荷
单通道 6 载波 RF 信号发射模型	主载波	TS0 按照单位载波参考发射功率发射，DwPTS 按照单位载波参考发射功率发射，其余下行业务时隙空闲状态	TS0 按照单位载波参考发射功率发射，DwPTS 按照单位载波参考发射功率发射，所有下行业务时隙按照 1/4 单位载波参考发射功率发射	TS0 按照单位载波参考发射功率发射，DwPTS 按照单位载波参考发射功率发射，所有下行业务时隙按照 1/2 单位载波参考发射功率发射
	其他载波	所有下行时隙空闲状态	所有下行业务时隙按照 1/4 单位载波参考发射功率发射	所有下行业务时隙按照 1/2 单位载波参考发射功率发射
单通道 9 载波 RF 信号发射模型	主载波	TS0 按照单位载波参考发射功率发射，DwPTS 按照单位载波参考发射功率发射，其余下行业务时隙空闲状态	TS0 按照单位载波参考发射功率发射，DwPTS 按照单位载波参考发射功率发射，所有下行业务时隙按照 1/4 单位载波参考发射功率发射	TS0 按照单位载波参考发射功率发射，DwPTS 按照单位载波参考发射功率发射，所有下行业务时隙按照 1/2 单位载波参考发射功率发射
	其他载波	所有下行时隙空闲状态	所有下行业务时隙按照 1/4 单位载波参考发射功率发射	所有下行业务时隙按照 1/2 单位载波参考发射功率发射
八通道 S4/4/4(单频段)的 RF 信号发射模型		各扇区的 RF 信号发射模型参考单通道 6 载波的闲时负荷	各扇区的 RF 信号发射模型参考单通道 6 载波的中等负荷	各扇区的 RF 信号发射模型参考单通道 6 载波的忙时负荷
八通道 S8/8/8(单频段)的 RF 信号发射模型		各扇区的 RF 信号发射模型参考单通道 6 载波的闲时负荷	各扇区的 RF 信号发射模型参考单通道 6 载波的中等负荷	各扇区的 RF 信号发射模型参考单通道 6 载波的忙时负荷
八通道 S8/8/8 的(4 个 A 频段，4 个 F 频段)RF 信号发射模型		各扇区的 RF 信号发射模型参考单通道 6 载波的闲时负荷	各扇区的 RF 信号发射模型参考单通道 6 载波的中等负荷	各扇区的 RF 信号发射模型参考单通道 6 载波的忙时负荷
参考业务负荷时长		6 h	10 h	8 h

5.3 WCDMA 基站

5.3.1 WCDMA 参考基站配置

WCDMA 基站的参考基站配置：

——参考站型：S1/1/1，S2/2/2，S3/3/3；

——各载波发射功率(有数据发送时)：见 WCDMA 业务负荷模型；

——单位载波参考发射功率为 20 W，S1/1/1 站型单位载波需要测试 20 W 和 40 W；

——数据类型：伪随机比特序列；

——参考小区信道模型：见表 4；
——分布式基站采用星型连接；
——每扇区中各载波工作频点在设备支持的频带内平均分布。

表 4 WCDMA 参考小区信道模型

信道类型	数量	占参考发射功率比例
P-CCPCH＋SCH	1	10％
Primary CPICH	1	10％
PICH	1	1.6％
S-CCPCH(SF＝256)	1	1.6％
DPCH	—	共 26.8％/51.8％

5.3.2 WCDMA 参考业务负荷模型

WCDMA 基站的参考业务负荷模型定义见表 5。

表 5 WCDMA 业务负荷模型

参数	闲时负荷	中等负荷	忙时负荷
S1/1/1 站型的 RF 信号发射模型	PCCPCH ＋ SCH ＋ P－CPICH＋PICH＋SCCPCH 按照单位载波参考发射功率的 23.2％发射	PCCPCH ＋ SCH ＋ P－CPICH＋PICH＋SCCPCH 按照单位载波参考发射功率的 23.2％发射 DPCH 按照单位载波参考发射功率的 26.8％发射	PCCPCH ＋ SCH ＋ P－CPICH＋PICH＋SCCPCH 按照单位载波参考发射功率的 23.2％发射 DPCH 按照单位载波参考发射功率的 51.8％发射
S2/2/2 站型的 RF 信号发射模型	每载波配置同 S1/1/1	每载波配置同 S1/1/1	每载波配置同 S1/1/1
S3/3/3 站型的 RF 信号发射模型	每载波配置同 S1/1/1	每载波配置同 S1/1/1	每载波配置同 S1/1/1
参考业务负荷时长	6 h	10 h	8 h

设备如果不支持对公共信道和专用信道功率分别独立配置，可以采用 3GPP TS25.141 中测试模式 1 定义的信道功率配置调整基站总发射功率方式进行功率负荷的调节。闲时负荷的总功率负荷为 23.2％，中等负荷的总功率负荷为 50％，忙时负荷的总功率负荷为 75％。测试中需要注明设备的测试模式不具备公共信道和专用信道功率分别独立配置的能力。

5.4 CDMA 基站

5.4.1 CDMA 参考基站配置

CDMA 基站的参考基站配置：

——参考站型：S1/1/1(1 个 1X 载波)，S2/2/2(1 个 1X 载波及 1 个 HRPD 载波)，S4/4/4(2 个 1X 载波及 2 个 HRPD 载波)，S5/5/5(3 个 1X 载波及 2 个 HRPD 载波)，S7/7/7(4 个 1X 载波及

3 个 HRPD 载波)；

——各载波发射功率(有数据发送时)：见 CDMA 业务负荷模型；

——单位载波参考发射功率：S1/1/1、S2/2/2、S4/4/4 为 20 W，S5/5/5、S7/7/7 站型为 15 W；

——数据类型：伪随机比特序列；

——参考小区信道模型：见表 6；

——分布式基站采用星型连接；

——每扇区中各载波工作频点在设备支持的频带内平均分布。

表 6 CDMA 参考小区信道模型

信道类型	数量	占标称功率比例
Pilot	1	18%
Sync	1	2%
Paging	1	10%
Traffic	6	共 20%/45%

5.4.2 CDMA 参考业务负荷模型

CDMA 基站的参考业务负荷模型定义见表 7。

表 7 CDMA 业务负荷模型

参数	闲时负荷	中等负荷	忙时负荷
S1/1/1 站型(一个 1X 载波)的 RF 信号发射模型	建立 Pilot 信道、Sync 信道、Paging 信道，各信道功率分配如下： ● Pilot 按照单载波参考发射功率的 18%发射； ● Sync 按照单载波参考发射功率的 2%发射； ● Paging 按照单载波参考发射功率的 10%发射	建立 Pilot 信道、Sync 信道、Paging 及 Traffic 信道，各信道功率分配如下： ● Pilot 按照单载波参考发射功率的 18%发射； ● Sync 按照单载波参考发射功率的 2%发射； ● Paging 按照单载波参考发射功率的 10%发射； ● 同时建立 6 个 Traffic，每个 Traffic 按照单载波参考发射功率的 3.33%发射	建立 Pilot 信道、Sync 信道、Paging 及 Traffic 信道，各信道功率分配如下： ● Pilot 按照单载波参考发射功率的 18%发射； ● Sync 按照单载波参考发射功率的 2%发射； ● Paging 按照单载波参考发射功率的 10%发射； ● 同时建立 6 个 Traffic，每个 Traffic 按照单载波参考发射功率的 7.5%发射
S2/2/2 站型(一个 1X 载波及一个 HRPD 载波)的 RF 信号发射模型	1X 载波配置同 S1/1/1 HRPD 载波配置如下：配置 Pilot、MAC 信道，SC 信道 5.12 s 周期性发射，各信道按参考发射功率发射，无 Traffic 信道	1X 载波配置同 S1/1/1 HRPD 载波配置如下：配置 Pilot、MAC 信道，SC 信道 5.12 s 周期性发射，Traffic 信道的占空比 50%，各信道按参考发射功率发射	1X 载波配置同 S1/1/1 HRPD 载波配置如下：配置 Pilot、MAC 信道，SC 信道 5.12 s 周期性发射，Traffic 信道的占空比 100%，各信道按参考发射功率发射

表 7（续）

参数	闲时负荷	中等负荷	忙时负荷
S4/4/4 站型（两个 1X 载波及两个 HRPD 载波）的 RF 信号发射模型	1X 载波配置同 S1/1/1，HRPD 载波按 S2/2/2 站型中的 HRPD 配置情况配置	1X 载波配置同 S1/1/1，HRPD 载波按 S2/2/2 站型中的 HRPD 配置情况配置	1X 载波配置同 S1/1/1，HRPD 载波按 S2/2/2 站型中的 HRPD 配置情况配置
S5/5/5 站型（三个 1X 载波及两个 HRPD 载波）的 RF 信号发射模型	1X 载波配置同 S1/1/1，HRPD 载波按 S2/2/2 站型中的 HRPD 配置情况配置	1X 载波配置同 S1/1/1，HRPD 载波按 S2/2/2 站型中的 HRPD 配置情况配置	1X 载波配置同 S1/1/1，HRPD 载波按 S2/2/2 站型中的 HRPD 配置情况配置
S7/7/7 站型（四个 1X 载波及三个 HRPD 载波）的 RF 信号发射模型	1X 载波配置同 S1/1/1，HRPD 载波按 S2/2/2 站型中的 HRPD 配置情况配置	1X 载波配置同 S1/1/1，HRPD 载波按 S2/2/2 站型中的 HRPD 配置情况配置	1X 载波配置同 S1/1/1，HRPD 载波按 S2/2/2 站型中的 HRPD 配置情况配置
参考业务负荷时长	6 h	10 h	8 h

6 节能参数的测量

6.1 测试环境

基站的节能参数需要在表 8 环境中进行测试。

表 8 基站节能参数测试的环境要求

环境	最小	最大
气压	86 kPa (860 mbar)	106 kPa (1 050 mbar)
相对湿度	20%	85%
震动	忽略	
温度	室内型基站应在＋25 ℃ 进行测试。 室外型基站应在＋40 ℃进行忙时负荷测试，在 25 ℃进行闲时负荷和中等负荷测试	
温度准确度	±1 ℃	

6.2 供电要求

测试时基站采用其标配的供电方式，由供电方式带来的测量误差将包含在设备的能耗和能效计算中。在需要进行能效比较时，本标准建议采用相同的供电方式。供电电源电压参考值见表 9。

表 9 供电电源电压参考值

类型	标准值	测试参考值
AC	220 V	220 V±1.5 V
DC	−48 V	−53 V±1 V

6.3 测试系统和参考点

基站的节能参数测试系统和测试参考点如图1、图2所示。电源的交流直流转换损耗测试系统如图3所示。

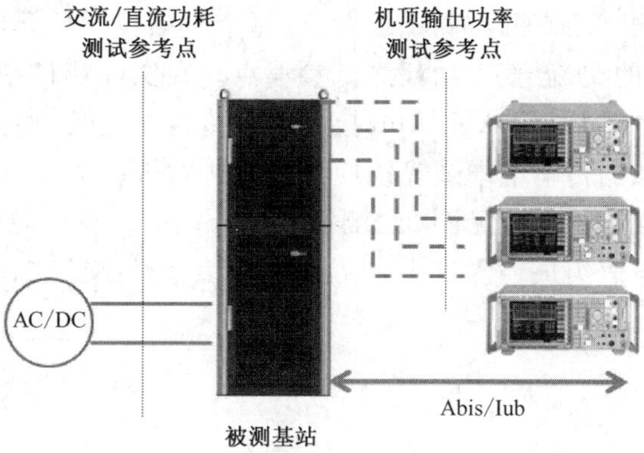

图1 集中式基站节能参数测试系统和参考点

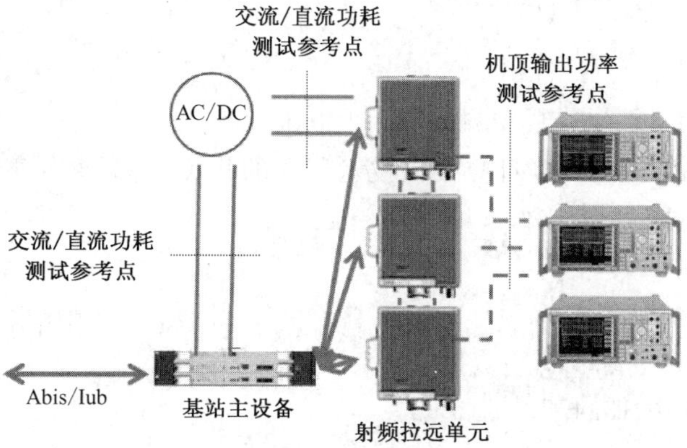

图2 分布式基站节能参数测试系统和参考点

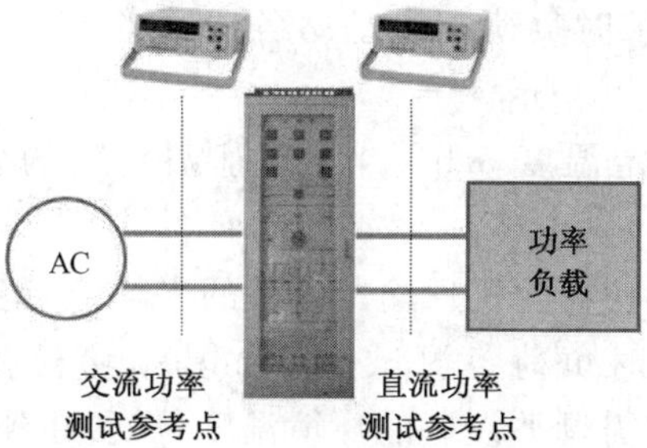

图3 电源的交流直流转换损耗测试系统和参考点

集中式基站节能参数测试系统见图1。测试系统分别由集中式基站、电源、供电电路、交流/直流电表、射频功率计、射频馈缆，以及Abis/Iub接口数据传输电缆或光缆组成。测试中有两类测试参考点：机顶输出功率测试参考点和交流/直流功耗测试参考点。在实际测试中，还需要调制信号分析仪检查机顶输出信号的 RF 指标是否正常。Abis/Iub 接口数据传输电缆或光缆应根据基站站型最大传输能力配置传输带宽。

分布式基站节能参数测试系统见图 2。测试系统分别由分布式基站的基站主设备、射频拉远单元、电源、供电电路、交流/直流电表、射频功率计、射频馈缆、Abis/Iub 接口数据传输电缆或光缆、射频拉远数据传输电缆或光缆组成。测试中有两类测试参考点：每个射频拉远单元的机顶输出功率测试参考点和基站主设备、射频拉远单元的交流/直流功耗测试参考点。在实际测试中，还需要调制信号分析仪检查机顶输出信号的 RF 指标是否正常。Abis/Iub 接口数据传输电缆或光缆应根据基站站型最大传输能力配置传输带宽。射频拉远数据传输电缆或光缆应根据该射频拉远单元最大传输能力配置传输带宽。

电源的交流直流转换损耗测试系统见图 3。测试系统分别由交流电源、交流直流转换设备、功率负载以及供电电路、交流/直流电表组成。测试中有两类测试参考点：交流功率测试参考点和直流功率测试参考点。

6.4 输出功率误差

在测试 GSM 基站机顶输出功率时，输出功率误差范围在±1 dB 范围。

在测试 TD-SCDMA 基站机顶输出功率时，输出功率误差范围在±1 dB 范围。

在测试 WCDMA 基站机顶输出功率时，输出功率误差范围在±1 dB 范围。

在测试 CDMA 基站机顶输出功率时，输出功率误差范围在±1 dB 范围。

6.5 仪表要求

基站功耗测试仪表要求，见 GB/T 28519—2012 中 4.2。

基站机顶输出功率测试仪表要求，对应接入技术制式的相关指标，见如下行业标准：

——YDC 022—2008 中 9.4；

——YDC 067—2008 中 12.4；

——YD/T 1553—2009 中 4.4.3；

——YD/T 1850—2009 中 4.4；

——YD/T 883—2009 中 13.4.7。

6.6 测试方法

集中式基站功耗和基站输出功率测试步骤如下：

a) 按照图 1 搭建测试系统，在指定参考点连接电流表、电压表、功率计或频谱仪；

b) 按照参考测试模型，按照忙时负荷配置基站各扇区各载波的信号发射，具体时隙或码功率设置精度应满足 6.4 要求；

c) 基站运行稳定后，到达指定温度 3 h 后，观察基站功耗的变化，功耗波动小于 5%后可开始测量；

d) 记录此后 0.5 h 内的基站功耗和机顶输出功率的平均值，记为记为 P_{BH} 和 P'_{BH}；

e) 分别按照中等负荷和闲时负荷各测试 0.5 h 基站功耗和机顶输出功率，分别记为 P_{MED}、P'_{MED}、P_{LOW} 和 P'_{LOW}。如需调整设备的环境温度，需要在到达指定温度 3 h 后，观察基站功耗的变化，功耗波动小于 5%后可开始测量。

分布式基站功耗和基站输出功率测试步骤如下：

a) 按照图 2 搭建测试系统，在指定参考点连接电流表、电压表、功率计或频谱仪；

b) 按照参考测试模型，按照忙时负荷配置基站各扇区各载波的信号发射，具体时隙或码功率设置精度应满足 6.4 要求；

c) 基站运行稳定后，到达指定温度 3 h 后，观察分布式基站总功耗(含射频拉远单元)的变化，功耗波动小于5%后可开始测量；

d) 记录此后0.5 h内的分布式基站的主设备、射频拉远单元功耗和射频拉远单元机顶输出功率的平均值，记为 $P_{BH,C}$、$P_{BH,RRU}$ 和 $P'_{BH,RRU}$；

e) 分别按照中等负荷和闲时负荷各测试0.5 h基站功耗和机顶输出功率，分别记为 $P_{MED,C}$、$P_{MED,RRU}$、$P'_{MED,RRU}$、$P_{LOW,C}$、$P_{LOW,RRU}$ 和 $P'_{LOW,RRU}$。如需调整设备的环境温度，需要在到达指定温度3 h后，观察基站功耗的变化，功耗波动小于5%后可开始测量。

电源的交流直流转换损耗测试步骤如下：

a) 按照图3搭建测试系统，在指定参考点连接电流表、电压表、功率计；

b) 按照标称最大直流输出功率配置交流直流转换的直流负载，记录10 min平均直流输出功率 P_{DC-max} 和10 min平均交流输入功率 P_{AC-max}；

c) 按照50%标称最大直流输出功率配置交流直流转换的直流负载，记录10 min平均直流输出功率 $P_{DC-half}$ 和10 min平均交流输入功率 $P_{AC-half}$。

以上测试过程中，设备的散热系统应在自动模式下运行，不能手动调低风扇转速或关闭散热系统（风扇、空调等）。

在基站输出功率测试过程中，测试人员应监视和记录基站的实时射频指标（EVM、ACLR、ρ 等值）。射频指标在全过程中应满足对应接入技术制式的标准要求。

6.7 测试数据记录

测试时需详细记录测试环境、电源供电、设备配置、测量结果信息。

测试环境应包含以下内容：

——温度；

——气压；

——湿度。

以上信息需在测试现场实测。

电源供电应包含以下内容：

——基站标配供电方式；

——直流电压；

——交流电压和频率。

以上信息需在测试现场实测。

设备配置应包含以下内容：

——基站接入技术制式；

——基站结构特征（集中式或分布式）：

- 集中式的设备型号和序列号；
- 分布式的主设备型号和序列号；
- 分布式的射频拉远设备型号和序列号。

——基站站型信息：

- 载扇数量；
- 各载扇的工作频点；
- 单位载波标称功率。

——基站的射频指标：

- 调制精度（EVM、ACLR、ρ 等值）。

——接口和传输：

- Abis/Iub 接口传输方式和带宽；

● 射频拉远接口传输方式和带宽。

——基站标配附件信息：

● 散热冷却设备；

● 其他。

——基站应用节能技术信息。

测量结果应包含以下内容：

——基站忙时输出功率和功耗；

——基站中等负荷输出功率和功耗；

——基站闲时负荷输出功率和功耗；

——基站关键部件的功耗和能效(可选)。

附 录 A
（资料性附录）
节 能 技 术

A.1 基带板智能节电技术

基带板智能节电，即当基站的话务量下降时，系统自动控制基站根据话务量变化动态关闭或开启部分没有负载的基带板，从而达到节电的目的。由于关断的是整个基带板的电源，所以对于下电的载频不消耗任何功耗。

基带板智能节电技术经常与话务优先分配技术配合使用，当网络负荷较低，比如两个载频分布在两块基带板上，有零散的话务占用，把载波2零散的业务合并到载波1的空闲信道上去，载频2上就没有业务了，这样就可以将载频2所在的基带板关闭，达到了节电目的。

基带板智能节电技术可以从时间和话务量两个维度上进行控制：在时间维度上可以设置基带板智能关断的时间；在话务量维度上，以小区为单位，在一定时间范围内统计小区话务量，当话务量低于低门限值时启动智能下电，当话务量上升到高于高门限值时停止智能下电；高门限值和低门限值之间为保护段，避免频繁启动和停止智能下电的操作。这两个维度可以单个使用，也可以同时使用，网优人员可以通过参数设置确定是否启动智能下电功能，并可以设置智能下电功能的启动时间段。

基带板智能节电技术，是依据话务量进行开关的，不能实时进行，一般是5 min～15 min为一个判断周期，当有突发话务发生时，会造成接入失败或者掉话，因此建议本功能较典型的应用场景就是周期性、较长时间话务量极低的小区，可以通过设置时间段控制，在晚上关断不用的载频来降低功耗，白天再全部开启。由于时隙级功放关断技术和该技术的运用方式是冲突的，可由时隙级关断技术替代该技术。

A.2 时隙智能关断技术

功放是载频向天馈发射功率的主要器件，由于器件线形特性限制，即使它不发射功率，也需要施加一个固定的偏置电压，使得功放工作在线性区域，即静态功耗。功放功耗还包括另外一部分功耗，即动态功耗，有话务情况下，动态功耗发生，且动态功耗越高载频输出功率越高；无话务情况下，动态功耗为0。而“时隙智能关断技术”就是在时隙没有话务，即动态功耗为0的情况下，进一步关断功放的静态功耗。关断后，时隙级功放的功耗为0。时隙级功放关断可以做到各个时隙功放单独开关。相对于基带板智能节电技术，时隙级功放关断技术控制更加精确，控制效率更高。

A.3 频点智能关断技术

当基站的话务量下降时，系统自动控制基站根据话务量变化动态关闭部分没有负载的频点。频点智能关断技术就是对于周期性、较长时间话务量极低的小区，可以通过设置时间段控制，在晚上关断不用的载频来降低功耗，白天再全部开启。

A.4 通道智能关断技术

RRU的每个通道都对应一个功放器件，应用在室内覆盖时，一般采用有选择发射方式，只在选定的几个通道上发射信号，其他通道的下行不工作。通道智能关断技术在时隙智能关断技术的基础上，对功放进行单独控制，及时关闭没有发射信号的通道，达到通道智能关断的效果。

A.5 积极功控和不连续发射

积极功控在保证通信质量的同时，根据移动台与基站距离的远近，通过优化功率控制算法和参数，采用提前控制的方式和更细的功控粒度，降低动态功耗。在通信质量允许的条件下，设备可以主动降低发射功率，并根据移动台的上行反馈，再进行更精确地调整。

DTX 技术在没有语音信号传输时就停止连续发送无线信号，从而使干扰电平降低来提高系统的效率。举例来说，在通话过程中，比如移动用户仅有 40%的时间用于通话，60%的时间没有有用的信息传递，这种情况下可以在用户没有信息传递的时间段内，基站停止发射。DTX 技术下行表现为降低基站功耗，减少系统内干扰，改善系统的同频干扰比。

A.6 下行功率共享

对于多载波基站，基站可以根据各载波信道占用情况和各频点的干扰情况，动态分配每个载波的功率。多个载波之间功率共享，按需分配，在保证设备的正常通信的情况下，达到降低设备功耗的目的。

A.7 DPD 技术

DPD 技术即数字预失真技术，其原理是通过一个预失真元件和功放元件级联，这两个非线性失真功能相结合，便能够实现高度线性、无失真的系统。数字预失真技术的难点在于 PA 的失真（即非线性）特性会随时间、温度以及偏压的变化而变化，采用数字电路可以实现这个预失真器，通过增加一个非线性电路用以补偿功率放大器的非线性。

数字预失真技术，它的优点在于不存在稳定性问题，有更宽的信号频带，能够处理含多载波的信号。数字预失真技术成本较低，工艺简单，便于生产。效率较高，一般可以达到 19%以上。

A.8 Doherty 技术

Doherty 技术，其基本原理是将输入信号的平均部分和峰值部分分开放大，然后合成，从而获得高效率。Doherty 放大器包括两个部分：一个载波放大器 C，一个峰值放大器 P。它们的合成输入输出特性的线性区比单个放大器的线性区有较大地扩展，从而在保证信号落在线性区的前提下获得了较高的效率。Doherty 技术需要与其他线性化技术如 DPD 技术配合使用，当与 DPD 技术配合使用时效率可达 27%以上。

A.9 广播控制信道节电技术

GSM 基站的 BCCH 载波上的业务信道在没有话务的情况下可以主动降低 2 dB 发射功率，以此方式达到降低基站功耗的目的。这样全天的电力消耗得以减少。需要说明的是，BCCH 节电技术只应在夜晚低业务负荷时段起作用。

附 录 B
（资料性附录）
节能参数计算示例

B.1 基站节能参数计算示例

以 WCDMA 基站为例，被测基站为 S3/3/3 站型额定发射功率 60 W 的集中式基站，设备采用直流供电。

根据 6.6 的测试方法，在 1 h 的测试时间内测得基站设备的直流平均输入功耗分别为 $P_{BH}=1\ 598$ W，$P_{MED}=719$ W，$P_{LOW}=396$ W，同时测得得基站设备的机顶发射功率分别为 $P'_{BH}=40.9$ W，$P'_{MED}=18.9$ W，$P'_{LOW}=9.5$ W。

$$P_{equipment}=\frac{P_{BH}\cdot t_{BH}+P_{MED}\cdot t_{MED}+P_{LOW}\cdot t_{LOW}}{t_{BH}+t_{MED}+t_{LOW}}=\frac{1\ 598\times 8+719\times 10+396\times 6}{24}=931.25\ \mathrm{W}$$

$$P'_{equipment}=\frac{P'_{BH}\cdot t_{BH}+P'_{MED}\cdot t_{MED}+P'_{LOW}\cdot t_{LOW}}{t_{BH}+t_{MED}+t_{LOW}}=\frac{40.9\times 8+18.9\times 10+9.5\times 6}{24}=29.38\ \mathrm{W}$$

从而，基站的输入输出功率比为：

$$EE_{equipment}=\frac{P_{equipment}}{P'_{equipment}}=\frac{931.25}{29.38}=31.7$$

B.2 电源的交流直流转换损耗计算示例

被测交流直流转换器的最大直流输出功率为 1 800 W。根据 4.7 的定义，$P_{DC-max}=1\ 800$ W 和 $P_{DC-half}=900$ W。在这种情况下，分别测得 $P_{AC-max}=2\ 026$ W 和 $P_{AC-half}=1\ 116$ W。所以，

$$P_{DC-out}=(P_{DC-max}+P_{DC-half})/2=2\ 700/2=1\ 350\ \mathrm{W}$$

$$P_{AC-in}=(P_{AC-max}+P_{AC-half})/2=3\ 142/2=1\ 571\ \mathrm{W}$$

从而得出交流直流转换损耗为：

$$Loss_{AC-DC}=1-P_{DC-out}/P_{AC-in}=1-1\ 350/1\ 571=0.141$$

ICS 35.040
L 80

中华人民共和国国家标准

GB/T 29240—2012

信息安全技术　终端计算机
通用安全技术要求与测试评价方法

**Information security technology—
General security technique requirements and testing evaluation method
for terminal computer**

2012-12-31 发布　　2013-06-01 实施

中华人民共和国国家质量监督检验检疫总局
中国国家标准化管理委员会　发布

前　言

本标准按照GB/T 1.1—2009给出的规则起草。

本标准由全国信息安全标准化技术委员会(SAC/TC 260)提出并归口。

本标准起草单位:公安部计算机信息系统安全产品质量监督检验中心、联想控股有限公司。

本标准主要起草人:邱梓华、韦卫、宋好好、王京旭、张艳、顾健、吴秋新、顾玮、赵婷、宁晓魁、邹春明、张笑笑、俞优、冯荣峰。

引　　言

本标准包含两部分内容，一部分是终端计算机的通用安全技术要求，用以指导设计者如何设计和实现终端计算机，使其达到信息系统所需安全等级，主要从信息系统安全保护等级划分的角度来说明对终端计算机的通用安全技术要求和测试评价方法，即主要说明终端计算机为实现 GB 17859—1999 中每一个保护等级的安全要求应采取的安全技术措施。本标准将终端计算机划分为五个安全等级，与信息系统的五个等级一一对应。考虑到可信计算是当今终端计算机安全技术主流发展方向，所以在整个终端计算机安全体系设计中凸显可信计算技术理念，特别是在高安全等级(指 3 至 5 级)的安全技术措施设置方面，强调采用基于自主可信计算技术标准的可信计算功能特性，而且我国主流终端计算机厂商已建立起相关产业环境，因此，本标准的技术路线选择能够适应我国终端计算机安全技术产业发展水平；另一部分是依据技术要求，提出了具体的测试评价方法，用以指导评估者对各安全等级的终端计算机评估，同时也对终端计算机的开发者提供指导作用。

本标准部分条款引用了其他标准的内容，有些是直接引用的，有些是间接引用的，对于直接引用的，请参考被引用标准的具体条款。对于间接引用的，以本标准文本的描述为准。

为清晰表示每一个安全等级比较低一级安全等级的安全技术要求的增加和增强，在第 4 章的描述中，每一级的新增部分用“宋体加粗”表示。

信息安全技术　终端计算机
通用安全技术要求与测试评价方法

1　范围

本标准按照国家信息安全等级保护的要求，规定了终端计算机的安全技术要求和测试评价方法。

本标准适用于指导终端计算机的设计生产企业、使用单位和信息安全服务机构实施终端计算机等级保护安全技术的设计、实现和评估工作。

2　规范性引用文件

下列文件对于本文件的应用是必不可少的。凡是注日期的引用文件，仅注日期的版本适用于本文件。凡是不注日期的引用文件，其最新版本（包括所有的修改单）适用于本文件。

GB 17859—1999　计算机信息系统　安全保护等级划分准则

GB/T 17901.1—1999　信息技术　安全技术　密钥管理　第1部分：框架

GB/T 20271—2006　信息安全技术　信息系统通用安全技术要求

GB/T 20272—2006　信息安全技术　操作系统安全技术要求

3　术语和定义、缩略语

3.1　术语和定义

GB 17859—1999、GB/T 20271—2006 和 GB/T 20272—2006 界定的以及下列术语和定义适用于本文件。

3.1.1

终端计算机　terminal computer

供个人使用的、能独立进行数据处理及提供网络服务访问的计算机系统。

注：终端计算机一般为台式微型计算机系统和便携微型计算机系统两种形态，终端计算机通常由硬件系统、操作系统和应用系统（包括为用户访问网络服务器提供支持的工具软件和其他应用软件）等部分组成。

3.1.2

完整性度量　integrity measurement

使用杂凑算法对被度量对象计算其杂凑值的过程。

3.1.3

完整性度量值　integrity measurement value

部件被杂凑算法计算后得到的杂凑值。

3.1.4

完整性基准值　predefined integrity value

部件在发布时或在可信状态下被度量得到的杂凑值，作为完整性校验的参考基准。

3.1.5

可信度量根　root of trust for measurement

一个能够可靠进行完整性度量的计算引擎，是信任传递链的起始点。

3.1.6

可信存储根　root of trust for storage

一个能够可靠进行安全存储的计算引擎。

3.1.7

动态可信度量根　dynamic root of trust for measurement

可信度量根的一种，支持终端计算机对动态启动的程序模块进行实时可信度量。

3.1.8

可信报告根　root of trust for reporting

一个能够可靠报告可信存储根所保存信息的计算引擎。

3.1.9

可信密码模块　trusted cryptography module

可信计算平台的硬件模块，为可信计算平台提供密码运算功能，具有受保护的存储空间。

3.1.10

信任链　trusted chain

在计算系统启动和运行过程中，使用完整性度量方法在部件之间所建立的信任传递关系。

3.1.11

安全支撑系统　security support system

终端计算机在操作系统安全基础上构建系统身份标识与鉴别、数据保护和运行安全防护等安全功能的系统，支撑终端计算机的安全运行、管理与维护。

3.1.12

终端计算机安全子系统　security subsystem of terminal computer

终端计算机内安全保护装置的总称，包括硬件、固件、软件和负责执行安全策略的组合体。

注1：按照GB 17859—1999对TCB（可信计算基）的定义，SSOTC（终端计算机安全子系统）就是终端计算机的TCB。

注2：终端计算机安全子系统建立了一个基本的终端计算机安全保护环境，并提供终端计算机所要求的附加用户服务。终端计算机安全子系统应从硬件系统、操作系统、应用系统和系统运行等方面对终端计算机进行安全保护。

3.1.13

SSOTC 安全功能　SSOTC security function

正确实施 SSOTC 安全策略的全部硬件、固件、软件所提供的功能。

注：每一个安全策略的实现，组成一个安全功能模块。一个 SSOTC 的所有安全功能模块共同组成该 SSOTC 的安全功能。

3.1.14

SSOTC 安全控制范围　SSOTC scope of control

SSOTC 的操作所涉及的主体和客体。

3.1.15

SSOTC 安全策略　SSOTC security policy

对 SSOTC 中的资源进行管理、保护和分配的一组规则。

注：一个 SSOTC 中可以有一个或多个安全策略。

3.2　缩略语

下列缩略语适用于本文件：

BIOS	基本输入输出系统	(basic input output system)
MBR	主引导记录	(master boot recorder)

SSC	SSOTC 控制范围	(SSOTC scope of control)
SSF	SSOTC 安全功能	(SSOTC security function)
SSOTC	终端计算机安全子系统	(security subsystem of terminal computer)
SSP	SSOTC 安全策略	(SSOTC security policy)
TCM	可信密码模块	(trusted cryptography module)

4 安全技术要求

4.1 第一级

4.1.1 安全功能要求

4.1.1.1 硬件系统

4.1.1.1.1 设备安全可用

应按 GB/T 20271—2006 中 6.1.1.2 的要求,从以下方面设计和实现终端计算机的设备安全可用功能:

a) 基本运行支持:终端计算机的设备应提供基本的运行支持,并有必要的容错和故障恢复能力。

4.1.1.1.2 设备防盗

应按 GB/T 20271—2006 中 6.1.1.2 的要求,从以下方面设计和实现终端计算机的设备防盗功能:

a) 设备标记要求:终端计算机的设备应有明显的无法除去的标记,以防更换和方便查找。

4.1.1.2 操作系统

应按 GB/T 20272—2006 中 4.1.1 的要求,从身份鉴别、自主访问控制两个方面,来设计、实现或选购第一级终端计算机所需要的操作系统。

4.1.1.3 安全支撑系统

4.1.1.3.1 运行时防护

应按 GB/T 20271—2006 中 6.1.2.5 的要求,从以下方面设计和实现终端计算机的运行时防护功能:

a) 恶意代码防护:

——对文件系统、内存和使用时的外来介质采用特征码扫描,并根据扫描结果采取相应措施,清除或隔离恶意代码。恶意代码特征库应及时更新。

4.1.1.3.2 备份与故障恢复

为实现确定的恢复功能,应在终端计算机正常运行时定期地或按某种条件实施备份。应根据以下要求,实现备份与故障恢复功能:

a) 用户数据备份与恢复:应提供用户有选择地备份重要数据的功能,当由于某种原因引起终端计算机中用户数据丢失或破坏时,应能提供用户数据恢复的功能。

4.1.2 SSOTC 自身安全保护

4.1.2.1 操作系统的自身安全保护

应按 GB/T 20272—2006 中 4.1.2 的要求,设计和实现操作系统的自身安全保护。

4.1.3 SSOTC 设计和实现

SSOTC 的设计和实现要求如下：

a) 配置管理：按 GB/T 20271—2006 中 6.1.5.1 的要求，实现终端计算机第一级的配置管理；
b) 分发和操作：按 GB/T 20271—2006 中 6.1.5.2 的要求，实现终端计算机第一级的分发和操作；
c) 开发：按 GB/T 20271—2006 中 6.1.5.3 的要求，实现终端计算机第一级的开发；
d) 文档要求：按 GB/T 20271—2006 中 6.1.5.4 的要求，实现终端计算机第一级的文档要求；
e) 生存周期支持：按 GB/T 20271—2006 中 6.1.5.5 的要求，实现终端计算机第一级的生存周期支持；
f) 测试：按 GB/T 20271—2006 中 6.1.5.6 的要求，实现终端计算机第一级的测试。

4.1.4 SSOTC 管理

应按 GB/T 20271—2006 中 6.1.6 的要求，从以下方面实现终端计算机第一级的 SSOTC 安全管理：

a) 对相应的 SSOTC 的访问控制、鉴别控制、审计等相关的安全功能，以及与一般的安装、配置和维护有关的功能，制定相应的操作、运行规程和行为规章制度。

4.2 第二级

4.2.1 安全功能要求

4.2.1.1 硬件系统

4.2.1.1.1 设备安全可用

应按 GB/T 20271—2006 中 6.2.1.2 的要求，从以下方面设计和实现终端计算机的设备安全可用功能：

a) 基本运行支持：终端计算机的设备应提供基本的运行支持，并有必要的容错和故障恢复能力。

4.2.1.1.2 设备防盗

应按 GB/T 20271—2006 中 6.2.1.2 的要求，从以下方面设计和实现终端计算机的设备防盗功能：

a) 设备标记要求：终端计算机的设备应有明显的无法除去的标记，以防更换和方便查找；
b) 主机实体安全：终端计算机的主机应有机箱封装保护，防止部件损害或被盗。

4.2.1.2 操作系统

应按 GB/T 20272—2006 中 4.2.1 的要求，从身份鉴别、自主访问控制、安全审计、用户数据保密性、用户数据完整性 5 个方面，来设计、实现或选购第二级终端计算机所需要的操作系统。

4.2.1.3 安全支撑系统

4.2.1.3.1 密码支持

应按以下要求，设计与实现第二级终端计算机的密码支持功能：

a) 密码算法：应使用国家有关主管部门批准的密码算法，密码算法和密码操作应由硬件或受保护的软件支撑实现。
b) 密钥管理：应对密码算法操作所涉及的密钥进行全生命周期管理，包括密钥生成、密钥交换、密钥存取、密钥废除。密钥管理应符合国家密钥管理标准 GB/T 17901.1—1999 的相关要求。应建立一个可信存储根密钥，所有密钥应受可信存储根保护。可信存储根本身应由硬件密码模块保护。

4.2.1.3.2 运行时防护

应按 GB/T 20271—2006 中 6.2.2.4 和 6.2.2.6 的要求，从以下方面设计和实现终端计算机的运行时防护功能：

a) 恶意代码防护：

——对文件系统、内存和使用时的外来介质采用特征码扫描，并根据扫描结果采取相应措施，清除或隔离恶意代码。恶意代码特征库应及时更新。

b) 网络攻击防护：终端计算机应采取必要措施监控主机与外部网络的数据通信，确保系统免受外部网络侵害或恶意远程控制。应采取的措施为：

——IP 包过滤：应能够支持基于源地址、目的地址的访问控制，将不符合预先设定策略的数据包丢弃。

4.2.1.3.3 系统身份标识与鉴别

应按以下要求，设计与实现系统身份标识与鉴别功能：

a) 系统身份标识：

应对终端计算机进行身份标识，确保其身份唯一性和真实性：

——唯一性标识：应通过唯一绑定的硬件密码模块或受保护的软件模块产生的密钥来标识系统身份；

b) 系统身份鉴别：

在进行终端计算机身份鉴别时，请求方应提供系统的身份标识，通过一定的认证协议完成身份鉴别过程。

4.2.1.3.4 数据保密性保护

应按 GB/T 20271—2006 中 6.2.3.4 的数据保密性要求，从以下方面设计和实现终端计算机的数据保密性功能：

a) 数据存储保密性：

应对存储在终端计算机内的重要用户数据进行保密性保护：

——例如数据加密：应确保加密后的数据由密钥的合法持有者解密，除合法持有密钥者外，其余任何用户不应获得该数据；

b) 数据传输保密性：

对在不同 SSF 之间基于网络传输的重要数据，设计和实现数据传输保密性保护功能，确保数据在传输过程中不被泄漏和窃取。

4.2.1.3.5 安全审计

应按 GB/T 20271—2006 中 6.2.2.3 的要求，从以下方面设计和实现安全支撑系统的安全审计功能：

a) 安全审计功能的设计应与密码支持、系统身份标识与鉴别、数据保密性保护等安全功能的设计紧密结合；

b) 支持审计日志；

——可为以下安全事件产生审计记录：

绑定于终端计算机的硬件密码模块应该能审计内部运行的可审计事件，能提供给上层应用软件查询审计情况的接口；

对于每一个事件，其审计记录应包括：事件的日期和时间、用户、事件类型、事件类别，及其他与审计相关的信息；

——支持审计查阅：

提供从审计记录中读取信息的能力，即要求 SSF 为授权用户提供获得和解释审计信息的能力；

——提供审计事件选择：

应根据以下属性选择终端计算机的可审计事件：客体身份、用户身份、主体身份、主机身份、事件类型；作为审计选择性依据的附加属性。

4.2.1.3.6 备份与故障恢复

为了实现确定的恢复功能，应在终端计算机正常运行时定期地或按某种条件实施备份。应根据以下要求，实现备份与故障恢复功能：

a) 用户数据备份与恢复：应提供用户有选择地备份重要数据的功能，当由于某种原因引起终端计算机中用户数据丢失或破坏时，应能提供用户数据恢复的功能；

b) 系统备份与恢复：应提供定期对终端计算机进行定期备份的功能；当由于某种原因引起终端计算机发生故障时，应提供用户按系统备份所保留的信息进行系统恢复的功能。

4.2.2 SSOTC 自身安全保护

4.2.2.1 安全支撑系统的自身安全保护

a) 可信存储根安全保护：应按以下要求实现终端计算机的可信存储根：

——可信存储根应设置在硬件密码模块内；

——所采用的硬件密码模块和软件密码模块应符合国家相关密码管理要求；

b) 用户使用硬件密码模块前应进行身份鉴别。

4.2.2.2 操作系统的自身安全保护

应按 GB/T 20272—2006 中 4.2.2 的要求，设计和实现操作系统的自身安全保护。

4.2.3 SSOTC 设计和实现

SSOTC 的设计和实现要求如下：

a) 配置管理：应按 GB/T 20271—2006 中 6.2.5.1 的要求，实现终端计算机第二级的配置管理；

b) 分发和操作：应按 GB/T 20271—2006 中 6.2.5.2 的要求，实现终端计算机第二级的分发和操作；

c) 开发：应按 GB/T 20271—2006 中 6.2.5.3 的要求，实现终端计算机第二级的开发；

d) 文档要求：应按 GB/T 20271—2006 中 6.2.5.4 的要求，实现终端计算机第二级的文档要求；

e) 生存周期支持：应按 GB/T 20271—2006 中 6.2.5.5 的要求，实现终端计算机第二级的生存周期支持；

f) 测试：应按 GB/T 20271—2006 中 6.2.5.6 的要求，实现终端计算机第二级的测试。

4.2.4 SSOTC 管理

一般应按 GB/T 20271—2006 中 6.2.6 的要求，从以下方面实现终端计算机第二级的 SSOTC 安全管理：

a） 对相应的SSOTC的访问控制、鉴别控制、审计等相关的安全功能，以及与一般的安装、配置和维护有关的功能，制定相应的操作、运行规程和行为规章制度；

b） 根据本级中安全功能技术要求和安全保证技术要求所涉及的安全属性，设计SSOTC安全属性管理。

4.3 第三级

4.3.1 安全功能要求

4.3.1.1 硬件系统

4.3.1.1.1 设备安全可用

应按GB/T 20271—2006中6.3.1.2的要求，从以下方面设计和实现终端计算机的设备安全可用功能：

a） 基本运行支持：终端计算机的设备应提供基本的运行支持，并有必要的容错和故障恢复能力；

b） 基本安全可用：终端计算机的设备应满足基本安全可用的要求，包括主机、外部设备、网络连接部件及其他辅助部件等均应基本安全可用。

4.3.1.1.2 设备防盗

应按GB/T 20271—2006中6.3.1.2的要求，从以下方面设计和实现终端计算机的设备防盗功能：

a） 设备标记要求：终端计算机的设备应有明显的无法除去的标记，以防更换和方便查找；

b） 主机实体安全：终端计算机的主机应有机箱封装保护，防止部件损害或被盗。

4.3.1.2 操作系统

应按GB/T 20272—2006中4.3.1的要求，从身份鉴别、自主访问控制、标记、强制访问控制、安全审计、用户数据保密性、用户数据完整性7个方面，来设计、实现或选购第三级终端计算机所需要的操作系统。

4.3.1.3 安全支撑系统

4.3.1.3.1 密码支持

应按以下要求，设计与实现第三级终端计算机密码支持功能。

a） 密码算法：应使用国家密码管理部门批准的密码算法，并应采用密码硬件实现密码算法。

b） 密码操作：应按照密码算法要求实现密码操作，并至少支持如下操作：密钥生成操作、数据加密和解密操作、数字签名生成和验证操作、数据完整性度量生成和验证操作、消息认证码生成与验证操作、随机数生成操作。其中密钥生成、数字签名与验证等关键密码操作应基于密码硬件支持。

c） 密钥管理：应对密码操作所使用的密钥进行全生命周期管理，包括密钥生成、密钥交换、密钥存取、密钥废除。密钥管理应符合国家密钥管理标准GB/T 17901.1—1999的相关要求。应建立一个可信存储根密钥，所有密钥应受可信存储根保护，可信存储根本身应由可信密码模块保护。

4.3.1.3.2 运行时防护

应按GB/T 20271—2006中6.3.2.5和6.3.2.7的要求，从以下方面设计和实现第三级终端计算机的运行时防护功能：

a) 恶意代码防护：

——特征码扫描：对文件系统、内存和使用时的外来介质采用特征码扫描，并根据扫描结果采取相应措施，清除或隔离恶意代码。恶意代码特征库应及时更新。

b) 网络攻击防护：终端计算机应采取必要措施监控主机与外部网络的数据通信，确保系统免受外部网络侵害或恶意远程控制。应采取的措施包括：

——IP包过滤：应能够支持基于源地址、目的地址的访问控制，将不符合预先设定策略的数据包丢弃；

——应用程序监控：应能够设置应用程序对网络的访问控制规则。

4.3.1.3.3 系统安全性检测分析

应按GB/T 20271—2006中6.3.2.2的要求，设计和实现终端计算机第三级的系统安全性检测分析功能：

a) 操作系统安全性检测分析：应从终端计算机操作系统的角度，以管理员身份评估文件许可、文件宿主、网络服务设置、账户设置、程序真实性以及一般的与用户相关的安全点、入侵迹象等，从而检测和分析操作系统的安全性，发现存在的安全隐患，并提出补救措施；

b) 硬件系统安全性检测分析：应对支持终端计算机运行的硬件系统进行安全性检测，通过扫描硬件系统中与系统运行和数据保护有关的特定安全脆弱性，分析其存在的缺陷和漏洞，提出补救措施。

4.3.1.3.4 系统身份标识与鉴别

a) 系统身份标识：

应对终端计算机进行身份标识，确保其身份唯一性和真实性：

——唯一性标识：应通过唯一绑定的可信密码模块产生的密钥来标识系统身份，该身份密钥即为可信报告根。

——标识可信性：身份标识可信性应通过国家批准的权威机构颁发证书来实现。

——隐秘性：需要时应使系统身份标识在某些特定条件下具有不可关联性。可以基于第三方权威机构颁发特定证书实现系统身份标识的隐秘性。

——标识信息管理：应对终端计算机身份标识信息进行管理、维护，确保其不被非授权地访问、修改或删除。

b) 系统身份鉴别：

在进行终端计算机身份鉴别时，请求方应提供系统的身份证书和/或证书信任链验证路径，并通过一定的认证协议完成身份鉴别过程。

4.3.1.3.5 数据保密性保护

应按GB/T 20271—2006中6.3.3.8的数据保密性要求，从以下方面设计和实现终端计算机的数据保密性功能：

a) 数据存储保密性：

应对存储在终端计算机内的重要用户数据进行保密性保护：

——例如数据加密：应确保加密后的数据由密钥的合法持有者解密，除合法持有密钥者外，其余任何用户不应获得该数据。

——数据绑定：如果基于可信存储根实现对数据的保密存储，应确保数据由密钥的合法持有者在特定终端计算机中解密。

b) 数据传输保密性：

对在不同 SSF 之间基于网络传输的重要数据，设计和实现数据传输保密性保护功能，确保数据在传输过程中不被泄漏和窃取。

4.3.1.3.6 安全审计

应按 GB/T 20271—2006 中 6.3.2.4 的要求，从以下方面设计和实现安全支撑系统的安全审计功能：

a) 安全审计功能的设计应与密码支持、系统身份标识与鉴别、数据保密性保护等安全功能的设计紧密结合；

b) 支持审计日志；

——可为以下安全事件产生审计记录：

内置于终端计算机的可信密码模块应该能审计内部命令运行情况、维护事件、用户密钥的创建、使用与删除事件或其他专门的可审计事件，能提供给上层应用软件查询审计情况的接口，并存储审计记录；

对于每一个事件，其审计记录应包括：事件的日期和时间、用户、事件类型、事件类别，及其他与审计相关的信息；

——支持潜在侵害分析：应能用一系列规则去监控审计事件，并根据这些规则指出 SSP 的潜在侵害；

——支持审计查阅：提供从审计记录中读取信息的能力，即要求 SSF 为授权用户提供获得和解释审计信息的能力；受控审计查阅：审计查阅工具应只允许授权用户读取审计信息，并根据某种逻辑关系提供对审计数据进行搜索、分类、排序的能力；

——提供审计事件选择：应根据以下属性选择终端计算机的可审计事件：客体身份、用户身份、主体身份、主机身份、事件类型；作为审计选择性依据的附加属性；

c) 能够生成、维护及保护审计过程，使其免遭修改、非法访问及破坏，特别要保护审计数据，要严格限制未经授权的用户访问。

4.3.1.3.7 备份与故障修复

为实现确定的恢复功能，应在终端计算机正常运行时定期地或按某种条件实施备份。应根据以下要求，实现备份与故障恢复功能：

a) 用户数据备份与恢复：应提供用户有选择地备份重要数据的功能，当由于某种原因引起终端计算机中用户数据丢失或破坏时，应能提供用户数据恢复的功能；

b) 系统备份与恢复：应提供定期对终端计算机的运行现场进行备份的功能；当由于某种原因引起终端计算机发生故障时，应提供用户按系统备份所保留的现场信息进行系统恢复的功能；

c) 备份保护措施：数据在备份、存储和恢复过程中应有安全保护措施，并应设置不被用户操作系统管理的系统来实现系统数据的备份与恢复功能，系统备份数据是用户操作系统不可访问的。

4.3.1.3.8 I/O 接口配置

应配置终端计算机的 USB、网卡、硬盘等各类 I/O 接口和设备的启用/禁用等状态，并按以下要求，设计和实现终端计算机的 I/O 接口配置功能：

a) 用户自主配置：应支持用户基于 BIOS 和操作系统提供的功能自主配置各类接口的状态。

4.3.2 SSOTC 自身安全保护

4.3.2.1 安全支撑系统的自身安全保护

a) 可信存储根安全保护：应按以下要求实现终端计算机的可信存储根：

——可信存储根应设置在可信密码模块内；

——可信密码模块应符合国家密码管理部门的相关规范和管理要求；

b) 可信报告根安全保护：应按以下要求实现终端计算机的可信报告根：

——可信报告根应设置在可信密码模块内；

——可信报告根对应的公钥证书应由国家批准的权威机构发行和管理；

c) 用户使用可信密码模块之前需进行身份鉴别。

4.3.2.2 操作系统的自身安全保护

应按 GB/T 20272—2006 中 4.3.2 的要求，设计和实现操作系统的自身安全保护。

4.3.3 SSOTC 设计和实现

SSOTC 的设计和实现要求如下：

a) 配置管理：应按 GB/T 20271—2006 中 6.3.5.1 的要求，实现终端计算机第三级的配置管理；

b) 分发和操作：应按 GB/T 20271—2006 中 6.3.5.2 的要求，实现终端计算机第三级的分发和操作；

c) 开发：应按 GB/T 20271—2006 中 6.3.5.3 的要求，实现终端计算机第三级的开发；

d) 文档要求：应按 GB/T 20271—2006 中 6.3.5.4 的要求，实现终端计算机第三级的文档要求；

e) 生存周期支持：应按 GB/T 20271—2006 中 6.3.5.5 条的要求，实现终端计算机第三级的生存周期支持；

f) 测试：应按 GB/T 20271—2006 中 6.3.5.6 的要求，实现终端计算机第三级的测试；

g) 脆弱性评定：应按 GB/T 20271—2006 中 6.3.5.7 的要求，实现第三级的脆弱性评定。

4.3.4 SSOTC 管理

一般应按 GB/T 20271—2006 中 6.3.6 的要求，从以下方面实现终端计算机第三级的 SSOTC 安全管理：

a) 对相应的 SSOTC 的访问控制、鉴别控制、审计等相关的安全功能，以及与一般的安装、配置和维护有关的功能，制定相应的操作、运行规程和行为规章制度；

b) 根据本级中安全功能技术要求和安全保证技术要求所涉及的安全属性，设计 SSOTC 安全属性管理；

c) 根据本级中安全功能技术要求和安全保证技术要求所涉及的安全数据，设计 SSOTC 安全数据管理；

d) 应将系统管理员、安全员和审计员等重要安全角色分别设置专人担任，并按“职能分离原则”分别授予他们各自为完成自身任务所需的权限，并形成相互制约的关系。

4.4 第四级

4.4.1 安全功能要求

4.4.1.1 硬件系统

4.4.1.1.1 设备安全可用

应按 GB/T 20271—2006 中 6.4.1.2 的要求，从以下方面设计和实现终端计算机的设备安全可用功能：

a) 基本运行支持：终端计算机的设备应提供基本的运行支持，并有必要的容错和故障恢复能力；

b) 设备安全可用：终端计算机的设备应满足安全可用的要求，包括主机、外部设备、网络连接部件及其他辅助部件等均应安全可用。

4.4.1.1.2 设备防盗

应按 GB/T 20271—2006 中 6.4.1.2 的要求，从以下方面设计和实现终端计算机的设备防盗功能：

a) 设备标记要求：终端计算机的设备应有明显的无法除去的标记，以防更换和方便查找；
b) 主机实体安全：终端计算机的主机应有机箱封装保护，防止部件损害或被盗；
c) 设备防盗要求：终端计算机的设备应提供拥有者可控的防盗报警功能。

4.4.1.2 操作系统

应按 GB/T 20272—2006 中 4.4.1 的要求，从身份鉴别、自主访问控制、标记、强制访问控制、安全审计、用户数据保密性、用户数据完整性、可信路径 8 个方面，来设计、实现或选购第四级终端计算机所需要的操作系统。

4.4.1.3 安全支撑系统

4.4.1.3.1 密码支持

应按以下要求，设计与实现第四级终端计算机密码支持功能：

a) 密码算法：应使用国家密码管理部门批准的密码算法，并应采用密码硬件实现密码算法；
b) 密码操作：应按照密码算法要求实现密码操作，并至少支持如下操作：密钥生成操作、数据加密和解密操作、数字签名生成和验证操作、数据完整性度量生成和验证操作、消息认证码生成与验证操作、随机数生成操作。其中密钥生成、数字签名生成和验证等关键密码操作应基于可信密码模块或其他硬件密码模块支持；
c) 密钥管理：应对密码操作所使用的密钥进行全生命周期管理，包括密钥生成、密钥交换、密钥存取、密钥废除。密钥管理应符合国家密钥管理标准 GB/T 17901.1—1999 的相关要求。应建立一个可信存储根密钥，所有密钥应受可信存储根保护，可信存储根本身应由可信密码模块保护。

4.4.1.3.2 信任链

应通过在终端计算机启动过程中提供的信任链支持，确保终端计算机的运行处于真实可信状态。并按以下要求，设计和实现终端计算机第四级的信任链功能：

a) 静态信任链建立：基于可信密码模块，利用终端计算机上的可信度量根，在系统启动过程中对 BIOS、MBR、OS 部件模块进行完整性度量，度量值应存储于可信密码模块中。每个部件模块在加载前应确保其真实性和完整性。
b) 静态信任链中操作系统的完整性度量基准接受国家主管机构管理，支持离线校验；完整性度量基准应存储在受可信存储根保护的区域中，若度量值与完整性度量基准不一致，应停止操作系统启动。
c) 信任链模块修复：支持在被授权的情况下，对信任链建立过程中出现的不可信模块进行实时修复。

4.4.1.3.3 运行时防护

应按 GB/T 20271—2006 中 6.4.2.5 和 6.4.2.7 的要求，从以下方面设计和实现第四级终端计算机的运行时防护功能：

a) 恶意代码防护：
——特征码扫描：对文件系统、内存和使用时的外来介质采用特征码扫描，并根据扫描结果采取相应措施，清除或隔离恶意代码。恶意代码特征库应及时更新。
——基于CPU的数据执行保护：防止缓冲区溢出，阻止从受保护的内存位置执行恶意代码。
——进程隔离：采用进程逻辑隔离或物理隔离的方法，保护进程免受恶意代码破坏。
b) 网络攻击防护：终端计算机应采取必要措施监控主机与外部网络的数据通信，确保系统免受外部网络侵害或恶意远程控制。应采取的措施包括：
——IP包过滤：应能够支持基于源地址、目的地址的访问控制，将不符合预先设定策略的数据包丢弃；
——内容过滤：应能对网页内容进行基于关键字匹配的过滤；
——应用程序监控：应能够设置应用程序对网络的访问控制规则；
——实现注册表监控、文件监控、事件监测、实时流量分析、实时阻断的入侵检测功能；
c) 网络接入控制：终端计算机应能对所接入网络进行可信度评价（包含以下方面：网络提供者是否可信、网络状态和接入条件是否符合设定策略、网络提供的服务是否符合需求，等），并根据不同可信度评价等级采取不同的安全接入策略。

4.4.1.3.4 系统安全性检测分析

应按GB/T 20271—2006中6.4.2.2的要求，设计和实现终端计算机第四级的系统安全性检测分析功能：

a) 操作系统安全性检测分析：应从终端计算机操作系统的角度，以管理员身份评估文件许可、文件宿主、网络服务设置、账户设置、程序真实性以及一般的与用户相关的安全点、入侵迹象等，从而检测和分析操作系统的安全性，发现存在的安全隐患，并提出补救措施；
b) 硬件系统安全性检测分析：应对支持终端计算机运行的硬件系统进行安全性检测，通过扫描硬件系统中与系统运行和数据保护有关的特定安全脆弱性，分析其存在的缺陷和漏洞，提出补救措施；
c) 应用程序安全性检测分析：应对运行在终端计算机中的应用程序进行安全性检测分析，通过扫描应用软件中与鉴别、授权、访问控制和系统完整性有关的特定的安全脆弱性，分析其存在的缺陷和漏洞，提出补救措施；
d) 电磁泄漏发射检测分析：应对运行中的终端计算机环境进行电磁泄漏发射检测，采用专门的检测设备，检查系统运行过程中由于电磁干扰和电磁辐射对终端计算机的安全性所造成的威胁，并提出补救措施。

4.4.1.3.5 信任服务

终端计算机建立静态信任链后，可以在对完整性度量值由可信报告根进行数字签名后，对系统用户或系统外部实体实现信任报告。

应根据以下要求，设计与实现终端计算机的第四级信任服务功能：

a) 应在可信密码模块中专门设置受保护区域存储所有静态信任链的完整性度量值，应通过适当组合各模块的度量值，作为系统信任报告或系统特征绑定的依据，所有度量值存取访问应受权限控制；
b) 必要时应向国家主管机构报告操作系统和关键应用程序完整性度量值。

4.4.1.3.6 系统身份标识与鉴别

a) 系统身份标识：

应对终端计算机进行身份标识，确保其身份唯一性和真实性：

——唯一性标识:应通过唯一绑定的可信密码模块产生的密钥来标识系统身份,该身份密钥即为终端计算机的可信报告根。

——标识可信性:身份标识可信性应通过权威机构颁发证书来实现。

——隐秘性:需要时应使系统身份标识在某些特定条件下具有不可关联性。可以基于第三方权威机构颁发特定证书实现系统身份标识的隐秘性。

——标识信息管理:应对终端计算机身份标识信息进行管理、维护,确保其不被非授权地访问、修改或删除。

b) 系统身份鉴别：

在进行终端计算机身份鉴别时,请求方应提供系统的身份证书和/或证书信任链验证路径,并通过一定的认证协议完成身份鉴别过程。

4.4.1.3.7 数据保密性保护

应按 GB/T 20271—2006 中 6.4.3.8 的数据保密性要求,从以下方面设计和实现安全支撑系统的数据保密性功能：

a) 数据存储保密性：

应对存储在终端计算机内的重要用户数据进行保密性保护；

——例如数据加密:应确保加密后的数据由密钥的合法持有者解密,除合法持有密钥者外,其余任何用户不应获得该数据；

——数据绑定:如果基于可信存储根实现对数据的保密存储,应确保数据由密钥的合法持有者在特定终端计算机中解密；

——数据密封:如果基于可信存储根实现对数据的保密存储,应确保数据由密钥的合法持有者在特定终端计算机的特定状态下解密；

b) 数据传输保密性：

对在不同 SSF 之间传输的数据,设计和实现数据传输保密性保护功能,确保数据在传输过程中不被泄漏和窃取；

c) 客体安全重用：

对安全支撑系统进行动态资源管理过程中,对客体资源中的剩余信息不应引起信息的泄漏。根据本安全等级要求,应实现安全支撑系统如下客体安全重用功能：

——子集信息保护:由安全支撑系统安全控制范围之内的某个子集的客体资源,在将其释放后再分配给某一用户或代表该用户运行的进程时,应不会泄漏该客体中的原有信息；

——完全信息保护:由安全支撑系统安全控制范围之内的所有客体资源,在将其释放后再分配给某一用户或代表该用户运行的进程时,应不会泄漏该客体中的原有信息。

4.4.1.3.8 数据完整性保护

应按以下要求,实现安全支撑系统内部存储、传输和处理的数据的完整性保护功能。

a) 存储数据的完整性：

应对存储在 SSC 内的用户数据进行完整性保护,包括：

——完整性检测:要求 SSF 应对基于用户属性的所有客体,对存储在 SSC 内的用户数据进行完整性检测；

——完整性检测和恢复:要求 SSF 应对基于用户属性的所有客体,对存储在 SSC 内的用户数据进行完整性检测,并且当检测到完整性错误时,SSF 应采取必要的恢复措施；

b) 传输数据的完整性：

当用户数据在 SSF 和其他可信信息系统间传输时应提供完整性保护,包括:

——完整性检测:要求对被传输的用户数据进行检测,及时发现以某种方式传送或接收的用户数据被篡改、删除、插入等情况发生;

——数据交换恢复:由接收者借助于源可信信息系统提供的信息,或由接收者自己无须来自源可信信息系统的任何帮助,能恢复被破坏的数据为原始的用户数据;

c) 处理数据的完整性:

回退:对终端计算机中处理中的数据,应通过“回退”进行完整性保护,即要求 SSF 应执行访问控制策略,以允许对所定义的操作序列进行回退。

4.4.1.3.9 安全审计

应按 GB/T 20271—2006 中 6.4.2.4 的要求,从以下方面设计和实现安全支撑系统的安全审计功能:

a) 安全审计功能的设计应与密码支持、系统身份标识与鉴别、数据保密性保护、用户数据完整性保护、信任服务等安全功能的设计紧密结合;

b) 支持审计日志;

——可为以下安全事件产生审计记录:

内置于终端计算机的可信密码模块应该能审计内部命令运行情况,维护事件,用户密钥的创建、使用与删除事件或其他专门的可审计事件,能提供给上层应用软件查询审计情况的接口,并存储审计记录;

对于每一个事件,其审计记录应包括:事件的日期和时间、用户、事件类型、事件类别,及其他与审计相关的信息;

——支持安全审计分析

潜在侵害分析:应能用一系列规则去监控审计事件,并根据这些规则指出 SSP 的潜在侵害;

基于异常检测的描述:应能确立用户或进程的质疑度(或信誉度),该质疑度表示该用户或进程的现行活动与已建立的使用模式的一致性程度。当用户或进程的质疑等级超过门限条件时,SSF 应能指出将要发生对安全性的威胁;

攻击探测:应能检测到对 SSF 实施有重大威胁的签名事件的出现,并能通过对一个或多个事件的对比分析或综合分析,预测一个攻击的出现以及出现的时间或方式。为此,SSF 应维护指出对 SSF 侵害的签名事件的内部表示,并将检测到的系统行为记录与签名事件进行比较,当发现两者匹配时,指出一个对 SSF 的攻击即将到来;

——支持审计查阅:

提供从审计记录中读取信息的能力,即要求 SSF 为授权用户提供获得和解释审计信息的能力;受控审计查阅:审计查阅工具应只允许授权用户读取审计信息,并根据某种逻辑关系的标准提供对审计数据进行搜索、分类、排序的能力;

——提供审计事件选择:

应根据以下属性选择终端计算机的可审计事件:客体身份、用户身份、主体身份、主机身份、事件类型;作为审计选择性依据的附加属性;

——提供审计事件存储:

受保护的审计踪迹存储:要求审计踪迹的存储受到应有的保护,应能检测或防止对审计记录的修改;审计数据的可用性确保:在意外情况出现时,应能检测或防止对审计记录的修改,以及在发生审计存储已满、存储失败或存储受到攻击以及意外情况出现时,应采取相应的保护措施,确保有实效性的审计记录不被破坏;审计数据可能丢失情况下的措施:当审计跟踪超过预定的门限时，应采取相应的措施，进行审计数据可能丢失情况的处理；

c) 能够生成、维护及保护审计过程，使其免遭修改、非法访问及破坏，特别要保护审计数据，要严格限制未经授权的用户访问；

d) 能够创建并维护一个对受保护客体访问的审计跟踪，保护审计记录不被未授权地访问、修改和破坏。

4.4.1.3.10 备份与故障恢复

为实现确定的恢复功能，应在终端计算机正常运行时定期地或按某种条件实施备份。应根据以下要求，实现备份与故障恢复功能：

a) 用户数据备份与恢复：应提供用户有选择地备份重要数据的功能，当由于某种原因引起终端计算机中用户数据丢失或破坏时，应能提供用户数据恢复的功能；

b) 系统备份与恢复：应提供定期对终端计算机的运行现场进行备份的功能；当由于某种原因引起终端计算机发生故障时，应提供用户按系统备份所保留的现场信息进行系统恢复的功能；

c) 备份保护措施：数据在备份、存储和恢复过程中应有安全保护措施，并应设置不被用户操作系统管理的系统来实现系统数据的备份与恢复功能，系统备份数据是用户操作系统不可访问的。

4.4.1.3.11 I/O 接口配置

应配置终端计算机的串口、并口、USB、网卡、硬盘等各类 I/O 接口和设备的启用/禁用等状态，并按以下要求，设计和实现终端计算机的 I/O 接口配置功能：

a) 用户自主配置：应支持用户基于 BIOS 和操作系统提供的功能自主配置各类接口的状态；

b) 集中管理配置：终端计算机应接受所接入网络的接口配置管理，并确保只有授权用户才能修改接口配置。

4.4.1.3.12 可信时间戳

终端计算机应为其运行提供可靠的时钟和时钟同步系统，并按 GB/T 20271—2006 中 5.1.2.7 的要求提供可信时间戳服务。

4.4.2 SSOTC 自身安全保护

4.4.2.1 安全支撑系统的自身安全保护

a) 可信存储根安全保护：应按以下要求实现终端计算机的可信存储根：
——可信存储根应设置在可信密码模块内；
——可信密码模块应由国家主管机构研制；

b) 可信报告根安全保护：应按以下要求实现终端计算机的可信报告根：
——可信报告根应设置在可信密码模块内；
——可信报告根对应的公钥证书应有国家专门权威机构发行和管理；

c) 可信度量根安全保护：应按以下要求实现终端计算机的可信度量根：
——可信度量根应设置在终端计算机启动的固件模块内；
——应对可信度量根采取物理保护措施；

d) 键盘输入保护：应按以下要求实现键盘的输入保护：
——应有物理路径支持键盘输入与可信密码模块的直接通信；
——应有物理开关控制是否启用键盘输入与可信密码模块的通信路径；

e) 用户使用可信密码模块之前需进行身份鉴别。

4.4.2.2 操作系统的自身安全保护

应按 GB/T 20272—2006 中 4.4.2 的要求，设计和实现操作系统的自身安全保护。

4.4.3 SSOTC 设计和实现

SSOTC 的设计和实现要求如下：

a) 配置管理：应按 GB/T 20271—2006 中 6.4.5.1 的要求，实现终端计算机第四级的配置管理；
b) 分发和操作：应按 GB/T 20271—2006 中 6.4.5.2 的要求，实现终端计算机第四级的分发和操作；
c) 开发：应按 GB/T 20271—2006 中 6.4.5.3 的要求，实现终端计算机第四级的开发；
d) 文档要求：应按 GB/T 20271—2006 中 6.4.5.4 的要求，实现终端计算机第四级的文档要求；
e) 生存周期支持：应按 GB/T 20271—2006 中 6.4.5.5 的要求，实现终端计算机第四级的生存周期支持；
f) 测试：应按 GB/T 20271—2006 中 6.4.5.6 的要求，实现终端计算机第四级的测试；
g) 脆弱性评定：应按 GB/T 20271—2006 中 6.4.5.7 的要求，实现网络第四级的脆弱性评定。

4.4.4 SSOTC 管理

应按 GB/T 20271—2006 中 6.4.6 的要求，从以下方面实现终端计算机第四级的 SSOTC 安全管理：

a) 对相应的 SSOTC 的访问控制、鉴别控制、审计等相关的安全功能，以及与一般的安装、配置和维护有关的功能，制定相应的操作、运行规程和行为规章制度；
b) 根据本级中安全功能技术要求和安全保证技术要求所涉及的安全属性，设计 SSOTC 安全属性管理；
c) 根据本级中安全功能技术要求和安全保证技术要求所涉及的安全数据，设计 SSOTC 安全数据管理；
d) 应将系统管理员、安全员和审计员等重要安全角色分别设置专人担任，并按“职能分离原则”分别授予他们各自为完成自身任务所需的权限，并形成相互制约的关系；
e) 支持集中安全管理。

4.5 第五级

4.5.1 安全功能要求

4.5.1.1 硬件系统

4.5.1.1.1 设备安全可用

应按 GB/T 20271—2006 中 6.5.1.2 的要求，从以下方面设计和实现终端计算机的设备安全可用功能：

a) 基本运行支持：终端计算机的设备应提供基本的运行支持，并有必要的容错和故障恢复能力；
b) 设备安全可用：终端计算机的设备应满足安全可用的要求，包括主机、外部设备、网络连接部件及其他辅助部件等均应安全可用。

4.5.1.1.2 设备防盗

应按 GB/T 20271—2006 中 6.5.1.2 的要求，从以下方面设计和实现终端计算机的设备防盗功能：

a) 设备标记要求：终端计算机的设备应有明显的无法除去的标记，以防更换和方便查找；

b) 主机实体安全：终端计算机的主机应有机箱封装保护，防止部件损害或被盗；

c) 设备防盗要求：终端计算机的设备应提供拥有者可控的防盗报警功能。

4.5.1.1.3 设备高可靠

应按以下要求，设计和实现终端计算机设备高可靠功能：

a) 防水要求：终端计算机应具有高密封性，防止水滴进入；

b) 防跌落和防震要求：终端计算机应加固保护，防止跌落和震动引起的系统损坏；

c) 抗高低温与高低气压要求：终端计算机应能适应高低温和高低气压环境；

d) 抗电磁辐射与干扰：终端计算机应能抵御电磁干扰和电磁辐射对系统的安全威胁。

4.5.1.2 操作系统

应按 GB/T 20272—2006 中 4.5.1 的要求，从身份鉴别、自主访问控制、标记、强制访问控制、安全审计、用户数据保密性、用户数据完整性、可信路径 8 个方面，来设计、实现或选购第五级终端计算机所需要的操作系统。

4.5.1.3 安全支撑系统

4.5.1.3.1 密码支持

应按以下要求，设计与实现第五级终端计算机密码支持功能：

a) 密码算法：应使用国家密码管理部门批准的密码算法，并应采用密码硬件实现密码算法；

b) 密码操作：应按照密码算法要求实现密码操作，并至少支持如下操作：密钥生成操作、数据加密和解密操作、数字签名生成和验证操作、数据完整性度量生成和验证操作、消息认证码生成与验证操作、随机数生成操作。其中密钥生成、数字签名生成和验证等关键密码操作应基于可信密码模块或其他硬件密码模块支持。

c) 密钥管理：应对密码操作所使用的密钥进行全生命周期管理，包括密钥生成、密钥交换、密钥存取、密钥废除。密钥管理应符合国家密钥管理标准 GB/T 17901.1—1999 的相关要求。所有密钥应受可信存储根保护，可信存储根本身应由可信密码模块保护。

4.5.1.3.2 信任链

应通过在终端计算机启动过程中提供的信任链支持，确保终端计算机的运行处于真实可信状态。并按以下要求，设计和实现终端计算机第五级的信任链功能：

a) 静态信任链建立：基于可信密码模块，利用终端计算机上的可信度量根，在系统启动过程中对 BIOS、MBR、OS 部件模块进行完整性度量，度量值应存储于可信密码模块中。每个部件模块在加载前应确保其真实性和完整性。

b) 静态信任链中操作系统的完整性度量基准接受国家主管机构管理，支持离线校验；完整性度量基准应存储在受可信存储根保护的区域中，若度量值与完整性度量基准不一致，应停止操作系统启动。

c) 动态信任链的建立：基于可信密码模块，利用终端计算机上的动态可信度量根，对操作系统上应用程序进行实时的完整性度量，确保每个应用程序在启动和运行中的真实性和完整性。

d) 动态信任链中关键应用程序的完整性度量基准应由国家主管机构管理，支持在线离线校验，完整性度量基准应存储在受可信存储根保护的区域中，若度量值与完整性度量基准不一致，应立即停止应用程序运行。

e) 信任链模块修复：支持在被授权的情况下，对信任链建立过程中出现的不可信模块进行实时修复。

4.5.1.3.3 运行时防护

应按 GB/T 20271—2006 中 6.5.2.5 和 6.5.2.7 的要求，从以下方面设计和实现第五级终端计算机的运行时防护功能：

a) 恶意代码防护：
   ——特征码扫描：对文件系统、内存和使用时的外来介质采用特征码扫描，并根据扫描结果采取相应措施，清除或隔离恶意代码。恶意代码特征库应及时更新。
   ——基于 CPU 的数据执行保护：防止缓冲区溢出，阻止从受保护的内存位置执行恶意代码。
   ——进程隔离：采用进程逻辑隔离或物理隔离的方法，保护进程免受恶意代码破坏。
   ——进程行为分析：基于专家系统，对进程行为的危险程度进行等级评估，根据评估结果，采取相应防护措施。
b) 网络攻击防护：终端计算机应采取必要措施监控主机与外部网络的数据通信，确保系统免受外部网络侵害或恶意远程控制。应采取的措施包括：
   ——IP 包过滤：应能够支持基于源地址、目的地址的访问控制，将不符合预先设定策略的数据包丢弃；
   ——内容过滤：应能对网页内容进行基于关键字匹配的过滤；
   ——应用程序监控：应能够设置应用程序对网络的访问控制规则，包括对端口、协议、访问方向的控制；
   ——实现注册表监控、文件监控、事件监测、实时流量分析、实时阻断的入侵检测功能。
c) 网络接入控制：终端计算机应能对所接入网络进行可信度评价（包含以下方面：网络提供者是否可信、网络状态和接入条件是否符合设定策略、网络提供的服务是否符合需求，等等），并根据不同可信度评价等级采取不同的安全接入策略。

4.5.1.3.4 系统安全性检测分析

应按 GB/T 20271—2006 中 6.5.2.2 的要求，设计和实现终端计算机第五级的系统安全性检测分析功能：

a) 操作系统安全性检测分析：应从终端计算机操作系统的角度，以管理员身份评估文件许可、文件宿主、网络服务设置、账户设置、程序真实性以及一般的与用户相关的安全点、入侵迹象等，从而检测和分析操作系统的安全性，发现存在的安全隐患，并提出补救措施；
b) 硬件系统安全性检测分析：应对支持终端计算机运行的硬件系统进行安全性检测，通过扫描硬件系统中与系统运行和数据保护有关的特定安全脆弱性，分析其存在的缺陷和漏洞，提出补救措施；
c) 应用程序安全性检测分析：应对运行在终端计算机中的应用程序进行安全性检测分析，通过扫描应用软件中与鉴别、授权、访问控制和系统完整性有关的特定的安全脆弱性，分析其存在的缺陷和漏洞，提出补救措施；
d) 电磁泄漏发射检测分析：应对运行中的终端计算机环境进行电磁泄漏发射检测，采用专门的检测设备，检查系统运行过程中由于电磁干扰和电磁辐射对终端计算机的安全性所造成的威胁，并提出补救措施。

4.5.1.3.5 信任服务

终端计算机建立静态信任链后，可以对完整性度量值由可信报告根进行数字签名后，对系统用户或系统外部实体实现信任报告。

应根据以下要求,设计与实现终端计算机的第五级信任服务功能:

a) 应在可信密码模块中专门设置受保护区域存储所有静态信任链的完整性度量值,应通过适当组合各模块的度量值,作为系统信任报告或系统特征绑定的依据,所有度量值存取访问应受权限控制;
b) 应设置一个由可信密码模块保护的区域来存储所有动态信任链的完整性度量值;
c) 必要时应向国家主管机构报告操作系统和应用程序完整性度量值。

4.5.1.3.6 系统身份标识与鉴别

a) 系统身份标识:
应对终端计算机进行身份标识,确保其身份唯一性和真实性。
——唯一性标识:应通过唯一绑定的可信密码模块产生的密钥来标识系统身份。
——标识可信性:身份标识可信性应通过权威机构颁发证书来实现。
——隐秘性:需要时应使系统身份标识在某些特定条件下具有不可关联性。可以基于第三方权威机构颁发特定证书实现系统身份标识的隐秘性。
——标识信息管理:应对终端计算机身份标识信息进行管理、维护,确保其不被非授权地访问、修改或删除。
b) 系统身份标识应由国家权威管理机构进行管理。
c) 系统身份鉴别:在进行终端计算机身份鉴别时,请求方应提供系统的身份证书和/或证书信任链验证路径,并通过一定的认证协议完成身份鉴别过程。

4.5.1.3.7 数据保密性保护

应按 GB/T 20271—2006 中 6.5.3.8 的数据保密性要求,从以下方面设计和实现安全支撑系统的数据保密性功能:

a) 数据存储保密性:
应对存储在终端计算机内的重要用户数据进行保密性保护,
——例如数据加密:应确保加密后的数据由密钥的合法持有者解密,除合法持有密钥者外,其余任何用户不应获得该数据;
——数据绑定:如果基于可信存储根实现对数据的保密存储,应确保数据由密钥的合法持有者在特定终端计算机中解密;
——数据密封:如果基于可信存储根实现对数据的保密存储,应确保数据由密钥的合法持有者在特定终端计算机的特定状态下解密;
b) 数据传输保密性:
按所配置的密码,对在不同 SSF 之间传输的数据,设计和实现数据传输保密性保护功能,确保数据在传输过程中不被泄漏和窃取;
c) 客体安全重用:
在安全支撑系统进行动态资源管理过程中,客体资源中的剩余信息不应引起信息的泄漏。根据本安全等级要求,应实现安全支撑系统如下客体安全重用功能:
——子集信息保护:由安全支撑系统安全控制范围之内的某个子集的客体资源,在将其释放后再分配给某一用户或代表该用户运行的进程时,应不会泄漏该客体中的原有信息;
——完全信息保护:由安全支撑系统安全控制范围之内的所有客体资源,在将其释放后再分配给某一用户或代表该用户运行的进程时,应不会泄漏该客体中的原有信息;
——特殊信息保护:在完全信息保护的基础上,对于某些需要特别保护的信息,应采用专门的方法对客体资源中的残留信息做彻底清除。

4.5.1.3.8 数据完整性保护

应按以下要求,实现安全支撑系统内部存储、处理和传输的数据的完整性保护功能。

a) 存储数据的完整性:

应对存储在SSC内的用户数据进行完整性保护,包括:

——完整性检测:要求SSF应对基于用户属性的所有客体,对存储在SSC内的用户数据进行完整性检测;

——完整性检测和恢复:要求SSF应对基于用户属性的所有客体,对存储在SSC内的用户数据进行完整性检测,并且当检测到完整性错误时,SSF应采取必要的恢复措施;

b) 传输数据的完整性:

当用户数据在SSF和其他可信信息系统间传输时应提供完整性保护,包括:

——完整性检测:要求对被传输的用户数据进行检测,及时发现以某种方式传送或接收的用户数据被篡改、删除、插入等情况发生;

——数据交换恢复:由接收者借助于源可信信息系统提供的信息,或由接收者自己无须来自源可信信息系统的任何帮助,能恢复被破坏的数据为原始的用户数据;

c) 处理数据的完整性:

回退:对终端计算机中处理中的数据,应通过"回退"进行完整性保护,即要求SSF应执行访问控制策略,以允许对所定义的操作序列进行回退。

4.5.1.3.9 安全审计

应按GB/T 20271—2006中6.5.2.4的要求,从以下方面设计和实现安全支撑系统的安全审计功能:

a) 安全审计功能的设计应与密码支持、系统身份标识与鉴别、数据保密性保护、用户数据完整性保护、信任服务等安全功能的设计紧密结合;

b) 支持审计日志:

——支持安全审计响应

当检测到可能有安全侵害事件时,将审计数据记入审计日志;当检测到可能有安全侵害事件时,生成实时报警信息;当检测到可能有安全侵害事件时,将违例进程终止,违例进程可以包括但不限于服务进程、驱动、用户进程;当检测到可能有安全侵害事件时,将当前的用户账号断开,并使其失效;

——可为以下安全事件产生审计记录:

内置于终端计算机的可信密码模块应该能审计内部命令运行情况,维护事件,用户密钥的创建、使用与删除事件或其他专门的可审计事件,能提供给上层应用软件查询审计情况的接口,并存储审计记录;

对于每一个事件,其审计记录应包括:事件的日期和时间、用户、事件类型、事件类别,及其他与审计相关的信息;

——支持安全审计分析

潜在侵害分析:应能用一系列规则去监控审计事件,并根据这些规则指出SSP的潜在侵害;

基于异常检测的描述:应能确立用户或进程的质疑度(或信誉度),该质疑度表示该用户或进程的现行活动与已建立的使用模式的一致性程度。当用户或进程的质疑等级超过门限条件时,SSF应能指出将要发生对安全性的威胁;

攻击探测：应能检测到对 SSF 实施有重大威胁的签名事件的出现，并能通过对一个或多个事件的对比分析或综合分析，预测一个攻击的出现以及出现的时间或方式。为此，SSF 应维护指出对 SSF 侵害的签名事件的内部表示，并将检测到的系统行为记录与签名事件进行比较，当发现两者匹配时，指出一个对 SSF 的攻击即将到来；

——支持审计查阅

提供从审计记录中读取信息的能力，即要求 SSF 为授权用户提供获得和解释审计信息的能力；受控审计查阅：审计查阅工具应只允许授权用户读取审计信息，并根据某种逻辑关系的标准提供对审计数据进行搜索、分类、排序的能力；

——提供审计事件选择

应根据以下属性选择终端计算机的可审计事件：客体身份、用户身份、主体身份、主机身份、事件类型；作为审计选择性依据的附加属性；

——提供审计事件存储

要求审计踪迹的存储受到应有的保护，应能检测或防止对审计记录的修改；在意外情况出现时，应能检测或防止对审计记录的修改，以及在发生审计存储已满、存储失败或存储受到攻击以及意外情况出现时，应采取相应的保护措施，确保有实效性的审计记录不被破坏；当审计跟踪超过预定的门限时，应采取相应的措施，进行审计数据可能丢失情况的处理；在审计踪迹存储已满或超过预定的门限时，应采取相应措施，防止审计数据丢失；

c) 能够生成、维护及保护审计过程，使其免遭修改、非法访问及破坏，特别要保护审计数据，要严格限制未经授权的用户访问；
d) 能够创建并维护一个对受保护客体访问的审计跟踪，保护审计记录不被未授权的访问、修改和破坏。

4.5.1.3.10 备份与故障修复

为实现确定的恢复功能，应在终端计算机正常运行时定期地或按某种条件实施备份。应根据以下要求，实现备份与故障恢复功能：

a) 用户数据备份与恢复：应提供用户有选择地备份重要数据的功能，当由于某种原因引起终端计算机中用户数据丢失或破坏时，应能提供用户数据恢复的功能；
b) 系统备份与恢复：应提供定期对终端计算机的运行现场进行定期备份的功能；当由于某种原因引起终端计算机发生故障时，应提供用户按系统备份所保留的现场信息进行系统恢复的功能；
c) 备份保护措施：数据在备份、存储和恢复过程中应有安全保护措施，并应设置不被用户操作系统管理的系统来实现系统数据的备份与恢复功能，系统备份数据是用户操作系统不可访问的。

4.5.1.3.11 I/O 接口配置

应配置终端计算机的串口、并口、USB、网卡、硬盘等各类 I/O 接口和设备的启用/禁用等状态，并按以下要求，设计和实现终端计算机的 I/O 接口配置功能：

a) 用户自主配置：应支持用户基于 BIOS 和操作系统提供的功能自主配置各类接口的状态；
b) 集中管理配置：终端计算机应接受所接入网络的接口配置管理，并确保只有授权用户才能修改接口配置；
c) 自适应配置：终端计算机应能根据网络环境安全状况，基于安全策略，自动配置接口状态，以确保系统自身安全。

4.5.1.3.12 可信时间戳

终端计算机应为其运行提供可靠的时钟和时钟同步系统，并按 GB/T 20271—2006 中 5.1.2.7 的要求提供可信时间戳服务。

4.5.2 SSOTC 自身安全保护

4.5.2.1 安全支撑系统的自身安全保护

a) 可信存储根安全保护:应按以下要求实现终端计算机的可信存储根:
——可信存储根应设置在可信密码模块内;
——可信密码模块应由国家主管机构研制;
b) 可信报告根安全保护:应按以下要求实现终端计算机的可信报告根:
——可信报告根应设置在可信密码模块内;
——可信报告根对应的公钥证书应有国家专门权威机构发行和管理;
c) 可信度量根安全保护:应按以下要求实现终端计算机的可信度量根:
——可信度量根应设置在终端计算机启动的固件模块内;
——应对可信度量根采取物理保护措施;
d) 动态可信度量根安全保护:应按以下要求实现终端计算机的动态可信度量根:
——动态可信度量根应设置在终端计算机的自主虚拟机监控器;
——应对动态可信度量根采取安全保护措施;
e) 键盘输入保护:应按以下要求实现键盘的输入保护:
——应有物理路径支持键盘输入与可信密码模块的直接通信;
——应有物理开关控制是否启用键盘输入与可信密码模块的通信路径;
f) 用户使用可信密码模块之前需进行身份鉴别。

4.5.2.2 操作系统的自身安全保护

应按 GB/T 20272—2006 中 4.5.2 的要求,设计和实现操作系统的自身安全保护。

4.5.3 SSOTC 设计和实现

SSOTC 的设计和实现要求如下:

a) 配置管理:应按 GB/T 20271—2006 中 6.5.5.1 的要求,实现终端计算机第五级的配置管理;
b) 分发和操作:应按 GB/T 20271—2006 中 6.5.5.2 的要求,实现终端计算机第五级的分发和操作;
c) 开发:应按 GB/T 20271—2006 中 6.5.5.3 的要求,实现终端计算机第五级的开发;
d) 文档要求:应按 GB/T 20271—2006 中 6.5.5.4 的要求,实现终端计算机第五级的文档要求;
e) 生存周期支持:应按 GB/T 20271—2006 中 6.5.5.5 的要求,实现终端计算机第五级的生存周期支持;
f) 测试:应按 GB/T 20271—2006 中 6.5.5.6 的要求,实现终端计算机第五级的测试;
g) 脆弱性评定:应按 GB/T 20271—2006 中 6.5.5.7 的要求,实现网络第五级的脆弱性评定。

4.5.4 SSOTC 管理

应按 GB/T 20271—2006 中 6.5.6 的要求,从以下方面实现终端计算机第五级的 SSOTC 安全管理:

a) 对相应的 SSOTC 的访问控制、鉴别控制、审计等相关的安全功能,以及与一般的安装、配置和维护有关的功能,制定相应的操作、运行规程和行为规章制度;
b) 根据本级中安全功能技术要求和安全保证技术要求所涉及的安全属性,设计 SSOTC 安全属性管理；

c) 根据本级中安全功能技术要求和安全保证技术要求所涉及的安全数据，设计 SSOTC 安全数据管理；

d) 应将系统管理员、安全员和审计员等重要安全角色分别设置专人担任，并按“职能分离原则”分别授予他们各自为完成自身任务所需的权限，并形成相互制约的关系；

e) 支持集中安全管理。

5 测试评价方法

5.1 测试环境

终端计算机的典型测试环境如图 1 所示：

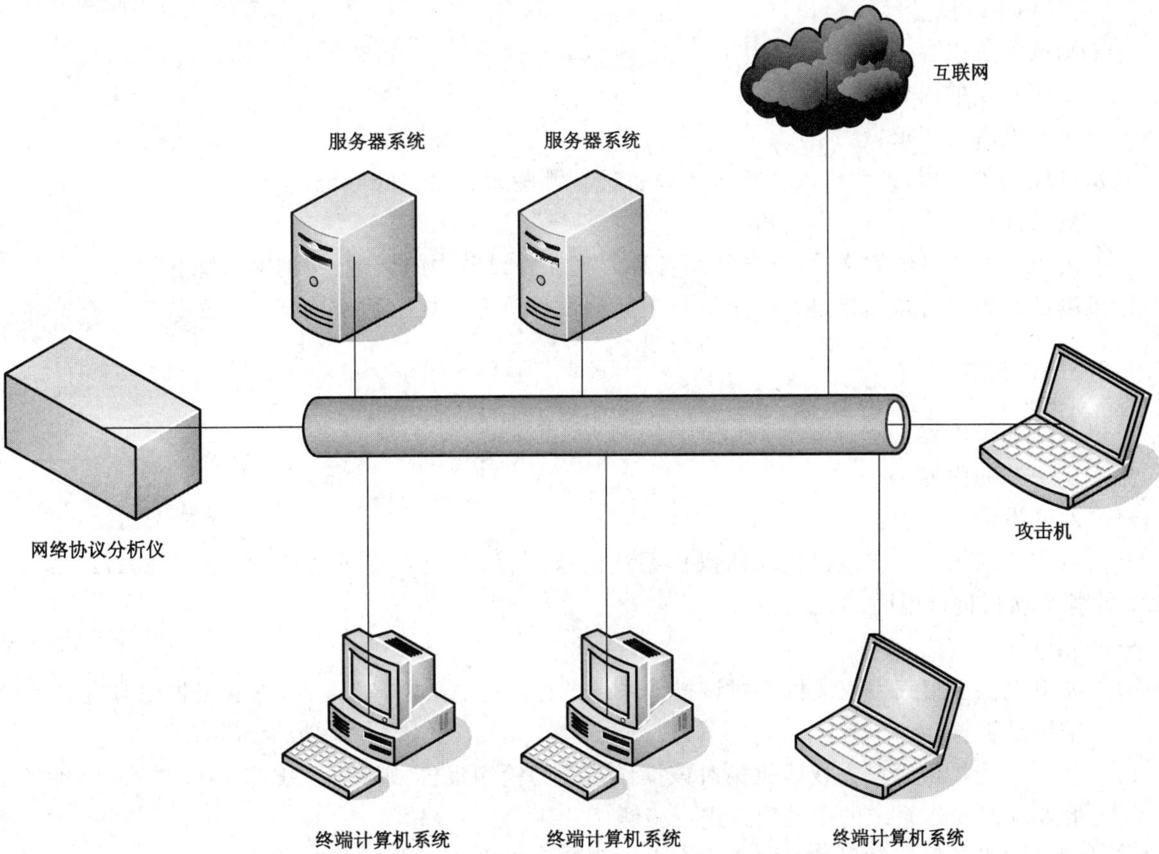

图 1 终端计算机典型测试环境

测试环境中包含 3 台被测的终端计算机，2 台终端计算机访问的服务器系统，一台攻击机能够对终端计算机发起各类攻击，一台网络协议分析仪能够对终端计算机的网络数据进行分析。

5.2 第一级

5.2.1 安全功能要求

5.2.1.1 物理系统

5.2.1.1.1 设备安全可用

——测试评价内容：

见 4.1.1.1.1 的内容。

——对开发者的要求：

开发者应提供文档，说明终端计算机的设备提供哪些基本的运行支持措施，提供哪些必要的容错和故障恢复能力。

——测试评价方法：

a） 按照开发者提供的文档，逐项验证所提供的运行支持措施是否有效，能否支持终端计算机的基本运行；

b） 按照开发者提供的文档，模拟出现一些故障事件（如：掉电、硬件故障等），验证终端计算机的容错和故障恢复能力是否有效。

记录测试结果并对该结果是否完全符合上述测试评价方法要求作出判断。

5.2.1.1.2 设备防盗

——测试评价内容：

见 4.1.1.1.2 的内容。

——对开发者的要求：

开发者应提供文档，说明终端计算机的设备具有哪些无法除去的标记。

——测试评价方法：

a） 按照开发者提供的文档，尝试使用各种方式除去设备中的标记，检测能否除去。

记录测试结果并对该结果是否完全符合上述测试评价方法要求作出判断。

5.2.1.2 操作系统

——测试评价内容：

见 4.1.1.2 的内容。

——对开发者的要求：

开发者应提供第三方权威机构对该操作系统的检测报告，或者提供文档对 GB/T 20272—2006 中 4.1.1 的各个项目进行说明。

——测试评价方法：

a） 如果提供了第三方权威机构对该操作系统的检测报告，则查验报告，查看报告中对应项目检测结果是否符合；

b） 如果未能提供第三方权威机构对该操作系统的检测报告，则按照 GB/T 20272—2006 中4.1.1 的要求对操作系统的相关项目进行检测。

记录测试结果并对该结果是否完全符合上述测试评价方法要求作出判断。

5.2.1.3 安全支撑系统

5.2.1.3.1 运行时防护

——测试评价内容：

见 4.1.1.3.1 的内容。

——测试评价方法：

a） 在系统和外来介质中植入一个测试用的恶意代码，并运行恶意代码；

b） 对文件系统、内存和使用时的外来介质进行扫描，检测系统能否清除或隔离恶意代码；

c） 检测系统能否对恶意代码特征库进行及时更新。

记录测试结果并对该结果是否完全符合上述测试评价方法要求作出判断。

5.2.1.3.2 备份与故障恢复

——测试评价内容：

见4.1.1.3.2的内容。

——测试评价方法：

a) 以授权用户身份有选择地备份重要数据，对系统中已备份的用户数据进行修改，然后进行恢复，检测能否按照备份信息有效恢复。

记录测试结果并对该结果是否完全符合上述测试评价方法要求作出判断。

5.2.2 SSOTC 自身安全保护

5.2.2.1 操作系统的自身安全保护

——测试评价内容：

见4.1.2.1的内容。

——对开发者的要求：

开发者应提供第三方权威机构对该操作系统的检测报告，或者提供文档对GB/T 20272—2006中4.1.2的各个项目进行说明。

——测试评价方法：

a) 如果提供了第三方权威机构对该操作系统的检测报告，则查验报告，查看报告中对应项目检测结果是否符合；

b) 如果未能提供第三方权威机构对该操作系统的检测报告，则按照GB/T 20272—2006中4.1.2的要求对操作系统的相关项目进行检测。

记录测试结果并对该结果是否完全符合上述测试评价方法要求作出判断。

5.2.3 SSOTC 设计和实现

5.2.3.1 配置管理

——测试评价内容：

按GB/T 20271—2006中6.1.5.1的要求，实现终端计算机第一级的配置管理。

——测试评价方法：

评估者应审查开发者提供的配置管理支持文档是否完全符合以下要求：

a) 开发者所使用的版本号与所应表示的终端计算机样本应完全对应，没有歧义。

记录审查结果并对该结果是否完全符合上述测试评价方法要求作出判断。

5.2.3.2 分发和操作

5.2.3.2.1 分发

——测试评价内容：

按GB/T 20271—2006中6.1.5.2 a)的要求，实现终端计算机第一级的分发。

——测试评价方法：

a) 评估者应审查开发者是否按分发过程的要求，编制分发文档；

b) 评估者应审查分发文档，是否描述给用户分发终端计算机时，用以维护安全所必须的所有过程；

c) 评估者应审查是否按该过程进行分发。

记录审查结果并对该结果是否完全符合上述测试评价方法要求作出判断。

5.2.3.2.2 操作

——测试评价内容：

按 GB/T 20271—2006 中 6.1.5.2 b）的要求，实现终端计算机第一级的操作。

——测试评价方法：

a） 评估者应审查操作文档，是否说明了终端计算机的安装、生成、启动和使用的过程。用户能够通过此文档了解安装、生成、启动和使用过程。

记录审查结果并对该结果是否完全符合上述测试评价方法要求作出判断。

5.2.3.3 开发

5.2.3.3.1 功能设计

——测试评价内容：

按 GB/T 20271—2006 中 6.1.5.3 a）的要求，实现终端计算机第一级的功能设计。

——测试评价方法：

评估者应审查开发者所提供的信息是否满足如下要求：

a） 功能设计应当使用非形式化风格来描述终端计算机安全功能与其外部接口；

b） 功能设计应当是内在一致的；

c） 功能设计应当描述使用所有外部终端计算机安全功能接口的目的与方法，适当的时候，要提供结果影响例外情况和错误信息的细节。

记录审查结果并对该结果是否完全符合上述测试评价方法要求作出判断。

5.2.3.3.2 高层设计

——测试评价内容：

按 GB/T 20271—2006 中 6.1.5.3 b）的要求，实现终端计算机第一级的高层设计。

——测试评价方法：

评估者应审查开发者所提供的高层设计文档是否满足如下要求：

a） 以子系统的观点、以非形式化的方法来一致性地描述终端计算机的体系结构；

b） 描述每一个子系统所提供的安全功能及其相互关系；

c） 标识安全功能要求的任何基础性的硬件、固件和/或软件，并且通过这些硬件、固件和/或软件所实现的保护机制，来提供安全功能功能；

d） 标识安全功能子系统的所有接口，并标明安全功能子系统的哪些接口是外部可见的。

记录审查结果并对该结果是否完全符合上述测试评价方法要求作出判断。

5.2.3.3.3 低层设计

——测试评价内容：

按 GB/T 20271—2006 中 6.1.5.3 c）的要求，实现终端计算机第一级的低层设计。

——测试评价方法：

评估者应审查开发者所提供的低层设计文档是否满足如下要求：

a） 低层设计的表示应是非形式化的，内在一致的，并以模块术语描述；

b） 描述每一个模块的目的；

c） 以所提供的安全功能和对其他模块的依赖性术语定义模块间的相互关系；

d) 描述如何提供每一个安全策略功能的实施；

e) 标识终端计算机安全功能模块的所有接口，标识终端计算机安全功能模块的哪些接口是外部可见的，以及描述终端计算机安全功能模块所有接口的目的与方法，必要时，应提供影响、例外情况和错误信息的细节；

f) 描述如何将终端计算机分离成安全策略实施模块和其他模块。

记录审查结果并对该结果是否完全符合上述测试评价方法要求作出判断。

5.2.3.3.4 内部结构设计

——测试评价内容：

按 GB/T 20271—2006 中 6.1.5.3 d) 的要求，实现终端计算机第一级的内部结构设计。

——测试评价方法：

评估者应审查开发者所提供的信息是否满足如下要求：

a) 应以模块化方法设计和构建终端计算机安全功能，并避免设计模块之间出现不必要的交互；

b) 标识终端计算机安全功能模块，并应描述每一个终端计算机安全功能模块的目的、接口、参数和影响；

c) 描述终端计算机安全功能设计是如何使独立的模块间避免不必要的交互作用。

记录审查结果并对该结果是否完全符合上述测试评价方法要求作出判断。

5.2.3.3.5 实现表示设计

——测试评价内容：

按 GB/T 20271—2006 中 6.1.5.3 e) 的要求，实现终端计算机第一级的实现表示设计。

——测试评价方法：

评估者应审查开发者所提供的信息是否满足如下要求：

a) 应无歧义地为选定的终端计算机安全功能子集定义一个详细级别的终端计算机安全功能实现表示，并且实现表示应当是内在一致的。

记录审查结果并对该结果是否完全符合上述测试评价方法要求作出判断。

5.2.3.3.6 对应性设计

——测试评价内容：

按 GB/T 20271—2006 中 6.1.5.3 f) 的要求，实现终端计算机第一级的对应性设计。

——测试评价方法：

评估者应审查开发者所提供的信息是否满足如下要求：

a) 应在所提供的终端计算机安全功能表示的所有相邻对之间提供其对应性分析，对每个相邻对，应当阐明较为抽象的终端计算机安全功能表示的所有相关安全功能在较不抽象的终端计算机安全功能表示中得到正确而完备地细化。

记录审查结果并对该结果是否完全符合上述测试评价方法要求作出判断。

5.2.3.4 文档要求

5.2.3.4.1 管理员指南

——测试评价内容：

按 GB/T 20271—2006 中 6.1.5.4 的要求，实现终端计算机第一级的管理员指南。

——测试评价方法：

评估者应审查开发者是否提供了供系统管理员使用的管理员指南，并且此管理员指南是否包括如下内容：

a) 终端计算机可以使用的管理功能和接口；
b) 怎样安全地管理终端计算机；
c) 在安全处理环境中应进行控制的功能和权限；
d) 所有对与终端计算机的安全操作有关的用户行为的假设；
e) 所有受管理员控制的安全参数，如果可能，应指明安全值；
f) 每一种与管理功能有关的安全相关事件，包括对安全功能所控制的实体的安全特性进行的改变；
g) 所有与系统管理员有关的 IT 环境的安全要求。

记录审查结果并对该结果是否完全符合上述测试评价方法要求作出判断。

5.2.3.4.2 用户指南

——测试评价内容：

按 GB/T 20271—2006 中 6.1.5.4 的要求，实现终端计算机第一级的用户指南。

——测试评价方法：

评估者应审查开发者是否提供了供系统用户使用的用户指南，并且此用户指南是否包括如下内容：

a) 终端计算机的非管理用户可使用的安全功能和接口；
b) 终端计算机提供给用户的安全功能和接口的用法；
c) 用户可获取但应受安全处理环境控制的所有功能和权限；
d) 终端计算机安全操作中用户所应承担的职责；
e) 与用户有关的 IT 环境的所有安全要求。

记录审查结果并对该结果是否完全符合上述测试评价方法要求作出判断。

5.2.3.5 生存周期支持

——测试评价内容：

按 GB/T 20271—2006 中 6.1.5.5 的要求，实现终端计算机第一级的生存周期支持。

——测试评价方法：

评估者应审查开发者所提供的信息是否满足如下要求：

a) 开发者应建立用于开发和维护终端计算机的生存周期模型，对终端计算机开发和维护提供必要的控制，并以文档形式描述用于开发和维护终端计算机的模型。

记录审查结果并对该结果是否完全符合上述测试评价方法要求作出判断。

5.2.3.6 测试

5.2.3.6.1 功能测试

——测试评价内容：

按 GB/T 20271—2006 中 6.1.5.6 a) 的要求，实现终端计算机第一级的功能测试。

——测试评价方法：

a) 评价开发者提供的测试文档，是否包括测试计划、测试规程、预期的测试结果和实际测试结果；
b) 评价测试计划是否标识了要测试的安全功能，是否描述了测试的目标；
c) 评价测试规程是否标识了要执行的测试，是否描述了每个安全功能的测试概况（这些概况包括对其他测试结果的顺序依赖性）；

d) 评价期望的测试结果是否表明测试成功后的预期输出；

e) 评价实际测试结果是否表明每个被测试的安全功能能按照规定进行运作。

记录审查结果并对该结果是否完全符合上述测试评价方法要求作出判断。

5.2.3.6.2 独立性测试

——测试评价内容：

按 GB/T 20271—2006 中 6.1.5.6 b）的要求，实现终端计算机第一级的独立性测试。

——测试评价方法：

a) 开发者提供的测试文档，应表明安全功能是按规定运作的；

b) 开发者应提供与测试相适应的终端计算机。

记录审查结果并对该结果是否完全符合上述测试评价方法要求作出判断。

5.3 第二级

5.3.1 安全功能要求

5.3.1.1 物理系统

5.3.1.1.1 设备安全可用

——测试评价内容：

见 4.2.1.1.1 的内容。

——对开发者的要求：

开发者应提供文档，说明终端计算机的设备提供哪些基本的运行支持措施，提供哪些必要的容错和故障恢复能力。

——测试评价方法：

a) 按照开发者提供的文档，逐项验证所提供的运行支持措施是否有效，能否支持终端计算机的基本运行；

b) 按照开发者提供的文档，模拟出现一些故障事件（如：掉电、硬件故障等），验证终端计算机的容错和故障恢复能力是否有效。

记录测试结果并对该结果是否完全符合上述测试评价方法要求作出判断。

5.3.1.1.2 设备防盗

——测试评价内容：

见 4.2.1.1.2 的内容。

——对开发者的要求：

开发者应提供文档，说明终端计算机的设备具有哪些无法除去的标记。

——测试评价方法：

a) 按照开发者提供的文档，尝试使用各种方式除去设备中的标记，检测能否除去；

b) 检测终端计算机的主机是否具有机箱封装保护，能否防止部件损害或被盗。

记录测试结果并对该结果是否完全符合上述测试评价方法要求作出判断。

5.3.1.2 操作系统

——测试评价内容：

见 4.2.1.2 的内容。

——对开发者的要求：

开发者应提供第三方权威机构对该操作系统的检测报告，或者提供文档对 GB/T 20272—2006 中 4.2.1 的各个项目进行说明。

——测试评价方法：

a) 如果提供了第三方权威机构对该操作系统的检测报告，则查验报告，查看报告中对应项目检测结果是否符合；

b) 如果未能提供第三方权威机构对该操作系统的检测报告，则按照 GB/T 20272—2006 中4.2.1 的要求对操作系统的相关项目进行检测。

记录测试结果并对该结果是否完全符合上述测试评价方法要求作出判断。

5.3.1.3 安全支撑系统

5.3.1.3.1 密码支持

——测试评价内容：

见 4.2.1.3.1 的内容。

——对开发者的要求：

开发者应提供文档和相关证书，说明所使用的密码算法、相关的密码操作以及相关的密钥管理措施，并证明所使用的密码算法已经通过国家密码管理部门的批准。

——测试评价方法：

a) 按照开发者提供的文档和相关证书，检测所使用的密码算法是否由硬件或者软件支撑实现，是否已经通过国家密码管理部门的批准；

b) 根据开发者提供的文档，检验系统是否建立可信存储根密钥；

c) 按照开发者提供的文档，检测所有密钥是否受可信存储根保护；

d) 按照开发者提供的文档，检测可信存储根本身是否由硬件密码模块保护。

记录测试结果并对该结果是否完全符合上述测试评价方法要求作出判断。

5.3.1.3.2 运行时防护

——测试评价内容：

见 4.2.1.3.2 的内容。

——对开发者的要求：

开发者应提供文档，说明终端计算机具有哪些运行时防护功能。

——测试评价方法：

a) 在系统和外来介质中植入一个测试用的恶意代码，并运行恶意代码；

b) 对文件系统、内存和使用时的外来介质进行扫描，检测系统能否清除或隔离恶意代码；

c) 检测系统能否对恶意代码特征库进行及时更新；

d) IP 过滤：根据源地址、目的地址设置多条允许通过的过滤规则，模拟相应的网络通讯，检测能否正常通讯；根据源地址、目的地址设置多条拒绝通过的过滤规则，模拟相应的网络通讯，检测能否拒绝相应的网络数据包。

记录测试结果并对该结果是否完全符合上述测试评价方法要求作出判断。

5.3.1.3.3 系统身份标识与鉴别

——测试评价内容：

见 4.2.1.3.3 的内容。

——对开发者的要求：

开发者应提供文档，详细说明系统标识产生的过程以及终端计算机身份的鉴别过程。

——测试评价方法：

a) 根据开发者提供的文档，验证系统身份的标识的产生过程，检验系统身份标识是否是由唯一绑定的硬件密码模块或受保护的软件模块产生的密钥；

b) 根据开发者提供的文档模拟终端计算机的身份鉴别过程，验证请求方是否通过一定的认证协议完成身份鉴别过程。

记录测试结果并对该结果是否完全符合上述测试评价方法要求作出判断。

5.3.1.3.4 数据保密性保护

5.3.1.3.4.1 数据存储保密性

——测试评价内容：

见 4.2.1.3.4 a）的内容。

——对开发者的要求：

开发者应提供文档，说明如何对存储在终端计算机内的重要用户数据进行保密性保护。

——测试评价方法：

a) 根据开发者提供的文档，对测试数据进行加密，并以密钥的合法持有者身份进行解密，检测能否解密成功；

b) 以其余任何用户身份登录，检测是否无法获得该数据。

记录测试结果并对该结果是否完全符合上述测试评价方法要求作出判断。

5.3.1.3.4.2 数据传输保密性

——测试评价内容：

见 4.2.1.3.4 b）的内容。

——对开发者的要求：

开发者应提供文档，说明如何对在不同 SSF 之间基于网络传输的重要数据，进行保密性保护。

——测试评价方法：

a) 利用协议分析仪截取网络传输的用户数据，检测基于网络传输的重要数据是否按照开发者的设计进行保密性保护。

记录测试结果并对该结果是否完全符合上述测试评价方法要求作出判断。

5.3.1.3.5 安全审计

——测试评价内容：

见 4.2.1.3.5 的内容。

——对开发者的要求：

开发者应提供文档，说明安全支撑系统对哪些操作生成审计记录。

——测试评价方法：

a) 查看系统的审计记录信息，检测是否有密码支持、系统身份标识与鉴别、数据保密性保护等安全功能相关操作的审计记录；

b) 检测审计功能是否支持审计日志；

c) 对于绑定于终端计算机的硬件密码模块，检测是否提供给上层应用软件查询审计情况的接口；

d) 检测审计记录是否包括：事件的日期和时间、用户、事件类型、事件类别，及其他与审计相关的信息；

e） 检测审计功能是否为授权用户提供基本审计查阅；以未授权用户身份，尝试查阅审计信息，检测系统是否拒绝未授权访问；

f） 检测审计功能是否支持根据客体身份、用户身份、主体身份、主机身份、事件类型等属性进行审计事件选择。

记录测试结果并对该结果是否完全符合上述测试评价方法要求作出判断。

5.3.1.3.6 备份与故障恢复

——测试评价内容：

见 4.2.1.3.6 的内容。

——对开发者的要求：

开发者应提供文档，说明备份与故障恢复的方法。

——测试评价方法：

a） 以授权用户身份有选择地备份重要数据，对系统中已备份的用户数据进行修改，然后进行恢复，检测能否按照备份信息有效恢复；

b） 设置对系统数据进行定时备份，对已备份的系统数据进行修改，然后进行恢复，检测能否按照备份信息有效恢复。

记录测试结果并对该结果是否完全符合上述测试评价方法要求作出判断。

5.3.2 SSOTC 自身安全保护

5.3.2.1 安全支撑系统的自身安全保护

——测试评价内容：

见 4.2.2.1 的内容。

——对开发者的要求：

开发者应提供文档，说明可信存储根是否设置在硬件密码模块内，所采用的硬件密码模块和软件密码模块是否符合国家相关密码管理要求，如果是，则提供相应的认证证书；说明采取何种方式对安全支撑系统的使用用户进行鉴别。

——测试评价方法：

a） 按照开发者提供的文档，检测可信存储根是否设置在硬件密码模块内；

b） 按照开发者提供的文档和相关证书，检测所使用的硬件密码模块和软件密码模块是否符合国家相关密码管理要求；

c） 以各种方法和工具，尝试读取、修改可信存储根，检测能否尝试成功；

d） 尝试以授权用户和非授权用户去使用硬件密码模块，检验是否需要进行身份鉴别。

记录测试结果并对该结果是否完全符合上述测试评价方法要求作出判断。

5.3.2.2 操作系统的自身安全保护

——测试评价内容：

见 4.2.2.2 的内容。

——测试评价方法：

a） 如果提供了第三方权威机构对该操作系统的检测报告，则查验报告，查看报告中对应项目检测结果是否符合；

b） 如果未能提供第三方权威机构对该操作系统的检测报告，则按照 GB/T 20272—2006 中4.2.2 的要求对操作系统的相关项目进行检测。

记录测试结果并对该结果是否完全符合上述测试评价方法要求作出判断。

5.3.3 SSOTC 设计和实现

5.3.3.1 配置管理

5.3.3.1.1 配置管理能力

——测试评价内容：

应按 GB/T 20271—2006 中 6.2.5.1 a)的要求，实现终端计算机第二级的配置管理能力设计。

——测试评价方法：

评估者应审查开发者所提供的信息是否满足如下要求：

a) 开发者所使用的版本号与所应表示的终端计算机样本应完全对应，没有歧义。

记录审查结果并对该结果是否完全符合上述测试评价方法要求作出判断。

5.3.3.1.2 配置管理范围

——测试评价内容：

应按 GB/T 20271—2006 中 6.2.5.1 b)的要求，实现终端计算机第二级的配置管理范围设计。

——测试评价方法：

终端计算机配置管理范围，要求将终端计算机的实现表示、设计文档、测试文档、用户文档、安全管理员文档、配置管理文档等置于配置管理之下，从而确保它们的修改是在一个正确授权的可控方式下进行的。为此要求：

a) 开发者所提供的配置管理文档应展示配置管理系统至少能跟踪上述配置管理之下的内容；

b) 文档应描述配置管理系统是如何跟踪这些配置项的；

c) 文档还应提供足够的信息表明达到所有要求。

记录审查结果并对该结果是否完全符合上述测试评价方法要求作出判断。

5.3.3.2 分发和操作

5.3.3.2.1 分发

——测试评价内容：

应按 GB/T 20271—2006 中 6.2.5.2 a) 的要求，实现终端计算机第二级的分发。

——测试评价方法：

a) 评估者应审查开发者是否按分发过程的要求，编制分发文档；

b) 评估者应审查分发文档，是否描述给用户分发终端计算机时，用以维护安全所必须的所有过程。

c) 评估者应审查是否按该过程进行分发。

记录审查结果并对该结果是否完全符合上述测试评价方法要求作出判断。

5.3.3.2.2 操作

——测试评价内容：

应按 GB/T 20271—2006 中 6.2.5.2 b) 的要求，实现终端计算机第二级的操作。

——测试评价方法：

a) 评估者应审查操作文档，是否说明了终端计算机的安装、生成、启动和使用的过程。用户能够通过此文档了解安装、生成、启动和使用过程。

b） 评估者应审查操作文档，是否说明了日志生成的要求和过程。用户能够通过此文档进行生成日志。

记录审查结果并对该结果是否完全符合上述测试评价方法要求作出判断。

5.3.3.3 开发

5.3.3.3.1 功能设计

——测试评价内容：

应按 GB/T 20271—2006 中 6.2.5.3 a）的要求，实现终端计算机第二级的功能设计。

——测试评价方法：

评估者应审查开发者所提供的信息是否满足如下要求：

a） 功能设计应当使用非形式化风格来描述终端计算机安全功能与其外部接口；

b） 功能设计应当是内在一致的；

c） 功能设计应当描述使用所有外部终端计算机安全功能接口的目的与方法，适当的时候，要提供结果影响例外情况和错误信息的细节；

d） 开发者应完备地表示终端计算机安全功能的基本原理。

记录审查结果并对该结果是否完全符合上述测试评价方法要求作出判断。

5.3.3.3.2 安全策略模型

——测试评价内容：

应按 GB/T 20271—2006 中 6.2.5.3 b）的要求，实现终端计算机第二级的安全策略模型设计。

——测试评价方法：

评估者应审查开发者所提供的文档中，安全策略模型的相关内容，是否满足如下要求：

a） SSP 模型应是非形式化的，并描述所有可以模型化的 SSP 策略的规则与特征；

b） SSP 模型应包括一个基本原理，阐明该模型与所有可模型化的 SSP 策略是一致的、完备的；

c） SSP 模型和功能设计之间的对应性阐明应说明功能设计中的安全功能与 SSP 模型是一致的、完备的。

记录审查结果并对该结果是否完全符合上述测试评价方法要求作出判断。

5.3.3.3.3 高层设计

——测试评价内容：

应按 GB/T 20271—2006 中 6.2.5.3 c）的要求，实现终端计算机第二级的高层设计。

——测试评价方法：

评估者应审查开发者所提供的高层设计文档是否满足如下要求：

a） 以子系统的观点、以非形式化的方法来一致性地描述终端计算机的体系结构；

b） 描述每一个子系统所提供的安全功能及其相互关系；

c） 标识安全功能要求的任何基础性的硬件、固件和/或软件，并且通过这些硬件、固件和/或软件所实现的保护机制，来提供安全功能功能；

d） 标识安全功能子系统的所有接口，并标明安全功能子系统的哪些接口是外部可见的。

记录审查结果并对该结果是否完全符合上述测试评价方法要求作出判断。

5.3.3.3.4 低层设计

——测试评价内容：

应按 GB/T 20271—2006 中 6.2.5.3 d）的要求，实现终端计算机第二级的低层设计。

——测试评价方法：

评估者应审查开发者所提供的低层设计文档是否满足如下要求：

a） 低层设计的表示应是非形式化的，内在一致的，并以模块术语描述；
b） 描述每一个模块的目的；
c） 以所提供的安全功能和对其他模块的依赖性术语定义模块间的相互关系；
d） 描述如何提供每一个安全策略功能的实施；
e） 标识终端计算机安全功能模块的所有接口，标识终端计算机安全功能模块的哪些接口是外部可见的，以及描述终端计算机安全功能模块所有接口的目的与方法，必要时，应提供影响、例外情况和错误信息的细节；
f） 描述如何将终端计算机分离成安全策略实施模块和其他模块。

记录审查结果并对该结果是否完全符合上述测试评价方法要求作出判断。

5.3.3.3.5 内部结构设计

——测试评价内容：

应按 GB/T 20271—2006 中 6.2.5.3 e）的要求，实现终端计算机第二级的内部结构设计。

——测试评价方法：

评估者应审查开发者所提供的信息是否满足如下要求：

a） 应以模块化方法设计和构建终端计算机安全功能，并避免设计模块之间出现不必要的交互；
b） 标识终端计算机安全功能模块，并应描述每一个终端计算机安全功能模块的目的、接口、参数和影响；
c） 描述终端计算机安全功能设计是如何使独立的模块间避免不必要的交互作用；
d） 在设计和构建安全功能时，应使安全功能局部的复杂度最小化，以加强访问控制策略；
e） 标识安全功能模块，并应指明安全功能的哪些部分是加强安全策略的；
f） 描述分层结构，并说明如何使交互作用最小化；
g） 描述加安全策略的安全功能部分是如何被构建的，从而使其复杂性降低。

记录审查结果并对该结果是否完全符合上述测试评价方法要求作出判断。

5.3.3.3.6 实现表示

——测试评价内容：

应按 GB/T 20271—2006 中 6.2.5.3 f）的要求，实现终端计算机第二级的实现表示设计。

——测试评价方法：

评估者应审查开发者所提供的信息是否满足如下要求：

a） 应无歧义地为选定的终端计算机安全功能子集定义一个详细级别的终端计算机安全功能实现表示，并且实现表示应当是内在一致的。

记录审查结果并对该结果是否完全符合上述测试评价方法要求作出判断。

5.3.3.3.7 对应性设计

——测试评价内容：

应按 GB/T 20271—2006 中 6.2.5.3 g）的要求，实现终端计算机第二级的对应性设计。

——测试评价方法：

评估者应审查开发者所提供的信息是否满足如下要求：

a） 应在所提供的终端计算机安全功能表示的所有相邻对之间提供其对应性分析，对每个相邻对，应当阐明较为抽象的终端计算机安全功能表示的所有相关安全功能在较不抽象的终端计算机安全功能表示中得到正确而完备地细化。

记录审查结果并对该结果是否完全符合上述测试评价方法要求作出判断。

5.3.3.4 文档要求

5.3.3.4.1 管理员指南

——测试评价内容：

应按 GB/T 20271—2006 中 6.2.5.4 的要求，实现终端计算机第二级的管理员文档。

——测试评价方法：

评估者应审查开发者是否提供了供系统管理员使用的管理员指南，并且此管理员指南是否包括如下内容：

a) 终端计算机可以使用的管理功能和接口；

b) 怎样安全地管理终端计算机；

c) 在安全处理环境中应进行控制的功能和权限；

d) 所有对与终端计算机的安全操作有关的用户行为的假设；

e) 所有受管理员控制的安全参数，如果可能，应指明安全值；

f) 每一种与管理功能有关的安全相关事件，包括对安全功能所控制的实体的安全特性进行的改变；

g) 所有与系统管理员有关的 IT 环境的安全要求。

记录审查结果并对该结果是否完全符合上述测试评价方法要求作出判断。

5.3.3.4.2 用户指南

——测试评价内容：

应按 GB/T 20271—2006 中 6.2.5.4 的要求，实现终端计算机第二级的用户指南。

——测试评价方法：

评估者应审查开发者是否提供了供系统用户使用的用户指南，并且此用户指南是否包括如下内容：

a) 终端计算机的非管理用户可使用的安全功能和接口；

b) 终端计算机提供给用户的安全功能和接口的用法；

c) 用户可获取但应受安全处理环境控制的所有功能和权限；

d) 终端计算机安全操作中用户所应承担的职责；

e) 与用户有关的 IT 环境的所有安全要求。

记录审查结果并对该结果是否完全符合上述测试评价方法要求作出判断。

5.3.3.5 生存周期支持

——测试评价内容：

应按 GB/T 20271—2006 中 6.2.5.5 的要求，实现终端计算机第二级的生存周期支持。

——测试评价方法：

评估者应审查开发者所提供的信息是否满足如下要求：

a) 开发人员的安全管理：开发人员的安全规章制度，开发人员的安全教育培训制度和记录；

b) 开发环境的安全管理：开发地点的出入口控制制度和记录，开发环境的温湿度要求和记录，开发环境的防火防盗措施和国家有关部门的许可文件，开发环境中所使用安全产品应采用符合国家有关规定的产品并提供相应证明材料；

c) 开发设备的安全管理：开发设备的安全管理制度，包括开发主机使用管理和记录，设备的购置、修理、处置的制度和记录，上网管理，计算机病毒管理和记录等；

d) 开发过程和成果的安全管理：对产品代码、文档、样机进行受控管理的制度和记录，若代码和文档进行加密保护应采用符合国家有关规定的产品并提供相应证明材料；

e) 开发安全文件中所提供的安全措施的证据，应能证明安全措施对维护终端计算机的安全性提供了充分的保护；

f) 开发者应建立用于开发和维护终端计算机的生存周期模型，对终端计算机开发和维护提供必要的控制，并以文档形式描述用于开发和维护终端计算机的模型；

g) 开发者应标识用于开发终端计算机的工具，并且所有用于实现的开发工具都应有明确定义。开发者应文档化已选择的依赖实现的开发工具的选项，开发工具文档应明确定义实现中每个语句的含义，以及明确定义所有基于实现的选项的含义。

记录审查结果并对该结果是否完全符合上述测试评价方法要求作出判断。

5.3.3.6 测试

5.3.3.6.1 测试范围

——测试评价内容：

应按 GB/T 20271—2006 中 6.2.5.6 a)的要求，确定终端计算机第二级的测试范围。

——测试评价方法：

a) 评估者应审查开发者提供的测试覆盖分析结果，是否表明了测试文档中所标识的测试与安全功能设计中所描述的安全功能是对应的；

b) 评价测试文档中已标识的测试是否包括了安全功能设计描述中所有安全功能的测试，是否都经过了完整性测试；

c) 评估者应审查测试文档，是否覆盖了在功能设计描述中的所有安全功能；

d) 开发者所提供的范围分析应表明测试文档所标识的测试与功能设计所描述的安全功能之间的对应性；

e) 测试范围的分析应阐明功能设计所描述的安全功能和测试文档所标识的测试之间的对应性是完备的。

记录审查结果并对该结果是否完全符合上述测试评价方法要求作出判断。

5.3.3.6.2 测试深度

——测试评价内容：

应按 GB/T 20271—2006 中 6.2.5.6 b)的要求，确定终端计算机第二级的测试深度。

——测试评价方法：

a) 评价开发者提供的测试深度分析，是否说明了测试文档中所标识的对安全功能的测试，足以表明该安全功能和高层设计是一致的。

记录测试结果并对该结果是否完全符合上述测试评价方法要求作出判断。

5.3.3.6.3 功能测试

——测试评价内容：

应按 GB/T 20271—2006 中 6.2.5.6 c)的要求，实现终端计算机第二级的功能测试。

——测试评价方法：

a) 评价开发者提供的测试文档，是否包括测试计划、测试规程、预期的测试结果和实际测试结果；

b） 评价测试计划是否标识了要测试的安全功能，是否描述了测试的目标；

c） 评价测试规程是否标识了要执行的测试，是否描述了每个安全功能的测试概况（这些概况包括对其他测试结果的顺序依赖性）；

d） 评价期望的测试结果是否表明测试成功后的预期输出；

e） 评价实际测试结果是否表明每个被测试的安全功能能按照规定进行运作。

记录审查结果并对该结果是否完全符合上述测试评价方法要求作出判断。

5.3.3.6.4 独立性测试

——测试评价内容：

应按 GB/T 20271—2006 中 6.2.5.6 d）的要求，实现终端计算机第二级的独立性测试。

——测试评价方法：

a） 开发者提供的测试文档，应表明安全功能是按规定运作的；

b） 开发者应提供与测试相适应的终端计算机。

记录审查结果并对该结果是否完全符合上述测试评价方法要求作出判断。

5.4 第三级

5.4.1 安全功能要求

5.4.1.1 物理系统

5.4.1.1.1 设备安全可用

——测试评价内容：

见 4.3.1.1.1 的内容。

——对开发者的要求：

开发者应提供文档，说明终端计算机的设备提供哪些基本的运行支持措施，提供哪些必要的容错和故障恢复能力，能否满足基本安全可用的要求。

——测试评价方法：

a） 按照开发者提供的文档，逐项验证所提供的运行支持措施是否有效，能否支持终端计算机的基本运行；

b） 按照开发者提供的文档，模拟出现一些故障事件（如：掉电、硬件故障等），验证终端计算机的容错和故障恢复能力是否有效；

c） 检测主机、外部设备、网络连接部件及其他辅助部件，能否满足基本安全可用的要求。

记录测试结果并对该结果是否完全符合上述测试评价方法要求作出判断。

5.4.1.1.2 设备防盗

——测试评价内容：

见 4.3.1.1.2 的内容。

——对开发者的要求：

开发者应提供文档，说明终端计算机的设备具有哪些无法除去的标记。

——测试评价方法：

a） 按照开发者提供的文档，尝试使用各种方式除去设备中的标记，检测能否除去；

b） 检测终端计算机的主机是否具有机箱封装保护，能否防止部件损害或被盗。

记录测试结果并对该结果是否完全符合上述测试评价方法要求作出判断。

5.4.1.2 操作系统

——测试评价内容：

见 4.3.1.2 的内容。

——对开发者的要求：

开发者应提供第三方权威机构对该操作系统的检测报告，或者提供文档对 GB/T 20272—2006 中 4.3.1的各个项目进行说明。

——测试评价方法：

a) 如果提供了第三方权威机构对该操作系统的检测报告，则查验报告，查看报告中对应项目检测结果是否符合；
b) 如果未能提供第三方权威机构对该操作系统的检测报告，则按照 GB/T 20272—2006 中4.3.1 的要求对操作系统的相关项目进行检测。

记录测试结果并对该结果是否完全符合上述测试评价方法要求作出判断。

5.4.1.3 安全支撑系统

5.4.1.3.1 密码支持

——测试评价内容：

见 4.3.1.3.1 的内容。

——对开发者的要求：

开发者应提供文档和相关证书，说明所使用的密码算法、相关的密码操作以及相关的密钥管理措施，并证明所使用的密码算法已经通过国家密码管理部门的批准。

——测试评价方法：

a) 按照开发者提供的文档和相关证书，检测所使用的密码算法，是否已经通过国家密码管理部门的批准并由密码硬件实现；
b) 按照开发者提供的文档，检验系统是否建立可信存储根密钥；
c) 按照开发者提供的文档，检测所有密钥是否受可信存储根保护；
d) 按照开发者提供的文档，检测所有密钥是否受可信存储根保护，可信存储根本身是否由可信密码模块(TCM)保护；
e) 按照密码算法要求进行密码操作，包括：密钥生成操作、数据加密和解密操作、数字签名生成和验证操作、数据完整性度量生成和验证操作、消息认证码生成与验证操作、随机数生成操作；
f) 拔除密码硬件，进行密钥生成、数字签名与验证等关键密码操作，检验以上操作是否基于密码硬件支持。

记录测试结果并对该结果是否完全符合上述测试评价方法要求作出判断。

5.4.1.3.2 运行时防护

——测试评价内容：

见 4.3.1.3.2 的内容。

——对开发者的要求：

开发者应提供文档，说明终端计算机具有哪些运行时防护功能。

——测试评价方法：

a) 在系统和外来介质中植入一个测试用的恶意代码，并运行恶意代码；
b) 对文件系统、内存和使用时的外来介质进行扫描，检测系统能否清除或隔离恶意代码；

c) 检测系统能否对恶意代码特征库进行及时更新；

d) IP过滤：根据源地址、目的地址设置多条允许通过的过滤规则，模拟相应的网络通讯，检测能否正常通讯；根据源地址、目的地址设置多条拒绝通过的过滤规则，模拟相应的网络通讯，检测能否拒绝相应的网络数据包；

e) 应用程序监控：对某个应用程序设置允许访问网络规则，使用这个应用程序访问网络，检测能否正常访问；对某个应用程序设置拒绝访问网络规则，使用这个应用程序访问网络，检测能否拒绝访问。

记录测试结果并对该结果是否完全符合上述测试评价方法要求作出判断。

5.4.1.3.3 系统安全性检测分析

——测试评价内容：

见4.3.1.3.3的内容。

——对开发者的要求：

开发者应提供文档，按GB/T 20271—2006中6.4.2.2的要求，说明终端计算机是否经过操作系统安全性检测分析和硬件系统安全性检测分析，以设计和实现终端计算机第四级的系统安全性检测分析功能，并且提供相应的检测分析报告。

——测试评价方法：

a) 按照开发者提供的文档，检测终端计算机是否经过操作系统安全性检测分析和硬件系统安全性检测分析；

b) 根据相关的检测报告，判断检测方法是否科学，检测结果是否可信；

c) 对存在的问题，检测改进措施是否有效。

记录测试结果并对该结果是否完全符合上述测试评价方法要求作出判断。

5.4.1.3.4 系统身份标识与鉴别

——测试评价内容：

见4.3.1.3.4的内容。

——对开发者的要求：

开发者应提供文档，详细说明系统标识产生的过程以及终端计算机身份的鉴别过程。

——测试评价方法：

a) 根据开发者提供的文档，验证系统身份的标识的产生过程，检验系统身份标识是否是由唯一绑定的可信密码模块(TCM)产生的密钥，该身份密钥即为可信报告根；

b) 根据开发者提供的文档，验证身份标识的可信性是否通过国家批准的权威机构颁发证书来实现；

c) 根据开发者提供的文档，验证系统身份标识的隐秘性；

d) 尝试对终端计算机身份标识信息进行操作，检验身份标识是否能够进行管理和维护；

e) 分别使用经过授权和未经授权的管理员对系统身份标识进行操作，检验系统身份标识是否能够确保其不被非授权地访问、修改或删除；

f) 根据开发者提供的文档模拟终端计算机的身份鉴别过程，验证请求方是否提供系统的身份证书和/或证书信任链验证路径，并通过一定的认证协议完成身份鉴别过程。

记录测试结果并对该结果是否完全符合上述测试评价方法要求作出判断。

5.4.1.3.5 数据保密性保护

5.3.1.3.5.1 数据存储保密性

——测试评价内容：

见4.3.1.3.5 a）的内容。

——对开发者的要求：

开发者应提供文档，说明如何对存储在终端计算机内的重要用户数据进行保密性保护，描述数据加密和数据绑定的方法和步骤。

——测试评价方法：

a） 根据开发者提供的文档，对测试数据进行加密，并以密钥的合法持有者身份进行解密，检测能否解密成功；
b） 以其余任何用户身份登录，检测是否无法获得该数据；
c） 根据开发者提供的文档，在特定终端计算机中基于可信存储根对测试数据进行加密，并且由密钥的合法持有者在特定终端计算机中解密，检测能否解密成功；
d） 由密钥的合法持有者在其他终端计算机中解密，检测能否解密成功；
e） 以其余任何用户身份登录特定终端计算机，解密测试数据，检测是否无法获得该数据。

记录测试结果并对该结果是否完全符合上述测试评价方法要求作出判断。

5.3.1.3.5.2 数据传输保密性

——测试评价内容：

见4.3.1.3.5 b）的内容。

——对开发者的要求：

开发者应提供文档，说明如何对在不同SSF之间基于网络传输的重要数据，进行保密性保护。

——测试评价方法：

a） 利用协议分析仪截取网络传输的用户数据，检测基于网络传输的重要数据是否按照开发者的设计进行保密性保护。

记录测试结果并对该结果是否完全符合上述测试评价方法要求作出判断。

5.4.1.3.6 安全审计

——测试评价内容：

见4.3.1.3.6的内容。

——对开发者的要求：

开发者应提供文档，说明安全支撑系统中生成、维护及保护审计数据过程，以及具备哪些保护措施。

——测试评价方法：

a） 查看系统的审计记录信息，检测是否有密码支持、系统身份标识与鉴别、数据保密性保护等安全功能相关操作的审计记录；
b） 检测审计功能是否支持审计日志；
c） 对于内置于终端计算机的可信密码模块，检测能否审计内部命令运行情况、维护事件、用户密钥的创建、使用与删除事件或其他专门的可审计事件，并查看审计记录；检测是否提供给上层应用软件查询审计情况的接口；检测能否存储审计记录；
d） 检测审计记录是否包括：事件的日期和时间、用户、事件类型、事件类别，及其他与审计相关的信息；

e) 检测审计功能是否支持潜在侵害分析;检测系统能否用一系列规则去监控审计事件,并根据这些规则指出系统的潜在侵害;

f) 检测审计功能是否为授权用户提供基本审计查阅;检测系统是否提供审计查阅工具对审计数据进行搜索、分类、排序;以未授权用户身份,尝试查阅审计信息,检测系统是否拒绝未授权访问;

g) 检测审计功能是否支持根据客体身份、用户身份、主体身份、主机身份、事件类型等属性进行审计事件选择;

h) 根据开发者提供的文档,检测审计数据是否受到安全保护,尝试以未授权用户进行访问、修改和破坏审计信息,检测系统能否拒绝未授权访问。

记录测试结果并对该结果是否完全符合上述测试评价方法要求作出判断。

5.4.1.3.7 备份与故障恢复

——测试评价内容:

见4.3.1.3.7的内容。

——对开发者的要求:

开发者应提供文档,说明对用户数据和系统,如何在备份、存储和恢复过程中进行安全保护,以及具备哪些备份保护措施。

——测试评价方法:

a) 以授权用户身份有选择地备份重要数据,对系统中已备份的用户数据进行修改,然后进行恢复,检测能否按照备份信息有效恢复;

b) 设置对系统数据进行定时备份,对已备份的系统数据进行修改,然后进行恢复,检测能否按照备份信息有效恢复;

c) 根据开发者提供的文档,检测数据在备份、存储和恢复过程中是否具有安全保护措施,是否设置不被用户操作系统管理的系统来实现系统数据的备份与恢复功能,用户操作系统是否不可访问系统备份数据。

记录测试结果并对该结果是否完全符合上述测试评价方法要求作出判断。

5.4.1.3.8 I/O接口配置

——测试评价内容:

见4.3.1.3.8的内容。

——测试评价方法:

a) 以用户身份,在BIOS和操作系统中,分别启用USB、网卡、硬盘,检测能否正常使用;

b) 以用户身份,在BIOS和操作系统中,分别禁用USB、网卡、硬盘,检测能否使用。

记录测试结果并对该结果是否完全符合上述测试评价方法要求作出判断。

5.4.2 SSOTC自身安全保护

5.4.2.1 安全支撑系统的自身安全保护

——测试评价内容:

见4.3.2.1的内容。

——对开发者的要求:

开发者应提供文档,说明可信存储根是否设置在可信密码模块内,所采用的可信密码模块是否符合国家密码管理部门的相关规范和管理要求;说明可信报告根是否设置在可信密码模块内,可信报告根所对应的公钥证书由哪家机构发行和管理；说明采取何种方式对安全支撑系统的使用用户进行鉴别。

——测试评价方法：

a) 按照开发者提供的文档，检测可信存储根和可信报告根是否设置在可信密码模块内；
b) 按照开发者提供的文档和相关证书，检测所使用的密码模块是否符合国家密码管理部门的相关规范和管理要求；
c) 按照开发者提供的文档，并查看可信报告根的公钥证书及其发行机构的相关证书，检验是否由国家批准的权威机构发行和管理；
d) 尝试以授权用户和非授权用户去使用可信密码模块，检验是否需要进行身份鉴别。

记录测试结果并对该结果是否完全符合上述测试评价方法要求作出判断。

5.4.2.2 操作系统的自身安全保护

——测试评价内容：

见 4.3.2.2 的内容。

——对开发者的要求：

开发者应提供第三方权威机构对该操作系统的检测报告，或者提供文档对 GB/T 20272—2006 中 4.3.2 的各个项目进行说明。

——测试评价方法：

a) 如果提供了第三方权威机构对该操作系统的检测报告，则查验报告，查看报告中对应项目检测结果是否符合；
b) 如果未能提供第三方权威机构对该操作系统的检测报告，则按照 GB/T 20272—2006 中4.3.2 的要求对操作系统的相关项目进行检测。

记录测试结果并对该结果是否完全符合上述测试评价方法要求作出判断。

5.4.3 SSOTC 设计和实现

5.4.3.1 配置管理

5.4.3.1.1 配置管理能力

——测试评价内容：

应按 GB/T 20271—2006 中 6.3.5.1 a) 的要求，实现终端计算机第三级的配置管理能力设计。

——测试评价方法：

评估者应审查开发者所提供的信息是否满足如下要求：

a) 开发者所使用的版本号与所应表示的终端计算机样本应完全对应，没有歧义。
b) 配置管理系统应对所有的配置项作出唯一的标识。
c) 配置管理计划中，应描述配置管理系统是如何使用的。实施的配置管理应与配置管理计划相一致。
d) 配置管理文档应提供所有的配置项得到有效地维护的证据。
e) 配置管理系统应确保对配置项只进行授权修改。

记录审查结果并对该结果是否完全符合上述测试评价方法要求作出判断。

5.4.3.1.2 配置管理自动化

——测试评价内容：

应按 GB/T 20271—2006 中 6.3.5.1 b) 的要求，实现终端计算机第三级的配置管理自动化设计。

——测试评价方法：

评估者应审查开发者所提供的信息是否满足如下要求：

a) 配置管理系统应通过自动方式来确保终端计算机的实现表示只能进行已授权的变化，并能提供自动方式来支持终端计算机的生成；

b) 配置管理计划应描述配置管理系统中所使用的自动工具，并说明如何使用这些工具。

记录审查结果并对该结果是否完全符合上述测试评价方法要求作出判断。

5.4.3.1.3 配置管理范围

——测试评价内容：

应按 GB/T 20271—2006 中 6.3.5.1 c) d) 的要求，实现终端计算机第三级的配置管理范围设计。

——测试评价方法：

a) 终端计算机配置管理范围，要求将终端计算机的实现表示、设计文档、测试文档、用户文档、安全管理员文档、配置管理文档等置于配置管理之下，从而确保它们的修改是在一个正确授权的可控方式下进行的。为此要求：

 1) 开发者所提供的配置管理文档应展示配置管理系统至少能跟踪上述配置管理之下的内容；

 2) 文档应描述配置管理系统是如何跟踪这些配置项的；

 3) 文档还应提供足够的信息表明达到所有要求。

b) 配置管理系统应对安全缺陷进行跟踪。

记录审查结果并对该结果是否完全符合上述测试评价方法要求作出判断。

5.4.3.2 分发和操作

5.4.3.2.1 分发

——测试评价内容：

应按 GB/T 20271—2006 中 6.3.5.2 a) 的要求，实现终端计算机第三级的分发。

——测试评价方法：

a) 评估者应审查开发者是否按分发过程的要求，编制分发文档；

b) 评估者应审查分发文档，是否描述给用户分发终端计算机时，用以维护安全所必须的所有过程；

c) 评估者应审查是否按该过程进行分发；

d) 评估者应审查分发文档，是否描述检测修改的方法和技术，是否描述开发者的主拷贝与用户收到的版本之间的差异；

e) 评估者应审查分发文档，是否描述用来检测试图伪装成开发者向用户发送产品的方法。

记录审查结果并对该结果是否完全符合上述测试评价方法要求作出判断。

5.4.3.2.2 操作

——测试评价内容：

应按 GB/T 20271—2006 中 6.3.5.2 b) 的要求，实现终端计算机第三级的操作。

——测试评价方法：

a) 评估者应审查操作文档，是否说明了终端计算机的安装、生成、启动和使用的过程。用户能够通过此文档了解安装、生成、启动和使用过程。

b) 评估者应审查操作文档，是否说明了日志生成的要求。用户能够通过此文档进行生成日志。

记录审查结果并对该结果是否完全符合上述测试评价方法要求作出判断。

5.4.3.3 开发

5.4.3.3.1 功能设计

——测试评价内容：

应按 GB/T 20271—2006 中 6.3.5.3 a）的要求，实现终端计算机第三级的功能设计。

——测试评价方法：

评估者应审查开发者所提供的信息是否满足如下要求：

a） 功能设计应当使用非形式化风格来描述终端计算机安全功能与其外部接口；

b） 功能设计应当是内在一致的；

c） 功能设计应当描述使用所有外部终端计算机安全功能接口的目的与方法，适当的时候，要提供结果影响例外情况和错误信息的细节；

d） 开发者应完备地表示终端计算机安全功能的基本原理。

记录审查结果并对该结果是否完全符合上述测试评价方法要求作出判断。

5.4.3.3.2 安全策略模型

——测试评价内容：

应按 GB/T 20271—2006 中 6.3.5.3 b）的要求，实现终端计算机第三级的安全策略模型设计。

——测试评价方法：

评估者应审查开发者所提供的文档中，安全策略模型的相关内容，是否满足如下要求：

a） SSP 模型应是非形式化的，并描述所有可以模型化的 SSP 策略的规则与特征；

b） SSP 模型应包括一个基本原理，阐明该模型与所有可模型化的 SSP 策略是一致的、完备的；

c） SSP 模型和功能设计之间的对应性阐明应说明功能设计中的安全功能与 SSP 模型是一致的、完备的。

记录审查结果并对该结果是否完全符合上述测试评价方法要求作出判断。

5.4.3.3.3 高层设计

——测试评价内容：

应按 GB/T 20271—2006 中 6.3.5.3 c）的要求，实现终端计算机第三级的高层设计。

——测试评价方法：

评估者应审查开发者所提供的高层设计文档是否满足如下要求：

a） 以子系统的观点、以非形式化的方法来一致性地描述终端计算机的体系结构；

b） 描述每一个子系统所提供的安全功能及其相互关系；

c） 标识安全功能要求的任何基础性的硬件、固件和/或软件，并且通过这些硬件、固件和/或软件所实现的保护机制，来提供安全功能功能；

d） 标识安全功能子系统的所有接口，并标明安全功能子系统的哪些接口是外部可见的；

e） 高层设计文档应当描述安全功能子系统所有接口的使用目的与方法，并提供例外情况和错误信息的细节；

f） 高层设计文档应当描述如何将终端计算机分离成安全策略加强单元和其他子系统。

记录审查结果并对该结果是否完全符合上述测试评价方法要求作出判断。

5.4.3.3.4 低层设计

——测试评价内容：

应按 GB/T 20271—2006 中 6.3.5.3 d) 的要求，实现终端计算机第三级的低层设计。

——测试评价方法：

评估者应审查开发者所提供的低层设计文档是否满足如下要求：

a) 低层设计的表示应是非形式化的，内在一致的，并以模块术语描述；

b) 描述每一个模块的目的；

c) 以所提供的安全功能和对其他模块的依赖性术语定义模块间的相互关系；

d) 描述如何提供每一个安全策略功能的实施；

e) 标识终端计算机安全功能模块的所有接口，标识终端计算机安全功能模块的哪些接口是外部可见的，以及描述终端计算机安全功能模块所有接口的目的与方法，必要时，应提供影响、例外情况和错误信息的细节；

f) 描述如何将终端计算机分离成安全策略实施模块和其他模块。

记录审查结果并对该结果是否完全符合上述测试评价方法要求作出判断。

5.4.3.3.5 内部结构设计

——测试评价内容：

应按 GB/T 20271—2006 中 6.3.5.3 e) 的要求，实现终端计算机第三级的内部结构设计。

——测试评价方法：

评估者应审查开发者所提供的信息是否满足如下要求：

a) 应以模块化方法设计和构建终端计算机安全功能，并避免设计模块之间出现不必要的交互；

b) 标识终端计算机安全功能模块，并应描述每一个终端计算机安全功能模块的目的、接口、参数和影响；

c) 描述终端计算机安全功能设计是如何使独立的模块间避免不必要的交互作用；

d) 在设计和构建安全功能时，应使安全功能局部的复杂度最小化，以加强访问控制策略；

e) 标识安全功能模块，并应指明安全功能的哪些部分是加强安全策略的；

f) 描述分层结构，并说明如何使交互作用最小化；

g) 描述加安全策略的安全功能部分是如何被构建的，从而使其复杂性降低。

记录审查结果并对该结果是否完全符合上述测试评价方法要求作出判断。

5.4.3.3.6 实现表示

——测试评价内容：

应按 GB/T 20271—2006 中 6.3.5.3 f) 的要求，实现终端计算机第三级的实现表示设计。

——测试评价方法：

评估者应审查开发者所提供的信息是否满足如下要求：

a) 应无歧义地为全部终端计算机安全功能，定义一个详细级别的终端计算机安全功能实现表示，并且实现表示应当是内在一致的。

记录审查结果并对该结果是否完全符合上述测试评价方法要求作出判断。

5.4.3.3.7 对应性设计

——测试评价内容：

应按 GB/T 20271—2006 中 6.3.5.3 g) 的要求，实现终端计算机第三级的对应性设计。

——测试评价方法：

评估者应审查开发者所提供的信息是否满足如下要求：

a) 应在所提供的终端计算机安全功能表示的所有相邻对之间提供其对应性分析，对每个相邻对，应当阐明较为抽象的终端计算机安全功能表示的所有相关安全功能在较不抽象的终端计算机安全功能表示中得到正确而完备地细化。

记录审查结果并对该结果是否完全符合上述测试评价方法要求作出判断。

5.4.3.4 文档要求

5.4.3.4.1 管理员指南

——测试评价内容：

应按 GB/T 20271—2006 中 6.3.5.4 的要求，实现终端计算机第三级的管理员指南。

——测试评价方法：

评估者应审查开发者是否提供了供系统管理员使用的管理员指南，并且此管理员指南是否包括如下内容：

a) 终端计算机可以使用的管理功能和接口；
b) 怎样安全地管理终端计算机；
c) 在安全处理环境中应进行控制的功能和权限；
d) 所有对与终端计算机的安全操作有关的用户行为的假设；
e) 所有受管理员控制的安全参数，如果可能，应指明安全值；
f) 每一种与管理功能有关的安全相关事件，包括对安全功能所控制的实体的安全特性进行的改变；
g) 所有与系统管理员有关的 IT 环境的安全要求。

记录审查结果并对该结果是否完全符合上述测试评价方法要求作出判断。

5.4.3.4.2 用户指南

——测试评价内容：

应按 GB/T 20271—2006 中 6.3.5.4 的要求，实现终端计算机第三级的用户指南。

——测试评价方法：

评估者应审查开发者是否提供了供系统用户使用的用户指南，并且此用户指南是否包括如下内容：

a) 终端计算机的非管理用户可使用的安全功能和接口；
b) 终端计算机提供给用户的安全功能和接口的用法；
c) 用户可获取但应受安全处理环境控制的所有功能和权限；
d) 终端计算机安全操作中用户所应承担的职责；
e) 与用户有关的 IT 环境的所有安全要求。

记录审查结果并对该结果是否完全符合上述测试评价方法要求作出判断。

5.4.3.5 生存周期支持

5.4.3.5.1 开发安全

——测试评价内容：

应按 GB/T 20271—2006 中 6.3.5.5 a) 的要求，实现终端计算机第三级的开发安全。

——测试评价方法：

评估者应审查开发者所提供的信息是否满足如下要求：

a) 开发人员的安全管理：开发人员的安全规章制度，开发人员的安全教育培训制度和记录；
b) 开发环境的安全管理：开发地点的出入口控制制度和记录，开发环境的温室度要求和记录，开发环境的防火防盗措施和国家有关部门的许可文件，开发环境中所使用安全产品必须采用符合国家有关规定的产品并提供相应证明材料；

c) 开发设备的安全管理：开发设备的安全管理制度，包括开发主机使用管理和记录，设备的购置、修理、处置的制度和记录，上网管理，计算机病毒管理和记录等；

d) 开发过程和成果的安全管理：对产品代码、文档、样机进行受控管理的制度和记录，若代码和文档进行加密保护必须采用符合国家有关规定的产品并提供相应证明材料。

记录审查结果并对该结果是否完全符合上述测试评价方法要求作出判断。

5.4.3.5.2 缺陷纠正

——测试评价内容：

应按 GB/T 20271—2006 中 6.3.5.5 b) 的要求，实现终端计算机第三级的缺陷纠正。

——测试评价方法：

评估者应审查开发者所提供的生存周期定义文档中是否完全符合以下要求：

a) 描述用以跟踪所有终端计算机版本里已被报告的安全缺陷的过程；

b) 描述所提供的每个安全缺陷的性质和效果，以及缺陷纠正的情况；

c) 标识每个安全缺陷所采取的纠正措施；

d) 描述为终端计算机用户的纠正行为所提供的信息，纠正和指导的方法。

记录审查结果并对该结果是否完全符合上述测试评价方法要求作出判断。

5.4.3.5.3 生存周期定义

——测试评价内容：

应按 GB/T 20271—2006 中 6.3.5.5 c) 的要求，实现终端计算机第三级的生存周期定义。

——测试评价方法：

评估者应审查开发者所提供的生存周期定义文档中是否完全符合以下要求：

a) 开发者应建立标准化的、用于开发和维护终端计算机的生存周期模型；

b) 标准化的生存周期模型应是为某些专家组(例如学科专家、标准化实体等)所认可的模型；

c) 该模型应对终端计算机开发和维护提供必要的控制；

d) 开发者所提供的生存周期定义文档应描述用于开发和维护终端计算机的模型，解释选择该模型的原因，解释如何用该模型来开发和维护终端计算机，以及阐明与标准化的生存周期模型的相符性。

记录审查结果并对该结果是否完全符合上述测试评价方法要求作出判断。

5.4.3.5.4 工具和技术

——测试评价内容：

应按 GB/T 20271—2006 中 6.3.5.5 d) 的要求，确定终端计算机第三级的工具和技术。

——测试评价方法：

评估者应审查开发者所提供的信息是否满足如下要求：

a) 开发者应标识用于开发终端计算机的工具，并且所有用于实现的开发工具都应有明确定义；

b) 开发者应文档化已选择的依赖实现的开发工具的选项，开发工具文档应明确定义实现中每个语句的含义，以及明确定义所有基于实现的选项的含义。

记录审查结果并对该结果是否完全符合上述测试评价方法要求作出判断。

5.4.3.6 测试

5.4.3.6.1 测试范围

——测试评价内容：

应按 GB/T 20271—2006 中 6.3.5.6 a）的要求，确定终端计算机第三级的测试范围。

——测试评价方法：

a） 评估者应审查开发者提供的测试覆盖分析结果，是否表明了测试文档中所标识的测试与安全功能设计中所描述的安全功能是对应的；
b） 评价测试文档中已标识的测试是否包括了安全功能设计描述中所有安全功能的测试，是否都经过了完整性测试；
c） 评估者应审查测试文档，是否覆盖了在功能设计描述中的所有安全功能；
d） 开发者所提供的范围分析应表明测试文档所标识的测试与功能设计所描述的安全功能之间的对应性；
e） 测试范围的分析应阐明功能设计所描述的安全功能和测试文档所标识的测试之间的对应性是完备的。

记录审查结果并对该结果是否完全符合上述测试评价方法要求作出判断。

5.4.3.6.2 测试深度

——测试评价内容：

应按 GB/T 20271—2006 中 6.3.5.6 b）的要求，确定终端计算机第三级的测试深度。

——测试评价方法：

a） 评价开发者提供的测试深度分析，是否说明了测试文档中所标识的对安全功能的测试，足以表明该安全功能与高层设计和低层设计是一致的。

记录测试结果并对该结果是否完全符合上述测试评价方法要求作出判断。

5.4.3.6.3 功能测试

——测试评价内容：

应按 GB/T 20271—2006 中 6.3.5.6 c）的要求，实现终端计算机第三级的功能测试。

——测试评价方法：

a） 评价开发者提供的测试文档，是否包含测试计划、测试规程、预期的测试结果和实际测试结果；
b） 评价测试计划是否标识了要测试的安全功能，是否描述了测试的目标；
c） 评价测试规程是否标识了要执行的测试，是否描述了每个安全功能的测试概况（这些概况包括对其他测试结果的顺序依赖性）；
d） 评价期望的测试结果是否表明测试成功后的预期输出；
e） 评价实际测试结果是否表明每个被测试的安全功能能按照规定进行运作；
f） 评价测试文档是否包含测试过程中对顺序依赖性的分析。

记录测试结果并对该结果是否完全符合上述测试评价方法要求作出判断。

5.4.3.6.4 独立性测试

——测试评价内容：

应按 GB/T 20271—2006 中 6.3.5.6 d）的要求，实现终端计算机第三级的独立性测试。

——测试评价方法：

a） 开发者提供的测试文档，应表明安全功能是按规定运作的；

b） 开发者应提供与测试相适应的终端计算机；

c） 通过抽样，重复进行测试，检查测试文档的正确性和完备性。

记录审查结果并对该结果是否完全符合上述测试评价方法要求作出判断。

5.4.3.7 脆弱性评定

5.4.3.7.1 防止误用

——测试评价内容：

应按 GB/T 20271—2006 中 6.3.5.7 a）的要求，实现第三级的防止误用设计。

——测试评价方法：

评估者应审查开发者提供的文档，是否满足了以下要求：

a） 评价指南性文档，是否确定了对终端计算机的所有可能的操作方式（包括失败和操作失误后的操作），是否确定了它们的后果，以及是否确定了对于保持安全操作的意义；

b） 评价指南性文档，是否列出了所有目标环境的假设以及所有外部安全措施（包括外部程序的、物理的或人员的控制）的要求；

c） 评价指南性文档是否完整、清晰、一致、合理；

d） 评价开发者提供的分析文档，是否阐明指南性文档是完整的。

记录审查结果并对该结果是否完全符合上述测试评价方法要求作出判断。

5.4.3.7.2 安全功能强度评估

——测试评价内容：

应按 GB/T 20271—2006 中 6.3.5.7 b）的要求，实现第三级的安全功能强度评估设计。

——测试评价方法：

评估者应审查开发者提供的文档，是否满足了以下要求：

a） 通过对安全机制的安全行为的合格性或统计结果的分析，以及对克服脆弱性所付出努力的分析，得到终端计算机安全功能强度的说明；

b） 对安全目标中标识的每个具有安全功能强度声明的安全机制，进行安全功能强度的分析，证明该机制达到或超过安全目标要求所定义的最低强度，并证明该机制达到或超过安全目标要求所定义的特定功能强度。

记录测试结果并对该结果是否完全符合上述测试评价方法要求作出判断。

5.4.3.7.3 脆弱性分析

——测试评价内容：

应按 GB/T 20271—2006 中 6.3.5.7c）的要求，实现第三级的脆弱性分析设计。

——测试评价方法：

a） 评价开发者提供的脆弱性分析文档，是否从用户可能破坏安全策略的明显途径出发，对终端计算机的各种功能进行了分析；

b） 对被确定的脆弱性，评价开发者是否明确记录了采取的措施；

c） 对每一条脆弱性，评价是否有证据显示在使用终端计算机的环境中该脆弱性不能被利用；

d） 评价所提供的文档，是否表明经过标识脆弱性的终端计算机可以抵御明显的穿透性攻击；

e） 实施独立的穿透性测试，检测终端计算机能否抵御低攻击能力攻击者发起的攻击。

记录测试结果并对该结果是否完全符合上述测试评价方法要求作出判断。

5.5 第四级

5.5.1 安全功能要求

5.5.1.1 物理系统

5.5.1.1.1 设备安全可用

——测试评价内容：

见4.4.1.1.1的内容。

——对开发者的要求：

开发者应提供文档，说明终端计算机的设备提供哪些基本的运行支持措施，提供哪些必要的容错和故障恢复能力，能否满足基本安全可用的要求。

——测试评价方法：

a） 按照开发者提供的文档，逐项验证所提供的运行支持措施是否有效，能否支持终端计算机的基本运行；

b） 按照开发者提供的文档，模拟出现一些故障事件（如：掉电、硬件故障等），验证终端计算机的容错和故障恢复能力是否有效；

c） 检测主机、外部设备、网络连接部件及其他辅助部件，能否满足设备安全可用的要求。

记录测试结果并对该结果是否完全符合上述测试评价方法要求作出判断。

5.5.1.1.2 设备防盗

——测试评价内容：

见4.4.1.1.2的内容。

——测试评价方法：

a） 按照开发者提供的文档，尝试使用各种方式除去设备中的标记，检测能否除去；

b） 检测终端计算机的主机是否具有机箱封装保护，能否防止部件损害或被盗；

c） 对终端计算机设置防盗报警功能，尝试进行相关偷盗操作，检测能否正常报警。

记录测试结果并对该结果是否完全符合上述测试评价方法要求作出判断。

5.5.1.2 操作系统

——测试评价内容：

见4.4.1.2的内容。

——对开发者的要求：

开发者应提供第三方权威机构对该操作系统的检测报告，或者提供文档对GB/T 20272—2006中4.4.1的各个项目进行说明。

——测试评价方法：

a） 如果提供了第三方权威机构对该操作系统的检测报告，则查验报告，查看报告中对应项目检测结果是否符合；

b） 如果未能提供第三方权威机构对该操作系统的检测报告，则按照GB/T 20272—2006中4.4.1的要求对操作系统的相关项目进行检测；

记录测试结果并对该结果是否完全符合上述测试评价方法要求作出判断。

5.5.1.3 安全支撑系统

5.5.1.3.1 密码支持

——测试评价内容：

见 4.4.1.3.1 的内容。

——对开发者的要求：

开发者应提供文档和相关证书，说明所使用的密码算法、相关的密码操作以及相关的密钥管理措施，并证明所使用的密码算法已经通过国家密码管理部门的批准。

——测试评价方法：

a） 按照开发者提供的文档和相关证书，检测所使用的密码算法，是否已经通过国家密码管理部门的批准并由密码硬件实现；
b） 按照开发者提供的文档，检验系统是否建立可信存储根密钥；
c） 按照开发者提供的文档，检测所有密钥是否受可信存储根保护；
d） 按照开发者提供的文档，检测可信存储根本身是否由硬件密码模块保护；
e） 按照开发者提供的文档，检测所有密钥是否受可信存储根保护，可信存储根本身是否由可信密码模块保护；
f） 按照密码算法要求进行密码操作，包括：密钥生成操作、数据加密和解密操作、数字签名生成和验证操作、数据完整性度量生成和验证操作、消息认证码生成与验证操作、随机数生成操作；
g） 拔除密码硬件，进行密钥生成、数字签名与验证等关键密码操作，检验以上操作是否基于密码硬件支持。

记录测试结果并对该结果是否完全符合上述测试评价方法要求作出判断。

5.5.1.3.2 信任链

——测试评价内容：

见 4.4.1.3.2 的内容。

——对开发者的要求：

a） 开发者应提供文档，说明终端计算机如何利用可信度量根和可信硬件模块（TCM），在系统启动过程中对 BIOS、MBR、OS、应用程序等部件进行完整性度量；
b） 开发者应提供证明，静态信任链中操作系统的完整性度量基准由国家主管机构管理，是否支持离线或在线校验；
c） 开发者应提供文档，说明完整性度量基准是否存储在可信密码模块（TCM）中。

——测试评价方法：

a） 按照开发者提供的文档和相关证书，检测操作系统的完整性度量基准，是否已接受国家主管机构管理；
b） 以未授权用户身份篡改操作系统的完整性度量基准，检测系统检测到未经授权的篡改，并停止操作系统的运行；
c） 对静态信任链中操作系统的完整性度量基准，进行离线或在线校验，检测能否校验成功；
d） 修改操作系统的核心文件后，对操作系统进行完整性度量，检测终端计算机能否终止操作系统的启动；
e） 根据开发者提供的文档，检验是否基于可信硬件模块（TCM）实现信任链的建立，将硬件断开，检验信任链还能否正常工作；
f） 使用各种方法和工具，对 BIOS 进行修改，启动系统，检测系统能否检测出 BIOS 的完整性被破坏；
g） 使用各种方法和工具，对 MBR 进行修改，启动系统，检测系统能否检测出 MBR 的完整性被破坏；
h） 使用各种方法和工具，对保护的应用程序进行修改，启动系统，检测系统能否检测出应用程序的完整性被破坏；

i) 在被授权的情况下，对信任链建立过程中出现的不可信模块(如：BIOS、MBR、OS、应用程序)进行实时修复，检测能否实时修复成功。

记录测试结果并对该结果是否完全符合上述测试评价方法要求作出判断。

5.5.1.3.3 运行时防护

——测试评价内容：

见4.4.1.3.3的内容。

——对开发者的要求：

开发者应提供文档，说明终端计算机具有哪些运行时防护功能。

——测试评价方法：

a) 在系统和外来介质中植入一个测试用的恶意代码，并运行恶意代码；
b) 对文件系统、内存和使用时的外来介质进行扫描，检测系统能否清除或隔离恶意代码；
c) 检测系统能否对恶意代码特征库进行及时更新；
d) 模拟一个利用缓冲区溢出的攻击，检测系统能否基于CPU，阻止从受保护的内存位置执行恶意代码。
e) 检测系统是否采用进程逻辑隔离或物理隔离的方法，保护进程免受恶意代码破坏；
f) 检测系统是否具备以下防火墙功能：
   1) IP过滤：根据源地址、目的地址设置多条允许通过的过滤规则，模拟相应的网络通讯，检测能否正常通讯；根据源地址、目的地址设置多条拒绝通过的过滤规则，模拟相应的网络通讯，检测能否拒绝相应的网络数据包；
   2) 应用程序监控：对某个应用程序设置允许访问网络规则，使用这个应用程序访问网络，检测能否正常访问；对某个应用程序设置拒绝访问网络规则，使用这个应用程序访问网络，检测能否拒绝访问；
   3) 内容过滤：设置内容过滤条件：以HTTP协议、FTP协议访问含有设置内容的网页或文件，检测能否拒绝访问；以FTP协议访问含有设置内容的文件，检测能否拒绝访问；发送和接收含有设置内容的电子邮件，检测能否拒绝访问；
g) 检测系统是否具备以下入侵检测功能：
   1) 注册表监控：以未授权用户身份，访问注册表，检测系统能否拒绝访问；以授权用户身份，访问注册表，检测能否正常访问；
   2) 文件监控：以未授权用户身份，访问受保护的文件，检测系统能否拒绝访问；以授权用户身份，访问受保护的文件，检测能否正常访问；
   3) 事件监测：设置需要监测的异常事件，并模拟异常事件的产生，检测系统能否监测到事件的发生；
   4) 实时流量分析：检测系统能否正确分析系统的发送和接收流量；
   5) 实时阻断：对系统模拟进行入侵行为，检测系统能否实时阻断入侵行为；
h) 检测系统能否对所接入网络进行可信度评价(包含以下方面：网络提供者是否可信、网络状态和接入条件是否符合设定策略、网络提供的服务是否符合需求，等等)，并根据不同可信度评价等级采取不同的安全接入策略，接入不同可信度的网络，检测接入策略是否正确。

记录测试结果并对该结果是否完全符合上述测试评价方法要求作出判断。

5.5.1.3.4 系统安全性检测分析

——测试评价内容：

见4.4.1.3.4的内容。

——对开发者的要求：

开发者应提供文档，按 GB/T 20271—2006 中 6.4.2.2 的要求，说明终端计算机是否经过操作系统安全性检测分析、硬件系统安全性检测分析、应用程序安全性检测分析、和电磁泄漏发射检测分析，以设计和实现终端计算机第四级的系统安全性检测分析功能，并且提供相应的检测分析报告。

——测试评价方法：

a) 按照开发者提供的文档，检测终端计算机是否经过操作系统安全性检测分析、硬件系统安全性检测分析、应用程序安全性检测分析和电磁泄漏发射检测分析；
b) 根据相关的检测报告，判断检测方法是否科学，检测结果是否可信；
c) 对存在的问题，检测改进措施是否有效。

记录测试结果并对该结果是否完全符合上述测试评价方法要求作出判断。

5.5.1.3.5 信任服务

——测试评价内容：

见 4.4.1.3.5 的内容。

——测试评价方法：

a) 检测系统是否在可信密码模块（TCM）中专门设置受保护区域存储所有静态信任链的完整性度量值；
b) 检测是否通过适当组合各模块的度量值，作为系统信任报告或系统特征绑定的依据；
c) 尝试以各种不同权限的管理员访问所有度量值，检测存取访问是否受权限控制；
d) 检测在必要时是否向国家主管机构报告操作系统和关键应用程序完整性度量值。

记录测试结果并对该结果是否完全符合上述测试评价方法要求作出判断。

5.5.1.3.6 系统身份标识与鉴别

——测试评价内容：

见 4.4.1.3.6 的内容。

——测试评价方法：

a) 根据开发者提供的文档，验证系统身份的标识的产生过程，检验系统身份标识是否是由唯一绑定的可信密码模块（TCM）产生的密钥；
b) 根据开发者提供的文档，验证身份标识的可信性是否通过权威机构颁发证书来实现；
c) 根据开发者提供的文档，验证系统身份标识的隐秘性；
d) 尝试对终端计算机身份标识信息进行操作，检验身份标识是否能够进行管理和维护；
e) 分别使用经过授权和未经授权的管理员对系统身份标识进行操作，检验系统身份标识是否能够确保其不被非授权地访问、修改或删除；
f) 根据开发者提供的文档模拟终端计算机的身份鉴别过程，验证请求方是否提供系统的身份证书和/或证书信任链验证路径，并通过一定的认证协议完成身份鉴别过程。

记录测试结果并对该结果是否完全符合上述测试评价方法要求作出判断。

5.5.1.3.7 数据保密性保护

5.5.1.3.7.1 数据存储保密性

——测试评价内容：

见 4.4.1.3.7 a) 的内容。

——对开发者的要求：

开发者应提供文档，说明如何对存储在终端计算机内的重要用户数据进行保密性保护，描述数据加密、数据绑定和数据密封的方法和步骤。

——测试评价方法：

a) 根据开发者提供的文档，对测试数据进行加密，并以密钥的合法持有者身份进行解密，检测能否解密成功；
b) 以其余任何用户身份登录，检测是否无法获得该数据；
c) 根据开发者提供的文档，在特定终端计算机中基于可信存储根对测试数据进行加密，并且由密钥的合法持有者在特定终端计算机中的特定状态下解密，检测能否解密成功；
d) 由密钥的合法持有者在特定终端计算机中的其他状态下解密，检测能否解密成功；
e) 由密钥的合法持有者在其他终端计算机中解密，检测能否解密成功；
f) 以其余任何用户身份登录特定终端计算机，在特定状态下解密测试数据，检测是否无法获得该数据；
g) 以其余任何用户身份登录特定终端计算机，在其他状态下解密测试数据，检测是否无法获得该数据。

记录测试结果并对该结果是否完全符合上述测试评价方法要求作出判断。

5.5.1.3.7.2 数据传输保密性

——测试评价内容：

见 4.4.1.3.7 b) 的内容。

——对开发者的要求：

开发者应提供文档，说明如何对在不同 SSF 之间基于网络传输的重要数据，进行保密性保护。

——测试评价方法：

a) 利用协议分析仪截取网络传输的用户数据，检测基于网络传输的重要数据是否按照开发者的设计进行保密性保护。

记录测试结果并对该结果是否完全符合上述测试评价方法要求作出判断。

5.5.1.3.7.3 客体安全重用

——测试评价内容：

见 4.4.1.3.7 c) 的内容。

——对开发者的要求：

开发者应提供文档，说明对安全支撑系统进行动态资源管理过程中，如何保证客体资源(包括子集信息和完全信息)中的剩余信息不应引起信息的泄漏。

——测试评价方法：

a) 检测系统对安全支撑系统安全控制范围之内的某个子集的客体资源，在将其释放后再分配给某一用户或代表该用户运行的进程时，是否会清除该客体中的原有信息；
b) 检测系统对安全支撑系统安全控制范围之内的所有客体资源，在将其释放后再分配给某一用户或代表该用户运行的进程时，是否会清除该客体中的原有信息。

记录测试结果并对该结果是否完全符合上述测试评价方法要求作出判断。

5.5.1.3.8 数据完整性保护

5.5.1.3.8.1 存储数据的完整性

——测试评价内容：

见4.4.1.3.8 a)的内容。

——对开发者的要求：

开发者应提供文档，说明系统对基于用户属性的所有客体，如何对存储在SSC内的用户数据进行完整性检测，并且当检测到完整性错误时，系统采取何种恢复措施。

——测试评价方法：

a) 使用各种方法和工具，对安全支撑系统内部存储的数据，进行修改，检测系统能否检测出完整性错误；

b) 检测系统能否采取恢复措施，使数据恢复到修改前的状态。

记录测试结果并对该结果是否完全符合上述测试评价方法要求作出判断。

5.5.1.3.8.2 传输数据的完整性

——测试评价内容：

见4.4.1.3.8 b)的内容。

——对开发者的要求：

开发者应提供文档，说明在SSF和其他可信信息系统间传输用户数据时，提供了哪些数据完整性检测的功能：并说明接收者如何恢复被破坏的数据为原始的用户数据。

——测试评价方法：

a) 使用各种方法和工具，对在SSF和其他可信信息系统间传输的用户数据，进行篡改、删除、插入等操作，检测系统能否检测出完整性错误；

b) 接收者尝试对被破坏的数据进行恢复，检测是否能够恢复为原始的用户数据。

记录测试结果并对该结果是否完全符合上述测试评价方法要求作出判断。

5.5.1.3.8.3 处理数据的完整性

——测试评价内容：

见4.4.1.3.8 c)的内容。

——对开发者的要求：

开发者应提供文档，说明对终端计算机中处理中的数据采用何种方式保证处理数据的完整性。

——测试评价方法：

a) 根据开发者提供的文档，定制相关的SSF访问控制策略；

b) 选定一个终端计算机中处理中的数据为测试数据，对其进行一系列操作，检测系统能否对所进行的操作序列进行回退，并恢复数据为操作前的状态。

记录测试结果并对该结果是否完全符合上述测试评价方法要求作出判断。

5.5.1.3.9 安全审计

——测试评价内容：

见4.4.1.3.9的内容。

——对开发者的要求：

开发者应提供文档，说明安全支撑系统中生成、维护及保护审计数据过程，以及具备哪些保护措施。

——测试评价方法：

a) 查看系统的审计记录信息，检测是否有密码支持、系统身份标识与鉴别、数据保密性保护、用户数据完整性保护、信任服务等安全功能相关操作的审计记录；

b) 检测审计功能是否支持审计日志；

c) 对于内置于终端计算机的可信密码模块，检测能否审计内部命令运行情况、维护事件、用户密钥的创建、使用与删除事件或其他专门的可审计事件，并查看审计记录；检测是否提供给上层应用软件查询审计情况的接口；检测能否存储审计记录；

d) 检测审计记录是否包括：事件的日期和时间、用户、事件类型、事件类别，及其他与审计相关的信息；

e) 检测审计功能是否支持潜在侵害分析；检测系统能否用一系列规则去监控审计事件，并根据这些规则指出系统的潜在侵害；

f) 检测系统能否确立用户或进程的质疑度（或信誉度）；当用户或进程的质疑等级超过门限条件时，检测系统能否发现并指出将要发生对安全性的威胁；

g) 检测系统是否提供系统行为记录与侵害的签名事件匹配的功能，检测系统能否通过对一个或多个事件的对比分析或综合分析，预测攻击出现的时间或方式；

h) 检测审计功能是否为授权用户提供基本审计查阅；检测系统是否提供审计查阅工具对审计数据进行搜索、分类、排序；以未授权用户身份，尝试查阅审计信息，检测系统是否拒绝未授权访问；

i) 检测审计功能是否支持根据客体身份、用户身份、主体身份、主机身份、事件类型等属性进行审计事件选择；

j) 在意外情况出现时，检测审计功能是否能检测或防止对审计记录的修改，以及在发生审计存储已满、存储失败或存储受到攻击以及意外情况出现时，检测审计功能是否能够采取相应的保护措施，确保有实效性的审计记录不被破坏；

k) 根据开发者提供的文档，检测审计数据是否受到安全保护，尝试以未授权用户进行访问、修改和破坏审计信息，检测系统能否拒绝未授权访问；

l) 检测系统能否创建并维护一个对受保护客体访问的审计跟踪，保护审计记录不被未授权的访问、修改和破坏。

记录测试结果并对该结果是否完全符合上述测试评价方法要求作出判断。

5.5.1.3.10 备份与故障恢复

——测试评价内容：

见 4.4.1.3.10 的内容。

——对开发者的要求：

开发者应提供文档，说明对用户数据和系统，如何在备份、存储和恢复过程中进行安全保护，以及具备哪些备份保护措施。

——测试评价方法：

a) 以授权用户身份有选择地备份重要数据的功能，对数据进行修改，然后进行恢复，检测能否有效恢复；

b) 对系统的运行现场进行定期备份，对系统数据进行修改，然后进行恢复，检测能否有效恢复；

c) 根据开发者提供的文档，检测数据在备份、存储和恢复过程中是否具有安全保护措施，是否设置不被用户操作系统管理的系统来实现系统数据的备份与恢复功能，用户操作系统是否不可访问系统备份数据。

记录测试结果并对该结果是否完全符合上述测试评价方法要求作出判断。

5.5.1.3.11 I/O 接口配置

——测试评价内容：

见 4.4.1.3.11 的内容。

——测试评价方法：

a) 以授权用户身份，在 BIOS 和操作系统中，分别启用串口、并口、USB、网卡、硬盘，检测能否正常使用；

b) 以授权用户身份，在 BIOS 和操作系统中，分别禁用串口、并口、USB、网卡、硬盘，检测能否使用；

c) 检测系统能否接受所接入网络的接口集中配置管理，尝试以未授权用户进行配置管理，检测系统能否拒绝未授权访问。

记录测试结果并对该结果是否完全符合上述测试评价方法要求作出判断。

5.5.1.3.12 可信时间戳

——测试评价内容：

见 4.4.1.3.12 的内容。

——对开发者的要求：

开发者应提供文档，说明系统如何提供可信的时间戳。

——测试评价方法：

a) 根据开发者提供的文档，检测系统是否提供可靠的时钟和时钟同步系统。

记录测试结果并对该结果是否完全符合上述测试评价方法要求作出判断。

5.5.2 SSOTC 自身安全保护

5.5.2.1 安全支撑系统的自身安全保护

——测试评价内容：

见 4.4.2.1 的内容。

——对开发者的要求：

开发者应提供文档，说明可信存储根是否设置在可信密码模块内，所采用的可信密码模块是否由国家主管机构研制，并提供该机构相应的资质证书；说明可信报告根是否设置在可信密码模块内，可信报告根所对应的公钥证书由哪家机构发行和管理，并提供该机构相应的资质证书；说明可信度量根是否设置在固件模块内，该模块的物理位置，以及计算机的启动过程，是否包含了该模块；提供物理结构图，包括键盘输入信号路径，可信密码模块、物理开关位置等详细信息；说明采取何种方式对安全支撑系统的使用用户进行鉴别。

——测试评价方法：

a) 按照开发者提供的文档，检测可信存储根和可信报告根是否设置在可信密码模块内；

b) 按照开发者提供的文档和相关证书，检测所使用的密码模块是否通过国家主管机构测评认证；

c) 按照开发者提供的文档，并查看可信报告根的公钥证书及其发行机构相关证书，检验是否由国家专门权威机构发行和管理；

d) 查验文档是否符合要求，通过加载/卸载可信度量根，和其所在的固件模块，检验终端计算机启动是否依赖该固件和可信度量根；

e) 按照开发者提供的文档，检测是否对可信度量根采取物理保护措施，并且检测保护措施的有效性；

f) 查验开发者提供的物理结构图，检查是否有物理路径支持键盘输入与可信密码模块的直接通信，是否具有物理开关控制；

g) 打开机箱检验物理线路是否与图纸一致，分别打开、关闭控制开关，检验其是否有效；

h) 尝试以授权用户和非授权用户去使用可信密码模块，检验是否需要进行身份鉴别。

记录测试结果并对该结果是否完全符合上述测试评价方法要求作出判断。

5.5.2.2 操作系统的自身安全保护

——测试评价内容：

见4.4.2.2的内容。

——对开发者的要求：

开发者应提供第三方权威机构对该操作系统的检测报告，或者提供文档对GB/T 20272—2006中4.4.2的各个项目进行说明。

——测试评价方法：

a) 如果提供了第三方权威机构对该操作系统的检测报告，则查验报告，查看报告中对应项目检测结果是否符合；
b) 如果未能提供第三方权威机构对该操作系统的检测报告，则按照GB/T 20272—2006中4.4.2的要求对操作系统的相关项目进行检测。

记录测试结果并对该结果是否完全符合上述测试评价方法要求作出判断。

5.5.3 SSOTC设计和实现

5.5.3.1 配置管理

5.5.3.1.1 配置管理能力

——测试评价内容：

应按GB/T 20271—2006中6.4.5.1 a)的要求，实现终端计算机第四级的配置管理能力设计。

——测试评价方法：

评估者应审查开发者所提供的信息是否满足如下要求：

a) 开发者所使用的版本号与所应表示的终端计算机样本应完全对应，没有歧义。
b) 配置管理系统应对所有的配置项作出唯一的标识。
c) 配置管理计划中，应描述配置管理系统是如何使用的。实施的配置管理应与配置管理计划相一致。
d) 配置管理文档应提供所有的配置项得到有效地维护的证据。
e) 配置管理系统应确保对配置项只进行授权修改。
f) 配置管理系统应支持终端计算机的生成。
g) 验收计划应描述用来验收修改过的或新建的配置项的过程，将其作为终端计算机的一部分，并确认对配置项的任何生成和修改都是由授权者进行的。

记录审查结果并对该结果是否完全符合上述测试评价方法要求作出判断。

5.5.3.1.2 配置管理自动化

——测试评价内容：

应按GB/T 20271—2006中6.4.5.1 b)的要求，实现终端计算机第四级的配置管理自动化设计。

——测试评价方法：

评估者应审查开发者所提供的信息是否满足如下要求：

a) 配置管理系统应通过自动方式来确保终端计算机的实现表示只能进行已授权的变化，并能提供自动方式来支持终端计算机的生成；
b) 配置管理计划应描述配置管理系统中所使用的自动工具，并说明如何使用这些工具。

记录审查结果并对该结果是否完全符合上述测试评价方法要求作出判断。

5.5.3.1.3 配置管理范围

——测试评价内容：

应按 GB/T 20271—2006 中 6.4.5.1 c)、6.4.5.1 d) 的要求，实现终端计算机第四级的配置管理范围设计。

——测试评价方法：

a) 终端计算机配置管理范围，要求将终端计算机的实现表示、设计文档、测试文档、用户文档、安全管理员文档、配置管理文档等置于配置管理之下，从而确保它们的修改是在一个正确授权的可控方式下进行的。为此要求：
   1) 开发者所提供的配置管理文档应展示配置管理系统至少能跟踪上述配置管理之下的内容；
   2) 文档应描述配置管理系统是如何跟踪这些配置项的；
   3) 文档还应提供足够的信息表明达到所有要求；
b) 配置管理系统应对安全缺陷进行跟踪；
c) 配置管理系统应对开发工具和相关信息进行跟踪。

记录审查结果并对该结果是否完全符合上述测试评价方法要求作出判断。

5.5.3.2 分发和操作

5.5.3.2.1 分发

——测试评价内容：

应按 GB/T 20271—2006 中 6.4.5.2 a) 的要求，实现终端计算机第四级的分发。

——测试评价方法：

a) 评估者应审查开发者是否按分发过程的要求，编制分发文档；
b) 评估者应审查分发文档，是否描述给用户分发终端计算机时，用以维护安全所必须的所有过程；
c) 评估者应审查是否按该过程进行分发；
d) 评估者应审查分发文档，是否描述检测修改的方法和技术，是否描述开发者的主拷贝与用户收到的版本之间的差异；
e) 评估者应审查分发文档，是否描述用来检测试图伪装成开发者向用户发送产品的方法；
f) 评估者应审查分发文档，是否在修改检测的基础上，还描述了如何防止修改的方法和技术。

记录审查结果并对该结果是否完全符合上述测试评价方法要求作出判断。

5.5.3.2.2 操作

——测试评价内容：

应按 GB/T 20271—2006 中 6.4.5.2 b) 的要求，实现终端计算机第四级的操作。

——测试评价方法：

a) 评估者应审查操作文档，是否说明了终端计算机在开发者所期望的安全方式下进行安装、生成和启动的过程。用户能够通过此文档了解安装、生成和启动过程；
b) 评估者应审查操作文档，是否说明了将处于配置控制下的终端计算机的实现安全地转换为用户环境下的初始操作，并最终生成了安全的配置。用户能够通过此文档了解安装、生成、启动完成后，终端计算机在用户环境下生成的相应的安全配置情况；
c) 评估者应审查操作文档，是否说明了日志生成的要求(包括日志生成选项、生成时间及生成方法等)和过程。用户能够通过此文档进行建立日志的过程。

记录审查结果并对该结果是否完全符合上述测试评价方法要求作出判断。

5.5.3.3 开发

5.5.3.3.1 功能设计

——测试评价内容：

应按 GB/T 20271—2006 中 6.4.5.3 a) 的要求，实现终端计算机第四级的功能设计。

——测试评价方法：

评估者应审查开发者所提供的信息是否满足如下要求：

a) 功能设计应当使用半形式化风格来描述终端计算机安全功能与其外部接口，必要时可由非形式化、解释性的文字来支持；

b) 功能设计应当是内在一致的；

c) 功能设计应当描述使用所有外部终端计算机安全功能接口的目的与方法，适当的时候，要提供结果影响例外情况和错误信息的细节；

d) 开发者应完备地表示终端计算机安全功能的基本原理。

记录审查结果并对该结果是否完全符合上述测试评价方法要求作出判断。

5.5.3.3.2 安全策略模型

——测试评价内容：

应按 GB/T 20271—2006 中 6.4.5.3 b) 的要求，实现终端计算机第四级的安全策略模型设计。

——测试评价方法：

评估者应审查开发者所提供的文档中，安全策略模型的相关内容，是否满足如下要求：

a) SSP 模型应是半形式化的，并描述所有可以模型化的 SSP 策略的规则与特征；

b) SSP 模型应包括一个基本原理，阐明该模型与所有可模型化的 SSP 策略是一致的、完备的；

c) SSP 模型和功能设计之间的对应性阐明应说明功能设计中的安全功能与 SSP 模型是一致的、完备的。

记录审查结果并对该结果是否完全符合上述测试评价方法要求作出判断。

5.5.3.3.3 高层设计

——测试评价内容：

应按 GB/T 20271—2006 中 6.4.5.3 c) 的要求，实现终端计算机第四级的高层设计。

——测试评价方法：

评估者应审查开发者所提供的高层设计文档是否满足如下要求：

a) 以子系统的观点、以半形式化的方法来一致性地描述终端计算机的体系结构；

b) 描述每一个子系统所提供的安全功能及其相互关系；

c) 标识安全功能要求的任何基础性的硬件、固件和/或软件，并且通过这些硬件、固件和/或软件所实现的保护机制，来提供安全功能功能；

d) 标识安全功能子系统的所有接口，并标明安全功能子系统的哪些接口是外部可见的；

e) 高层设计文档应当描述安全功能子系统所有接口的使用目的与方法，并提供例外情况和错误信息的细节；

f) 高层设计文档应当描述如何将终端计算机分离成安全策略加强单元和其他子系统；

g) 高层设计文档应当描述所提供的 SSP 模型是否是半形式化的。

记录审查结果并对该结果是否完全符合上述测试评价方法要求作出判断。

5.5.3.3.4 低层设计

——测试评价内容：

应按 GB/T 20271—2006 中 6.4.5.3 d) 的要求，实现终端计算机第四级的低层设计。

——测试评价方法：

评估者应审查开发者所提供的低层设计文档是否满足如下要求：

a) 低层设计的表示应是半形式化的，内在一致的，并以模块术语描述，必要时提供所有结果的完备细节、例外情况和错误信息；
b) 描述每一个模块的目的；
c) 以所提供的安全功能和对其他模块的依赖性术语定义模块间的相互关系；
d) 描述如何提供每一个安全策略功能的实施；
e) 标识终端计算机安全功能模块的所有接口，标识终端计算机安全功能模块的哪些接口是外部可见的，以及描述终端计算机安全功能模块所有接口的目的与方法，必要时，应提供影响、例外情况和错误信息的细节；
f) 描述如何将终端计算机分离成安全策略实施模块和其他模块。

记录审查结果并对该结果是否完全符合上述测试评价方法要求作出判断。

5.5.3.3.5 内部结构设计

——测试评价内容：

应按 GB/T 20271—2006 中 6.4.5.3 e) 的要求，实现终端计算机第四级的内部结构设计。

——测试评价方法：

评估者应审查开发者所提供的信息是否满足如下要求：

a) 应以模块化方法设计和构建终端计算机安全功能，并避免设计模块之间出现不必要的交互；
b) 标识终端计算机安全功能模块，并应描述每一个终端计算机安全功能模块的目的、接口、参数和影响；
c) 描述终端计算机安全功能设计是如何使独立的模块间避免不必要的交互作用；
d) 在设计和构建安全功能时，应使安全功能局部的复杂度最小化，以加强访问控制策略；
e) 标识安全功能模块，并应指明安全功能的哪些部分是加强安全策略的；
f) 描述分层结构，并说明如何使交互作用最小化；
g) 描述加安全策略的安全功能部分是如何被构建的，从而使其复杂性降低；
h) 描述在设计和构建 SSF 时，如何保证实施任何安全策略的 SSF 部分简单且易分析；
i) 描述那些与 SSF 无关的功能是否已从 SSF 中排斥出去。

记录审查结果并对该结果是否完全符合上述测试评价方法要求作出判断。

5.5.3.3.6 实现表示

——测试评价内容：

应按 GB/T 20271—2006 中 6.4.5.3 f) 的要求，实现终端计算机第四级的实现表示设计。

——测试评价方法：

评估者应审查开发者所提供的信息是否满足如下要求：

a) 应无歧义地为全部终端计算机安全功能，定义一个详细级别的终端计算机安全功能实现表示，并且实现表示应当是内在一致的；
b) 所定义的实现表示应是结构精简的，且易于理解。

记录审查结果并对该结果是否完全符合上述测试评价方法要求作出判断。

5.5.3.3.7 对应性设计

——测试评价内容：

应按 GB/T 20271—2006 中 6.4.5.3 g）的要求，实现终端计算机第四级的对应性设计。

——测试评价方法：

评估者应审查开发者所提供的信息是否满足如下要求：

a） 应在所提供的终端计算机安全功能表示的所有相邻对之间提供其对应性分析，对每个相邻对，应当阐明较为抽象的终端计算机安全功能表示的所有相关安全功能在较不抽象的终端计算机安全功能表示中得到正确而完备地细化；

b） 当 SSF 表示的两个相邻对的各部分至少都是以半形式化来描述时，其对应性说明是否也是半形式化的。

记录审查结果并对该结果是否完全符合上述测试评价方法要求作出判断。

5.5.3.4 文档要求

5.5.3.4.1 管理员指南

——测试评价内容：

应按 GB/T 20271—2006 中 6.4.5.4 的要求，实现终端计算机第四级的管理员指南。

——测试评价方法：

评估者应审查开发者是否提供了供系统管理员使用的管理员指南，并且此管理员指南是否包括如下内容：

a） 终端计算机可以使用的管理功能和接口；

b） 怎样安全地管理终端计算机；

c） 在安全处理环境中应进行控制的功能和权限；

d） 所有对与终端计算机的安全操作有关的用户行为的假设；

e） 所有受管理员控制的安全参数，如果可能，应指明安全值；

f） 每一种与管理功能有关的安全相关事件，包括对安全功能所控制的实体的安全特性进行的改变；

g） 所有与系统管理员有关的 IT 环境的安全要求。

记录审查结果并对该结果是否完全符合上述测试评价方法要求作出判断。

5.5.3.4.2 用户指南

——测试评价内容：

应按 GB/T 20271—2006 中 6.4.5.4 的要求，实现终端计算机第四级的用户指南。

——测试评价方法：

评估者应审查开发者是否提供了供系统用户使用的用户指南，并且此用户指南是否包括如下内容：

a） 终端计算机的非管理用户可使用的安全功能和接口；

b） 终端计算机提供给用户的安全功能和接口的用法；

c） 用户可获取但应受安全处理环境控制的所有功能和权限；

d） 终端计算机安全操作中用户所应承担的职责；

e） 与用户有关的 IT 环境的所有安全要求。

记录审查结果并对该结果是否完全符合上述测试评价方法要求作出判断。

5.5.3.5 生存周期支持

5.5.3.5.1 开发安全

——测试评价内容：

应按 GB/T 20271—2006 中 6.4.5.5 a）的要求，实现终端计算机第四级的开发安全。

——测试评价方法：

评估者应审查开发者所提供的信息是否满足如下要求：

a) 开发人员的安全管理：开发人员的安全规章制度，开发人员的安全教育培训制度和记录；

b) 开发环境的安全管理：开发地点的出入口控制制度和记录，开发环境的温室度要求和记录，开发环境的防火防盗措施和国家有关部门的许可文件，开发环境中所使用安全产品必须采用符合国家有关规定的产品并提供相应证明材料；

c) 开发设备的安全管理：开发设备的安全管理制度，包括开发主机使用管理和记录，设备的购置、修理、处置的制度和记录，上网管理，计算机病毒管理和记录等；

d) 开发过程和成果的安全管理：对产品代码、文档、样机进行受控管理的制度和记录，若代码和文档进行加密保护必须采用符合国家有关规定的产品并提供相应证明材料；

e) 开发安全文件中所提供的安全措施的证据应能证明安全措施对维护终端计算机的安全性提供了必要的保护。

记录审查结果并对该结果是否完全符合上述测试评价方法要求作出判断。

5.5.3.5.2 缺陷纠正

——测试评价内容：

应按 GB/T 20271—2006 中 6.4.5.5 b）的要求，实现终端计算机第四级的缺陷纠正。

——测试评价方法：

评估者应审查开发者所提供的生存周期定义文档中是否完全符合以下要求：

a) 描述用以跟踪所有终端计算机版本里已被报告的安全缺陷的过程；

b) 描述所提供的每个安全缺陷的性质和效果，以及缺陷纠正的情况；

c) 标识每个安全缺陷所采取的纠正措施；

d) 描述为终端计算机用户的纠正行为所提供的信息，纠正和指导的方法。

记录审查结果并对该结果是否完全符合上述测试评价方法要求作出判断。

5.5.3.5.3 生存周期定义

——测试评价内容：

应按 GB/T 20271—2006 中 6.4.5.5 c）的要求，实现终端计算机第四级的生存周期定义。

——测试评价方法：

评估者应审查开发者所提供的生存周期定义文档中是否完全符合以下要求：

a) 开发者应建立标准化的、用于开发和维护终端计算机的生存周期模型；

b) 标准化的生存周期模型应是为某些专家组（例如学科专家、标准化实体等）所认可的模型；

c) 该模型应对终端计算机开发和维护提供必要的控制；

d) 开发者所提供的生存周期定义文档应描述用于开发和维护终端计算机的模型，解释选择该模型的原因，解释如何用该模型来开发和维护终端计算机，以及阐明与标准化的生存周期模型的相符性。

记录审查结果并对该结果是否完全符合上述测试评价方法要求作出判断。

5.5.3.5.4 工具和技术

——测试评价内容：

应按 GB/T 20271—2006 中 6.4.5.5 d）的要求，确定终端计算机第四级的工具和技术。

——测试评价方法：

评估者应审查开发者所提供的信息是否满足如下要求：

a） 开发者应标识用于开发终端计算机的工具，并且所有用于实现的开发工具都应有明确定义。开发者应文档化已选择的依赖实现的开发工具的选项，开发工具文档应明确定义实现中每个语句的含义，以及明确定义所有基于实现的选项的含义。

b） 开发者应对终端计算机所应用部分的实现标准进行描述。

记录审查结果并对该结果是否完全符合上述测试评价方法要求作出判断。

5.5.3.6 测试

5.5.3.6.1 测试范围

——测试评价内容：

应按 GB/T 20271—2006 中 6.4.5.6 a）的要求，确定终端计算机第四级的测试范围。

——测试评价方法：

a） 评估者应审查开发者提供的测试覆盖分析结果，是否表明了测试文档中所标识的测试与安全功能设计中所描述的安全功能是对应的；

b） 评价测试文档中已标识的测试是否包括了安全功能设计描述中所有安全功能的测试，是否都经过了完整性测试；

c） 评估者应审查测试文档，是否覆盖了在功能设计描述中的所有安全功能；

d） 开发者所提供的范围分析应表明测试文档所标识的测试与功能设计所描述的安全功能之间的对应性；

e） 测试范围的分析应阐明功能设计所描述的安全功能和测试文档所标识的测试之间的对应性是完备的；

f） 测试范围的分析应严格地阐明功能设计所标识的安全功能的所有外部接口已经被完备测试过了。

记录审查结果并对该结果是否完全符合上述测试评价方法要求作出判断。

5.5.3.6.2 测试深度

——测试评价内容：

应按 GB/T 20271—2006 中 6.4.5.6 b）的要求，确定终端计算机第四级的测试深度。

——测试评价方法：

a） 评价开发者提供的测试深度分析，是否说明了测试文档中所标识的对安全功能的测试，足以表明该安全功能与高层设计和低层设计是一致的；

b） 开发者所提供的测试深度分析应阐明测试文档中所标识的测试足以表明该安全功能是根据高层设计、低层设计和实现表示而运作的。

记录测试结果并对该结果是否完全符合上述测试评价方法要求作出判断。

5.5.3.6.3 功能测试

——测试评价内容：

应按 GB/T 20271—2006 中 6.4.5.6 c) 的要求，实现终端计算机第四级的功能测试。

——测试评价方法：

a) 评价开发者提供的测试文档，是否包含测试计划、测试规程、预期的测试结果和实际测试结果；

b) 评价测试计划是否标识了要测试的安全功能，是否描述了测试的目标；

c) 评价测试规程是否标识了要执行的测试，是否描述了每个安全功能的测试概况(这些概况包括对其他测试结果的顺序依赖性)；

d) 评价期望的测试结果是否表明测试成功后的预期输出；

e) 评价实际测试结果是否表明每个被测试的安全功能能按照规定进行运作；

f) 评价测试文档是否包含测试过程中对顺序依赖性的分析。

记录测试结果并对该结果是否完全符合上述测试评价方法要求作出判断。

5.5.3.6.4 独立性测试

——测试评价内容：

应按 GB/T 20271—2006 中 6.4.5.6 d) 的要求，实现终端计算机第四级的独立性测试。

——测试评价方法：

a) 开发者提供的测试文档，应表明安全功能是按规定运作的；

b) 开发者应提供与测试相适应的终端计算机；

c) 通过抽样，重复进行测试，检查测试文档的正确性和完备性。

记录审查结果并对该结果是否完全符合上述测试评价方法要求作出判断。

5.5.3.7 脆弱性评定

5.5.3.7.1 隐蔽信道分析

——测试评价内容：

应按 GB/T 20271—2006 中 6.4.5.7 a) 的要求，实现网络第四级的隐蔽信道分析设计。

——测试评价方法：

评估者应审查开发者提供的文档中，隐蔽信道分析的相关内容，是否满足了以下要求：

a) 描述如何通过对隐蔽存储信道的非形式化搜索，标识出可识别的隐蔽存储信道，并估算它们的带宽；

b) 描述用于确定隐蔽存储信道存在的过程，以及进行隐蔽存储信道分析所需要的信息；

c) 描述隐蔽存储信道分析期间所作的全部假设；

d) 描述最坏情况下对隐蔽存储信道带宽进行估算的方法；

e) 描述每个可标识的隐蔽存储信道的最大可利用情形；

f) 描述用封锁和/或限制带宽和/或审计等，对所标识的隐蔽存储信道进行处理的措施。

记录审查结果并对该结果是否完全符合上述测试评价方法要求作出判断。

5.5.3.7.2 防止误用

——测试评价内容：

应按 GB/T 20271—2006 中 6.4.5.7 b) 的要求，实现网络第四级的防止误用设计。

——测试评价方法：

评估者应审查开发者提供的文档，是否满足了以下要求：

a) 评价指南性文档，是否确定了对终端计算机的所有可能的操作方式(包括失败和操作失误后的操作)，是否确定了它们的后果，以及是否确定了对于保持安全操作的意义；

b) 评价指南性文档，是否列出了所有目标环境的假设以及所有外部安全措施(包括外部程序的、物理的或人员的控制)的要求；

c) 评价指南性文档是否完整、清晰、一致、合理；

d) 评价开发者提供的分析文档，是否阐明指南性文档是完整的；

e) 评估者应进行独立验证，以确定安全管理员或用户在正确理解文档的情况下能基本判断 SSOTC 是否在不安全状态下配置或运行。

记录审查结果并对该结果是否完全符合上述测试评价方法要求作出判断。

5.5.3.7.3 安全功能强度评估

——测试评价内容：

应按 GB/T 20271—2006 中 6.4.5.7 c) 的要求，实现网络第四级的安全功能强度评估设计。

——测试评价方法：

评估者应审查开发者提供的文档，是否满足了以下要求：

a) 通过对安全机制的安全行为的合格性或统计结果的分析，以及对克服脆弱性所付出努力的分析，得到终端计算机安全功能强度的说明；

b) 对安全目标中标识的每个具有安全功能强度声明的安全机制，进行安全功能强度的分析，证明该机制达到或超过安全目标要求所定义的最低强度，并证明该机制达到或超过安全目标要求所定义的特定功能强度。

记录测试结果并对该结果是否完全符合上述测试评价方法要求作出判断。

5.5.3.7.4 脆弱性分析

——测试评价内容：

应按 GB/T 20271—2006 中 6.4.5.7 d) 的要求，实现网络第四级的脆弱性分析设计。

——测试评价方法：

a) 评价开发者提供的脆弱性分析文档，是否从用户可能破坏安全策略的明显途径出发，对终端计算机的各种功能进行了分析；

b) 对被确定的脆弱性，评价开发者是否明确记录了采取的措施；

c) 对每一条脆弱性，评价是否有证据显示在使用终端计算机的环境中该脆弱性不能被利用；

d) 评价所提供的文档，是否表明经过标识脆弱性的终端计算机可以抵御明显的穿透性攻击；

e) 实施独立的穿透性测试，检测终端计算机能否抵御低攻击能力攻击者发起的攻击；

f) 评价开发者提供的分析文档，是否表明对脆弱性的搜索是系统化的，并确定终端计算机能否抵御中攻击能力的攻击者发起的对 SSOTC 的穿透性攻击。

记录测试结果并对该结果是否完全符合上述测试评价方法要求作出判断。

5.6 第五级

5.6.1 安全功能要求

5.6.1.1 物理系统

5.6.1.1.1 设备安全可用

——测试评价内容：

见 4.5.1.1.1 的内容。

——对开发者的要求：

开发者应提供文档，说明终端计算机的设备提供哪些基本的运行支持措施，提供哪些必要的容错和故障恢复能力，能否满足基本安全可用的要求。

——测试评价方法：

a) 按照开发者提供的文档，逐项验证所提供的运行支持措施是否有效，能否支持终端计算机的基本运行；

b) 按照开发者提供的文档，模拟出现一些故障事件(如：掉电、硬件故障等)，验证终端计算机的容错和故障恢复能力是否有效；

c) 检测主机、外部设备、网络连接部件及其他辅助部件，能否满足基本安全可用的要求；

记录测试结果并对该结果是否完全符合上述测试评价方法要求作出判断。

5.6.1.1.2 设备防盗

——测试评价内容：

见 4.5.1.1.2 的内容。

——测试评价方法：

a) 按照开发者提供的文档，尝试使用各种方式除去设备中的标记，检测能否除去；

b) 检测终端计算机的主机是否具有机箱封装保护，能否防止部件损害或被盗；

c) 对终端计算机设置防盗报警功能，尝试进行相关偷盗操作，检测能否正常报警。

记录测试结果并对该结果是否完全符合上述测试评价方法要求作出判断。

5.6.1.1.3 设备高可靠

——测试评价内容：

见 4.5.1.1.3 的内容。

——测试评价方法：

根据特殊环境应用要求，终端计算机设备高可靠分为：

a) 检测系统是否具有防水要求；

b) 检测系统是否具有防跌落和防震功能；

c) 检测系统能否抗高低温与高低气压；

d) 检测系统能否抗电磁辐射与干扰。

记录测试结果并对该结果是否完全符合上述测试评价方法要求作出判断。

5.6.1.2 操作系统

——测试评价内容：

见 4.5.1.2 的内容。

——对开发者的要求：

开发者应提供第三方权威机构对该操作系统的检测报告，或者提供文档对 GB/T 20272—2006 中 4.5.1 的各个项目进行说明。

——测试评价方法：

a) 如果提供了第三方权威机构对该操作系统的检测报告，则查验报告，查看报告中对应项目检测结果是否符合；

b) 如果未能提供第三方权威机构对该操作系统的检测报告，则按照 GB/T 20272—2006 中4.5.1 的要求对操作系统的相关项目进行检测。

记录测试结果并对该结果是否完全符合上述测试评价方法要求作出判断。

5.6.1.3 安全支撑系统

5.6.1.3.1 密码支持

——测试评价内容：

见4.5.1.3.1的内容。

——对开发者的要求：

开发者应提供文档和相关证书，说明所使用的密码算法、相关的密码操作以及相关的密钥管理措施，并证明所使用的密码算法已经通过国家密码管理部门的批准。

——测试评价方法：

a) 按照开发者提供的文档和相关证书，检测所使用的密码算法，是否已经通过国家密码管理部门的批准并由密码硬件实现；
b) 按照开发者提供的文档，检测所有密钥是否受可信存储根保护；
c) 按照开发者提供的文档，检测可信存储根本身是否由硬件密码模块保护；
d) 按照开发者提供的文档，检测所有密钥是否受可信存储根保护，可信存储根本身是否由可信密码模块保护；
e) 按照密码算法要求进行密码操作，包括：密钥生成操作、数据加密和解密操作、数字签名生成和验证操作、数据完整性度量生成和验证操作、消息认证码生成与验证操作、随机数生成操作；
f) 拔除密码硬件，进行密钥生成、数字签名与验证等关键密码操作，检验以上操作是否基于密码硬件支持。

记录测试结果并对该结果是否完全符合上述测试评价方法要求作出判断。

5.6.1.3.2 信任链

——测试评价内容：

见4.5.1.3.2的内容。

——对开发者的要求：

a) 开发者应提供文档，说明终端计算机如何利用可信度量根和可信硬件模块，在系统启动过程中对BIOS、MBR、OS、应用程序等部件进行完整性度量；
b) 开发者应提供证明，静态信任链中操作系统的完整性度量基准由国家主管机构管理，是否支持离线或在线校验；
c) 开发者应提供文档，分别说明静态完整性度量基准和动态完整性度量基准是否存储在可信密码模块中。

——测试评价方法：

a) 按照开发者提供的文档和相关证书，检测操作系统的完整性度量基准，是否已接受国家主管机构管理；
b) 以未授权用户身份篡改操作系统的完整性度量基准，检测系统检测到未经授权的篡改，并停止操作系统的运行；
c) 对静态信任链中操作系统的完整性度量基准，进行离线和在线校验，检测能否校验成功；
d) 修改操作系统的核心文件后，对操作系统进行完整性度量，检测终端计算机能否终止操作系统的启动；
e) 根据开发者提供的文档，检验是否基于可信硬件模块实现信任链的建立，将硬件断开，检验信任链还能否正常工作；
f) 使用各种方法和工具，对BIOS进行修改，启动系统，检测系统能否检测出BIOS的完整性被破坏；

g) 使用各种方法和工具，对 MBR 进行修改，启动系统，检测系统能否检测出 MBR 的完整性被破坏；

h) 使用各种方法和工具，对保护的应用程序进行修改，启动系统，检测系统能否检测出应用程序的完整性被破坏，并停止应用程序的运行；

i) 检测应用程序的完整性度量基准，是否接受国家主管机构管理，是否支持在线或离线校验；使用各种方法和工具，对应用程序的完整性进行破坏，检验动态信任链是否能够检测出完整性被破坏；检测应用程序的动态完整性度量基准是否存储在可信密码模块中；

j) 检查动态信任链中关键应用程序的完整性度量基准是否由国家主管机构管理，是否支持在线离线校验；

k) 破坏应用程序的完整性后，检测应用程序是否能立即停止运行；

l) 在被授权的情况下，对信任链建立过程中出现的不可信模块(如：BIOS、MBR、OS、应用程序)进行实时修复，检测能否实时修复成功。

记录测试结果并对该结果是否完全符合上述测试评价方法要求作出判断。

5.6.1.3.3 运行时防护

——测试评价内容：

见 4.5.1.3.3 的内容。

——对开发者的要求：

开发者应提供文档，说明终端计算机具有哪些运行时防护功能。

——测试评价方法：

a) 在系统和外来介质中植入一个测试用的恶意代码，并运行恶意代码；

b) 对文件系统、内存和使用时的外来介质进行扫描，检测系统能否清除或隔离恶意代码；

c) 检测系统能否对恶意代码特征库进行及时更新；

d) 模拟一个利用缓冲区溢出的攻击，检测系统能否基于 CPU，阻止从受保护的内存位置执行恶意代码；

e) 检测系统是否采用进程逻辑隔离或物理隔离的方法，保护进程免受恶意代码破坏；

f) 检测系统能否基于专家系统，对进程行为的危险程度进行等级评估，并根据评估结果，采取相应防护措施；

g) 检测系统是否具备以下防火墙功能：

   1) IP 过滤：根据源地址、目的地址设置多条允许通过的过滤规则，模拟相应的网络通讯，检测能否正常通讯；根据源地址、目的地址设置多条拒绝通过的过滤规则，模拟相应的网络通讯，检测能否拒绝相应的网络数据包；

   2) 应用程序监控：对某个应用程序设置允许访问网络规则，使用这个应用程序访问网络，检测能否正常访问；对某个应用程序设置拒绝访问网络规则，使用这个应用程序访问网络，检测能否拒绝访问；

   3) 内容过滤：设置内容过滤条件，以 HTTP 协议、FTP 协议访问含有设置内容的网页或文件，检测能否拒绝访问；以 FTP 协议访问含有设置内容的文件，检测能否拒绝访问；发送和接收含有设置内容的电子邮件，检测能否拒绝访问；

h) 检测系统是否具备以下入侵检测功能：

   1) 注册表监控：以未授权用户身份，访问注册表，检测系统能否拒绝访问；以授权用户身份，访问注册表，检测能否正常访问；

   2) 文件监控：以未授权用户身份，访问受保护的文件，检测系统能否拒绝访问；以授权用户身份，访问受保护的文件，检测能否正常访问；

3） 事件监测：设置需要监测的异常事件，并模拟异常事件的产生，检测系统能否监测到事件的发生；

4） 实时流量分析：检测系统能否正确分析系统的发送和接收流量；

5） 实时阻断：对系统模拟进行入侵行为，检测系统能否实时阻断入侵行为；

i） 检测系统能否对所接入网络进行可信度评价（包含以下方面：网络提供者是否可信、网络状态和接入条件是否符合设定策略、网络提供的服务是否符合需求等），并根据不同可信度评价等级采取不同的安全接入策略，接入不同可信度的网络，检测接入策略是否正确。

记录测试结果并对该结果是否完全符合上述测试评价方法要求作出判断。

5.6.1.3.4 系统安全性检测分析

——测试评价内容：

见 4.5.1.3.4 的内容。

——对开发者的要求：

开发者应提供文档，按 GB/T 20271—2006 中 6.4.2.2 的要求，说明终端计算机是否经过操作系统安全性检测分析、硬件系统安全性检测分析、应用程序安全性检测分析，以设计和实现终端计算机访问验证级的系统安全性检测分析功能，并且提供相应的检测分析报告。

——测试评价方法：

a） 按照开发者提供的文档，检测终端计算机是否经过操作系统安全性检测分析、硬件系统安全性检测分析、应用程序安全性检测分析和电磁泄漏发射检测分析；

b） 根据相关的检测报告，判断检测方法是否科学，检测结果是否可信；

c） 对存在的问题，检测改进措施是否有效。

记录测试结果并对该结果是否完全符合上述测试评价方法要求作出判断。

5.6.1.3.5 信任服务

——测试评价内容：

见 4.5.1.3.5 的内容。

——对开发者的要求：

开发者应提供文档，说明在可信密码模块中专门设置受保护区域存储所有静态信任链的完整性度量值。

——测试评价方法：

a） 检测系统是否在可信密码模块中专门设置受保护区域存储所有静态信任链的完整性度量值；

b） 检测系统是否设置一个由可信密码模块保护的区域来存储所有动态信任链的完整性度量值；

c） 检测系统在必要时是否向国家主管机构报告操作系统和应用程序完整性度量值。

记录测试结果并对该结果是否完全符合上述测试评价方法要求作出判断。

5.6.1.3.6 系统身份标识与鉴别

——测试评价内容：

见 4.5.1.3.6 的内容。

——对开发者的要求：

开发者应提供文档，详细说明系统标识产生的过程以及终端计算机身份的鉴别过程。

——测试评价方法：

a） 根据开发者提供的文档，验证系统身份的标识的产生过程，检验系统身份标识是否是由唯一绑定的可信密码模块(TCM)产生的密钥；

b) 根据开发者提供的文档，验证身份标识的可信性是否通过权威机构颁发证书来实现；

c) 根据开发者提供的文档，验证系统身份标识的隐秘性；

d) 尝试对终端计算机身份标识信息进行操作，检验身份标识是否能够进行管理和维护；

e) 分别使用经过授权和未经授权的管理员对系统身份标识进行操作，检验系统身份标识是否能够确保其不被非授权地访问、修改或删除；

f) 根据开发者提供的文档模拟终端计算机的身份鉴别过程，验证请求方是否提供系统的身份证书和/或证书信任链验证路径，并通过一定的认证协议完成身份鉴别过程；

g) 检测系统身份标识是否由国家权威管理机构进行管理。

记录测试结果并对该结果是否完全符合上述测试评价方法要求作出判断。

5.6.1.3.7 数据保密性保护

5.6.1.3.7.1 数据存储保密性

——测试评价内容：

见 4.5.1.3.7 a) 的内容。

——对开发者的要求：

开发者应提供文档，说明如何对存储在终端计算机内的重要用户数据进行保密性保护，描述数据加密、数据绑定和数据密封的方法和步骤。

——测试评价方法：

a) 根据开发者提供的文档，对测试数据进行加密，并以密钥的合法持有者身份进行解密，检测能否解密成功；

b) 以其余任何用户身份登录，检测是否无法获得该数据；

c) 根据开发者提供的文档，检测系统能否基于可信存储根实现对数据的保密存储；

d) 在特定终端计算机中对测试数据进行加密，并且由密钥的合法持有者在特定终端计算机中的特定状态下解密，检测能否解密成功；

e) 由密钥的合法持有者在特定终端计算机中的其他状态下解密，检测能否解密成功；

f) 由密钥的合法持有者在其他终端计算机中解密，检测能否解密成功。

记录测试结果并对该结果是否完全符合上述测试评价方法要求作出判断。

5.6.1.3.7.2 数据传输保密性

——测试评价内容：

见 4.5.1.3.7 b) 的内容。

——对开发者的要求：

开发者应提供文档，说明如何对在不同 SSF 之间传输的数据，进行保密性保护。

——测试评价方法：

a) 利用协议分析仪截取网络传输的用户数据，检测传输的用户数据是否按照开发者的设计进行保密性保护。

记录测试结果并对该结果是否完全符合上述测试评价方法要求作出判断。

5.6.1.3.7.3 客体安全重用

——测试评价内容：

见 4.5.1.3.7 c) 的内容。

——对开发者的要求：

开发者应提供文档，说明对安全支撑系统进行动态资源管理过程中，如何保证客体资源(包括子集信息、完全信息和特殊信息)中的剩余信息不应引起信息的泄漏。

——测试评价方法：

a) 检测系统对安全支撑系统安全控制范围之内的某个子集的客体资源，在将其释放后再分配给某一用户或代表该用户运行的进程时，是否会清除该客体中的原有信息；

b) 检测系统对安全支撑系统安全控制范围之内的所有客体资源，在将其释放后再分配给某一用户或代表该用户运行的进程时，是否会清除该客体中的原有信息；

c) 在完全信息保护的基础上，对于某些需要特别保护的信息，检测系统是否能够采用专门的方法对客体资源中的残留信息做彻底清除。

记录测试结果并对该结果是否完全符合上述测试评价方法要求作出判断。

5.6.1.3.8 数据完整性保护

5.6.1.3.8.1 存储数据的完整性

——测试评价内容：

见 4.5.1.3.8 a) 的内容。

——对开发者的要求：

开发者应提供文档，说明系统对基于用户属性的所有客体，如何对存储在 SSC 内的用户数据进行完整性检测，并且当检测到完整性错误时，系统采取何种必要的恢复措施。

——测试评价方法：

a) 使用各种方法和工具，对安全支撑系统内部存储的数据，进行修改，检测系统能否检测出完整性错误；

b) 检测系统能否采取恢复措施，使数据恢复到修改前的状态。

记录测试结果并对该结果是否完全符合上述测试评价方法要求作出判断。

5.6.1.3.8.2 传输数据的完整性

——测试评价内容：

见 4.5.1.3.8 b) 的内容。

——对开发者的要求：

开发者应提供文档，说明在 SSF 和其他可信信息系统间传输用户数据时，提供了哪些数据完整性检测的功能；并说明接收者如何恢复被破坏的数据为原始的用户数据。

——测试评价方法：

a) 使用各种方法和工具，对在 SSF 和其他可信信息系统间传输的用户数据，进行篡改、删除、插入等操作，检测系统能否检测出完整性错误；

b) 接收者尝试对被破坏的数据进行恢复，检测是否能够恢复为原始的用户数据。

记录测试结果并对该结果是否完全符合上述测试评价方法要求作出判断。

5.6.1.3.8.3 处理数据的完整性

——测试评价内容：

见 4.5.1.3.8 c) 的内容。

——对开发者的要求：

开发者应提供文档，说明对终端计算机中处理中的数据采用何种方式保证处理数据的完整性。

——测试评价方法：

a) 根据开发者提供的文档，定制相关的 SSF 访问控制策略；

b) 选定一个终端计算机中处理中的数据为测试数据，对其进行一系列操作，检测系统能否对所进行的操作序列进行回退，并恢复数据为操作前的状态。

记录测试结果并对该结果是否完全符合上述测试评价方法要求作出判断。

5.6.1.3.9 安全审计

——测试评价内容：

见 4.5.1.3.9 的内容。

——对开发者的要求：

开发者应提供文档，说明安全支撑系统中生成、维护及保护审计数据过程，以及具备哪些保护措施。

——测试评价方法：

a) 查看系统的审计记录信息，检测是否有密码支持、系统身份标识与鉴别、数据保密性保护、用户数据完整性保护、信任服务等安全功能相关操作的审计记录；

b) 检测审计功能是否支持审计日志；

c) 当有安全侵害事件时，检测系统能否将审计数据记入审计日志；

d) 当有安全侵害事件时，检测系统能否生成实时报警信息；

e) 当有安全侵害事件时，检测系统能否将违例进程终止，违例进程可以包括但不限于服务进程、驱动、用户进程；

f) 当有安全侵害事件时，检测系统能否将当前的用户账号断开，并使其失效；

g) 对于内置于终端计算机的可信密码模块，检测能否审计内部命令运行情况、维护事件、用户密钥的创建、使用与删除事件或其他专门的可审计事件，并查看审计记录；检测是否提供给上层应用软件查询审计情况的接口；检测能否存储审计记录；

h) 检测审计记录是否包括：事件的日期和时间、用户、事件类型、事件类别及其他与审计相关的信息；

i) 检测审计功能是否支持潜在侵害分析；检测系统能否用一系列规则去监控审计事件，并根据这些规则指出系统的潜在侵害；

j) 检测系统能否确立用户或进程的质疑度（或信誉度）；当用户或进程的质疑等级超过门限条件时，检测系统能否发现并指出将要发生对安全性的威胁；

k) 检测系统是否提供系统行为记录与侵害的签名事件匹配的功能，检测系统能否通过对一个或多个事件的对比分析或综合分析，预测攻击出现的时间或方式；

l) 检测审计功能是否为授权用户提供基本审计查阅；检测系统是否提供审计查阅工具对审计数据进行搜索、分类、排序；以未授权用户身份，尝试查阅审计信息，检测系统是否拒绝未授权访问；

m) 检测审计功能是否支持根据客体身份、用户身份、主体身份、主机身份、事件类型等属性进行审计事件选择；

n) 在意外情况出现时，检测审计功能是否能检测或防止对审计记录的修改，以及在发生审计存储已满、存储失败或存储受到攻击以及意外情况出现时，检测审计功能是否能够采取相应的保护措施，确保有实效性的审计记录不被破坏；

o) 根据开发者提供的文档，检测审计数据是否受到安全保护，尝试以未授权用户进行访问、修改和破坏审计信息，检测系统能否拒绝未授权访问；

p) 检测系统能否创建并维护一个对受保护客体访问的审计跟踪，保护审计记录不被未授权的访问、修改和破坏。

记录测试结果并对该结果是否完全符合上述测试评价方法要求作出判断。

5.6.1.3.10 备份与故障恢复

——测试评价内容：

见4.5.1.3.10的内容。

——对开发者的要求：

开发者应提供文档，说明对用户数据和系统，如何在备份、存储和恢复过程中进行安全保护，以及具备哪些备份保护措施。

——测试评价方法：

a) 以用户身份有选择地备份重要数据的功能，对数据进行修改，然后进行恢复，检测能否有效恢复；
b) 对系统的运行现场进行定期备份，对系统数据进行修改，然后进行恢复，检测能否有效恢复；
c) 根据开发者提供的文档，检测数据在备份、存储和恢复过程中是否具有安全保护措施，是否设置不被用户操作系统管理的系统来实现系统数据的备份与恢复功能，用户操作系统是否不可访问系统备份数据。

记录测试结果并对该结果是否完全符合上述测试评价方法要求作出判断。

5.6.1.3.11 I/O接口配置

——测试评价内容：

见4.5.1.3.11的内容。

——测试评价方法：

a) 以授权用户身份，在BIOS和操作系统中，分别启用串口、并口、USB、网卡、硬盘，检测能否正常使用；
b) 以授权用户身份，在BIOS和操作系统中，分别禁用串口、并口、USB、网卡、硬盘，检测能否使用；
c) 检测系统能否接受所接入网络的接口进行集中配置管理，尝试以未授权用户进行配置管理，检测系统能否拒绝未授权访问；
d) 检测系统能否根据网络环境安全状况，基于安全策略，自动配置接口状态，以确保系统自身安全。

记录测试结果并对该结果是否完全符合上述测试评价方法要求作出判断。

5.6.1.3.12 可信时间戳

——测试评价内容：

见4.5.1.3.12的内容。

——对开发者的要求：

开发者应提供文档，说明系统如何提供可信的时间戳。

——测试评价方法：

a) 根据开发者提供的文档，检测系统是否提供可靠的时钟和时钟同步系统。

记录测试结果并对该结果是否完全符合上述测试评价方法要求作出判断。

5.6.2 SSOTC自身安全保护

5.6.2.1 安全支撑系统的自身安全保护

——测试评价内容：

见 4.5.2.1 的内容。

——对开发者的要求：

开发者应提供文档，说明可信存储根是否设置在可信密码模块内，所采用的可信密码模块是否由国家主管机构研制，并提供该机构相应的资质证书；说明可信报告根是否设置在可信密码模块内，可信报告根所对应的公钥证书由哪家机构发行和管理，并提供该机构相应的资质证书；说明可信度量根是否设置在固件模块内，该模块的物理位置，以及计算机的启动过程，是否包含了该模块；说明动态可信度量根是否设置在自主虚拟机监控器内，以及对动态可信度量根采取了哪些保护措施；提供物理结构图，包括键盘输入信号路径，可信密码模块、物理开关位置等详细信息；说明采取何种方式对安全支撑系统的使用用户进行鉴别。

——测试评价方法：

a) 按照开发者提供的文档，检测可信存储根和可信报告根是否设置在可信密码模块内；
b) 按照开发者提供的文档和相关证书，检测所使用的密码模块是否通过国家主管机构测评认证；
c) 按照开发者提供的文档，并查看可信报告根的公钥证书及其发行机构相关证书，检验是否由国家专门权威机构发行和管理；
d) 查验文档是否符合要求，通过加载/卸载可信度量根，和其所在的固件模块，检验终端计算机启动是否依赖该固件和可信度量根；
e) 按照开发者提供的文档，检测是否对可信度量根采取物理保护措施，并且检测保护措施的有效性；
f) 按照开发者提供的文档，检测动态可信度量根是否设置在自主虚拟机监控器内；
g) 按照开发者提供的文档，检测是否对动态可信度量根采取物理保护措施，并且检测保护措施的有效性；
h) 查验开发者提供的物理结构图，检查是否有物理路径支持键盘输入与可信密码模块的直接通信，是否具有物理开关控制；
i) 打开机箱检验物理线路是否与图纸一致，分别打开、关闭控制开关，检验其是否有效；
j) 尝试以授权用户和非授权用户去使用可信密码模块，检验是否需要进行身份鉴别。

记录测试结果并对该结果是否完全符合上述测试评价方法要求作出判断。

5.6.2.2 操作系统的自身安全保护

——测试评价内容：

见 4.5.2.2 的内容。

——对开发者的要求：

开发者应提供第三方权威机构对该操作系统的检测报告，或者提供文档对 GB/T 20272—2006 中 4.5.2 的各个项目进行说明。

——测试评价方法：

a) 如果提供了第三方权威机构对该操作系统的检测报告，则查验报告，查看报告中对应项目检测结果是否符合；
b) 如果未能提供第三方权威机构对该操作系统的检测报告，则按照 GB/T 20272—2006 中4.5.2 的要求对操作系统的相关项目进行检测。

记录测试结果并对该结果是否完全符合上述测试评价方法要求作出判断。

5.6.3 SSOTC 设计和实现

5.6.3.1 配置管理

5.6.3.1.1 配置管理能力

——测试评价内容：

应按 GB/T 20271—2006 中 6.5.5.1 a）的要求，实现终端计算机第五级的配置管理能力设计。

——测试评价方法：

评估者应审查开发者所提供的信息是否满足如下要求：

a） 开发者所使用的版本号与所应表示的终端计算机样本应完全对应，没有歧义；

b） 配置管理系统应对所有的配置项作出唯一的标识；

c） 配置管理计划中，应描述配置管理系统是如何使用的。实施的配置管理应与配置管理计划相一致；

d） 配置管理文档应提供所有的配置项得到有效地维护的证据；

e） 配置管理系统应确保对配置项只进行授权修改；

f） 配置管理系统应支持终端计算机的生成；

g） 验收计划应描述用来验收修改过的或新建的配置项的过程，将其作为终端计算机的一部分，并确认对配置项的任何生成和修改都是由授权者进行的；

h） 配置管理文档除应包括配置清单、配置管理计划外，还应包括一个验收计划和集成过程，集成过程应描述在终端计算机制作过程中如何使用配置管理系统；

i） 配置管理系统应要求将一个配置项接收到配置管理中的不是该配置项的开发者；

j） 配置管理系统应明确标识组成终端计算机安全功能的配置项；

k） 配置管理系统应支持所有对终端计算机修改的审计，至少应包括操纵者、日期、时间等信息；

l） 配置管理系统应有能力标明用于生成终端计算机主拷贝的所有材料；

m） 配置管理文档应阐明配置管理系统与开发安全方法相联系的使用，并只允许对终端计算机作授权的修改；

n） 配置管理文档应阐明集成过程的使用能够确保终端计算机的生成是以授权的方式正确进行的；

o） 配置管理文档应阐明配置管理系统足以确保负责将某配置项接收到配置管理中的不是该配置项的开发者；

p） 配置管理文档应能证明接收过程对所有配置项的修改都提供了充分而适当的复查。

记录审查结果并对该结果是否完全符合上述测试评价方法要求作出判断。

5.6.3.1.2 配置管理自动化

——测试评价内容：

应按 GB/T 20271—2006 中 6.5.5.1 b）的要求，实现终端计算机第五级的配置管理自动化设计。

——测试评价方法：

评估者应审查开发者所提供的信息是否满足如下要求：

a） 配置管理系统应通过自动方式来确保终端计算机的实现表示只能进行已授权的变化，并能提供自动方式来支持终端计算机的生成；

b） 配置管理计划应描述配置管理系统中所使用的自动工具，并说明如何使用这些工具；

c） 配置管理系统应能自动确定终端计算机版本间的变化，并标识出哪个配置项会因其余配置项的修改而受到影响。

记录审查结果并对该结果是否完全符合上述测试评价方法要求作出判断。

5.6.3.1.3 配置管理范围

——测试评价内容：

应按GB/T 20271—2006中6.5.5.1 c) d) 的要求，实现终端计算机第五级的配置管理范围设计。

——测试评价方法：

a) 终端计算机配置管理范围，要求将终端计算机的实现表示、设计文档、测试文档、用户文档、安全管理员文档、配置管理文档等置于配置管理之下，从而确保它们的修改是在一个正确授权的可控方式下进行的。为此要求：
    1) 开发者所提供的配置管理文档应展示配置管理系统至少能跟踪上述配置管理之下的内容；
    2) 文档应描述配置管理系统是如何跟踪这些配置项的；
    3) 文档还应提供足够的信息表明达到所有要求；
b) 配置管理系统应对安全缺陷进行跟踪；
c) 配置管理系统应对开发工具和相关信息进行跟踪。

记录审查结果并对该结果是否完全符合上述测试评价方法要求作出判断。

5.6.3.2 分发和操作

5.6.3.2.1 分发

——测试评价内容：

应按GB/T 20271—2006中6.5.5.2 a) 的要求，实现终端计算机第五级的分发。

——测试评价方法：

a) 评估者应审查开发者是否按分发过程的要求，编制分发文档；
b) 评估者应审查分发文档，是否描述给用户分发终端计算机时，用以维护安全所必须的所有过程；
c) 评估者应审查是否按该过程进行分发；
d) 评估者应审查分发文档，是否描述检测修改的方法和技术，是否描述开发者的主拷贝与用户收到的版本之间的差异；
e) 评估者应审查分发文档，是否描述用来检测试图伪装成开发者向用户发送产品的方法；
f) 评估者应审查分发文档，是否在修改检测的基础上，还描述了如何防止修改的方法和技术。

记录审查结果并对该结果是否完全符合上述测试评价方法要求作出判断。

5.6.3.2.2 操作

——测试评价内容：

应按GB/T 20271—2006中6.5.5.2 b) 的要求，实现终端计算机第五级的操作。

——测试评价方法：

a) 评估者应审查操作文档，是否说明了终端计算机在开发者所期望的安全方式下进行安装、生成和启动的过程。用户能够通过此文档了解安装、生成和启动过程；
b) 评估者应审查操作文档，是否说明了将处于配置控制下的终端计算机的实现安全地转换为用户环境下的初始操作，并最终生成了安全的配置。用户能够通过此文档了解安装、生成、启动完成后，终端计算机在用户环境下生成的相应的安全配置情况；
c) 评估者应审查操作文档，是否说明了日志生成的要求(包括日志生成选项、生成时间及生成方法等)和过程。用户能够通过此文档进行建立日志的过程。

记录审查结果并对该结果是否完全符合上述测试评价方法要求作出判断。

5.6.3.3 开发

5.6.3.3.1 功能设计

——测试评价内容：

应按 GB/T 20271—2006 中 6.5.5.3 a) 的要求，实现终端计算机第五级的功能设计。

——测试评价方法：

评估者应审查开发者所提供的信息是否满足如下要求：

a) 功能设计应当使用形式化风格来描述终端计算机安全功能与其外部接口，必要时由非形式化、解释性的文字来支持；

b) 功能设计应当是内在一致的；

c) 功能设计应当描述使用所有外部终端计算机安全功能接口的目的与方法，适当的时候，要提供结果影响例外情况和错误信息的细节；

d) 开发者应完备地表示终端计算机安全功能的基本原理。

记录审查结果并对该结果是否完全符合上述测试评价方法要求作出判断。

5.6.3.3.2 安全策略模型

——测试评价内容：

应按 GB/T20271—2006 中 6.5.5.3 b) 的要求，实现终端计算机第五级的安全策略模型设计。

——测试评价方法：

评估者应审查开发者所提供的文档中，安全策略模型的相关内容，是否满足如下要求：

a) SSP 模型应是形式化的，并描述所有可以模型化的 SSP 策略的规则与特征；

b) SSP 模型应包括一个基本原理，阐明该模型与所有可模型化的 SSP 策略是一致的、完备的；

c) SSP 模型和功能设计之间的对应性阐明应说明功能设计中的安全功能与 SSP 模型是一致的、完备的。

记录审查结果并对该结果是否完全符合上述测试评价方法要求作出判断。

5.6.3.3.3 高层设计

——测试评价内容：

应按 GB/T 20271—2006 中 6.5.5.3 c) 的要求，实现终端计算机第五级的高层设计。

——测试评价方法：

评估者应审查开发者所提供的高层设计文档是否满足如下要求：

a) 以子系统的观点、以半形式化的方法来一致性地描述终端计算机的体系结构；

b) 描述每一个子系统所提供的安全功能及其相互关系；

c) 标识安全功能要求的任何基础性的硬件、固件和/或软件，并且通过这些硬件、固件和/或软件所实现的保护机制，来提供安全功能功能；

d) 标识安全功能子系统的所有接口，并标明安全功能子系统的哪些接口是外部可见的；

e) 高层设计文档应当描述安全功能子系统所有接口的使用目的与方法，并提供例外情况和错误信息的细节；

f) 高层设计文档应当描述如何将终端计算机分离成安全策略加强单元和其他子系统；

g) 高层设计文档应当描述所提供的 SSP 模型是否是形式化的。

记录审查结果并对该结果是否完全符合上述测试评价方法要求作出判断。

5.6.3.3.4 低层设计

——测试评价内容：

应按 GB/T 20271—2006 中 6.5.5.3 d）的要求，实现终端计算机第五级的低层设计。

——测试评价方法：

评估者应审查开发者所提供的低层设计文档是否满足如下要求：

a） 低层设计的表示应是形式化的，内在一致的，并以模块术语描述，必要时提供所有结果的完备细节、例外情况和错误信息；

b） 描述每一个模块的目的；

c） 以所提供的安全功能和对其他模块的依赖性术语定义模块间的相互关系；

d） 描述如何提供每一个安全策略功能的实施；

e） 标识终端计算机安全功能模块的所有接口，标识终端计算机安全功能模块的哪些接口是外部可见的，以及描述终端计算机安全功能模块所有接口的目的与方法，必要时，应提供影响、例外情况和错误信息的细节；

f） 描述如何将终端计算机分离成安全策略实施模块和其他模块。

记录审查结果并对该结果是否完全符合上述测试评价方法要求作出判断。

5.6.3.3.5 内部结构设计

——测试评价内容：

应按 GB/T 20271—2006 中 6.5.5.3 e）的要求，实现终端计算机第五级的内部结构设计。

——测试评价方法：

评估者应审查开发者所提供的信息是否满足如下要求：

a） 应以模块化方法设计和构建终端计算机安全功能，并避免设计模块之间出现不必要的交互；

b） 标识终端计算机安全功能模块，并应描述每一个终端计算机安全功能模块的目的、接口、参数和影响；

c） 描述终端计算机安全功能设计是如何使独立的模块间避免不必要的交互作用；

d） 在设计和构建安全功能时，应使安全功能局部的复杂度最小化，以加强访问控制策略；

e） 标识安全功能模块，并应指明安全功能的哪些部分是加强安全策略的；

f） 描述分层结构，并说明如何使交互作用最小化；

g） 描述加安全策略的安全功能部分是如何被构建的，从而使其复杂性降低；

h） 描述在设计和构建 SSF 时，如何保证实施任何安全策略的 SSF 部分简单且易分析；

i） 描述那些与 SSF 无关的功能是否已从 SSF 中排斥出去。

记录审查结果并对该结果是否完全符合上述测试评价方法要求作出判断。

5.6.3.3.6 实现表示

——测试评价内容：

应按 GB/T 20271—2006 中 6.5.5.3 f）的要求，实现终端计算机第五级的实现表示设计。

——测试评价方法：

评估者应审查开发者所提供的信息是否满足如下要求：

a） 应无歧义地为全部终端计算机安全功能，定义一个详细级别的终端计算机安全功能实现表示，并且实现表示应当是内在一致的；

b） 所定义的实现表示应是结构精简的，且易于理解。

记录审查结果并对该结果是否完全符合上述测试评价方法要求作出判断。

5.6.3.3.7 对应性设计

——测试评价内容：

应按 GB/T 20271—2006 中 6.5.5.3 g）的要求，实现终端计算机第五级的对应性设计。

——测试评价方法：

评估者应审查开发者所提供的文档信息中，对应性设计的相关内容，是否满足如下要求：

a） 应在所提供的终端计算机安全功能表示的所有相邻对之间提供其对应性分析，对每个相邻对，应当阐明较为抽象的终端计算机安全功能表示的所有相关安全功能在较不抽象的终端计算机安全功能表示中得到正确而完备地细化；

b） 对那些形式化规定的表示的相应部分，应给出其对应性证明；

c） 对所提供的 SSF 表示的每个相邻对，当其中一个表示是半形式化规定，而另一个表示至少是半形式化规定时，应当阐明表示部分之间的对应性说明是否也是半形式化的；

d） 对于所提供的 SSF 表示的每个相邻对，如果两者的各部分都是形式化规定的，应当阐明表示部分之间的对应性的说明是否也是形式化的。

记录审查结果并对该结果是否完全符合上述测试评价方法要求作出判断。

5.6.3.4 文档要求

5.6.3.4.1 管理员指南

——测试评价内容：

应按 GB/T 20271—2006 中 6.5.5.4 的要求，实现终端计算机第五级的管理员指南。

——测试评价方法：

评估者应审查开发者是否提供了供系统管理员使用的管理员指南，并且此管理员指南是否包括如下内容：

a） 终端计算机可以使用的管理功能和接口；

b） 怎样安全地管理终端计算机；

c） 在安全处理环境中应进行控制的功能和权限；

d） 所有对与终端计算机的安全操作有关的用户行为的假设；

e） 所有受管理员控制的安全参数，如果可能，应指明安全值；

f） 每一种与管理功能有关的安全相关事件，包括对安全功能所控制的实体的安全特性进行的改变；

g） 所有与系统管理员有关的 IT 环境的安全要求。

记录审查结果并对该结果是否完全符合上述测试评价方法要求作出判断。

5.6.3.4.2 用户指南

——测试评价内容：

应按 GB/T 20271—2006 中 6.5.5.4 的要求，实现终端计算机第五级的用户指南。

——测试评价方法：

评估者应审查开发者是否提供了供系统用户使用的用户指南，并且此用户指南是否包括如下内容：

a） 终端计算机的非管理用户可使用的安全功能和接口；

b） 终端计算机提供给用户的安全功能和接口的用法；

c） 用户可获取但应受安全处理环境控制的所有功能和权限；

d） 终端计算机安全操作中用户所应承担的职责；

e） 与用户有关的IT环境的所有安全要求。

记录审查结果并对该结果是否完全符合上述测试评价方法要求作出判断。

5.6.3.5 生存周期支持

5.6.3.5.1 开发安全

——测试评价内容：

应按GB/T 20271—2006中6.5.5.5 a）的要求，实现终端计算机第五级的开发安全。

——测试评价方法：

评估者应审查开发者所提供的信息是否满足如下要求：

a） 开发人员的安全管理：开发人员的安全规章制度，开发人员的安全教育培训制度和记录；

b） 开发环境的安全管理：开发地点的出入口控制制度和记录，开发环境的温室度要求和记录，开发环境的防火防盗措施和国家有关部门的许可文件，开发环境中所使用安全产品必须采用符合国家有关规定的产品并提供相应证明材料；

c） 开发设备的安全管理：开发设备的安全管理制度，包括开发主机使用管理和记录，设备的购置、修理、处置的制度和记录，上网管理，计算机病毒管理和记录等；

d） 开发过程和成果的安全管理：对产品代码、文档、样机进行受控管理的制度和记录，若代码和文档进行加密保护必须采用符合国家有关规定的产品并提供相应证明材料；

e） 开发安全文件中所提供的安全措施的证据应能证明安全措施对维护终端计算机的安全性提供了必要的保护。

记录审查结果并对该结果是否完全符合上述测试评价方法要求作出判断。

5.6.3.5.2 缺陷纠正

——测试评价内容：

应按GB/T 20271—2006中6.5.5.5 b）的要求，实现终端计算机第五级的缺陷纠正。

——测试评价方法：

评估者应审查开发者所提供的生存周期定义文档中是否完全符合以下要求：

a） 描述用以跟踪所有终端计算机版本里已被报告的安全缺陷的过程；

b） 描述所提供的每个安全缺陷的性质和效果，以及缺陷纠正的情况；

c） 标识每个安全缺陷所采取的纠正措施；

d） 描述为终端计算机用户的纠正行为所提供的信息，纠正和指导的方法；

e） 提供缺陷报告。缺陷报告应：

  1） 记录缺陷纠正的过程，并制定用户接受安全缺陷报告和纠正这些缺陷的要求的措施；

  2） 描述用以跟踪所有SSOTC版本里已报告的安全缺陷的过程；

  3） 确保已报告的安全缺陷处理过程的所有已知缺陷都已被纠正，并将纠正办法告知用户；

  4） 确保已报告的安全缺陷处理过程所提供的防范机制为纠正这些安全缺陷所引进的纠正方法不会带来新的缺陷；

f） 应为用户有关终端计算机的安全问题的报告和查询指明一个或多个特别联系点，负责及时将安全缺陷报告及其相应的纠正方法自动分发给可能受到这种安全缺陷影响的注册用户。

记录审查结果并对该结果是否完全符合上述测试评价方法要求作出判断。

5.6.3.5.3 生存周期定义

——测试评价内容：

应按 GB/T 20271—2006 中 6.5.5.5 c）的要求，实现终端计算机第五级的生存周期定义。

——测试评价方法：

评估者应审查开发者所提供的生存周期定义文档中是否完全符合以下要求：

a） 开发者应建立标准化的、可测量的、用于开发和维护终端计算机的生存周期模型；

b） 可测量的生存周期模型应带有算术参数和/或测量终端计算机开发特性的度量（例如源码复杂性度量）；

c） 该模型应对终端计算机开发和维护提供必要的控制；

d） 开发者所提供的生存周期定义文档应描述用于开发和维护终端计算机的模型，解释选择该模型的原因，解释如何用该模型来开发和维护终端计算机，阐明与标准化的可测量的生存周期模型的相符性，以及提供利用标准化的可测量的生存周期模型来进行终端计算机开发的测量结果。

记录审查结果并对该结果是否完全符合上述测试评价方法要求作出判断。

5.6.3.5.4 工具和技术

——测试评价内容：

应按 GB/T 20271—2006 中 6.5.5.5 d）的要求，确定终端计算机第五级的工具和技术。

——测试评价方法：

评估者应审查开发者所提供的信息是否满足如下要求：

a） 开发者应标识用于开发终端计算机的工具，并且所有用于实现的开发工具都应有明确定义。开发者应文档化已选择的依赖实现的开发工具的选项，开发工具文档应明确定义实现中每个语句的含义，以及明确定义所有基于实现的选项的含义；

b） 开发者应对终端计算机所有部分的实现标准进行描述。

记录审查结果并对该结果是否完全符合上述测试评价方法要求作出判断。

5.6.3.6 测试

5.6.3.6.1 测试范围

——测试评价内容：

应按 GB/T 20271—2006 中 6.5.5.6 a）的要求，确定终端计算机第五级的测试范围。

——测试评价方法：

a） 评估者应审查开发者提供的测试覆盖分析结果，是否表明了测试文档中所标识的测试与安全功能设计中所描述的安全功能是对应的；

b） 评价测试文档中已标识的测试是否包括了安全功能设计描述中所有安全功能的测试，是否都经过了完整性测试；

c） 评估者应审查测试文档，是否覆盖了在功能设计描述中的所有安全功能；

d） 开发者所提供的范围分析应表明测试文档所标识的测试与功能设计所描述的安全功能之间的对应性；

e） 测试范围的分析应阐明功能设计所描述的安全功能和测试文档所标识的测试之间的对应性是完备的；

f） 测试范围的分析应严格地阐明功能设计所标识的安全功能的所有外部接口已经被完备测试过了。

记录审查结果并对该结果是否完全符合上述测试评价方法要求作出判断。

5.6.3.6.2 测试深度

——测试评价内容：

应按 GB/T 20271—2006 中 6.5.5.6 b）的要求，确定终端计算机第五级的测试深度。

——测试评价方法：

a） 评价开发者提供的测试深度分析，是否说明了测试文档中所标识的对安全功能的测试，足以表明该安全功能与高层设计和低层设计是一致的；

b） 开发者所提供的测试深度分析应阐明测试文档中所标识的测试足以表明该安全功能是根据高层设计、低层设计和实现表示而运作的。

记录测试结果并对该结果是否完全符合上述测试评价方法要求作出判断。

5.6.3.6.3 功能测试

——测试评价内容：

应按 GB/T 20271—2006 中 6.5.5.6 c）的要求，实现终端计算机第五级的功能测试。

——测试评价方法：

a） 评价开发者提供的测试文档，是否包含测试计划、测试规程、预期的测试结果和实际测试结果；

b） 评价测试计划是否标识了要测试的安全功能，是否描述了测试的目标；

c） 评价测试规程是否标识了要执行的测试，是否描述了每个安全功能的测试概况（这些概况包括对其他测试结果的顺序依赖性）；

d） 评价期望的测试结果是否表明测试成功后的预期输出；

e） 评价实际测试结果是否表明每个被测试的安全功能能按照规定进行运作；

f） 评价测试文档是否包含测试过程中对顺序依赖性的分析。

记录测试结果并对该结果是否完全符合上述测试评价方法要求作出判断。

5.6.3.6.4 独立性测试

——测试评价内容：

应按 GB/T 20271—2006 中 6.5.5.6 d）的要求，实现终端计算机第五级的独立性测试。

——测试评价方法：

a） 开发者提供的测试文档，应表明安全功能是按规定运作的；

b） 开发者应提供与测试相适应的终端计算机；

c） 通过重复所有开发者的测试，检查测试文档的正确性和完备性。

记录审查结果并对该结果是否完全符合上述测试评价方法要求作出判断。

5.6.3.7 脆弱性评定

5.6.3.7.1 隐蔽信道分析

——测试评价内容：

应按 GB/T 20271—2006 中 6.5.5.7 a）的要求，实现网络第五级的隐蔽信道分析设计。

评估者应审查开发者提供的文档中，隐蔽信道分析的相关内容，是否满足了以下要求：

a） 描述如何通过对隐蔽存储信道的严格搜索，以结构化、可重复的方式标识出隐蔽信道，并估算它们的带宽；

b） 描述用于确定隐蔽信道存在的过程，以及进行隐蔽信道分析所需要的信息；

c） 描述隐蔽信道分析期间所作的全部假设；

d) 描述最坏情况下对隐蔽信道带宽进行估算的方法；

e) 描述每个可标识的隐蔽信道的最大可利用情形；

f) 描述用封锁和/或限制带宽和/或审计等，对所标识的隐蔽信道进行处理的措施。

记录审查结果并对该结果是否完全符合上述测试评价方法要求作出判断。

5.6.3.7.2 防止误用

——测试评价内容：

应按 GB/T 20271—2006 中 6.5.5.7 b) 的要求，实现网络第五级的防止误用设计。

——测试评价方法：

评估者应审查开发者提供的文档，是否满足了以下要求：

a) 评价指南性文档，是否确定了对终端计算机的所有可能的操作方式(包括失败和操作失误后的操作)，是否确定了它们的后果，以及是否确定了对于保持安全操作的意义；

b) 评价指南性文档，是否列出了所有目标环境的假设以及所有外部安全措施(包括外部程序的、物理的或人员的控制)的要求；

c) 评价指南性文档是否完整、清晰、一致、合理；

d) 评价开发者提供的分析文档，是否阐明指南性文档是完整的；

e) 评估者应进行独立验证，以确定安全管理员或用户在正确理解文档的情况下能基本判断 SSOTC 是否在不安全状态下配置或运行。

记录审查结果并对该结果是否完全符合上述测试评价方法要求作出判断。

5.6.3.7.3 安全功能强度评估

——测试评价内容：

应按 GB/T 20271—2006 中 6.5.5.7 c) 的要求，实现网络第五级的安全功能强度评估设计。

——测试评价方法：

评估者应审查开发者提供的文档，是否满足了以下要求：

a) 通过对安全机制的安全行为的合格性或统计结果的分析，以及对克服脆弱性所付出努力的分析，得到终端计算机安全功能强度的说明；

b) 对安全目标中标识的每个具有安全功能强度声明的安全机制，进行安全功能强度的分析，证明该机制达到或超过安全目标要求所定义的最低强度，并证明该机制达到或超过安全目标要求所定义的特定功能强度。

记录测试结果并对该结果是否完全符合上述测试评价方法要求作出判断。

5.6.3.7.4 脆弱性分析

——测试评价内容：

应按 GB/T 20271—2006 中 6.5.5.7 d) 的要求，实现网络第五级的脆弱性分析设计。

——测试评价方法：

a) 评价开发者提供的脆弱性分析文档，是否从用户可能破坏安全策略的明显途径出发，对终端计算机的各种功能进行了分析；

b) 对被确定的脆弱性，评价开发者是否明确记录了采取的措施；

c) 对每一条脆弱性，评价是否有证据显示在使用终端计算机的环境中该脆弱性不能被利用；

d) 评价所提供的文档，是否表明经过标识脆弱性的终端计算机可以抵御明显的穿透性攻击；

e) 实施独立的穿透性测试，检测终端计算机能否抵御低攻击能力攻击者发起的攻击；

f) 评价开发者提供的分析文档，是否完备地表述了 SSOTC 的脆弱性，并确定终端计算机能否抵御高攻击能力攻击者发起的对 SSOTC 的穿透性攻击。

记录测试结果并对该结果是否完全符合上述测试评价方法要求作出判断。

参 考 文 献

［1］ GB/T 22239—2008 信息安全技术 信息系统安全等级保护基本要求

［2］ GB/T 21028—2007 信息安全技术 服务器安全技术要求

［3］ GB/T 20281—2006 信息安全技术 防火墙技术要求和测试评价方法

［4］ GB/T 20275—2006 信息安全技术 入侵检测系统技术要求和测试评价方法

［5］ 可信计算密码支撑平台功能与接口规范.国家密码管理局 2007年12月颁布

［6］ GB/T 18336.1—2008 信息技术 安全技术 信息技术安全性评估准则 第1部分:简介和一般模型

［7］ GB/T 18336.2—2008 信息技术 安全技术 信息技术安全性评估准则 第2部分:安全功能要求

［8］ GB/T 18336.3—2008 信息技术 安全技术 信息技术安全性评估准则 第3部分:安全保证要求

［9］ Trusted Computing Group TPM Main Specification Version 1.2:Part 1 Design Principles, May 2004

ICS 35.040
L 80

中华人民共和国国家标准

GB/T 29241—2012

信息安全技术 公钥基础设施 PKI互操作性评估准则

Information security technology—Public key infrastructure—PKI interoperability evaluation criteria

2012-12-31 发布

2013-06-01 实施

中华人民共和国国家质量监督检验检疫总局
中国国家标准化管理委员会 发布

前　言

本标准按照 GB/T 1.1—2009 规则起草。

本标准由全国信息安全标准化技术委员会(SAC/TC 260)提出并归口。

本标准起草单位:中国科学院数据与通信保护研究教育中心、赞嘉电子科技(北京)有限公司。

本标准主要起草人:荆继武、马存庆、林璟锵、查达仁、吴晶晶、张帆、王平建。

引　言

PKI系统作为普适性的安全基础设施，同时为各种不同的应用提供安全服务。通过PKI提供的安全服务信息，PKI应用可以获得真实性、保密性、完整性、非否认等安全服务。

由于PKI系统的设计建设和运行维护所依据的标准和规范具有较大的灵活性和可选自由度，应用从PKI系统获得的服务数据也就具有一定的不确定性。证书私有扩展大量使用和证书策略意义不明确、撤销状态信息不全面等问题，都会影响安全服务的使用，甚至导致应用无法获得安全服务。上述问题，对于跨域的PKI事务尤为突出。由于跨域的PKI应用和PKI系统通常由不同的厂商或设计开发人员实现，双方对于各种服务数据的理解和使用不一致更加明显，导致二者之间难以互操作，难以获取安全服务。

当PKI系统进行互联互通时，就必须考虑PKI系统为跨域PKI应用提供安全服务信息的水平，也就是PKI系统与PKI应用之间的互操作问题。为更多的跨域应用提供全面的安全服务信息，是PKI系统进行互操作能力优化和改进的目标。如果PKI系统仅限于为特定的少数PKI应用提供服务，那么该PKI系统则难以在互联互通中发挥效用。作为一种安全基础设施，PKI系统应该面向各种应用，采取有效的办法提高互操作能力，为网络通信做好全面的安全基础。另一方面，用户会希望自己的PKI应用能够与更多的PKI系统互操作，有能力从不同的电子认证服务机构获得安全服务。

本标准考虑了PKI安全服务相关的各种信息及其性能。PKI系统提供安全服务的方式是生成各种证书的相关信息，包括：证书、证书撤销状态信息、证书策略和认证业务声明等。PKI应用就是利用上述信息获得安全服务。安全服务信息的格式是否正确设置、内容是否明确表达、功能体现是否完善、操作过程是否按标准化执行、信息来源是否可靠等问题，都会影响安全服务的提供。

本标准分别从PKI系统和PKI应用2个方面，提出了分等级的互操作性评估准则。高等级的PKI系统，能够为更多的PKI应用提供更全面可靠的安全服务。高等级的PKI应用，能够从更多的PKI系统中获取更全面的安全服务。

本标准通过分等级的互操作评估，为PKI系统和PKI应用都指出了改进的方向，将促进建设和开发具有全面互操作能力的PKI系统和应用，从而为PKI系统的全面互联互通，为最终形成统一的认证体系，奠定坚实的基础。

信息安全技术 公钥基础设施 PKI互操作性评估准则

1 范围

本标准规定了PKI系统和PKI应用的五个互操作能力等级,完成了分等级的PKI互操作性评估准则,为PKI系统和PKI应用提供了互操作能力等级评估的依据。

本标准适用于需要进行跨域互操作的PKI系统和PKI应用,可用于PKI系统和PKI应用的设计、开发、制造、采购、测试、评估、使用等过程。

2 规范性引用文件

下列文件对于本文件的应用是必不可少的。凡是注日期的引用文件,仅注日期的版本适用于本文件。凡是不注日期的引用文件,其最新版本(包括所有的修改单)适用于本文件。

GB/T 16264.8—2005 信息技术 开放系统互连 目录 第8部分:公钥和属性证书框架

GB/T 19713—2005 信息技术 安全技术 公钥基础设施 在线证书状态协议

GB/T 20518—2006 信息安全技术 公钥基础设施 数字证书格式

GM/T 0003—2012 SM2椭圆曲线公钥密码算法

GM/T 0004—2012 SM3密码杂凑算法

RFC 3647 因特网X.509公钥基础设施:证书策略和认证业务框架(Internet X.509 Public Key Infrastructure: Certificate Policy and Certification Practices Framework)

RFC 3709 因特网X.509公钥基础设施:X.509证书中的徽标(Internet X.509 Public Key Infrastructure: Logotypes in X.509 Certificates)

RFC 3779 用于IP地址和AS标识符的X.509证书扩展(X.509 Extensions for IP Addresses and AS Identifiers)

RFC 4059 因特网X.509公钥基础设施:担保信息证书扩展(Internet X.509 Public Key Infrastructure: Warranty Certificate Extension)

RFC 4334 支持点对点协议(PPP)和无线局域网(WLAN)鉴别的证书扩展和属性[Certificate Extensions and Attributes Supporting Authentication in Point-to-Point Protocol (PPP) and Wireless Local Area Networks (WLAN)]

RFC 4387 因特网X.509公钥基础设施操作协议:通过HTTP访问证书存储(Internet X.509 Public Key Infrastructure Operational Protocols: Certificate Store Access via HTTP)

RFC 4523 用于X.509证书的轻量级目录访问协议(LDAP)模式定义(Lightweight Directory Access Protocol(LDAP) Schema Definitions for X.509 Certificates)

RFC 5280 因特网X.509公钥基础设施:证书和证书撤销列表(CRL)概要(Internet X.509 Public Key Infrastructure: Certificate and Certificate Revocation List (CRL) Profile)

3 术语和定义

GB/T 16264.8—2005界定的以及下列术语和定义适用于本文件。

3.1

PKI 系统　PKI system

提供证书的颁发以及相关服务的软硬件设备和人员的总称。

3.2

PKI 应用　PKI application

使用数字证书以及相关信息、获得安全服务的软硬件系统。

3.3

PKI 应用管理者　administrator of PKI application

配置、控制、操作和使用 PKI 应用的人员。

3.4

PKI 互操作性能　PKI interoperability

两个以上(含)PKI 系统或 PKI 应用正确地交互和使用证书以及相关安全信息的性能。

3.5

完全互操作 PKI 系统　fully interoperable PKI system

概念性的 PKI 系统，能够与所有 PKI 应用实现完全的互操作。

3.6

完全互操作 PKI 应用　fully interoperable PKI application

概念性的 PKI 应用，能够与所有 PKI 系统实现完全的互操作。

3.7

PKI 互操作能力等级　PKI interoperability level

特定 PKI 系统与完全 PKI 应用的 PKI 互操作性能的量化结果，或者是特定 PKI 应用与完全 PKI 系统的 PKI 互操作性能的量化结果。

4　缩略语

下列缩略语适用于本文件。

BER	基本编码规则 (Basic Encoding Rules)
CA	证书认证机构 (Certificate Authority)
CP	证书策略 (Certificate Policy)
CPS	认证业务声明 (Certification Practice Statement)
CRL	证书撤销列表 (Certificate Revocation List)
DER	可辨别编码规则 (Distinguished Encoding Rules)
DN	可辨别名称 (Distinguished Name)
F-APP	完全互操作 PKI 应用 (Fully interoperable PKI Application)
F-SYS	完全互操作 PKI 系统 (Fully interoperable PKI System)
HTTP	超文本传输协议 (Hyper Text Transfer Protocol)
IOL	互操作能力等级 (Interoperability Level)
IOL1	互操作能力第一级 (Interoperability Level 1)
IOL2	互操作能力第二级 (Interoperability Level 2)
IOL3	互操作能力第三级 (Interoperability Level 3)
IOL4	互操作能力第四级 (Interoperability Level 4)
IOL5	互操作能力第五级 (Interoperability Level 5)
LDAP	轻量级目录访问协议 (Lightweight Directory Access Protocol)

OCSP　在线证书状态协议(Online Certificate Status Protocol)
OID　对象标识符(Object Identifier)
RDN　相对可辨别名称(Relative Distinguished Name)
TOE　评估对象(Target of Evaluation)
URI　统一资源标识符(Universal Resource Identifier)

5 评估模型

5.1 PKI 互操作性能

PKI 互操作性能是指两个以上(含)PKI 系统或 PKI 应用正确地交互和使用证书以及相关安全信息的性能(在不引起混淆的情况下,本标准将 PKI 互操作性能简称为互操作性)。互操作性同时取决于参加事务过程的 PKI 系统和 PKI 应用:PKI 系统提供的信息不足,或者 PKI 应用所能理解接受的信息不足,都可能导致事务失败、无法获取安全服务。

互操作性具有相对性,与参加事务过程的对象相关。相同的 PKI 系统,与不同的 PKI 应用进行事务时,其互操作性可能完全不一样。同样,相同的 PKI 应用,与不同的 PKI 系统进行事务时,其互操作性也可能完全不一样。

改进 PKI 系统和 PKI 应用,使二者对 PKI 安全服务相关信息的理解趋于一致,能够提高互操作性。但是,由于互操作性的相对性,针对某一些特定事务的改进,可能反而会导致其他事务的互操作性降低。例如,对某 PKI 应用 app-1 进行改进,使其与某 PKI 系统 sys-1 具有更好的互操作性,会同时导致 app-1 与另一个 PKI 系统 sys-2 的互操作性大大降低。所以,盲目的改进反而有可能导致互操作性的整体下降。

本标准通过分等级的互操作评估,同时为 PKI 系统和 PKI 应用指出了改进 PKI 互操作能力等级的方向(在不引起混淆的情况下,本标准将 PKI 互操作能力等级简称为互操作能力),促进建设和开发具有全面互操作能力的 PKI 系统和 PKI 应用。

5.2 评估对象

本标准的评估对象可以是 PKI 系统或者 PKI 应用。

本标准分别针对 PKI 系统和 PKI 应用给出了不同等级互操作能力的要求。本标准中的 PKI 系统和 PKI 应用是按照评估对象在事务中所起作用来区分:PKI 系统在事务中提供数字证书的颁发以及相关服务;PKI 应用在事务中使用数字证书以及相关信息、获得安全服务。

本标准所指的 PKI 系统和 PKI 应用不一定与现实概念中的 PKI 系统和 PKI 应用完全对应。例如,当某个 CA 系统向其他的 PKI 系统请求信息以获得安全服务时,则该 CA 系统在本标准中被视为 PKI 应用。当该 CA 系统提供数字证书服务时,则被视为 PKI 系统。

5.3 互操作能力评估

互操作能力是 PKI 系统或者 PKI 应用自身的性能,体现了评估对象的自身属性。与互操作性不同,互操作能力具有确定性,与事务的对象无关。对于特定的 PKI 系统或者 PKI 应用,即使在不同的事务中,它的互操作能力也是确定不变的。虽然互操作能力与特定的事务无关,但是互操作能力只有在事务中才能表现出来。从概念而言,互操作能力是 TOE 与所有 PKI 系统或者所有 PKI 应用进行事务的互操作性的综合度量。也就是说,需要与所有 PKI 应用或者所有 PKI 系统进行事务,才可以准确地量化 PKI 系统的安全服务对所有 PKI 应用的可用程度,或者 PKI 应用对所有 PKI 系统所提供的安全服务的理解接受能力。

与所有 PKI 系统或者所有 PKI 应用进行事务,才能够准确地量化 TOE 的互操作能力。但是使用这种方法来评估互操作能力是不切合现实的。所以，本标准引入了完全互操作能力实体(完全互操作PKI系统和完全互操作PKI应用)的概念，通过评估TOE与完全互操作能力实体进行事务时影响互操作性的各种因素(即确定了与完全互操作能力实体的互操作性)，从而确定TOE的互操作能力等级IOL。

互操作性和互操作能力具有如下特性：不同IOL的PKI系统与PKI应用进行事务时，其互操作性取决于IOL低的一方。当TOE与完全互操作能力实体进行事务时，事务的互操作性就只取决于TOE的互操作能力，所以通过与完全互操作能力实体进行事务，能够得到TOE的互操作能力。即有如下[其中，I(　)表示事务的互操作性能，IOL(　)表示评估对象的互操作能力等级，app表示被评估的PKI应用，sys表示被评估的PKI系统]：

$$I(F-SYS, app)=IOL(app)$$

或者

$$I(sys, F-APP)=IOL(sys)$$

IOL是TOE与完全互操作能力实体进行事务时的互操作性能的量化，体现了全部事务中被理解和使用的安全信息的程度，也体现了被评估的PKI系统或者PKI应用的互操作能力。

本标准定义了五个互操作能力等级，高等级的PKI系统或者PKI应用具有更全面的互操作能力。本标准给出了各级IOL的互操作能力要求，也相当于指出了提高互操作能力的改进方向。需要注意：TOE互操作能力的提高改进并不意味着能够提高与该TOE的所有事务的互操作性，而是说明该TOE可与更多的PKI系统或PKI应用更好地进行事务。

5.4　互操作能力等级划分原则

5.4.1　划分依据

PKI系统与PKI应用在事务中交换和使用的信息主要包括：

- 证书信息。证书是PKI系统提供安全服务的最基本手段，也是PKI应用获得安全服务的最基本途径。证书信息是安全服务所需的基本信息。各种安全服务(真实性、保密性、完整性、非否认等)都是通过证书实现的。
- 证书撤销状态信息。证书撤销状态信息是证书信息的补充，用于验证证书信息在特定的时刻是否有效。PKI应用在使用证书上的信息之前，需要检查其撤销状态，确定该证书是否有效。常见的证书撤销状态信息是CRL和OCSP。
- 其他多种辅助信息。辅助信息包括供PKI系统和PKI应用使用的CP/CPS、第三方审查认证结果、设计文档等等。CP/CPS作为证书信息的补充，用来表明证书上信息的可靠程度和适用范围等安全程度信息。PKI应用在使用安全服务之前，需要在PKI应用管理者的直接或者间接指导下，确定证书信息的安全程度是否适用、是否满足应用需求。

依据各IOL的互操作能力要求的显著特点，本标准将五个IOL等级分别称为格式正确级、内容明确级、功能完善级、执行标准化级和安全审计级。

需要注意：IOL名称并不完全表示该等级的互操作能力要求的全部内容，只是给出了该级别的评估对象的重要特点，表示了互操作能力等级的主要要求。例如，IOL1格式正确级表示本IOL的主要要求是格式正确，但是IOL1同时也对互操作能力的其他方面提出了要求。

5.4.2　PKI系统

PKI系统提供PKI应用使用的安全信息，其互操作能力表现为提供安全信息的全面程度。

PKI系统的五个互操作能力等级逐一递进，前者是后者的基础，后者是前者的增强。高等级的PKI系统能够为更大范围的PKI应用提供更多的可用安全服务信息：

- IOL1 的 PKI 系统能提供格式正确的信息；
- IOL2 的 PKI 系统能提供内容明确的信息，并满足 IOL1 的要求；
- IOL3 的 PKI 系统能执行完善的功能和提供对应的信息，并满足 IOL2 的要求；
- IOL4 的 PKI 系统能提供标准化执行而产生的信息，并满足 IOL3 的要求；
- IOL5 的 PKI 系统能提供产生过程可审计的信息，并满足 IOL4 的要求。

a) IOL1 格式正确级

本级 PKI 系统的重要特征是能够颁发格式正确的证书和 CRL。

格式正确是 PKI 应用接受安全服务信息的基础。如果格式不正确，PKI 应用就无法获取信息，相当于 PKI 系统提供的安全服务是不可用的。格式正确级主要考虑证书和 CRL 的基本格式、PKI 系统的基本功能，确保达到本等级的 PKI 实体拥有基本的互操作能力，能够正确生成证书和 CRL，以及正确地使用私有扩展项。

b) IOL2 内容明确级

本级 PKI 系统的重要特征是能够颁发内容明确的证书和 CRL，通过对证书扩展项和 CRL 扩展项的使用，提供明确的信息；具有 CPS，明确地描述证书服务过程；能够支持增量 CRL 或者 OCSP，支持 LDAP 或者 HTTP 发布证书和 CRL。

安全服务依赖于从 PKI 系统获取的信息，充分明确的信息使更多的 PKI 应用能够接受安全服务。内容明确级要求 PKI 系统必须能够产生重要的证书和 CRL 扩展项，支持增量 CRL 或者 OCSP，而且对格式正确级中提出的各项评估指标有了进一步限制，明确了安全服务信息的内容。

c) IOL3 功能完善级

本级 PKI 系统的重要特征是具备证书服务的完善功能，能够同时支持增量 CRL 和 OCSP，同时支持 LDAP 和 HTTP 发布证书和 CRL，正确地设定证书扩展项、CRL 扩展项及 OCSP 扩展项的取值；具有 CP，提供包含重要基本内容章节的 CP/CPS，并具备执行 CP/CPS 的各种操作的能力。

功能完善级在内容明确级的基础上增加了对 CP 和 PKI 系统操作的评估，协助 PKI 应用管理者判断 PKI 系统的安全服务能否适用于特定的 PKI 应用。证书扩展项和 CRL 扩展项为 PKI 应用提供辅助信息，使得 PKI 应用更加准确地使用 PKI 系统提供的服务。功能完善的 PKI 系统应该能够支持所有的扩展项，并可正确有效地设定各种扩展项的取值，从而实现更加完善的功能。

d) IOL4 执行标准化级

本级 PKI 系统的重要特征是证书服务过程按照标准化流程执行，提供标准格式的完整 CP/CPS，并按照标准流程执行该 CP/CPS 的各种操作。

执行标准化级在功能完善级的基础上加强了对 PKI 系统操作流程的要求，使得安全服务信息更加标准化。按照标准化流程执行的 PKI 系统能更顺利地为不同的 PKI 应用提供服务，标准格式的完整 CP/CPS 更容易获得 PKI 应用管理者的认可。

e) IOL5 安全审计级

本级 PKI 系统的重要特征是可审计的证书服务管理过程，在标准化服务的基础上，进一步提供额外的可供第三方检查的审计证明，并且在 CP/CPS 中有相应的安全程度声明。

安全审计级在执行标准化级的基础上加强了对 PKI 系统可审计项目的评估，对各评估项做了严格的限定，从而使互操作能力达到最强。通过可供第三方检查的审计证明，PKI 系统将会提供更安全可靠的证书服务，能够同时满足不同应用的安全需求(包括高安全程度需求和低安全程度需求)，适用于最大范围的 PKI 应用。

5.4.3 PKI 应用

PKI 应用直接或者间接地接受 PKI 系统提供的安全信息，其互操作能力表现为接受和理解安全信息的程度。

PKI应用的五个互操作能力等级逐一递进，前者是后者的基础，后者是前者的增强。高等级的PKI应用支持更大范围的PKI系统，接受更多的可用安全服务信息：

- IOL1 的 PKI 应用能接受格式正确的信息；
- IOL2 的 PKI 应用能明确地获取和解释安全服务信息，并满足 IOL1 的要求；
- IOL3 的 PKI 应用能完善地执行安全服务信息所对应的功能，并满足 IOL2 的要求；
- IOL4 的 PKI 应用按照标准化流程执行功能，并满足 IOL3 的要求；
- IOL5 的 PKI 应用以可审计的方式执行功能，并满足 IOL4 的要求。

a) IOL1 格式正确级

本级 PKI 应用能够正确理解基本格式的证书和 CRL。

支持证书和 CRL 基本格式是 PKI 应用获取安全服务的基础。对证书和 CRL 的基本格式正确解析之后，PKI 应用才能够正确地使用证书。格式正确级主要考虑对证书和 CRL 的基本格式支持，确保达到本等级的 PKI 实体能够使用证书和 CRL，能够使用基本的安全服务信息。

b) IOL2 内容明确级

本级 PKI 应用能正确理解证书和 CRL 中的各项内容，支持重要的证书扩展项和 CRL 扩展项，能够使用增量 CRL 或者 OCSP，使用 LDAP 或者 HTTP 获取证书和 CRL。

获得更充分明确的信息（包括各种重要扩展），PKI 应用将能够更全面地接受安全服务。内容明确级要求 PKI 应用必须能够支持重要扩展项，从而明确地理解安全服务信息。

c) IOL3 功能完善级

本级 PKI 应用功能完善，能够完善地支持解析证书和 CRL，包括各种证书扩展项和 CRL 扩展项，支持增量 CRL 和 OCSP 功能，使用 LDAP 和 HTTP 获取证书和 CRL。

功能完善级在内容明确级的基础上增加了对扩展项使用的评估，功能完善的 PKI 应用应该能够支持所有的扩展项，能够处理各种扩展项的不同取值，从而实现更加完善的功能。

d) IOL4 执行标准化级

本级 PKI 应用应按照标准化的流程执行证书查询、下载与验证等操作。

按照标准化流程执行的 PKI 应用能更顺利地从不同的 PKI 系统获得服务，标准化的执行流程会更容易获得 PKI 应用管理者的认可。执行标准化级在功能完善级的基础上加强了对 PKI 应用操作流程的要求，使得获取和使用安全服务信息更加标准化、更为准确。

e) IOL5 安全审计级

本级 PKI 应用可以提供应用程序的完全审计记录以及额外的可供第三方检查的保障。

通过提供可供第三方检查的保障和完全审计记录，PKI 应用的安全可靠性得到保证，适用于最大范围的 PKI 系统。安全审计级在执行标准化级的基础上加强了对 PKI 应用可审计项目的评估，对各评估项做了最严格的限定。

第 6 章中将规定 PKI 系统和 PKI 应用各个互操作能力等级的具体要求，并在附录 A 和附录 B 中以表格的形式列出。

6 评估内容

6.1 第一级：格式正确级

6.1.1 PKI 系统

6.1.1.1 编解码方式

对编解码方式的要求如下：

a) 编码方式

应使用 BER 编码。

b) 解码方式

应支持 DER 解码。

6.1.1.2 证书格式

证书基本项的格式和编码应符合 GB/T 20518—2006 的要求。对证书格式的要求如下：

a) 版本 version

取值应为 v1(0)、v2(1)或 v3(2)。

b) 序列号 serialNumber

1) 取值应为自然数；
2) 对于相同 CA 颁发的证书，每个证书序列号应只出现一次；
3) 长度应不大于 20 字节。

c) 签名算法 signature

1) 应使用国家密码管理局批准的算法。经国家密码管理局许可后可使用下列算法中的一种：SM3 with SM2(见 GM/T 0003—2012 和 GM/T 0004—2012)，(MD2，MD4，MD5，SHA-1，SHA-224，SHA-256，SHA-384，SHA-512) with RSA，(SHA-1，SHA-224，SHA-256) with DSA，(SHA-1，SHA-224，SHA-256，SHA-384，SHA-512) with ECDSA，(SHA-1，SHA-224，SHA-256，SHA-384，SHA-512) with RSASSA-PSS，GOST R 34.11-94 with (GOST R 34.10-94，GOST R 34.10-2001)；
2) 本项取值应与 signatureAlgorithm 项取值一致。

d) 颁发者 issuer

1) 应为非空的 X.501 DN；
2) RDN 应使用下列属性：country，organization，organizational unit，distinguished name qualifier，state or province name，common name，serial number，locality，title，surname，given name，initials，pseudonym，generation qualifier，domain component，或 email address；
3) 每个 RDN 应只有一个属性值。

e) 有效期 validity

1) 应对 2049 年以前的时间按照 UTCTime 编码，2050 年(含)以后的时间按照 GeneralizedTime 编码；
2) notAfter 子项表示的时间应比 notBefore 子项表示的时间晚；
3) 使用 GeneralizedTime 格式时，不应编码为 99991231235959Z。

f) 主体 subject

1) RDN 应使用下列属性：country，organization，organizational unit，distinguished name qualifier，state or province name，common name，serial number，locality，title，surname，given name，initials，pseudonym，generation qualifier，domain component，或 email address；
2) 每个 RDN 应只有一个属性值；
3) 本项的 DN 为空时，subjectAltName 扩展项应包含主体名称信息，且标记为关键扩展。

g) 主体公钥信息 subjectPublicKeyInfo

应使用国家密码管理局批准的算法。经国家密码管理局许可后可使用下列算法中的一种：SM2，RSA，RSASSA-PSS，RSAES-OAEP，DSA，DH，KEA，ECDSA，ECDH，ECMQV，GOST R 34.10-94，GOST R 34.10-2001。

h) 颁发者唯一标识符 issuerUniqueID
当版本为 v1(0)时,不应使用本项。
i) 主体唯一标识符 subjectUniqueID
当版本为 v1(0)时,不应使用本项。

6.1.1.3 证书扩展

私有扩展应标记为非关键扩展。

6.1.1.4 CRL 格式

CRL 基本项的格式和编码应符合 RFC 5280 的要求。对 CRL 格式的要求如下:

a) 版本 version
不应使用本项或取值为 v2(1)。
b) 签名算法 signature
 1) 应使用国家密码管理局批准的算法。经国家密码管理局许可后可使用下列算法中的一种:SM3 with SM2,(MD2,MD4,MD5,SHA-1,SHA-224,SHA-256,SHA-384,SHA-512) with RSA,(SHA-1,SHA-224,SHA-256) with DSA,(SHA-1,SHA-224,SHA-256,SHA-384,SHA-512) with ECDSA,(SHA-1,SHA-224,SHA-256,SHA-384,SHA-512) with RSASSA-PSS,GOST R 34.11-94 with (GOST R 34.10-94,GOST R 34.10-2001);
 2) 本项取值应与 signatureAlgorithm 项取值一致。
c) 颁发者 issuer
 1) 应为非空的 X.501 DN;
 2) RDN 应使用下列属性:country,organization,organizational unit,distinguished name qualifier,state or province name,common name,serial number,locality,title,surname,given name,initials,pseudonym,generation qualifier,domain component,或 email address;
 3) 每个 RDN 应只有一个属性值。
d) 本次更新 thisUpdate
应对 2049 年以前的时间按照 UTCTime 编码,2050 年(含)以后的时间按照 GeneralizedTime 编码。
e) 下次更新 nextUpdate
 1) 应对 2049 年以前的时间按照 UTCTime 编码,2050 年(含)以后的时间按照 GeneralizedTime 编码;
 2) 本项表示的时间应比 thisUpdate 项表示的时间晚。
f) 被撤销的证书 revokedCertificates
没有被撤销证书时,不应使用本项。

6.1.1.5 系统功能要求

对系统功能的要求如下:

a) 颁发证书
系统应具备此功能。
b) 颁发证书撤销状态信息
系统应颁发完全 CRL。

6.1.2 PKI 应用

6.1.2.1 编解码方式

对编解码方式的要求如下：

a) 编码方式

应使用 BER 编码。

b) 解码方式

应支持 DER 解码。

6.1.2.2 证书格式

应按照 GB/T 20518—2006 解析证书基本项。对证书格式的要求如下：

a) 版本 version

应支持取值为 v1(0)、v2(1)或 v3(2)。

b) 序列号 serialNumber

支持长度应至少为 8 字节。

c) 签名算法 signature

应支持国家密码管理局批准的算法。应支持下列算法中经国家密码管理局许可的算法：SM3 with SM2，(SHA-1，SHA-256) with RSA。

d) 颁发者 issuer

RDN 应支持下列属性：country，organization，organizational unit，common name。

e) 有效期 validity

应支持 2049 年以前的时间按照 UTCTime 解码，2050 年（含）以后的时间按照 GeneralizedTime 解码。

f) 主体 subject

RDN 应支持下列属性：country，organization，organizational unit，common name。

g) 主体公钥信息 subjectPublicKeyInfo

应支持国家密码管理局批准的算法。应支持下列算法中经国家密码管理局许可的算法：SM2，RSA。

6.1.2.3 CRL 格式

应按照 RFC 5280 标准解析 CRL 基本项。对 CRL 格式的要求如下：

a) 版本 version

应支持本项不出现或取值为 v2(1)。

b) 签名算法 signature

应支持国家密码管理局批准的算法。应支持下列算法中经国家密码管理局许可的算法：SM3 with SM2，(SHA-1，SHA-256)with RSA。

c) 颁发者 issuer

RDN 应支持下列属性：country，organization，organizational unit，common name。

d) 本次更新 thisUpdate

应支持 2049 年以前的时间按照 UTCTime 解码，2050 年（含）以后的时间按照 GeneralizedTime 解码。

e) 下次更新 nextUpdate

应支持 2049 年以前的时间按照 UTCTime 解码，2050 年（含）以后的时间按照 GeneralizedTime 解码。

f) 被撤销的证书 revokedCertificates

应支持本项。

6.1.2.4 应用功能要求

对应用功能的要求如下：

a) 证书解码

应支持证书基本域。

b) CRL 解码

应支持 CRL 基本域。

6.2 第二级：内容明确级

6.2.1 PKI 系统

6.2.1.1 编解码方式

应使用 DER 编码。

6.2.1.2 证书格式

对证书格式的要求如下：

a) 版本 version

取值应为 v3(2)。

b) 签名算法 signature

应使用国家密码管理局批准的算法。经国家密码管理局许可后可使用下列算法中的一种：SM3 with SM2，(MD5，SHA-1，SHA-224，SHA-256，SHA-384，SHA-512) with RSA，(SHA-1，SHA-224，SHA-256) with DSA，(SHA-1，SHA-224，SHA-256，SHA-384，SHA-512) with ECDSA，(SHA-1，SHA-224，SHA-256，SHA-384，SHA-512) with RSASSA-PSS。

c) 颁发者 issuer

RDN 不应使用属性 distinguished name qualifier。

d) 主体 subject

1) 应为非空的 X.501 DN；

2) RDN 不应使用属性 distinguished name qualifier。

e) 主体公钥信息 subjectPublicKeyInfo

应使用国家密码管理局批准的算法。经国家密码管理局许可后可使用下列算法中的一种：SM2，RSA，RSASSA-PSS，RSAES-OAEP，DSA，DH，KEA，ECDSA，ECDH，ECMQV。

f) 颁发者唯一标识符 issuerUniqueID

不应使用本项。

g) 主体唯一标识符 subjectUniqueID

不应使用本项。

6.2.1.3 证书扩展

下列证书扩展项的格式和编码，除 i)、j)、k)、l)、m) 项应符合相应的 RFC 标准，其他都应符合 GB/T 20518—2006 的要求。对证书扩展的要求如下：

a) 颁发机构密钥标识符 authorityKeyIdentifier
应在自签名证书以外的所有证书中使用。

b) 主体密钥标识符 subjectKeyIdentifier
应在所有 CA 证书中使用。

c) 密钥用法 keyUsage
1) 应在用于验证证书或者 CRL 中数字签名的证书中使用；
2) 应至少有一位值不为零。

d) 证书策略 certificatePolicies
1) 每个证书策略 OID 应只出现一次；
2) 应只在 CA 证书中使用 AnyPolicy OID。

e) 策略映射 policyMappings
应只在 CA 证书中使用。

f) 基本限制 basicConstraints
应在所有 CA 证书中使用。

g) 证书撤销列表分发点 cRLDistributionPoints
1) 应在自签名证书以外的所有证书中使用；
2) distributionPoint 子项取值应包含 LDAP 或者 HTTP 形式的 URI。

h) 私有密钥使用期 privateKeyUsagePeriod
应标记为非关键扩展。

i) 徽标 logotypes
应标记为非关键扩展，其格式和编码应符合 RFC 3709 的要求。

j) IP 地址表示 iPAddressDelegation
应标记为非关键扩展，其格式和编码应符合 RFC 3779 的要求。

k) AS 标识符表示 autonomousSystemIdentifierDelegation
应标记为非关键扩展，其格式和编码应符合 RFC 3779 的要求。

l) 担保 warranty
应标记为非关键扩展，其格式和编码应符合 RFC 4059 的要求。

m) WLAN 服务集合标识符 wLANSSID
应标记为非关键扩展，其格式和编码应符合 RFC 4334 的要求。

n) 个人身份标识码 identityCode
应标记为非关键扩展。

o) 个人社会保险号 insuranceNumber
应标记为非关键扩展。

p) 企业工商注册号 iCRegistrationNumber
应标记为非关键扩展。

q) 企业组织机构代码 organizationCode
应标记为非关键扩展。

r) 企业税号 taxationNumber
应标记为非关键扩展。

6.2.1.4 CRL 格式

对 CRL 格式的要求如下：

a) 版本 version

取值应为 v2(1)。

b) 签名算法 signature

应使用国家密码管理局批准的算法。经国家密码管理局许可后可使用下列算法中的一种：SM3 with SM2,(MD5,SHA-1,SHA-224,SHA-256,SHA-384,SHA-512)with RSA,(SHA-1,SHA-224,SHA-256)with DSA,(SHA-1,SHA-224,SHA-256,SHA-384,SHA-512)with ECDSA,(SHA-1,SHA-224,SHA-256,SHA-384,SHA-512)with RSASSA-PSS。

c) 颁发者 issuer

RDN 不应使用属性 distinguished name qualifier。

d) 下次更新 nextUpdate

应在所有 CRL 中使用。

6.2.1.5 CRL 扩展

CRL 扩展项的格式和编码应符合 RFC 5280 要求。对 CRL 扩展的要求如下：

a) 颁发机构密钥标识符 authorityKeyIdentifier

应在所有 CRL 中使用。

b) 证书撤销列表编号 cRLNumber

长度应不大于 20 字节。

c) 增量证书撤销列表指示 deltaCRLIndicator

应在所有增量 CRL 中使用。

6.2.1.6 CRL Entry 扩展

CRL Entry 扩展项的格式和编码应符合 RFC 5280 要求。

6.2.1.7 OCSP 请求格式

应按照 GB/T 19713—2005 的要求解析 OCSP 请求。对 OCSP 请求格式的要求如下：

a) 版本 version

应支持取值为 v1(0)。

b) 请求者名称 requestorName

应至少支持 rfc822Name、dNSName、x400Address、directoryName、ediPartyName、uniformResourceIdentifier、iPAddress、registeredID 中的一种名称。

c) 签名算法 signatureAlgorithm

应支持国家密码管理局批准的算法。应支持下列算法中经国家密码管理局许可的算法：SM3 with SM2,(SHA-1,SHA-256)with RSA,(SHA-1,SHA-256)with RSASSA-PSS。

d) 请求列表 requestList

支持请求单个证书，包含单个 Request。

e) 请求的证书 reqCert

hashAlgorithm 子项应支持国家密码管理局批准的算法。应支持下列算法中经国家密码管理局许可的算法：SM3,SHA-1,SHA-256。

6.2.1.8 OCSP 响应格式

应按照 GB/T 19713—2005 的要求生成 OCSP 响应。对 OCSP 响应格式的要求如下：

a) 响应状态 responseStatus

取值应为 successful，malformedRequest，internalError，tryLater，sigRequired，unauthorized

之一。

b) 响应字节 responseBytes

应使用本项。

c) 响应类型 responseType

取值应为 id-pkix-ocsp-basic。

d) 签名算法 signatureAlgorithm

应使用国家密码管理局批准的算法。经国家密码管理局许可后可使用下列算法中的一种：SM3 with SM2,(MD2,MD4,MD5,SHA-1,SHA-224,SHA-256,SHA-384,SHA-512) with RSA,(SHA-1,SHA-224,SHA-256) with DSA,(SHA-1,SHA-224,SHA-256,SHA-384,SHA-512) with ECDSA,(SHA-1,SHA-224,SHA-256,SHA-384,SHA-512) with RSASSA-PSS。

e) 响应者标识符 responderID

1) byName 子项取值应为响应者 DN;

2) byKey 子项取值应为对响应者公钥使用 SHA-1 算法进行哈希运算后得出的值。

f) 生成时间 producedAt

应使用 GeneralizedTime 格式编码。

g) 响应 responses

支持响应单个证书,包含单个 SingleResponse。

h) 证书标识符 certID

hashAlgorithm 子项应使用国家密码管理局批准的算法。经国家密码管理局许可后可使用下列算法中的一种:SM3,MD2,MD4,MD5,SHA-1,SHA-224,SHA-256,SHA-384,SHA-512。

i) 证书状态 certStatus

取值应为 good、revoked、unknown 之一。

j) 本次更新 thisUpdate

应使用 GeneralizedTime 格式编码。

k) 下次更新 nextUpdate

应使用 GeneralizedTime 格式编码。

6.2.1.9 OCSP 扩展

应按照 GB/T 19713—2005 的要求生成 OCSP 响应消息中的扩展项,并标记为非关键扩展。

6.2.1.10 CP/CPS

应具备符合 RFC 3647 要求的 CPS。

6.2.1.11 系统功能要求

对系统功能的要求如下:

a) 颁发交叉证书

系统应具备此功能。

b) 颁发证书撤销状态信息

系统应颁发增量 CRL 或提供 OCSP 服务。

c) 证书发布

系统应通过 HTTP 或者 LDAP 发布除终端实体证书之外的所有证书。

d) 证书撤销状态信息发布

系统应通过 HTTP 或者 LDAP 发布所有 CRL。

6.2.2 PKI 应用

6.2.2.1 编解码方式

应使用 DER 编码。

6.2.2.2 证书格式

对证书格式的要求如下：

a) 序列号 serialNumber
支持长度应至少为 16 字节。

b) 签名算法 signature
应支持国家密码管理局批准的算法。应支持下列算法中经国家密码管理局许可的算法：SM3 with SM2,(SHA-1,SHA-256)with RSA,(SHA-1,SHA-256)with RSASSA-PSS。

c) 有效期 validity
应支持任意格式的时间解码。

d) 主体 subject
本项为空时，支持从 subjectAltName 扩展项中获取主体名称信息。

e) 主体公钥信息 subjectPublicKeyInfo
应支持国家密码管理局批准的算法。应支持下列算法中经国家密码管理局许可的算法：SM2，RSA，RSASSA-PSS，RSAES-OAEP。

f) 颁发者唯一标识符 issuerUniqueID
应支持本项。

g) 主体唯一标识符 subjectUniqueID
应支持本项。

6.2.2.3 证书扩展

应按照 GB/T 20518—2006 解析证书扩展项。对证书扩展的要求如下：

a) 颁发机构密钥标识符 authorityKeyIdentifier
应支持本扩展项。

b) 主体密钥标识符 subjectKeyIdentifier
应支持本扩展项。

c) 密钥用法 keyUsage
应支持本扩展项。

d) 证书策略 certificatePolicies
应支持本扩展项。

e) 主体替换名称 subjectAltName
1) 应支持本扩展项；
2) 应能够识别以下类型的名称：rfc822Name、dNSName、x400Address、directoryName、ediPartyName、uniformResourceIdentifier、iPAddress、registeredID。

f) 颁发者替换名称 issuerAltName
1) 应支持本扩展项；
2) 应能够识别以下类型的名称：rfc822Name、dNSName、x400Address、directoryName、ediP-

artyName、uniformResourceIdentifier、iPAddress、registeredID。

g) 基本限制 basicConstraints

应支持本扩展项。

h) 证书撤销列表分发点 cRLDistributionPoints

1) 应支持本扩展项;

2) distributionPoint 子项支持使用 LDAP 或 HTTP 形式的 URI。

6.2.2.4 CRL 格式

对 CRL 格式的要求如下:

a) 签名算法 signature

应支持国家密码管理局批准的算法。应支持下列算法中经国家密码管理局许可的算法:SM3 with SM2,(SHA-1,SHA-256)with RSA,(SHA-1,SHA-256)with RSASSA-PSS。

b) 本次更新 thisUpdate

应支持任意格式的时间解码。

c) 下次更新 nextUpdate

应支持任意格式的时间解码。

6.2.2.5 CRL 扩展

应按照 RFC 5280 标准解析 CRL 扩展项。对 CRL 扩展的要求如下:

a) 颁发机构密钥标识符 authorityKeyIdentifier

应支持本扩展项。

b) 颁发者替换名称 issuerAltName

1) 应支持本扩展项;

2) 应能够识别 rfc822Name、dNSName、x400Address、directoryName、ediPartyName、uniformResourceIdentifier、iPAddress、registeredID 类型的名称。

c) 证书撤销列表编号 cRLNumber

1) 应支持本扩展项;

2) 支持长度应至少为 20 字节。

d) 增量证书撤销列表指示 deltaCRLIndicator

应支持本扩展项。

6.2.2.6 CRL Entry 扩展

应按照 RFC 5280 标准解析 CRL Entry 扩展项。对 CRL Entry 扩展的要求如下:

a) 原因码 reasonCode

应支持本扩展项。

b) 失效时间 invalidityDate

应支持本扩展项。

c) 证书颁发者 certificateIssuer

应支持本扩展项。

6.2.2.7 OCSP 请求格式

应按照 GB/T 19713—2005 的要求生成 OCSP 请求。对 OCSP 请求格式的要求如下:

a) 版本 version

取值应为 v1(0)。

b) 请求者名称 requestorName
应使用 otherName、rfc822Name、dNSName、x400Address、directoryName、ediPartyName、uniformResourceIdentifier、iPAddress、registeredID 中的一种名称。

c) 签名算法 signatureAlgorithm
应使用国家密码管理局批准的算法。经国家密码管理局许可后可使用下列算法中的一种：SM3 with SM2,(MD2,MD4,MD5,SHA-1,SHA-224,SHA-256,SHA-384,SHA-512) with RSA,(SHA-1,SHA-224,SHA-256) with DSA,(SHA-1,SHA-224,SHA-256,SHA-384,SHA-512)with ECDSA,(SHA-1,SHA-224,SHA-256,SHA-384,SHA-512) with RSASSA-PSS,GOST R 34.11-94 with (GOST R 34.10-94,GOST R 34.10-2001)。

d) 请求列表 requestList
应能够请求单个证书,包含单个 Request。

e) 请求的证书 reqCert
hashAlgorithm 子项应使用国家密码管理局批准的算法。经国家密码管理局许可后可使用下列算法中的一种:SM3,MD2,MD4,MD5,SHA-1,SHA-224,SHA-256,SHA-384,SHA-512。

6.2.2.8 **OCSP 响应格式**

应按照 GB/T 19713—2005 的要求解析 OCSP 响应。对 OCSP 响应格式的要求如下：

a) 响应状态 responseStatus
应支持取值为 successful, malformedRequest,internalError,tryLater,sigRequired,unauthorized。

b) 响应类型 responseType
支持取值为 id-pkix-ocsp-basic。

c) 签名算法 signatureAlgorithm
应支持国家密码管理局批准的算法。应支持下列算法中经国家密码管理局许可的算法:SM3 with SM2,(SHA-1,SHA-256)with RSA。

d) 响应者标识符 responderID
支持使用 byName 或 byKey。

e) 生成时间 producedAt
应能够正常解码。

f) 响应 responses
取值为单个 SingleResponse 时,应能够正常解码。

g) 证书标识符 certID
hashAlgorithm 子项应支持国家密码管理局批准的算法。应支持下列算法中经国家密码管理局许可的算法:SM3,SHA-1,SHA-256。

h) 证书状态 certStatus
应支持取值为 good,revoked,unknown。

i) 本次更新 thisUpdate
应能够正常解码。

j) 下次更新 nextUpdate
应能够正常解码。

6.2.2.9 **OCSP 扩展**

应按照 GB/T 19713—2005 的要求生成 OCSP 请求消息中的扩展项,并标记为非关键扩展。

OCSP 响应消息中证书撤销列表入口扩展域 cRLEntryExtension 扩展项应满足 6.2.2.6 中的要求。

6.2.2.10 应用功能要求

对应用功能的要求如下：

a) 证书解码

应支持证书扩展。

b) CRL 解码

应支持 CRL 扩展和 CRL Entry 扩展。

c) OCSP

应支持 OCSP 基本域。

6.3 第三级：功能完善级

6.3.1 PKI 系统

6.3.1.1 编解码方式

应支持 BER 解码。

6.3.1.2 证书格式

对证书格式的要求如下：

a) 序列号 serialNumber

长度应不大于 16 字节。

b) 签名算法 signature

应使用国家密码管理局批准的算法。经国家密码管理局许可后可使用下列算法中的一种：SM3 with SM2，(MD5，SHA-1，SHA-224，SHA-256，SHA-384，SHA-512)with RSA，(SHA-1，SHA-224，SHA-256)with DSA，(SHA-1，SHA-224，SHA-256，SHA-384，SHA-512)with RSASSA-PSS。

c) 颁发者 issuer

RDN 应使用下列属性：country，organization，organizational unit，state or province name，locality，或 common name。

d) 主体 subject

RDN 应使用下列属性：country，organization，organizational unit，state or province name，locality，或 common name。

e) 主体公钥信息 subjectPublicKeyInfo

应使用国家密码管理局批准的算法。经国家密码管理局许可后可使用下列算法中的一种：SM2，RSA，RSASSA-PSS，RSAES-OAEP，DSA。

6.3.1.3 证书扩展

对证书扩展的要求如下：

a) 颁发机构密钥标识符 authorityKeyIdentifier

1) 应标记为非关键扩展；

2) 应使用 keyIdentifier 子项；

3) keyIdentifier 子项取值应使用 GB/T 20518—2006 的 5.2.3.2.1 中的方法 a)或 b)生成。

b) 主体密钥标识符 subjectKeyIdentifier
   1) 应标记为非关键扩展；
   2) 应使用 GB/T 20518—2006 的 5.2.3.2.1 中的方法 a)或 b)生成。
c) 密钥用法 keyUsage
   应在所有证书中使用。
d) 证书策略 certificatePolicies
   应在所有证书中使用。
e) 策略映射 policyMappings
   1) 应在不同 CP 体系的交叉证书中使用；
   2) issuerDomainPolicy 子项取值应为交叉证书颁发者证书的 certificatePolicies 扩展项中出现过的 CP OID。
f) 主体替换名称 subjectAltName
   1) 应标记为非关键扩展；
   2) 应使用 otherName、rfc822Name、dNSName、x400Address、directoryName、ediPartyName、uniformResourceIdentifier、iPAddress、registeredID 中的名称。
g) 颁发者替换名称 issuerAltName
   1) 应标记为非关键扩展；
   2) 应使用 otherName、rfc822Name、dNSName、x400Address、directoryName、ediPartyName、uniformResourceIdentifier、iPAddress、registeredID 中的名称。
h) 主体目录属性 subjectDirectoryAttributes
   应标记为非关键扩展。
i) 基本限制 basicConstraint
   1) 如果 cA 子项取值为 FALSE，keyUsage 扩展项的 keyCertSign 子项取值不应为 1；
   2) pathLenConstraint 子项应只在 cA 子项取值为 TRUE 且 keyUsage 扩展项的 keyCertSign 子项取值为 1 时使用；
   3) pathLenConstraint 子项出现时，取值应大于或等于 0。
j) 名称限制 nameConstraints
   1) 应只在 CA 证书中使用；
   2) 应使用 directoryName、rfc822Name、uniformResourceIdentifier、dNSName、iPAddress 中的名称；
   3) minimum 子项取值应为 0，不应使用 maximum 子项。
k) 策略限制 policyConstraints
   应只在 CA 证书中使用。
l) 扩展密钥用途 extKeyUsage
   1) 应标记为非关键扩展；
   2) 应只在终端实体证书中使用。
m) 证书撤销列表分发点 cRLDistributionPoints
   1) 应标记为非关键扩展；
   2) reasons 子项应与 distributionPoint 子项或者 cRLIssuer 子项一起使用；
   3) 如果证书颁发者与 CRL 颁发者不同，cRLIssuer 子项应出现，且取值包含 CRL 颁发者 DN；
   4) 如果证书颁发者与 CRL 颁发者相同，distributionPoint 子项应出现且 cRLIssuer 子项不应出现。

n) 限制所有策略 inhibitAnyPolicy

应只在 CA 证书中使用。

o) 最新证书撤销列表 freshestCRL

1) 应标记为非关键扩展；

2) 应在终端实体证书中使用；

3) distributionPoint 子项取值应包含 LDAP 或者 HTTP 形式的 URI。

p) 机构信息访问 authorityInfoAccess

1) 应标记为非关键扩展；

2) 应在所有终端实体证书中使用，accessMethod 子项取值应包含 id-ad-ocsp。

q) 主体信息访问 subjectInfoAccess

1) 应标记为非关键扩展；

2) 当 accessMethod 子项取值为 id-ad-caRepository 时，accessLocation 子项取值应为 HTTP 或者 LDAP 形式的 URI。

6.3.1.4 CRL 格式

对 CRL 格式的要求如下：

a) 签名算法 signature

应使用国家密码管理局批准的算法。经国家密码管理局许可后可使用下列算法中的一种：SM3 with SM2，(MD5，SHA-1，SHA-224，SHA-256，SHA-384，SHA-512) with RSA，(SHA-1，SHA-224，SHA-256) with DSA，(SHA-1，SHA-224，SHA-256，SHA-384，SHA-512) with RSASSA-PSS。

b) 颁发者 issuer

RDN 应使用下列属性：country，organization，organizational unit，state or province name，locality，或 common name。

6.3.1.5 CRL 扩展

对 CRL 扩展的要求如下：

a) 颁发机构密钥标识符 authorityKeyIdentifier

1) 应标记为非关键扩展；

2) 应使用 keyIdentifier 子项；

3) keyIdentifier 子项取值应使用 GB/T 20518—2006 的 5.2.3.2.1 中的方法 a)或 b)生成。

b) 颁发者替换名称 issuerAltName

1) 应标记为非关键扩展；

2) 应使用 otherName、rfc822Name、dNSName、x400Address、directoryName、ediPartyName、uniformResourceIdentifier、iPAddress、registeredID 中的名称。

c) 证书撤销列表编号 cRLNumber

1) 应标记为非关键扩展；

2) 应在所有 CRL 中使用；

3) 取值应为递增序号；

4) 提供相同信息的完全 CRL 和增量 CRL 中，本扩展项取值应相同；

5) 长度应不大于 16 字节。

d) 增量证书撤销列表指示 deltaCRLIndicator

1) 两个完全 CRL 之间的信息差异，应与前一次 CRL 颁发之后的所有增量 CRL 信息之和相同；

2） 同一个颁发者颁发的基本 CRL 和增量 CRL 应使用同一个私钥签名。

e） 颁发分布点 issuingDistributionPoints

1） 如果 distributionPoint 子项出现，内容应非空；

2） 如果 distributionPoint 子项未出现，则 CRL 应包含所有撤销证书；

3） 如果 onlySomeReasons 子项出现，CRL 中所有 Entry 应有 unspecified 以外的撤销理由；

4） 如果 onlyContainsUserCerts 子项、onlyContainsCACerts 子项、indirectCRL 子项、onlyContainsAttributeCerts 子项都取值为 FALSE，则 distributionPoint 子项或 onlySomeReasons 子项应出现；

5） 基本 CRL 和增量 CRL 使用的本扩展取值应相同。

f） 最新证书撤销列表 freshestCRL

1） 应标记为非关键扩展；

2） 不应使用 reasons 子项和 cRLIssuer 子项；

3） 不应在增量 CRL 中使用。

g） 机构信息访问 authorityInfoAccess

应标记为非关键扩展。

6.3.1.6 CRL Entry 扩展

对 CRL Entry 扩展的要求如下：

a） 原因码 reasonCode

1） 应标记为非关键扩展；

2） 本扩展项取值不应为 0；

3） 本扩展项取值为 removeFromCRL 时，CRL 应为增量 CRL。

b） 停用证书指示码 holdInstructionCode

应标记为非关键扩展。

c） 失效时间 invalidityDate

1） 应标记为非关键扩展；

2） 应在所有 Entry 中出现。

d） 证书颁发者 certificateIssuer

如果 CRL 颁发者与证书颁发者不同，本扩展项应出现。

6.3.1.7 OCSP 请求格式

对 OCSP 请求格式的要求如下：

a） 签名算法 signatureAlgorithm

应支持国家密码管理局批准的算法。应支持下列算法中经国家密码管理局许可的算法：SM3 with SM2，（MD5，SHA-1，SHA-224，SHA-256，SHA-384，SHA-512）with RSA，（SHA-1，SHA-224，SHA-256）with DSA，（SHA-1，SHA-224，SHA-256，SHA-384，SHA-512）with RSASSA-PSS。

b） 请求列表 requestList

支持请求多个证书，包含多个 Request。

c） 请求的证书 reqCert

hashAlgorithm 子项应支持国家密码管理局批准的算法。应支持下列算法中经国家密码管理局许可的算法：SM3，SHA-1，SHA-256，MD5。

6.3.1.8 OCSP 响应格式

对 OCSP 响应格式的要求如下：

a) 签名算法 signatureAlgorithm

应使用国家密码管理局批准的算法。经国家密码管理局许可后可使用下列算法中的一种：SM3 with SM2,(MD2,MD4,MD5,SHA-1,SHA-224,SHA-256,SHA-384,SHA-512) with RSA,(SHA-1,SHA-224,SHA-256) with DSA,(SHA-1,SHA-224,SHA-256,SHA-384,SHA-512)with RSASSA-PSS。

b) 签名 signature

OCSP 服务器证书 extKeyUsage 扩展项应包含 id-kp-OCSPSigning OID。

c) 响应 responses

支持响应多个证书,包含多个 SingleResponse。

d) 证书标识符 certID

hashAlgorithm 子项应使用国家密码管理局批准的算法。经国家密码管理局许可后可使用下列算法中的一种:SM3,MD5,SHA-1,SHA-224,SHA-256,SHA-384,SHA-512。

6.3.1.9 OCSP 扩展

对 OCSP 扩展的要求如下：

a) 现时 nonce

如果 OCSP 请求中使用本扩展项,OCSP 响应应在 responseExtensions 项中使用本扩展项,且取值相同。

b) 证书撤销列表参考 cRLReferences

使用本扩展项时,crlUrl 子项、crlNum 子项和 crlTime 子项应至少有一项被使用。

c) 可接受的响应类型 acceptableResponseTypes

1) 应支持本扩展项；

2) 应支持使用 id-pkix-ocsp-basic OID。

d) 存档截止 archiveCutoff

应使用 GeneralizedTime 格式编码。

e) 服务定位器 serviceLocator

应支持本扩展项。

f) 证书撤销列表入口扩展域 cRLEntryExtension

应满足 6.3.1.6 中的要求。

6.3.1.10 CP/CPS

应具备符合 RFC 3647 要求的 CP。对 CP/CPS 的要求如下：

a) CP/CPS 整体要求

1) 应说明如下章节:概括性描述,信息发布与资料库职责,身份标识与鉴别,证书生命周期操作要求,认证机构设施、管理和运作控制,认证机构技术安全控制,证书、证书撤销列表和在线证书状态协议,认证机构合规性审计和相关评估,其他商业和法律条款；

2) 应能够通过公开途径获得。

b) 概括性描述

应说明如下章节:概述、文档名称与标识、参与方和证书应用。

c) 信息发布与资料库职责

应说明如下章节：资料库的标识和责任方、信息的发布、信息发布的时间和频率、资料库的访问控制。

d) 身份标识与鉴别

应说明如下章节：命名、初始申请证书的身份鉴别、密钥更新请求的身份鉴别、证书撤销请求的身份鉴别。

e) 证书生命周期操作要求

应说明如下章节：证书申请、证书申请的处理、证书颁发、证书接受、密钥对和证书的使用、证书更新、证书密钥更换、证书变更、证书撤销和挂起、证书状态服务。

f) 认证机构设施、管理和运作控制

应说明如下章节：物理安全控制、流程控制、人员控制。

g) 认证机构技术安全控制

应说明如下章节：密钥对的生成和安装、私钥保护和密码模块的工程控制、密钥激活数据、计算机安全控制、生命周期安全控制、网络安全控制。

h) 证书、证书撤销列表和在线证书状态协议

应说明如下章节：证书、证书撤销列表、在线证书状态协议。

6.3.1.11 系统功能要求

对系统功能的要求如下：

a) 颁发证书撤销状态信息

系统应颁发增量 CRL 和提供 OCSP 服务。

b) CP/CPS 发布

系统应通过 HTTP 或者 LDAP 发布 CP/CPS。

c) 证书发布

系统应通过 HTTP 和 LDAP 发布所有证书。通过 LDAP 发布证书的方式应符合 RFC 4523 的要求。

d) CRL 发布

系统应通过 HTTP 和 LDAP 发布所有 CRL。通过 LDAP 发布 CRL 的方式应符合 RFC 4523 的要求。

6.3.1.12 系统操作要求

对系统操作的要求如下：

a) CP/CPS 管理

1) 应指定 CA 所支持的证书策略 OID；

2) CA 应对其订户和依赖方公开证书策略和认证业务声明。

b) 个人隐私保护

CA 所收集的订户信息在未经订户许可的情况下不应被泄露(法律规定的情况除外)。

c) 身份标识与鉴别

1) 证书中不应包含未经验证的信息；

2) 每个终端实体在证书中应拥有可区别的唯一 DN；

3) 应能够通过如下几个类别的用户证件对订户进行身份验证：身份证、护照、驾驶证。

d) 密钥更新请求的身份鉴别和证书撤销请求的身份鉴别

身份鉴别应达到初始申请证书的身份鉴别强度。

e) 证书申请

1) 订户应提供自身身份信息的证明；
2) 订户应提供所有需要出现在证书中的信息的证明。

f) 证书更新和证书密钥更换
应由拥有已颁发证书的订户提出请求。

g) 证书变更、撤销和挂起
1) 如果证书中任何信息发生改变，应将此证书撤销；
2) CA 应支持订户的撤销请求。

h) 物理安全控制
1) 仅有授权用户可以进入 CA 设备所在的安全区域，进出时间和人员信息应记录日志；
2) CA 设备所在区域应具备空调设备等以保证系统正常运转；
3) CA 设备应满足防水、防火等要求；
4) CA 设备应保证其存储介质不会因温度、湿度和电磁等因素而失效；
5) CA 系统应具备离线备份功能。

i) 流程控制
应在至少两人同时在场的情况下进行 CA 密钥的产生、激活以及备份操作。

6.3.2 PKI 应用

6.3.2.1 编解码方式

应支持 BER 解码。

6.3.2.2 证书格式

对证书格式的要求如下：

a) 版本 version
应支持取值为 v1(0)、v2(1)和 v3(2)。

b) 序列号 serialNumber
支持长度应至少为 20 字节。

c) 签名算法 signature
应支持国家密码管理局批准的算法。应支持下列算法中经国家密码管理局许可的算法：SM3 with SM2，(MD5，SHA-1，SHA-224，SHA-256，SHA-384，SHA-512) with RSA，(SHA-1，SHA-224，SHA-256) with DSA，(SHA-1，SHA-224，SHA-256，SHA-384，SHA-512) with RSASSA-PSS。

d) 颁发者 issuer
RDN 应支持下列属性：country，organization，organizational unit，state or province name，locality，common name。

e) 主体 subject
RDN 应支持下列属性：country，organization，organizational unit，state or province name，locality，common name。

f) 主体公钥信息 subjectPublicKeyInfo
应支持国家密码管理局批准的算法。应支持下列算法中经国家密码管理局许可的算法：SM2，RSA，RSASSA-PSS，RSAES-OAEP，DSA。

6.3.2.3 证书扩展

对证书扩展的要求如下：

a) 策略映射 policyMappings
应支持本扩展项。
b) 主体目录属性 subjectDirectoryAttributes
应支持本扩展项。
c) 名称限制 nameConstraints
应支持本扩展项。
d) 策略限制 policyConstraints
应支持本扩展项。
e) 扩展密钥用途 extKeyUsage
应支持本扩展项。
f) 限制所有策略 inhibitAnyPolicy
应支持本扩展项。
g) 最新证书撤销列表 freshestCRL
1) 应支持本扩展项；
2) distributionPoint 子项支持使用 LDAP 或 HTTP 形式的 URI。
h) 机构信息访问 authorityInfoAccess
1) 应支持本扩展项；
2) accessMethod 子项应支持使用 id-ad-ocsp。
i) 主体信息访问 subjectInfoAccess
应支持本扩展项。
j) 私有密钥使用期 privateKeyUsagePeriod
应支持本扩展项。

6.3.2.4 CRL 格式

对 CRL 格式的要求如下：
a) 版本 version
应支持本项不出现和取值为 v2(1)。
b) 签名算法 signature
应支持国家密码管理局批准的算法。应支持下列算法中经国家密码管理局许可的算法：SM3 with SM2，(MD5，SHA-1，SHA-224，SHA-256，SHA-384，SHA-512) with RSA，(SHA-1，SHA-224，SHA-256) with DSA，(SHA-1，SHA-224，SHA-256，SHA-384，SHA-512) with RSASSA-PSS。
c) 颁发者 issuer
RDN 应支持下列属性：country，organization，organizational unit，state or province name，locality，common name。

6.3.2.5 CRL 扩展

对 CRL 扩展的要求如下：
a) 颁发分布点 issuingDistributionPoints
应支持本扩展项。
b) 最新证书撤销列表 freshestCRL
应支持本扩展项。
c) 机构信息访问 authorityInfoAccess

应支持本扩展项。

6.3.2.6 CRL Entry 扩展

应支持停用证书指示码 holdInstructionCode 扩展项。

6.3.2.7 OCSP 请求格式

对 OCSP 请求格式的要求如下：

a) 签名算法 signatureAlgorithm

应使用国家密码管理局批准的算法。经国家密码管理局许可后可使用下列算法中的一种：SM3 with SM2,(MD5,SHA-1,SHA-224,SHA-256,SHA-384,SHA-512) with RSA,(SHA-1,SHA-224,SHA-256) with DSA,(SHA-1,SHA-224,SHA-256,SHA-384,SHA-512) with ECDSA,(SHA-1,SHA-224,SHA-256,SHA-384,SHA-512) with RSASSA-PSS。

b) 请求列表 requestList

应能够请求多个证书,包含多个 Request。

c) 请求的证书 reqCert

hashAlgorithm 子项应使用国家密码管理局批准的算法。经国家密码管理局许可后可使用下列算法中的一种:SM3,MD5,SHA-1,SHA-224,SHA-256,SHA-384,SHA-512。

6.3.2.8 OCSP 响应格式

对 OCSP 响应格式的要求如下：

a) 签名算法 signatureAlgorithm

应支持国家密码管理局批准的算法。应支持下列算法中经国家密码管理局许可的算法:SM3 with SM2,(SHA-1,SHA-256) with RSA,(SHA-1,SHA-256) with RSASSA-PSS。

b) 响应 responses

取值为多个 SingleResponse 时,应能够正常解码。

c) 证书标识符 certID

hashAlgorithm 子项应支持国家密码管理局批准的算法。应支持下列算法中经国家密码管理局许可的算法:SM3,MD5,SHA-1,SHA-256。

6.3.2.9 OCSP 扩展

对 OCSP 扩展的要求如下：

a) 现时 nonce

应支持本扩展项。

b) 证书撤销列表参考 cRLReferences

应支持本扩展项。

c) 可接受的响应类型 acceptableResponseTypes

应包含取值为 id-pkix-ocsp-basic 的 OID。

d) 存档截止 archiveCutoff

应支持本扩展项。

e) 服务定位器 serviceLocator

1) issuer 子项取值应与被请求证书的 issuer 项取值相同；

2) locator 子项取值应与被请求证书的 authorityInfoAccess 扩展项的取值相同。

f) 证书撤销列表入口扩展域 cRLEntryExtension

应满足6.3.2.6中的要求。

6.3.2.10 应用功能要求

对应用功能的要求如下：

a) OCSP

应支持OCSP扩展。

b) 操作流程

应提供操作流程。

c) 审计

应具备审计功能。

d) 源代码

应提供完整的源代码供第三方检查。

6.4 第四级：执行标准化级

6.4.1 PKI系统

6.4.1.1 证书格式

对证书格式的要求如下：

a) 序列号 serialNumber

长度应不大于8字节。

b) 签名算法 signature

应使用国家密码管理局批准的算法。经国家密码管理局许可后可使用下列算法中的一种：SM3 with SM2,(SHA-1,SHA-256)with RSA,(SHA-1,SHA-256)with RSASSA-PSS。

c) 颁发者 issuer

1) RDN应使用下列属性：country,organization,organizational unit,或common name;

2) RDN序列中属性的顺序应该为：country,organization,organizational unit,common name;

3) organizational unit属性的出现次数应当为3次(含)以下。

d) 主体 subject

1) RDN应使用下列属性：country,organization,organizational unit,或common name;

2) RDN序列中属性的顺序应该为：country,organization,organizational unit,common name;

3) organizational unit属性的出现次数应当为3次(含)以下。

e) 主体公钥信息 subjectPublicKeyInfo

应使用国家密码管理局批准的算法。经国家密码管理局许可后可使用下列算法中的一种：SM2,RSA,RSASSA-PSS,RSAES-OAEP。

6.4.1.2 证书扩展

对证书扩展的要求如下：

a) 颁发机构密钥标识符 authorityKeyIdentifier

1) keyIdentifier子项取值应使用GB/T 20518—2006的5.2.3.2.1中的方法a)生成;

2) keyIdentifier子项取值应与颁发本证书的CA证书中的subjectKeyIdentifier扩展项的keyIdentifier子项取值一致。

b) 主体密钥标识符 subjectKeyIdentifier
应使用 GB/T 20518—2006 的 5.2.3.2.1 中的方法 a)生成。
c) 证书策略 certificatePolicies
不应在任何证书中使用 AnyPolicy OID。
d) 主体替换名称 subjectAltName
不应使用 otherName。
e) 颁发者替换名称 issuerAltName
不应使用 otherName。
f) 扩展密钥用途 extKeyUsage
不应使用 anyExtendedKeyUsage OID。
g) 证书撤销列表分发点 cRLDistributionPoints
1) 应有包含所有撤销原因的 CRL 的 distributionPoint 子项；
2) cRLIssuer 子项中应仅包含 CRL 颁发者的 DN，并且其编码应与 CRL 颁发者的 DN 编码完全一致。
h) 限制所有策略 inhibitAnyPolicy
skipCerts 子项取值应为 0。
i) 机构信息访问 authorityInfoAccess
当 accessMethod 子项取值为 id-ad-caIssuers 时，accessLocation 子项取值应为 HTTP 或者 LDAP 形式的 URI。
j) 主体信息访问 subjectInfoAccess
当 accessMethod 子项取值为 id-ad-timeStamping 时，accessLocation 子项取值类型应为 uniformResourceIdentifier、rfc822Name、dNSName、iPAddress 之一。
k) 私有密钥使用期 privateKeyUsagePeriod
1) notBefore 子项和 notAfter 子项应使用 GeneralizedTime 格式编码；
2) notBefore 子项或 notAfter 子项应出现。
l) 徽标 logotypes
不应使用 otherLogos 子项。
m) IP 地址表示 iPAddressDelegation
max 子项使用的 IP 地址，应至少要有一位为 1。

6.4.1.3 CRL 格式

对 CRL 格式的要求如下：
a) 签名算法 signature
应使用国家密码管理局批准的算法。经国家密码管理局许可后可使用下列算法中的一种：SM3 with SM2，(SHA-1，SHA-256)with RSA，(SHA-1，SHA-256)with RSASSA-PSS。
b) 颁发者 issuer
1) RDN 应使用下列属性：country，organization，organizational unit，或 common name；
2) RDN 序列中属性的顺序应该为：country，organization，organizational unit，common name；
3) organizational unit 属性的出现次数应当为 3 次(含)以下。

6.4.1.4 CRL 扩展

对 CRL 扩展的要求如下：
a) 颁发机构密钥标识符 authorityKeyIdentifier

keyIdentifier 子项取值应使用 GB/T 20518—2006 的 5.2.3.2.1 中的方法 a)生成。

b） 颁发者替换名称 issuerAltName

不应使用 otherName。

c） 证书撤销列表编号 cRLNumber

长度应不大于 8 字节。

d） 颁发分布点 issuingDistributionPoints

1） 如果 revokedCertificates 项只包含 CRL 颁发者颁发的证书，indirectCRL 子项取值应为 FALSE；

2） 如果 revokedCertificates 项只包含终端实体证书，onlyContainsUserCerts 子项取值应为 TRUE；

3） 如果 revokedCertificates 项只包含 CA 证书，onlyContainsCACerts 子项取值应为 TRUE。

e） 机构信息访问 authorityInfoAccess

当 accessMethod 子项取值为 id-ad-caIssuers 时，accessLocation 子项取值应为 HTTP 或者 LDAP 形式的 URI。

6.4.1.5 OCSP 请求格式

对 OCSP 请求格式的要求如下：

a） 签名算法 signatureAlgorithm

应支持国家密码管理局批准的算法。应支持下列算法中经国家密码管理局许可的算法：SM3 with SM2，（MD5，SHA-1，SHA-224，SHA-256，SHA-384，SHA-512）with RSA，（SHA-1，SHA-224，SHA-256）with DSA，（SHA-1，SHA-224，SHA-256，SHA-384，SHA-512）with ECDSA，（SHA-1，SHA-224，SHA-256，SHA-384，SHA-512）with RSASSA-PSS。

b） 请求的证书 reqCert

hashAlgorithm 子项应支持国家密码管理局批准的算法。应支持下列算法中经国家密码管理局许可的算法：SM3，MD5，SHA-1，SHA-224，SHA-256，SHA-384，SHA-512。

6.4.1.6 OCSP 响应格式

对 OCSP 响应格式的要求如下：

a） 签名算法 signatureAlgorithm

应使用国家密码管理局批准的算法。经国家密码管理局许可后可使用下列算法中的一种：SM3 with SM2，（SHA-1，SHA-256）with RSA，（SHA-1，SHA-256）with RSASSA-PSS。

b） 证书标识符 certID

hashAlgorithm 子项应使用国家密码管理局批准的算法。经国家密码管理局许可后可使用下列算法中的一种：SM3，MD5，SHA-1，SHA-256。

6.4.1.7 CP/CPS

应具备英语版本的 CP/CPS。对 CP/CPS 的要求如下：

a） CP/CPS 整体要求

支持的 CP OID 应在 CP/CPS 中描述。

b） 概括性描述

应说明如下章节：策略管理、定义和缩写。

c） 证书生命周期操作要求

应说明如下章节：认证服务订购终止、密钥托管和恢复。

d) 认证机构设施、管理和运作控制

应说明如下章节：审计日志处理流程、记录归档、认证机构密钥更替、事故和灾难恢复、认证机构服务终止。

e) 认证机构技术安全控制

应说明如下章节：密钥对管理的其他方面、时间标记。

f) 认证机构合规性审计和相关评估

应说明如下章节：评估所涵盖的主题和评估的方法列表、评估的频率、评估者的身份和资质、评估者与被评估实体之间的关系、对评估中出现的不足所采取的措施、评估结果的传达。

g) 其他商业和法律条款

应说明如下章节：费用、财务责任、业务信息保密、个人隐私保护、知识产权、陈述和担保、免责申明、有限责任、赔偿、有效期限和终止、对参与者的个别通告与沟通、修订、争议处理、管辖法律、与适用法律的符合性、杂项条款、其他条款。

6.4.1.8 系统功能要求

对系统功能的要求如下：

a) 证书发布

通过 HTTP 发布证书的方式应符合 RFC 4387 的要求。

b) CRL 发布

通过 HTTP 发布 CRL 的方式应符合 RFC 4387 的要求。

6.4.1.9 系统操作要求

对系统操作的要求如下：

a) CP/CPS 管理

证书策略 OID 的生命周期不应小于 4 年。

b) 密钥更新请求的身份鉴别和证书撤销请求的身份鉴别

初始身份鉴别之后，应至少每 9 年重新对订户进行一次初始身份鉴别。

c) 证书申请

1) 颁发证书之前，全部证书内容(包括扩展项)应经过审核；

2) 证书应在申请完成后 30 天内颁发。

d) 证书变更、撤销和挂起

CA 应在 24 h 之内将订户的撤销请求处理完毕。

e) 流程控制

1) 审计员不应该在系统中拥有除了审计之外的其他权限；

2) RA 操作员只能在 RA 系统中拥有权限。

f) 人员控制

系统中的所有人员应没有犯罪记录。

g) 审计日志处理流程

除审计程序之外，审计日志数据不应被任何人员或者程序查看或修改。

h) 密钥对的生成和安装

在初始分发自签名证书的时候，CA 应提供其证书的防篡改机制。

i) 密钥激活数据

1) CA 私钥激活应使用多因素认证(例如口令结合生物特征，或口令结合智能卡)；

2) 如果密码模块中使用了 PIN 码或口令，应至少每 3 个月修改一次。

j) 私钥保护和密码模块的工程控制

 1) 在密钥对的生命周期结束时,CA 私钥的所有部分应该被完全销毁;

 2) 如果密码设备需要永久性地从系统中移除,应清除其中的所有密钥信息。

k) 事故和灾难恢复

 1) 当 CA 私钥泄露或怀疑泄露时,CA 应该立即主动通知其已经颁发了交叉证书的所有 CA;

 2) 当 CA 私钥泄露或怀疑泄露时,CA 应立即使用公开的文档说明该问题。

6.4.2 PKI 应用

6.4.2.1 证书格式

对证书格式的要求如下:

a) 签名算法 signature

应支持国家密码管理局批准的算法。应支持下列算法中经国家密码管理局许可的算法:SM3 with SM2,(MD5,SHA-1,SHA-224,SHA-256,SHA-384,SHA-512) with RSA,(SHA-1, SHA-224,SHA-256) with DSA,(SHA-1,SHA-224,SHA-256,SHA-384,SHA-512) with ECDSA,(SHA-1,SHA-224,SHA-256,SHA-384,SHA-512) with RSASSA-PSS。

b) 颁发者 issuer

RDN 应支持下列属性:country,organization,organizational unit,distinguished name qualifier,state or province name,common name,serial number,locality,title,surname,given name,initials,pseudonym,generation qualifier,domain component,email address。

c) 主体 subject

RDN 应支持下列属性:country,organization,organizational unit,distinguished name qualifier,state or province name,common name,serial number,locality,title,surname,given name,initials,pseudonym,generation qualifier,domain component,email address。

d) 主体公钥信息 subjectPublicKeyInfo

应支持国家密码管理局批准的算法。应支持下列算法中经国家密码管理局许可的算法:SM2, RSA,RSASSA-PSS,RSAES-OAEP,DSA,DH,KEA,ECDSA,ECDH,ECMQV。

6.4.2.2 证书扩展

对证书扩展的要求如下:

a) 徽标 logotypes

应支持本扩展项。

b) IP 地址表示 iPAddressDelegation

应支持本扩展项。

c) AS 标识符表示 autonomousSystemIdentifierDelegation

应支持本扩展项。

d) 担保 warranty

应支持本扩展项。

e) WLAN 服务集合标识符 wLANSSID

应支持本扩展项。

f) 个人身份标识码 identityCode

应支持本扩展项。

g) 个人社会保险号 insuranceNumber

应支持本扩展项。

h) 企业工商注册号 iCRegistrationNumber

应支持本扩展项。

i) 企业组织机构代码 organizationCode

应支持本扩展项。

j) 企业税号 taxationNumber

应支持本扩展项。

6.4.2.3 CRL 格式

对 CRL 格式的要求如下：

a) 签名算法 signature

应支持国家密码管理局批准的算法。应支持下列算法中经国家密码管理局许可的算法：SM3 with SM2，(MD5，SHA-1，SHA-224，SHA-256，SHA-384，SHA-512) with RSA，(SHA-1，SHA-224，SHA-256) with DSA，(SHA-1，SHA-224，SHA-256，SHA-384，SHA-512) with ECDSA，(SHA-1，SHA-224，SHA-256，SHA-384，SHA-512) with RSASSA-PSS。

b) 颁发者 issuer

RDN 应支持下列属性：country，organization，organizational unit，distinguished name qualifier，state or province name，common name，serial number，locality，title，surname，given name，initials，pseudonym，generation qualifier，domain component，email address。

6.4.2.4 OCSP 请求格式

对 OCSP 请求格式的要求如下：

a) 请求者名称 requestorName

不应使用 otherName。

b) 签名算法 signatureAlgorithm

应使用国家密码管理局批准的算法。经国家密码管理局许可后可使用下列算法中的一种：SM3 with SM2，(MD5，SHA-1，SHA-224，SHA-256，SHA-384，SHA-512) with RSA，(SHA-1，SHA-224，SHA-256) with DSA，(SHA-1，SHA-224，SHA-256，SHA-384，SHA-512) with RSASSA-PSS。

c) 请求的证书 reqCert

hashAlgorithm 子项应使用国家密码管理局批准的算法。经国家密码管理局许可后可使用下列算法中的一种：SM3，MD5，SHA-1，SHA-256。

6.4.2.5 OCSP 响应格式

对 OCSP 响应格式的要求如下：

a) 签名算法 signatureAlgorithm

应支持国家密码管理局批准的算法。应支持下列算法中经国家密码管理局许可的算法：SM3 with SM2，(MD5，SHA-1，SHA-224，SHA-256，SHA-384，SHA-512) with RSA，(SHA-1，SHA-224，SHA-256) with DSA，(SHA-1，SHA-224，SHA-256，SHA-384，SHA-512) with RSASSA-PSS。

b) 证书标识符 certID

hashAlgorithm 子项支持应国家密码管理局批准的算法。应支持下列算法中经国家密码管理局许可的算法：SM3，MD5，SHA-1，SHA-224，SHA-256，SHA-384，SHA-512。

6.4.2.6 应用功能要求

应具备完整的源代码开发日志。

6.5 第五级:安全审计级

6.5.1 PKI系统

6.5.1.1 证书格式

对证书格式的要求如下：

a) 序列号 serialNumber

长度应不小于4字节。

b) 签名算法 signature

应使用国家密码管理局批准的算法。经国家密码管理局许可后可使用下列算法中的一种：SM3 with SM2,(SHA-1,SHA-256)with RSA。

c) 主体公钥信息 subjectPublicKeyInfo

应使用国家密码管理局批准的算法。经国家密码管理局许可后可使用下列算法中的一种：SM2,RSA。

6.5.1.2 CRL格式

签名算法 signature 应使用国家密码管理局批准的算法。经国家密码管理局许可后可使用下列算法中的一种:SM3 with SM2,(SHA-1,SHA-256)with RSA。

6.5.1.3 OCSP 请求格式

对OCSP请求格式的要求如下：

a) 签名算法 signatureAlgorithm

应支持国家密码管理局批准的算法。应支持下列算法中经国家密码管理局许可的算法:SM3 with SM2,(MD2,MD4,MD5,SHA-1,SHA-224,SHA-256,SHA-384,SHA-512)with RSA,(SHA-1,SHA-224,SHA-256)with DSA,(SHA-1,SHA-224,SHA-256,SHA-384,SHA-512) with ECDSA,(SHA-1,SHA-224,SHA-256,SHA-384,SHA-512)with RSASSA-PSS,GOST R 34.11-94 with (GOST R 34.10-94,GOST R 34.10-2001)。

b) 请求的证书 reqCert

hashAlgorithm 子项应支持国家密码管理局批准的算法。应支持下列算法中经国家密码管理局许可的算法:SM3,MD2,MD4,MD5,SHA-1,SHA-224,SHA-256,SHA-384,SHA-512。

6.5.1.4 OCSP 响应格式

对OCSP响应格式的要求如下：

a) 签名算法 signatureAlgorithm

应使用国家密码管理局批准的算法。经国家密码管理局许可后可使用下列算法中的一种：SM3 with SM2,(SHA-1,SHA-256)with RSA。

b) 证书标识符 certID

hashAlgorithm 子项应使用国家密码管理局批准的算法。经国家密码管理局许可后可使用下列算法中的一种:SM3,SHA-1,SHA-256。

6.5.1.5 CP/CPS

应具备多种语言版本的CP/CPS。

6.5.1.6 系统操作要求

对系统操作的要求如下：

a) CP/CPS管理

1) 证书策略OID的生命周期不应小于10年；

2) 认证业务声明的生命周期不应高于1年；

3) 应具有指定的管理小组，用以评估和核准CA的证书策略和认证业务声明。

b) 信息发布与资料库职责

1) 资料库应提供7×24 h的服务，每年机器损坏的时间累计应不超过0.5%，无故障运行时间不低于20 000 h；

2) 并发处理连接数应不低于1 000个；

3) 资料库中的信息应在生成后30 s内进行更新。

c) 密钥更新请求的身份鉴别和证书撤销请求的身份鉴别

初始身份鉴别之后，应至少每3年重新对订户进行一次初始身份鉴别。

d) 证书更新和证书密钥更换

用于签名和加密的终端用户证书应至少每3年进行一次密钥更换。

e) 证书变更、撤销和挂起

1) 根CA发布的CRL有效期不应超过35天；

2) 如果子CA有撤销请求，根CA应在18 h之内处理完毕；

3) 颁发终端实体证书的CA颁发的CRL有效期不应超过7天。

f) 物理安全控制

应至少每24 h检查一遍CA设备，确保没有破坏物理安全的行为发生。

g) 审计日志处理流程

审计日志数据每年应至少检查6次，每次检查应至少覆盖审计日志数据的25%。

h) 认证机构设施、管理和运作控制

1) CA的记录数据应至少保存10年；

2) CA应至少每6个月检查一次备份数据的完整性；

3) 根CA的证书有效期不应超过26年。

6.5.2 PKI应用

6.5.2.1 证书格式

对证书格式的要求如下：

a) 签名算法 signature

应支持国家密码管理局批准的算法。应支持下列算法中经国家密码管理局许可的算法：SM3 with SM2，(MD2，MD4，MD5，SHA-1，SHA-224，SHA-256，SHA-384，SHA-512) with RSA，(SHA-1，SHA-224，SHA-256) with DSA，(SHA-1，SHA-224，SHA-256，SHA-384，SHA-512) with ECDSA，(SHA-1，SHA-224，SHA-256，SHA-384，SHA-512) with RSASSA-PSS，GOST R 34.11-94 with (GOST R 34.10-94，GOST R 34.10-2001)。

b) 主体公钥信息 subjectPublicKeyInfo

应支持国家密码管理局批准的算法。应支持下列算法中经国家密码管理局许可的算法：SM2，RSA，RSASSA-PSS，RSAES-OAEP，DSA，DH，KEA，ECDSA，ECDH，ECMQV，GOST R 34.10-94，GOST R 34.10-2001。

6.5.2.2 CRL 格式

签名算法 signature 应支持国家密码管理局批准的算法。应支持下列算法中经国家密码管理局许可的算法：SM3 with SM2，(MD2，MD4，MD5，SHA-1，SHA-224，SHA-256，SHA-384，SHA-512) with RSA，(SHA-1，SHA-224，SHA-256) with DSA，(SHA-1，SHA-224，SHA-256，SHA-384，SHA-512) with ECDSA，(SHA-1，SHA-224，SHA-256，SHA-384，SHA-512) with RSASSA-PSS，GOST R 34.11-94 with (GOST R 34.10-94，GOST R 34.10-2001)。

6.5.2.3 OCSP 请求格式

对 OCSP 请求格式的要求如下：

a) 签名算法 signatureAlgorithm

应使用国家密码管理局批准的算法。经国家密码管理局许可后可使用下列算法中的一种：SM3 with SM2，(SHA-1，SHA-256) with RSA，(SHA-1，SHA-256) with RSASSA-PSS。

b) 请求的证书 reqCert

hashAlgorithm 子项应使用国家密码管理局批准的算法。经国家密码管理局许可后可使用下列算法中的一种：SM3，SHA-1，SHA-256。

6.5.2.4 OCSP 响应格式

对 OCSP 响应格式的要求如下：

a) 签名算法 signatureAlgorithm

应支持国家密码管理局批准的算法。应支持下列算法中经国家密码管理局许可的算法：SM3 with SM2，(MD2，MD4，MD5，SHA-1，SHA-224，SHA-256，SHA-384，SHA-512) with RSA，(SHA-1，SHA-224，SHA-256) with DSA，(SHA-1，SHA-224，SHA-256，SHA-384，SHA-512) with ECDSA，(SHA-1，SHA-224，SHA-256，SHA-384，SHA-512) with RSASSA-PSS。

b) 证书标识符 certID

hashAlgorithm 子项应支持国家密码管理局批准的算法。应支持下列算法中经国家密码管理局许可的算法：SM3，MD2，MD4，MD5，SHA-1，SHA-224，SHA-256，SHA-384，SHA-512。

6.5.2.5 应用功能要求

对应用功能的要求如下：

a) 操作流程

所有操作应按照操作流程进行。

b) 审计

应至少每 7 天进行一次审计。

c) 额外保障

应提供第三方额外保障。

d) 源代码

应通过第三方的源代码安全审查。

附　录　A
（规范性附录）
PKI 系统评估内容列表

A.1　编解码方式

	格式正确级	内容明确级	功能完善级	执行标准化级	安全审计级
编码方式	应使用 BER 编码	应使用 DER 编码			
解码方式	应支持 DER 解码		应支持 BER 解码		

A.2　证书格式

	格式正确级	内容明确级	功能完善级	执行标准化级	安全审计级
version	取值应为 v1(0)、v2(1)或 v3(2)	取值应为 v3(2)			
serialNumber	1. 取值应为自然数； 2. 对于相同 CA 颁发的证书，每个证书序列号应只出现一次； 3. 长度应不大于 20 字节		长度应不大于 16 字节	长度应不大于 8 字节	长度应不小于 4 字节

表（续）

	格式正确级	内容明确级	功能完善级	执行标准化级	安全审计级
signature	1. 应使用国家密码管理局批准的算法。经国家密码管理局许可后可使用下列算法中的一种：SM3 with SM2，（MD2，MD4，MD5，SHA-1，SHA-224，SHA-256，SHA-384，SHA-512）with RSA，（SHA-1，SHA-224，SHA-256）with DSA，（SHA-1，SHA-224，SHA-256，SHA-384，SHA-512）with ECDSA，（SHA-1，SHA-224，SHA-256，SHA-384，SHA-512）with RSASSA-PSS，GOST R 34.11-94 with（GOST R 34.10-94，GOST R 34.10—2001）； 2. 本项取值应与 signatureAlgorithm 项取值一致	应使用国家密码管理局批准的算法。经国家密码管理局许可后可使用下列算法中的一种：SM3 with SM2，（MD5，SHA-1，SHA-224，SHA-256，SHA-384，SHA-512）with RSA，（SHA-1，SHA-224，SHA-256）with DSA，（SHA-1，SHA-224，SHA-256，SHA-384，SHA-512）with ECDSA，（SHA-1，SHA-224，SHA-256，SHA-384，SHA-512）with RSASSA-PSS	应使用国家密码管理局批准的算法。经国家密码管理局许可后可使用下列算法中的一种：SM3 with SM2，（MD5，SHA-1，SHA-224，SHA-256，SHA-384，SHA-512）with RSA，（SHA-1，SHA-224，SHA-256）with DSA，（SHA-1，SHA-224，SHA-256，SHA-384，SHA-512）with RSASSA-PSS	应使用国家密码管理局批准的算法。经国家密码管理局许可后可使用下列算法中的一种：SM3 with SM2，（SHA-1，SHA-256）with RSA，（SHA-1，SHA-256）with RSASSA-PSS	应使用国家密码管理局批准的算法。经国家密码管理局许可后可使用下列算法中的一种：SM3 with SM2，（SHA-1，SHA-256）with RSA
issuer	1. 应为非空的 X.501 DN； 2. RDN 应使用下列属性：country，organization，organizational unit，distinguished name qualifier，state or province name，common name，serial number，locality，title，surname，given name，initials，pseudonym，generation qualifier，domain component，或 email address； 3. 每个 RDN 应只有一个属性值	RDN 不应使用属性 distinguished name qualifier	RDN 应使用下列属性：country，organization，organizational unit，state or province name，locality，或 common name	1. RDN 应使用下列属性：country，organization，organizational unit，或 common name； 2. RDN 序列中属性的顺序应该为：country，organization，organizational unit，common name； 3. organizational unit 属性的出现次数应当为 3 次（含）以下	

表（续）

	格式正确级	内容明确级	功能完善级	执行标准化级	安全审计级
validity	1. 应对2049年以前的时间按照UTCTime编码，2050年（含）以后的时间按照GeneralizedTime编码； 2. notAfter子项表示的时间应比notBefore子项表示的时间晚； 3. 使用GeneralizedTime格式时，不应编码为99991231235959Z				
subject	1. RDN应使用下列属性：country，organization，organizational unit，distinguished name qualifier，state or province name，common name，serial number，locality，title，surname，given name，initials，pseudonym，generation qualifier，domain component，或email address； 2. 每个RDN应只有一个属性值； 3. 本项的DN为空时，subjectAltName扩展项应包含主体名称信息，且标记为关键扩展	1. 应为非空的X.501 DN； 2. RDN不应使用属性distinguished name qualifier	RDN应使用下列属性：country，organization，organizational unit，state or province name，locality，或common name	1. RDN应使用下列属性：country，organization，organizational unit，或common name； 2. RDN序列中属性的顺序应该为：country，organization，organizational unit，common name； 3. organizational unit属性的出现次数应当为3次（含）以下	
subjectPublicKeyInfo	应使用国家密码管理局批准的算法。经国家密码管理局许可后可使用下列算法中的一种：SM2，RSA，RSASSA-PSS，RSAES-OAEP，DSA，DH，KEA，ECDSA，ECDH，ECMQV，GOST R 34.10—94，GOST R 34.10—2001	应使用国家密码管理局批准的算法。经国家密码管理局许可后可使用下列算法中的一种：SM2，RSA，RSASSA-PSS，RSAES-OAEP，DSA，DH，KEA，ECDSA，ECDH，ECMQV	应使用国家密码管理局批准的算法。经国家密码管理局许可后可使用下列算法中的一种：SM2，RSA，RSASSA-PSS，RSAES-OAEP，DSA	应使用国家密码管理局批准的算法。经国家密码管理局许可后可使用下列算法中的一种：SM2，RSA，RSASSA-PSS，RSAES-OAEP	应使用国家密码管理局批准的算法。经国家密码管理局许可后可使用下列算法中的一种：SM2，RSA

表（续）

	格式正确级	内容明确级	功能完善级	执行标准化级	安全审计级
issuerUniqueID	当版本为 v1（0）时，不应使用本项	不应使用本项			
subjectUniqueID	当版本为 v1（0）时，不应使用本项	不应使用本项			

A.3 证书扩展

	格式正确级	内容明确级	功能完善级	执行标准化级	安全审计级
authorityKeyIdentifier		应在自签名证书以外的所有证书中使用	1. 应标记为非关键扩展； 2. 应使用 keyIdentifier 子项； 3. keyIdentifier 子项取值应使用 GB/T 20518—2006 的 5.2.3.2.1 中的方法 a)或 b)生成	1. keyIdentifier 子项取值应使用 GB/T 20518—2006 的 5.2.3.2.1 中的方法 a)生成； 2. keyIdentifier 子项取值应与颁发本证书的 CA 证书中 subjectKeyIdentifier 扩展项的 keyIdentifier 子项取值一致	
subjectKeyIdentifier		应在所有 CA 证书中使用	1. 应标记为非关键扩展； 2. 应使用 GB/T 20518—2006 的 5.2.3.2.1 中的方法 a)或 b)生成	应使用 GB/T 20518—2006 的 5.2.3.2.1 中的方法 a)生成	
keyUsage		1. 应在用于验证证书或者 CRL 中数字签名的证书中使用； 2. 应至少有一位值不为零	应在所有证书中使用		
certificatePolicies		1. 每个证书策略 OID 应只出现一次； 2. 应只在 CA 证书中使用 AnyPolicy OID	应在所有证书中使用	不应在任何证书中使用 AnyPolicy OID	

表（续）

	格式正确级	内容明确级	功能完善级	执行标准化级	安全审计级
policyMappings		应只在 CA 证书中使用	1. 应在不同 CP 体系的交叉证书中使用； 2. issuerDomainPolicy 子项取值应为交叉证书颁发者证书的 certificatePolicies 扩展项中出现过的 CP OID		
subjectAltName			1. 应标记为非关键扩展； 2. 应使用 otherName、rfc822Name、dNSName、x400Address、directoryName、ediPartyName、uniformResourceIdentifier、iPAddress、registeredID 中的名称	不应使用 otherName	
issuerAltName			1. 应标记为非关键扩展； 2. 应使用 otherName、rfc822Name、dNSName、x400Address、directoryName、ediPartyName、uniformResourceIdentifier、iPAddress、registeredID 中的名称	不应使用 otherName	
subjectDirectoryAttributes			应标记为非关键扩展		
basicConstraints		应在所有 CA 证书中使用	1. 如果 cA 子项取值为 FALSE，keyUsage 扩展项的 keyCertSign 子项取值不应为 1； 2. pathLenConstraint 子项应只在 cA 子项取值为 TRUE 且 keyUsage 扩展项的 keyCertSign 子项取值为 1 时使用； 3. pathLenConstraint 子项出现时，取值应大于或等于 0		

表（续）

	格式正确级	内容明确级	功能完善级	执行标准化级	安全审计级
nameConstraints			1. 应只在 CA 证书中使用； 2. 应使用 directoryName、rfc822Name、uniformResourceIdentifier、dNSName、iPAddress 中的名称； 3. minimum 子项取值应为 0，不应使用 maximum 子项		
policyConstraints			应只在 CA 证书中使用		
extKeyUsage			1. 应标记为非关键扩展； 2. 应只在终端实体证书中使用	不应使用 anyExtendedKeyUsage OID	
cRLDistributionPoints		1. 应在自签名证书以外的所有证书中使用； 2. distributionPoint 子项取值应包含 LDAP 或者 HTTP 形式的 URI	1. 应标记为非关键扩展； 2. reasons 子项应与 distributionPoint 子项或者 cRLIssuer 子项一起使用； 3. 如果证书颁发者与 CRL 颁发者不同，cRLIssuer 子项应出现，且取值包含 CRL 颁发者 DN； 4. 如果证书颁发者与 CRL 颁发者相同，distributionPoint 子项应出现且 cRLIssuer 子项不应出现	1. 应有包含所有撤销原因的 CRL 的 distributionPoint 子项； 2. cRLIssuer 子项中应仅包含 CRL 颁发者的 DN，并且其编码应与 CRL 颁发者的 DN 编码完全一致	
inhibitAnyPolicy			应只在 CA 证书中使用	skipCerts 子项取值应为 0	
freshestCRL			1. 应标记为非关键扩展； 2. 应在终端实体证书中使用； 3. distributionPoint 子项取值应包含 LDAP 或者 HTTP 形式的 URI		

表（续）

	格式正确级	内容明确级	功能完善级	执行标准化级	安全审计级
authorityInfoAccess			1. 应标记为非关键扩展； 2. 应在所有终端实体证书中使用，accessMethod 子项取值应包含 id-ad-ocsp	当 accessMethod 子项取值为 id-ad-caIssuers 时，accessLocation 子项取值应为 HTTP 或者 LDAP 形式的 URI。	
subjectInfoAccess			1. 应标记为非关键扩展； 2. 当 accessMethod 子项取值为 id-ad-caRepository 时，accessLocation 子项取值应为 HTTP 或者 LDAP 形式的 URI	当 accessMethod 子项取值为 id-ad-timeStamping 时，accessLocation 子项取值类型应为 uniformResourceIdentifier、rfc822Name、dNSName、iPAddress 之一	
privateKeyUsagePeriod		应标记为非关键扩展		1. notBefore 子项和 notAfter 子项应使用 GeneralizedTime 格式编码； 2. notBefore 子项或 notAfter 子项应出现	
logotypes		应标记为非关键扩展，其格式和编码应符合 RFC 3709 的要求		不应使用 otherLogos 子项	
iPAddressDelegation		应标记为非关键扩展，其格式和编码应符合 RFC 3779 的要求		max 子项使用的 IP 地址，应至少要有一位为 1	
autonomous SystemIdentifierDelegation		应标记为非关键扩展，其格式和编码应符合 RFC 3779 的要求			
warranty		应标记为非关键扩展，其格式和编码应符合 RFC 4059 的要求			
wLANSSID		应标记为非关键扩展，其格式和编码应符合 RFC 4334 的要求			
identityCode		应标记为非关键扩展			
insuranceNumber		应标记为非关键扩展			
iCRegistrationNumber		应标记为非关键扩展			

表（续）

	格式正确级	内容明确级	功能完善级	执行标准化级	安全审计级
organizationCode		应标记为非关键扩展			
taxationNumber		应标记为非关键扩展			
私有扩展	应标记为非关键扩展				

A.4 CRL 格式

	格式正确级	内容明确级	功能完善级	执行标准化级	安全审计级
version	不应使用本项或取值为 v2(1)	取值应为 v2(1)			
signature	1. 应使用国家密码管理局批准的算法。经国家密码管理局许可后可使用下列算法中的一种：SM3 with SM2，(MD2，MD4，MD5，SHA-1，SHA-224，SHA-256，SHA-384，SHA-512) with RSA，(SHA-1，SHA-224，SHA-256) with DSA，(SHA-1，SHA-224，SHA-256，SHA-384，SHA-512) with ECDSA，(SHA-1，SHA-224，SHA-256，SHA-384，SHA-512) with RSASSA-PSS，GOST R 34.11-94 with (GOST R 34.10-94，GOST R 34.10—2001)； 2. 本项取值应与 signatureAlgorithm 项取值一致	应使用国家密码管理局批准的算法。经国家密码管理局许可后可使用下列算法中的一种：SM3 with SM2，(MD5，SHA-1，SHA-224，SHA-256，SHA-384，SHA-512) with RSA，(SHA-1，SHA-224，SHA-256) with DSA，(SHA-1，SHA-224，SHA-256，SHA-384，SHA-512) with ECDSA，(SHA-1，SHA-224，SHA-256，SHA-384，SHA-512) with RSASSA-PSS	应使用国家密码管理局批准的算法。经国家密码管理局许可后可使用下列算法中的一种：SM3 with SM2，(MD5，SHA-1，SHA-224，SHA-256，SHA-384，SHA-512) with RSA，(SHA-1，SHA-224，SHA-256) with DSA，(SHA-1，SHA-224，SHA-256，SHA-384，SHA-512) with RSASSA-PSS	应使用国家密码管理局批准的算法。经国家密码管理局许可后可使用下列算法中的一种：SM3 with SM2，(SHA-1，SHA-256) with RSA，(SHA-1，SHA-256) with RSASSA-PSS	应使用国家密码管理局批准的算法。经国家密码管理局许可后可使用下列算法中的一种：SM3 with SM2，(SHA-1，SHA-256) with RSA

表（续）

	格式正确级	内容明确级	功能完善级	执行标准化级	安全审计级
issuer	1. 应为非空的 X.501 DN； 2. RDN 应使用下列属性：country，organization，organizational unit，distinguished name qualifier，state or province name，common name，serial number，locality，title，surname，given name，initials，pseudonym，generation qualifier，domain component，或 email address； 3. 每个 RDN 应只有一个属性值	RDN 不应使用属性 distinguished name qualifier	RDN 应使用下列属性：country，organization，organizational unit，state or province name，locality，或 common name	1. RDN 应使用下列属性：country，organization，organizational unit，或 common name； 2. RDN 序列中属性的顺序应该为：country，organization，organizational unit，common name； 3. organizational unit 属性的出现次数应当为 3 次（含）以下	
thisUpdate	应对 2049 年以前的时间按照 UTCTime 编码，2050 年（含）以后的时间按照 GeneralizedTime 编码				
nextUpdate	1. 应对 2049 年以前的时间按照 UTCTime 编码，2050 年（含）以后的时间按照 GeneralizedTime 编码； 2. 本项表示的时间应比 thisUpdate 项表示的时间晚	应在所有 CRL 中使用			
revokedCertificates	没有被撤销证书时，不应使用本项				

A.5 CRL 扩展

	格式正确级	内容明确级	功能完善级	执行标准化级	安全审计级
authorityKeyIdentifier		应在所有 CRL 中使用	1. 应标记为非关键扩展； 2. 应使用 keyIdentifier 子项； 3. keyIdentifier 子项取值应使用 GB/T 20518—2006 的 5.2.3.2.1 中的方法 a)或 b)生成	keyIdentifier 子项取值应使用 GB/T 20518—2006 的 5.2.3.2.1 中的方法 a)生成	
issuerAltName			1. 应标记为非关键扩展； 2. 应使用 otherName、rfc822Name、dNSName、x400Address、directoryName、ediPartyName、uniformResourceIdentifier、iPAddress、registeredID 中的名称	不应使用 otherName	
cRLNumber		长度应不大于 20 字节	1. 应标记为非关键扩展； 2. 应在所有 CRL 中使用； 3. 取值应为递增序号； 4. 提供相同信息的完全 CRL 和增量 CRL 中，本扩展项取值应相同； 5. 长度应不大于 16 字节	长度应不大于 8 字节	
deltaCRLIndicator		应在所有增量 CRL 中使用	1. 两个完全 CRL 之间的信息差异，应与前一次 CRL 颁发之后的所有增量 CRL 信息之和相同； 2. 同一个颁发者颁发的基本 CRL 和增量 CRL 应使用同一个私钥签名		

表（续）

	格式正确级	内容明确级	功能完善级	执行标准化级	安全审计级
issuingDistributionPoints			1. 如果 distributionPoint 子项出现，内容应非空； 2. 如果 distributionPoint 子项未出现，则 CRL 应包含所有撤销证书； 3. 如果 onlySomeReasons 子项出现，CRL 中所有 Entry 应有 unspecified 以外的撤销理由； 4. 如果 onlyContainsUserCerts 子项、onlyContainsCACerts 子项、indirectCRL 子项、onlyContainsAttributeCerts 子项都取值为 FALSE，则 distributionPoint 子项或 onlySomeReasons 子项应出现； 5. 基本 CRL 和增量 CRL 使用的本扩展取值应相同	1. 如果 revokedCertificates 项只包含 CRL 颁发者颁发的证书，indirectCRL 子项取值应为 FALSE； 2. 如果 revokedCertificates 项只包含终端实体证书，onlyContainsUserCerts 子项取值应为 TRUE； 3. 如果 revokedCertificates 项只包含 CA 证书，onlyContainsCACerts 子项取值应为 TRUE	
freshestCRL			1. 应标记为非关键扩展； 2. 不应使用 reasons 子项和 cRLIssuer 子项； 3. 不应在增量 CRL 中使用		
authorityInfoAccess			应标记为非关键扩展	当 accessMethod 子项取值为 id-ad-caIssuers 时，accessLocation 子项取值应为 HTTP 或者 LDAP 形式的 URI	

A.6 CRL Entry 扩展

	格式正确级	内容明确级	功能完善级	执行标准化级	安全审计级
reasonCode			1. 应标记为非关键扩展； 2. 本扩展项取值不应为 0； 3. 本扩展项取值为 removeFromCRL 时，CRL 应为增量 CRL		
holdInstructionCode			应标记为非关键扩展		
invalidityDate			1. 应标记为非关键扩展； 2. 应在所有 Entry 中出现		
certificateIssuer			如果 CRL 颁发者与证书颁发者不同，本扩展项应出现		

A.7 OCSP 请求格式

	格式正确级	内容明确级	功能完善级	执行标准化级	安全审计级
version		应支持取值为 v1(0)			
requestorName		应至少支持 rfc822Name、dNSName、x400Address、directoryName、ediPartyName、uniformResourceIdentifier、iPAddress、registeredID 中的一种名称			

表（续）

	格式正确级	内容明确级	功能完善级	执行标准化级	安全审计级
signatureAlgorithm		应支持国家密码管理局批准的算法。应支持下列算法中经国家密码管理局许可的算法：SM3 with SM2，（SHA-1，SHA-256）with RSA，（SHA-1，SHA-256）with RSASSA-PSS	应支持国家密码管理局批准的算法。应支持下列算法中经国家密码管理局许可的算法：SM3 with SM2，（MD5，SHA-1，SHA-224，SHA-256，SHA-384，SHA-512）with RSA，（SHA-1，SHA-224，SHA-256）with DSA，（SHA-1，SHA-224，SHA-256，SHA-384，SHA-512）with RSASSA-PSS	应支持国家密码管理局批准的算法。应支持下列算法中经国家密码管理局许可的算法：SM3 with SM2，（MD5，SHA-1，SHA-224，SHA-256，SHA-384，SHA-512）with RSA，（SHA-1，SHA-224，SHA-256）with DSA，（SHA-1，SHA-224，SHA-256，SHA-384，SHA-512）with ECDSA，（SHA-1，SHA-224，SHA-256，SHA-384，SHA-512）with RSASSA-PSS	应支持国家密码管理局批准的算法。应支持下列算法中经国家密码管理局许可的算法：SM3 with SM2，（MD2，MD4，MD5，SHA-1，SHA-224，SHA-256，SHA-384，SHA-512）with RSA，（SHA-1，SHA-224，SHA-256）with DSA，（SHA-1，SHA-224，SHA-256，SHA-384，SHA-512）with ECDSA，（SHA-1，SHA-224，SHA-256，SHA-384，SHA-512）with RSASSA-PSS，GOST R 34.11-94 with（GOST R 34.10-94，GOST R 34.10—2001）。
requestList		支持请求单个证书，包含单个 Request	支持请求多个证书，包含多个 Request		
reqCert		hashAlgorithm 子项应支持国家密码管理局批准的算法。应支持下列算法中经国家密码管理局许可的算法：SM3，SHA-1，SHA-256	hashAlgorithm 子项应支持国家密码管理局批准的算法。应支持下列算法中经国家密码管理局许可的算法：SM3，SHA-1，SHA-256，MD5	hashAlgorithm 子项应支持国家密码管理局批准的算法。应支持下列算法中经国家密码管理局许可的算法：SM3，MD5，SHA-1，SHA-224，SHA-256，SHA-384，SHA-512	hashAlgorithm 子项应支持国家密码管理局批准的算法。应支持下列算法中经国家密码管理局许可的算法：SM3，MD2，MD4，MD5，SHA-1，SHA-224，SHA-256，SHA-384，SHA-512

A.8 OCSP 响应格式

	格式正确级	内容明确级	功能完善级	执行标准化级	安全审计级
responseStatus		取值应为 successful, malformedRequest, internalError, tryLater, sigRequired, unauthorized 之一			
responseBytes		应使用本项			
responseType		取值应为 id-pkix-ocsp-basic			
signatureAlgorithm		应使用国家密码管理局批准的算法。经国家密码管理局许可后可使用下列算法中的一种:SM3 with SM2,(MD2,MD4,MD5,SHA-1,SHA-224, SHA-256, SHA-384,SHA-512) with RSA,(SHA-1,SHA-224,SHA-256) with DSA,(SHA-1, SHA-224, SHA-256,SHA-384,SHA-512)with ECDSA,(SHA-1, SHA-224, SHA-256,SHA-384, SHA-512) with RSASSA-PSS	应使用国家密码管理局批准的算法。经国家密码管理局许可后可使用下列算法中的一种:SM3 with SM2,(MD2,MD4,MD5,SHA-1,SHA-224,SHA-256,SHA-384,SHA-512) with RSA,(SHA-1,SHA-224,SHA-256) with DSA,(SHA-1,SHA-224,SHA-256,SHA-384,SHA-512) with RSASSA-PSS	应使用国家密码管理局批准的算法。经国家密码管理局许可后可使用下列算法中的一种:SM3 with SM2,(SHA-1,SHA-256) with RSA,(SHA-1,SHA-256) with RSASSA-PSS	应使用国家密码管理局批准的算法。经国家密码管理局许可后可使用下列算法中的一种:SM3 with SM2,(SHA-1,SHA-256) with RSA
signature			OCSP 服务器证书 extKeyUsage 扩展项应包含 id-kp-OCSPSigning OID		
responderID		1. byName 子项取值应为响应者 DN; 2. byKey 子项取值应为对响应者公钥使用 SHA-1 算法进行哈希运算后得出的值			

表（续）

	格式正确级	内容明确级	功能完善级	执行标准化级	安全审计级
producedAt		应使用 GeneralizedTime 格式编码			
responses		支持响应单个证书，包含单个 SingleResponse	支持响应多个证书，包含多个 SingleResponse		
certID		hashAlgorithm 子项应使用国家密码管理局批准的算法。经国家密码管理局许可后可使用下列算法中的一种：SM3，MD2，MD4，MD5，SHA-1，SHA-224，SHA-256，SHA-384，SHA-512	hashAlgorithm 子项应使用国家密码管理局批准的算法。经国家密码管理局许可后可使用下列算法中的一种：SM3，MD5，SHA-1，SHA-224，SHA-256，SHA-384，SHA-512	hashAlgorithm 子项应使用国家密码管理局批准的算法。经国家密码管理局许可后可使用下列算法中的一种：SM3，MD5，SHA-1，SHA-256	hashAlgorithm 子项应使用国家密码管理局批准的算法。经国家密码管理局许可后可使用下列算法中的一种：SM3，SHA-1，SHA-256
certStatus		取值应为 good，revoked，unknown 之一			
thisUpdate		应使用 GeneralizedTime 格式编码			
nextUpdate		应使用 GeneralizedTime 格式编码			

A.9 OCSP 扩展

	格式正确级	内容明确级	功能完善级	执行标准化级	安全审计级
nonce		应标记为非关键扩展	如果 OCSP 请求中使用本扩展项，OCSP 响应应在 responseExtensions 项中使用本扩展项，且取值相同		
cRLReferences		应标记为非关键扩展	使用本扩展项时，crlUrl 子项、crlNum 子项和 crlTime 子项应至少有一项被使用		

表（续）

	格式正确级	内容明确级	功能完善级	执行标准化级	安全审计级
acceptableResponseTypes			1. 应支持本扩展项； 2. 应支持使用 id-pkix-ocsp-basic OID		
archiveCutoff		应标记为非关键扩展	应使用 GeneralizedTime 格式编码		
serviceLocator			应支持本扩展项		
cRLEntryExtension			应满足 A.6 中功能完善级的要求		

A.10 CP/CPS

	格式正确级	内容明确级	功能完善级	执行标准化级	安全审计级
CP/CPS		应具备符合 RFC 3647 要求的 CPS	应具备符合 RFC 3647 要求的 CP	应具备英语版本的 CP/CPS	应具备多种语言版本的 CP/CPS
CP/CPS 整体要求			1. 应说明如下章节：概括性描述，信息发布与资料库职责，身份标识与鉴别，证书生命周期操作要求，认证机构设施、管理和运作控制，认证机构技术安全控制，证书、证书撤销列表和在线证书状态协议，认证机构合规性审计和相关评估，其他商业和法律条款； 2. 应能够通过公开途径获得	支持的 CP OID 应在 CP/CPS 中描述	
概括性描述			应说明如下章节：概述、文档名称与标识、参与方和证书应用	应说明如下章节：策略管理、定义和缩写	
信息发布与资料库职责			应说明如下章节：资料库的标识和责任方、信息的发布、信息发布的时间和频率、资料库的访问控制		

表（续）

	格式正确级	内容明确级	功能完善级	执行标准化级	安全审计级
身份标识与鉴别			应说明如下章节：命名、初始申请证书的身份鉴别、密钥更新请求的身份鉴别、证书撤销请求的身份鉴别		
证书生命周期操作要求			应说明如下章节：证书申请、证书申请的处理、证书颁发、证书接受、密钥对和证书的使用、证书更新、证书密钥更换、证书变更、证书撤销和挂起、证书状态服务	应说明如下章节：认证服务订购终止、密钥托管和恢复	
认证机构设施、管理和运作控制			应说明如下章节：物理安全控制、流程控制、人员控制	应说明如下章节：审计日志处理流程、记录归档、认证机构密钥更替、事故和灾难恢复、认证机构服务终止	
认证机构技术安全控制			应说明如下章节：密钥对的生成和安装、私钥保护和密码模块的工程控制、密钥激活数据、计算机安全控制、生命周期安全控制、网络安全控制	应说明如下章节：密钥对管理的其他方面、时间标记	
证书、证书撤销列表和在线证书状态协议			应说明如下章节：证书、证书撤销列表、在线证书状态协议		
认证机构合规性审计和相关评估				应说明如下章节：评估所涵盖的主题和评估的方法列表、评估的频率、评估者的身份和资质、评估者与被评估实体之间的关系、对评估中出现的不足所采取的措施、评估结果的传达	

表（续）

	格式正确级	内容明确级	功能完善级	执行标准化级	安全审计级
其他商业和法律条款				应说明如下章节：费用、财务责任、业务信息保密、个人隐私保护、知识产权、陈述和担保、免责申明、有限责任、赔偿、有效期限和终止、对参与者的个别通告与沟通、修订、争议处理、管辖法律、与适用法律的符合性、杂项条款、其他条款	

A.11　系统功能要求

	格式正确级	内容明确级	功能完善级	执行标准化级	安全审计级
颁发证书	应具备此功能				
颁发交叉证书		应具备此功能			
颁发证书撤销状态信息	应颁发完全 CRL	应颁发增量 CRL 或提供 OCSP 服务	应颁发增量 CRL 和提供 OCSP 服务		
CP/CPS 发布			应通过 HTTP 或者 LDAP 发布 CP/CPS		
证书发布		应通过 HTTP 或者 LDAP 发布除终端实体证书之外的所有证书	应通过 HTTP 和 LDAP 发布所有证书。通过 LDAP 发布证书的方式应符合 RFC 4523 的要求	通过 HTTP 发布证书的方式应符合 RFC 4387 的要求	
CRL 发布		应通过 HTTP 或者 LDAP 发布所有 CRL	应通过 HTTP 和 LDAP 发布所有 CRL。通过 LDAP 发布 CRL 的方式应符合 RFC 4523 的要求	通过 HTTP 发布 CRL 的方式应符合 RFC 4387 的要求	

A.12 系统操作要求

	格式正确级	内容明确级	功能完善级	执行标准化级	安全审计级
CP/CPS 管理			1. 应指定 CA 支持的证书策略 OID; 2. CA 应对其订户和依赖方公开证书策略和认证业务声明	证书策略 OID 的生命周期不应小于 4 年	1. 证书策略 OID 的生命周期不应小于 10 年; 2. 认证业务声明的生命周期不应高于 1 年; 3. 应具有指定的管理小组,用以评估和核准 CA 的证书策略和认证业务声明
信息发布与资料库职责					1. 资料库应提供 7×24 h 的服务,每年机器损坏的时间累计应不超过 0.5%,无故障运行时间不低于 20 000 h; 2. 并发处理连接数应不低于 1 000 个; 3. 资料库中的信息应在生成后 30 s内进行更新。
个人隐私保护			CA 所收集的订户信息在未经订户许可的情况下不应被泄露(法律规定的情况除外)		
身份标识与鉴别			1. 证书中不应包含未经验证的信息; 2. 每个终端实体在证书中应拥有可区别的唯一 DN; 3. 应能够通过如下几个类别的用户证件对订户进行身份验证:身份证、护照、驾驶证		

表（续）

	格式正确级	内容明确级	功能完善级	执行标准化级	安全审计级
密钥更新请求的身份鉴别和证书撤销请求的身份鉴别			身份鉴别应达到初始申请证书的身份鉴别强度	初始身份鉴别之后，应至少每9年重新对订户进行一次初始身份鉴别	初始身份鉴别之后，应至少每3年重新对订户进行一次初始身份鉴别
证书申请			1. 订户应提供自身身份信息的证明； 2. 订户应提供所有需要出现在证书中的信息的证明	1. 颁发证书之前，全部证书内容(包括扩展项)应经过审核； 2. 证书应在申请完成后30天内颁发	
证书更新和证书密钥更换			应由拥有已颁发证书的订户提出请求		用于签名和加密的终端用户证书应至少每3年进行一次密钥更换
证书变更、撤销和挂起			1. 如果证书中任何信息发生改变，应将此证书撤销； 2. CA应支持订户的撤销请求	CA应在24 h之内将订户的撤销请求处理完毕	1. 根CA发布的CRL有效期不应超过35天； 2. 如果子CA有撤销请求，根CA应在18 h之内处理完毕； 3. 颁发终端实体证书的CA颁发的CRL有效期不应超过7天
物理安全控制			1. 仅有授权用户可以进入CA设备所在的安全区域，进出时间和人员信息应记录日志； 2. CA设备所在区域应具备空调设备等以保证系统正常运转； 3. CA设备应满足防水、防火等要求； 4. CA设备应保证其存储介质不会因温度、湿度和电磁等因素而失效； 5. CA系统应具备离线备份功能		应至少每24 h检查一遍CA设备，确保没有破坏物理安全的行为发生
流程控制			应在至少两人同时在场的情况下进行CA密钥的产生、激活以及备份操作	1. 审计员不应在系统中拥有除了审计之外的其他权限； 2. RA操作员应只能在RA系统中拥有权限	

表（续）

	格式正确级	内容明确级	功能完善级	执行标准化级	安全审计级
人员控制				系统中的所有人员应没有犯罪记录	
审计日志处理流程				除审计程序之外，审计日志数据不应被任何人员或者程序查看或修改	审计日志数据每年应至少检查6次，每次检查应至少覆盖审计日志数据的25％
认证机构设施、管理和运作控制					1. CA的记录数据应至少保存10年； 2. CA应至少每6个月检查一次备份数据的完整性； 3. 根CA的证书有效期不应超过26年
密钥对的生成和安装				在初始分发自签名证书的时候，CA应提供其证书的防篡改机制	
密钥激活数据				1. CA私钥激活应使用多因素认证(例如口令结合生物特征，或口令结合智能卡)； 2. 如果密码模块中使用了PIN码或口令，该PIN码或口令，应至少每3个月修改一次	
私钥保护和密码模块的工程控制				1. 在密钥对的生命周期结束时，CA私钥的所有部分应该被完全销毁； 2. 如果密码设备需要永久性地从系统中移除，应清除其中的所有密钥信息	

表（续）

	格式正确级	内容明确级	功能完善级	执行标准化级	安全审计级
事故和灾难恢复				1. 当 CA 私钥泄露或怀疑泄露时，CA 应该立即主动通知其已经颁发了交叉证书的所有 CA； 2. 当 CA 私钥泄露或怀疑泄露时，CA 应立即使用公开的文档说明该问题	

附 录 B
（规范性附录）
PKI 应用评估内容列表

B.1 编解码方式

	格式正确级	内容明确级	功能完善级	执行标准化级	安全审计级
编码方式	应使用 BER 编码	应使用 DER 编码			
解码方式	应支持 DER 解码		应支持 BER 解码		

B.2 证书格式

	格式正确级	内容明确级	功能完善级	执行标准化级	安全审计级
version	应支持取值为 v1(0)、v2(1)或 v3(2)		应支持取值为 v1(0)、v2(1)和 v3(2)		
serialNumber	支持长度应至少为 8 字节	支持长度应至少为 16 字节	支持长度应至少为 20 字节		
signature	应支持国家密码管理局批准的算法。应支持下列算法中经国家密码管理局许可的算法：SM3 with SM2，(SHA-1，SHA-256)with RSA	应支持国家密码管理局批准的算法。应支持下列算法中经国家密码管理局许可的算法：SM3 with SM2，(SHA-1，SHA-256) with RSA，(SHA-1，SHA-256) with RSASSA-PSS	应支持国家密码管理局批准的算法。应支持下列算法中经国家密码管理局许可的算法：SM3 with SM2，(MD5，SHA-1，SHA-224，SHA-256，SHA-384，SHA-512)with RSA，(SHA-1，SHA-224，SHA-256) with DSA，(SHA-1，SHA-224，SHA-256，SHA-384，SHA-512) with RSASSA-PSS	应支持国家密码管理局批准的算法。应支持下列算法中经国家密码管理局许可的算法：SM3 with SM2，(MD5，SHA-1，SHA-224，SHA-256，SHA-384，SHA-512)with RSA，(SHA-1，SHA-224，SHA-256) with DSA，(SHA-1，SHA-224，SHA-256，SHA-384，SHA-512) with ECDSA，(SHA-1，SHA-224，SHA-256，SHA-384，SHA-512) with RSASSA-PSS	应支持国家密码管理局批准的算法。应支持下列算法中经国家密码管理局许可的算法：SM3 with SM2，(MD2，MD4，MD5，SHA-1，SHA-224，SHA-256，SHA-384，SHA-512) with RSA，(SHA-1，SHA-224，SHA-256) with DSA，(SHA-1，SHA-224，SHA-256，SHA-384，SHA-512) with ECDSA，(SHA-1，SHA-224，SHA-256，SHA-384，SHA-512) with RSASSA-PSS，GOST R 34.11-94 with (GOST R 34.10-94，GOST R 34.10—2001)

表（续）

	格式正确级	内容明确级	功能完善级	执行标准化级	安全审计级
issuer	RDN 应支持下列属性：country，organization，organizational unit，common name		RDN 应支持下列属性：country，organization，organizational unit，state or province name，locality，common name	RDN 应支持下列属性：country，organization，organizational unit，distinguished name qualifier，state or province name，common name，serial number，locality，title，surname，given name，initials，pseudonym，generation qualifier，domain component，email address	
validity	应支持 2049 年以前的时间按照 UTCTime 解码，2050 年（含）以后的时间按照 GeneralizedTime 解码	应支持任意格式的时间解码			
subject	RDN 应支持下列属性：country，organization，organizational unit，common name	本项为空时，支持从 subjectAltName 扩展项中获取主体名称信息	RDN 应支持下列属性：country，organization，organizational unit，state or province name，locality，common name	RDN 应支持下列属性：country，organization，organizational unit，distinguished name qualifier，state or province name，common name，serial number，locality，title，surname，given name，initials，pseudonym，generation qualifier，domain component，email address	

表（续）

	格式正确级	内容明确级	功能完善级	执行标准化级	安全审计级
subjectPublicKeyInfo	应支持国家密码管理局批准的算法。应支持下列算法中经国家密码管理局许可的算法：SM2，RSA	应支持国家密码管理局批准的算法。应支持下列算法中经国家密码管理局许可的算法：SM2，RSA，RSASSA-PSS，RSAES-OAEP	应支持国家密码管理局批准的算法。应支持下列算法中经国家密码管理局许可的算法：SM2，RSA，RSASSA-PSS，RSAES-OAEP，DSA	应支持国家密码管理局批准的算法。应支持下列算法中经国家密码管理局许可的算法：SM2，RSA，RSASSA-PSS，RSAES-OAEP，DSA，DH，KEA，ECDSA，ECDH，ECMQV	应支持国家密码管理局批准的算法。应支持下列算法中经国家密码管理局许可的算法：SM2，RSA，RSASSA-PSS，RSAES-OAEP，DSA，DH，KEA，ECDSA，ECDH，ECMQV，GOST R 34.10-94，GOST R 34.10—2001
issuerUniqueID		应支持本项			
subjectUniqueID		应支持本项			

B.3 证书扩展

	格式正确级	内容明确级	功能完善级	执行标准化级	安全审计级
authorityKeyIdentifier		应支持本扩展项			
subjectKeyIdentifier		应支持本扩展项			
keyUsage		应支持本扩展项			
certificatePolicies		应支持本扩展项			
policyMappings			应支持本扩展项		
subjectAltName		1. 应支持本扩展项； 2. 应能够识别以下类型的名称：rfc822Name、dNSName、x400Address、directoryName、ediPartyName、uniformResourceIdentifier、iPAddress、registeredID			

表（续）

	格式正确级	内容明确级	功能完善级	执行标准化级	安全审计级
issuerAltName		1. 应支持本扩展项； 2. 应能够识别以下类型的名称：rfc822Name、dNSName、x400Address、directoryName、ediPartyName、uniformResourceIdentifier、iPAddress、registeredID			
subjectDirectoryAttributes			应支持本扩展项		
basicConstraints		应支持本扩展项			
nameConstraints			应支持本扩展项		
policyConstraints			应支持本扩展项		
extKeyUsage			应支持本扩展项		
cRLDistributionPoints		1. 应支持本扩展项； 2. distributionPoint 子项支持使用 LDAP 或 HTTP 形式的 URI			
inhibitAnyPolicy			应支持本扩展项		
freshestCRL			1. 应支持本扩展项； 2. distributionPoint 子项支持使用 LDAP 或 HTTP 形式的 URI		

表（续）

	格式正确级	内容明确级	功能完善级	执行标准化级	安全审计级
authorityInfoAccess			1. 应支持本扩展项； 2. accessMethod 子项应支持使用 id-ad-ocsp		
subjectInfoAccess			应支持本扩展项		
privateKeyUsagePeriod			应支持本扩展项		
logotypes				应支持本扩展项	
iPAddressDelegation				应支持本扩展项	
autonomousSystemIdentifierDelegation				应支持本扩展项	
warranty				应支持本扩展项	
wLANSSID				应支持本扩展项	
identityCode				应支持本扩展项	
insuranceNumber				应支持本扩展项	
iCRegistrationNumber				应支持本扩展项	
organizationCode				应支持本扩展项	
taxationNumber				应支持本扩展项	

B.4 CRL 格式

	格式正确级	内容明确级	功能完善级	执行标准化级	安全审计级
version	应支持本项不出现或取值为 v2(1)		应支持本项不出现和取值为 v2(1)		
signature	应支持国家密码管理局批准的算法。应支持下列算法中经国家密码管理局许可的算法:SM3 with SM2,(SHA-1,SHA-256)with RSA	应支持国家密码管理局批准的算法。应支持下列算法中经国家密码管理局许可的算法:SM3 with SM2,(SHA-1,SHA-256)with RSA,(SHA-1,SHA-256)with RSASSA-PSS	应支持国家密码管理局批准的算法。应支持下列算法中经国家密码管理局许可的算法:SM3 with SM2,(MD5,SHA-1,SHA-224,SHA-256,SHA-384,SHA-512)with RSA,(SHA-1,SHA-224,SHA-256)with DSA,(SHA-1,SHA-224,SHA-256,SHA-384,SHA-512)with RSASSA-PSS	应支持国家密码管理局批准的算法。应支持下列算法中经国家密码管理局许可的算法:SM3 with SM2,(MD5,SHA-1,SHA-224,SHA-256,SHA-384,SHA-512)with RSA,(SHA-1,SHA-224,SHA-256)with DSA,(SHA-1,SHA-224,SHA-256,SHA-384,SHA-512)with ECDSA,(SHA-1,SHA-224,SHA-256,SHA-384,SHA-512)with RSASSA-PSS	应支持国家密码管理局批准的算法。应支持下列算法中经国家密码管理局许可的算法:SM3 with SM2,(MD2,MD4,MD5,SHA-1,SHA-224,SHA-256,SHA-384,SHA-512)with RSA,(SHA-1,SHA-224,SHA-256)with DSA,(SHA-1,SHA-224,SHA-256,SHA-384,SHA-512)with ECDSA,(SHA-1,SHA-224,SHA-256,SHA-384,SHA-512)with RSASSA-PSS,GOST R 34.11-94 with (GOST R 34.10-94,GOST R 34.10—2001)
issuer	RDN 应支持下列属性:country,organization,organizational unit,common name		RDN 应支持下列属性:country,organization,organizational unit,state or province name,locality,common name	RDN 应支持下列属性:country,organization,organizational unit,distinguished name qualifier,state or province name,common name,serial number,locality,title,surname,given name,initials,pseudonym,generation qualifier,domain component,email address	

表（续）

	格式正确级	内容明确级	功能完善级	执行标准化级	安全审计级
thisUpdate	应支持2049年以前的时间按照UTCTime解码，2050年（含）以后的时间按照GeneralizedTime解码	应支持任意格式的时间解码			
nextUpdate	应支持2049年以前的时间按照UTCTime解码，2050年（含）以后的时间按照GeneralizedTime解码	应支持任意格式的时间解码			
revokedCertificates	应支持本项				

B.5 CRL 扩展

	格式正确级	内容明确级	功能完善级	执行标准化级	安全审计级
authorityKeyIdentifier		应支持本扩展项			
issuerAltName		1. 应支持本扩展项； 2. 应能够识别 rfc822Name、dNSName、x400Address、directoryName、ediPartyName、uniformResourceIdentifier、iPAddress、registeredID 类型的名称			
cRLNumber		1. 应支持本扩展项； 2. 支持长度应至少为20字节			
deltaCRLIndicator		应支持本扩展项			
issuingDistributionPoints			应支持本扩展项		
freshestCRL			应支持本扩展项		
authorityInfoAccess			应支持本扩展项		

B.6 CRL Entry 扩展

	格式正确级	内容明确级	功能完善级	执行标准化级	安全审计级
reasonCode		应支持本扩展项			
holdInstructionCode			应支持本扩展项		
invalidityDate		应支持本扩展项			
certificateIssuer		应支持本扩展项			

B.7 OCSP 请求格式

	格式正确级	内容明确级	功能完善级	执行标准化级	安全审计级
version		取值应为 v1(0)			
requestorName		应使用 otherName、rfc822Name、dNSName、x400Address、directoryName、ediPartyName、uniformResourceIdentifier、iPAddress、registeredID 中的一种名称		不应使用 otherName	
signatureAlgorithm		应使用国家密码管理局批准的算法。经国家密码管理局许可后可使用下列算法中的一种：SM3 with SM2，(MD2，MD4，MD5，SHA-1，SHA-224，SHA-256，SHA-384，SHA-512) with RSA，(SHA-1，SHA-224，SHA-256) with DSA，(SHA-1，SHA-224，SHA-256，SHA-384，SHA-512) with ECDSA，(SHA-1，SHA-224，SHA-256，SHA-384，SHA-512) with RSASSA-PSS，GOST R 34.11-94 with (GOST R 34.10-94，GOST R 34.10—2001)	应使用国家密码管理局批准的算法。经国家密码管理局许可后可使用下列算法中的一种：SM3 with SM2，(MD5，SHA-1，SHA-224，SHA-256，SHA-384，SHA-512) with RSA，(SHA-1，SHA-224，SHA-256) with DSA，(SHA-1，SHA-224，SHA-256，SHA-384，SHA-512) with ECDSA，(SHA-1，SHA-224，SHA-256，SHA-384，SHA-512) with RSASSA-PSS	应使用国家密码管理局批准的算法。经国家密码管理局许可后可使用下列算法中的一种：SM3 with SM2，(MD5，SHA-1，SHA-224，SHA-256，SHA-384，SHA-512) with RSA，(SHA-1，SHA-224，SHA-256) with DSA，(SHA-1，SHA-224，SHA-256，SHA-384，SHA-512) with RSASSA-PSS	应使用国家密码管理局批准的算法。经国家密码管理局许可后可使用下列算法中的一种：SM3 with SM2，(SHA-1，SHA-256) with RSA，(SHA-1，SHA-256) with RSASSA-PSS

表(续)

	格式正确级	内容明确级	功能完善级	执行标准化级	安全审计级
requestList		应能够请求单个证书,包含单个Request	应能够请求多个证书,包含多个Request		
reqCert		hashAlgorithm子项应使用国家密码管理局批准的算法。经国家密码管理局许可后可使用下列算法中的一种:SM3,MD2,MD4,MD5,SHA-1,SHA-224,SHA-256,SHA-384,SHA-512	hashAlgorithm子项应使用国家密码管理局批准的算法。经国家密码管理局许可后可使用下列算法中的一种:SM3, MD5, SHA-1, SHA-224, SHA-256, SHA-384, SHA-512	hashAlgorithm子项应使用国家密码管理局批准的算法。经国家密码管理局许可后可使用下列算法中的一种:SM3,MD5,SHA-1,SHA-256	hashAlgorithm子项应使用国家密码管理局批准的算法。经国家密码管理局许可后可使用下列算法中的一种:SM3,SHA-1,SHA-256

B.8 OCSP 响应格式

	格式正确级	内容明确级	功能完善级	执行标准化级	安全审计级
responseStatus		应支持取值为successful, malformedRequest, internalError, tryLater, sigRequired, unauthorized			
responseType		支持取值为id-pkix-ocsp-basic			

表（续）

	格式正确级	内容明确级	功能完善级	执行标准化级	安全审计级
signatureAlgorithm		应支持国家密码管理局批准的算法。应支持下列算法中经国家密码管理局许可的算法：SM3 with SM2，（SHA-1，SHA-256）with RSA	应支持国家密码管理局批准的算法。应支持下列算法中经国家密码管理局许可的算法：SM3 with SM2，（SHA-1，SHA-256）with RSA，（SHA-1，SHA-256）with RSASSA-PSS	应支持国家密码管理局批准的算法。应支持下列算法中经国家密码管理局许可的算法：SM3 with SM2，（MD5，SHA-1，SHA-224，SHA-256，SHA-384，SHA-512）with RSA，（SHA-1，SHA-224，SHA-256）with DSA，（SHA-1，SHA-224，SHA-256，SHA-384，SHA-512）with RSASSA-PSS	应支持国家密码管理局批准的算法。应支持下列算法中经国家密码管理局许可的算法：SM3 with SM2，（MD2，MD4，MD5，SHA-1，SHA-224，SHA-256，SHA-384，SHA-512）with RSA，（SHA-1，SHA-224，SHA-256）with DSA，（SHA-1，SHA-224，SHA-256，SHA-384，SHA-512）with ECDSA，（SHA-1，SHA-224，SHA-256，SHA-384，SHA-512）with RSASSA-PSS
responderID		支持使用 byName 或 byKey			
producedAt		应能够正常解码			
responses		取值为单个 SingleResponse 时，应能够正常解码	取值为多个 SingleResponse 时，应能够正常解码		
certID		hashAlgorithm 子项应支持国家密码管理局批准的算法。应支持下列算法中经国家密码管理局许可的算法：SM3，SHA-1，SHA-256	hashAlgorithm 子项应支持国家密码管理局批准的算法。应支持下列算法中经国家密码管理局许可的算法：SM3，MD5，SHA-1，SHA-256	hashAlgorithm 子项应支持国家密码管理局批准的算法。应支持下列算法中经国家密码管理局许可的算法：SM3，MD5，SHA-1，SHA-224，SHA-256，SHA-384，SHA-512	hashAlgorithm 子项应支持国家密码管理局批准的算法。应支持下列算法中经国家密码管理局许可的算法：SM3，MD2，MD4，MD5，SHA-1，SHA-224，SHA-256，SHA-384，SHA-512
certStatus		应支持取值为 good、revoked、unknown			
thisUpdate		应能够正常解码			
nextUpdate		应能够正常解码			

B.9 OCSP 扩展

	格式正确级	内容明确级	功能完善级	执行标准化级	安全审计级
nonce		应标记为非关键扩展	应支持本扩展项		
cRLReferences			应支持本扩展项		
acceptableResponseTypes		应标记为非关键扩展	应包含取值为 id-pkix-ocsp-basic 的 OID		
archiveCutoff			应支持本扩展项		
serviceLocator		应标记为非关键扩展	1. issuer 子项取值应与被请求证书的 issuer 项取值相同； 2. locator 子项取值应与被请求证书的 authorityInfoAccess 扩展项的取值相同		
cRLEntryExtension		应满足 B.6 中内容明确级的要求	应满足 B.6 中功能完善级的要求		

B.10 应用功能要求

	格式正确级	内容明确级	功能完善级	执行标准化级	安全审计级
证书解码	应支持证书基本域	应支持证书扩展			
CRL 解码	应支持 CRL 基本域	应支持 CRL 扩展和 CRL Entry 扩展			
OCSP		应支持 OCSP 基本域	应支持 OCSP 扩展		

表（续）

	格式正确级	内容明确级	功能完善级	执行标准化级	安全审计级
操作流程			应提供操作流程		所有操作应按照操作流程进行
审计			应具备审计功能		应至少每 7 天进行一次审计
额外保障					应提供第三方额外保障
源代码			应提供完整的源代码供第三方检查	应具备完整的源代码开发日志	应通过第三方的源代码安全审查。

ICS 35.040
L 80

中华人民共和国国家标准

GB/T 29242—2012

信息安全技术　鉴别与授权　安全断言置标语言

Information security technology—Authentication and authorization—Security assertion markup language

2012-12-31 发布　　2013-06-01 实施

中华人民共和国国家质量监督检验检疫总局
中国国家标准化管理委员会　发布

前　　言

本标准依据GB/T 1.1—2009给出的规则起草，在制定过程中参考了信息标准促进组织(OASIS：Organization for the Advancement of Structured Information Standards)的saml-core-2.0-os。

本标准由全国信息安全标准化技术委员会(SAC/TC 260)提出并归口。

本标准起草单位：中国科学院软件研究所、工业和信息化部电信研究院。

本标准主要起草人：陈驰、冯登国、付艳艳、张立武、荆继武、聂秀英、毕立波、薛宁、江浩洁、武静。

引 言

近年来，越来越多的信息系统通过 Web 服务、门户和集成化应用程序等方式实现互联，彼此间的安全信息共享需求日益强烈。但在互联网跨安全领域应用场景中，缺乏关于认证、属性和授权信息传输格式和协议的规范，信息安全产品之间互操作困难的情况，仍没有得到很好的解决。本标准通过定义一整套严格的、遵从 XML 编码格式的、关于安全断言的语法和语义规范以及标准的协议集合来缓解这种状况。

本标准参考了结构化信息标准促进组织（OASIS）的文件 Security Assertion Markup Language（SAML）v2.0。在原文件的基础上增加了"术语和定义"部分，增加了对标准范围的说明，修改了原文件的简介部分并增设了附录说明。同时新增了协议关系图说明各 SAML 协议间的关系。

信息安全技术　鉴别与授权
安全断言置标语言

1　范围

本标准定义了一系列遵从XML编码格式的关于安全断言的语法、语义规范、系统实体间传递和处理SAML断言的协议集合和SAML系统管理相关的处理规则。

本标准适用于在互联网跨安全域应用场景中，身份鉴别，认证与授权服务的开发、测试、评估和采购。

2　规范性引用文件

下列文件对于本文件的应用是必不可少的。凡是注日期的引用文件，仅注日期的版本适用于本文件。凡是不注日期的引用文件，其最新版本(包括所有的修改单)适用于本文件。

ISO/IEC 13568:2002　信息技术　Z形式规范注释　语法、形式系统和语义学(Information technology—Z formal specification notation—Syntax，type system and semantics)

RFC 1510 Kerberos　网络认证请求器(V5)(The Kerberos Network Authentication Service(V5))

RFC 2253　轻量级目录访问控制(V3)(Lightweight Directory Access Protocol(V3))

RFC 2396　统一资源标识:通用语法(Uniform Resource Identifiers (URI): Generic Syntax)

RFC 2822　因特网消息格式(Internet Message Format)

RFC 3513　IPV6地址结构(Internet Protocol Version 6 (IPv6) Addressing Architecture)

3　术语和定义

下列术语和定义适用于本文件。

3.1

断言　assertion

由SAML权威生成的对于主体认证行为的结果，包括与主体相关的属性信息或主体可使用的授权信息等数据。

3.2

鉴别　authentication

验证实体所声称的身份的动作。

3.3

授权　authorization

给予权利，包括访问权的授予。

3.4

绑定，协议绑定　binding，protocol binding

将一个关于协议消息和消息交换模式的标准映射到另一个协议的具体形式标准。

注：将SAML中的〈AuthnRequest〉消息映射到HTTP就是绑定的一个例子。下文中，在SAML上每个绑定都以“SAML xxx binding”的格式命名。

3.5

依赖方　relying party

根据从另一实体处获得的信息来决定如何进行动作的系统实体。

注：SAML 依赖方依赖于从断言方(SAML 权威)接收到的关于主体的断言。

3.6

SAML 权威　SAML authority

SAML 域模型中签发断言的抽象系统实体。

3.7

主体　subject

能访问客体的主动实体。

注：在本标准中,SAML 断言是对主体进行的声明。

3.8

用户　user

使用系统和系统资源的自然人。

注：尽管用户的概念能够被扩充以包含机器、网络、自主智能代理,但在本标准中,用户仅限于自然人。

4　缩略语

下列缩略语适用于本标准:

HTTP	超文本传输协议(Hypertext Transfer Protocol)
IdP	身份提供者(Identity Provider)
RFC	请求注解(Request For Comments)
SAML	安全断言置标语言(Security Assertion Markup Language)
SOAP	简单对象访问协议(Simple Object Access Protocol)
SP	服务提供者(Service Provider)
URI	统一资源标识(Uniform Resource Identifier)
URL	统一资源定位符(Uniform Resource Locator)
URN	统一资源名(Uniform Resource Name)
UTC	世界标准时间(Universal Time Coordinated)
XML	可扩展置标语言(eXtensible Markup Language)

5　一致性

对于一个特定的应用,并非必须涉及安全断言置标语言的所有特征。鉴于此,本标准提供了一种通过对置标语言的特征进行选择以适用特定应用的方法。本标准中所定义的所有必需的核心特征集合都采用显式的[必需]进行标注,其他可选的特征集合则会采用[可选]进行标注,以方便使用者针对特定的应用进行选择。

6　SAML 断言

6.1　概述

断言是一个包含零个或更多个由 SAML 权威作出的声明的信息包。SAML 断言通常与由〈Subject〉元素表示的主体有关,但是断言中的〈Subject〉元素是可选的,以便其他的标准利用 SAML 断言来构建不包含特定主体的声明或通过其他方式来指定主体。通常，多个服务提供者 SP 会利用关于主体的断言来进行访问控制和提供个性化服务，这些 SP 就成为了这些断言发布者(称为身份提供者 IdP)的依赖方。

本标准定义了 SAML 权威可以生成的三种不同的断言声明。所有符合 SAML 定义的声明都与一个主体有关。这三种声明分别为：

a) 认证

断言主体在特定的时间通过特定的方式被认证过。

b) 属性

断言主体与提供的属性相关联。

c) 授权结果

断言主体对特定资源的访问请求通过或被拒绝。

断言的外部结构是通用的，提供了内部声明的公共信息。断言内部，通过一系列的内部元素描述了认证、属性、授权结果以及用户自定义的声明。

SAML 断言方案允许用户对现有断言和声明进行扩展或定义新的断言和声明类型，相关信息参见第 11 章。

6.2 方案头与命名空间声明

下面的示例定义了断言方案的 XML 命名空间以及其他头信息。

示例：

```
〈schema targetNamespace="urn:oasis:names:tc:SAML:2.0:assertion"
xmlns="http://www.w3.org/2001/XMLSchema"
xmlns:saml="urn:oasis:names:tc:SAML:2.0:assertion"
xmlns:ds="http://www.w3.org/2000/09/xmldsig#"
xmlns:xenc="http://www.w3.org/2001/04/xmlenc#"
elementFormDefault="unqualified"
attributeFormDefault="unqualified"
blockDefault="substitution"
version="2.0"〉
〈import namespace="http://www.w3.org/2000/09/xmldsig#"
schemaLocation="http://www.w3.org/TR/2002/REC-xmldsig-core-
20020212/xmldsig-core-schema.xsd"/〉
〈import namespace="http://www.w3.org/2001/04/xmlenc#"
schemaLocation="http://www.w3.org/TR/2002/REC-xmlenc-core-
20021210/xenc-schema.xsd"/〉
〈annotation〉
〈documentation〉
Document identifier: saml-schema-assertion-2.0
Location: http://docs.oasis-open.org/security/saml/v2.0/
Revision history:
V1.0 (November, 2002):
Initial Standard Schema.
V1.1 (September, 2003):
Updates within the same V1.0 namespace.
V2.0 (March, 2005):
New assertion schema for SAML V2.0 namespace.
```

```
</documentation>
</annotation>
...
</schema>
```

6.3 名称标识符

6.3.1 概述

本节中定义了包含主体、断言签发者和协议消息的描述标识符的 SAML 结构体。

在某些环境中，SAML 中的两个系统实体需要关于第三方进行一些通信(例如 SAML 认证协议允许第三方认证一个主体)，因此有必要建立一个将参与方与标识符进行关联的方法。在某些情况下，需要限制标识符的使用范围，使其只能被少数几个系统实体使用(例如保护主体的隐私)。类似的标识符也可以用来引用协议消息或断言的签发者。

多个系统实体可能会对不同的身份使用同样的标识符，因为不同的系统实体对同样名称的理解是不同的。SAML 通过名称限定词，即把名称标识符置入一个和名称限定词相关的命名空间来消除该种歧义。SAML 允许标识符通过断言发布方和特定依赖方或从属关系的方式被限定，需要时允许以配对语意的形式出现。

当需要通过中间人来传输名称标识符时，可以通过对标识符加密来增强其隐私保护特性。

注：为了避免使用高级 XML 方案结构(以及其他原因)，不同类型的标识符元素不能共享同一个类型层次。

6.3.2 <BaseID>元素

<BaseID>元素是一个扩展点，使得应用程序可以添加新类型的标识符。它是 BaseIDAbstractType 复合类型的元素，该复合类型是一个抽象类型，因此只能作为被继承的源类型。它包含下列用来扩展的属性：

a) NameQualifier[可选]

限定该标识符的安全域或管理域的名称。该属性与标识符联合作用，以避免同名用户的冲突。

b) SPNameQualifier[可选]

使用服务提供者的名称进一步限定标识符。该属性为依赖方提供了一种联合标识符的方法。

如果标识符类型定义中未明确定义 NameQualifier 和 SPNameQualifier 的用途和语义，则这两个属性应该被省略。

下面的示例定义了<BaseID>元素及 BaseIDAbstractType 复合类。

示例：

```
<attributeGroup name="IDNameQualifiers">
<attribute name="NameQualifier" type="string" use="optional"/>
<attribute name="SPNameQualifier" type="string" use="optional"/>
</attributeGroup>
<element name="BaseID" type="saml:BaseIDAbstractType"/>
<complexType name="BaseIDAbstractType" abstract="true">
<attributeGroup ref="saml:IDNameQualifiers"/>
</complexType>
```

6.3.3 NameIDType 复合类

当元素通过字符串描述一个实体时，需要使用 NameIDType 复合类。它比<BaseID>元素拥有更加严格的限制，它也是<NameID>元素和<Issuer>元素的底层类型。除了描述实体的字符串外，它还包括下列属性：

a) NameQualifier[可选]

限定该标识符的安全域或管理域的名称。该属性把标识符和名称限定词联合以避免同名用户的冲突。

b) SPNameQualifier[可选]

使用服务提供者的名称进一步限定标识符,该属性为依赖方提供了一种联合标识符的方法。

c) Format [可选]

一个URI指针,用于描述基于字符串的标识符所属的类别。

如果Format的值没有指定,并且没有其他特殊说明,则以urn:oasis:names:tc:SAML:1.0:nameid-format:unspecified作为默认值。如果指定的Format值不符合12.4给出的细节要求,将根据标准外提供的说明进行解释。

除非定义中明确指出,否则与断言发送方和依赖方相关的标识符的匿名性、假名性和持续性将由具体实现决定。

d) SPProvidedID [可选]

服务提供者建立的一个与元素中的主标识符不同的名称标识符。该属性提供了一种根据服务提供者的标识符进行整合的方法。例如,一个已存在的标识符可以通过使用7.7节中描述的名称标识符管理协议"连结"一个实体。

关于上述属性的额外使用规则可以在使用此复合类的上层元素中定义,或者通过Format值来进行定义。如果上层元素定义和Format均未明确定义NameQualifier和SPNameQualifier的用途和语义,则这两个属性应该被省略。

下面的示例定义了NameIDType复合类。

示例:

```
〈complexType name = "NameIDType"〉
〈simpleContent〉
〈extension base = "string"〉
〈attributeGroup ref = "saml:IDNameQualifiers"/〉
〈attribute name = "Format" type = "anyURI" use = "optional"/〉
〈attribute name = "SPProvidedID" type = "string" use = "optional"/〉
〈/extension〉
〈/simpleContent〉
〈/complexType〉
```

6.3.4 〈NameID〉元素

〈NameID〉元素为NameIDType类型,用在〈Subject〉和〈SubjectConfirmation〉元素等多种SAML断言结构和多种协议消息中。

下面的示例定义了〈NameID〉元素。

示例:

```
〈element name = "NameID" type = "saml:NameIDType"/〉
```

6.3.5 〈EncryptedID〉元素

〈EncryptedID〉元素为EncryptedElementType类型,包含一个加密的标识符元素。〈EncryptedID〉元素包含以下元素:

a) 〈xenc:EncryptedData〉[必需]

加密内容及相关细节。其Type属性应该存在,并且若该属性存在,应包含值http://www.w3.org/2001/04/xmlenc#Element。加密内容应包含一个NameIDTy-pe或AssertionType类型的元素,或起源于 BaseIDAbstractType、NameIDType 和 AssertionType 类型的元素。

b) 〈xenc:EncryptedKey〉[0 个或多个]

打包解密密钥。每个解密密钥应该包含一个 Recipient 属性,指出该密钥加密的实体,该属性的值应该为 SAML 系统实体的 URI 标识符。

加密标识符可在通过中间人进行明文的值传输时提供隐私保护。对于每个加密操作,密文应唯一。

一个完整的断言也可通过加密到该元素内作为标识符使用。这种情况下,该断言的〈Subject〉元素提供了该断言的主体标识符。如果该认证断言无效,则其内部的封装断言也是无效的。

下面的示例定义了〈EncryptedID〉元素及其 EncryptedElementType 复合类。

示例:

```
〈complexType name = "EncryptedElementType"〉
〈sequence〉
〈element ref = "xenc:EncryptedData"/〉
〈element ref = "xenc:EncryptedKey" minOccurs = "0" maxOccurs = "unbounded"/〉
〈/sequence〉
〈/complexType〉
〈element name = "EncryptedID" type = "saml:EncryptedElementType"/〉
```

6.3.6 〈**Issuer**〉元素

〈Issuer〉元素为 NameIDType 复合类型,提供了 SAML 断言或协议消息的签发者信息。该元素应使用字符串作为签发者的名称,可以包含其他类型的说明信息。

如果该元素的 Format 值没有指定,则以 urn:oasis:names:tc:SAML:2.0:nameid-format:entity 作为默认值。

下面的示例定义了〈Issuer〉元素。

示例:

```
〈element name = "Issuer" type = "saml:NameIDType"/〉
```

6.4 断言

6.4.1 〈**AssertionIDRef**〉元素

〈AssertionIDRef〉元素使用唯一的标识符来创建一个 SAML 断言的引用。该元素内不包含断言的签发者。参见 7.4.1 中给出的使用该索引来获取相应断言的具体协议元素。

下面的示例定义了〈AssertionIDRef〉元素。

示例:

```
〈element name = "AssertionIDRef" type = "NCName"/〉
```

6.4.2 〈**AssertionURIRef**〉元素

〈AssertionURIRef〉元素使用 URI 指针来引用 SAML 断言。也就是说,可以通过 URI 指针以特定的方式来获取对应的断言。下面的示例定义了〈AssertionURIRef〉元素。

示例:

```
〈element name = "AssertionURIRef" type = "anyURI"/〉
```

6.4.3 〈**Assertion**〉元素

〈Assertion〉元素为 AssertionType 复合类型。该类型对断言包含的基本信息进行了说明,包括下列元素和属性:

a) Version [必需]

断言的版本。使用本标准中定义的标识符版本是“2.0”,更详细的版本信息参见第8章。

b) ID[必需]

断言标识符的ID,用xs:ID格式表示,且应遵循附录A中关于唯一性的要求。

c) IssueInstant[必需]

使用UTC格式表示的断言签发时间。

d) 〈Issuer〉[必需]

声明该断言的SAML权威(签发者)。对于依赖方,签发者应该是明确的。

本标准没有定义本元素中所描述的实体和对断言进行签名的实体间的具体关系。任何由断言使用方作出的强制要求与本标准无关。

e) 〈ds:Signature〉[可选]

用来保护断言完整性和认证签发者的XML签名。具体信息参见下面的描述以及第9章中的描述。

f) 〈Subject〉[可选]

断言中声明的主体。

g) 〈Conditions〉[可选]

当使用断言或验证断言有效性时,应对条件进行评价。评价过程的细节见6.6。

h) 〈Advice〉[可选]

进行操作时附加的帮助信息。应用程序可根据需要忽略这些信息。

断言中还包含零或多个的下列元素:

i) 〈Statement〉

声明。应使用一个xsi:type属性来指出其具体类型。

j) 〈AuthnStatement〉

认证声明。

k) 〈AuthzDecisionStatement〉

授权结果声明。

l) 〈AttributeStatement〉

属性声明。

一个不包含声明的断言应包含一个〈Subject〉元素,这样的断言确定了一个主体但并不包含任何该主体的其他信息。

除此之外,〈Subject〉元素定义了该断言内所有声明的主体。如果该元素被省略,则断言中的声明将应用于通过其他方法确定的一个主体上。SAML标准本身没有对不包含〈Subject〉元素的断言进行定义,因此在本标准中不讨论此类断言的意义。

根据具体协议的要求,SAML断言的签发者通常需要经过认证并拥有完整性保护。认证和完整性保护可以由协议绑定提供的机制来完成。SAML断言可以通过签名来认证签发者并提供完整性保护。

如果应用了签名,则应同时使用〈ds:Signature〉元素,且依赖方应对签名的有效性进行检验。如果签名无效,则依赖方应不信任断言的内容。如果签名有效,依赖方应该对签名进行评价以确定签发者的身份及其适当性并进一步使用其标准对断言内容进行分析。

无论是否经过签名,如果它们的主体、环境等相同,则包含在同一断言内的一系列声明和单独包含这些声明的一系列断言在语意上都是相等的。

下面的示例定义了〈Assertion〉元素及AssertionType复合类。

示例:

```
〈element name = "Assertion" type = "saml:AssertionType"/〉
〈complexType name = "AssertionType"〉
```

```
〈sequence〉
〈element ref = "saml:Issuer"/〉
〈element ref = "ds:Signature" minOccurs = "0"/〉
〈element ref = "saml:Subject" minOccurs = "0"/〉
〈element ref = "saml:Conditions" minOccurs = "0"/〉
〈element ref = "saml:Advice" minOccurs = "0"/〉
〈choice minOccurs = "0" maxOccurs = "unbounded"〉
〈element ref = "saml:Statement"/〉
〈element ref = "saml:AuthnStatement"/〉
〈element ref = "saml:AuthzDecisionStatement"/〉
〈element ref = "saml:AttributeStatement"/〉
〈/choice〉
〈/sequence〉
〈attribute name = "Version" type = "string" use = "required"/〉
〈attribute name = "ID" type = "ID" use = "required"/〉
〈attribute name = "IssueInstant" type = "dateTime" use = "required"/〉
〈/complexType〉
```

6.4.4 〈EncryptedAssertion〉元素

〈EncryptedAssertion〉元素描述了一个加密的断言。该元素包含以下元素：

a) 〈xenc:EncryptedData〉[必需]

加密内容及相关细节。其 Type 属性应该存在且若存在，应包含为 http://www.w3.org/2001/04/xmlenc#Element 的值。其加密部分应包含一个源自 AssertionType 的元素。

b) 〈xenc:EncryptedKey〉[0 个或多个]

打包解密密钥。每个解密密钥应该包含一个 Recipient 属性以指出该密钥加密的实体，该属性的值应该为该实体的 SAML URI 标识符。

加密断言可在通过中间人进行明文的值传输时提供隐私保护。

下面的示例定义了〈EncryptedAssertion〉元素。

示例：

```
〈element name = "EncryptedAssertion" type = "saml:EncryptedElementType"/〉
```

6.5 主体

6.5.1 〈Subject〉元素

可选的〈Subject〉元素确定了断言内所有声明(0 个或多个)的共同主体，包含一个标识符或者若干个主体证明。

a) 〈BaseID〉,〈NameID〉或〈EncryptedID〉[可选]

确定主体。

b) 〈SubjectConfirmation〉[0 个或多个]

可以证明主体的信息。如果存在一个以上的主体证明，则检验其中任意一个即可。

一个〈Subject〉元素可以同时包含标识符以及主体证明，使得依赖方可以在处理断言时进行校验。如果其中包含的任意一个主体证明通过校验，依赖方可以将提出该断言的实体与断言内的主体和声明相关联，该实体可以不同于真正的主体。

如果不包含主体证明，断言的提交者与主体间不存在任何关系。

一个〈Subject〉元素不应该定义一个以上的主体。

下面的示例定义了〈Subject〉元素及 SubjectType 复合类。

示例：

```
〈element name = "Subject"type = "saml:SubjectType"/〉
〈complexType name = "SubjectType"〉
〈choice〉
〈sequence〉
〈choice〉
〈element ref = "saml:BaseID"/〉
〈element ref = "saml:NameID"/〉
〈element ref = "saml:EncryptedID"/〉
〈/choice〉
〈element ref = "saml:SubjectConfirmation" minOccurs = "0"
maxOccurs = "unbounded"/〉
〈/sequence〉
〈element ref = "saml:SubjectConfirmation" maxOccurs = "unbounded"/〉
〈/choice〉
〈/complexType〉
```

6.5.2 〈SubjectConfirmation〉元素

〈SubjectConfirmation〉元素为依赖方提供了校验主体的方法，它包含以下属性和元素：

a) Method [必需]

指向确定主体的协议或机制的 URI 指针。协议使用者可以通过定义新的 URI 或私下协商来引入新的方法。

b) 〈BaseID〉，〈NameID〉，或〈EncryptedID〉[可选]

标明要验证是否满足主体证明请求的实体。

c) 〈SubjectConfirmationData〉[可选]

某些证明方法需要的额外信息。例如一个〈ds:KeyInfo〉元素，可用来代表一个密钥。其他标准可对〈SubjectConfirmationData〉中包含的信息内容作具体要求。

下面的示例定义了〈SubjectConfirmation〉元素及 SubjectConfirmationType 复合类。

示例：

```
〈element name = "SubjectConfirmation" type = "saml:SubjectConfirmationType"/〉
〈complexType name = "SubjectConfirmationType"〉
〈sequence〉
〈choice minOccurs = "0"〉
〈element ref = "saml:BaseID"/〉
〈element ref = "saml:NameID"/〉
〈element ref = "saml:EncryptedID"/〉
〈/choice〉
〈element ref = "saml:SubjectConfirmationData" minOccurs = "0"/〉
〈/sequence〉
〈attribute name = "Method" type = "anyURI" use = "required"/〉
〈/complexType〉
```

6.5.3 〈SubjectConfirmationData〉元素

〈SubjectConfirmationData〉元素属于 SubjectConfirmationDataType 复合类。提供了可以证明主体的额外信息。当依赖方需要校验提出断言的实体(即证明实体)和断言宣称的主体间的关系时，需要使用主体证明。主体证明包含了下列可选信息：

a） NotBefore［可选］

UTC 格式的证明起始时间。

b） NotOnOrAfter［可选］

UTC 格式的证明结束时间。

c） Recipient［可选］

描述实体或某证明实体发布断言的地址的 URI。例如，该属性可限定断言应发送到特定的网络终端以避免中间人攻击。

d） InResponseTo［可选］

一个 SAML 协议消息 ID，证明实体可发布断言到该 ID。该属性可以将一个 SAML 请求与该断言关联。

e） Address［可选］

证明实体可发布断言的网络地址。该属性可将特定的终端地址与断言绑定以避免攻击者轻易的窃取和发布断言。IPv4 地址应该使用通常的点-十进制格式描述（例如，“1.2.3.4”）。IPv6 地址应该用 IETF RFC 3513[RFC 3513]中 2.2 定义的格式来表示（例如“FEDC:BA98:7654:3210:FEDC:BA98:7654:3210”）。

f） Arbitrary attributes

本复合类使用了〈xs:anyAttribute〉扩展点，从而可以在〈SubjectConfirmationData〉结构上添加任意的命名空间限定的 XML 属性，而不需要提出特定的扩展方案。这种附加域可按需添加，以提供所需要的附加证明信息。SAML 扩展应不添加任何本地（非命名空间限定的）XML 属性或 SubjectConfirmationDataType 类型及起源于该类型的 SAML 格式的命名空间限定的 XML 属性。这些属性为 SAML 所保留，以备维护及改进之用。

g） Arbitrary elements

本复合类可利用〈xs:any〉扩展点在〈SubjectConfirmationData〉结构上添加任意的 XML 元素，而不需要定义专门的扩展方案。从而可以视需要添加元素来附加证明信息。

如果时间限定存在，应该包含于〈Conditions〉元素的 NotBefore 和 NotOnOrAfter 属性中，且本复合类中 NotBefore 应早于 NotOnOrAfter。

下面的示例定义了〈SubjectConfirmationData〉元素以及 SubjectConfirmationDataType 复合类型。

示例：

```
〈element name="SubjectConfirmationData"
type="saml:SubjectConfirmationDataType"/〉
〈complexType name="SubjectConfirmationDataType" mixed="true"〉
〈complexContent〉
〈restriction base="anyType"〉
〈sequence〉
〈any namespace="##any" processContents="lax" minOccurs="0"
maxOccurs="unbounded"/〉
〈/sequence〉
〈attribute name="NotBefore" type="dateTime" use="optional"/〉
〈attribute name="NotOnOrAfter" type="dateTime" use="optional"/〉
〈attribute name="Recipient" type="anyURI" use="optional"/〉
〈attribute name="InResponseTo" type="NCName" use="optional"/〉
〈attribute name="Address" type="string" use="optional"/〉
〈anyAttribute namespace="##other" processContents="lax"/〉
```

```
〈/restriction〉
〈/complexContent〉
〈/complexType〉
```

6.5.4 KeyInfoConfirmationDataType 复合类

KeyInfoConfirmationDataType 复合类要求〈SubjectConfirmationData〉元素应包含若干个〈ds:KeyInfo〉元素，用〈ds:KeyInfo〉元素来指明认证证明方的密文密钥。证明方法中应详细定义数据使用的机制。SubjectConfirmationDataType 复合类中出现的可选属性也可以在本复合类中出现。

使用〈ds:KeyInfo〉元素来定义数据的证明方法应该可以使用本类型和本类型的衍生类。

所有〈ds:KeyInfo〉元素应识别单一的密文密钥。多重的密钥可以使用单独的〈ds:KeyInfo〉进行识别。例如，主体可利用不同的密钥向不同依赖方证明自己。

下面的示例定义了 KeyInfoConfirmationDataType 复合类。

示例：

```
〈complexType name="KeyInfoConfirmationDataType" mixed="false"〉
〈complexContent〉
〈restriction base="saml:SubjectConfirmationDataType"〉
〈sequence〉
〈element ref="ds:KeyInfo" maxOccurs="unbounded"/〉
〈/sequence〉
〈/restriction〉
〈/complexContent〉
〈/complexType〉
```

6.5.5 经密钥认证的〈Subject〉实例

为了描述上述元素和类型如何共同作用，下面给出一个包含名称标识符和主体证明的〈Subject〉元素的实例。

请注意其中使用 KeyInfoConfirmationDataType 复合类型包含的〈ds:KeyInfo〉元素来定义证明信息的方式。

示例：

```
〈Subject〉
〈NameID Format="urn:oasis:names:tc:SAML:1.1:nameid-format:emailAddress"〉
scott@example.org
〈/NameID〉
〈SubjectConfirmation Method="urn:oasis:names:tc:SAML:2.0:cm:holder-of-key"〉
〈SubjectConfirmationData xsi:type="saml:KeyInfoConfirmationDataType"〉
〈ds:KeyInfo〉
〈ds:KeyName〉Scott's Key〈/ds:KeyName〉
〈/ds:KeyInfo〉
〈/SubjectConfirmationData〉
〈/SubjectConfirmation〉
〈/Subject〉
```

6.6 条件

6.6.1 〈conditions〉元素

6.6.1.1 概述

〈conditions〉元素可以包括下列元素与属性：

a） NotBefore［可选］

指定了断言生效的最初时间。此时间值采用 UTC 编码，相关信息参见附录 A。

b） NotOnOrAfter［可选］

指定了断言失效的时间。此时间值采用 UTC 编码，相关信息参见附录 A。

c） 〈Condition〉［任意数目］

定义在一个扩展方案中某个类型的条件。应使用属性 xsi：type 来指明实际的条件类别。

d） 〈AudienceRestriction〉［任意数目］

指定断言只能针对特定依赖方发布。

e） 〈OneTimeUse〉［可选］

指定断言应当立即被使用，不应保留备用。尽管方案允许多次出现，但对此元素应至多只有一个实例。

f） 〈ProxyRestriction〉［可选］

指定断言发送方对符合下列条件的依赖方作出的限制，依赖方希望下一步自己作为断言发送方根据初始断言中包含的信息发布自己的断言。尽管方案允许多次出现，但对此元素应至多只有一个实例。

使用属性 xsi：type 使得一个断言中可能会包含多个 ConditionsType 子类型（如 OneTimeUse 类型）的实例，方案中也并没有明确限制某 ConditonsType 的子类型可以被包含的次数。但是，特定的属性类型可以限定这类条件的使用。如上面的 ProxyRestriction 等。

下面的示例定义了元素〈Conditions〉及复合类型 ConditionsType。

示例：

```
〈element name = "Conditions" type = "saml:ConditionsType"/〉
〈complexType name = "ConditionsType"〉
〈choice minOccurs = "0" maxOccurs = "unbounded"〉
〈element ref = "saml:Condition"/〉
〈element ref = "saml:AudienceRestriction"/〉
〈element ref = "saml:OneTimeUse"/〉
〈element ref = "saml:ProxyRestriction"/〉
〈/choice〉
〈attribute name = "NotBefore" type = "dateTime" use = "optional"/〉
〈attribute name = "NotOnOrAfter" type = "dateTime" use = "optional"/〉
〈/complexType〉
```

6.6.1.2 属性 NotBefore 与 NotOnOrAfter

属性 NotBefore 与 NotOnOrAfter 指定了断言在其使用上下文中断言有效性的时间限制。这两个属性并不保证断言中的陈述在该有效期内恰当或精确。

属性 NotBefore 指定有效期的起始时间。属性 NotOnOrAfter 指定有效期的终止时间。

若属性 NotBefore 或 NotOnOrAfter 的值被省略，则认为该值未指定。若属性 NotBefore 未指定（且所有其他条件值均为有效），则该断言在属性 NotOnOrAfter 指定的时间前的任何时刻都是关于条件有效的。若属性 NotOnOrAfter 未指定（且所有其他条件均为有效），则该断言从属性 NotBefore 指定的时间起关于条件有效，没有失效期。若两个属性都未指定（且所有其他条件均为有效），则该断言任何时刻都是对于条件有效的。

若属性 NotBefore 与 NotOnOrAfter 都存在，则属性 NotBefore 的值应小于（或早于）属性 NotOnOrAfter 的值。

6.6.1.3 〈Condition〉元素

〈Condition〉元素是为新条件提供的扩展点。其中的 ConditionAbstractType 复合类是抽象的，所以只可用作一个衍生类的基础。

下面的示例定义了〈Condition〉元素及 ConditionAbstractType 复合类。

示例：

```
〈element name = "Condition" type = "saml:ConditionAbstractType"/〉
〈complexType name = "ConditionAbstractType" abstract = "true"/〉
```

6.6.1.4 〈**AudienceRestriction**〉与〈**Audience**〉元素

〈AudienceRestriction〉元素指定该断言将被发送给〈Audience〉元素标识的一个或多个特定的依赖方。虽然特定依赖方之外的一个 SAML 依赖方也能够从该断言中获得信息，但 SAML 断言发送方没有对这样的依赖方明确做出任何精确或可信的陈述。〈AudienceRestriction〉包括以下元素：

〈Audience〉

一个 URI 指针，标识了一个指定的依赖方。此 URI 指针可能标识一个文档，该文档描述了接收群的限制与条件。它也可能包含一个唯一的标识符 URI，代表一个系统实体的 SAML 名称标识符。

依赖方限制条件有效当且仅当该 SAML 依赖方是指定的一个或多个依赖方中的成员。

SAML 断言发送方无法阻止获取断言的依赖方在断言所提供信息的基础上采取行动。但是元素〈AudienceRestriction〉使得 SAML 断言发送方能够以机器及人可读的形式明确声明没有授权给这样的依赖方。尽管不能保证执法机构会在所有情况下支持这样的排除性授权，但可以显著增加支持排除性授权的可能性。

需要注意的是，一个断言中可能包含多个〈AudienceRestriction〉元素，每个元素应独立判断。在此需求和以上定义的共同作用下，对给定条件，依赖方间的关系是或(or)，多重条件间的关系是与(and)。

下面的示例定义了〈AudienceRestriction〉元素及 AudienceRestrictionType 复合类。

示例：

```
〈element name = "AudienceRestriction"
type = "saml:AudienceRestrictionType"/〉
〈complexType name = "AudienceRestrictionType"〉
〈complexContent〉
〈extension base = "saml:ConditionAbstractType"〉
〈sequence〉
〈element ref = "saml:Audience" maxOccurs = "unbounded"/〉
〈/sequence〉
〈/extension〉
〈/complexContent〉
〈/complexType〉
〈element name = "Audience" type = "anyURI"/〉
```

6.6.1.5 〈**OneTimeUse**〉元素

一般情况下，依赖方可能选择保留断言，或以其他形式保留断言中的信息，以备重用。〈OneTimeUse〉元素使得一个权威机构可以指明断言中的信息可能频繁变化，每次使用都应获取最新的信息。例如，一个断言中包含了〈AuthzDecisionStatement〉，代表访问控制决策的结果，其值是随一天中的时间变化的。

如果分布式环境中的系统时钟可以精确同步，则此需求可以通过精心使用有效期的方式来满足。然而，由于系统间的时钟误差总是存在的，以及可能出现传输延迟，因此发布方没有便捷的方法既能适当地限制断言的有效期，又可避免断言可能在到达依赖方前就已失效的风险。

〈OneTimeUse〉元素指明依赖方应该立即使用该断言，不允许保留以备后用。依赖方可以在每次使用时请求一个新的断言。选择保留断言以备后用的实现应遵从〈OneTimeUse〉元素。本条件相对于NotBefore与NotOnOrAfter条件信息是独立的。

为了支持此一次性使用的限制,依赖方需要维护一个断言缓存,保存其所处理过的包含此条件的断言。一旦处理到包含此条件的断言,就检查缓存,确保本依赖方此前没有接收处理过同一条断言。

一个SAML权威不允许在一个断言的某个〈Conditions〉元素中包含多于一个〈OneTimeUse〉元素。

为了确定〈Conditions〉元素的有效性,〈OneTimeUse〉元素始终有效。亦即,此条件是一个使用条件,不影响断言的有效性。

下面的方案片断定义了〈OneTimeUse〉元素及OneTimeUseType复合类。

示例:

```
〈element name = "OneTimeUse" type = "saml:OneTimeUseType"/〉
〈complexType name = "OneTimeUseType"〉
〈complexContent〉
〈extension base = "saml:ConditionAbstractType"/〉
〈/complexContent〉
〈/complexType〉
```

6.6.1.6 〈ProxyRestriction〉元素

该元素指定了断言发送方对依赖方的限制,指定哪些依赖方下一步可作为断言发送方,发布其在初始断言包含的信息基础上自行生成的断言。违反该元素中限制的依赖方不得作为断言发送方发布一个断言。

〈ProxyRestriction〉元素包含下述元素与属性:

a) Count[可选]

指定了断言发送方允许存在于本断言与基于其发布的最终断言间的间接断言的最大数目。

b) 〈Audience〉[0个或多个]

指定了断言发送方允许的,基于本断言产生的新断言可发送到的依赖方的集合。

Count值为0,表明该依赖方绝对不可向另一个依赖方发布一个基于本断言的断言。如果大于0,任何基于本断言发布的断言应包含一个元素〈ProxyRestriction〉,其中的Count值不得大于本断言的Count值减1。

如果没有指定〈Audience〉元素,则没有向依赖方施加发布后续断言的依赖方限制。否则,这样发布的断言中应包含一个〈AudienceRestriction〉元素,其中至少包含本断言〈ProxyRestriction〉元素中的一个〈Audience〉元素;并且要求不得包含本断言的〈ProxyRestriction〉元素中不包括的〈Audience〉元素。

一个SAML权威不允许在一个断言的〈Conditions〉元素中包含多于一个的〈ProxyRestriction〉元素。

为了确定元素〈Conditions〉的有效性,〈ProxyRestriction〉条件始终有效。亦即,此条件是一个使用条件,不影响断言的有效性。

下面的方案片断定义了〈ProxyRestriction〉元素及ProxyRestrictionType复合类。

示例:

```
〈element name = "ProxyRestriction" type = "saml:ProxyRestrictionType"/〉
〈complexType name = "ProxyRestrictionType"〉
〈complexContent〉
〈extension base = "saml:ConditionAbstractType"〉
〈sequence〉
〈element ref = "saml:Audience" minOccurs = "0"
```

```
maxOccurs="unbounded"/>
</sequence>
<attribute name="Count" type="nonNegativeInteger" use="optional"/>
</extension>
</complexContent>
</complexType>
```

6.6.2 一般处理规则

如果一个断言中包含元素〈Conditions〉,则该断言的有效性依赖于所给出的子元素与属性,所采用的规则如下文依次所述:

——如果元素〈Conditions〉中没有子元素或属性,则该断言经过条件处理是有效的;

——如果元素〈Conditions〉中的任何子元素或属性是无效的,则该断言是无效的;

——如果元素〈Conditions〉中的任何子元素或属性的值不可读,或元素不可理解,则该断言的有效性无法确定,该断言是不确定的;

——如果元素〈Conditions〉中的所有子元素与属性是有效的,则该断言经过条件处理是有效的。

前面的规则一旦适用,条件处理过程即终止,所以断言无效的判断优先于断言不确定的判断。

无效的或不确定的断言应被依赖方丢弃(不论其在何种上下文或保护轮廓中被处理),和该断言形式错误或不可使用的情况下的处理方式相同。

注 1:即使一个断言中条件有效性状态为有效,它仍可能不可信或无效,原因包括该断言形式不正确、方案无效、不是由可信 SAML 权威发布或不是以可信方式认证的等。

注 2:一些条件可能并不直接影响断言的有效性(断言总为有效),但会限制接收断言方在使用该断言方面的行为。

6.7 建议

本节定义了包含断言发送方希望提供给依赖方的关于断言的附加信息的 SAML 结构。

〈Advice〉元素中包含 SAML 权威希望提供的所有附加信息。这些信息可以忽略,既不会影响断言的语义,也不会影响断言的有效性。

〈Advice〉元素包含 0 个或多个〈Assertion〉,〈EncryptedAssertion〉,〈AssertionIDRef〉,〈AssertionURIRef〉元素,以及非 SAML 命名空间的其他命名空间有效元素。

下面是〈Advice〉元素的一些应用:

——包含支持断言声明被引用的证据,可以是直接的(通过合并声明)或间接的(通过指向支持的断言);

——陈述断言声明的依据;

——指定断言更新的时间与发布点。

下面的示例定义了〈Advice〉元素及 AdviceType 复合类。

示例:

```
<element name="Advice" type="saml:AdviceType"/>
<complexType name="AdviceType">
<choice minOccurs="0" maxOccurs="unbounded">
<element ref="saml:AssertionIDRef"/>
<element ref="saml:AssertionURIRef"/>
<element ref="saml:Assertion"/>
<element ref="saml:EncryptedAssertion"/>
<any namespace="##other" processContents="lax"/>
</choice>
</complexType>
```

6.8 声明

6.8.1 〈Statement〉元素

〈Statement〉元素是一个扩展点，使得其他基于断言的应用能够重用 SAML 断言框架。SAML 自身就是从此扩展点得出其核心声明的。该元素所属的 StatementAbstractType 复合类是抽象的，所以只可用作一个衍生类的基础。

下述示例定义了〈Statement〉元素及 StatementAbstractType 复合类。

示例：

```
〈element name = "Statement" type = "saml:StatementAbstractType"/〉
〈complexType name = "StatementAbstractType" abstract = "true"/〉
```

6.8.2 〈AuthnStatement〉元素

6.8.2.1 概述

〈AuthnStatement〉元素描述了 SAML 权威作出的声明，声称断言主体是在特定时间以特定方式被认证的。包含〈AuthnStatement〉元素的断言应包含一个〈Subject〉元素。

通过附加下列元素与属性，AuthnStatementType 类扩展了 StatementAbstractType 类：

a) AuthnInstant[必需]

指定了认证发生的时间。此时间值采用 UTC 编码，详细信息参见附录 A。

b) SessionIndex[可选]

指定了 SAML 主体所标识的主体与认证权威间特定会话的索引。

c) SessionNotOnOrAfter[可选]

指定了 SAML 主体所标识的主体与发布此声明的 SAML 权威间的会话应终止的时刻。此时间值采用 UTC 编码，详细信息参见附录 A。此属性与此断言中可能存在的 NotOnOrAfter 条件属性间没有必然联系。

d) 〈SubjectLocality〉[可选]

指定了被认证的断言主体的系统的 DNS 域名与 IP 地址。

e) 〈AuthnContext〉[必需]

产生该声明的认证事件中的认证权威所使用的上下文。其中包含一个认证上下文类指针，一个认证上下文声明或声明的指针，或声明和声明指针两者都有。

通常，任何字符串值都可以用作 SessionIndex 值。然而，当考虑隐私时，应注意保证 SessionIndex 值不会使得其他隐私机制失效。因此，SessionIndex 值不能被用来关联一个主体与不同会话对象间的活动。为达到此目的，下面提供两种推荐方案：

——SessionIndex 值采用小正整数(或一个列表中的重用常数值)。SAML 权威应该选择该值的范围，使得集合中元素的个数充分的多，以防止特定主体与多个会话对象间的活动被关联。SAML 权威应该在此范围内随机选择 SessionIndex 值(除了应确保唯一值，以区分同一会话对象的不同会话部分的后继声明的情况)。

——在 SessionIndex 中使用封装的断言 ID 值。

下面的示例定义了〈AuthnStatement〉断言及 AuthnStatementType 复合类。

示例：

```
〈element name = "AuthnStatement" type = "saml:AuthnStatementType"/〉
〈complexType name = "AuthnStatementType"〉
〈complexContent〉
〈extension base = "saml:StatementAbstractType"〉
```

```
<sequence>
<element ref = "saml:SubjectLocality" minOccurs = "0"/>
<element ref = "saml:AuthnContext"/>
</sequence>
<attribute name = "AuthnInstant" type = "dateTime" use = "required"/>
<attribute name = "SessionIndex" type = "string" use = "optional"/>
<attribute name = "SessionNotOnOrAfter" type = "dateTime"
use = "optional"/>
</extension>
</complexContent>
</complexType>
```

6.8.2.2 〈SubjectLocality〉元素

〈SubjectLocality〉元素指定了认证断言主体的系统 DNS 域名与 IP 地址。〈SubjectLocality〉元素中有下列属性：

a) Address[可选]

认证断言主体标识的主体系统的网络地址。IPv4 地址应该采用通常的点-十进制格式描述(例如"1.2.3.4")。IPv6 地址应该用 IETF RFC 3513[RFC 3513]中 2.2 定义的格式来表示(例如"FEDC:BA98:7654:3210:FEDC:BA98:7654:3210")。

b) DNSName[可选]

认证断言主体标识的主体系统的 DNS 域名。

由于以上两个属性值都十分容易被欺骗，所以本元素完全用于参考，只在某些应用中可能是有用的信息。

下述示例定义了〈SubjectLocality〉元素及 SubjectLocalityType 复合类。

示例：

```
<element name = "SubjectLocality" type = "saml:SubjectLocalityType"/>
<complexType name = "SubjectLocalityType">
<attribute name = "Address" type = "string" use = "optional"/>
<attribute name = "DNSName" type = "string" use = "optional"/>
</complexType>
```

6.8.2.3 〈AuthnContext〉元素

〈AuthnContext〉元素指定了一个认证事件的上下文。此元素可以包含一个认证上下文类指针，一个认证上下文声明或声明指针，或声明及声明指针两者都有。其复合类 AuthnContextType 中含有以下元素：

a) 〈AuthnContextClassRef〉[可选]

标识一个认证上下文种类的 URI 指针，认证上下文种类描述了其后的认证上下文声明。

b) 〈AuthenticatingAuthority〉[0 个或多个]

与主体认证有关的 0 个或多个认证权威的唯一标识符(不包括断言发送方，假定其必定相关因此无需在此特别指定)。

下面的示例定义了〈AuthnContext〉元素及 AuthnContextType 复合类。

示例：

```
<element name = "AuthnContext" type = "saml:AuthnContextType"/>
<complexType name = "AuthnContextType">
<sequence>
```

```
<choice>
<sequence>
<element ref = "saml:AuthnContextClassRef"/>
<choice minOccurs = "0">
<element ref = "saml:AuthnContextDecl"/>
<element ref = "saml:AuthnContextDeclRef"/>
</choice>
</sequence>
<choice>
<element ref = "saml:AuthnContextDecl"/>
<element ref = "saml:AuthnContextDeclRef"/>
</choice>
</choice>
<element ref = "saml:AuthenticatingAuthority" minOccurs = "0"
maxOccurs = "unbounded"/>
</sequence>
</complexType>
<element name = "AuthnContextClassRef" type = "anyURI"/>
<element name = "AuthnContextDeclRef" type = "anyURI"/>
<element name = "AuthnContextDecl" type = "anyType"/>
<element name = "AuthenticatingAuthority" type = "anyURI"/>
```

6.8.3 <**AttributeStatement**>元素

6.8.3.1 概述

<AttributeStatement>元素描述SAML权威的声明，用于声称断言的主体与指定属性相关联。包含<AttributeStatement>元素的断言应包含一个<Subject>元素。

AttributeStatementType类通过附加下述元素与属性，扩展了StatementAbstractType类：

<Attribute>或<EncryptedAttribute>[一个或多个]

<Attribute>元素指定了断言主体的一个属性。<EncryptedAttribute>元素中可能包含一个加密的SAML属性。

下面的示例定义了<AttributeStatement>元素及AttributeStatement Type复合类。

示例：

```
<element name = "AttributeStatement" type = "saml:AttributeStatementType"/>
<complexType name = "AttributeStatementType">
<complexContent>
<extension base = "saml:StatementAbstractType">
<choice maxOccurs = "unbounded">
<element ref = "saml:Attribute"/>
<element ref = "saml:EncryptedAttribute"/>
</choice>
</extension>
</complexContent>
</complexType>
```

6.8.3.2 <**Attribute**>元素

<Attribute>元素标识属性名并可选地包含其属性值。该元素属于AttributeType复合类，可以用

在一个属性声明中，用来描述与断言主体相关联的特定属性及属性值。该元素也可用于属性查询中，用来请求返回特定 SAML 属性的值。〈Attribute〉元素包含以下 XML 属性：

a) Name[必需]

属性名。

b) NameFormat[可选]

用于对属性名进行解释的表示属性名分级的 URI 指针。可以用作 NameFormat 属性值的 URI 指针及其相关描述与处理规则见 12.3。如果没有指定 NameFormat 值，并且没有其他特别说明时，则以 urn:oasis:names:tc:SAML:2.0:attrname-format:unspecified 作为默认值。

c) FriendlyName[可选]

提供属性名的可读串形式，在实际 Name 复杂或不透明的情况下(如 OID 或 UUID)可能有所帮助。本属性值不能用来正式标识 SAML 属性值。

d) Arbitrary attributes

此复合类采用一个〈xs:anyAttribute〉扩展点来向结构〈Attribute〉中添加任意的 XML 属性而不需要明确的方案扩展。这使得当需要使用额外的参数的时候，可以添加所需的额外字段。SAML 扩展不得向 AttributeType 复合类及其衍生类添加本地(无命名空间限定)的 XML 属性或 SAML 定义的命名空间所限定的 XML 属性；SAML 保留这样的属性用作未来自身的维护与改进。

e) 〈AttributeValue〉[任意数目]

包含属性的一个值。如果一个属性包含有超过一个的不连续值，建议将出现的每个值都使用单独的〈AttributeValue〉元素存放。如果此属性中有多于一个的〈AttributeValue〉元素，且其中任意元素通过 xsi:type 分配了一个数据类型，则所有〈AttributeValue〉元素应分配同一个数据类型。

一个〈Attribute〉元素中若不包含〈AttributeValue〉元素，则其意义依赖于其上下文。在一个〈AttributeStatement〉元素中，如果 SAML 属性存在但是没有值，则〈AttributeValue〉元素应被忽略。在〈samlp:AttributeQuery〉中，如果出现没有值的情况，则意味着请求者对指定属性的任意或所有值感兴趣。

其他规范中如果涉及对〈Attribute〉元素的任何其他使用，应定义相应的语义来规范或忽略〈AttributeValue〉元素。

下面的示例定义了〈Attribute〉元素及 AttributeType 复合类。

示例：

```
〈element name="Attribute" type="saml:AttributeType"/〉
〈complexType name="AttributeType"〉
〈sequence〉
〈element ref="saml:AttributeValue" minOccurs="0" maxOccurs="unbounded"/〉
〈/sequence〉
〈attribute name="Name" type="string" use="required"/〉
〈attribute name="NameFormat" type="anyURI" use="optional"/〉
〈attribute name="FriendlyName" type="string" use="optional"/〉
〈anyAttribute namespace="##other" processContents="lax"/〉
〈/complexType〉
```

〈AttributeValue〉元素提供了 SAML 属性的值。它是一个 xs:anyType 类，允许任何形式正确的 XML 出现在元素内容中。

如果〈AttributeValue〉元素的数据内容是一个 XML 简单类(例如 xs:integer 或 xs:string)，则数据类型可以以一个 xsi:type 声明的方式直接声明于元素〈AttributeValue〉中。如果属性值中包含结构性数据，则必要的数据元素可以在扩展方案中定义。

需要注意的是，在〈AttributeValue〉元素中指定的数据类型若不是以 xsi:type 声明的 XML 方案简单类，则需要存在一个已定义的数据类型的扩展方案，以进行方案处理。

如果一个 SAML 属性包含一个空值，例如空串，则相应的〈AttributeValue〉元素应为空(一般表示为〈AttributeValue/〉)。这条规则的优先级高于附录 A 中 SAML 内容的串值至少包含一个非空白字符的需求。

如果 SAML 属性包含一个 null 值，则其对应的〈AttributeValue〉元素应为空，且应包含保留的 xsi：nil XML 属性，其值为 true 或 1。

下面的示例定义了元素〈AttributeValue〉。

示例：

```
〈element name = "AttributeValue" type = "anyType" nillable = "true"/〉
```

6.8.3.3 〈**EncryptedAttribute**〉元素

〈EncryptedAttribute〉元素代表一个加密 SAML 属性。〈EncryptedAttribute〉元素包含下列元素：

a) 〈xenc：EncryptedData〉[必需]

加密内容与相关加密细节。其 Type 属性应该存在，若存在，则应包含一个 http：//www. w3. org/2001/04/xmlenc#Element 值。加密内容应包含一个元素，该元素应衍生自 AttributeType 类型。

b) 〈xenc：EncryptedKey〉[0 个或多个]

封装的解密密钥。每个解密密钥都应该包含一个 Recipient 属性，指定该密钥加密的实体。Recipient 属性的值应该是一个 URI 标识符，标识一个拥有 SAML 名字标识符的系统实体。

加密属性在通过中间人进行明文传输时提供机密性保护。

下述示例定义了〈EncryptedAttr ibute〉元素。

示例：

```
〈element name = "EncryptedAttribute" type = "saml:EncryptedElementType"/〉
```

6.8.4 〈**AuthzDecisionStatement**〉元素

6.8.4.1 概述

〈AuthzDecisionStatement〉元素描述了一个 SAML 权威的声明。该声明表明，基于某些可选的证据，断言主体访问指定资源的请求已经获得了指定的授权决策结果。包含该元素的断言应包含一个〈Subject〉元素。

资源以 URI 指针方式标识。为了正确安全地解释断言，SAML 权威与 SAML 依赖方应以一致的方式解释每一个 URI 指针。如果不能在 URI 指针解释上达成一致，会因资源 URI 指针的编码差异而导致不一致的授权决策。

为了避免因 URI 编码差异导致歧义，SAML 系统实体应该尽可能地按照以下要求使用 URI 标准形式：

——SAML 权威应该以标准形式编码所有资源 URI 指针；

——依赖方应该在处理前优先将资源 URI 指针转化为标准形式。

不一致的 URI 指针解释也可能因底层文件系统的 URI 指针语法语义的差异导致。当 URI 指针被用作指定一种访问控制策略语言时，需要特别注意。使用 SAML 断言的系统应该满足下列安全条件：

——部分 URI 指针语法是大小写敏感的。如果底层文件系统是大小写敏感的，请求者不能通过改变部分资源 URI 指针的大小写来访问一个禁止访问的资源。

——许多文件系统支持逻辑路径与符号链接等机制，这使得用户可以在文件系统入口间建立逻辑等价。请求者不能通过建立这种等价来访问一个禁止访问的资源。

〈AuthzDecisionStatement〉元素属于 AuthzDecisionStatementType 类，通过附加下述元素与属性，扩展了 StatementAbstractType 类：

a) Resource[必需]

标识请求授权访问的资源 URI 指针。此属性中的 URI 指针值可能为空(“”),其意义定义为“当前文档的起始”。

b) Decision[必需]

SAML 权威做出的关于给定资源的决策。其值是简单类 DecisionType。

c) 〈Action〉[一个或多个]

获得授权,可在指定资源上执行的操作的集合。

d) 〈Evidence〉[可选]

SAML 权威做出决定时依赖的一组断言。

下面的示例定义了〈AuthzDecisionStatement〉元素及 AuthzDecisionStatementType 复合类。

示例:

```
〈element name = "AuthzDecisionStatement"
type = "saml:AuthzDecisionStatementType"/〉
〈complexType name = "AuthzDecisionStatementType"〉
〈complexContent〉
〈extension base = "saml:StatementAbstractType"〉
〈sequence〉
〈element ref = "saml:Action" maxOccurs = "unbounded"/〉
〈element ref = "saml:Evidence" minOccurs = "0"/〉
〈/sequence〉
〈attribute name = "Resource" type = "anyURI" use = "required"/〉
〈attribute name = "Decision" type = "saml:DecisionType" use = "required"/〉
〈/extension〉
〈/complexContent〉
〈/complexType〉
```

6.8.4.2 简单类 DecisionType

简单类 DecisionType 定义了在授权决策声明中可能的决策状态值。

a) Permit

允许该行为。

b) Deny

禁止该行为。

c) Indeterminate

SAML 权威不能确定指定行为应被允许还是禁止。

Indeterminate 值在下述情况使用:SAML 权威需要有能力提供一个确定的声明,但是在某些情况下却无法发布决策。拒绝或不能提供决策的原因可以作为附加信息以〈StatusDetail〉元素的形式封装在〈Response〉中返回。

下面的示例定义了简单类 DecisionType。

示例:

```
〈simpleType name = "DecisionType"〉
〈restriction base = "string"〉
〈enumeration value = "Permit"/〉
〈enumeration value = "Deny"/〉
〈enumeration value = "Indeterminate"/〉
〈/restriction〉
```

```
〈/simpleType〉
```

6.8.4.3 〈**Action**〉元素

〈Action〉元素指定了向指定资源申请权限的行为，以字符串数据的形式提供了这些行为的标签，并且包含以下属性：

Namespace[可选]

表示解释指定行为名称的命名空间的 URI 指针。若此元素不存在，则 12.2.2 中指定的命名空间 urn:oasis:names:tc:SAML:1.0:action:rwedc-negation 有效。

下面的示例定义了〈Action〉元素及 ActionType 复合类。

示例：

```
〈element name = "Action" type = "saml:ActionType"/〉
〈complexType name = "ActionType"〉
〈simpleContent〉
〈extension base = "string"〉
〈attribute name = "Namespace" type = "anyURI" use = "required"/〉
〈/extension〉
〈/simpleContent〉
〈/complexType〉
```

6.8.4.4 〈**Evidence**〉元素

〈Evidence〉元素包含一个或多个断言或断言指针，SAML 权威依赖这些断言或断言指针来发布授权决定。它属于 EvidenceType 复合类，包含一个或多个下列元素：

a) 〈AssertionIDRef〉[任意数目]

通过以该断言的 ID 属性值作为指针的方式指定一个断言。

b) 〈AssertionURIRef〉[任意数目]

通过一个 URI 指针的方式指定一个断言。

c) 〈Assertion〉[任意数目]

通过值指定一个断言。

d) 〈EncryptedAssertion〉[任意数目]

通过值指定一个加密断言。

作为依据的断言可以影响 SAML 依赖方与作出授权决定的 SAML 权威间的信任一致性。例如，SAML 依赖方在请求中向 SAML 权威提交一个断言的情况下，SAML 权威可以使用该断言作为作出授权决策的依据，无论对于依赖方还是对于其他第三方，都无需将〈Evidence〉元素的断言签署为有效。

下面的示例定义了〈Evidence〉元素及 EvidenceType 复合类。

示例：

```
〈element name = "Evidence" type = "saml:EvidenceType"/〉
〈complexType name = "EvidenceType"〉
〈choice maxOccurs = "unbounded"〉
〈element ref = "saml:AssertionIDRef"/〉
〈element ref = "saml:AssertionURIRef"/〉
〈element ref = "saml:Assertion"/〉
〈element ref = "saml:EncryptedAssertion"/〉
〈/choice〉
〈/complexType〉
```

7 SAML 协议

7.1 概述

SAML 协议消息可以通过多种协议生成和交换。SAML bindings specification[SAMLBind]描述了使用常用的传输协议来传输协议消息的标准化方法。SAML profile specification[SAMLProf]描述了本章提到的多种协议的应用以及额外的规则、限定和增强互操作性的要求。

标准化的 SAML 请求和响应消息起源于通用类型。请求者向响应者发送一个 RequestAbstractType 的衍生类元素，然后响应者生成一个与 StatusResponseType 类型兼容或者该类型的衍生类元素。

在特定情形中，当允许时，SAML 响应可以不由接受请求的实体生成。

SAML 协议完成以下操作：

——返回一个或多个断言，作为直接请求或断言询问的响应；

——对请求进行认证并返回相应断言；

——注册一个名称标识符或终止一个名称注册请求；

——生成一个通过 artifact 方式请求的协议消息；

——对一系列相关进程执行同步登出(单点登出)；

——为请求提供一个名称标识符映射。

SAML 各组成协议之间的关系如图 1 所示。其中，方案头与命名空间定义了协议的作用范围；在方案头与命名空间的范围内定义了 RequestAbstractType 复合类型与 StatusResponseType 复合类型，所有的 SAML 请求类型都是以 RequestAbstractType 复合类型为基础进行扩展而得来，所有的 SAML 响应类型都是以 StatusResponseType 复合类型为基础进行扩展而得来；针对主体与客体间会话目的不同，各个协议分别对主体与客体间的请求与响应的内容和格式进行一系列的规定。

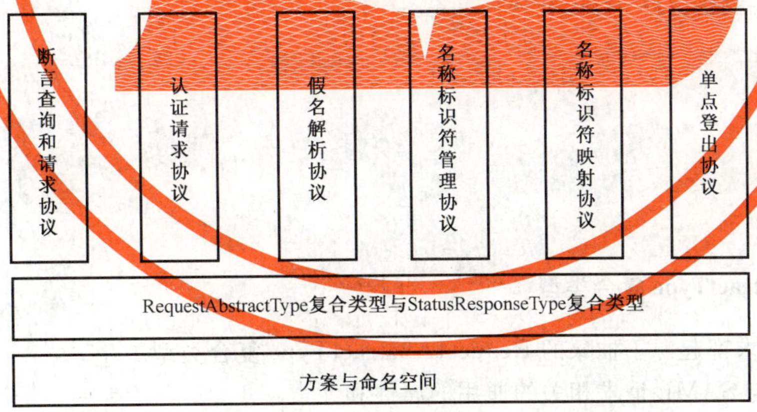

图 1　SAML 协议关系图

本章中，SAML 协议命名空间中的元素和类型的文字描述不采用通常的 samlp：前缀表示，为了清晰，采用 saml：前缀表示这些元素和类型。

7.2 方案头与命名空间声明

下面的示例定义了协议方案的 XML 空间以及其他头信息。

示例：

```
〈schema
targetNamespace="urn:oasis:names:tc:SAML:2.0:protocol"
xmlns="http://www.w3.org/2001/XMLSchema"
xmlns:samlp="urn:oasis:names:tc:SAML:2.0:protocol"
xmlns:saml="urn:oasis:names:tc:SAML:2.0:assertion"
xmlns:ds="http://www.w3.org/2000/09/xmldsig#"
elementFormDefault="unqualified"
attributeFormDefault="unqualified"
blockDefault="substitution"
version="2.0"〉
〈import namespace="urn:oasis:names:tc:SAML:2.0:assertion"
schemaLocation="saml-schema-assertion-2.0.xsd"/〉
〈import namespace="http://www.w3.org/2000/09/xmldsig#"
schemaLocation="http://www.w3.org/TR/2002/REC-xmldsig-core-
20020212/xmldsig-core-schema.xsd"/〉
〈annotation〉
〈documentation〉
Document identifier: saml-schema-protocol-2.0
Location: http://docs.oasis-open.org/security/saml/v2.0/
Revision history:
V1.0 (November, 2002):
Initial Standard Schema.
V1.1 (September, 2003):
Updates within the same V1.0 namespace.
V2.0 (March, 2005):
New protocol schema based in a SAML V2.0 namespace.
〈/documentation〉
〈/annotation〉
...
〈/schema〉
```

7.3 请求与响应

7.3.1 RequestAbstractType 复合类型

所有 SAML 请求都起源于抽象的 RequestAbstractType 复合类型。

本类型定义了与 SAML 请求相关的通用的属性和元素：

a) ID[必需]

请求的标识符。属于 xs:ID 类型且应符合附录 A 中定义的有关标识符唯一性的要求。请求中 ID 属性的值与响应中 InResponseTo 属性的值应匹配。

b) Version [必需]

请求的版本。使用本标准中定义的标识符版本是“2.0”，更详细的版本信息参见第 8 章。

c) IssueInstant [必需]

UTC 编码的请求时间。

d) Destination [可选]

指向请求接收地址的 URI 指针。可实现某些协议绑定中避免恶意转发的要求。如果本属性存在，接收者应检查该URI指针以识别消息的目的地是否匹配。如果不匹配,该请求应被抛弃。某些协议绑定可能要求使用本属性。

e) Consent［可选］

指出是否从发送此请求的主体处获得了一个许可。某些可以用作本属性值的URI指针可以参见12.5节。如果没有Consent值,标识符urn:oasis:names:tc:SAML:2.0:consent:unspecified有效。

f) 〈saml:Issuer〉［可选］

标识生成请求消息的实体。

g) 〈ds:Signature〉［可选］

XML签名,用于认证请求者和提供完整性保护。

h) 〈Extensions〉［可选］

经双方协商的包含可选协议消息扩展元素的扩展点。不强制要求提供扩展方案以配合扩展点的使用。即使使用扩展的方案,松校验设定也不对扩展的有效性作强制要求。SAML扩展元素应在一个非SAML命名空间中限定。

根据具体协议和配置文件的要求,SAML请求者通常需要对自己进行认证并保护消息的完整性。认证和完整性保护可以由协议绑定提供的机制来完成。为了认证请求者和保护完整性,SAML请求可以使用签名。

如果应用了签名,则应同时使用〈ds:Signature〉元素,且响应方应对签名的有效性进行检验(确认是否被篡改)。如果签名无效,则响应方不得信任请求的内容并应该返回一个错误响应。如果签名有效,响应方应该对签名进行评价以决定签发者的身份及其适当性,并进一步使用其标准对请求进行处理。

如果请求包含Consent属性并且一些主要的许可已经获得,则该请求应该被签名。

如果SAML响应者认为一个请求无效,则其响应时应在响应消息中返回一个包含值为urn:oasis:names:tc:SAML:2.0:status:Requester的〈StatusCode〉元素。在某些情况下,例如怀疑被DoS攻击时,可以不进行任何响应。

下面的示例定义了RequestAbstractType复合类型。

示例:

```
〈complexType name = "RequestAbstractType" abstract = "true"〉
〈sequence〉
〈element ref = "saml:Issuer" minOccurs = "0"/〉
〈element ref = "ds:Signature" minOccurs = "0"/〉
〈element ref = "samlp:Extensions" minOccurs = "0"/〉
〈/sequence〉
〈attribute name = "ID" type = "ID" use = "required"/〉
〈attribute name = "Version" type = "string" use = "required"/〉
〈attribute name = "IssueInstant" type = "dateTime" use = "required"/〉
〈attribute name = "Destination" type = "anyURI" use = "optional"/〉
〈attribute name = "Consent" type = "anyURI" use = "optional"/〉
〈/complexType〉
〈element name = "Extensions" type = "samlp:ExtensionsType"/〉
〈complexType name = "ExtensionsType"〉
〈sequence〉
〈any namespace = "##other" processContents = "lax" maxOccurs = "unbounded"/〉
〈/sequence〉
〈/complexType〉
```

7.3.2 StatusResponseType 复合类型

7.3.2.1 概述

所有 SAML 响应都起源于 StatusResponseType 复合类型。本类型定义了与 SAML 响应相关的通用的属性和元素：

a) ID[必需]

响应的标识符。属于 xs:ID 类型且应遵循附录 A 中定义的有关标识符唯一性的要求。

b) InResponseTo [可选]

指向 SAML 响应对应的请求标识符的指针。如果响应不是针对请求生成，或请求中的 ID 属性值不能确定(例如请求畸形)，则本属性不应存在。除去以上情况，此属性应存在，且其值应与相应请求中的 ID 属性相匹配。

c) Version [必需]

响应的版本。使用本标准中定义的标识符版本是“2.0”，更详细的版本信息参见第 8 章。

d) IssueInstant [必需]

UTC 编码的请求时间。

e) Destination [可选]

指向响应接收地址的 URI 指针。可实现某些协议绑定中避免恶意转发的要求。如果本属性存在，接收者应检查该 URI 指针以识别消息的目的地是否匹配。如果不匹配，该响应被抛弃。某些协议绑定可能要求本属性的使用。

f) Consent [可选]

指出是否从发送此响应的主体处获得了一个许可。某些可以用作本属性值的 URI 指针可以参见 12.5 节。如果没有 Consent 值，标识符 urn:oasis:names:tc:SAML:2.0:consent:unspecified 有效。

g) 〈saml:Issuer〉[可选]

标识生成响应消息的实体。

h) 〈ds:Signature〉[可选]

XML 签名，用于认证响应者和提供完整性保护。

i) 〈Extensions〉[可选]

经双方协商的包含可选协议消息扩展元素的扩展点。不强制要求提供扩展方案以配合扩展点的使用。即使使用扩展的方案，松校验设定也不对扩展的有效性作强制要求。SAML 扩展元素应在一个非 SAML 命名空间中限定。

j) 〈Status〉[必需]

描述相应请求状态的编码。

根据具体协议的要求，SAML 响应者通常需要对自己进行认证并保护消息的完整性。认证和完整性保护可以由协议绑定提供的机制来完成。SAML 响应可以通过签名来认证响应者和提供完整性保护。

如果应用了签名，则应同时使用〈ds:Signature〉元素，且接收该响应的请求者应对签名的有效性进行检验(确认是否被篡改)。如果签名无效，则请求者不得信任请求的内容并应该将其当作错误处理。如果签名有效，请求者应该对签名进行评价以决定签发者的身份及其适当性并进一步对请求进行处理。

如果响应包含 Consent 属性且其值指出某些形式的主体许可已经获得，则该响应应该被签名。

下面的示例定义了 StatusResponseType 复合类型。

示例：

```
〈complexType name = "StatusResponseType"〉
〈sequence〉
```

```
<element ref="saml:Issuer" minOccurs="0"/>
<element ref="ds:Signature" minOccurs="0"/>
<element ref="samlp:Extensions" minOccurs="0"/>
<element ref="samlp:Status"/>
</sequence>
<attribute name="ID" type="ID" use="required"/>
<attribute name="InResponseTo" type="NCName" use="optional"/>
<attribute name="Version" type="string" use="required"/>
<attribute name="IssueInstant" type="dateTime" use="required"/>
<attribute name="Destination" type="anyURI" use="optional"/>
<attribute name="Consent" type="anyURI" use="optional"/>
</complexType>
```

7.3.2.2 <Status>元素

<Status>元素包含以下元素：

a) <StatusCode>[必需]

描述响应行为的状态编码。

b) <StatusMessage>[可选]

可以返回给操作者的一条消息。

c) <StatusDetail>[可选]

与请求状态相关的附加信息。

下面的示例定义了<Status>元素及其 StatusType 复合类型。

示例：

```
<element name="Status" type="samlp:StatusType"/>
<complexType name="StatusType">
<sequence>
<element ref="samlp:StatusCode"/>
<element ref="samlp:StatusMessage" minOccurs="0"/>
<element ref="samlp:StatusDetail" minOccurs="0"/>
</sequence>
</complexType>
```

7.3.2.3 <StatusCode>元素

<StatusCode>元素定义了描述相应请求状态的编码或嵌套的编码集合。<StatusCode>元素包含以下元素和属性：

a) Value [必需]

状态编码值。本属性包含一个 URI 指针，顶层<StatusCode>元素值应从本节中提供的顶层状态列表中选择。

b) <StatusCode> [可选]

提供更多细节信息的底层状态编码。响应者可以忽略这些状态编码以防止故意使用错误请求来探察信息的攻击。

被允许用作顶层状态的<StatusCode>值如下所示：

urn:oasis:names:tc:SAML:2.0:status:Success

请求成功。附加信息可以通过<StatusMessage>和/或<StatusDetail>元素返回。

urn:oasis:names:tc:SAML:2.0:status:Requester

由于请求者的错误造成请求不能执行。

urn:oasis:names:tc:SAML:2.0:status:Responder

由于 SAML 响应方或 SAML 权威的错误造成请求不能执行。

urn:oasis:names:tc:SAML:2.0:status:VersionMismatch

由于请求消息的版本错误造成 SAML 响应者无法处理请求。

以下定义的次级状态编码被本标准的很多章节所引用。更多的次级状态编码可以于以后版本 SAML 标准中定义。系统实体可以通过定义合适的 URI 指针来自由定义更多的标准状态编码。

urn:oasis:names:tc:SAML:2.0:status:AuthnFailed

响应提供者不能成功认证主体。

urn:oasis:names:tc:SAML:2.0:status:InvalidAttrNameOrValue

〈saml:Attribute〉或〈saml:AttributeValue〉中出现未预料或无效的内容。

urn:oasis:names:tc:SAML:2.0:status:InvalidNameIDPolicy

响应提供者不能或不愿支持请求的名称标识符策略。

urn:oasis:names:tc:SAML:2.0:status:NoAuthnContext

响应者无法支持认证上下文需求。

urn:oasis:names:tc:SAML:2.0:status:NoAvailableIDP

由中间方使用,用来指出〈IDPList〉中不包含中间方支持的身份提供者或没有可用的身份提供者。

urn:oasis:names:tc:SAML:2.0:status:NoPassive

响应提供者不能按照请求被动认证主体。

urn:oasis:names:tc:SAML:2.0:status:NoSupportedIDP

由中间方使用,用来指出〈IDPList〉中没有中间方支持的身份提供者。

urn:oasis:names:tc:SAML:2.0:status:PartialLogout

由进程权威使用,来向进程参与方指出不能进行登出广播。

urn:oasis:names:tc:SAML:2.0:status:ProxyCountExceeded

响应提供者不能直接认证主体因此拒绝对其请求进行进一步代理。

urn:oasis:names:tc:SAML:2.0:status:RequestDenied

SAML 响应者或 SAML 权威成功处理请求但选择不作响应。

本状态编码可以在涉及到安全上下文或从特定请求者处接收到请求消息序列时使用。

urn:oasis:names:tc:SAML:2.0:status:RequestUnsupported

SAML 响应者或 SAML 权威不支持该请求。

urn:oasis:names:tc:SAML:2.0:status:RequestVersionDeprecated

SAML 响应者不能处理该协议版本的请求。

urn:oasis:names:tc:SAML:2.0:status:RequestVersionTooHigh

因为请求消息版本过高,SAML 响应者不能处理请求。

urn:oasis:names:tc:SAML:2.0:status:RequestVersionTooLow

因为请求消息版本过低,SAML 响应者不能处理请求。

urn:oasis:names:tc:SAML:2.0:status:ResourceNotRecognized

请求中的资源值无效或不能识别。

urn:oasis:names:tc:SAML:2.0:status:TooManyResponses

响应消息需要返回的元素数目超过了 SAML 响应者的返回能力。

urn:oasis:names:tc:SAML:2.0:status:UnknownAttrProfile

实体无法理解配置文件中描述的特定属性。

urn:oasis:names:tc:SAML:2.0:status:UnknownPrincipal

响应提供者不能识别请求中包含的主体。

urn:oasis:names:tc:SAML:2.0:status:UnsupportedBinding

SAML 响应者不能使用协议绑定标准正确处理请求。

下面的示例定义了〈StatusCode〉元素及 StatusCodeType 复合类型。

示例：

```
<element name="StatusCode" type="samlp:StatusCodeType"/>
<complexType name="StatusCodeType">
<sequence>
<element ref="samlp:StatusCode" minOccurs="0"/>
</sequence>
<attribute name="Value" type="anyURI" use="required"/>
</complexType>
```

7.3.2.4 〈**StatusMessage**〉元素

〈StatusMessage〉元素描述了可以返回给操作者的一个消息。

下面的示例定义了〈StatusMessage〉元素。

示例：

```
<element name="StatusMessage" type="string"/>
```

7.3.2.5 〈**StatusDetail**〉元素

〈StatusDetail〉元素可以用来描述与请求状态相关的附加信息。该附加信息由 0 个或多个任意命名空间内的元素组成，且不包含任何关于方案的要求。

下面的示例定义了〈StatusDetail〉元素及其 StatusDetailType 复合类型。

示例：

```
<element name="StatusDetail" type="samlp:StatusDetailType"/>
<complexType name="StatusDetailType">
<sequence>
<any namespace="##any" processContents="lax" minOccurs="0"
maxOccurs="unbounded"/>
</sequence>
</complexType>
```

7.4 断言查询和请求协议

7.4.1 〈**AssertionIDRequest**〉元素

如果请求者知道若干断言的唯一标识符，则可通过〈AssertionIDRequest〉消息元素来发出请求，在〈Response〉消息中返回这些断言。〈saml:AssertionIDRef〉元素用来限定每个返回的断言。

下面的示例定义了〈AssertionIDRequest〉元素。

示例：

```
<element name="AssertionIDRequest" type="samlp:AssertionIDRequestType"/>
<complexType name="AssertionIDRequestType">
<complexContent>
<extension base="samlp:RequestAbstractType">
<sequence>
<element ref="saml:AssertionIDRef" maxOccurs="unbounded"/>
</sequence>
```

```
</extension>
</complexContent>
</complexType>
```

7.4.2 查询

7.4.2.1 <SubjectQuery>元素

<SubjectQuery>消息元素是一个扩展点，允许SAML主体通过该扩展点定义新的SAML查询。其中的SubjectQueryAbstractType复合类型为抽象类，只能作为其他衍生类型的源类型。

SubjectQueryAbstractType向RequestAbstractType类型中添加了<saml:Subject>元素。

下面的示例定义了<SubjectQuery>元素及SubjectQueryAbstractType复合类型。

示例：

```
<element name="SubjectQuery" type="samlp:SubjectQueryAbstractType"/>
<complexType name="SubjectQueryAbstractType" abstract="true">
<complexContent>
<extension base="samlp:RequestAbstractType">
<sequence>
<element ref="saml:Subject"/>
</sequence>
</extension>
</complexContent>
</complexType>
```

7.4.2.2 <AuthnQuery>元素

<AuthnQuery>消息元素用来生成查询"哪些断言包含适用于该主体的认证声明?"一个成功的<Response>将返回一或多个符合查询请求的断言。

在本协议中，不得利用<AuthnQuery>中提供的信任凭证来获取新的认证。<AuthnQuery>要求对指定主体与认证权威在以前的交互中产生的认证行为进行声明。

该元素属于AuthnQueryType，由SubjectQueryAbstractType经下列元素和属性扩展得到：

a) SessionIndex [可选]

为可能的响应指定一个过滤器。查询"哪些断言包含进程上下文中提到的主体的认证声明?"

b) <RequestedAuthnContext> [可选]

为可能的响应指定一个过滤器。查询"哪些断言包含满足元素中认证上下文提到的主体的认证声明?"

为了响应一个认证查询，SAML权威返回包含以下认证声明的断言：

——7.4.4中的规则用来匹配查询中的<Subject>元素以确定返回的断言。

——如果查询中存在SessionIndex属性，则返回的<AuthnStatement>元素中至少有一个应包含与查询中SessionIndex属性相匹配的SessionIndex属性。是否返回所有匹配的断言集合是可选的。

——如果查询中存在<RequestedAuthnContext>元素，返回的集合中应至少包含一个满足查询中<AuthnContext>元素的<AuthnStatement>元素。是否返回所有匹配的断言集合是可选的。

下面的示例定义了<AuthnQuery>元素及AuthnQueryType复合类型。

示例：

```
<element name="AuthnQuery" type="samlp:AuthnQueryType"/>
<complexType name="AuthnQueryType">
```

```
〈complexContent〉
〈extension base = "samlp:SubjectQueryAbstractType"〉
〈sequence〉
〈element ref = "samlp:RequestedAuthnContext" minOccurs = "0"/〉
〈/sequence〉
〈attribute name = "SessionIndex" type = "string" use = "optional"/〉
〈/extension〉
〈/complexContent〉
〈/complexType〉
```

〈RequestedAuthnContext〉元素指定了查询或请求响应中返回的认证声明的上下文需求，并通过 RequestedAuthnContextType 复合类型定义了以下元素和属性：

〈saml:AuthnContextClassRef〉 or 〈saml:AuthnContextDeclRef〉［一个或多个］

指定若干 URI 指针来识别认证上下文类或声明。

c） Comparison［可选］

定义了评价上下文类或声明的对照方法，为"exact""minimum""maximum"或 "better"之一，其中"exact"为默认。

可以使用类指针集合或声明指针的集合。指针的集合应作为排序集进行评价，其首元素是最符合要求的认证上下文类或声明。如果没有类或声明满足下述规则，则响应者返回的〈Response〉消息应包含值为 urn:oasis:names:tc:SAML:2.0:status:NoAuthnContext 的次级〈StatusCode〉。

如果 Comparison 设置为"exact"或被省略，则认证声明中的上下文结果应精确匹配至少一个认证上下文。

如果 Comparison 设置为"minimum"，则（响应者相信）认证声明中的上下文结果应至少同一个认证上下文一样强。

如果 Comparison 设置为"better"，则（响应者相信）认证声明中的上下文结果应强于至少一个认证上下文。

如果 Comparison 设置为"maximum"，则（响应者相信）认证声明中的上下文结果应在不超过的认证上下文中最强上限情况下尽可能强。

下面的示例定义了〈RequestedAuthnContext〉元素及 RequestedAuthnContextType 复合类型。

示例：

```
〈element name = "RequestedAuthnContex
〈element name = "RequestedAuthnContext" type = "samlp:RequestedAuthnContextType"/〉
〈complexType name = "RequestedAuthnContextType"〉
〈choice〉
〈element ref = "saml:AuthnContextClassRef" maxOccurs = "unbounded"/〉
〈element ref = "saml:AuthnContextDeclRef" maxOccurs = "unbounded"/〉
〈/choice〉
〈attribute name = "Comparison" type = "samlp:AuthnContextComparisonType"
use = "optional"/〉
〈/complexType〉
〈simpleType name = "AuthnContextComparisonType"〉
〈restriction base = "string"〉
〈enumeration value = "exact"/〉
〈enumeration value = "minimum"/〉
〈enumeration value = "maximum"/〉
〈enumeration value = "better"/〉
```

```
</restriction>
</simpleType>
```

7.4.2.3 〈AttributeQuery〉元素

〈AttributeQuery〉元素用来生成一个“返回主体请求的属性”查询。一个成功的响应应该以包含属性声明的断言的格式返回信息。本元素为 AttributeQueryType 类型，由 SubjectQueryAbstractType 添加下列元素扩展得到：

〈saml:Attribute〉[任意数目]

每个〈saml:Attribute〉元素定义了一个将返回的属性。如果没有明确指定有哪些属性，则表明所有策略允许的属性都被请求。如果给出的一个〈saml:Attribute〉元素包含一或多个〈saml:AttributeValue〉元素，则一旦该属性被返回，返回的值应与查询中指定的值严格相等。如果缺少专门的文档或属性来确定相等性规则，则相等性被定义为同样的 XML 表示。

一个单独的查询不应包含两个相同名称或名称格式值的〈saml:Attribute〉元素(即一个给定的属性只应在查询中指定一次)。

在属性查询的响应中，SAML 权威返回如下属性声明的断言：

——7.4.4 中给出的规则使断言匹配查询中的〈Subject〉元素；

——如果查询中存在任何〈Subject〉元素，则按照上面提到的规则过滤属性并选择返回值；

——返回的属性和值可以同时被应用程序策略限制。

次级状态编码 urn:oasis:names:tc:SAML:2.0:status:UnknownAttrProfile 和 urn:oasis:names:tc:SAML:2.0:status:InvalidAttrNameOrValue 可以用来描述和解释查询中属性和值时遇到的问题。

下面的示例定义了〈AttributeQuery〉元素及其 AttributeQueryType 复合类型。

示例：

```
<element name = "AttributeQuery" type = "samlp:AttributeQueryType"/>
<complexType name = "AttributeQueryType">
<complexContent>
<extension base = "samlp:SubjectQueryAbstractType">
<sequence>
<element ref = "saml:Attribute" minOccurs = "0"
maxOccurs = "unbounded"/>
</sequence>
</extension>
</complexContent>
</complexType>
```

7.4.2.4 〈AuthzDecisionQuery〉元素

〈AuthzDecisionQuery〉元素用来生成一个“基于给定的证据，主体对这些资源的这些行为是否被允许?”的查询，一个成功的响应应该以包含授权决定声明的断言的格式返回信息。

本元素属于 AuthzDecisionQueryType 类型，由 SubjectQueryAbstractType 添加下列元素和属性扩展得到：

a) Resource [必需]

指向被请求资源的 URI 指针。

b) 〈saml:Action〉[一个或多个]

授权请求的行为。

c) 〈saml:Evidence〉[可选]

SAML 权威可以用来作出授权决定的断言集合。

为了答复查询,SAML 权威会返回一个或若干个包含授权决定声明的断言,并保证断言满足以下条件:按照 7.4.4 中给出的规则使断言匹配查询中的〈Subject〉元素。

下面的示例定义了〈AuthzDecisionQuery〉元素及 AuthzDecisionQueryType 复合类型。

示例:

```
〈element name = "AuthzDecisionQuery" type = "samlp:AuthzDecisionQueryType"/〉
〈complexType name = "AuthzDecisionQueryType"〉
〈complexContent〉
〈extension base = "samlp:SubjectQueryAbstractType"〉
〈sequence〉
〈element ref = "saml:Action" maxOccurs = "unbounded"/〉
〈element ref = "saml:Evidence" minOccurs = "0"/〉
〈/sequence〉
〈attribute name = "Resource" type = "anyURI" use = "required"/〉
〈/extension〉
〈/complexContent〉
〈/complexType〉
```

7.4.3 〈Response〉元素

〈Response〉消息元素用来生成一个响应。该响应包含 0 个或多个满足请求的断言。〈Response〉元素属于 ResponseType 复合类型,由 StatusResponseType 添加下列元素扩展得到:

〈saml:Assertion〉或〈saml:EncryptedAssertion〉[任意数目]

指定一个断言或加密断言。

下面的示例定义了〈Response〉元素及 ResponseType 复合类型。

示例:

```
〈element name = "Response" type = "samlp:ResponseType"/〉
〈complexType name = "ResponseType"〉
〈complexContent〉
〈extension base = "samlp:StatusResponseType"〉
〈choice minOccurs = "0" maxOccurs = "unbounded"〉
〈element ref = "saml:Assertion"/〉
〈element ref = "saml:EncryptedAssertion"/〉
〈/choice〉
〈/extension〉
〈/complexContent〉
〈/complexType〉
```

7.4.4 处理规则

为了响应 SAML 查询消息,SAML 权威返回的每个断言应包含一个〈saml:Subject〉元素,并要求该元素严格匹配查询中的〈saml:Subject〉元素。

〈saml:Subject〉元素 S1 严格匹配 S2 当且仅当同时满足以下两个条件:

——如果 S2 包含标识符元素(〈BaseID〉、〈NameID〉或〈EncryptedID〉),则 S1 应包含标识符元素,但该元素可以在 S1 或 S2 中加密。换言之,解密形式的标识符应相同。按照这个定义,加密标识符一经解密,将与原始标识符相同。

——如果 S2 包含一或多个〈saml:SubjectConfirmation〉元素,则 S1 应包含至少一个〈saml:SubjectConfirmation〉,且能够被 S2 中至少一个 saml:SubjectConfirmation〉元素确认。

举例来说,S1 可以包含一个特定 Format 值的〈saml:NameID〉,S2 可以包含这个〈saml:NameID〉加密后的〈saml:EncryptedID〉元素。但是 S1 和 S2 不能包括不同 Format 值或元素内容的〈saml:NameID〉,即使这两个标识符代表同一主体。

如果 SAML 权威不能提供任何满足查询或符合断言索引限定的断言,则〈Response〉元素中应不包含〈Assertion〉元素,且应包含一个值为 urn:oasis:names:tc:SAML:2.0:status:Success 的次级〈StatusCode〉。

在处理 SAML 查询消息的过程中,也应遵守其他所有与请求响应消息相关的底层处理规则。

7.5 认证请求协议

7.5.1 概述

当一个主体(或主体的代理)希望获得包含认证声明的断言以建立一个安全上下文时,可以使用认证请求协议来向 SAML 权威发送一个〈AuthnRequest〉消息元素以请求 SAML 权威返回包含若干上述断言的〈Response〉消息。返回的断言可以包含任意类型的附加声明,但至少有一个断言应包含认证声明。

支持本协议的 SAML 权威通常也称作身份提供者。

除了要满足以上要求,返回断言的内容还取决于其使用的配置文件或上下文。此外,虽然身份提供者认证主体或代理的方法可能与响应内容冲突,但协议中并不对其作限定。其余与认证凭证有效性相关的问题均不在本协议讨论范围之内。

本节中的描述和处理规则涉及到以下参与者,在实际应用中,他们中的某些可能是同一实体:

a) 请求者

创建认证请求及接收响应的实体。

b) 提交者

将请求提交给身份提供者的实体。如果提交者不是请求者,则其在请求者和身份提供者之间起中间人的作用。

c) 请求主体

被请求断言中的实体。

d) 证明实体

与结果断言中某个〈SubjectConfirmation〉元素相一致的实体。

e) 依赖方

使用断言达到配置文件中或使用上下文中定义的某种目的(通常是建立安全上下文)的实体。

f) 身份提供者

接收提交者发送的请求并作出响应的实体。

7.5.2 〈**AuthnRequest**〉元素

7.5.2.1 概述

为了请求认证声明,提交者向身份提供者发送一个〈AuthnRequest〉消息来描述响应断言应具有的属性。这些属性包括断言内容和/或〈Response〉消息的传递方法。对于提交者的认证处理可以在首次传递〈AuthnRequest〉消息之前、之中或之后进行。请求者和提交者可以不同,例如,请求者可以是使用结果断言来对主体认证或授权以获取服务的依赖方。

〈AuthnRequest〉消息应该被签名或使用其他方法以进行认证和保护其完整性。

本消息属于 AuthnRequestType 复合类型，由 RequestAbstractType 添加以下元素和属性扩展得到，所有扩展都是可选的，但可能受特定的配置文件所限定。

a) 〈saml:Subject〉[可选]

定义了结果断言的请求主体。可以包含一或多个〈saml:SubjectConfirmation〉元素来指出结果断言可被谁证明。

如果不包含标识符，则认为提交者是请求主体。如果不包含〈saml:SubjectConfirmation〉元素，则认为提交者是唯一证明方且证明方法来源于配置文件和/或身份提供者的策略。

b) 〈NameIDPolicy〉[可选]

描述了对主体名称标识符的限定。如果省略，则可使用身份提供者支持的所有标识符类型或使用相关的已发布标准进行限定。

c) 〈saml:Conditions〉[可选]

定义了请求者期望的对结果断言的有效性和/或使用方法进行限定的 SAML 条件。响应者可以对其进行必要的修改或补充。本元素中的信息将在建立断言的过程中被当作输入的参数。

d) 〈RequestedAuthnContext〉[可选]

定义了请求者向响应提供者提出的关于认证上下文的要求。关于本元素的处理规则见 7.4.2.3。

e) 〈Scoping〉[可选]

定义了请求者信任的，可用来认证提交者的身份提供者集合，或是响应者对〈AuthnRequest〉消息代理的限制和相关上下文。

f) ForceAuthn [可选]

一个布尔值，如果为"true"，则身份提供者应直接认证提交者而不能依赖于先前的安全上下文。如果该值未提供，则默认为"false"。如果 ForceAuthn 和 IsPassive 同时为"true"，除非能够满足 IsPassive 约束，否则，身份提供者不得连续地认证提交者。

g) IsPassive [可选]

一个布尔值，如果为"true"，身份提供者和用户代理不应在请求者和提交者交互中强制控制用户接口。如果该值未提供，则默认为"false"。

h) AssertionConsumerServiceIndex [可选]

间接指出〈Response〉消息应该返回的位置。只在请求者和提交者使用不同的配置文件时应用。身份提供者应信任将给定的索引值映射到请求者相关位置的方法。如果该属性被忽略，则身份提供者应按照配置文件中描述的默认位置返回〈Response〉。如果索引无效，则身份提供者可以返回一个〈Response〉错误，也可以使用默认位置。本属性与 AssertionConsumerServiceURL 以及 ProtocolBinding 互斥。

i) AssertionConsumerServiceURL [可选]

指定〈Response〉消息应被返回的位置。响应者应通过某些方法保证该限定位置确实与请求者有关。对封装的〈AuthnRequest〉消息进行签名可以满足此种需求。本属性与 AssertionConsumerServiceIndex 属性互斥并通常与 ProtocolBinding 属性一起使用。

j) ProtocolBinding [可选]

指定〈Response〉返回时使用的 SAML protocol binding 的 URI 指针。本属性与 AssertionConsumerServiceIndex 属性互斥，并通常与 AssertionConsumerSer-viceURL 属性配合使用。

k) AttributeConsumingServiceIndex [可选]

间接指出请求者希望身份提供者在〈Response〉消息中提供的 SAML 属性。身份提供者应信任将给定的索引值映射到相关属性的方法。身份提供者可以使用这些信息来将若干〈saml:AttributeStatement〉元素组装入返回的断言内。

l) ProviderName [可选]

定义了可读的请求者名称，该名称被提交者的用户代理或身份提供者使用。

关于本消息的通用处理规则见 7.5.4

下面的示例定义了〈AuthnRequest〉元素及 AuthnRequestType 复合类型。

示例：

```
〈element name = "AuthnRequest" type = "samlp:AuthnRequestType"/〉
〈complexType name = "AuthnRequestType"〉
〈complexContent〉
〈extension base = "samlp:RequestAbstractType"〉
〈sequence〉
〈element ref = "saml:Subject" minOccurs = "0"/〉
〈element ref = "samlp:NameIDPolicy" minOccurs = "0"/〉
〈element ref = "saml:Conditions" minOccurs = "0"/〉
〈element ref = "samlp:RequestedAuthnContext" minOccurs = "0"/〉
〈element ref = "samlp:Scoping" minOccurs = "0"/〉
〈/sequence〉
〈attribute name = "ForceAuthn" type = "boolean" use = "optional"/〉
〈attribute name = "IsPassive" type = "boolean" use = "optional"/〉
〈attribute name = "ProtocolBinding" type = "anyURI" use = "optional"/〉
〈attribute name = "AssertionConsumerServiceIndex" type = "unsignedShort"
use = "optional"/〉
〈attribute name = "AssertionConsumerServiceURL" type = "anyURI"
use = "optional"/〉
〈attribute name = "AttributeConsumingServiceIndex"
type = "unsignedShort" use = "optional"/〉
〈attribute name = "ProviderName" type = "string" use = "optional"/〉
〈/extension〉
〈/complexContent〉
〈/complexType〉
```

7.5.2.2 〈**NameIDPolicy**〉元素

〈NameIDPolicy〉元素对断言中的名称标识符进行剪裁。本元素的 NameIDPolicyType 复合类型定义了以下属性：

a) Format [可选]

定义了说明名称标识符格式的 URI 指针(见 12.4)。附加值 urn:oasis:names:tc:SAML:2.0:nameid-format:encrypted 用来限定请求结果中的标识符需要经过加密。

b) SPNameQualifier [可选]

定义了断言主体标识符可使用的请求者以外的服务提供者的命名空间，urn:oasis:names:tc:SAML:2.0:nameidformat:persistent 定义的一个例子见 12.4.7。

c) AllowCreate [可选]

用来指出身份提供者是否被允许在执行请求的过程中创建新的主体标识符的布尔值。默认为"false"。如果为"false"，请求者限定身份提供者只能在主体标识符已建立的情况下签发断言。注意本属性并不限定身份提供者在请求以外的上下文中创建该标识符(例如预先创建许多可能的标识符)。

当本属性被使用时，如果身份提供者不能理解或接受元素内容，则返回的〈Response〉消息应包含错误〈Status〉，消息中也可包含值为 urn:oasis:names:tc:SAML:2.0:status:InvalidNameIDPolicy 的次级〈StatusCode〉。

如果 Format 值被省略或被设置为 urn:oasis:names:tc:SAML:2.0:nameidformat:unspecified,则身份提供者可以随意返回任何种类的标识符,额外的限定应在元素内容或身份提供者和主体的策略中提供。

特殊的 Format 值 urn:oasis:names:tc:SAML:2.0:nameid-format:encrypted 用来限定结果断言中应使用一个〈EncryptedID〉元素来替代明文内容。解密后的标识符可以为身份提供者所支持的任何类型。

如果策略需要,身份提供者可以不遵循 Format 中的限制而在结果断言中返回一个〈EncryptedID〉。

注意如果请求者允许身份提供者为不存在的主体建立一个标识符,则应将 AllowCreate 属性设为"true"。否则只有身份提供者已经建立的标识符才能使用。这在与 urn:oasis:names:tc:SAML:2.0:nameid-format:persistent 的联合中非常有用。

下面的示例定义了〈NameIDPolicy〉元素及 NameIDPolicyType 复合类型。

示例:

```
〈element name="NameIDPolicy" type="samlp:NameIDPolicyType"/〉
〈complexType name="NameIDPolicyType"〉
〈attribute name="Format" type="anyURI" use="optional"/〉
〈attribute name="SPNameQualifier" type="string" use="optional"/〉
〈attribute name="AllowCreate" type="boolean" use="optional"/〉
〈/complexType〉
```

7.5.2.3 〈Scoping〉元素

〈Scoping〉元素定义了请求者信任的身份提供者以及响应者定义的与〈AuthnRequest〉消息代理相关的限制和上下文。其 ScopingType 复合类型定义了以下元素和属性:

a) ProxyCount [可选]

定义了收到〈AuthnRequest〉的身份提供者与最终进行认证的身份提供者之间的最大代理数目。如果数目为零,则说明不允许代理,如果该属性被省略,则代表无限制。

b) 〈IDPList〉[可选]

可用的身份提供者信息列表。

c) 〈RequesterID〉[0 个或多个]

定义了请求实体集合,使用 7.5.4 中描述的规则在代理链中进行通信。关于实体标识符的描述见 12.4.6。

在包含中间方的配置文件中,中间方可以检查该列表,如果中间方不能连接列表中的任何一个身份提供者或者列表中不包含中间方支持的身份提供者,则返回一个〈Response〉消息,其中可以包含错误〈Status〉和值为 urn:oasis:names:tc:SAML:2.0:status:NoAvailableIDP 或 urn:oasis:names:tc:SAML:2.0:status:NoSupportedIDP 的次级〈StatusCode〉。

下面的示例定义了〈Scoping〉元素及 ScopingType 复合类型。

示例:

```
〈element name="Scoping" type="samlp:ScopingType"/〉
〈complexType name="ScopingType"〉
〈sequence〉
〈element ref="samlp:IDPList" minOccurs="0"/〉
〈element ref="samlp:RequesterID" minOccurs="0" maxOccurs="unbounded"/〉
〈/sequence〉
〈attribute name="ProxyCount" type="nonNegativeInteger" use="optional"/〉
```

```
〈/complexType〉
〈element name = "RequesterID" type = "anyURI"/〉
```

7.5.2.4 〈**IDPList**〉元素

〈IDPList〉元素定义了请求者信任的身份提供者。其 IDPListType 复合类型定义了以下元素：

a) 〈IDPEntry〉[1 个或多个]

一个身份提供者的信息。

b) 〈GetComplete〉[可选]

如果〈IDPList〉不完整，则使用本元素来定义一个用来获取完整列表的 URI 指针。该 URI 指针指向的资源应是一个根元素为〈IDPList〉且不包含〈GetComplete〉的 XML 实例。

下面的示例定义了〈IDPList〉元素及 IDPListType 复合类型。

示例：

```
〈element name = "IDPList" type = "samlp:IDPListType"/〉
〈complexType name = "IDPListType"〉
〈sequence〉
〈element ref = "samlp:IDPEntry" maxOccurs = "unbounded"/〉
〈element ref = "samlp:GetComplete" minOccurs = "0"/〉
〈/sequence〉
〈/complexType〉
〈element name = "GetComplete" type = "anyURI"/〉
```

〈IDPEntry〉元素定义了请求者信任的一个身份提供者，其 IDPEntryType 复合类型定义了以下属性：

c) ProviderID [必需]

身份提供者的唯一标识符。

d) Name [可选]

可读的身份提供者名称。

e) Loc [可选]

指向支持认证请求协议的一个终端的位置的 URI 指针，其绑定应与配置无关。

下面的示例定义了〈IDPEntry〉元素及 IDPEntryType 复合类型。

示例：

```
〈element name = "IDPEntry" type = "samlp:IDPEntryType"/〉
〈complexType name = "IDPEntryType"〉
〈attribute name = "ProviderID" type = "anyURI" use = "required"/〉
〈attribute name = "Name" type = "string" use = "optional"/〉
〈attribute name = "Loc" type = "anyURI" use = "optional"/〉
〈/complexType〉
```

7.5.3 处理规则

〈AuthnRequest〉与〈Response〉的交互支持许多应用场景，在特定的上下文中也可以做典型的配置。在这样的上下文中，可选择性受到了限制，并对特定种类的输入与输出做了必需与禁止的规定。在此协议交换的任何配置文件中，下述处理规则均保持不变的。此外还应注意所有其他与基本请求、响应消息相关的处理规则。

响应者应最终以一个〈Response〉消息回应一个〈AuthnRequest〉，该〈Response〉消息中包含符合请求中所定义规范的一个或多个断言，或者包含一个描述了所发生错误的〈Status〉。响应者可以根据需要与提交者进行附加消息交换，以发起或完成认证过程，这一过程要依据所绑定的协议及认证机制的性质。在下节中将详细介绍，这一过程包括了通过签发响应方发送〈AuthnRequest〉消息从而将提交者转向另一个身份提供者，这样获得的断言可以用来向初始响应者认证提交者，也是使用 SAML 作为认证机制。

如果响应者不能认证提交者，或者不能识别进行请求的主体，或者响应者由于策略不能提供一个断言(例如主体已经禁止身份提供者向依赖者提供断言)，则它应返回一个包含一个错误〈Status〉的〈Response〉消息，并可返回一个值为 urn:oasis:names:tc:SAML:2.0:status:AuthnFailed 或值为 urn:oasis:names:tc:SAML:2.0:status:UnknownPrincipal 的次级〈StatusCode〉。

如果〈saml:Subject〉元素在请求中出现，则所得到的断言的〈saml:Subject〉应与请求中的〈saml:Subject〉按 7.4.4 给出的要求严格匹配，除非标识符可以是〈NameIDPolicy〉中指定的不同格式。在这样的情况下，标识符的物理内容可以不同，但是应指向相同的主体。

所有在〈AuthnRequest〉中定义的内容都是可选的，但在特定的配置文件中某些内容可能是必需的。如果没有任何特定内容，默认满足下列条件：

——返回的断言应包含一个描述提交者的〈saml:Subject〉元素。标识符的类型与格式由身份提供者决定。但至少一个断言中的至少一个声明应是〈saml:AuthnStatement〉，且用来描述响应者或与其相关的认证服务进行的认证。

——请求的提交者应该是唯一能够满足断言〈saml:SubjectConfirmation〉的证明实体。在确认方法较弱的情况下可以使用绑定的专门或其他机制来帮助满足此需求。

——所得出的断言应包含一个〈saml:AudienceRestriction〉元素，用来向请求者指示一个合理的依赖方。在身份提供者认为合适的情况下也可以包括其他接收方。

7.5.4 代理

如果一个收到〈AuthnRequest〉的身份提供者未认证提交者或者不能直接认证提交者，但相信提交者已经通过另一个身份提供者或非 SAML 的等价实体的认证，它可以通过发布一个新的〈AuthnRequest〉给另一个身份提供者或者发布一个非 SMAL 的等价实体可以识别的请求来获得响应。此时，原始身份提供者称为代理身份提供者。

当一个〈Response〉(或一个非 SAML 的等价实体)返回给代理提供者后，〈Response〉中所封装的断言(或非 SAML 等价体)可以用来认证提交者。这样，代理提供者可以通过发布一个断言来响应原始的〈AuthnRequest〉，从而完成整个消息交互。代理身份提供者与认证身份提供者可以在它们发布的消息与断言中包括其他章节所描述的代理活动限制。

请求者可以通过加入一个包含 ProxyCount 值的〈Scoping〉元素影响代理的行为，并且/或者通过一个有序的〈IDPList〉来指定一系列优先选择的可以提供代理的身份提供者。

一个身份提供者可以通过在它发布的断言中使用一个〈ProxyRestriction〉元素来控制代理身份提供者对其断言的后续使用。

如果属性〈ProxyCount〉被省略或者大于 0，则身份提供者可以代理一个〈AuthnRequest〉。究竟是否代理由本地策略决定。一个身份提供者可以为〈IDPList〉中指定的提供者作代理，但并不是必须这样做。

当一个请求的〈ProxyCount〉值为 0 时，一个身份提供者不应代理该请求。除非可以直接认证该提交者，否则身份提供者应返回一个错误〈Status〉，其中包含一个值为 urn:oasis:names:tc:SAML:2.0:status:ProxyCountExceeded 的次级〈StatusCode〉。

如果它选择一个 SAML 身份提供者作为身份提供者，在创建一个新的〈AuthnRequest〉时，代理身份提供者应包含与原始请求(如认证上下文策略)中的所有信息对等或更严格的格式。注意，代理提供者可以自由指定〈NameIDPolicy〉，以使响应成功的可能性最大。

如果认证身份提供者不是一个 SAML 身份提供者，则代理提供者应使用一些其他方法来确保管理用户代理交互的元素(例如〈IsPassive〉)能够被认证提供者认同。

新的〈AuthnRequest〉应包含一个〈ProxyCount〉属性,其值要比原始值至少小 1。如果原始请求中不包含〈ProxyCount〉属性,则新请求应该包含一个〈ProxyCount〉属性。

如果原始请求中指定了一个〈IDPList〉,新请求中也应包含一个〈IDPList〉。代理身份提供者可以在〈IDPList〉的末尾添加额外的身份提供者,但是不得从列表中删除任何身份提供者。

认证请求与响应以标准方式处理,并且应与在本章中给出的规则及使用的配置文件保持一致。一旦提交者已经通过代理身份提供者认证(在 SAML 中,以传递〈Response〉的形式体现),则执行下述步骤:

——代理身份提供者通过复制原始断言或非 SAML 等价体中的相关信息准备一个新断言。

——新断言的〈saml:Subject〉应包含一个标识符,满足原始请求者在其元素〈NameIDPolicy〉中所定义的选择。

——新断言中的〈saml:AuthnStatement〉应包含一个〈saml:AuthnContext〉元素,该元素包含一个〈saml:AuthenticationAuthority〉元素。〈saml:AuthenticationAuthority〉元素用来指向一个身份提供者,代理身份提供者向其询问关于提交者的身份信息。如果原始断言包含的〈saml:AuthnContext〉信息中包括一个或多个〈saml:AuthenticationAuthority〉元素,则这些元素应当被包括进新断言中,新增元素置于其后。

——如果认证身份提供者不是一个 SAML 提供者,则代理身份提供者应为认证提供者生成一个唯一标识符值。此值应当在不同时间不同请求的情况下保持一致且不应与其他 SAML 提供者使用或生成的值冲突。

——只要满足请求者规定的原始需求,〈saml:AuthnContext〉的任何其他信息都可以按照代理身份提供者的策略进行复制、翻译或忽略。

在上述过程执行完毕后,如果身份提供者被要求认证同一个提交者的另一个请求者,而此请求在精确程度上等同或小于原始请求(由代理身份提供者决定),则身份提供者可以跳过给认证身份提供者创建一个新的〈AuthnRequest〉的行为,而立即发布另一个断言(假定它收到的原始断言或非 SAML 等价体仍然有效)。

7.6 假名解析协议

7.6.1 概述

假名解析协议提供了一种机制:SAML 协议消息可以在 SAML 绑定中以指针引用而非数值的形式传输。利用此特殊的协议可以通过指针获取请求与响应。消息发送方不需将消息绑定到一个传输协议上,而是使用绑定发送称为假名的一小段数据。一个假名可以有多种形式,但应使接收方可以通过某种方式确定该假名由谁发送。如果接收方愿意,可以将协议与一个不同的(通常是同步的)SAML 绑定协议联合使用来将该假名解析为原始协议消息。

本机制的最普遍应用是由于规模限制导致绑定难以携带一个消息,或者是为了使一个消息可以通过一个安全信道在 SAML 请求者与响应方间传输,而不需使用签名。

根据经由指针传递的消息的性质,假名解析协议可以要求所绑定的用来解析假名的协议提供诸如双向认证、完整性保护和机密性等保护措施。在任何情况下,假名应以一次使用的语义出现,以保证当其被成功解析后,不会再被任何人使用。

无论所获得的协议消息如何,假名解析结果的处理方式应与假名所替代的原始消息的处理方式完全相同。

7.6.2 〈**ArtifactResolve**〉元素

〈ArtifactResolve〉消息用来请求返回一条〈ArtifactResponse〉消息,该消息中包含一个假名代表的

SAML 协议消息。假名的初始传输由所使用的绑定协议负责。

应当使用用来发送消息的绑定协议来对消息〈ArtifactResolve〉进行签名或认证，并提供完整性保护。

本消息为复合类 ArtifactResolveType，它扩展了 RequestAbstractType 并添加了下列元素：

〈Artifact〉[必需]

请求者收到的假名值，希望将其翻译为它所代表的协议消息。

下面的示例定义了元素〈ArtifactResolve〉及复合类 ArtifactResolveType。

示例：

```
〈element name = "ArtifactResolve" type = "samlp:ArtifactResolveType"/〉
〈complexType name = "ArtifactResolveType"〉
〈complexContent〉
〈extension base = "samlp:RequestAbstractType"〉
〈sequence〉
〈element ref = "samlp:Artifact"/〉
〈/sequence〉
〈/extension〉
〈/complexContent〉
〈/complexType〉
〈element name = "Artifact" type = "string"/〉
```

7.6.3 〈ArtifactResponse〉元素

收到〈ArtifactResolve〉消息后应以〈ArtifactResponse〉消息元素进行响应。此元素为复合类 ArtifactResponseType，由 StatusResponseType 扩展而来，在其中加入了一个可选的通配符元素，对应所返回的 SAML 协议消息。

应当使用用来发送消息的绑定协议对消息〈ArtifactResponse〉进行签名或认证，并提供完整性保护。

下面的示例定义了元素〈ArtifactResponse〉及复合类 ArtifactResponseType。

示例：

```
〈element name = "ArtifactResponse" type = "samlp:ArtifactResponseType"/〉
〈complexType name = "ArtifactResponseType"〉
〈complexContent〉
〈extension base = "samlp:StatusResponseType"〉
〈sequence〉
〈any namespace = "##any" processContents = "lax" minOccurs = "0"/〉
〈/sequence〉
〈/extension〉
〈/complexContent〉
〈/complexType〉
```

7.6.4 处理规则

如果响应方认为假名有效，则在消息元素〈ArtifactResponse〉中以相应的协议消息进行响应。否则，以无植入消息的元素〈ArtifactResponse〉进行响应。在这两种情况下，〈Status〉元素都应包含一个值为 urn:oasis:names:tc:SAML:2.0:status:Success 的〈StatusCode〉元素。无植入消息的响应消息在本章其余部分称为空响应。

响应方应确保任何假名只能使用一次的特性，可通过保证任何请求者对同一个假名的后续请求都导致上文描述的空响应来实现。

某些 SAML 协议消息，尤其是一些配置文件中的〈AuthnRequest〉消息，可以由任何接收到该消息并正确响应的接收方使用。然而在大多数其他情况下，一条消息只针对一个特定的实体。在这样的情况下，所发布的假名应与假名指代的特定消息接收方相关联。如果假名发布方从请求者处收到一个〈ArtifactResolve〉消息，且该消息不能认证请求者是原始指定的接收者，则假名发布方应返回一个空响应。

假名发布方应当在一个假名的使用上施加最短的应用时间限制，这样，在假名接收方获得假名并将其在一个〈ArtifactResolve〉消息中返回发布方的过程中，存在一个接收时间窗口。

需要注意〈ArtifactResponse〉消息的 InResponseTo 属性应包含与〈ArtifactResolve〉消息中 ID 属性值相对应的值，但是被植入的协议消息将包含它自身的消息标识符，作为一个植入响应的情况，可能包含一个不同的 InResponseTo 值，对应于此植入消息所响应的原始请求消息。

所有其他与基本请求、响应消息相关的处理规则也应得到遵守。

7.7 名称标识符管理协议

7.7.1 概述

在为一个主体建立一个名称标识符后，身份提供者希望改变该标识符的值和/或格式以供未来引用该主体时使用，或者指明一个名字标识符不再用来引用该主体。这时，身份提供者就向服务提供者发送一个〈ManagementNameIDRequest〉消息来告知这种变化。

服务提供者也使用此消息来注册或改变在通信时需要使用的名称标识符的 SPProvidedID 值，或终止一个名称标识符在其与身份提供者间的使用。

注意此协议不应用于暂时性的名称标识符，因为其值不需要进行长期管理。

7.7.2 〈**ManageNameIDRequest**〉元素

提供者发送一个〈ManagementNameIDRequest〉消息来告知接收方一个更改了的名称标识符，或指明一个名称标识符的使用终止。

应当使用用来发送消息的绑定协议对〈ManagementNameIDRequest〉消息进行签名或认证，并提供完整性保护。

本消息为复合类 ManagementNameIDRequestType，扩展了 RequestAbstractType，并添加了下列元素：

a) 〈saml:NameID〉或〈saml:EncryptedID〉[必需]

详细说明主体的名称标识符与相关描述数据（以明文或加密形式），该主体最近在此请求前曾被身份提供者与服务提供者确认过。

b) 〈NewID〉或〈NewEncryptedID〉或〈Terminate〉[必需]

新的名称标识符（以明文或加密形式），在与进行请求的提供者通信时指代本主体，或表明旧标识符的使用已经中止。在前一种情况中，如果请求者是服务提供者，新的标识符应在元素〈NameID〉中的 SPProvidedID 属性中出现。如果请求者是身份提供者，新的值应在元素〈NameID〉中作为元素内容出现。

下面的示例定义了〈ManagementNameIDRequest〉元素及复合类 ManagementNameIDRequest-Type。

示例：

```
〈element name = "ManageNameIDRequest" type = "samlp:ManageNameIDRequestType"/〉
〈complexType name = "ManageNameIDRequestType"〉
〈complexContent〉
```

```
〈extension base = "samlp:RequestAbstractType"〉
〈sequence〉
〈choice〉
〈element ref = "saml:NameID"/〉
〈element ref = "saml:EncryptedID"/〉
〈/choice〉
〈choice〉
〈element ref = "samlp:NewID"/〉
〈element ref = "samlp:NewEncryptedID"/〉
〈element ref = "samlp:Terminate"/〉
〈/choice〉
〈/sequence〉
〈/extension〉
〈/complexContent〉
〈/complexType〉
〈element name = "NewID" type = "string"/〉
〈element name = "NewEncryptedID" type = "saml:EncryptedElementType"/〉
〈element name = "Terminate" type = "samlp:TerminateType"/〉
〈complexType name = "TerminateType"/〉
```

7.7.3 〈ManagementNameIDResponse〉元素

〈ManagementNameIDRequest〉消息的接收方应以〈ManagementNameIDResponse〉消息进行响应，该消息为 StatusResponseType 类，没有附加内容。

应当使用用来发送消息的绑定协议对〈ManagementNameIDResponse〉消息进行签名或认证，并提供完整性保护。

下面的示例定义了〈ManagementNameIDResponse〉元素。

示例：

```
〈element name = "ManageNameIDResponse" type = "samlp:StatusResponseType"/〉
```

7.7.4 处理规则

如果请求包含一个接收方无法认知的〈saml:NameID〉（或加密版本），则响应提供者应返回错误〈Status〉，并可以返回一个值为 urn:oasis:names:tc:SAML:2.0:status:UnknownPrincipal 的次级〈StatusCode〉。

如果〈Terminate〉元素包含在请求中，请求提供者意在（为服务提供者的情况下）说明它不再接收身份提供者的断言，或者（为身份提供者的情况下）它不再发布关于该主体的断言给服务提供者。收到这一请求的提供者可以认为名称标识符所代表的关系终止，并进行相关处理。例如可以选择令关系已终止的主体的活动会话失效。

如果服务提供者通过包含一个〈NewID〉（或〈NewEncryptedID〉）元素请求改变该主体的标识符，身份提供者应在其后续与该服务提供者进行关于此主体的通信时的 SPProvidedID 中包含该元素的内容。

如果身份提供者通过包含一个〈NewID〉（或〈NewEncryptedID〉）元素请求改变该主体的标识符，服务提供者应在后续与该身份提供者进行关于此主体的通信时使用该元素的内容作为〈saml:NameID〉元素的内容。

需要注意原始标识符与新标识符可以是都不被加密、任一个被加密或全部都被加密（使用元素〈EncryptedID〉与〈NewEncryptedID〉）。

在任何情况下，请求中〈saml:NameID〉的内容与其相关的 SPProvidedID 属性应包含提供者间为主体建立的最新的名称标识符信息。

在一个标识符的 Format 是 urn:oasis:names:tc:SAML:2.0:nameidformat:Persistent 的情况下，NameQualifier 属性应包含创建该标识符的身份提供者的唯一标识符。如果该标识符在身份提供者与一个以服务提供者为一员的联合群组间建立，则 SPNameQualifier 属性应包含该联合群组的唯一标识符。否则，它应包含该服务提供者的唯一标识符。如果其值匹配包含它们的协议消息的〈Issuer〉元素值，则这些属性可以省略，但是由于混淆的可能较大，所以不推荐这种方法。

对这些标识符的改变可能占用请求者与响应方的大量时间来向整个系统广播此变动。具体实现可能希望允许每一方在一个名字标识符成功完成更新后一段时间内仍接受原有标识符。否则，可能导致主体不能访问资源。

所有其他与基本请求、响应消息相关的处理规则也应得到遵守。

7.8 单点登出协议

7.8.1 概述

单点登出协议提供了一个消息交换协议，通过此协议由特定会话权威提供的所有会话可以几乎同步地终止。单点登出协议可以在一个主体从一个会话参与方或直接从一个会话权威登出的时候使用。此协议也可以在超出时限的情况下登出一个实体。登出事件的原因通过 Reason 属性指出。

主体可以与会话权威以及每个独立的会话参与方建立认证会话，会话的建立基于会话权威提供的包含认证声明的断言。

当主体从一个会话参与方处调用一个单点登出过程，会话参与方应发送一个〈LogoutRequest〉消息给提供断言的会话权威，其中包含会话参与方中与会话相关的认证声明。

当主体从会话权威处调用一个登出，或会话参与方代表该实体发送一个登出请求给会话权威时，会话权威应当发送一个消息〈LogoutRequest〉给那些未向该权威发送消息〈LogoutRequest〉的每个会话参与方，向它们提供的断言中包含关于该主体的当前会话下的认证声明。它应当使用此协议尝试联系尽可能多的参与方，终止其自身与主体的会话，并最终返回一个〈LogoutResponse〉消息到提出请求的会话参与方。

7.8.2 〈LogoutRequest〉元素

一个会话参与方或会话权威发送一个消息〈LogoutRequest〉来指明一个会话的终止。

应当使用用来发送消息的绑定协议对〈LogoutRequest〉消息进行签名或认证，并进行完整性保护。

此消息为 LogoutRequestType 复合类型，它扩展了 RequestAbstractType 并加入了下列元素与属性：

a) NotOnOrAfter[可选]

请求失效的时间，如果超出此时间，接收方可以丢弃此消息。此时间值采用 UTC 编码。

b) Reason[可选]

以 URI 指针的形式指明登出原因。

c) 〈saml:BaseID〉或〈saml:NameID〉或〈saml:EncryptedID〉[必需]

详细说明主体的标识符与相关属性(以明文或加密形式)，该主体最近在此请求前曾被身份提供者与服务提供者确认过。

d)〈SessionIndex〉[可选]

为消息接收方指示此会话的标识符。

下述示例定义了元素〈LogoutRequest〉及相关复合类 LogoutRequestType。

示例：

```
〈element name="LogoutRequest" type="samlp:LogoutRequestType"/〉
〈complexType name="LogoutRequestType"〉
〈complexContent〉
〈extension base="samlp:RequestAbstractType"〉
〈sequence〉
〈choice〉
〈element ref="saml:BaseID"/〉
〈element ref="saml:NameID"/〉
〈element ref="saml:EncryptedID"/〉
〈/choice〉
〈element ref="samlp:SessionIndex" minOccurs="0"
maxOccurs="unbounded"/〉
〈/sequence〉
〈attribute name="Reason" type="string" use="optional"/〉
〈attribute name="NotOnOrAfter" type="dateTime"
use="optional"/〉
〈/extension〉
〈/complexContent〉
〈/complexType〉
〈element name="SessionIndex" type="string"/〉
```

7.8.3 〈LogoutResponse〉元素

消息〈LogoutRequest〉的接收方应以消息〈LogoutResponse〉进行响应，并且响应消息类型为 StatusResponseType，没有专门附加内容。

应当使用用来发送消息的绑定协议对消息〈LogoutResponse〉进行签名或认证，并提供完整性保护。

下面的示例定义了元素〈LogoutResponse〉。

示例：

```
〈element name="LogoutResponse" type="samlp:StatusResponseType"/〉
```

7.8.4 处理规则

7.8.4.1 概述

消息发送方可以使用 Reason 属性来指明发送〈LogoutRequest〉的原因。本规范定义了下述值供所有消息发送方使用，由各参与方达成一致的情况下也可以使用其他的值。

urn:oasis:names:tc:SAML:2.0:logout:user

指定发送消息是因为主体希望终止指定会话。

urn:oasis:names:tc:SAML:2.0:logout:admin

指定发送消息是因为管理者希望终止到该主体的指定会话。

所有其他与基本请求、响应消息相关的处理规则也应得到遵守。附加处理规则在下面的章节中给出。

7.8.4.2 会话参与方规则

当一个会话参与方收到一个〈LogoutRequest〉消息时，会话参与方应认证该消息。如果发送方是提供断言的权威，断言中包含一个链接到主体当前会话的认证声明，则会话参与方应通过〈saml:BaseID〉,〈saml:NameID〉或〈saml:EncryptedID〉元素，或消息中给出的任何〈SessionIndex〉元素令所指向的主体的会话无效。如果没有提供〈SessionIndex〉元素，则应令所有与该主体相关的会话失效。

会话参与方应将登出请求消息应用到任何满足下列条件的断言，即使断言在登出请求之后到达：

——断言的主体严格匹配〈LogoutRequest〉中的〈saml:BaseID〉,〈saml:NameID〉或〈saml:

——EncryptedID〉元素，符合7.4.4规定；

——断言认证声明中的一个SessionIndex属性匹配登出请求中描述的一个〈SessionIndex〉元素，或者登出请求不包含〈SessionIndex〉元素；

——基于断言自身描述的时间条件(尤其是在条件或主体证实数据中所描述的NotOnOrAfter属性值)断言有效；

——登出请求没有超时(通过检验消息中的NotOnOrAfter属性来确定)。

注：此规则的目的是避免会话参与方在收到一个真实的，可能仍然有效的断言之前收到一个登出请求，其目标包括了刚收到的断言的一个或多个断言(由〈SessionIndex〉元素标识)。它应该保留登出请求直到登出请求自身可以被抛弃(超出了请求中的NotOnOrAfter值)或者登出请求的目标断言已经被收到且已经被适当处理。

7.8.4.3 会话权威规则

当一个会话权威收到一个〈LogoutRequest〉消息，该会话权威应认证发送方。如果会话权威要提供包含对当前会话的认证声明到发送方，则会话权威应当按照指定顺序执行下列行为：

——发送一个〈LogoutRequest〉消息给任何由本会话权威代理了主体认证的其他会话权威，除非会话权威是〈LogoutRequest〉消息的初始发送方；

——除了当前〈LogoutRequest〉消息的初始发送方以外，发送一个〈LogoutRequest〉消息给每个本会话权威在当前会话中提供了断言的会话参与方；

——终止主体当前会话，根据〈saml:BaseID〉,〈saml:NameID〉或〈saml:EncryptedID〉元素，或登出请求消息中给出的任何〈SessionIndex〉元素的说明执行终止。

如果会话权威成功终止主体关于其自身的会话，则它应对原始请求者作出响应(如果原始请求者存在)。响应是一个〈LogoutResponse〉消息，其中包含一个顶级状态编码urn:oasis:names:tc:SAML:2.0:status:Success。如果不能做到，则它应以〈LogoutResponse〉消息响应，其中包含一个描述错误的顶层状态代码。这样，顶层状态指明了关于会话权威自身的登出操作的状态。

会话权威应当尝试使用任何可应用的绑定协议来联系各会话参与方，即使此种尝试失败或不能执行(例如因为初始请求的发生所使用的绑定协议不能将登出传播给所有参与方)。

在并非所有会话参与方都成功响应〈LogoutRequest〉消息(或并非所有参与方都可以联系上)的情况下，会话权威应在〈LogoutResponse〉消息中包含一个次级状态编码urn:oasis:names:tc:SAML:2.0:status:PartialLogout，来指明并不是所有其他会话参与方都对登出确认进行了成功的响应。

注意会话权威可以在未从一个会话参与方处收到一个〈LogoutRequest〉的情况下发起一个登出，原因包括但不局限于以下：

——如果与一个会话参与方之间的某个时间期限过期，会话权威可以发送一个〈LogoutRequest〉到该会话参与方；

——一个达成共识的全局时间期限过期；

——一个主体或其他可信实体直接向会话权威请求主体登出；

——会话权威确定主体的证书被攻破。

在构造一个登出请求消息时，会话权威应将消息中的NotOnOrAfter值设置成一个时间值，指明消息的时限，在该时限之后，登出请求可以被接收方抛弃。此值应当被设置成一个等于或大于最新发布的断言中的NotOnOrAfter值的时间值，该断言作为目标会话(如登出请求中的〈SessionIndex〉属性所指明)的一部分发布。

除 7.7.4 中为 Reason 属性说明的值之外,会话权威也可以使用下述值:

urn:oasis:names:tc:SAML:2.0:logout:global-timeout

发送消息的原因是超出了全局会话时间期限。

urn:oasis:names:tc:SAML:2.0:logout:sp-timeout

发送消息的原因是超出了在参与方与会话权威间达成一致的会话时间期限。

7.9 名称标识符映射协议

7.9.1 概述

一个实体和身份提供者分享一个主体的主体标识符,当此实体希望为同一个主体获得一个指定格式或联合命名空间的名字标识符时,它可以使用此协议发送请求到身份提供者。

例如,一个服务提供者想与另一个服务提供者通信,却没有共享一个该主体的标识符,一个身份提供者与两个服务提供者都共享了该实体的标识符,则该服务提供者可以利用身份提供者来将其上的标识符映射到(通常是加密地)一个新的标识符,利用新标识符它可以与另一个服务提供者通信。

除非专门指明加密是不必要的,否则无论所包含的标识符的类型是什么,映射后的标识符都应当被加密成〈saml:EncryptedID〉元素。

7.9.2 〈**NameIDMappingRequest**〉元素

为了给某主体向身份提供者请求一个名称标识符,请求者发送一个消息〈NameIDMappingRequest〉。本消息为 NameIDMappingRequestType 复合类型,它扩展了 RequestAbstractType,并加入了下列元素:

a) 〈saml:BaseID〉或〈saml:NameID〉或〈saml:EncryptedID〉[必需]

标识符与相关属性(以明文或加密形式)详细说明了主体,该主体最近在此请求前曾被身份提供者与服务提供者确认过。

b) 〈NameIDPolicy〉[必需]

需要返回的关于标识符格式与可选名称限定的需求。

应当使用用来发送消息的绑定协议对〈NameIDMappingRequest〉消息进行签名或认证,并提供完整性保护。

下面的示例定义了元素〈NameIDMappingRequest〉及复合类 NameIDMappingRequestType。

示例:

```
〈element name = "NameIDMappingRequest" type = "samlp:NameIDMappingRequestType"/〉
〈complexType name = "NameIDMappingRequestType"〉
〈complexContent〉
〈extension base = "samlp:RequestAbstractType"〉
〈sequence〉
〈choice〉
〈element ref = "saml:BaseID"/〉
〈element ref = "saml:NameID"/〉
〈element ref = "saml:EncryptedID"/〉
〈/choice〉
〈element ref = "samlp:NameIDPolicy"/〉
〈/sequence〉
〈/extension〉
〈/complexContent〉
```

```
</complexType>
```

7.9.3 <NameIDMappingResponse>元素

消息<NameIDMappingRequest>的接收方应以<NameIDMappingResponse>消息进行响应。此消息为 NameIDMappingResponseType 复合类型，它扩展了 StatusResponseType 并添加了下列元素：

<saml:NameID>或<saml:EncryptedID>[必需]

详细说明主体的标识符与相关属性(以明文或加密形式)，该主体最近在此请求前曾被身份提供者与服务提供者确认过。

应当使用用来发送消息的绑定协议对消息<NameIDMappingResponse>进行签名或认证，并进行完整性保护。

下面的示例定义了元素<NameIDMappingResponse>及复合类 NameIDMappingResponseType.

示例：

```
<element name="NameIDMappingResponse" type="samlp:NameIDMappingResponseType"/>
<complexType name="NameIDMappingResponseType">
<complexContent>
<extension base="samlp:StatusResponseType">
<choice>
<element ref="saml:NameID"/>
<element ref="saml:EncryptedID"/>
</choice>
</extension>
</complexContent>
</complexType>
```

7.9.4 处理规则

如果响应方不能识别请求中标识的主体，它可以响应以错误<Status>，其中包含一个值为 urn:oasis:names:tc:SAML:2.0:status:UnknownPrincipal 的次级<StatusCode>。

根据响应方的判断，可返回 urn:oasis:names:tc:SAML:2.0:status:InvalidNameIDPolicy，指明不能或不愿以所请求的格式或命名空间提供一个标识符。

所有其他与基本请求、响应消息相关的处理规则也应得到遵守。

8 SAML 版本

8.1 概述

SAML 规范集使用两种独立的方式标注版本。在下述章节中将对这两种方式与检测及处理版本差异的处理规则进行讨论。此外还包括对未来的修订中在何种情况下需要修改某些版本信息的说明。

版本信息分为主要与次要版本表述，表述形式是 Major. Minor。版本号 MajorB. MinorB 高于版本号 MajorA. MinorA 当且仅当(MajorB>MajorA)或((MajorB=MajorA)且(MinorB>MinorA))。

8.2 SAML 规范集版本

8.2.1 概述

每个发布的 SAML 规范集将包含一个主要版本与一个次要版本，此标识描述了它与前后规范集版本的关系。版本将通过发布的文档的内容与文件名字显示出来，包括规范集文档与 XML 方案文档。

规范集的版本管理没有专门规则，因为规范集是一系列规范文档的集合，而这些规范文档中已经包含了相应的处理规则。

规范集文档的总体规模与范围变化显示出本次修订的一系列改动形成的是主要版本还是次要版本。通常，如果规范集向后兼容早期规范集(也就是说，旧版本中有效的语义、协议与语法仍然有效)，则新版本会是一个次要版本，否则，则是一个主要版本。

8.2.2 方案版本

作为一个非标准化的文档管理机制，作为规范集的一部分发布的任何 XML 方案文档需要在元素〈xs:schema〉中包含一个 version 属性，其值以 Major，Minor 形式出现，指出它所属的规范集的版本。

确定的实现可以使用该属性来区分用来验证消息的方案的版本，或者支持同一逻辑方案的多种版本。

8.2.3 SAML 断言版本

SAML〈Assertion〉元素包含一个用来表示断言的主要次要版本的属性，表示以 Major. Minor 字符串形式出现。每个 SAML 规范集的版本都会被解释，以证明与该断言相同版本的语法、语义与处理规则。也就是说，规范集版本 1.0 描述断言版本 1.0，以此类推。

断言版本和该版本的方案定义中指定的目标 XML 命名空间之间没有关联。

需要应用下述处理规则：

——如果一个断言版本号不被权威所支持，SAML 断言发送方不得以该 Major. Minor 断言版本号发布任何断言；

——SAML 依赖方不应处理不支持的主要断言版本标识的任何断言；

——如果一个断言的次要版本号高于依赖方支持的次要版本号，SAML 依赖方可以处理或抛弃该断言。然而，所有共享一个主要断言版本号的断言应共享相同的一般处理规则与语义，并应该可以在具体实现中以统一的方式处理。例如，如果一个 V1.1 断言共享 V1.0 断言的语法，在具体实现中可以将该断言作为 V1.0 断言处理，而不会产生任何问题。

8.2.4 SAML 协议版本

8.2.4.1 概述

各种 SAML 协议的请求与响应元素包含一个版本属性，该使用一个 Major. Minor 形式的字符串来表示请求或响应消息的主要和次要版本。每个 SAML 规范集的版本都会被解释，以证明与该断言相同版本的语法、语义与处理规则。也就是说，规范集版本 1.0 描述断言版本 1.0，以此类推。

在断言版本与针对同版本的方案定义的目标 XML 命名空间之间明确地没有关联。

SAML 协议请求与响应元素中使用的版本号匹配任何特定的 SAML 规范集的修订。

8.2.4.2 请求版本

下面是请求处理规则中关于版本方面的规定：

——一个 SAML 请求方应当使用 SAML 请求方与 SAML 响应方所支持的最高请求版本发布请求；

——如果 SAML 请求方不知道 SAML 响应方的能力，则它应当假定响应方支持 SAML 请求方所支持的最高请求版本；

——一个 SAML 请求方不得以一个请求者不支持的响应版本号所对应的 Major. Minor 请求版本号发布一个请求消息；

——一个 SAML 响应方应拒绝任何响应方不支持的主要请求版本号的请求；

——若请求的次要请求版本号高于响应方支持的最高请求版本，则 SAML 响应方可以处理或可以抛弃该请求。然而，所有共享一个主要请求版本号的版本应共享相同的一般规则与语义，并应该可以根据实现以统一的方式处理。例如，如果一个 V1.1 请求共享 V1.0 请求的语法，响应方可以将该请求消息作为 V1.0 请求处理，而不会产生任何问题。

8.2.4.3 响应版本

下面是响应处理规则中关于版本方面的规定：

——一个 SAML 响应方不得以一个高于对应请求消息的请求版本号的响应版本号发布一个响应消息；

——一个 SAML 响应方不得以一个低于对应请求消息的主要请求版本号的主要响应版本号发布一个响应消息，除非报告 urn:oasis:names:tc:SAML:2.0:status:RequestVersionTooHigh 错误时；

——一个源自不兼容的 SAML 协议版本的错误响应应报告一个〈StatusCode〉值 urn:oasis:names:tc:SAML:2.0:status:VersionMismatch，且可以报告下述次级值中的一个：urn:oasis:names:tc:SAML:2.0:status:RequestVersionTooHigh，urn:oasis:names:tcSAML:2.0:status:RequestVersionTooLow，或 urn:oasis:names:tc:SAML:2.0:status:RequestVersionDeprecated。

8.2.4.4 允许的版本合并

特定主要版本的断言只出现于同一主要版本的响应消息中，但允许从 SAML 断言命名空间中导入到协议方案中。例如，如果在命名空间导入中引用适当的断言方案，一个 V1.1 的断言可以出现在一个 V1.0 的响应消息中，一个 V1.0 的断言可以出现在一个 V1.1 的响应消息中。但是一个 V1.0 的断言不可以出现在一个 V2.0 的响应消息中，因为它们属于不同的主要版本。

8.3 SAML 命名空间版本

作为规范集的一部分发布的 XML 方案文档包含了一个或更多目标命名空间，其中置入了类型、元素与属性的定义。命名空间各自不同，并且代表了组成该部分规范的构造与语法定义。

由规范集定义的命名空间 URI 指针一般在 URI 中的某处包含版本信息 Major. Minor。当规范集中的命名空间第一次被引入及定义时，URI 中的主要版本与次要版本应对应于规范集的主要版本与次要版本。此信息不是由不透明地处理命名空间的 XML 处理器使用的，而是用来沟通规范集与其定义的命名空间间的关系。此类型也适用于第 12 章中列出的 SAML 定义的基于 URI 的标识符。

作为一般规则，实现方可以认为规范集的一个主要修订版本定义的命名空间与相关方案定义在该规范的次要修订版本中保持有效与稳定。可能引入新的命名空间，必要时也会替换旧的命名空间，但是这种情况极少发生。在这种情况下，旧的命名空间及其相关定义的有效性将保持到下一个主要规范集修订版本。

一般来说，在添加或修改方案内容的同时保持命名空间的稳定是一个颇具挑战性的任务。不过，特定的设计策略可以支持这种改变。因为很难预测旧版本对一些特定的变化会如何反应，前向兼容性就难以实现。为了保证命名空间的稳定性，在次要修订版本中进行修改的权利仍然需要保留。除了在特殊的环境下(例如弥补严重不足或更正错误)，具体实现方法应该考虑到次要修订版中的前向兼容的方案的变化，并允许新的消息在旧的方案中生效。

实现应当预料到并准备好处理新的扩展和新的消息类型与该类型的处理规则的一致性问题。次要版本可以引入新的类型以支持第 11 章中所描述的扩展能力。旧版实现应当在遇到强制语义的上下文时拒绝这种扩展，例如新的查询、声明或条件类型。

9 SAML 和 XML 签名句法与处理

9.1 概述

SAML 断言和协议请求响应消息可以使用签名。签名可带来以下好处：经过签名的断言支持断言完整性保护，可以认证断言和消息的发布方，如果签名基于发布方的公私钥对，签名还将保证不可否认性。

SAML 中，数字签名并不是必要的，在某些情况下，签名可以通过继承得到，例如无签名的断言可以受到协议响应消息上的签名的保护。

如果内部对象（例如断言）拥有长时间的有效性，那么通过继承得到的签名需要被小心的使用，为了保证其有效性，整个上下文都需要被保留。

另外一个例子是 SAML 依赖方或请求方可能直接通过安全信道从可信的发布方那里得到一个断言或协议消息，这种方法也不需要数字签名。

许多技术可以实现这种直接认证和安全信道的建立，包括 TLS/SSL、HMAC 以及基于口令的机制等。另外，安全性还与通信环境有关，因此推荐在其他所有上下文中对断言和请求响应信息使用数字签名。

以下条款需要特别注意：

——依赖方从 SAML 发布方以外的实体获得的断言应该经过发布方签名；

——由消息起源方以外的实体发出的消息应该经过消息的起源方签名；

——配置文件可以指定其他的签名机制，如 S/MIME 或包含 SAML 文档的签名 Java 对象，但请注意保留互操作性。XML 签名被当作是 SAML 的主要签名机制，但本标准努力保持与其他签名机制的兼容性；

——如果一个概述中未明确声明使用其他的签名机制，任何 XML 数字签名应使用 enveloped 形式。

9.2 签名断言

所有的 SAML 断言都可以使用 XML 签名，这已经在第 6 章中描述的断言方案中有所体现。

9.3 请求/响应签名

所有的 SAML 请求响应信息都可以使用 XML 签名，这已经在第 7 章中描述的方案中有所体现。

9.4 签名的继承

一个 SAML 断言可以嵌入另一个 SAML 元素，例如封装后的〈Assertion〉或请求响应消息。如果一个 SAML 断言不包含〈ds:Signature〉元素，但被包含在一个包含〈ds:Signature〉元素的封装元素中，并且该签名被应用到〈Assertion〉元素及其所有子元素，则可以认为该 SMAL 断言继承了一个签名，这与对断言本身使用同样密钥和方法进行签名是等同的。

许多 SAML 应用支持这种保护方法，例如签名 SOAP 消息、S/MIME 包以及可信 SSL 连接等。SAML 配置文件可以定义额外的签名和认证信息的继承方法，但应在配置文件中特别声明。

9.5 XML 签名机制

9.5.1 概述

XML Signature specification[XMLSig]定义了一个高适应性的通用 XML 数据签名机制。本节将对其加以限定以简化 SAML 处理者的处理。这种用法对根元素上的 xs:ID 类型属性，特别是〈Assertion〉中的 ID 属性以及多种请求响应元素进行了专门的限定。这些属性在本节中将被称为标识符属性。

SAML 配置文件只使用断言和请求响应中直接得到的〈ds:Signature〉元素，其他配置文件中可以使用自定义方法以获取在其他地方出现的签名。附录 B 中给出了一个签名响应的示例。

9.5.2 签名格式和算法

XML 签名中包含三种签名和文档的关联方法：enveloping、enveloped 和 detached。

SAML 断言和协议应使用 enveloped 方式的签名，SAML 处理者应该支持 http://www.w3.org/2000/09/xmldsig#rsa-sha1 中描述的 RSA 签名和校验操作。

9.5.3 指针

SAML 签名断言和协议消息应为根元素中的 ID 属性指定值，该根元素可以不是包含该断言或消息的 XML 文档的根元素(例如，消息可能被封装在一个 SOAP 消息中)。

签名应包含一个单独的〈ds:Reference〉，其中包含根元素中 ID 属性值的指针。举例来说，如果 ID 属性的值为"foo"，则〈ds:Reference〉元素中的 URI 属性的值应为"#foo"。

9.5.4 规范化方法

SAML 操作应该在〈ds:SignedInfo〉中的〈ds:CanonicalizationMethod〉元素以及〈ds:Transform〉算法中使用 Exclusive Canonicalization[Excl-C14N]。使用 Exclusive Canonicalization 能够确保嵌入 XML 上下文的 SAML 消息上的签名可以被独立识别。

9.5.5 转化

SAML 消息签名不应该包含除 enveloped signature transform (名称标识符 http://www.w3.org/2000/09/xmldsig#enveloped-signature)和 exclusive canonicalization transforms (名称标识符 http://www.w3.org/2001/10/xml-exc-c14n# 或者 http://www.w3.org/2001/10/xml-exc-c14n#WithComments)外的转化。

签名的校验者可以拒绝包含其他转化算法的签名或者应保证所有 SAML 消息都在签名内。这可以通过达成外部的共识或对内容进行转化后再行校验。

9.5.6 密钥信息

XML 签名定义了〈ds:KeyInfo〉元素的使用。SAML 不需要使用〈ds:KeyInfo〉，也不对其使用作任何限制，因此〈ds:KeyInfo〉可以忽略。

10 SAML 和 XML 加密句法与处理

10.1 概述

加密可以实现机密性，用来保护个人隐私或组织的机密信息。除此之外，机密性也可以用来确保其他安全机制的有效性，例如对口令和密钥的加密。

通常使用某些加密操作来对 SAML 断言进行保护。

通信机密性可以由具体的绑定和配置文件来提供：

——〈SubjectConfirmation〉的机密可通过使用〈SubjectConfirmationData〉中的〈ds:KeyInfo〉元素来保护，该元素允许对密钥和其他机密信息进行加密；

——完整的〈Assertion〉元素可以按照6.4.4的要求进行加密；

——〈BaseID〉和〈NameID〉元素可以按照6.3.5的要求进行加密。

〈Attribute〉元素可以按照6.8.3.3的要求进行加密。

加密信息与密钥应替换XML实例中的原有明文信息。〈EncryptedData〉的Type属性应该存在，且若存在，应为http://www.w3.org/2001/04/xmlenc#Element。

任何XML加密中定义的算法都可以被用来加密。SAML方案对此做了相关定义以保证加密数据的内容产生合法实例。

10.2 签名和加密的组合

XML签名和XML加密可以进行组合。当断言同时被签名和加密时。依赖方应按照签名和加密操作逆序进行签名验证和解密操作。

——当签名的〈Assertion〉被加密时，应在加密之前先进行签名；

——当〈BaseID〉、〈NameID〉和〈Attribute〉元素被加密时，应首先执行加密操作，然后才能对包含加密元素的消息进行签名。

11 SAML扩展性

11.1 概述

SAML支持多种途径的扩展，包括扩展断言和协议方案。本节将讨论SAML断言和协议的扩展特性。

SAML扩展可以与配置文件的定义相结合，从而发展SAML框架的新用途。

11.2 方案扩展

11.2.1 概述

SAML方案中的元素对置换是封闭的，这意味着SAML元素不能作为置换组的头元素。但是SAML类型并不具有final属性，因此所有的SAML类型都可以进行扩展和限制。通常情况下，这意味着扩展是对于类型而不是元素来定义的，并且它依靠xsi:type属性包含于SAML实例中。本节将讨论专门为支持扩展性而设计的元素和类型。

11.2.2 断言方案扩展

SAML断言方案是为了对使用了扩展机制的断言包或内部声明进行单独处理而设计的。

下列元素用来作为扩展方案中的扩展点；它们的类型为抽象类，因此只能作为衍生类型的源类型：

——〈BaseID〉和BaseIDAbstractType；

——〈Condition〉和ConditionAbstractType；

——〈Statement〉和StatementAbstractType。

下列结构直接被用来作为SAML中扩展的部分：

——〈AuthnStatement〉和AuthnStatementType；

——〈AttributeStatement〉和AttributeStatementType；

——〈AuthzDecisionStatement〉和AuthzDecisionStatementType；

——〈AudienceRestriction〉和AudienceRestrictionType；

——〈ProxyRestriction〉和ProxyRestrictionType；

——〈OneTimeUse〉和OneTimeUseType。

11.2.3 协议方案扩展

下列 SAML 协议元素作为扩展方案中的扩展点；它们的类型为抽象类，因此只能作为衍生类型的源类型：

——〈Request〉和 RequestAbstractType；

——〈SubjectQuery〉和 SubjectQueryAbstractType；

——〈AuthnQuery〉和 AuthnQueryType；

——〈AuthzDecisionQuery〉和 AuthzDecisionQueryType；

——〈AttributeQuery〉和 AttributeQueryType；

——StatusResponseType。

11.3 方案通配符扩展点

11.3.1 断言扩展点

断言方案中的下列结构允许其内部出现任何命名空间中的结构：

——〈SubjectConfirmationData〉：使用 xs:anyType，支持任意的子元素和类型。

——〈AuthnContextDecl〉：使用 xs:anyType，支持任意的子元素和类型。

——〈AttributeValue〉：使用 xs:anyType，支持任意的子元素和类型。

——〈Advice〉和 AdviceType：除了支持 SAML 元素外，还可使用任何支持 lax schema validation processing 的命名空间中的元素。

〈Attribute〉和 AttributeType 允许任意的全局属性出现在其结构中。

11.3.2 协议扩展点

协议方案中的下列结构允许其内部出现任何命名空间中的结构：

——〈Extensions〉和 ExtensionsType：任何使用宽松架构验证的命名空间中的元素；

——〈StatusDetail〉和 StatusDetailType：任何使用 lax schema validation processing 的命名空间中的元素；

——〈ArtifactResponse〉和 ArtifactResponseType：使用 lax schema validation processing 的命名空间中的任意元素。（但其主要是用来携带 SAML 请求响应消息元素。）

11.4 标识符扩展

SAML 出于状态编码和名称标识符格式等原因使用基于 URI 的标识符，并定义了一些可以用于这些用途的标识符；相关信息参见第 12 章。

定义新的标识符也是被允许的，但推荐使用形式化的配置方法来定义。且 URI 的含义不应当做大的改动，也不应同时用来代表两个不同事物。

12 SAML 定义标识符

12.1 概述

下面的章节定义了针对一般资源访问行为的基于 URI 的标识符，以及主体名称标识符格式与属性名称格式。其中，行为命名空间标识符可以用于〈Action〉元素中的 Namespace 属性，来指示作用于资源上的一般行为集合；属性名称格式标识符标识符可以用于 AttributeType 复合类型中定义的 NameFormat 属性，用来指向属性名称的标准分类，以便于解释名称；名称标识符格式标识符可以在

〈NameID〉、〈NameIDPolicy〉与〈Issuer〉元素的 Format 属性中使用，指示元素内容的一般格式及其相关处理规则(如果有的话)；许可标识符可以用于 RequestAbstractType 与 StatusResponseType 复合类型中定义的 Consent 属性中，用来传达一个主体是否对消息给予了认可，以及在何种条件下给予了认可。

一个现有 URN 可以用来指定一个协议。在 IETF 协议的框架下，最新 RFC 的 URN 可用来指定该协议。根据它们最初引入的规范集版本，专门为 SAML 创建了包含下述中的一个词干的 URI 指针：

urn:oasis:names:tc:SAML:1.0:

urn:oasis:names:tc:SAML:1.1:

urn:oasis:names:tc:SAML:2.0:

12.2 行为命名空间标识符

12.2.1 Read/Write/Execute/Delete/Control

URI:urn:oasis:names:tc:SAML:1.0:action:rwedc

所定义行为：

Read　Write　Execute　Delete　Control

这些行为作下述解释：

a) Read

主体可以读资源。

b) Write

主体可以修改资源。

c) Execute

主体可以执行资源。

d) Delete

主体可以删除资源。

e) Control

主体可以为资源指定访问控制策略。

12.2.2 带有否定的 Read/Write/Execute/Delete/Control

URI:urn:oasis:names:tc:SAML:1.0:action:rwedc-negation

所定义行为：

Read　Write　Execute　Delete　Control　~Read　~Write　~Execute　~Delete　~Control

12.2.1 节中说明的行为在此以相同方式解释。以~为前缀是不允许的意思，用来说明所描述的行为不被允许。一个被授权执行动作~Read 的主体实际上是被禁止了读行为。

一个 SAML 权威不得同时授权一个行为与其否定形式。

12.2.3 Get/Head/Put/Post

URI:urn:oasis:names:tc:SAML:1.0:action:ghpp

所定义行为：

GET　HEAD　PUT　POST

这些行为绑定于相应的 HTTP 操作。例如一个被授权对一个资源执行 GET 行为的主体是指被授权重新得到它。

GET 与 HEAD 行为松耦合常规的读允许，PUT 与 POST 行为松耦合写允许。但耦合性并不精确，因为一个 HTTP GET 操作可以修改数据，一个 POST 操作可以对资源作出修改。因此，才提出一个单独的行为URI指针描述。

12.2.4 UNIX文件许可

URI:urn:oasis:names:tc:SAML:1.0:action:unix

所定义的行为是UNIX文件访问许可集合,以数字(八进制)符号来表示。

行为串是一个四位阿拉伯数字的代码:

extended user group world

a) extended访问许可的值:

+2,若设置sgid。

+4,若设置suid。

b) user、group与world访问许可的值:

+1,若准予execute许可。

+2,若准予write许可。

+4,若准予read许可。

例如,0754代表UNIX文件访问许可:user read, write与execute;group read与execute; world read。

12.3 属性名称格式标识符

12.3.1 未指定

URI:urn:oasis:names:tc:SAML:2.0:attrname-format:unspecified

属性名称的解释由实现自身决定。

12.3.2 URI指针

URI:urn:oasis:names:tc:SAML:2.0:attrname-format:uri

属性名称符合URI references[RFC 2396]的规范。URI内容或命名方案的解释是由应用指定的。

12.3.3 基本

URI:urn:oasis:names:tc:SAML:2.0:attrname-format:basic

可接受为属性名称的字符串类应从属于xs:Name原始类型的值集合中选取。

12.4 名称标识符格式标识符

12.4.1 未指定

URI:urn:oasis:names:tc:SAML:1.1:nameid-format:unspecified

元素内容的解释由实现自身决定。

12.4.2 Email地址

URI:urn:oasis:names:tc:SAML:1.1:nameid-format:emailAddress

指示元素内容格式符合email地址的形式,特别是IETF RFC 2822 [RFC 2822]3.4.1中定义的"addr-spec"。一个addr-spec的格式是local-part@domain。注意addr-spec前没有短语(如一个普通名字),后面没有注释(圆括号中的文本),并且不能用"<"和">"括住。

12.4.3 X.509 主体名称

URI:urn:oasis:names:tc:SAML:1.1:nameid-format:X509SubjectName

指示元素内容格式与 XML Signature Recommendation[XMLSig]中指定的〈ds:X509SubjectName〉元素的格式相同。实现方应注意的是,XML 签名规范详细描述了对 X.509 主体名字的编码规则,这与 IETF RFC 2253 [RFC 2253]中所给出的规则不同。

12.4.4 Windows 域保留名称

URI:urn:oasis:names:tc:SAML:1.1:nameid-format:WindowsDomainQualifiedName

指示元素内容是一个 Windows 域保留名称。域保留用户名称是一个格式为"DomainName\UserName"的字符串,域名称与"\"分隔符可以省略。

12.4.5 Kerberos 主体名称

URI:urn:oasis:names:tc:SAML:2.0:nameid-format:kerberos

指示元素内容是一个 Kerberos 主体名字的格式,格式是 name[/instance]@REALM。名字、示例与范围的语法、格式与符号在 IETF RFC 1510 [RFC 1510]中描述。

12.4.6 实体标识符

URI:urn:oasis:names:tc:SAML:2.0:nameid-format:entity

指示元素内容是一个实体的标识符。该实体提供基于 SAML 的服务(如一个 SAML 权威、请求方或响应方),或是一个 SAML 配置文件中的参与方(如一个支持浏览器 SSO 配置文件的服务提供者)。这样的一个标识符可以用于元素〈Issuer〉中,来标识一个 SAML 请求、响应或断言的发布方,或者用于元素〈NameID〉中,来形成关于系统实体的断言,以发布 SAML 请求、响应与断言。也可以用于其他元素与属性中,其目的是在各种协议交互中标识一个系统实体。

实体标识符的语法是一个长度不超过 1024 个字符的 URI。推荐一个系统实体使用一个 URL,其中包含其自身的域名,以标识其自身。

NameQualifier、SPNameQualifier 与 SPProvidedID 属性应被省略。

12.4.7 持久标识符

URI:urn:oasis:names:tc:SAML:2.0:nameid-format:persistent

指示元素内容是一个实体特别针对一个身份提供者与一个服务提供者或一个服务提供者的联合体的持久不透明的标识符。持久名称标识符由身份提供者生成,它应使用随机假名值构成,且相对主体的实际标识符(例如用户名)没有任何可识别的对应性。目的是创建一个非公开的假名来防止主体的身份或活动被发现。持久名字标识符值的长度不得超过 256 字符。

元素的 NameQualifier 属性值如果存在,则应包含生成此标识符的身份提供者的唯一的标识符。它可以被省略,如果该值可以由包含元素的消息的上下文衍生出来,例如一个协议消息的发布方,或一个在其主体中包含标识符的断言。注意一个不同的系统实体可能于其后发布它自己的协议消息或包含该标识符的断言;在这种情况下 NameQualifier 属性不需要改变,但是应继续标识原始创建标识符时所标识的实体(并且在这种情况下不得被省略)。

元素的 SPNameQualifier 属性如果存在,则应包含一个服务提供者或提供者联合体的唯一标识符,此持久标识符是为这个服务提供者或提供者联合体生成的。它可以被省略,如果消息中包含的元素的目的只是为了由服务提供者直接使用,而该值是服务提供者的唯一标识符。

如果服务提供者或联合体最近为实体设置了其他标识符,则该标识符应包含在 SPProvidedID 属性中。如果没有建立这样的标识符,则此属性应被省略。

持久标识符的目的是作为一个隐私保护机制,所以除非提供者已经建立了共享标识符,否则它们不得以明文的形式在提供者间共享。此外,它们不得在日志文档或相似的没有适当控制与保护的位置出现。没有这些需求的应用可以在 SAML 交互中自由使用其他类型的标识符,但是不得在此格式中加入持久但非不透明的值。

注意当持久标识符用来反映一对提供者间的帐户链接关系时,一个服务提供者没有责任来识别或使用持久标识符的长期有效性质,或者建立这样的链接。这样的"单方"的关系并不会影响身份提供者的行为和此规范中定义的针对协议中持久标识符的任何处理规则。

最后,注意 NameQualifier 与 SPNameQualifier 属性指明了创建而不是使用的定向性。如果一个持久标识符由一个特定身份提供者创建,NameQualifier 属性值在那一刻即永久性建立了。如果一个收到此标识符的服务提供者作为身份提供者发布其自己的断言,其中包含了该标识符,NameQualifier 属性值不会变化(也不会被省略)。它可以选择创建自身的持久标识符来代表主体并关联两个值。这是由应用决定的。

12.4.8 临时标识符

URI:urn:oasis:names:tc:SAML:2.0:nameid-format:transient

指示元素内容是一个有临时语义的标识符,应当被依赖方作为一个不透明的临时值来处理。临时标识符值应依据 SAML 标识符的规则生成,且不得超过 256 字符长度。

NameQualifier 与 SPNameQualifier 属性可以用来表示标识符是一个临时标识符。在这种情况下,它们可以按 12.4.7 的规定被省略。

12.5 许可标识符

12.5.1 未指定

URI:urn:oasis:names:tc:SAML:2.0:consent:unspecified

没有关于主体给予认可的声明。

12.5.2 包含

URI:urn:oasis:names:tc:SAML:2.0:consent:obtained

指明消息的发布方已经获取了主体的认可。

12.5.3 预先许可

URI:urn:oasis:names:tc:SAML:2.0:consent:prior

指明在生成消息的行为之前,消息的发布方已经在某种程度上获取了主体的认可。

12.5.4 默认许可

URI:urn:oasis:names:tc:SAML:2.0:consent:current-implicit

指明消息的发布方已经在生成消息的行动期间获取了主体的默认许可。默认许可比预先许可在时间与表达上都更接近于对当前行为的描述,例如:对当前会话活动中某一部分的默认许可。

12.5.5 明确许可

URI:urn:oasis:names:tc:SAML:2.0:consent:current-explicit

指明消息的发布方已经明确的在生成消息的行动期间获取了主体的认可。

12.5.6 未获取

URI:urn:oasis:names:tc:SAML:2.0:consent:unavailable

指明消息的发布方没有获取认可。

12.5.7 不适用

URI:urn:oasis:names:tc:SAML:2.0:consent:inapplicable

指明消息的发布方不认为它们需要获取或报告认可。

附 录 A
（规范性附录）
部分定义和格式要求

A.1 方案组织和命名空间 schema organization and namespaces

[SAML-XSD]方案定义了SAML断言结构，它与下列XML命名空间相关联：urn：oasis：names：tc：SAML：2.0：assertion。

[SAMLP-XSD]方案定义了SAML请求-响应协议结构，与下列XML命名空间相关联：urn：oasis：names：tc：SAML：2.0：protocol。

断言方案被导入协议方案。8.3包含了SAML命名空间的版本信息说明。

断言方案还被导入XML签名方案。它与下列XML命名空间相关联：http：//www.w3.org/2000/09/xmldsig＃。

最后，XML加密方案被导入断言方案，并与下列XML命名空间相关联：http：//www.w3.org/2001/04/xmlenc＃。

XML命名空间前缀被用来替代下列标准的各自的命名空间，表A.1是这种替代的详细说明。

表A.1 XML命名空间前缀

前缀	命名空间	XML内容
saml：	urn：oasis：names：tc：SAML：2.0：assertion	定义于[SAML-XSD]方案里的SAML2.0断言命名空间，当谈论SAML断言相关元素时，通常省略该前缀。
samlp：	urn：oasis：names：tc：SAML：2.0：protocol	定义于[SAML-XSD]方案里的SAML2.0协议命名空间，当谈论SAML协议相关元素时，通常省略该前缀。
ds：	http：//www.w3.org/2000/09/xmldsig＃	XML签名句法与处理标准[XMLSig]及其管理方案[XMLSig-XSD]中定义的命名空间。
xenc：	http：//www.w3.org/2001/04/xmlenc＃	XML加密句法与处理标准[XMLEnc]及其管理方案[XMLEnc-XSD]中定义的命名空间。
xs：	http：//www.w3.org/2001/XMLSchema	W3C XML方案标准[Schema1]中定义的命名空间。作为默认的命名空间通常会省略此前缀，但当谈论XML方案相关结构时，通常不作省略。
xsi：	http：//www.w3.org/2001/XMLSchemainstance	W3C XML方案标准[Schema1]中定义的命名空间，用来标记XML实例。

A.2 字符串值 string values

无特殊说明时，所有的SAML字符串值都应采用W3C XML方案数据类型标准[Schema2]中定义的xs：string类型，且应至少包含一个非空白字符（非空白字符的定义参见XML Recommendation [XML]的2.3节）。

所有XML方案xs：string类型或衍生自该类型的SAML元素，应使用精确的二进制进行比较。此外，SAML执行和发布应不依赖于不敏感的字符串比较、空白字符的规格化以及非通用的格式转化。

这是为了遵守 W3C 工作草案的要求。

如果一个操作要比较不同编码的字符，则该操作返回的结果应与将字符转化为 C 规格化 Unicode 字符编码[UNICODE-C]后进行精确二进制比较的结果相同。这些需求是为了遵守 W3C 互联网字符模型[W3C-CharMod]及 Unicode 标准化文本的要求。

比较 SAML 文档和外部数据的操作应考虑到 XML 规格化的要求。元素内的文本应经过规格化，行尾使用 XML Recommendation [XML]2.11 描述的换行符（十进制 ASCII 编码 10）。定义为字符串或字符串衍生类型的 XML 属性值，按照[XML]3.3.3 的描述进行规格化。所有的空白字符被替换为空格（十进制 ASCII 编码 32）。

SAML 标准没有定义 XML 属性值和元素内容的整理或排列顺序，因此 SAML 操作不应依赖于这些值的特定排列，以免造成由于主机设置不同引发的操作问题。

A.3 URI 值 URI values

所有的 SAML URI 值都应使用 W3C XML 方案数据类型标准[Schema2]中定义的 xs:anyURI 类型。

如果没有特别说明，所有 SAML 元素和属性中的 URI 指针值都应至少包含一个非空白字符，且需要是绝对的 URI。

SAML 标准将 URI 指针作为标识符广泛使用，例如状态编码、格式类型、属性及系统实体名称等。在这种情况下，须保持值的唯一性和一致性，即同一个 URI 决不能在不同时间用来引用不同的信息。

A.4 时间值 time values

所有的 SAML 时间值都应使用 W3C XML 方案数据类型标准[Schema2]中定义的 xs:dateTime 类型，且应使用无时区的 UTC 格式表示。

SAML 系统实体不应当依赖于比毫秒更精确的时间粒度。具体实现时，系统实体不应使用带有闰秒的时刻。

A.5 ID 及 ID 引用值 id and id reference values

xs:ID 简单类用来描述 SAML 断言、请求及响应的标识符。本标准中所有 xs:ID 类型的值除了满足其本身要求外，还应满足下列附加特性：

——任何分配标识符的参与方应保证该参与方或其他参与方将相同的标识符分配给不同的数据对象的概率极小，可以忽略；

——当数据对象宣称拥有一个标识符时，应确实有这样一个宣称存在。

SAML 系统实体保证标识符的唯一性的机制依赖于具体实现。当使用随机或伪随机技术时，两个随机生成的标识符相同的概率应小于或等于 2^{-128} 并且最好小于或等于 2^{-160}。该随机数可以通过对一个 128 到 160 比特长度的随机值进行编码得到，该编码应符合 xs:ID 数据类型中的相关规定。伪随机数生成器应使用具有唯一性的种子以保证不同系统间的唯一性。

当 xs:IDREF 不能引用标识符时，SAML 使用 xs:NCName 简单类来完成引用。被 SAML 标识符引用的实体可以与标识符分开定义。使用 xs:IDREF 可能会发生引用的值与 ID 属性值相同的问题。

附 录 B
（资料性附录）
签名响应的示例

下面是签名响应的一个示例，包含一个签名断言。该签名是无效的，无法通过实际校验。

示例：


```
〈Response
IssueInstant = "2003-04-17T00:46:02Z" Version = "2.0"
ID = "_c7055387-af61-4fce-8b98-e2927324b306"
xmlns = "urn:oasis:names:tc:SAML:2.0:protocol"
xmlns:saml = "urn:oasis:names:tc:SAML:2.0:assertion"〉
〈saml:Issuer〉https://www.opensaml.org/IDP"〈/saml:Issuer〉
〈ds:Signature xmlns:ds = "http://www.w3.org/2000/09/xmldsig#"〉
〈ds:SignedInfo〉
〈ds:CanonicalizationMethod
Algorithm = "http://www.w3.org/2001/10/xml-exc-c14n#"/〉
〈ds:SignatureMethod
Algorithm = "http://www.w3.org/2000/09/xmldsig#rsa-sha1"/〉
〈ds:Reference URI = "#_c7055387-af61-4fce-8b98-e2927324b306"〉
〈ds:Transforms〉
〈ds:Transform
Algorithm = "http://www.w3.org/2000/09/xmldsig#envelopedsignature"/〉
〈ds:Transform
Algorithm = "http://www.w3.org/2001/10/xml-exc-c14n#"〉
〈InclusiveNamespaces PrefixList = "#default saml ds xs xsi"
xmlns = "http://www.w3.org/2001/10/xml-exc-c14n#"/〉
〈/ds:Transform〉
〈/ds:Transforms〉
〈ds:DigestMethod
Algorithm = "http://www.w3.org/2000/09/xmldsig#sha1"/〉
〈ds:DigestValue〉TCDVSuG6grhyHbzhQFWFzGrxIPE = 〈/ds:DigestValue〉
〈/ds:Reference〉
〈/ds:SignedInfo〉
〈ds:SignatureValue〉
x/GyPbzmFEe85pGD3c1aXG4Vspb9V9jGCjwcRCKrtwPS6vdVNCcY5rHaFPYWkf + 5
EIYcPzx + pX1h43SmwviCqXRjRtMANWbHLhWAptaK1ywS7gFgsD01qjyen3CP + m3D
w6vKhaqledl0BYyrIzb4KkHO4ahNyBVXbJwqv5pUaE4 =
〈/ds:SignatureValue〉
〈ds:KeyInfo〉
〈ds:X509Data〉
〈ds:X509Certificate〉
MIICyjCCAjOgAwIBAgICAnUwDQYJKoZIhvcNAQEEBQAwgakxCzAJBgNVBAYTAlVT
MRIwEAYDVQQIEwlXaXNjb25zaW4xEDAOBgNVBAcTB01hZGlzb24xIDAeBgNVBAoT
F1VuaXZlcnNpdHkgb2YgV2lzY29uc2luMSswKQYDVQQLEyJEaXZpc2lvbiBvZiBJ
bmZvcm1hdGlvbiBUZWNobm9sb2d5MSUwIwYDVQQDExxIRVBLSSBTZXJ2ZXIgQ0Eg
LS0gMjAwMjA3MDFBMB4XDTAyMDcyNjA3Mjc1MVoXDTA2MDkwNDA3Mjc1MVowgYsx
```

CzAJBgNVBAYTAlVTMREwDwYDVQQIEwhNaWNoaWdhbjESMBAGA1UEBxMJQW5uIEFy
Ym9yMQ4wDAYDVQQKEwVVQ0FJRDEcMBoGA1UEAxMTc2hpYjEuaW50ZXJuZXQyLmVk
dTEnMCUGCSqGSIb3DQEJARYYcm9vdEBzaGliMS5pbnRlcm5ldDIuZWR1MIGfMA0G
CSqGSIb3DQEBAQUAA4GNADCBiQKBgQDZSAb2sxvhAXnXVIVTx8vuRay + x50z7GJj
IHRYQgIv6IqaGG04eTcyVMhoekE0b45QgvBIaOAPSZBl13R6 + KYiE7x4XAWIrCP +
c2MZVeXeTgV3Yz + USLg2Y1on + Jh4HxwkPFmZBctyXiUr6DxF8rvoP9W7O27rhRjE
pmqOIfGTWQIDAQABox0wGzAMBgNVHRMBAf8EAjAAMAsGA1UdDwQEAwIFoDANBgkq
hkiG9w0BAQQFAAOBgQBfDqEW + OI3jqBQHIBzhujN/PizdN7s/z4D5d3pptWDJf2n
qgi7lFV6MDkhmTvTqBtjmNk3No7v/dnP6Hr7wHxvCCRwubnmIfZ6QZAv2FU78pLX
8I3bsbmRAUg4UP9hH6ABVq4KQKMknxu1xQxLhpR1ylGPdiowMNTrEG8cCx3w/w = =
〈/ds:X509Certificate〉
〈/ds:X509Data〉
〈/ds:KeyInfo〉
〈/ds:Signature〉
〈Status〉
〈StatusCode Value = "urn:oasis:names:tc:SAML:2.0:status:Success"/〉
〈/Status〉
〈Assertion ID = "_a75adf55-01d7-40cc-929f-dbd8372ebdfc"
IssueInstant = "2003-04-17T00:46:02Z" Version = "2.0"
xmlns = "urn:oasis:names:tc:SAML:2.0:assertion"〉
〈Issuer〉https://www.opensaml.org/IDP〈/Issuer〉
〈ds:Signature xmlns:ds = "http://www.w3.org/2000/09/xmldsig#"〉
〈ds:SignedInfo〉
〈ds:CanonicalizationMethod
Algorithm = "http://www.w3.org/2001/10/xml-exc-c14n#"/〉
〈ds:SignatureMethod
Algorithm = "http://www.w3.org/2000/09/xmldsig#rsa-sha1"/〉
〈ds:Reference URI = "#_a75adf55-01d7-40cc-929f-dbd8372ebdfc"〉
〈ds:Transforms〉
〈ds:Transform
Algorithm = "http://www.w3.org/2000/09/xmldsig#envelopedsignature"/〉
〈ds:Transform
Algorithm = "http://www.w3.org/2001/10/xml-exc-c14n#"〉
〈InclusiveNamespaces
PrefixList = "#default saml ds xs xsi"
xmlns = "http://www.w3.org/2001/10/xml-exc-c14n#"/〉
〈/ds:Transform〉
〈/ds:Transforms〉
〈ds:DigestMethod
Algorithm = "http://www.w3.org/2000/09/xmldsig#sha1"/〉
〈ds:DigestValue〉Kclet6XcaOgOWXM4gty6/UNdviI = 〈/ds:DigestValue〉
〈/ds:Reference〉
〈/ds:SignedInfo〉
〈ds:SignatureValue〉
hq4zk + ZknjggCQgZm7ea8fI79gJEsRy3E8LHDpYXWQIgZpkJN9CMLG8ENR4Nrw + n
7iyzixBvKXX8P53BTCT4VghPBWhFYSt9tHWu/AtJfOTh6qaAsNdeCyG86jmtp3TD
MwuL/cBUj2OtBZOQMFn7jQ9YB7klIz3RqVL + wNmeWI4 =

〈/ds:SignatureValue〉
〈ds:KeyInfo〉
〈ds:X509Data〉
〈ds:X509Certificate〉
MIICyjCCAjOgAwIBAgICAnUwDQYJKoZIhvcNAQEEBQAwgakxCzAJBgNVBAYTAlVT
MRIwEAYDVQQIEwlXaXNjb25zaW4xEDAOBgNVBAcTB01hZGlzb24xIDAeBgNVBAoT
F1VuaXZlcnNpdHkgb2YgV2lzY29uc2luMSswKQYDVQQLEyJEaXZpc2lvbiBvZiBJ
bmZvcm1hdGlvbiBUZWNobm9sb2d5MSUwIwYDVQQDExxIRVBLSSBTZXJ2ZXIgQ0Eg
LS0gMjAwMjA3MDFBMB4XDTAyMDcyNjA3Mjc1MVoXDTA2MDkwNDA3Mjc1MVowgYsx
CzAJBgNVBAYTAlVTMREwDwYDVQQIEwhNaWNoaWdhbjESMBAGA1UEBxMJQW5uIEFy
Ym9yMQ4wDAYDVQQKEwVVQ0FJRDEcMBoGA1UEAxMTc2hpYjEuaW50ZXJuZXQyLmVk
dTEnMCUGCSqGSIb3DQEJARYYcm9vdEBzaGliMS5pbnRlcm5ldDIuZWR1MIGfMA0G
CSqGSIb3DQEBAQUAA4GNADCBiQKBgQDZSAb2sxvhAXnXVIVTx8vuRay + x50z7GJj
IHRYQgIv6IqaGG04eTcyVMhoekE0b45QgvBIaOAPSZBl13R6 + KYiE7x4XAWIrCP +
c2MZVeXeTgV3Yz + USLg2Y1on + Jh4HxwkPFmZBctyXiUr6DxF8rvoP9W7O27rhRjE
pmqOIfGTWQIDAQABox0wGzAMBgNVHRMBAf8EAjAAMAsGA1UdDwQEAwIFoDANBgkq
hkiG9w0BAQQFAAOBgQBfDqEW + OI3jqBQHIBzhujN/PizdN7s/z4D5d3pptWDJf2n
qgi7lFV6MDkhmTvTqBtjmNk3No7v/dnP6Hr7wHxvCCRwubnmIfZ6QZAv2FU78pLX
8I3bsbmRAUg4UP9hH6ABVq4KQKMknxu1xQxLhpR1ylGPdiowMNTrEG8cCx3w/w = =
〈/ds:X509Certificate〉
〈/ds:X509Data〉
〈/ds:KeyInfo〉
〈/ds:Signature〉
〈Subject〉
〈NameID
Format = "urn:oasis:names:tc:SAML:1.1:nameid-format:emailAddress"〉
scott@example.org
〈/NameID〉
〈SubjectConfirmation
Method = "urn:oasis:names:tc:SAML:2.0:cm:bearer"/〉
〈/Subject〉
〈Conditions NotBefore = "2003-04-17T00:46:02Z"
NotOnOrAfter = "2003-04-17T00:51:02Z"〉
〈AudienceRestriction〉
〈Audience〉http://www.opensaml.org/SP〈/Audience〉
〈/AudienceRestriction〉
〈/Conditions〉
〈AuthnStatement AuthnInstant = "2003-04-17T00:46:00Z"〉
〈AuthnContext〉
〈AuthnContextClassRef〉
urn:oasis:names:tc:SAML:2.0:ac:classes:Password
〈/AuthnContextClassRef〉
〈/AuthnContext〉
〈/AuthnStatement〉
〈/Assertion〉
〈/Response〉

参 考 文 献

[1] J. Boyer et al. Exclusive XML Canonicalization Version 1.0[EB/OL]. World Wide Web Consortium, July 2002. [2005-03-15]. http://www.w3.org/TR/xml-exc-c14n/

[2] H. S. Thompson et al. XML Schema Part 1: Structures[EB/OL]. World Wide Web Consortium Recommendation, May 2001. [2005-03-15]. http://www.w3.org/TR/xmlschema-1/

[3] P. V. Biron et al. XML Schema Part 2: Datatypes[EB/OL]. World Wide Web Consortium Recommendation, May 2001. [2005-03-15]. http://www.w3.org/TR/xmlschema-2/

[4] T. Bray, et al. Extensible Markup Language (XML) 1.0 (Second Edition)[EB/OL]. World Wide Web Consortium, October 2000. [2005-03-15]. http://www.w3.org/TR/REC-xml

[5] D. Eastlake et al. XML Encryption Syntax and Processing[EB/OL]. World Wide Web Consortium. [2005-03-15]. http://www.w3.org/TR/2002/REC-xmlenc-core-20021210/

[6] XML Encryption Schema[EB/OL]. World Wide Web Consortium. [2005-03-15]. http://www.w3.org/TR/2002/REC-xmlenc-core-20021210/xenc-schema.xsd

[7] T. Bray et al. Namespaces in XML[EB/OL]. World Wide Web Consortium, January 1999. [2005-03-15]. http://www.w3.org/TR/REC-xml-names

[8] D. Eastlake et al. XML-Signature Syntax and Processing[EB/OL]. World Wide Web Consortium, February 2002. [2005-03-15]. http://www.w3.org/TR/xmldsig-core/.

[9] XML Signature Schema[EB/OL]. World Wide Web Consortium. [2005-03-15]. http://www.w3.org/TR/2000/CR-xmldsig-core-20001031/xmldsig-coreschema.xsd

[10] J. Beatty et al. Liberty Protocols and Schema Specification Version 1.1 [EB/OL]. Liberty Alliance Project, January 2003. [2005-03-15]. http://www.projectliberty.org/specs/archive/v1_1/liberty-architecture-protocolsschema-v1.1.pdf

[11] J. Kohl, C. Neuman. The Kerberos Network Authentication Requestor(V5)[EB/OL]. IETF RFC 1510, September 1993. [2005-03-15]. http://www.ietf.org/rfc/rfc1510.txt

[12] S. Bradner. Key words for use in RFCs to Indicate Requirement Levels[EB/OL]. IETF RFC 2119, March 1997. [2005-03-15]. http://www.ietf.org/rfc/rfc2119.txt

[13] T. Dierks, C. Allen. The TLS Protocol Version 1.0[EB/OL]. IETF RFC 2246, January 1999. [2005-03-15]. http://www.ietf.org/rfc/rfc2246.txt

[14] M. Wahl et al. Lightweight Directory Access Protocol(v3): UTF-8 String Representation of Distinguished Names[EB/OL]. IETF RFC 2253, December 1997. [2005-03-15]. http://www.ietf.org/rfc/rfc2253.txt

[15] T. Berners-Lee et al. Uniform Resource Identifiers (URI): Generic Syntax[EB/OL]. IETF RFC 2396, August, 1998. [2005-03-15]. http://www.ietf.org/rfc/rfc2396.txt

[16] P. Resnick. Internet Message Format[EB/OL]. IETF RFC 2822, April 2001. [2005-03-15]. http://www.ietf.org/rfc/rfc2822.txt

[17] D. Eastlake, J. Reagle, D. Solo. XML-Signature Syntax and Processing[EB/OL]. IETF RFC 3075, March 2001. [2005-03-15]. http://www.ietf.org/rfc/rfc3075.txt

[18] R. Hinden, S. Deering. Internet Protocol Version 6(IPv6) Addressing Architecture[EB/OL]. IETF RFC 3513, April 2003. [2005-03-15]. http://www.ietf.org/rfc/rfc3513.txt

[19] J. Kemp et al. Authentication Context for the OASIS Security Assertion Markup Language (SAML) V2.0[EB/OL]. OASIS SSTC, March 2005. [2005-03-15]. http://www.oasis-open.org/committees/security/

[20] S. Cantor et al. Bindings for the OASIS Security Assertion Markup Language(SAML) V2. 0 [EB/OL]. OASIS SSTC, March 2005. [2005-03-15]. http://www. oasis-open. org/committees/security

[21] P. Mishra et al. Conformance Requirements for the OASIS Security AssertionMarkup Language (SAML) V2. 0[EB/OL]. OASIS SSTC, March 2005. [2005-03-15]. http://www. oasis-open. org/ committees/security/

[22] J. Hodges et al. Glossary for the OASIS Security Assertion Markup Language(SAML) V2. 0 [EB/OL]. OASIS SSTC, March 2005. [2005-03-15]. http://www. oasis-open. org/committees/security

[23] S. Cantor et al. Metadata for the OASIS Security Assertion Markup Language(SAML) V2. 0 [EB/OL]. OASIS SSTC, March 2005. [2005-03-15]. http://www. oasis-open. org/committees/security

[24] S. Cantor et al. SAML protocols schema[EB/OL]. OASIS SSTC, March 2005. [2005-03-15]. http://www. oasisopen. org/committees/security/

[25] S. Cantor et al. Profiles for the OASIS Security Assertion Markup Language(SAML) V2. 0 [EB/OL]. OASIS SSTC, March 2005. [2005-03-15]. http://www. oasis-open. org/committees/security

[26] F. Hirsch et al. Security and Privacy Considerations for the OASIS Security Assertion Markup Language (SAML) V2. 0[EB/OL]. OASIS SSTC, March 2005. [2005-03-15]. http://www. oasisopen. org/committees/security/

[27] J. Hughes et al. SAML Technical Overview[EB/OL]. OASIS, February 2005. [2005-03-15]. http://www. oasisopen. org/committees/security/

[28] S. Cantor et al. , SAML assertions schema[EB/OL]. OASIS SSTC, March 2005. [2005-03-15]. See http://www. oasisopen. org/committees/security/

[29] A. Frier et al. The SSL 3. 0 Protocol[EB/OL]. Netscape Communications Corp,November 1996. [2005-03-15]

[30] M. Davis, M. J. Dürst. Unicode Normalization Forms[EB/OL]. UNICODE Consortium, March 2001. [2005-03-15]. http://www. unicode. org/unicode/reports/tr15/tr15-21. html

[31] M. J. Dürst. Requirements for String Identity Matching and String Indexing[EB/OL]. World Wide Web Consortium, July 1998. [2005-03-15]. http://www. w3. org/TR/WD-charreq

[32] M. J. Dürst. Character Model for the World Wide Web 1. 0: Normalization[EB/OL]. World Wide Web Consortium, February 2004. [2005-03-15]. http://www. w3. org/TR/charmodnorm/

[33] eXtensible Access Control Markup Language (XACML)[EB/OL], product of the OASISXACML TC. [2005-03-15]. http://www. oasis-open. org/committees/xacml

[34] J. Marsh et al. xml:id Version 1. 0[EB/OL]. World Wide Web Consortium, April 2004. [2005-03-15]. http://www. w3. org/TR/xml-id

ICS 35.040
L 80

中华人民共和国国家标准

GB/T 29243—2012

信息安全技术　数字证书代理认证路径构造和代理验证规范

Information security technology—Specifications of delegated certification path construction and delegated validation for digital certificate

2012-12-31 发布　　　　2013-06-01 实施

中华人民共和国国家质量监督检验检疫总局
中国国家标准化管理委员会　发布

前　言

本标准按照 GB/T 1.1—2009 给出的规则起草。

本标准由全国信息安全标准化技术委员会(SAC/TC 260)提出并归口。

本标准起草单位:中国科学院数据与通信保护研究教育中心。

本标准主要起草人:夏鲁宁、王琼霄、荆继武、林璟锵、向继。

本标准为首次制定。

引　言

随着《中华人民共和国电子签名法》的推广，我国的电子认证服务业和PKI系统的建设应用也进入了新的发展阶段。同时，随着互联网的进一步发展，更多类型的终端接入网络。对于某些类型的终端，如手机、传感器等，由于其计算或通信资源的限制，难以独立完成证书认证路径构造或证书验证，需要PKI系统提供代理服务来协助完成上述两种任务。

对于PKI依赖方来说，证书认证路径构造和证书验证是必要的过程，但是该过程中所需要的证书查找、撤销信息查找、证书/CRL验证计算等，需要较大的带宽和计算资源消耗，在计算或通信资源受限的环境下会有不同程度的困难。代理技术是解决上述困难的重要方法，将证书认证路径构造或证书验证委托给代理服务器，能够大大减轻PKI客户端的计算负担和通信消耗。

代理认证路径构造和代理验证是两种安全等级不一样的代理服务。对于代理认证路径构造，代理服务器返回验证该证书所需要的完整路径(包括证书链、CRL、OCSP通信消息等)，然后由客户端自己进行验证。这种方式下可以明显减少客户端的通信消耗，且不要求客户端信任服务器；对于代理验证，代理服务器直接返回被验证的证书是否有效。这种方式下客户端的计算负担和通信消耗都明显减少，但客户端应信任代理服务器。为了满足不同交易的安全等级需求，一般要求PKI系统同时提供这两种不同的服务。

本标准将定义代理认证路径构造和代理验证两种服务的概念和协议要求，并根据协议要求给出一种标准化的客户端和服务器交互的代理服务协议。

信息安全技术　数字证书代理认证路径构造和代理验证规范

1　范围

本标准规定了数字证书代理认证路径构造和代理验证两种服务的概念和协议要求，以及满足协议要求的代理服务协议。

本标准适用于PKI系统运营机构的代理认证路径构造和代理验证服务的实现和应用。

2　规范性引用文件

下列文件对于本文件的应用是必不可少的。凡是注日期的引用文件，仅注日期的版本适用于本文件。凡是不注日期的引用文件，其最新版本(包括所有的修改单)适用于本文件。

GB/T 16263.1—2006　信息技术　ASN.1编码规则　第1部分：基本编码规则(BER)、正则编码规则(CER)和非典型编码规则(DER)规范

GB/T 16264.8—2005　信息技术开放系统互连目录　第8部分：公钥和属性证书框架

RFC3852　密码消息语法(Cryptographic Message Syntax,CMS)

3　术语和定义

GB/T 16264.8—2005界定的以及以下术语和定义适用于本文件。

3.1

数字证书代理验证　delegated validation for digital certificate

由代理服务器为PKI依赖方实现数字证书验证的过程。

3.2

代理验证　delegated validation

在本标准范围内，与"数字证书代理验证"同义。

3.3

数字证书代理认证路径构造　delegated certification path construction for digital certificate

由代理服务器为PKI依赖方实现数字证书认证路径构造的过程。

3.4

代理认证路径构造　delegated certification path construction

在本标准范围内，与"数字证书代理认证路径构造"同义。

3.5

代理验证策略　delegated validation policy

表达代理验证应如何执行的一系列规则。

3.6

代理认证路径构造策略　delegated certification path construction policy

表达代理认证路径构造应如何执行的一系列规则。

4 缩略语

下列缩略语适用于本文件。

ASN.1	抽象语法标记1(Abstract Syntax Notation One)
CA	证书认证机构(Certification Authority)
CRL	证书撤销列表(Certificate Revocation List)
FTP	文件传输协议(File Transfer Protocol)
HTTP	超文本传输协议(HyperText Transfer Protocol)
LDAP	轻量级目录访问协议(Lightweight Directory Access Protocol)
MAC	消息鉴别码(Message Authentication Code)
OCSP	在线证书状态协议(Online Certificate Status Protocol)
OID	对象标识符(Object Identifier)
PDA	个人数字助理(Personal Digital Assistant)
PKI	公钥基础设施(Public Key Infrastructure)
PKIX	IETF 的安全领域的公钥基础设施工作组(Public-Key Infrastructure for X.509)

5 代理服务

5.1 服务基本模式

本标准定义的代理服务采用客户机/服务器模式,通过请求/响应消息对进行,即客户端依照自身需要,构建请求消息,并发往服务器端;服务器端接收客户端的请求消息,提取出请求消息中的具体服务要求并进行相应的处理,最后将处理结果通过响应消息返回给客户端,这就是一次代理服务的全过程。附录A给出了关于代理服务基本原理的细节表述。

在实际环境中,客户端与服务器端的通信过程可能会受到各种类型的攻击,比如伪造消息、篡改消息等,这可能会给代理服务带来严重的影响。因而在客户端与服务器端通信的过程中,应对消息进行保护。通常情况下,可以采取的方式有数字签名和消息鉴别码(MAC),客户端和服务器端根据实际需要选择消息保护类型。

根据服务器端的可信程度的不同,将其划分为可信、不必可信两种情况。每种情况下,服务器端可以提供相应信任程度的代理服务。本标准中规定了两种不同类型的代理服务:代理认证路径构造和代理验证。下面对两种代理服务分别进行说明。

5.2 代理认证路径构造

在代理认证路径构造服务中,服务器端对于客户端不必是可信的。

在代理认证路径构造服务中,客户端在请求消息中提交需要构造认证路径的终端实体证书或对证书的引用,并可选地包含要求采用的代理认证路径构造策略(参见5.4)。服务器端接收到客户端的请求消息后,提取其中的证书和要求采用的代理认证路径构造策略,进行证书认证路径的构造;如果客户端的请求消息中没有包含对代理认证路径构造策略的要求,则服务器端依照自身的默认代理认证路径构造策略进行证书认证路径构造。通过响应消息,服务器端将构造好的证书认证路径或者错误信息返回给客户端。

在代理认证路径构造服务中,客户端对于服务器端返回的证书认证路径构造结果需要进一步验证,才能确定证书的有效性。

5.3 代理验证

在代理验证服务中，服务器端对于客户端是可信的。

在代理验证服务中，客户端需要在请求消息中包含待验证的终端实体证书或对证书的引用，并可选地包含要求采用的代理验证策略(参见5.4.2)。服务器端接收到客户端的请求消息后，提取出其中的待验证证书和客户端要求采用的代理验证策略，根据这些信息进行证书认证路径的构造以及证书验证，并将验证结果或错误信息通过响应消息返回给客户端。如果客户端请求消息中未包含对代理验证策略的要求，则服务器端采用默认的代理验证策略为客户端提供代理验证服务。

5.4 代理服务策略

5.4.1 代理认证路径构造策略

代理认证路径构造策略是一系列规则，用于表达代理认证路径构造应如何执行。

代理认证路径构造策略是代理验证策略(参见5.4.2)的一个子集，可以直接引用代理验证策略来表达代理认证路径构造策略，也可以从代理验证策略中提取一些主要元素(如信任锚)而形成代理认证路径构造策略。代理认证路径构造服务的客户端需要自行验证证书，因此它可以在本地应用一些对证书认证路径的验证要求，从而使代理认证路径构造策略更为简单。

代理认证路径构造策略由以下三部分构成：

a) 对证书认证路径的要求；

b) 对撤销的要求；

c) 对终端实体证书的要求。

这些要求的含义与代理验证策略所定义的一致，参见5.4.2。

5.4.2 代理验证策略

代理验证策略是一系列规则，用于表达代理验证应如何执行。

代理验证策略可以包含若干个信任锚。一个信任锚由一个公钥、一个CA名称及一个有效期来定义，并可选地包含其他约束。通常使用CA的自签名证书来表示一个信任锚。对每个信任锚可能会定义其他的约束，例如证书策略约束或命名约束。

代理验证策略可以指定针对证书认证路径的另外一些条件，如可为证书认证路径的验证算法提供特定的输入值。代理验证策略还可以指定应用于终端实体证书的其他条件，例如对终端实体命名格式提出要求。

为了成功完成证书验证，一个终端实体与一个信任锚之间应能够找到一个有效的证书认证路径。这意味着路径中的任何证书都没有过期或被撤销，且所有应用于证书认证路径的约束都应得到满足。

代理验证策略由以下三个部分构成：

a) 证书认证路径要求

证书认证路径要求包括一系列信任锚，这些信任锚被用于构造证书认证路径；还包括一些用于证书验证的初始条件，这些条件在GB/T 16264.8—2005中定义。

b) 证书撤销要求

证书撤销信息可以通过CRL、增量CRL或OCSP响应获得。证书撤销要求针对终端实体证书及CA证书指定。对终端实体证书的撤销要求可能与对CA证书的撤销要求不同，例如对终端实体证书要求其撤销信息尽可能是最新版本，因此可能需要一个OCSP响应；而对CA证书，CRLs可能就已经足够了。

代理验证策略应指明获取撤销信息的方式，可能采用的方式有以下几种：

1） 收集完整的 CRLs；

2） 使用 OCSP 查询撤销信息，并获得 OCSP 响应；

3） 收集增量 CRLs(delta CRLs)及相关的完整的 CRLs；

4） 收集任何可用的撤销信息；

5） 无需收集撤销信息。

c） 终端实体证书要求

代理验证策略可以要求终端实体证书包含特定的扩展，例如要求终端实体证书中包含证书用途扩展。

6 代理服务协议要求

6.1 概述

本章指定了对客户端与代理服务器之间通信协议的设计要求，本标准的第 7 章给出了一种满足本章定义的协议要求的代理服务协议，第三方组织也可以遵照本标准设计其他代理服务协议。如果第三方组织遵照本标准设计代理服务协议，则应满足本章所指定的协议要求。

代理服务器所提供的两种服务中，存在三种请求/响应对，用于客户端与服务器之间的通信，以完成相应的代理服务功能。

a） 代理认证路径构造请求/响应对：客户端向代理服务器发出代理认证路径构造请求，从而可以从服务器获得用于本地证书验证的全部信息，如终端实体证书、CA 证书、完整的 CRLs、增量 CRLs 和 OCSP 信息等。服务器参照客户端要求的或自身默认的代理认证路径构造策略执行代理认证路径构造并通过响应返回已构造的证书认证路径或错误信息。

b） 代理验证请求/响应对：客户端向代理服务器发出代理验证请求，代理服务器参照客户端要求的或自身默认的代理验证策略执行代理验证，并通过响应消息返回验证结果或错误信息。

c） 策略查询请求/响应对：客户端向代理服务器发出请求，服务器返回其所支持的代理认证路径构造策略或代理验证策略。

6.2 代理认证路径构造协议要求

代理认证路径构造协议允许客户端请求服务器收集当前时间下可用的用于本地证书验证的数据元素。根据代理认证路径构造策略，这些数据可以通过各种不同的协议（如 LDAP，HTTP，FTP 或 OCSP）或者通过向多个服务器请求来获得。返回的信息可以用于在当前时间下对一个或多个证书的验证。

客户端应能够明确指定除证书认证路径之外，他们是否还需要终端实体证书和/或 CA 证书的撤销信息。若代理认证路径构造服务器不支持客户端请求中指定的代理认证路径构造策略，服务器应返回错误信息。

代理认证路径构造服务器响应包含 0 个、1 个或多个证书认证路径。每个路径由一组证书构成，从待验证的终端实体证书开始，以信任锚结束。若信任锚是一个自签名证书，则不包含在证书认证路径中。此外，若有需求，每个证书相关的撤销信息应在响应中返回。

默认情况下，代理认证路径构造服务器应为代理认证路径构造请求中的每个终端实体证书返回单个证书认证路径。返回的路径可能需要满足一些客户端提出的要求，如客户端可能要求特殊的证书扩展或名称格式。因此，代理认证路径构造服务器应具有能够为代理认证路径构造请求中的每个终端实体证书获取不止一个证书认证路径的方法。

认证路径构造应按照代理认证路径构造策略进行。代理认证路径构造响应应对以下任一种状态进行说明：

a) 根据代理认证路径构造策略，一个或多个证书认证路径被构造，且具备全部被要求的撤销信息；

b) 根据代理认证路径构造策略，一个或多个证书认证路径被构造，仅具有部分被要求的撤销信息；

c) 根据代理认证路径构造策略，一个或多个证书认证路径被构造，不具备任何被要求的撤销信息；

d) 根据代理认证路径构造策略，无法构造证书认证路径；

e) 路径构造失败，有错误产生。

若无错误产生，返回的响应消息由一个或多个证书认证路径组成。若有需求，证书认证路径中的每个证书相关的撤销信息也包含在响应消息中。

为使客户端能够确认响应中的全部元素都是由期望的代理认证路径构造服务器完成的，可能需要一个可鉴别的响应，例如服务器可能对响应签名或通过底层安全协议实现鉴别。这种鉴别是可选的。

6.3 代理验证协议要求

6.3.1 基本协议

代理验证协议中，根据代理验证策略，服务器可以为客户端验证一个或多个证书的有效性。若代理服务器不支持客户端指定的代理验证策略，服务器应返回一个错误信息。若客户端未指定代理验证策略，服务器响应消息中应说明处理请求所采用的代理验证策略。有些代理验证策略的部分参数是可设置的，协议应允许客户端在请求中包含对这些策略相关参数的设置。

客户端请求可以指定任意的验证时间，服务器应对客户端请求的验证时间获取相应的撤销状态信息。代理验证服务器可能使用各种资源获得撤销状态信息，如 OCSP、CRLs、增量 CRLs 以及来自其他代理服务器的响应消息。在请求所指定的验证时间，若撤销状态信息不可用，服务器应在响应消息中说明证书无效，服务器也可以在响应中包含其他信息说明具体原因。

客户端请求中应包含待验证的证书或证书的引用。代理验证服务器处理客户端请求时应具有待验证的证书，若客户端请求中只提供了对待验证证书的引用，服务器应获取待验证证书并确认它是客户端请求中证书引用所对应的证书。代理验证服务器应在响应消息中包含待验证证书或对它的引用。

代理验证响应消息应说明以下状态信息的任一种情况：

a) 根据代理验证策略，证书有效；

b) 根据代理验证策略，证书无效；

c) 根据代理验证策略，证书的有效性不可知；

d) 由于某些错误，证书的有效性无法确定。

若证书无效，服务器响应中应说明具体原因：

a) 代理验证服务器无法确定证书的有效性，因为无法构造证书认证路径。

b) 代理验证服务器成功地构造了一个证书认证路径，但是根据 GB/T 16264.8—2005 中的验证算法，此路径无效。

c) 证书在当前验证时间无效。若稍后有另一个请求，证书可能被判定为有效的。在证书的一个有效期之前或是证书被挂起的时候，会产生这种情况。

协议应能够防止重放攻击，重放攻击的防范应不能依赖于同步时钟。

代理验证服务器应能够将客户端在请求中提供的文本域复制到服务器响应中。

代理验证响应应与对应的请求绑定，这样客户端能够确认请求中的全部参数在服务器构建响应时都被充分考虑。应允许客户端在请求消息中要求服务器响应包含其他信息，以便不信任代理验证服务器的依赖方能够确信证书有效性验证被正确地执行。若客户端请求附加此类信息,当证书被验证有效时,响应消息中应包含这些信息;证书验证无效或无法确定证书状态时,响应消息中可以不包含这些信息。在某些情况下,代理验证响应会被转发给其他依赖方,此时为了确保响应与请求的绑定,响应应是自包含的,即响应中包含了对应的请求消息。可以通过将请求中的重要内容复制到响应中实现。

为使客户端能确信证书验证是由期望的代理验证服务器完成,代理验证响应应是可鉴别的,但错误信息(如请求格式错误、或未知的验证策略等)除外。

为使客户端能够向信任相同代理验证服务器的第三方证明证书的验证是正确执行的,代理验证响应应被数字签名,错误信息除外。代理验证服务器的证书应证明代理验证服务器的合法性。

代理验证服务器可以要求客户端鉴别。因此,代理验证请求也应可鉴别。

6.3.2 中继、重定向、组播

在某些网络环境中,尤其是有防火墙的网络中,代理验证服务器可能无法获得所需的全部信息。代理验证服务器可能被配置为可以使用一个或多个其他代理验证服务器提供的信息来满足服务需求。在这种情况下,客户端不知道被请求的服务器使用了其他代理验证服务器的服务,被客户端请求的服务器作为客户端向其他服务器请求服务。与原始客户端不同,代理验证服务器具有适当的计算和存储资源,能够使用中继、重定向或组播机制。

要满足上述需求,协议需要包含可选域和/或扩展以支持中继、重定向或组播机制的使用。代理验证客户端并不需要实现对这些机制的支持。若协议支持这些特性,协议应包含条款以使不支持这些特性的代理验证服务器及客户端能够使用基本的服务。

a) 若代理验证服务器支持中继,代理服务器应提供检测环路的机制。
b) 若协议为代理验证服务器提供将一个请求转发给其他代理验证服务器的能力,协议同时应支持转发信息的机制。
c) 请求和响应中的可选参数也可以支持中继、重定向或组播机制。若代理验证客户端忽略这些可选参数,协议应能为客户端正常提供代理验证服务。若代理验证服务器忽略这些可选参数,也应能够正常提供代理验证服务。

6.4 策略查询协议要求

使用策略查询请求/响应对,代理认证路径构造或代理验证客户端应能够获得对代理认证路径构造策略或代理验证策略的引用,包括默认代理认证路径构造策略或代理验证策略。策略查询响应可以包含对预定义的策略或是预知的策略的引用。

7 代理服务协议

7.1 基本请求/响应消息

7.1.1 概述

代理服务协议遵照第6章的要求设计。客户端需要向服务器端发送请求消息,服务器端接收到客户端的请求消息后,根据客户端请求服务类型的不同,做相应的处理,并将处理结果通过响应消息返回给客户端。协议以统一的方式处理代理验证和代理路径构造,因此这两种服务均采用本节所描述的基本请求/响应消息格式。

基本请求/响应消息应采用GB/T 16263.1—2006定义的DER编码方式进行编码。

7.1.2 客户端请求消息

7.1.2.1 客户端请求消息格式

客户端请求消息封装在CVRequest结构中。在发送时，CVRequest封装在ContentInfo中，其ASN.1描述如下。

```
ContentInfo{
    contentType   id-ct-scvp-certValRequest,--(1.2.840.113549.1.9.16.1.10)
    content       CVRequest}
```

如果客户端不对请求消息予以保护，则ContentInfo的content字段就是CVRequest结构。

如果客户端对请求予以保护，则content字段是SignedData结构或AuthenticatedData结构，其中封装了CVRequest。这两类结构的ASN.1描述参见RFC3852。在这种情况下，SignedData或AuthenticatedData的EncapsulatedContentInfo字段的内容如下：

——eContentType值为id-ct-scvp-certValRequest；

——eContent值为DER编码后的CVRequest。

CVRequest的ASN.1描述如下，其中所有标签均为隐式标签。

```
CVRequest::=SEQUENCE{
  cvRequestVersion            INTEGER DEFAULT 1,
  query                       Query,
  requestorRef          [0]   GeneralNames OPTIONAL,
  requestNonce          [1]   OCTET STRING OPTIONAL,
  requestorName         [2]   GeneralName OPTIONAL,
  responderName         [3]   GeneralName OPTIONAL,
  requestExtensions     [4]   Extensions OPTIONAL,
  signatureAlg          [5]   AlgorithmIdentifier OPTIONAL,
  hashAlg               [6]   OBJECT IDENTIFIER OPTIONAL,
  requestorText         [7]   UTF8String (SIZE (1..256)) OPTIONAL}
```

其中各个字段的含义由7.1.2.2～7.1.2.11描述。

7.1.2.2 cvRequestVersion

表示请求的版本号。相应的服务器端响应消息中的版本号应与请求消息中的版本号一致。在本标准的本版本中cvRequestVersion字段的值应为1，以后的更新版本可能会指定其他值。

7.1.2.3 query

表示客户端请求中的查询信息，其类型Query的ASN.1描述如下，其中所有标签均为隐式标签。

```
Query::=SEQUENCE{
  queriedCerts                CertReferences,
  checks                      CertChecks,
  --注意:标签[0]不使用--
  wantBack              [1]   WantBack OPTIONAL,
  validationPolicy            ValidationPolicy,
  responseFlags               ResponseFlags OPTIONAL,
  serverContextInfo     [2]   OCTET STRING OPTIONAL,
```

```
    validationTime          [3]  GeneralizedTime OPTIONAL,
    intermediateCerts       [4]  CertBundle OPTIONAL,
    revInfos                [5]  RevocationInfos OPTIONAL,
    producedAt              [6]  GeneralizedTime OPTIONAL,
    queryExtensions         [7]  Extensions OPTIONAL}
```

Query 类型中各个字段的含义由以下 a)～k)描述。

a) queriedCerts

表示客户端请求进行路径构造或者验证的证书。queriedCerts 字段可以包含多个证书，每个代表一个请求主体。如果包含多个证书，那么所有证书的查询请求都是相同的。其类型 CertReferences 的 ASN.1 描述如下，其中所有标签均为隐式标签。

```
CertReferences::=CHOICE {
    pkcRefs          [0]  SEQUENCE SIZE (1..MAX) OF PKCReference,
    acRefs           [1]  SEQUENCE SIZE (1..MAX) OF ACReference}
```

1) pkcRefs

pkcRefs 字段表示引用的公钥证书，其类型 PKCReference 的 ASN.1 描述如下，其中所有标签均为隐式标签。

```
PKCReference::=CHOICE{
    cert             [0]  Certificate,
    pkcRef           [1]  SCVPCertID}
```

其中，cert 字段表示公钥证书，pkcRef 字段表示对公钥证书的引用标识。这表明可以将证书实体直接放在 queriedCerts 中，也可以将对这个证书的引用放在其中。如果 queriedCerts 字段包含多个公钥证书，可以一些使用证书实体，另一些使用证书引用。

2) acRefs

acRefs 字段表示引用到的属性证书，其类型 ACReference 的 ASN.1 描述如下，其中所有标签均为隐式标签。

```
ACReference::=CHOICE{
    attrCert         [2]  AttributeCertificate,
    acRef            [3]  SCVPCertID}
```

其中，attrCert 字段表示属性证书，acRef 字段表示属性证书的引用标识。这表明可以将证书实体直接放在 queriedCerts 中，也可以将对这个证书的引用放在其中。如果 queriedCerts 字段包含多个属性证书，可以一些使用证书实体，另一些使用证书引用。

3) 证书引用标识

对于公钥证书或属性证书的引用标识，其类型 SCVPCertID 的 ASN.1 描述如下。

```
SCVPCertID::=SEQUENCE{
    certHash         OCTET STRING,
    issuerSerial     SCVPIssuerSerial,
    hashAlgorithm    AlgorithmIdentifier DEFAULT {algorithm sha-1}}
```

其中，certHash 字段表示对证书的散列值；issuerSerial 字段表示公钥证书或者属性证书的签发者和序列号；hashAlgorithm 字段表示采用的散列算法，默认为 algorithm sha-1。hashAlgorithm 字段指定的散列算法应是服务器策略配置响应消息(参见 7.2.3)的 hashAlgorithms 字段所指定的多个散列算法之一。

SCVPIssuerSerial 类型的 ASN.1 描述如下：

```
SCVPIssuerSerial::=SEQUENCE {
```

    issuer   GeneralNames,
    serialNumber   CertificateSerialNumber}

其中,issuer 字段表示证书的签发者,serialNumber 字段表示证书的序列号。

b) checks

表示客户端请求服务器端对 queriedCerts 字段中的证书做哪些方面的处理,其类型 CertChecks 的 ASN.1 描述如下:

CertChecks::=SEQUENCE SIZE (1..MAX) OF OBJECT IDENTIFIER

对于公钥证书,本标准中定义以下处理:

——id-stc-build-pkc-path:对一个信任锚构造期望的证书路径;

——id-stc-build-valid-pkc-path:对一个信任锚构造期望的证书路径,并验证有效,不要求检查撤销状态;

——id-stc-build-status-checked-pkc-path:对一个信任锚构造期望的证书路径并验证有效,要求检查撤销状态。

提供代理路径构造服务的代理服务器应支持 id-stc-build-pkc-path;提供代理验证服务的代理服务器应支持以上三种处理。

对于属性证书,本标准中定义以下处理:

——id-stc-build-aa-path:对一个属性证书(AC)颁发者的信任锚构造一个期望的证书路径;

——id-stc-build-valid-aa-path:对一个 AC 颁发者的信任锚构造一个期望的证书路径并验证有效,不要求检查撤销状态;

——id-stc-build-status-checked-aa-path:对一个 AC 颁发者的信任锚构造一个期望的证书路径并验证有效,要求检查路径中除 AC 自己的证书外其他证书的撤销状态;

——id-stc-status-check-ac-and-build-status-checked-aa-path:对一个 AC 颁发者的信任锚构造一个期望的证书路径并验证有效,要求检查所有证书的撤销状态,包括 AC 颁发者。

代理服务器是否支持对属性证书的以上处理,是可选的。

所有的检查类型都使用 OID 表示,描述如下:

id-stc OBJECT IDENTIFIER::={iso (1) identified-organization (3) dod (6) internet (1) security (5) mechanisms (5) pkix (7) 17}

    id-stc-build-pkc-path   OBJECT IDENTIFIER::={id-stc 1}
    id-stc-build-valid-pkc-path   OBJECT IDENTIFIER::={id-stc 2}
    id-stc-build-status-checked-pkc-path   OBJECT IDENTIFIER::={id-stc 3}
    id-stc-build-aa-path   OBJECT IDENTIFIER::={id-stc 4}
    id-stc-build-valid-aa-path   OBJECT IDENTIFIER::={id-stc 5}
    id-stc-build-status-checked-aa-path   OBJECT IDENTIFIER::={id-stc 6}
    id-stc-status-check-ac-and-build-status-checked-aa-path OBJECT IDENTIFIER::={id-stc 7}

c) wantBack

wantBack 字段可选,表示客户端请求服务器端除返回 checks 中所定义的处理结果外,还要返回什么内容。其类型 WantBack 的 ASN.1 描述如下:

WantBack::=SEQUENCE SIZE (1..MAX) OF OBJECT IDENTIFIER

若存在 wantBack 项,wantBack 应包含一系列 OIDs。每个 OID 表示客户端请求服务器返回关于 queriedCerts 的哪些信息。对于 wantBack 中指定的每种信息,服务器都应找到相应的结果并返回。例如,请求的 checks 字段指定构造证书路径(id-stc-build-pkc-path),wantBack 要求返回服务器构造的所有证书路径(id-swb-pkc-all-cert-paths)。在这种情况下,响应不会包含证书路径的验证状态,这就是典型的代理路径构造服务。

对公钥证书,定义了以下几种 wantBacks:

——id-swb-pkc-cert:请求中的主体证书,即 queriedCerts 字段所指示的证书;

——id-swb-pkc-best-cert-path:最优的证书路径,路径中每个证书都是被验证有效的;

——id-swb-pkc-revocation-info:证书路径中每个证书的撤销状态证明;

——id-swb-pkc-public-key-info:请求中主体证书的公钥;

——id-swb-pkc-all-cert-paths:为请求中主体证书构造的所有证书路径;

——id-swb-pkc-ee-revocation-info:路径中终端实体证书的撤销状态证明;

——id-swb-pkc-CAs-revocation-info:路径中每个 CA 证书的撤销状态证明。

提供代理验证服务的代理服务器应支持 id-swb-pkc-cert 和 id-swb-pkc-public-key-info;提供代理路径构造服务的代理服务器应支持 id-swb-pkc-cert、id-swb-pkc-public-key-info、id-swb-pkc-best-cert-path 和 id-swb-pkc-revocation-info。

对属性证书,定义了以下几个 wantBacks:

——id-swb-ac-cert:请求中的主体属性证书;

——id-swb-aa-cert-path:对 AC 颁发者证书构造的证书路径;

——id-swb-ac-revocation-info:AC 颁发者证书路径中每个证书的撤销状态证明;

——id-swb-aa-revocation-info:属性证书的撤销状态证明。

代理服务器对以上属性证书 wantBacks 的实现是可选的。

另外,还有一个 wantBacks 在公钥证书和属性证书中都可以使用:

——id-swb-relayed-responses:代理服务器为了完成客户端指定的处理而从其他代理服务器获得的响应信息。

代理服务器对这个 wantBack 的支持是可选的。

每一个 wantBack 都使用一个 OID 表示。因此定义了以下 OID:

id-swb OBJECT IDENTIFIER::={iso (1) identified-organization (3) dod (6) internet (1) security (5) mechanisms (5) pkix (7) 18}

```
id-swb-pkc-best-cert-path          OBJECT IDENTIFIER::={id-swb 1}
id-swb-pkc-revocation-info         OBJECT IDENTIFIER::={id-swb 2}
id-swb-pkc-public-key-info         OBJECT IDENTIFIER::={id-swb 4}
id-swb-aa-cert-path                OBJECT IDENTIFIER::={id-swb 5}
id-swb-aa-revocation-info          OBJECT IDENTIFIER::={id-swb 6}
id-swb-ac-revocation-info          OBJECT IDENTIFIER::={id-swb 7}
id-swb-relayed-responses           OBJECT IDENTIFIER::={id-swb 9}
id-swb-pkc-cert                    OBJECT IDENTIFIER::={id-swb 10}
id-swb-ac-cert                     OBJECT IDENTIFIER::={id-swb 11}
id-swb-pkc-all-cert-paths          OBJECT IDENTIFIER::={id-swb 12}
id-swb-pkc-ee-revocation-info      OBJECT IDENTIFIER::={id-swb 13}
id-swb-pkc-CAs-revocation-info     OBJECT IDENTIFIER::={id-swb 14}
```

d) validationPolicy

表示客户端要求服务器端使用的代理验证策略或代理路径构造策略。本协议中对这两类代理服务的策略不做明确区分,而是以统一的格式来定义,后面描述中均以"策略"指代。如果服务器端不支持客户端指定的策略,则应在响应中返回错误信息。策略应为处理客户端请求所需的每个参数定义默认值。对每个参数,策略可以指示允许或禁止客户端指定非默认值。如果客户端希望对全部参数使用默认值,则只需使用该策略的引用即可;如果客户端希望对一个或多个参数使用非默认值,则需在本字段中包含该策略的引用及全部参数。若客户端指定的策略与使用的参数值有冲突,服务器应在响应中返回错误信息。

类型 ValidationPolicy 的 ASN.1 描述如下，其中所有标签均为隐式标签。

```
ValidationPolicy::=SEQUENCE {
validationPolRef                ValidationPolRef,
validationAlg               [0] ValidationAlg OPTIONAL,
userPolicySet               [1] SEQUENCE SIZE (1..MAX) OF OBJECT IDENTIFIER
                                OPTIONAL,
inhibitPolicyMapping        [2] BOOLEAN OPTIONAL,
requireExplicitPolicy       [3] BOOLEAN OPTIONAL,
inhibitAnyPolicy            [4] BOOLEAN OPTIONAL,
trustAnchors                [5] TrustAnchors OPTIONAL,
keyUsages                   [6] SEQUENCE OF KeyUsage OPTIONAL,
extendedKeyUsages           [7] SEQUENCE OF KeyPurposeId OPTIONAL,
specifiedKeyUsages          [8] SEQUENCE OF KeyPurposeId OPTIONAL}
```

ValidationPolicy 类型中各个字段的含义由以下 1)～10)描述。

1) validationPolRef

客户端和服务器端都认可的策略，用 OID 和相应的参数表示。

ValidationPolRef 的 ASN.1 描述如下：

```
ValidationPolRef::=SEQUENCE {
    valPolId                OBJECT IDENTIFIER,
    valPolParams            ANY DEFINED BY valPolId OPTIONAL}
```

其中，valPolId 字段表示策略的 OID，valPolParams 字段表示相应的参数。若策略允许客户端指定参数，这些参数值用 valPolParams 描述。若策略没有参数，那么 valPolParams 应被省略。

用户可以请求使用服务器默认的策略。默认的策略使用服务器选择的默认值进行操作，并且遵循 GB/T 16264.8—2005 定义的标准证书验证过程。默认值可以带外发布，也可以使用策略请求(参见 7.2.2)机制发布。默认的策略总是使用同一个 OID 表示，即下列定义中的 id-svp-defaultValPolicy：

id-svp OBJECT IDENTIFIER::={iso (1) identified-organization (3) dod (6) internet (1) security (5) mechanisms (5) pkix (7) 19}

id-svp-defaultValPolicy OBJECT IDENTIFIER::={id-svp 1}

默认策略应使用与默认验证算法相同的基本验证算法，并且不使用参数。代理服务器应支持默认策略。

2) validationAlg

表示客户端要求服务器端在进行证书验证时用的验证算法，这个算法可能需要双方协商确定。其类型 ValidationAlg 的 ASN.1 描述如下：

```
ValidationAlg::=SEQUENCE{
    valAlgId                OBJECT IDENTIFIER,
    parameters              ANY DEFINED BY valAlgId OPTIONAL}
```

其中，valAlgId 字段表示算法 OID，parameters 字段表示相应的参数值。

代理服务器应能识别并支持基本验证算法和命名验证算法。

——基本验证算法

客户端可以请求代理服务器使用基本验证算法。对于公钥证书，基本验证算法应实现 GB/T 16264.8—2005 定义的公钥证书验证算法。对于属性证书，基本验证算法应实现 GB/T 16264.8—2005 定义的属性证书验证算法。

如果客户端请求中指定了非基本验证算法的其他算法，则该验证算法应产生与基本验证算法兼容的结果。换言之，基本验证算法的功能是任何其他验证算法的功能子集。

基本验证算法的 OID 定义如下：

id-svp-basicValAlg OBJECT IDENTIFIER::={id-svp 3}

当 valAlgId 的值是 id-svp-basicValAlg 时，parameters 字段应忽略。

对应于基本验证算法，还定义了以下错误信息。如果客户端请求指定了基本验证算法，那么这些错误信息将可能出现在服务器响应的 replyObjects 的 validationErrors 字段[参见 7.1.3.10f)]。如果客户端请求指定了其他验证算法，也可能产生这些错误，因为任何其他算法都应实现基本验证算法的功能。

```
id-bvae                       OBJECT IDENTIFIER::=id-svp-basicValAlg
id-bvae-expired               OBJECT IDENTIFIER::={id-bvae 1}
id-bvae-not-yet-valid         OBJECT IDENTIFIER::={id-bvae 2}
id-bvae-wrongTrustAnchor      OBJECT IDENTIFIER::={id-bvae 3}
id-bvae-noValidCertPath       OBJECT IDENTIFIER::={id-bvae 4}
id-bvae-revoked               OBJECT IDENTIFIER::={id-bvae 5}
id-bvae-invalidKeyPurpose     OBJECT IDENTIFIER::={id-bvae 9}
id-bvae-invalidKeyUsage       OBJECT IDENTIFIER::={id-bvae 10}
id-bvae-invalidCertPolicy     OBJECT IDENTIFIER::={id-bvae 11}
```

id-bvae-expired 表示验证时间晚于终端实体证书(即客户端请求的 queriedCerts 中的证书)的 notAfter 项所指定的时间。

id-bvae-not-yet-valid 表示验证时间早于终端实体证书的 notBefore 项所指定的时间。

id-bvae-wrongTrustAnchor 表示无法根据客户端指定的信任锚构造证书路径。但可以以服务器默认验证策略中指定的信任锚构造证书路径。

id-bvae-noValidCertPath 表示服务器无法构造满足客户端请求中指定的各种检查和约束的证书路径。

id-bvae-revoked 表示终端实体证书已经被撤销。

id-bvae-invalidKeyPurpose 表示终端实体证书中的扩展的密钥用法(Extended Key Usage)扩展项不能满足策略。

id-bvae-invalidKeyUsage 表示终端实体证书中的密钥用法(Key Usage)扩展项不能满足策略。

id-bvae-invalidCertPolicy 表示无法构造路径，因为路径中某个证书的 valid_policy_tree 是 NULL 且 explicit_policy 是 0。

——命名验证算法

命名验证算法除了具有基本验证算法的功能外，还允许客户端指定一个或多个应在终端证书中出现的主体名称。命名验证算法使用如下 OID 表示。

id-svp-nameValAlg OBJECT IDENTIFIER::={id-svp 2}

当使用命名验证算法，即 valAlgId 的值为 id-svp-nameValAlg 时，parameters 应使用下面定义的 NameValidationAlgParms 语法：

```
NameValidationAlgParms::=SEQUENCE{
    nameCompAlgId    OBJECT IDENTIFIER,
    validationNames    GeneralNames}
```

若在 validationNames 中使用了多个名称，这些名称应类型相同。证书应对每个在 validationNames 中使用的名称包含一个根据 nameCompAlgId 所述的名称匹配规则相符的名称。

本标准定义了三种名称匹配规则：

id-nva-dnCompAlg　　　OBJECT IDENTIFIER::={id-svp 4}
id-kp-serverAuth　　　OBJECT IDENTIFIER::={id-kp 1}(参见 GB/T 16264.8—2005)
id-kp-emailProtection　　OBJECT IDENTIFIER::={id-kp 4}(参见 GB/T 16264.8—2005)

如果 nameCompAlgId 的值为 id-nva-dnCompAlg,客户端请求提供的 GeneralNames 应是 directoryName(参见 GB/T 16264.8—2005 中 GeneralNames 的定义)。证书应在主体字段或 subjectAltName 的 directoryName 中包含一个匹配的名称。

如果 nameCompAlgId 的值为 id-kp-serverAuth,客户端请求提供的 GeneralNames 应是 dNSName(参见 GB/T 16264.8—2005 中 GeneralNames 的定义)。如果证书包含了 subjectAltName 扩展并且其中有多个 dNSName 类型的名称,则与任何一个名称匹配都可以。如果证书不包含 subjectAltName 扩展或扩展中没有 dNSName 类型的名称,则主体字段中的 Common Name 应被使用。名称可以包含通配符"*",例如"*.a.com"能够匹配"foo.a.com",但不能匹配"bar.foo.a.com"。

如果 nameCompAlgId 的值为 id-kp-emailProtection,客户端请求提供的 GeneralNames 应是 rfc822Name(参见 GB/T 16264.8—2005 中 GeneralNames 的定义)。

代理服务器应支持命名验证算法的以上三种名称匹配形式。

对应于命名验证算法,还定义了以下错误信息:

id-nvae　　　OBJECT IDENTIFIER::=id-svp-nameValAlg
id-nvae-name-mismatch　　　OBJECT IDENTIFIER::={id-nvae 1}
id-nvae-no-name　　　OBJECT IDENTIFIER::={id-nvae 2}
id-nvae-unknown-alg　　　OBJECT IDENTIFIER::={id-nvae 3}
id-nvae-bad-name　　　OBJECT IDENTIFIER::={id-nvae 4}
id-nvae-bad-name-type　　　OBJECT IDENTIFIER::={id-nvae 5}
id-nvae-mixed-names　　　OBJECT IDENTIFIER::={id-nvae 6}

id-nvae-name-mismatch 表示服务器在证书中找到与客户端提供名称同类型的名称,但没有完全相匹配。例如客户端提供了一个 dNSName"example1.com",但证书中的是"example.com"。

id-nvae-no-name 表示服务器无法在证书中找到与客户端提供的名称同类型的名称。例如客户端提供了一个 dNSName"example1.com",但证书中只包含 rfc822Name"user@example.com"。

id-nvae-unknown-alg 表示服务器无法识别客户端提供的 nameCompAlgId。

id-nvae-bad-name 表示客户端提供的是空名称或格式错误的名称。

id-nvae-bad-name-type 表示客户端提供了与 nameCompAlgId 指定的匹配算法不一致的名称,例如客户端指定 nameCompAlgId 为 id-kp-serverAuth,但提供的名称是 rfc822Name"user@example.com"。

id-nvae-mixed-names 表示客户端提供了多种不同类型的名称。

3)　userPolicySet

表示一组证书策略标识符,代理服务器在构造证书路径和验证证书的时候应使用。其可能值等同于 GB/T 16264.8—2005 中定义的 user-initial-policy-set。

代理服务器应能够识别并处理客户端请求中的 userPolicySet。

4)　inhibitPolicyMapping

inhibitPolicyMapping 是证书验证算法的一个输入参数,表示在进行证书路径构造和验证的过程中是否允许进行策略映射。

5)　requireExplicitPolicy

requireExplicitPolicy 是证书验证算法的一个输入参数,表示证书策略扩展中是否至少应有一个有效的策略。若用户希望向服务器至少请求一种证书策略,requireExplicitPolicy 在请求中被置为"True"。

6） inhibitAnyPolicy

inhibitAnyPolicy 是证书验证算法的一个输入参数，表示在评估证书策略时，anyPolicy OID 是被执行还是被忽略。若用户希望服务器忽略 anyPolicy OID，inhibitAnyPolicy 被置为“True”。

7） trustAnchors

trustAnchors 表示代理服务器应使用的信任锚。若请求中存在 trustAnchors，那么服务器一定不可以判定以其他信任锚为终点的证书路径有效。

TrustAnchors 类型有一种或多种信任锚的描述，可以使用证书引用，也可以直接提供证书实体。任何符合 GB/T 16264.8—2005 的 CA 证书都可以作为信任锚。若所使用的信任锚不符合以上要求，服务器应在响应中返回错误信息。

信任锚本身一定不可以出现在代理服务器返回的任何路径中。

TrustAnchors 类型的 ASN.1 描述如下：

TrustAnchors：：＝SEQUENCE SIZE (1..MAX) OF PKCReference

代理服务器应支持 trustAnchors。

8） keyUsages

表示客户端要求服务器端在进行证书路径构造或证书验证的过程中检查密钥用途。GB/T 16264.8—2005 中定义的 keyUsage 扩展，表示证书所含密钥的用途（如加密、签名、CRL 签名）。例如，如果客户端从数字签名中获得了签名者的证书，则可以通过包含一个数字签名位被置位的 keyUsage 结构来请求服务器验证此证书是否可被用作数字签名。

如果 keyUsages 中包含了多个 keyUsage 项，则证书应满足至少一个指定的 keyUsage。若证书中不存在 keyUsage 扩展，则证书应被认为是能满足全部用途。

代理服务器应能够识别并处理 keyUsages。

9） extendedKeyUsages

表示客户端要求服务器端在进行证书路径构造或证书验证的过程中允许的扩展密钥用途。证书中的扩展密钥用途扩展定义了更多的密钥用途，这些用途可能是替代 keyUsage 扩展中指定的密钥用途或是在其基础上进行了增加。KeyPurposeId 类型实质上是 OBJECT IDENTIFIER，定义如下：

KeyPurposeId：：＝OBJECT IDENTIFIER（参见 GB/T 16264.8—2005）

如果证书中没有 extendedKeyUsage 扩展，或 extendedKeyUsage 扩展的值为 anyExtendedKeyUsage，则客户端请求中指定的所有 extendedKeyUsages 都被认为是匹配的；如果证书中含有 extendedKeyUsages 且不为 anyExtendedKeyUsage，则客户端在 extendedKeyUsages 中指定的所有扩展密钥用途项应全部在证书的 extendedKeyUsage 中出现。

如果客户端无须服务器检查扩展密钥用途，则可以为 extendedKeyUsages 指定一个空 SEQUENCE。这可以用来覆盖 validationPolRef 的 valPolId 所指定的扩展证书用途。

代理服务器应能够识别并处理 extendedKeyUsages。

10） specifiedKeyUsages

与 extendedKeyUsages 类似，表示客户端要求服务器端在进行证书路径构造和验证的过程中允许的扩展密钥用途。若请求中包含 specifiedKeyUsages 且指定一个或多个扩展密钥用途，则证书应包含 extendedKeyUsage 扩展，且客户端请求的 specifiedKeyUsages 中指定的所有扩展密钥用途应全部在证书的 extendedKeyUsage 中出现。如果证书的 extendedKeyUsage 值为 anyExtendedKeyUsage，则被认为无法满足客户端指定的扩展密钥用途。

代理服务器应能够识别并处理 specifiedKeyUsages。

e） responseFlags

表示客户端要求服务器端返回的响应消息中包含哪些特征。这个字段是可选的，如果所有的标志都为默认值，那么在请求中一定不能包含 responseFlags 字段。类型 ResponseFlags 的 ASN.1 描述如下,其中所有标签均为隐式标签。

```
ResponseFlags::=SEQUENCE{
    fullRequestInResponse          [0]  BOOLEAN DEFAULT FALSE,
    responseValidationPolByRef     [1]  BOOLEAN DEFAULT TRUE,
    protectResponse                [2]  BOOLEAN DEFAULT TRUE,
    cachedResponse                 [3]  BOOLEAN DEFAULT TRUE}
```

1) fullRequestInResponse

默认情况下,代理服务器的非缓存响应消息会包含客户端请求的散列值,以便客户端鉴别。如果 fullRequestInResponse 设置为 TRUE,则服务器响应中包含完整的客户端请求消息。

代理服务器应支持返回完整的客户端请求消息。

2) responseValidationPolByRef

responseValidationPolByRef 决定响应中是仅包含对策略的引用,还是除策略引用外还包含用于处理请求的全部参数的值。响应中包含对策略的引用是应的,若用户希望在响应中还包含策略的参数值,则 responseValidationPolByRef 被置为"FALSE"。

3) protectResponse

表示客户端要求服务器对响应消息予以保护。代理服务器默认会对响应消息用数字签名或 MAC 进行保护,如果这个项设置为 FALSE,则说明客户端指示响应消息无须上述保护。

代理路径构造服务的客户端应支持将 protectResponse 的值设为"FALSE"。而代理验证服务的客户端一般需要服务器对响应消息予以保护,即将 protectResponse 设为"TRUE"或省略。如果通信采用了其他保护方式,例如 TLS,则客户端可以将此项设置为"FALSE"。

4) cachedResponse

说明客户端是否会接受经缓存的响应。cachedResponse 被置为"TRUE"时,客户端接受经缓存的响应。cachedResponse 被置为"FALSE"时,客户端不接受经缓存的响应。为确保接收到的响应是新产生的,客户端应在请求中包含 requestNonce(参见 7.1.2.5)。

代理服务器应支持 cachedResponse。若服务器无法产生新的响应时,应返回错误信息。

f) serverContextInfo

serverContextInfo 包含客户端与代理服务器前一次通信的上下文信息,这些信息来自前一次通信的服务器响应。使用这个字段可以使服务器为同一个证书返回多条路径。例如,代理服务器为客户端请求的证书构造了一条路径,但客户端发现不可接受,于是客户端重新发送了相同的请求并设置 serverContextInfo 为上一次的服务器响应中 serverContextInfo 项的内容(参见 7.1.3.12),于是代理服务器这次会返回一条不同的证书路径(如果有)。如果客户端这样做,那么前后两次请求除以下字段外,都应该是相同的:

——requestNonce

——serverContextInfo

——客户端对请求信息的数字签名或 MAC

代理服务器应支持 serverContextInfo。

g) validationTime

表示客户端要求服务器执行 checks 中指定的处理的时间。如果不提供 validationTime,则代理服务器以服务器上的当前时间为准。如果指定了 validationTime,则这个时间应在当前时间之前。

h) intermediateCerts

表示客户端提供给服务器端在证书路径构造过程中可能用到的中间证书。服务器在路径构造中如果发现有多条路径,则尽量选择包含 intermediateCerts 中证书的路径。其类型 CertBundle 的 ASN.1 描述如下。

CertBundle::=SEQUENCE SIZE (1..MAX) OF Certificate

代理服务器应能够识别并处理 intermediateCerts,但并不假定这些证书一定是有效的。

i) revInfos

表示客户端提供给服务器在证书验证过程中可能用到的撤销信息,其类型 RevocationInfos 的 ASN.1 描述如下,其中所有标签均为隐式标签。

```
RevocationInfos::=SEQUENCE SIZE (1..MAX) OF RevocationInfo
RevocationInfo::=CHOICE {
    crl                [0]  CertificateList,
    delta-crl          [1]  CertificateList,
    ocsp               [2]  OCSPResponse,
    other              [3]  OtherRevInfo}
```

其中,crl 字段表示证书撤销列表,delta-crl 字段表示增量证书撤销列表,ocsp 字段表示 OCSP 服务器的响应消息,other 字段表示其他类型的撤销信息。

OtherRevInfo 类型的 ASN.1 描述如下:

```
OtherRevInfo::=SEQUENCE{
    riType             OBJECT IDENTIFIER,
    riValue            ANY DEFINED BY riType}
```

其中,riType 字段表示撤销信息的 OID,riValue 字段表示撤销信息的值。

j) producedAt

客户端如果允许服务器使用经缓存的响应(在 cachedResponse 设置),则可以使用 producedAt 来要求缓存响应的时效程度。这是一个时间值,只有形成时间晚于此值的缓存响应才被客户端接受。

支持响应缓存的代理服务器应支持 producedAt;不支持响应缓存的代理服务器可以选择不支持 producedAt。

k) queryExtensions

表示客户端请求消息中对 query 的一些扩展信息。本标准中不定义任何扩展,此项保留为以后使用。其类型 Extensions 的 ASN.1 描述如下:

```
Extensions::=SEQUENCE SIZE (1..MAX) OF Extension
Extension::=SEQUENCE   {
    extnID             OBJECT IDENTIFIER,
    critical           BOOLEAN DEFAULT FALSE,
    extnValue          OCTET STRING   }
```

其中,extnID 是标识此扩展的 OID。critical 字段表示扩展的关键程度,如果是关键扩展则为 TRUE,否则为 FALSE,默认为 FALSE。如果是关键扩展但代理服务器无法识别,则应拒绝此请求;如果是非关键扩展,则服务器无法识别时忽略此扩展。extnValue 字段表示扩展值。

7.1.2.4 requestorRef

requestorRef 是一个代理服务器的列表,当代理服务需要中继(代理服务器需要从其他代理服务器获取信息)时会用到。有关中继的应用已在 6.3.2 中描述。

代理服务器应能够识别 requestorRef。若客户端在请求中包含了 requestorRef,则在非缓存响应中代理服务器应返回相同的值,在缓存响应中则可以不返回。

7.1.2.5 requestNonce

requestNonce 包含客户端产生的一个随机数。如果客户端在请求中包含了 requestNonce,则服务器应返回一个非缓存的响应。在此非缓存响应中,应包含与请求中相同的 requestNonce。

requestNonce 可以被客户端用来防范重放攻击,代理服务器应能够识别并处理 requestNonce。如果客户端请求包含了 requestNonce 同时设置 cachedResponse 为 FALSE,则客户端要求服务器应返回包含此 requestNonce 的非缓存响应,或返回错误信息。requestNonce 只能使用一次,后续请求中如包含 requestNonce,则需使用另外的随机数。

7.1.2.6 requestorName

表示客户端名称。代理服务器应能够识别 requestorName。

7.1.2.7 responderName

表示客户端希望对响应消息进行签名的代理服务器的名称。只有在下列两种情况都满足的条件下才允许包含 responsderName:

——客户端请求没有得到保护(客户端没有对请求信息签名或计算 MAC);

——responseFlags 项没有设置,或者设置了但 protectResponse 设为 TRUE,即客户端要求响应消息需要被保护。

7.1.2.8 requestExtensions

表示请求消息中的扩展信息,其类型 Extensions 的定义与 7.1.2.3k)的定义相同。如果请求信息中包含了 requestExtensions,则其中的每一项表示对请求的一个扩展。本标准不定义任何扩展,此项保留为未来使用。

7.1.2.9 signatureAlg

表示客户端要求服务器端对响应消息进行签名时所用的签名算法。只有在下列两种情况都满足的条件下才允许包含 signatureAlg:

——客户端请求没有得到保护(客户端没有对请求信息签名或计算 MAC);

——responseFlags 项没有设置,或者设置了但 protectResponse 设为 TRUE,即客户端要求响应消息需要被保护。

signatureAlg 可以指定的签名算法在策略配置响应消息的 signatureGeneration(参见 7.2.3.16)列出。代理服务器应能够识别 signatureAlg。

如果 signatureAlg 指定了策略配置响应消息的 signatureGeneration 中包含的一个算法,则服务器应使用这个算法来对响应签名。

如果请求消息中没有 signatureAlg 项,或指定了服务器不支持的签名算法,则服务器应使用 signatureGeneration 中指定的默认签名算法对响应消息签名。

7.1.2.10 hashAlg

表示客户端要求服务器在计算请求信息的散列值时使用的散列算法,这个散列值会包含在服务器响应消息的 requestHash 中。hashAlg 指定的散列算法应在策略配置响应消息的 hashAlgorithms 中有定义。如果 query 的 responseFlags 指定 fullRequestInResponse 为 TRUE,则一定不能设置 hashAlg 项,且服务器响应中也不能出现 requestHash。

代理服务器应能够识别 hashAlg。

若请求消息中 hashAlg 指定的算法与策略配置响应消息中的 hashAlgorithms 说明的算法一致,服务器应使用指定的算法进行计算散列值。

若 hashAlg 不存在,或服务器不支持 hashAlg 指定的算法,服务器应使用策略配置响应消息中的

hashAlgorithms 说明的默认散列算法计算散列值。

7.1.2.11 requestorText

表示客户端提供的文本信息。客户端可能要求服务器端的响应中包含这些文本信息。代理服务器应能够识别 requestorText。如果服务器端针对一个请求产生非缓存响应，则在服务器响应信息的 requestorText 中应包含相同的文本信息。

7.1.3 服务器端响应消息

7.1.3.1 服务器端响应消息格式

服务器端接收到客户端的请求消息后，根据客户端的请求进行证书路径构造或证书验证，并将结果通过响应消息返回给客户端。响应消息封装在 CVResponse 结构中，CVResponse 又封装在 ContentInfo 结构中，其 ASN.1 描述如下：

```
ContentInfo{
    contentType          id-ct-scvp-certValResponse,--(1.2.840.113549.1.9.16.1.11)
    content              CVResponse}
```

如果客户端请求中不要求对响应予以保护，即 protectResponse[参见 7.1.2.3e)]的值为 FALSE，则 ContentInfo 的 content 字段就是 CVResponse 结构。

如果客户端请求没有设置 protectResponse 为 FALSE，则服务器应对响应予以保护。此时 content 字段是 SignedData 结构或 AuthenticatedData 结构，其中封装了 CVResponse。这两类结构的 ASN.1 描述参见 RFC3852。在这种情况下，SignedData 或 AuthenticatedData 的 EncapsulatedContentInfo 字段的内容如下：

——eContentType 值为 id-ct-scvp-certValResponse；

——eContent 值为 DER 编码后的 CVResponse。

CVResponse 的 ASN.1 描述如下，其中所有标签均为隐式标签。

```
CVResponse::=SEQUENCE{
    cvResponseVersion                INTEGER,
    serverConfigurationID            INTEGER,
    producedAt                       GeneralizedTime,
    responseStatus                   ResponseStatus,
    respValidationPolicy     [0]     RespValidationPolicy OPTIONAL,
    requestRef               [1]     RequestReference OPTIONAL,
    requestorRef             [2]     GeneralNames OPTIONAL,
    requestorName            [3]     GeneralNames OPTIONAL,
    replyObjects             [4]     ReplyObjects OPTIONAL,
    respNonce                [5]     OCTET STRING OPTIONAL,
    serverContextInfo        [6]     OCTET STRING OPTIONAL,
    cvResponseExtensions     [7]     Extensions OPTIONAL,
    requestorText            [8]     UTF8String (SIZE (1..256)) OPTIONAL}
```

CVResponse 的各字段含义由以下 7.1.3.2～7.1.3.14 描述。

7.1.3.2 cvResponseVersion

表示响应消息的版本号，与相应的客户端请求消息中的版本号匹配。若服务器无法产生与请求中的版本号相应的版本号，服务器端返回一个错误信息，并说明服务器所支持的最大版本号。

7.1.3.3 serverConfigurationID

表示服务器端响应客户端的请求时服务器策略配置的版本号，详见7.2.3.5。

7.1.3.4 producedAt

表示服务器端产生响应消息的日期及时间，应以UTC时间表示，具体格式参见7.1.2.3g)中validationTime的定义。

7.1.3.5 responseStatus

表示服务器端对客户端请求的处理状态，其类型ResponseStatus的ASN.1描述如下：

```
ResponseStatus::=SEQUENCE{
    statusCode              CVStatusCode DEFAULT  okay,
    errorMessage            UTF8String OPTIONAL}
```

其中两个字段的含义由以下a)和b)描述。

a) statusCode

表示服务器端对客户端请求处理的状态，其类型CVStatusCode的ASN.1描述如下：

```
CVStatusCode::=ENUMERATED{
    okay                                (0),
    skipUnrecognizedItems               (1),
    tooBusy                             (10),
    invalidRequest                      (11),
    internalError                       (12),
    badStructure                        (20),
    unsupportedVersion                  (21),
    abortUnrecognizedItems              (22),
    unrecognizedSigKey                  (23),
    badSignatureOrMAC                   (24),
    unableToDecode                      (25),
    notAuthorized                       (26),
    unsupportedChecks                   (27),
    unsupportedWantBacks                (28),
    unsupportedSignatureOrMAC           (29),
    invalidSignatureOrMAC               (30),
    protectedResponseUnsupported        (31),
    unrecognizedResponderName           (32),
    relayingLoop                        (40),
    unrecognizedValPol                  (50),
    unrecognizedValAlg                  (51),
    fullRequestInResponseUnsupported    (52),
    fullPolResponseUnsupported          (53),
    inhibitPolicyMappingUnsupported     (54),
    requireExplicitPolicyUnsupported    (55),
```

inhibitAnyPolicyUnsupported (56),
validationTimeUnsupported (57),
unrecognizedCritQueryExt (63),
unrecognizedCritRequestExt (64)}

CVStatusCode 中每个状态值的含义如下：

——okay 客户端请求被完全处理；
——skipUnrecognizedItems 忽略了客户端请求消息中无法识别的扩展部分；
——tooBusy 服务器端繁忙；
——invalidRequest 客户端请求能够被服务器解码，仍存在其他问题；
——internalError 服务器端内部错误；
——badStructure 客户端请求消息结构错误；
——unsupportedVersion 服务器端不支持客户端请求消息的版本；
——abortUnrecognizedItems 服务器端不能处理客户端请求消息中无法识别的部分而退出；
——unrecognizedSigKey 服务器端无法验证用来保护请求消息的密钥；
——badSignatureOrMAC 签名或者 MAC 与消息体本身不符；
——unableToDecode 请求消息编码错误；
——notAuthorized 未经授权的请求消息；
——unsupportedChecks 服务器端不支持客户端请求消息中 checks 指定的处理；
——unsupportedWantBacks 服务器端不支持客户端请求消息中的 wantBack 类型；
——unsupportedSignatureOrMAC 服务器端不支持客户端请求消息中的签名或者 MAC 算法；
——invalidSignatureOrMAC 服务器端无法验证客户端请求消息中的签名或者 MAC；
——protectedResponseUnsupported 服务器端无法产生客户端请求的被保护的响应消息；
——unrecognizedResponderName 服务器端没有与被请求的响应者名称相符的证书；
——relayingLoop 客户端请求消息被同一个服务器重复传递；
——unrecognizedValPol 服务器端无法识别客户端请求中的策略引用；
——unrecognizedValAlg 服务器端无法识别客户端请求中的验证算法 OID；
——fullRequestInResponseUnsupported 服务器端不支持响应消息中包含完全的请求消息；
——fullPolResponseUnsupported 服务器端不支持响应消息中包含完全的验证策略；
——inhibitPolicyMappingUnsupported 服务器端不支持客户端请求消息中对于策略映射的限制；
——requireExplicitPolicyUnsupported 服务器端不支持客户端请求消息中显式请求的策略；
——inhibitAnyPolicyUnsupported 服务器端不支持客户端请求消息中对于允许任意策略的限制；
——validationTimeUnsupported 服务器端仅能处理使用当前时间的请求；
——unrecognizedCritQueryExt 服务器端无法识别客户端请求消息中的 query 关键扩展；
——unrecognizedCritRequestExt 服务器端无法识别客户端请求消息中的关键扩展。

状态值 0～9 指示客户端请求已被服务器处理，因此在成功处理后的响应消息中 statusCode 的值应是 0～9。如果服务器在处理中产生错误，则响应中包含错误信息且 statusCode 的值应是 10 以上。

b) errorMessage

表示错误信息。

7.1.3.6 respValidationPolicy

respValidationPolicy 字段可选，表示服务器端验证客户端请求时使用的策略或者对策略的引用。respValidationPolicy 返回的内容是策略本身还是对策略的引用，由客户端请求的 responseValidationPolByRef 的值决定。respValidationPolicy 的类型 RespValidationPolicy 的 ASN.1 描述如下：

RespValidationPolicy::=ValidationPolicy

ValidationPolicy 的格式参见 7.1.2.3d）中定义。请求被成功处理的服务器端响应中应包含 respValidationPolicy，返回错误信息的响应中一定不能包含 respValidationPolicy。

若客户端请求中的 responseValidationPolByRef 的值为"FALSE"，ValidationPolicy 中的每一项都应被设置，若客户端请求中的 responseValidationPolByRef 的值为"TRUE"，仅当客户端请求中的值与被引用的策略不同时，ValidationPolicy 中的可选项需要被设置。

客户端应能够处理使用策略引用的服务器端响应。代理服务器应能够使用引用来声明一个策略，且应能够包含可选项。

7.1.3.7 requestRef

requestRef 字段可选。表示服务器端响应消息中对相应的请求消息的引用，其类型 RequestReference 的 ASN.1 描述如下：

```
RequestReference::=CHOICE{
    requestHash             [0]  HashValue,
    fullRequest             [1]  CVRequest}
```

其中两个字段的含义由以下 a）和 b）描述。

a） requestHash

表示对请求消息（CVRequest）的散列值，其类型 HashValue 的 ASN.1 描述如下：

```
HashValue::=SEQUENCE{
    algorithm                    AlgorithmIdentifier DEFAULT {algorithm sha-1},
    value                        OCTET STRING}
sha-1 OBJECT IDENTIFIER::={
    iso (1) identified-organization (3) oiw (14) secsig (3) algorithm (2) 26}
```

其中，algorithm 字段表示散列算法标识；value 字段表示散列值。

b） fullRequest

表示完整的请求消息，其类型为 CVRequest（定义见 7.1.2）。

客户端及代理服务器都应支持 requestHash。客户端可以支持 fullRequest，代理服务器应支持 fullRequest。

7.1.3.8 reuqestorRef

requestorRef 字段可选，表示对发起代理服务请求的原始请求者，即客户端的引用。若客户端在请求中包含了 requestorRef，代理服务器产生一个非缓存响应时，应在响应中包含与请求相同的 requestorRef 值。

7.1.3.9 requestorName

requestorName 字段可选。表示与该服务器端响应消息对应的请求消息的请求者名称。代理服务器可以在响应中包含以下几种类型的信息作为请求者名称：

a） 客户端在请求中的 requestorName 项中提供的身份信息。

b） 从证书中获得的经认证的用户身份或是用于认证请求的其他凭证。

c） 带外机制使用的用户标识。

客户端应能够处理含有 requestorName 的服务器响应。

7.1.3.10 replyObjects

replyObjects 字段可选，表示服务器端响应客户端请求的各种对象信息，每个对象说明对应请求中的一个证书的信息，其类型 ReplyObjects 的 ASN.1 描述如下，其中所有标签均为隐式标签。

```
ReplyObjects::=SEQUENCE SIZE (1..MAX) OF CertReply
CertReply::=SEQUENCE{
    cert                        CertReference,
    replyStatus                 ReplyStatus DEFAULT success,
    replyValTime                GeneralizedTime,
    replyChecks                 ReplyChecks,
    replyWantBacks              ReplyWantBacks,
    validationErrors       [0]  SEQUENCE SIZE (1..MAX) OF OBJECT IDENTIFIER
                                OPTIONAL,
    nextUpdate             [1]  GeneralizedTime OPTIONAL,
    certReplyExtensions    [2]  Extensions OPTIONAL}
```

CertReply 类型中各字段的含义由以下 a)～h)描述。

a） cert

表示客户端请求消息中的证书或者证书的引用。若在客户端请求中使用了证书引用，同时请求中的 wantBack 包含 id-swb-pkc-cert 或 id-swb-aa-cert，且服务器可以获得被引用的证书，那么 cert 中应包含该证书。如果客户端在请求中使用了证书本身，则 cert 应使用请求中的 queriedCerts 的值。证书引用的类型为 CertReference，其 ASN.1 描述如下：

```
CertReference::=CHOICE{
        pkc                 PKCReference,
        ac                  ACReference}
```

b） replyStatus

表示服务器端返回的客户端请求消息中指定证书的状态信息，其类型 ReplyStatus 的 ASN.1 描述如下：

```
ReplyStatus::=ENUMERATED{
    success                         (0),
    malformedPKC                    (1),
    malformedAC                     (2),
    unavailableValidationTime       (3),
    referenceCertHashFail           (4),
    certPathConstructFail           (5),
    certPathNotValid                (6),
    certPathNotValidNow             (7),
    wantBackUnsatisfied             (8)}
```

ReplyStatus 中各项值的含义如下：

——success　　所有处理都成功执行；

——malformedPKC　　公钥证书格式错误；

——malformedAC 属性证书格式错误；
——unavailableValidationTime 请求消息中的验证时间无法获得；
——referenceCertHashFail 服务器端无法找到引用的证书或者对引用证书的散列值与请求消息中提供的不符；
——certPathConstructFail 服务器端无法构造证书路径；
——certPathNotValid 服务器端依照策略对证书验证的结果是无效；
——certPathNotValidNow 当前时间下证书路径无效；
——wantBackUnsatisfied 服务器端不能满足客户端请求消息中对回复信息的要求。

c) replyValTime

表示服务器是在什么时间构造的 CertReply 中信息。

在客户端的请求中，validationTime 说明了用户希望服务器在什么时间执行处理。若请求中不存在 validationTime，代理服务器假设客户端指定的时间为服务器处理请求的时间，以此对请求进行响应。

d) replyChecks

表示服务器端对客户端请求的处理类型返回的响应信息，其类型 ReplyChecks 的 ASN.1 描述如下：

```
ReplyChecks::=SEQUENCE OF ReplyCheck
ReplyCheck::=SEQUENCE{
  check         OBJECT IDENTIFIER,
  status        INTEGER DEFAULT 0}
```

ReplyCheck 中各字段的含义如下：

——check，用 OID 表示进行了哪些处理；

——status，表示处理结果状态，即是否成功。

状态值设置的具体说明如下：

对一个信任锚构造公钥证书路径（{id-stc 1}），状态值为：

——0：成功构造了一个路径；

——1：无法构造路径。

对一个信任锚构造公钥证书路径并执行简单的验证（{id-stc 2}），状态值为：

——0：验证有效；

——1：验证无效。

对一个信任锚构造公钥证书路径并执行完全的验证（{id-stc 3}），状态值为：

——0：验证有效；

——1：验证无效；

——2：撤销信息离线，表示具有撤销信息的服务器或发布点被成功连接，但是没有数据返回，或是返回的数据不是最新的信息；

——3：撤销信息无法获得，表示连接服务器或发布点时发生网络错误，无法正常连接；

——4：撤销信息资源未知，表示服务器可成功的建立一个有效的证书路径，但是却无法对路径中的一个或多个证书给出相应的撤销信息资源。

对一个信任锚建立 AC 颁发者证书路径（{id-stc 4}），状态值为：

——0：成功构造了一个路径；

——1：无法构造路径。

对一个信任锚建立 AC 颁发者证书路径并执行简单的验证（{id-stc 5}），状态值为：

——0：验证有效；

——1:验证无效。

对一个信任锚建立 AC 颁发者证书路径并执行完全的验证({id-stc 6}),状态值为:

——0:验证有效;

——1:验证无效;

——2:撤销信息离线;

——3:撤销信息无法获得;

——4:撤销信息资源未知。

对一个可信根建立 AC 颁发者证书路径、执行复杂的验证并执行撤销状态检查({id-stc 7}),状态值为:

——0:验证有效;

——1:验证无效;

——2:撤销信息离线;

——3:撤销信息无法获得;

——4:撤销信息资源未知。

e) replyWantBacks

表示服务器端对客户端请求消息中的 wantBacks 的响应结果,其类型 ReplyWantBacks 的 ASN.1 描述如下:

```
ReplyWantBacks::=SEQUENCE OF ReplyWantBack
ReplyWantBack::=SEQUENCE{
  wb              OBJECT IDENTIFIER,
  value           OCTET STRING}
```

ReplyWantBack 中各字段的含义如下:

其中,wb 字段表示返回内容的 OID[参见 7.1.2.3c)],value 字段表示返回内容值。不同 OID 所对应的值的内容说明如下:

——OID:id-swb 1,value 值为 CertBundle 类型[参见 7.1.2.3h)中定义]。CertBundle 包含路径中的全部证书,从终端证书开始,以信任锚为截止。

——OID:id-swb 2,value 值为 RevInfoWantBack 类型,其 ASN.1 描述如下:RevInfoWantBack::=SEQUENCE{

```
                revocationInfo              RevocationInfos,
                extraCerts                  CertBundle OPTIONAL}
```

若任一个被请求验证撤销信息的证书没有在 id-swb-pkc-best-cert-path 或 id-swb-pkc-all-cert-paths wantBack 中被返回,CertBundle 应在响应中存在。CertBundle 应包含全部未被返回的证书,无顺序要求。

——OID:id-swb 4,value 值为 SubjectPublicKeyInfo 类型。

——OID:id-swb 5,value 值为 CertBundle 类型,CertBundle 包含路径中的全部证书,从 AC 颁发者证书开始,以信任锚颁发的证书截止。

——OID:id-swb 6,value 值为 RevInfoWantBack 类型,若任一个被请求验证撤销信息的证书没有在 id-aa-cert-path 中被返回,CertBundle 应在响应中存在。CertBundle 应包含全部未被返回的证书,无顺序要求。

——OID:id-swb 7,value 值为 RevInfoWantBack 类型,若任一个被请求验证撤销信息的证书没有在 id-aa-cert-path 中被返回,CertBundle 应在响应中存在。CertBundle 应包含全部未被返回的证书,无顺序要求。

——OID:id-swb 12,value 值为 CertBundles 类型,每个 CertBundle 包含一个路径中的全部证书,

从终端实体证书开始,以信任锚颁发的证书截止。

——OID:id-swb 9,value 值为 SCVPResponses 类型,若代理服务器利用从其他服务器获得的信息创建响应,SCVPResponses 中应包含每一个从其他服务器获得的响应。若代理服务器产生响应时未使用任何从其他服务器获得的信息,SCVPResponses 应是一个空序列。SCVPResponses 的 ASN.1 描述如下:

SCVPResponses::=SEQUENCE OF ContentInfo

——OID:id-swb 13,value 值为 RevInfoWantBack 类型。若任一个被请求验证撤销信息的证书没有在 id-swb-pkc-best-cert-path 或 id-swb-pkc-all-cert-paths wantBack 中被返回,CertBundle 应在响应中存在。CertBundle 应包含全部未被返回的证书,无顺序要求。

——OID:id-swb 14,value 值为 RevInfoWantBack 类型。若任一个被请求验证撤销信息的证书没有在 id-swb-pkc-best-cert-path 或 id-swb-pkc-all-cert-paths wantBack 中被返回,CertBundle 应在响应中存在。CertBundle 应包含全部未被返回的证书,无顺序要求。

f) validationErrors

validationErrors 字段可选。表示服务器端在处理客户端请求时发生的错误,由一个或多个 OID 构成,每个 OID 说明一个具体的原因。validationErrors 仅在返回错误信息的响应中存在,应该仅在 replyStatus 为 3、5、6、7 或 8 的响应中出现。代理服务器不需要在响应中说明全部的验证状态失败的原因。客户端一定不能假设 validationErrors 中的 OIDs 说明了验证失败的全部原因。

g) nextUpdate

nextUpdate 字段可选。表示服务器端告知客户端什么时候可以获得更新的证书有效性信息。

h) certReplyExtensions

certReplyExtensions 字段可选。表示服务器端对客户端请求消息中 queryExtensions 的响应,其类型 Extensions 的 ASN.1 描述参见 7.1.2.3k)中定义。

certReplyExtensions 中的 extnID 应与请求中 queryExtensions 的 OID 一致,critical 应设为“FALSE”。

7.1.3.11 **respNonce**

respNonce 字段可选,表示服务器端响应随机数,与相应的客户端请求消息中的随机数(requestNonce)一致。若客户端请求中包含 requestNonce,且服务器对请求产生非缓存的响应,那么服务器应在响应中返回与 requestNonce 值相同的 respNonce。若服务器对请求返回缓存的响应,则响应中一定不含有 respNonce 项。

代理服务器应支持 requestNonce,客户端应能处理含有 requestNonce 的响应。

7.1.3.12 **serverContextInfo**

serverContextInfo 字段可选,表示服务器端向客户端传递的一些信息。这些信息对客户端来说没有明确的语义,只是用来表征一次请求/响应对的上下文环境。实际应用中若客户端期望为前一次代理路径构造请求返回一条不一样的路径,则可将前一次响应的 serverContextInfo 内容包含在新请求中[参见 7.1.2.3f)]。如果代理服务器无法为客户端返回其他的路径,则服务器端响应一定不能包含 serverContextInfo。

本标准不定义 serverContextInfo 中数据的格式。实现中可以自行定义能够表征一次请求/响应对上下文的数据,例如使用已传递给客户端的证书路径的散列值。

7.1.3.13 **cvResponseExtensions**

cvResponseExtensions 字段可选。表示服务器端响应消息中的扩展内容,其类型 Extensions 的定义如 7.1.2.3k)所示。

7.1.3.14 requestorText

requestorText 字段可选。表示服务器端返回的由客户端请求提供的文本内容。若客户端请求中包含 requestorText，且服务器对请求产生非缓存的响应，服务器应在响应中返回与请求中 requestorText 值相同的 requestorText。若服务器对请求返回缓存的响应，服务器响应中一定不包含 requestorText。

客户端若能支持在请求中包含 requestorText，就应能够处理包含 requestorText 的响应。代理服务器应支持在响应中包含 requestorText。

7.2 策略配置请求/响应消息

7.2.1 概述

在代理验证和代理路径构造服务中，服务器需要按照代理验证和代理路径构造策略(参见 5.4)处理客户端请求。如果客户端不在请求消息中提供要求使用的策略，则服务器端依照自身默认的策略进行路径构造或者验证。

策略配置请求/响应用于获取代理服务器支持的策略集合。客户端可以发送策略请求信息，而服务器在收到客户端的策略请求信息后，将自身支持的策略集合和相关配置信息通过响应消息返回给客户端。

策略配置请求/响应消息应采用 GB/T 16263.1—2006 定义的 DER 编码方式进行编码。

7.2.2 客户端请求消息

7.2.2.1 客户端请求消息格式

客户端策略请求消息封装在 ValPolRequest 结构中。发送时，ValPolRequest 封装在 ContentInfo 中，其 ASN.1 描述如下：

```
ContentInfo{
    contentType          id-ct-scvp-valPolRequest,--(1.2.840.113549.1.9.16.1.12)
    content              ValPolRequest}
```

策略请求消息不需要进行保护，因此 content 的内容就是 ValPolRequest。

ValPolRequest 的 ASN.1 描述如下：

```
ValPolRequest::=SEQUENCE{
    vpRequestVersion     INTEGER DEFAULT 1,
    requestNonce         OCTET STRING}
```

ValPolRequest 类型中各字段的含义如下分别描述。

7.2.2.2 vpRequestVersion

表示策略请求消息的版本号。相应的，服务器端响应消息中的版本号应与此请求消息中的版本号一致。其语法和语义与 7.1.2.2 的描述相同。

7.2.2.3 requestNonce

表示客户端产生的随机数。如果服务器端返回一个响应消息，则应要包含客户端请求消息中的这个随机数值；如果服务器端返回的仅仅是一个缓存的消息，那么响应中一定不能包含客户端请求消息中的这个随机数值。

7.2.3 服务器端响应消息

7.2.3.1 服务器端响应消息格式

服务器端响应封装在 ValPolRequest 中，ValPolRequest 又封装在 ContentInfo 中，其 ASN.1 描述如下：

```
ContentInfo{
    contentType            id-ct-scvp-valPolResponse --(1.2.840.113549.1.9.16.1.13)
    content                SignedData}
```

服务器响应应由服务器签名，因此 content 字段的内容是 SignedData 结构，SignedData 的 EncapsulatedContentInfo 的内容如下：

——eContentType，值为 id-ct-scvp-valPolResponse；

——eContent，值为 DER 编码后的 ValPolResponse。

ValPolRequest 的 ASN.1 描述如下：

```
ValPolResponse::=SEQUENCE{
    vpResponseVersion          INTEGER,
    maxCVRequestVersion        INTEGER,
    maxVPRequestVersion        INTEGER,
    serverConfigurationID      INTEGER,
    thisUpdate                 GeneralizedTime,
    nextUpdate                 GeneralizedTime OPTIONAL,
    supportedChecks            CertChecks,
    supportedWantBacks         WantBack,
    validationPolicies         SEQUENCE OF OBJECT IDENTIFIER,
    validationAlgs             SEQUENCE OF OBJECT IDENTIFIER,
    authPolicies               SEQUENCE OF AuthPolicy,
    responseTypes              ResponseTypes,
    defaultPolicyValues        RespValidationPolicy,
    revocationInfoTypes        RevocationInfoTypes,
    signatureGeneration        SEQUENCE OF AlgorithmIdentifier,
    signatureVerification      SEQUENCE OF AlgorithmIdentifier,
    hashAlgorithms             SEQUENCE SIZE (1..MAX) OF OBJECT IDENTIFIER,
    serverPublicKeys           SEQUENCE OF KeyAgreePublicKey OPTIONAL,
    clockSkew                  INTEGER DEFAULT 10,
    requestNonce               OCTET STRING OPTIONAL}
```

ValPolResponse 中各个字段含义由以下 7.2.3.2～7.3.2.21 描述。

7.2.3.2 vpResponseVersion

表示服务器端响应客户端请求消息的版本号，与对应的客户端请求消息的版本号一致。若请求中所用版本号大于服务器支持的最大版本号，服务器端将返回其所支持的最大版本号。

7.2.3.3 maxCVRequestVersion

表示服务器端支持的证书路径构造和验证请求消息的最大版本号。

7.2.3.4 **maxVPRequestVersion**

表示服务器端支持的策略请求消息的最大版本号。

7.2.3.5 **serverConfigurationID**

表示服务器端响应客户端的请求时策略配置的版本号。当 validationPolicies,、validationAlgs、authPolicies、defaultPolicyValues 及 clockSkew 中的任何一个值发生改变时,服务器应生成一个具有新版本号的响应消息。

7.2.3.6 **thisUpdate**

表示服务器端签发当前策略响应消息的时间。

7.2.3.7 **nextUpdate**

表示服务器端更新策略响应消息的时间。服务器端响应中包含 nextUpdate 时,说明服务器返回了一个缓存的响应;若响应中不包含 nextUpdate,说明服务器对一个特定请求产生了一个非缓存的响应,服务器应按 nextupdate 定义的时间,周期性产生新的响应,服务器可能对多个不同的请求使用相同的 ValPolResponse。

7.2.3.8 **supportedChecks**

表示服务器端所能支持的检查类型,由一个 OID 序列构成,其类型 CertChecks 的定义如 7.1.2.3b)所示。

7.2.3.9 **supportedWantBacks**

表示服务器端所能支持的回复类型,由一个 OID 序列构成,其类型 WantBack 的定义如 7.1.2.3c)所示。

7.2.3.10 **validationPolicies**

表示服务器端支持的策略类型,由一个 OID 序列构成。若服务器不希望使用默认策略,validationPolicies 中一定不能包含 id-svp-defaultValPolicy。

7.2.3.11 **validationAlgs**

表示服务器端支持的验证算法类型,由一个 OID 序列构成,其中每个 OID 说明一种验证算法。

7.2.3.12 **authPolicies**

表示服务器端支持的鉴别策略,由一个鉴别策略引用的序列构成。其类型 AuthPolicy 的 ASN.1 描述如下:

```
AuthPolicy::=   OBJECT IDENTIFIER
```

鉴别策略的引用,是客户端与服务器端协商好的用于标识一个鉴别策略的 OID。

7.2.3.13 **responseTypes**

表示服务器端支持的响应类型,其类型 ResponseTypes 的 ASN.1 描述如下:

```
ResponseTypes   ::=ENUMERATED{
  cached-only              (0),
```

```
  non-cached-only          (1),
  cached-and-non-cached    (2)}
```

ResponseTypes 中各类型的含义如下：

a) cached-only:表示服务器端返回的响应消息是缓存的；

b) non-cached-only:表示服务器端返回的响应消息不是缓存的；

c) cached-and-non-cached:服务器支持缓存的及非缓存的响应，并可返回任意一种响应。

7.2.3.14 defaultPolicyValues

表示服务器端使用的默认策略，其类型 RespValidationPolicy 的定义如 7.1.3.6 所示。validationPolicy 中的全部可选项应被设置。当客户端请求引用默认策略且未对参数值进行设定时，代理服务器使用策略的默认值。

7.2.3.15 revocationInfoTypes

表示服务器端所能处理的撤销信息的类型，其类型 RevocationInfoTypes 的 ASN.1 描述如下所示：

```
RevocationInfoTypes::=BIT STRING{
  fullCRLs              (0),
  deltaCRLs             (1),
  indirectCRLs          (2),
  oCSPResponses         (3)}
```

RevocationInfoTypes 中各项的含义如下：

a) fullCRLs:表示完全证书撤销列表；

b) deltaCRLs:表示增量证书撤销列表；

c) indirectCRLs:表示间接证书撤销列表；

d) oCSPResponse 表示 OCSP 服务器响应消息。

若服务器支持某种撤销信息的类型，将 RevocationInfoTypes BIT STRING 的对应位设为 1，不支持的类型反对应的位设为 0。

7.2.3.16 signatureGeneration

表示服务器端支持的用于对 CVResponse 消息签名的签名算法类型，每个算法由一个 AlgorithmIdentifier 表示。算法列表中的第一个算法是服务器默认的签名算法。若用户未指定签名算法，服务器使用默认算法进行签名。对于没有在线私钥，且不能对 CVResponse 进行签名的服务器，signatureGeneration 为空的序列。

7.2.3.17 signatureVerification

表示服务器端支持的可验证的签名算法的类型，每个签名算法由 AlgorithmIdentifier 表示。对于不对 CVRequest 消息进行签名验证的服务器，signatureVerification 为空序列。

7.2.3.18 hashAlgorithms

表示服务器端支持的散列函数类型。算法列表中的第一个算法是服务器支持的默认算法。

7.2.3.19 severPublicKeys

表示服务器端进行密钥协商时公钥以及相应的参数，其类型 KeyAgreePublicKey 的 ASN.1 描述如下：

```
KeyAgreePublicKey::=SEQUENCE{
  algorithm          AlgorithmIdentifier,
  publicKey          BIT STRING,
  macAlgorithm       AlgorithmIdentifier,
  kDF                AlgorithmIdentifier OPTIONAL}
```

KeyAgreePublicKey 中各字段的含义如下：

a) Algorithm：表示算法标识；

b) publicKey：表示公钥；

c) macAlgorithm：表示密钥协商后用到的对称算法；

d) kDF：表示密钥导出函数。

支持对 AuthenticatedData 代理服务请求的密钥协商的代理服务器应支持 serverPublicKeys 及 Diffie-Hellman 密钥协商算法。支持 serverPublicKeys 的代理服务器应支持 1 024 位的模指数群密钥（Modular Exponential group key）。支持 serverPublicKeys 的代理服务器还可能支持其他的 Diffie-Hellman(Diffie-Hellman groups)以及其他密钥协商算法。

7.2.3.20 clockSkew

表示服务器端允许的时钟偏移的范围，单位为分钟，默认值为 10 min。

7.2.3.21 requestNonce

表示服务器端发送的随机数。与 nextupdate 共同表示响应是否为缓存的响应消息。若响应中不存在 nextUpdate，响应中应包含 requestNonce，且值与请求中的 requestNonce 值相同。当存在 nextUpdate 时，响应中一定不能包含 requestNonce。

附　录　A
（资料性附录）
代理服务基本原理

A.1　概述

对数字证书的验证涉及许多方面，如认证路径构造、各级证书获取、CRL 获取、验证计算等。对一些存储、计算和通信能力有限的依赖方来说，这个过程非常复杂，会给系统带来沉重的计算负担和通信负担。针对这种情况，代理技术被引入到 PKI 应用中，从而显著减少依赖方进行证书认证路径构造和证书验证时的各种资源开销。

代理服务的基本原理是：依赖方将数字证书验证的部分或全部工作交由代理服务器来完成，并将执行结果反馈给依赖方。根据代理服务安全等级不同，又可分为两个级别的代理服务：

a）　代理认证路径构造；

b）　代理验证。

A.2　数字证书代理认证路径构造

对于有能力进行证书验证，只是期望以一次单一的交互收集证书认证路径信息的依赖方，将数字证书的认证路径构造交由代理服务器执行是必要的。这样做的好处是：

——通过与代理服务器的一次交互，依赖方就可以取得证书认证路径、证书撤销列表、OCSP 响应等信息的最新版本，并作为证书验证过程的输入。如果不使用证书认证路径构造代理服务器，则依赖方应自行通过 LDAP、HTTP、FTP 或其他资料库访问协议来与资料库交互以获取这些信息。

——在证书认证路径构造代理服务中，依赖方无需信任代理服务器本身，因为所获得的各种数据项都是经过相应的服务提供者签名的。

——使用代理服务器与依赖方直接访问资料库相比，效率得到了提高。依赖方向代理服务器提出的单个请求相当于依赖方向若干资料库提出的若干个请求，而且代理服务器的缓存功能减少了时延。

代理服务器为依赖方提供了统一的资料库访问接口。对不同类型的资料库，依赖方自行构造证书认证路径可能需要集成一系列的资料库访问软件以便对资料库进行访问；但通过代理服务器，资料库对依赖方是透明的，依赖方无须了解访问资料库的细节。

A.3　数字证书代理验证

对于存储、计算和通信能力有限，不能获取必要的证书和证书撤销信息来执行全部数字证书验证工作的依赖方，将数字证书的验证工作全部交由代理服务器执行是必要的。这类依赖方常出现在无线应用环境中，例如移动电话、个人数字助理（PDA）等无线终端。受到终端设备的存储、计算能力和网络通信带宽的限制，在终端本地进行证书认证路径构造和证书验证是非常困难的，会带来较大的时间延迟。对于强调时延最小化的关键应用，将证书验证交给一个可信的代理服务器来进行具有很大的好处。在这种情况下，依赖方提交目标实体证书、接受代理服务器响应，比本地进行证书认证路径构造与证书验证所需的时间要少得多。即使证书认证路径已经构造好，执行验证所需要的时间也比依赖方与代理服务器交互所需要的时间要长，特别是在证书认证路径非常长的情况下。

另外，对于期望在其内部采用易于管理的统一证书验证策略的组织，将数字证书的验证工作全部交由代理服务器执行也是必要的。虽然依赖方有足够能力在本地进行证书验证，但由于集中管理证书验证策略的需要或者维护证书验证活动集中记录的需要，依赖方仍需要把证书验证交给一个可信的代理服务器来执行。当依赖方将证书验证交给代理服务器完成时，依赖方将如同信任本地的证书验证程序（如果有）一样信任该代理服务器。依赖方还可以指定代理服务器支持的证书验证策略，并要求代理服务器据此进行证书验证。

ICS 35.040
L 80

中华人民共和国国家标准

GB/T 29244—2012

信息安全技术　办公设备基本安全要求

Information security technology—Basic security requirements for office devices

2012-12-31 发布　　2013-06-01 实施

中华人民共和国国家质量监督检验检疫总局
中国国家标准化管理委员会　发布

前　言

本标准按照 GB/T 1.1—2009 给出的规则起草。

本标准由全国信息安全标准化技术委员会(SAC/TC 260)提出并归口。

本标准起草单位:中国电子技术标准化研究所、珠海天威飞马打印耗材有限公司、方正科技集团股份有限公司、天津复印机技术研究所、东莞市金翔电器设备有限公司、广州市弘宇科技有限公司。

本标准主要起草人:杨建军、陈星、高健、王立建、张希平、乔怀信、秦振山、刘慧玲、梁峰。

信息安全技术　办公设备基本安全要求

1　范围

本标准规定了办公设备安全技术要求和安全管理功能要求。

本标准适用于政府部门等机构中对办公设备具有高安全要求的信息处理环境,用于办公设备的采购、测评、维护和管理,也可为办公设备的设计提供参考。本标准不适用于涉及国家秘密的信息处理环境。

2　规范性引用文件

下列文件对于本文件的应用是必不可少的。凡是注日期的引用文件,仅注日期的版本适用于本文件。凡是不注日期的引用文件,其最新版本(包括所有的修改单)适用于本文件。

GB/T 18336—2008(所有部分)　信息技术　安全技术　信息技术安全性评估准则

GB/T 25069—2010　信息安全技术　术语

3　术语和定义

GB/T 18336—2008 和 GB/T 25069—2010 界定的以及下列术语和定义适用于本文件。

3.1

办公设备　office devices

用于产生或处理电子或其他媒体文件的设备。

注:主要是指具有打印、扫描、传真、复印中的一项或多项功能的设备产品。办公设备评估对象模型描述请参见附录 A。

3.2

办公设备功能　function

办公设备中执行数据处理、存储或传输的实体,包括打印、复印、传真、扫描等。

3.3

多功能设备　multifunction device

把两个或两个以上的办公设备功能组合在一起的一种办公设备。

3.4

主体　subject

对客体实施操作的主动实体。

注:在本标准中主体和用户是一致的。

3.5

客体　object

办公设备中包含有或接收信息的并由主体操作的被动实体。

3.6

实体　entity

与办公设备客体、数据或资源进行交互的主体、客体、用户或另一信息技术设备。

3.7

管理员 administrator

被授权管理办公设备的某些部分或所有部分的用户，其行为可能影响安全功能策略。

3.8

操作 operation

主体在客体上实施的一类行为。

3.9

用户 user

办公设备之外，与办公设备进行交互的实体（人或信息技术实体）。

3.10

用户数据 user data

由用户创建或为用户而创建，且不影响办公设备安全功能运行的数据。用户数据包括用户文档数据和用户功能数据。

3.11

安全功能 security function

办公设备中通过信息技术实现的、实施安全策略的机制。

3.12

安全属性 security attribute

主体、客体、信息、会话和/或资源的一个特性，用于定义安全功能要求，并且它的值用于实施安全功能策略。

注：例如某一用户的访问表，指出用户允许访问的功能列表，或是某一功能的访问表，指出允许使用该功能的用户列表。

3.13

复位 reset

使办公设备的所有用户设置都恢复到出厂默认设置，并删除设备上存储的所有用户数据和安全功能数据。

3.14

非易失性存储装置 nonvolatile storage device

当电源关闭时，其上数据不能清除的数据存储装置。

3.15

可移动的非易失性存储装置 removable nonvolatile storage device

办公设备的一部分，可由授权人员从办公设备中移出或插入的非易失性存储装置。

4 安全技术要求

4.1 标识和鉴别

办公设备应：

a) 在用户执行受控的办公设备安全功能操作之前，成功标识/鉴别该用户；

b) 按照安全属性初始化规则和变更规则，建立和维护用户安全属性与主体操作之间的关联。

4.2 访问控制

办公设备应：

a) 对普通用户操作用户文档数据进行控制，普通用户只能操作自己的用户文档，操作包括打印、复印、扫描、传真、存取和检索、存储、修改、删除等；

b) 对普通用户修改或删除用户功能数据进行控制，普通用户只能修改或删除自己的用户功能数据；

c) 对用户使用办公设备功能进行控制，普通用户只能使用管理员明确授权的或设备自动授权的办公设备功能；

d) 基于安全属性，明确授权/拒绝用户对用户数据进行访问；

e) 基于安全属性，明确授权/拒绝用户对办公设备功能的访问。

4.3 安全审计

办公设备应：

a) 对下述可审计事件产生审计记录：
   1) 审计功能的开启和关闭；
   2) 操作启动和完成；
   3) 使用身份鉴别机制；
   4) 使用身份标识机制；
   5) 管理功能的使用；
   6) 时间变更；
   7) 其他与系统安全有关的事件或专门定义的可审计事件。

b) 提供的审计记录内容至少包括：事件发生日期和时间、事件类型、主体身份(如果可用的话)、以及事件结果(成功或失败)、任务类型等。

c) 为每一可审计事件与导致该事件的用户身份进行关联。

d) 能对系统时间进行管理，提供可靠时间戳。

4.4 残余信息保护

办公设备应：

a) 在给用户文档或其他用户数据分配资源，或从资源释放用户文档或其他用户数据时，资源上的任何先前信息内容不可再利用；

b) 在产品文档或媒体中明确告知办公设备用户可能存在残余信息的资源及其位置。

4.5 功能测试

办公设备应：

a) 在启动、自检或用户要求的情况下运行自测程序，证实全部或部分安全功能操作的正确性；

b) 允许授权用户验证所有信息存储、处理和传输功能操作的正确性；

c) 允许授权用户验证全部或部分安全功能数据的完整性；

d) 允许授权用户验证安全功能可执行代码的完整性。

4.6 维护

办公设备应：

a) 只有在管理员许可的情况下才能对办公设备的软件进行操作，包括更新、升级、修改和删除等；

b) 具有复位功能和快速删除设备上存储的所有用户数据和安全功能数据的功能。

4.7 会话

办公设备应确保在保持静默状态规定的时间后，自动终止交互会话。

4.8 可移动非易失性存储

办公设备中的可移动非易失性存储装置应：

a) 采取提高存储的用户数据和安全功能数据安全性的措施；

b) 采用公开的数据存储结构；

c) 通过公开的接口协议与办公设备主机进行数据交换；

d) 在设备或产品文档中明确标识存储容量；

e) 能对存储的用户数据和安全功能数据进行完整性检查。

4.9 密码要求

办公设备如采用密码技术，应符合国家密码管理相关规定。

5 安全管理功能要求

5.1 安全属性管理

办公设备应：

a) 具有初始化安全属性默认值的功能；

b) 具有限制用户初始化安全属性默认值的功能；

c) 具有维护用户安全属性的功能；

d) 具有限制用户操作安全属性的功能，对安全属性的操作包括默认值变更、查询、修改或删除。

5.2 数据管理

办公设备应：

a) 确保只有管理员或除普通用户以外的授权标识角色来操作安全功能数据列表，或者禁止任何人操作安全功能数据列表，包括默认值变更、查询、修改、删除或清除；

b) 确保只有管理员或与安全功能数据相关的普通用户来操作与普通用户或普通用户的工作或任务相关的安全功能数据，或者禁止任何人操作与普通用户或普通用户的工作或任务相关的安全功能数据，包括默认值变更、查询、修改、删除或清除。

5.3 用户角色管理

办公设备应能：

a) 具有维护用户列表和角色列表的功能；

b) 具有把用户与角色相关联的功能。

附 录 A
（资料性附录）
办公设备安全评估模型

A.1 办公设备概述

本标准定义的办公设备主要用于打印、扫描、复印和传真等。办公设备可以依据其意图或用途，以多种不同的配置予以实现。简单的设备通过单一功能实现其单一用途，例如打印机、扫描仪、复印机或传真机。有些设备在其主要用途的基础上增加一些附加功能，例如一个传真机也可用于复印，或一个复印机也可用于打印。复杂多功能设备通过使用不同功能的组合，执行多个不同单一功能的操作，实现多种用途。有些设备为增强其能力，还具有一些附加功能，例如硬盘或其他非易失性存储、文件服务器、手工或自动更新办公设备运行软件等。

A.2 办公设备安全评估模型（见图 A.1）

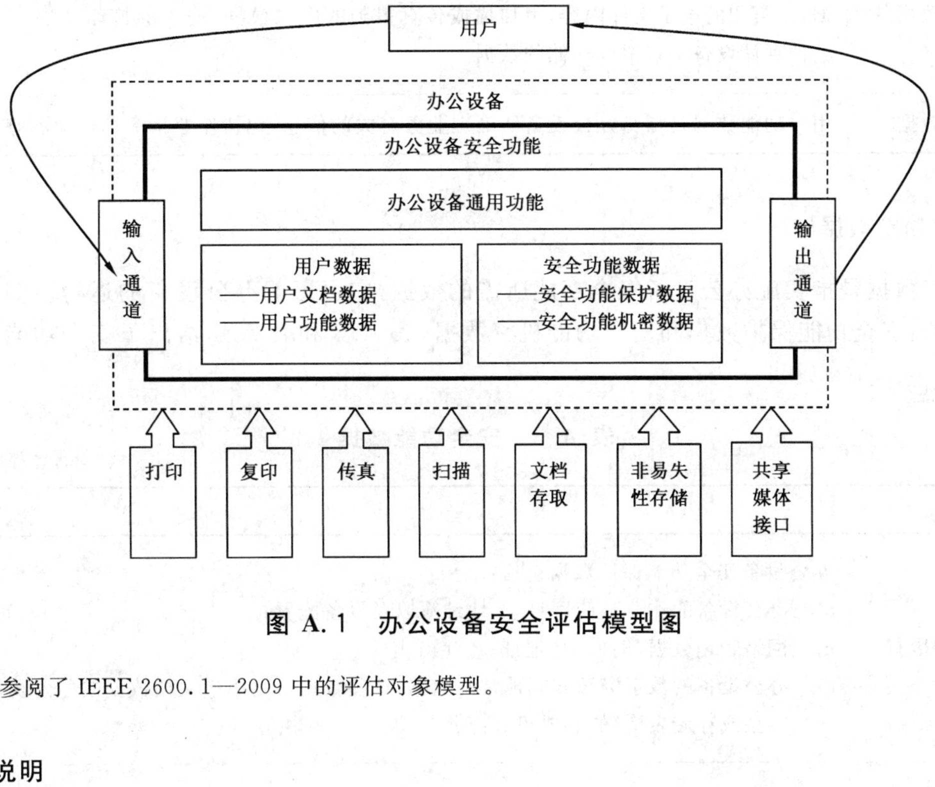

图 A.1 办公设备安全评估模型图

注：该图参阅了 IEEE 2600.1—2009 中的评估对象模型。

A.3 模型说明

A.3.1 用户

办公设备用户可以分为两类：普通用户和管理员，表 A.1 对两类用户进行了定义。

表 A.1　用户

名　称		定　义
授权用户	普通用户	授权操作办公设备处理用户文档数据的用户
	管理员	授权管理办公设备,以及影响办公设备安全策略的用户

A.3.2　资产

办公设备包括三种类型的资产:用户数据、安全功能数据和办公设备功能。

A.3.3　用户数据

用户数据是由用户创建的或为用户而创建的数据,它不影响办公设备安全功能的运行。这种类型的数据有两类:用户文档数据和用户功能数据,表 A.2 对用户数据进行了定义。

表 A.2　用户数据

名　称	定　义
用户文档数据	用户文档数据是指办公设备处理的用户文档中的所有信息,包括:正在扫描或拷贝的原件数据,拟打印的电子文件内容,由扫描或传真得到的图像数据,输出的打印文档,以及在硬盘或其他存储设备中残留或存储的数据
用户功能数据	用户功能数据是指与办公设备所处理业务有关的信息,包括作业指令和作业状态

A.3.4　安全功能数据

安全功能数据是指实施办公设备安全功能所需的数据,它可影响办公设备的运行。安全功能数据可以分为两类:安全功能保护数据和安全功能机密数据,表 A.3 和表 A.4 给出了安全功能数据的定义和示例。

表 A.3　安全功能数据

名　称	定　义
安全功能保护数据	办公设备安全功能保护数据包括: a)　办公设备的作业和使用日志、地址簿以及设备配置; b)　网络管理数据,例如 IP 地址; c)　办公设备的数字资源和其他常驻数据,这些数据不是用户文档数据或办公设备软件(例如字型或存储表格)的必要组成部分
安全功能机密数据	办公设备安全功能机密数据包括: a)　用户口令; b)　设备管理数据,例如安全事件审计日志数据

表 A.4　安全功能数据分类示例

安全功能受保护数据示例	安全功能机密数据示例
用户和管理者标识数据	用户和管理者鉴别数据
扫描/传真/邮件地址表或通讯录	访问外部设备(如邮件或文件服务器)的凭证
任务状态日志	工作细节和审计日志
挂起或储存任务和文档的状态	访问控制列表
设备和网络状态信息和配置设置	设备和网络管理(如:简单网络管理协议)鉴别数据
设备安全状态	加密钥匙

A.3.5　办公设备功能

办公设备功能是指办公设备对用户数据的处理、存储和转换,具体定义参见表 A.5。

表 A.5　办公设备功能定义

功能名称	定　义
打印	将电子文档输入转换为物理文档输出的功能
扫描	将物理文档输入转换为电子文档输出的功能
复印	将物理文档输入复制为物理文档输出的功能
传真	将物理文档输入转换为基于电话的传真发送的功能,并将基于电话的文档传真接受转换为物理文件输出的功能
文档存取	一个任务期间存储文档,在后续一个或多个任务中取回文档的功能
非易失性存储	将用户数据和安全功能数据存储在固定存储设备上的功能,该设备是评估安全保护对象模型的一部分但设计成可由授权人员从安全保护对象模型上移出。对存储装置的非正常访问或者被拆卸时,在不受保护的环境下,可被攻击者离线分析其内容;或从办公设备保护环境之外重新插入类似设备,可能使攻击者把恶意内容引入到办公设备中
共享媒体接口	在一个通信媒介上发送或接收用户数据或安全功能数据,在一般实践中,该通讯媒体可以同时被多个用户访问,例如有线网络以及大多数无线网络

A.3.6　操作

办公设备包括以下五种类型的操作:可导致信息泄露的读操作,可导致信息改变的生成操作、修改操作和删除操作,以及调用功能的操作。

A.3.7　通道

通道是一种数据输入/输出办公设备的机制,办公设备通道通常包含私有媒体接口、共享媒体接口、原始文档处理器和硬拷贝输出处理器。

A.3.8　运行模型

办公设备由输入、输出、储存和处理等元素组成,以便在用户文档数据上执行以下一个或多个文档处理操作:打印、扫描、复印、传真、存储等。操作期间,可以产生和修改用户功能数据(例如任务状态)和安全功能数据(例如任务审计日志)。

参 考 文 献

[1] IEEE 2600.1—2009 A操作环境下的保护轮廓标准

ICS 35.040
L 80

中华人民共和国国家标准

GB/T 29245—2012

信息安全技术　政府部门信息安全管理基本要求

Information security techniques—Basic requirements of information security for national department

2012-12-31 发布　　2013-06-01 实施

中华人民共和国国家质量监督检验检疫总局
中国国家标准化管理委员会　发布

前　言

本标准按照 GB/T 1.1—2009 给出的规则起草。

本标准由全国信息安全标准化技术委员会(SAC/TC 260)提出并归口。

本标准主要起草单位:中国电子技术标准化研究所、中国软件评测中心。

本标准主要起草人:杨建军、罗锋盈、王延鸣、高炽扬、朱璇、唐旺、傅如毅、朴献国、梁博。

引　　言

本标准的编制主要是为指导各级政府部门的信息安全管理工作以及信息安全检查工作，保障政府机关各部门各单位信息和信息系统的安全。

信息安全技术　政府部门信息安全管理基本要求

1　范围

本标准规定了政府部门信息安全管理基本要求，用于指导各级政府部门的信息安全管理工作。本标准中涉及保密工作的，按照保密法规和标准执行；涉及密码工作的，按照国家密码管理规定执行。

本标准适用于各级政府部门，其他单位可以参考使用。

2　规范性引用文件

下列文件对于本文件的应用是必不可少的。凡是注日期的引用文件，仅注日期的版本适用于本文件。凡是不注日期的引用文件，其最新版本（包括所有的修改单）适用于本文件。

GB/T 20984—2007　信息安全技术　信息安全风险评估规范

GB/T 22239—2008　信息安全技术　信息系统安全等级保护基本要求

GB/T 22240—2008　信息安全技术　信息系统安全等级保护定级指南

3　信息安全组织管理

本项要求包括：

a）应加强领导，落实责任，完善措施，建立健全信息安全责任制和工作机制；

b）应明确一名主管领导，负责本单位信息安全管理工作，根据国家法律法规有关要求，结合实际组织制定信息安全管理制度，完善技术防护措施，协调处理重大信息安全事件；

c）应指定一个机构，具体承担信息安全管理工作，负责组织落实信息安全管理制度和信息安全技术防护措施，开展信息安全教育培训和监督检查等；

d）各内设机构应指定一名专职或兼职信息安全员，负责日常信息安全督促、检查、指导工作。信息安全员应当具备较强的信息安全意识和工作责任心，掌握基本的信息安全知识和技能。

4　日常信息安全管理

4.1　基本要求

本项要求包括：

a）应制定信息安全工作的总体方针和目标，明确信息安全工作的主要任务和原则；

b）应建立健全信息安全相关管理制度，加强技术支撑手段建设，提高信息安全管理工作的信息化水平；

c）应加强对人员、资产、采购、外包等的安全管理，并保证信息安全工作经费投入。

4.2　人员管理

本项要求包括：

a) 应建立健全岗位信息安全责任制度，明确岗位及人员的信息安全责任。重点岗位的计算机使用和管理人员应签订信息安全与保密协议，明确信息安全与保密要求和责任；
b) 应制定并严格执行人员离岗离职信息安全管理规定，人员离岗离职时应终止信息系统访问权限，收回各种软硬件设备及身份证件、门禁卡等，并签署安全保密承诺书；
c) 应建立外部人员访问机房等重要区域审批制度，外部人员须经审批后方可进入，并安排本单位工作人员现场陪同，对访问活动进行记录并留存；
d) 应对信息安全责任事故进行查处，对违反信息安全管理规定的人员给予严肃处理，对造成信息安全事故的依法追究当事人和有关负责人的责任，并以适当方式通报。

4.3 资产管理

本项要求包括：
a) 应建立并严格执行资产管理制度；
b) 应指定专人负责资产管理；
c) 应建立资产台账（清单），统一编号、统一标识、统一发放；
d) 应及时记录资产状态和使用情况，保证账物相符；
e) 应建立并严格执行设备维修维护和报废管理制度。

4.4 采购管理

本项要求包括：
a) 应采购安全可控的信息技术产品和服务，并进行安全性评估；
b) 办公用计算机、服务器等设备的更新换代中，应采购配备安全可控 CPU、操作系统等的关键软硬件；
c) 公文处理软件、信息安全产品等应采购安全可控产品，信息安全产品应经过国家认证；
d) 接受捐赠的信息技术产品，使用前应进行安全测评，并与捐赠方签订信息安全与保密协议；
e) 不得采购社会第三方认证机构提供的信息安全管理体系认证服务；
f) 信息系统数据中心、灾备中心不得设立在境外。

4.5 外包管理

本项要求包括：
a) 应建立并严格执行信息技术外包服务安全管理制度；
b) 应与信息技术外包服务提供商签订服务合同和信息安全与保密协议，明确信息安全与保密责任，要求服务提供商不得将服务转包，不得泄露、扩散、转让服务过程中获知的敏感信息，不得占有服务过程中产生的任何资产，不得以服务为由强制要求委托方购买、使用指定产品；
c) 信息技术现场服务过程中应安排专人陪同，并详细记录服务过程；
d) 外包开发的系统、软件上线应用前应进行安全测评，要求开发方及时提供系统、软件的升级、漏洞等信息和相应服务；
e) 信息系统运维外包不得采用远程在线运维服务方式；
f) 应将信息技术外包服务安全管理纳入年度信息安全检查范围。

4.6 经费保障

本项要求包括：
a) 应将信息安全设施运行维护、日常信息安全管理、信息安全教育培训、信息安全检查、信息安全风险评估、信息系统等级测评、信息安全应急处置等费用纳入部门年度预算；

b) 应严格落实信息安全经费预算，保证信息安全经费投入。

5 信息安全防护管理

5.1 基本要求

开展信息化建设应按照同步规划、同步建设、同步运行的原则，同步规划、设计、建设、运行、管理信息安全设施，建立健全信息安全防护体系。

5.2 网络边界防护管理

本项要求包括：

a) 非涉密信息系统与互联网及其他公共信息网络应实行逻辑隔离，涉密信息系统与互联网及其他公共信息网络应实行物理隔离；

b) 建立互联网接入审批和登记制度，严格控制互联网接入口数量，加强互联网接入口安全管理和安全防护；

c) 应采取访问控制、安全审计、边界完整性检查、入侵防范、恶意代码防范等措施，进行网络边界防护；

d) 应根据承载业务的重要性对网络进行分区分域管理，采取必要的技术措施对不同网络分区进行防护、对不同安全域之间实施访问控制；

e) 应对网络日志进行管理，定期分析，及时发现安全风险。

5.3 信息系统防护管理

本项要求包括：

a) 应按照 GB/T 20984—2007 的要求，定期对信息系统面临的安全风险和威胁、薄弱环节以及防护措施的有效性等进行分析评估；

b) 应综合考虑信息系统的重要性、涉密程度和面临的信息安全风险等因素，按照国家信息安全等级保护相关政策和技术标准规范，对信息系统实施相应等级的安全管理；

c) 应按照 GB/T 22240—2008 的要求，确定信息系统安全保护等级；

d) 应按照 GB/T 22239—2008 的要求，对信息系统实施相应等级的安全建设和整改；

e) 应按照信息系统安全等级保护测评相关要求，对信息系统进行等级测评。

5.4 门户网站防护管理

本项要求包括：

a) 应使用“gov.cn”、“政务.cn”或“政务”域名；

b) 网站开通前，应组织专业技术机构进行安全测评，对新增应用要进行安全评估；

c) 应定期对网站链接进行安全性和有效性检查；

d) 应采取必要的技术措施，提高网站防篡改、防攻击能力，加强网站敏感信息保护；

e) 应建立完善网站信息发布审核制度，明确审核程序，严格审核流程。

5.5 电子邮件防护管理

本项要求包括：

a) 应加强电子邮箱系统安全防护，采取反垃圾邮件等技术措施；

b) 应规范电子邮箱注册管理，原则上只限于本部门工作人员注册使用；

c) 应严格邮箱账户及口令管理，采取技术和管理措施确保口令具有一定强度并定期更换。

5.6 终端计算机防护管理

本项要求包括：

a) 应采用集中统一管理方式对终端计算机进行管理，统一软件下发，统一安装系统补丁，统一实施病毒库升级和病毒查杀，统一进行漏洞扫描；

b) 应采取必要的技术手段，规范和加强终端计算机使用行为管理；

c) 应规范软硬件使用，不得擅自更改软硬件配置，不得擅自安装软件；

d) 应加强账户及口令管理，使用具有一定强度的口令并定期更换；

e) 应对接入互联网的终端计算机采取控制措施，包括实名接入认证、IP 地址与 MAC 地址绑定等；

f) 应定期对终端计算机进行安全审计；

g) 非涉密计算机不得存储和处理国家秘密信息。

5.7 存储介质防护管理

本项要求包括：

a) 应严格存储阵列、磁带库等大容量存储介质的管理，采取技术措施防范外联风险，确保存储数据安全；

b) 应对移动存储介质进行集中统一管理，记录介质领用、交回、维修、报废、销毁等情况；

c) 非涉密移动存储介质不得存储涉及国家秘密的信息，不得在涉密计算机上使用；

d) 移动存储介质在接入本部门计算机和信息系统前，应当查杀病毒、木马等恶意代码；

e) 应配备必要的电子信息消除和销毁设备，对变更用途的存储介质要消除信息，对废弃的存储介质要进行销毁。

6 信息安全应急管理

本项要求包括：

a) 应建立健全信息安全应急工作机制，提高应对信息安全事件的能力，预防和减少信息安全事件造成的损失和危害；

b) 应制定信息安全事件应急预案，原则上每年评估一次，并根据实际情况适时修订；

c) 应组织开展应急预案的宣贯培训，确保相关人员熟悉应急预案；

d) 每年应开展信息安全应急演练，检验应急预案的可操作性，并将演练情况报信息安全主管部门；

e) 应建立信息安全事件报告和通报机制，提高预防预警能力；

f) 应明确应急技术支援队伍，做好应急技术支援准备；

g) 应做好信息安全应急物资保障，确保必要的备机、备件等资源到位；

h) 应根据业务实际需要对重要数据和业务系统进行备份。

7 信息安全教育培训

本项要求包括：

a) 应加强信息安全宣传和教育培训工作，提高信息安全意识，增强信息安全基本防护技能；

b) 应建立信息安全教育培训制度，把信息安全教育作为工作人员上岗、干部培训、业务学习的重要内容；

c） 应定期开展信息安全管理人员和技术人员专业技能培训，提高信息安全工作能力和水平；

d） 应把信息安全防护基本技能纳入工作考核范围，并作为干部任用的重要条件；

e） 应记录并保存信息安全教育培训、考核情况和结果。

8 信息安全检查

本项要求包括：

a） 应认真组织开展信息安全检查工作，掌握信息安全总体状况和面临的威胁，查找安全隐患，堵塞安全漏洞，完善安全措施，减少安全风险，提高安全防护能力；

b） 应每年进行一次全面的信息安全检查，重点检查办公系统、业务系统、门户网站的安全防护情况；

c） 应加强检查工作组织领导，建立检查工作责任制，制定检查工作方案并认真落实；

d） 应重视安全技术检测，采取必要的技术检测手段对信息系统、门户网站、服务器、终端设备、终端计算机等进行安全检测。可根据需要委托符合要求的检测机构进行技术检测；

e） 应加强安全检查过程中的保密管理和风险控制，严格检查人员、有关文档和数据的安全保密管理，制定安全检查应急预案，确保被检查信息系统的正常运行；

f） 应对安全检查中发现的问题进行分析研判，制定整改措施并及时整改；

g） 应对年度安全检查情况进行全面总结，按照要求如实完成检查报告并报信息安全主管部门。

参 考 文 献

[1] GB/T 20271—2006 信息安全技术 信息系统通用安全技术要求

[2] GB/T 20270—2006 信息安全技术 网络基础安全技术要求

[3] GB/T 20282—2006 信息安全技术 信息系统安全工程管理要求

[4] 国信办〔2006〕5号 关于开展信息安全风险评估工作的意见

[5] 公通字〔2007〕43号 关于印发《信息安全等级保护管理办法》的通知

[6] 公信安〔2007〕861号 关于开展全国重要信息系统安全等级保护定级工作的通知

[7] NIST FIPS-200 联邦信息与信息系统最小安全要求

[8] NIST SP 800-53:2002 联邦信息系统推荐安全控制

[9] 工信部联协〔2010〕394号 关于加强信息安全管理体系认证安全管理的通知

[10] 财库〔2010〕48号 关于信息安全产品实施政府采购的通知

[11] 国办发〔2010〕47号 国务院办公厅关于进一步做好政府机关使用正版软件工作的通知

ICS 35.040
L 80

中华人民共和国国家标准

GB/T 29246—2012/ISO/IEC 27000:2009

信息技术 安全技术
信息安全管理体系 概述和词汇

Information technology—Security techniques—Information security management systems—Overview and vocabulary

(ISO/IEC 27000:2009,IDT)

2012-12-31 发布 2013-06-01 实施

中华人民共和国国家质量监督检验检疫总局
中国国家标准化管理委员会 发布

前　言

本标准按照 GB/T 1.1—2009 给出的规则起草。

本标准使用翻译法等同采用 ISO/IEC 27000:2009《信息技术　安全技术　信息安全管理体系　概述和词汇》。

本标准由全国信息安全标准化技术委员会(SAC/TC 260)提出并归口。

本标准起草单位:中国电子技术标准化研究所、上海三零卫士有限公司、北京信息安全测评中心。

本标准主要起草人:上官晓丽、许玉娜、闵京华、赵章界。

引　言

0.1 概述

管理体系标准为建立和运行管理体系提供一个可遵循的模型。这个模型综合了该领域中专家已达成一致的、可代表国际技术发展水平的特征。ISO/IEC JTC1 SC27(国际信息安全技术标准化组织)设置了一个专家委员会专门开发信息安全管理体系国际标准,也称为信息安全管理体系(Information Security Management System,简称 ISMS)标准族。

组织通过使用 ISMS 标准族,能够开发和实施管理其信息资产安全的框架,并为保护组织信息(诸如,财务信息、知识产权、员工详细资料,或者受客户或第三方委托的信息)的 ISMS 的独立评估做准备。

0.2 ISMS 标准族

ISMS 标准族[1]旨在帮助所有类型和规模的组织实施和运行 ISMS。在《信息技术　安全技术》这一通用标题下,ISMS 标准族由下列标准组成:

——ISO/IEC 27000:2009　信息技术　安全技术　信息安全管理体系　概述和词汇

——GB/T 22080—2008/ISO/IEC 27001:2005　信息技术　安全技术　信息安全管理体系　要求

——GB/T 22081—2008/ISO/IEC 27002:2005　信息技术　安全技术　信息安全管理实用规则

——ISO/IEC 27003:2010　信息技术　安全技术　信息安全管理体系实施指南

——ISO/IEC 27004:2009　信息技术　安全技术　信息安全管理测量

——ISO/IEC 27005:2008　信息技术　安全技术　信息安全风险管理

——GB/T 25067—2010/ISO/IEC 27006:2007　信息技术　安全技术　信息安全管理体系审核认证机构的要求

——ISO/IEC 27007　信息技术　安全技术　信息安全管理体系审核指南

——ISO/IEC 27011:2008　信息技术　安全技术　基于 ISO/IEC 27002 的电信行业组织的信息安全管理指南

注:通用标题《信息技术　安全技术》是指这些标准是由 ISO/IEC JTC1 SC27 制定的。

不在通用标题“信息技术　安全技术”之列,同时也属于 ISMS 标准族的标准如下所示:

——ISO 27799:2008　健康信息学　使用 ISO/IEC 27002 的健康信息安全管理

0.3 本标准的目的

本标准提供了信息安全管理体系的概述,该体系形成了 ISMS 标准族的主题,并定义了相关术语。

注:附录 A 阐明了 ISMS 标准族在文字表达上如何区分要求和/或指南。

ISMS 标准族包括的标准:

a) 定义 ISMS 的要求及其认证机构的要求;

b) 提供对整个“规划—实施—检查—处置”(PDCA)过程和要求的直接支持、详细指南和(或)解释;

c) 阐述特定行业的 ISMS 指南;

d) 阐述 ISMS 的一致性评估。

本标准提供的术语和定义:

1) 本节中列出的没有指明发布年的标准仍在开发中。

——包含 ISMS 标准族中通用的术语和定义；

——未包含 ISMS 标准族使用的所有术语和定义；

——不限制 ISMS 标准族定义各自使用的术语。

相对于涉及 ISO/IEC 27002 中所有控制措施的标准而言，那些仅阐述 ISO/IEC 27002 中控制措施实施的标准，不包括在 ISMS 标准族内。

信息技术　安全技术
信息安全管理体系　概述和词汇

1　范围

本标准提供：

a）ISMS 标准族的概述；

b）信息安全管理体系(ISMS)的介绍；

c）“规划—实施—检查—处置”(PDCA)过程的简要描述；

d）ISMS 标准族所用的术语和定义。

本标准适用于所有类型的组织(例如，商业企业、政府机构、非赢利组织)。

2　术语和定义

下列术语和定义适用于本文件。

注：定义或注中的术语如果在条款的其他地方被定义，则以黑体标出并在其后的圆括号中标明其条目号。这种黑体术语可以在定义中替换为其完整的定义。

示例：

攻击(2.4)被定义为“破坏、泄露、篡改、损伤、偷窃、未授权访问或未授权使用**资产**(2.3)的企图”；

资产被定义为“对组织有价值的任何东西”。

如果术语“**资产**”被其定义替换，则：

攻击的定义变为“破坏、泄露、篡改、损伤、偷窃、未授权访问或未授权使用对组织有价值的任何东西的企图”。

2.1

访问控制　access control

基于业务要求和安全要求，确保授权和受限地访问**资产**(2.3)的手段。

2.2

可核查性　accountability

实体的一种特性，表征对自己的动作和做出的决定负责。

2.3

资产　asset

对组织有价值的任何东西。

注：有许多类型的资产，包括：

a）**信息资产**(2.18)；

b）软件，如计算机程序；

c）物理资产，如计算机；

d）服务；

e）人员及其资格、技能和经验；

f）无形资产，如名誉和形象。

2.4

攻击　attack

破坏、泄露、篡改、损伤、偷窃、未授权访问或未授权使用**资产**(2.3)的企图。

2.5

鉴别 authentication

确保一个实体声称的特征是正确的保障措施。

2.6

真实性 authenticity

一个实体正是其所声称实体的特性。

2.7

可用性 availability

根据授权实体的要求可访问和使用的特性。

2.8

业务连续性 business continuity

确保持续的业务运作的**过程**(2.31)和/或**规程**(2.30)。

2.9

保密性 confidentiality

信息不能被未授权的个人、实体或者**过程**(2.31)利用或知悉的特性。

2.10

控制措施 control

管理**风险**(2.34)的方法,包括**方针**(2.28)、**规程**(2.30)、**指南**(2.16)、惯例或组织结构。它们可以是行政、技术、管理、法律等方面的。

注:控制措施也用作防护措施或对策的同义词。

2.11

控制目标 control objective

描述实施**控制措施**(2.10)的结果所要达到的目标的声明。

2.12

纠正措施 corrective action

消除已查明的不符合项或其他不期望情形的成因的措施。

[ISO 9000:2005]

2.13

有效性 effectiveness

实现计划活动和达到计划结果的程度。

[ISO 9000:2005]

2.14

效率 efficiency

所达到的结果和资源使用情况之间的关系。

2.15

事态 event

一组特别情况的发生。

[ISO/IEC Guide 73:2002]

2.16

指南 guideline

为达到目标而期望做什么的建议。

2.17

影响 impact

对已达到的业务目标水平的不利改变。

2.18

信息资产　**information asset**

对组织有价值的知识或数据。

2.19

信息安全　**information security**

保持信息的**保密性**(2.9)、**完整性**(2.25)和**可用性**(2.7)。

注：此外，诸如**真实性**(2.6)、**可核查性**(2.2)、**抗抵赖**(2.27)和**可靠性**(2.33)等其他特性也可被包括进来。

2.20

信息安全事态　**information security event**

已识别的一种系统、服务或网络状态的发生，指出可能违反**信息安全**(2.19)**方针**(2.28)或**控制措施**(2.10)失效，或者一种可能与安全相关但以前不为人知的情况。

2.21

信息安全事件　**information security incident**

一个或一系列意外或不期望的**信息安全事态**(2.20)，它/它们极有可能损害业务运行并威胁**信息安全**(2.19)。

2.22

信息安全事件管理　**information security incident management**

发现、报告、评估、响应、处理和总结**信息安全事件**(2.21)的**过程**(2.31)。

2.23

信息安全管理体系　**information security management system; ISMS**

整个**管理体系**(2.26)的一部分，基于业务风险方法，建立、实施、运行、监视、评审、保持和改进**信息安全**(2.19)。

2.24

信息安全风险　**information security risk**

威胁(2.45)利用单个或一组**资产**(2.3)的**脆弱性**(2.46)并对组织造成损害的可能性。

2.25

完整性　**integrity**

保护**资产**(2.3)的准确和完整的特性。

2.26

管理体系　**management system**

实现组织目标的**方针**(2.28)、**规程**(2.30)、**指南**(2.16)和相关资源的框架。

2.27

抗抵赖　**non-repudiation**

证明所声称**事态**(2.15)或行为的发生及其发起实体的能力，以解决有关**事态**(2.15)或行为发生与否以及**事态**(2.15)中实体是否牵涉的争端。

2.28

方针　**policy**

管理者正式发布的总的宗旨和方向。

2.29

预防措施　**preventive action**

消除潜在不符合项或其他不期望的潜在情形的成因的措施。

[ISO 9000:2005]

2.30

规程　procedure

执行活动或**过程**(2.31)的规定方式。

[ISO 9000:2005]

2.31

过程　process

将输入转换成输出的相互关联或相互作用的活动集。

[ISO 9000:2005]

2.32

记录　record

陈述所达到的结果或提供所执行活动的证据的文件。

[ISO 9000:2005]

2.33

可靠性　reliability

与预期行为和结果一致的特性。

2.34

风险　risk

事态(2.15)发生的可能性及其后果的组合。

[ISO/IEC Guide 73:2002]

2.35

风险接受　risk acceptance

接受**风险**(2.34)的决定。

[ISO/IEC Guide 73:2002]

2.36

风险分析　risk analysis

系统地使用信息以识别风险来源并估算**风险**(2.34)。

[ISO/IEC Guide 73:2002]

注：风险分析为**风险评价**(2.41)、**风险处置**(2.43)和**风险接受**(2.35)提供基础。

2.37

风险评估　risk assessment

风险分析(2.36)和**风险评价**(2.41)的整个**过程**(2.31)。

[ISO/IEC Guide 73:2002]

2.38

风险沟通　risk communication

决策者和其他利益相关者之间关于**风险**(2.34)的信息交换或共享。

[ISO/IEC Guide 73:2002]

2.39

风险准则　risk criteria

评估**风险**(2.34)重要程度的参照条款。

[ISO/IEC Guide 73:2002]

2.40

风险估算　risk estimation

为**风险**(2.34)发生的可能性及其后果赋值的活动。

[ISO/IEC Guide 73:2002]

2.41

风险评价　**risk evaluation**

将估算的**风险**(2.34)与给定的**风险准则**(2.39)加以比较以确定**风险**(2.34)严重性的**过程**(2.31)。

[ISO/IEC Guide 73:2002]

2.42

风险管理　**risk management**

指导和控制一个组织相关**风险**(2.34)的协调活动。

[ISO/IEC Guide 73:2002]

注:风险管理一般包括**风险评估**(2.37)、**风险处置**(2.43)、**风险接受**(2.35)、**风险沟通**(2.38)、风险监视和风险评审。

2.43

风险处置　**risk treatment**

选择并且执行措施来更改**风险**(2.34)的**过程**(2.31)。

[ISO/IEC Guide 73:2002]

2.44

适用性声明　**statement of applicability**

描述与组织的**信息安全管理体系**(2.23)相关的和适用的**控制目标**(2.11)和**控制措施**(2.10)的文件。

2.45

威胁　**threat**

可能导致对系统或组织的损害的不期望事件发生的潜在原因。

2.46

脆弱性　**vulnerability**

可能会被**威胁**(2.45)所利用的**资产**(2.3)或**控制措施**(2.10)的弱点。

3 信息安全管理体系

3.1 介绍

所有类型和规模的组织:

a) 收集、处理、存储和传输大量信息;

b) 认识到信息以及相关过程、系统、网络和人是实现组织目标的重要资产;

c) 面临可能影响资产发挥作用的许多风险;

d) 通过实施信息安全控制措施更改风险。

组织持有和处理的所有信息在使用中易受攻击、错误、自然灾害(例如,洪水或火灾)等威胁和内在脆弱性的影响。术语"信息安全"一般是建立在作为有价值资产的信息基础之上,这些信息需要适当的保护,例如,防止可用性、保密性和完整性的丧失。使准确和完整的信息为已授权的需要者及时可用,可提高业务效率。

通过有效地定义、实现、保持和改进信息安全来保护信息资产,对于组织实现其目标并保持和提高法律符合性及自身形象来说,必不可少。用以指导适当控制措施的实施和处理不可接受的信息安全风险的协调活动,通常被认为是信息安全管理的要素。

由于信息安全风险和控制措施的有效性随着环境的变化而改变,组织需:

a) 监视和评价已实施的控制措施和规程的有效性;

b) 识别需要处理的新出现的风险;

c) 视需要，选择、实施和改进适当的控制措施。

为了关联和协调这种信息安全活动，每个组织需要建立信息安全方针和目标，并通过使用管理体系来有效地达到这些目标。

3.2 什么是 ISMS

3.2.1 概述和原则

ISMS 提供了一个建立、实施、运行、监视、评审、保持和改进保护信息资产的模型，以实现组织的业务目标，该目标是基于风险评估和组织为有效处置和管理风险而设定的风险可接受级别来确定的。分析信息资产的保护要求并按照要求应用适当的控制措施确保这些信息资产得到保护，有助于 ISMS 的成功实施。下列基本原则也有助于 ISMS 的成功实施：

a) 认识到信息安全的需要；

b) 分配信息安全的责任；

c) 得到管理承诺和反映利益相关者的利益；

d) 提升社会价值观；

e) 进行风险评估，用以确定适当的控制措施来达到可接受的风险级别；

f) 将安全作为一个基本要素纳入信息网络和系统；

g) 主动预防和发现信息安全事件；

h) 确保有一个整体的信息安全管理方法；

i) 持续地对信息安全进行再评估和适时进行修正。

3.2.2 信息

信息是一种资产，像其他重要的业务资产一样，对组织业务来说是必不可少的，因此需要得到适当的保护。信息可以以许多形式存储，包括：数字形式（例如，存储在电子或光介质上的数据文件）、物质形式（例如，在纸上）以及以员工知识形式存在的未被表示的信息。信息可采用各种不同手段进行传输，包括：信使、电子通讯或口头交谈。不管信息采用什么形式存在或什么手段传输，它总是需要适当的保护。

组织的信息依赖信息和通信技术。这种技术是任何组织中的基本元素，并有助于创建、处理、存储、传输、保护和销毁信息。随着全球业务环境互联程度的不断扩大，由此现在的信息面临着各种各样大量的威胁和脆弱性，因此保护信息的需求就随之增多。

3.2.3 信息安全

信息安全主要包括保密性、可用性和完整性。信息安全以确保业务成功和持续性以及将影响最小化为目标，涉及到应用和管理防范各种威胁的适当安全措施。

信息安全是通过实施一套适用的控制措施来实现的，包括方针策略、过程、规程、组织结构、软件和硬件；这套控制措施通过所选用的风险管理过程来选择并使用 ISMS 来管理，以保护已识别的信息资产。这些控制措施需要得到详细说明、实施、监视、评审和必要时的改进，以确保满足组织的特定安全和业务目标。相关的信息安全控制措施宜与组织的业务过程充分整合。

3.2.4 管理

管理包括一些活动：指导、控制和不断改进在适当结构中的组织。这样的管理活动包括有关组织、处理、指导、监督和控制资源的行为、方式或实践。管理结构从小规模组织的一个人，到大规模组织中许多个体所组成的管理层次体系。

就 ISMS 而言，管理包括通过保护组织的信息资产来实现业务目标所必需的监督和决策。信息安全的管理是通过制定和使用为所有与组织相关的人员所应用的、贯穿于整个组织的信息安全方针、标准、规程和指南来表达。

3.2.5 管理体系

管理体系使用资源框架来达到组织的目标。管理体系包括组织结构、方针策略、规划活动、责任、实践、规程、过程和资源。

就信息安全而言，管理体系可以使组织：

a) 满足客户和其他利益相关者的安全要求；
b) 改进组织的计划和活动；
c) 符合组织的信息安全目标；
d) 遵从法律法规、规章和行业要求；
e) 采取有组织的方式管理信息资产，以便于持续改进和调整以适应当前的组织目标和环境。

3.3 过程方法

为使组织有效运作，需要识别和管理众多活动。任何使用资源的活动需要予以管理，以便能够用一组相互关联或相互作用的活动来完成从输入到输出的转换，这也称为过程。一个过程的输出可直接形成另一个过程的输入，通常这个转换是在计划和受控的条件下完成的。组织内过程的系统化应用，连同这些过程的识别和相互作用及其管理，可称作“过程方法”。

ISMS 标准族中所呈现的 ISMS 过程方法基于 ISO 管理体系标准中所采用的运行原则，通常称为“规划—实施—检查—处置”(PDCA)过程。

a) 规划——确定目标并制定计划(分析组织的情况，确定整体目标和设定具体目标，并制定实现这些目标的计划)；
b) 实施——实施计划(完成计划要做的事情)；
c) 检查——测量结果(测量/监视达到计划目标的程度)；
d) 处置——纠正和改进活动(总结教训以改进活动进而达到更好的结果)。

3.4 ISMS 为什么重要

作为组织 ISMS 的一部分，与组织信息资产相关的风险需要受到关注。实现信息安全需要对风险进行管理，包括与组织内部或组织使用的所有形式的信息相关的，来自物理、人员和技术上威胁的风险。

采用 ISMS 宜是一个组织的战略决策，并应按照组织的需要进行充分整合、调整和更新。

组织 ISMS 的设计和实施受到组织的需要与目标、安全要求、所采用的业务过程和规模与结构的影响。ISMS 的设计和运行需要反映组织的所有利益相关者(包括顾客、供应商、业务伙伴、股东和其他相关第三方)的利益和信息安全要求。

在相互连接的世界中，信息及其相关过程、系统和网络组成关键业务资产。组织及其信息系统和网络面临着来自各个方面的安全威胁，包括计算机辅助欺诈、间谍活动、故意破坏、火灾和洪水。由恶意代码、计算机黑客和拒绝服务攻击引起的对信息系统和网络的损害已经变得更加普遍、更有野心和日益复杂。

ISMS 对于公共和专用两部分业务都是重要的。在任何行业中，ISMS 支持电子商务，并且对于风险管理活动是必不可少的。公共和专用网络的互联以及信息资产的共享增加了信息访问控制和处理的难度。此外，含有信息资产的移动存储设备的分散可削弱传统控制措施的有效性。当组织采用了 ISMS 标准族后，可以向业务伙伴和其他相关方证明其应用一致的和互认的信息安全原则的能力。

在设计和开发信息系统时，并不是总能考虑到信息安全考虑。而且，信息安全经常被认为是一种技术解决方案。然而，通过技术手段实现的安全是有限的，并且在没有 ISMS 的适当管理和规程的支持下，可能是无效的。事后将安全集成到信息系统中可能是麻烦且昂贵的。ISMS 包括识别哪些控制措施已经就位，且要求仔细规划和关注细节。举例来说，访问控制措施，可能是技术的(逻辑的)、物理的、行政的(管理的)或其组合,提供一种手段以确保对信息资产的访问是基于业务和安全要求进行授权和限制的。

成功采用ISMS对于保护信息资产是重要的,它使组织能够:

a) 更好地保障其信息资产得到持续的充分保护以防范信息安全风险;

b) 保持一个结构化的和整体的框架,来识别和评估信息安全风险、选择和应用适用的控制措施、测量和改进控制措施的有效性;

c) 持续改进其控制环境;

d) 有效地达到法律法规的符合性。

3.5 建立、监视、保持和改进ISMS

3.5.1 概述

组织在建立、监视、保持和改进其ISMS时,需要采取下列步骤:

a) 识别信息资产及其相关的安全要求(见3.5.2);

b) 评估信息安全风险(见3.5.3);

c) 选择和实施相关控制措施以管理不可接受的风险(见3.5.4);

d) 监视、保持和改进与组织信息资产相关的安全控制措施的有效性(见3.5.5)。

为确保在持续发展的基础上,ISMS有效地保护组织的信息资产,有必要不断地重复执行步骤a)~d),以识别风险的变化,或者组织战略或业务目标的变化。

3.5.2 识别信息安全要求

在组织的整体战略和业务目标及其规模和地理分布的范围之内,信息安全要求可通过了解下列方面进行识别:

a) 已识别的信息资产及其价值;

b) 信息处理和存储的业务需求;

c) 法律法规、规章和合同要求。

对组织信息资产相关风险所进行的系统化评估将包括分析:信息资产面临的威胁;信息资产的脆弱性及其威胁发生的可能性;以及任何信息安全事件对信息资产的潜在影响。相关安全控制措施的支出费用宜与认识到的风险发生时对业务的影响相适合。

3.5.3 评估信息安全风险

信息安全风险管理,需要一种合适的风险评估和风险处置方法,该方法可以包括成本和效益的估算,法律要求,社会、经济以及环境,并涉及利益相关者的关注,优先排序,有时还涉及其他输入和变量。信息安全风险评估的结果,有助于指导和确定以下两方面做出合适的管理处置决策,一是有关信息安全风险管理措施和优先顺序的决策;二是为了防止这些风险,有关实现相关安全控制的决策。ISO/IEC 27005提供了信息安全风险管理指南,包括有关风险评估、风险处置、风险接受、风险沟通、风险监视和风险评审等方面的建议。

3.5.4 选择和实施信息安全控制措施

一旦识别了信息安全要求并确定和评估了所识别信息资产的信息安全风险(包括作出的信息安全风险处置决定),需要选择并实施适当的控制措施,以确保信息安全风险降低到组织可接受的级别。控制措施可以选自ISO/IEC 27002,也可以选自其他相关的控制措施集,或者适当时可以设计新的控制措施以满足特定的需要。安全控制措施的选择依据安全要求并考虑到信息安全风险接受的准则、风险处置选项和组织所应用的一般风险管理方法。控制措施的选择和实施可以写入适用性声明文件中，以有助于符合性要求。

ISO/IEC 27002 中规定的控制措施是公认的适用于大多数组织的最佳实践，并易于裁剪以适应于各种规模和复杂度的组织。ISMS 标准族中的其他标准为管理体系(ISO/IEC 27001)选择和应用 ISO/IEC 27002 中的信息安全控制措施提供指南。

3.5.5 监视，保持和改进 ISMS 有效性

组织需要通过对照其方针和目标，监视和评估 ISMS 的执行情况，并将结果报告给管理层以供评审，来保持和改进 ISMS。这种 ISMS 评审允许将受监视领域(包括信息安全控制措施的监视)的记录，作为纠正、预防和改进措施的确认、验证和可追溯的证据。

3.6 ISMS 关键成功因素

很多因素对于一个组织成功实施 ISMS 以满足其业务目标都是关键的。关键成功因素示例包括：

a) 信息安全方针、目标和与目标保持一致的活动；

b) 与组织文化一致的设计、实施、监视、保持和改进信息安全的方法和框架；

c) 来自所有管理层，尤其是最高管理者的可见的支持和承诺；

d) 通过应用信息安全风险管理(见 ISO/IEC 27005)所达到的对信息资产保护要求的理解；

e) 有效的信息安全意识、培训和教育计划，以使所有员工和其他相关方知悉在信息安全方针、标准等中所阐明的他们的信息安全职责，并激发他们做出相应的行动；

f) 有效的信息安全事件管理过程；

g) 有效的业务连续性管理方法；

h) 用于评价信息安全管理执行情况和改进反馈建议的测量系统。

ISMS 将增加组织始终具备保护其信息资产所需关键成功因素的可能性。

3.7 ISMS 标准族的益处

实施 ISMS 的益处主要来自于信息安全风险的降低(即减少信息安全事件发生的可能性和(或)由其造成的影响)。特别地，采用 ISMS 标准族可获得的益处包括：

a) 支持规定、实施、运行和保持一个全面的、成本有效的、集成的、与 ISMS 紧密符合的过程，以满足组织跨不同业务和场所的需要；

b) 在整体风险管理和治理的背景下，帮助管理者构造其面向信息安全管理的方法，包括对业务和系统所有者进行关于信息安全整体管理的教育和培训；

c) 以非限定的方式促进全球认可的良好的信息安全实践，给予组织一定自由度，以方便其采用和改进适合其特定环境的相关控制措施，并在面临内部和外部变化的情况下保持控制措施；

d) 为信息安全提供共同语言和概念基础，使得利用符合规范的 ISMS 在业务伙伴中建立信心更为容易，尤其是当他们需要有一个经认可的认证机构进行 ISO/IEC 27001 认证时。

4 ISMS 标准族

4.1 一般信息

ISMS 标准族由一系列相互关联的标准组成，包括已经发布的或正在制定中的，并包含许多重要的结构化部分。这些部分关注描述 ISMS 要求(ISO/IEC 27001)和那些进行 ISO/IEC 27001 符合性认证的认证机构的要求(ISO/IEC 27006)的规范性标准。其他标准提供 ISMS 实施的各方面指南，包括一般

过程、控制措施的相关指南以及行业特定的指南。ISMS 标准族中各标准[2]之间的关系如图 1 所示。

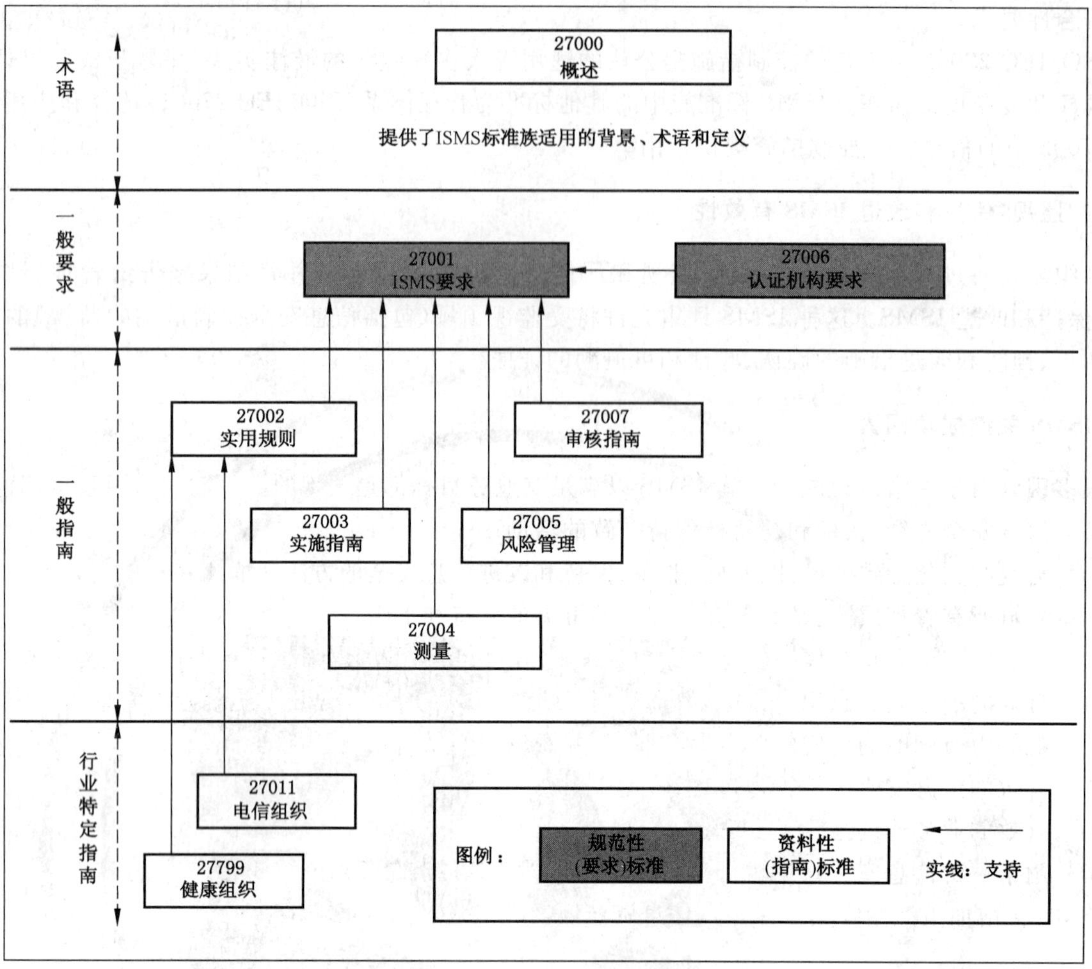

图 1　ISMS 标准族关系

为整个 PDCA 过程和 ISO/IEC 27001(见 4.3.1)中所规范的要求提供直接支持、详细指南和/或解释的标准有：ISO/IEC 27000(见 4.2.1)、ISO/IEC 27002(见 4.4.1)、ISO/IEC 27003(见 4.4.2)、ISO/IEC 27004(见 4.4.3)、ISO/IEC 27005(见 4.4.4)和 ISO/IEC 27007(见 4.4.5)。

ISO/IEC 27006(见 4.3.2)阐述对提供 ISMS 认证的机构的要求。ISO/IEC 27011(见 4.5.1)和 ISO 27799(见 4.5.2)阐述 ISMS 的行业特定指南[3]。

ISMS 标准族与许多其他 ISO 和 ISO/IEC 标准保持着关系，按如下分类做进一步描述：

a)　描述概述和术语的标准(见 4.2)；

b)　规范要求的标准(见 4.3)；

c)　描述一般指南的标准(见 4.4)；

d)　描述行业特定指南的标准(见 4.5)。

4.2　概述和术语标准

4.2.1　ISO/IEC 27000(本标准)

信息技术　安全技术　信息安全管理体系　概述和词汇

---

2)　国际标准 ISO/IEC 27007 正在制定中。

3)　ISO/IEC 27008、ISO/IEC 27009 和 ISO/IEC 27010 保留给那些在本标准发布之时还没有被定义的、与 ISMS 标准族有关的将来标准。

范围:该标准为组织和个人提供:

a) ISMS 标准族的概述;

b) 信息安全管理体系(ISMS)的介绍;

c) "规划—实施—检查—处置"(PDCA)过程的简要描述;

d) 整个 ISMS 标准族中使用的术语和定义。

目的:ISO/IEC 27000 描述信息安全管理体系(ISMS 标准族的主题)的基础,并定义相关术语。

4.3 要求标准

4.3.1 ISO/IEC 27001

信息技术 安全技术 信息安全管理体系 要求

范围:该标准规定了在组织整体业务风险的背景下建立、实施、运行、监视、评审、保持和改进正式的信息安全管理体系(ISMS)的要求。它规定了适合于单个组织或其部门需要的安全控制措施的实施要求。该标准适用于所有类型的组织(例如,商业企业、政府机构、非赢利组织)。

目的:ISO/IEC 27001 提供开发和运行 ISMS 的规范性要求,包括一套控制和减轻风险的控制措施,这些风险与组织力求通过运行其 ISMS 保护的信息资产相关。运行 ISMS 的组织可以对其符合性进行审核和认证。作为 ISMS 过程的一部分,应从 ISO/IEC 27001 附录 A 中恰当地选择控制目标和控制措施,以覆盖已识别的要求。ISO/IEC 27001 表 A.1 中列出的控制目标和控制措施是直接来自 ISO/IEC 27002 第 5 章～第 15 章并与其一致。

4.3.2 ISO/IEC 27006

信息技术 安全技术 信息安全管理体系审核认证机构的要求

范围:该标准在 ISO/IEC 17021 中规定要求的基础上,为依据 ISO/IEC 27001 提供审核和 ISMS 认证的机构规定要求并提供指导。它主要为依照 ISO/IEC 27001 实施 ISMS 认证的认证机构的认可提供支持。

目的:ISO/IEC 27006 补充 ISO/IEC 17021 以提供认证机构被认可的要求,从而许可这些组织提供与 ISO/IEC 27001 中所阐明要求一致的符合性认证。

4.4 一般指南标准

4.4.1 ISO/IEC 27002

信息技术 安全技术 信息安全管理实用规则

范围:该标准提供一套普遍接受的控制目标和最佳实践控制措施,用于指导选择和实施控制措施以实现信息安全。

目的:ISO/IEC 27002 提供关于信息安全控制措施实施的指南。特别是第 5 章～第 15 章在支持 ISO/IEC 27001 的 A.5～A.15 中所规定的控制措施的最佳实践方面提供特定的实施建议和指南。

4.4.2 ISO/IEC 27003

信息技术 安全技术 信息安全管理体系实施指南

范围:该标准为依照 ISO/IEC 27001 建立、实施、运行、监视、评审、保持和改进 ISMS 提供实用的实施指南和更多信息。

目的:ISO/IEC 27003 为依照 ISO/IEC 27001 成功实施 ISMS 提供一种面向过程的方法。

4.4.3 ISO/IEC 27004

信息技术 安全技术 信息安全管理 测量

范围:该标准为评估 ISO/IEC 27001 中规定的用于实施和管理信息安全的 ISMS、控制目标和控制措施的有效性,针对相关测量的开发和使用提供指南和建议。

目的:ISO/IEC 27004 提供了一个测量框架,允许 ISMS 按 ISO/IEC 27001 进行测量,实现有效性评估。

4.4.4 ISO/IEC 27005

信息技术　安全技术　信息安全风险管理

范围:该标准为信息安全风险管理提供指南。该标准中描述的方法支持 ISO/IEC 27001 中所规定的一般概念。

目的:ISO/IEC 27005 为实施面向过程的风险管理方法提供指南,以帮助满意地实施和完成 ISO/IEC 27001 中给出的信息安全风险管理要求。

4.4.5 ISO/IEC 27007

信息技术　安全技术　信息安全管理体系审核指南

范围:该标准在 ISO/IEC 19011 中可用于一般管理体系指南的基础上,提供实施 ISMS 审核指南和信息安全管理体系审核员能力的指南。

目的:ISO/IEC 27007 为需要对照 ISO/IEC 27001 中所规定的要求,进行 ISMS 内部或外部审核或者 ISMS 审核方案管理的组织,提供指南。

4.5 行业特定指南标准

4.5.1 ISO/IEC 27011

信息技术　安全技术　基于 ISO/IEC 27002 的电信行业组织的信息安全管理指南

范围:该标准为支持电信行业组织的信息安全管理(ISM)的实施提供指南。

目的:ISO/IEC 27011 根据电信行业特点对 ISO/IEC 27002 进行了调整和补充,为电信行业组织提供信息安全管理指南,以实现 ISO/IEC 27001 附录 A 的要求。

4.5.2 ISO 27799

健康信息学　使用 ISO/IEC 27002 的健康信息安全管理

范围:该标准为支持在健康组织中实施信息安全管理(ISM)提供指南。

目的:ISO/IEC 27799 根据健康组织特点对 ISO/IEC 27002 进行了调整和补充,为健康组织提供信息安全管理指南,以实现 ISO/IEC 27001 附录 A 的要求。

附 录 A
（资料性附录）
条款表达的措辞形式

ISMS 标准族的每个标准本身没有对任何人施加遵从的义务。但是，这种义务可以被施加，例如通过法律或合同。为了能够声明符合某一个标准，用户需要能够识别必须被满足的要求。用户还需要能够将这些要求与可选择的其他建议进行区分。

表 A.1 阐明了 ISMS 标准族的标准在文字表达上如何区分要求和/或建议。

表 A.1 ISMS 相关标准条款表达的措辞及含义

类别	解 释
要求	术语“应”和“不应”表明要求，要严格遵从以符合标准且不允许偏离
建议	术语“宜”和“不宜”表明在几种可能中建议特别适合的一种但没有提到或排除其他的可能，或者某种做法是首选的但不是必然要求的，或者（从反面说）某种可能性或做法是不赞成的但不是禁止的
许可	术语“可”和“不必”表明在标准的限制中做法是许可的
可能性	术语“能”和“不能”表明某件事情发生的可能性

附 录 B
（资料性附录）
术 语 分 类

B.1 信息安全相关的术语

2.2 可核查性 accountability
2.5 鉴别 authentication
2.6 真实性 authenticity
2.7 可用性 availability
2.9 保密性 confidentiality
2.19 信息安全 information security
2.25 完整性 integrity
2.27 抗抵赖 non-repudiation
2.33 可靠性 reliability

B.2 管理相关的术语

2.8 业务连续性 business continuity
2.12 纠正措施 corrective action
2.13 有效性 effectiveness
2.14 效率 efficiency
2.16 指南 guideline
2.23 信息安全管理体系 information security management system;ISMS
2.26 管理体系 management system
2.28 方针 policy
2.29 预防措施 preventive action
2.31 过程 process

B.3 信息安全风险相关的术语

2.1 访问控制 access control
2.3 资产 asset
2.4 攻击 attack
2.10 控制措施 control
2.11 控制目标 control objective
2.15 事态 event
2.17 影响 impact
2.18 信息资产 information asset
2.20 信息安全事态 information security event
2.21 信息安全事件 information security incident
2.22 信息安全事件管理 information security incident management

2.24 信息安全风险 information security risk
2.34 风险 risk
2.35 风险接受 risk acceptance
2.36 风险分析 risk analysis
2.37 风险评估 risk assessment
2.38 风险沟通 risk communication
2.39 风险准则 risk criteria
2.40 风险估算 risk estimation
2.41 风险评价 risk evaluation
2.42 风险管理 risk management
2.43 风险处置 risk treatment
2.45 威胁 threat
2.46 脆弱性 vulnerability

B.4 与文件化有关的术语

2.30 规程 procedure
2.32 记录 record
2.44 适用性声明 statement of applicability

参 考 文 献

［1］ ISO/IEC 17021:2006 合格评定 管理体系审核认证机构的要求(Conformity assessment—Requirements for bodies providing audit and certification of management systems)

［2］ ISO 9000:2005 质量管理体系 基础和词汇(Quality management systems—Fundamentals and vocabulary)

［3］ ISO 19011:2002 质量和/或环境管理体系审核指南(Guidelines for quality and/or environmental management systems auditing)

［4］ ISO/IEC 27001:2005 信息技术 安全技术 信息安全管理体系 要求(Information technology—Security techniques—Information security management systems—Requirements)

［5］ ISO/IEC 27002:2005 信息技术 安全技术 信息安全管理实用规则(Information technology—Security techniques—Code of practice for information security management)

［6］ ISO/IEC 27003:2010 信息技术 安全技术 信息安全管理体系实施指南(Information technology—Security techniques—Information security management system implementation guidance)

［7］ ISO/IEC 27004:2009 信息技术 安全技术 信息安全管理测量(Information technology—Security techniques—Information security management measurement)

［8］ ISO/IEC 27005:2008 信息技术 安全技术 信息安全风险管理(Information technology—Security techniques—Information security risk management)

［9］ ISO/IEC 27006:2007 信息技术 安全技术 信息安全管理体系审核认证机构的要求(Information technology—Security techniques—Requirements for bodies providing audit and certification of information security management systems)

［10］ ISO/IEC 27007[4] 信息技术 安全技术 信息安全管理体系审核指南(Information technology—Security techniques—Guidelines for information security management systems auditing)

［11］ ISO/IEC 27011:2008 信息技术 安全技术 基于ISO/IEC 27002的电信行业组织的信息安全管理指南(Information technology—Security techniques—Information security management guidelines for telecommunications organizations based on ISO/IEC 27002)

［12］ ISO 27799:2008 健康信息学 使用ISO/IEC 27002的健康信息安全管理(Health informatics—Information security management in health using ISO/IEC 27002)

［13］ ISO/IEC Guide 73:2002 风险管理 词汇 标准中使用指南(Risk Management—Vocabulary—Guidelines for use in Standards)

4) 待发布。

ICS 25.040.40
N 10

中华人民共和国国家标准

GB/T 29247—2012

工业自动化仪表通用试验方法

General methods for testing the performance of industrial process measurement and control instruments

2012-12-31 发布

2013-06-01 实施

中华人民共和国国家质量监督检验检疫总局
中国国家标准化管理委员会 发布

前　言

本标准按照 GB/T 1.1—2009 给出的规则起草。

本标准由中国机械工业联合会提出。

本标准由全国工业过程测量和控制标准化技术委员会(SAC/TC 124)归口。

本标准起草单位:上海工业自动化仪表研究院、海军航空仪器计量站、福建上润精密仪器有限公司、上海威尔泰工业自动化有限公司、中海石油(中国)有限公司、上海仪器仪表自控系统检验测试所。

本标准主要起草人:蔡闻智、李明华、邓江生、雷聚涛、戈剑、徐臻、赵一倩、陈飞。

工业自动化仪表通用试验方法

1 范围

本标准规定了工业自动化仪表的通用试验方法，包括试验设备、试验配置、试验程序和试验报告。

本标准适用于一般工作条件下使用的工业自动化仪表与装置(以下简称仪表)的性能评定。

本标准不适用于特殊工作条件下使用的仪表所额外要求的试验。

2 规范性引用文件

下列文件对于本文件的应用是必不可少的。凡是注日期的引用文件，仅注日期的版本适用于本文件。凡是不注日期的引用文件，其最新版本(包括所有的修改单)适用于本文件。

GB/T 2423.10—2008 电工电子产品环境试验 第2部分：试验方法 试验Fc：振动(正弦)

GB/T 17214.3 工业过程测量和控制装置的工作条件 第3部分：机械影响

3 总则

3.1 试验条件

3.1.1 环境条件

3.1.1.1 参比大气条件

仪表的参比性能应在下述参比大气条件下进行试验：

——温度：20 ℃±2 ℃；

——相对湿度：65%±5%；

——大气压力：86 kPa～106 kPa。

根据行业习惯或者需要也可采用下列参比大气条件：

——温度：23 ℃±2 ℃；

——相对湿度：50%±5%；

——大气压力：86 kPa～106 kPa。

热带、亚热带或其他特殊用途的仪表，其参比大气条件按有关标准规定。

3.1.1.2 一般试验的大气条件

无需在参比大气条件下进行的试验，推荐采用下述一般试验大气条件：

——温度：20 ℃±5 ℃；

——相对湿度：45%～75%；

——大气压力：86 kPa～106 kPa。

每项试验期间允许的温度变化速率为1 ℃/10 min，且不应超过3 ℃/h。

3.1.1.3 其他参比环境条件

除上述大气条件外，其他参比环境条件应符合下列规定：

——磁场：除地磁场外，其他外界磁场对仪表性能的影响小到可忽略不计。

——机械振动：机械振动对仪表性能的影响小到可忽略不计。

3.1.2 动力条件

3.1.2.1 公称值

按有关标准或制造商的规定。

3.1.2.2 允差

除用户和制造商约定采用其他允差值外，应采用下列允差：

a) 电源：

——电压：±1%公称值；

——频率：±1%公称值；

——谐波失真(交流电源)：小于5%；

——纹波(直流电源)：小于0.1%。

b) 气源：

——压力：±3%公称值；

——供气温度：环境温度±2 ℃；

——供气湿度：露点至少比仪表的本体温度低10 ℃；

——含油量：小于质量的1×10^{-6}；

——含尘量：无直径大于3 μm的尘粒。

3.1.3 负载条件

3.1.3.1 额定值

根据制造商规定的范围，在被试仪表上接一个负载。

注：电动变送器通常接一个100 Ω的负载。

3.1.3.2 特定条件

评定时，负载值应为：

a) 电动仪表：

输出信号为电压时，为制造商规定的最小值；输出信号为电流时，为制造商规定的最大值。

b) 气动仪表：

除制造商另有规定或按照有关标准执行外，正常工作时输出连接小型容器的仪表(例如，变送器)应该以一根内径4 mm、长8 m的刚性管子接到20 cm^3的容器。流量应限制在仪表的规定极限范围内。

特殊的仪表(例如，定位器)可以要求其他能够代表典型工作条件的负载容器。

3.2 试验的一般规定

除非另有规定，试验应遵循以下规定：

a) 仪表应按制造商的使用说明书指定的方法和步骤投入运行。

b) 电动仪表在接通电源后，应按制造商规定的时间进行预热，使仪表内部温度稳定。如制造商未作规定，应至少预热30 min。

c) 试验设备的精确度等级应与仪表基本误差限相适配。

d) 通常,试验采用的测量系统(其量程应与仪表的量程相同或相近)的误差限的绝对值应不超过仪表基本误差限绝对值的1/4。

e) 仪表的参比性能应在参比条件下进行试验。

f) 在影响量的影响试验中,只有要进行试验的影响量可以变化,而所有其他影响量应保持在参比工作条件下。

g) 由于条件限制不可能在参比大气条件下进行的试验,可在一般试验的大气条件下进行。

h) 仪表在试验规定的大气压力下产生影响时,应按有关标准或制造商规定进行。

i) 除工作位置影响试验外,试验时仪表应处于有关标准或制造商规定的正常工作位置,安装的允差为±3°。

j) 试验时,输入信号的寄生感应或波动对测量应无明显影响,输入信号的变化速度应足够慢,保证有一定的响应时间和在任何试验点上不产生过冲。

k) 在每项试验过程中,不得调整仪表的下限值和量程。

l) 影响量对控制仪表影响的试验仅在设定标度中点或有效调整范围的50%处进行。

m) 对于测量下限值和量程可变的仪表,试验点可不在50%处。

n) 试验结果一般应按量程的百分数计。

o) 影响量对仪表的影响试验应由同行程的三次测量结果的平均值来确定。

p) 试验顺序应保证所有非破坏性试验在任何潜在破坏性试验之前进行。

q) 当对大型产品或装置进行整机试验不可行时,可分成部件进行试验。

3.3 试验报告

试验报告应包含试验项目内容、被试仪表相关信息、试验条件和试验结果。

当报告数据时,应注明测量所用的方法并报告任何与试验有关的资料。试验结果用表格形式列出(参见表1),任何不同于本标准试验程序之处应在报告中指出,以便能够正确解释试验结果。

表1 试验结果表示例

<table>
<tr><td>试验项目名称</td><td colspan="5"></td></tr>
<tr><td rowspan="3">被试仪表</td><td>型号及名称</td><td colspan="4"></td></tr>
<tr><td>规格</td><td colspan="4"></td></tr>
<tr><td>编号</td><td colspan="4"></td></tr>
<tr><td rowspan="4">试验条件</td><td>大气条件</td><td colspan="4"></td></tr>
<tr><td>动力条件</td><td colspan="4"></td></tr>
<tr><td>负载条件</td><td colspan="4"></td></tr>
<tr><td>其他</td><td colspan="4"></td></tr>
<tr><td rowspan="3">试验设备</td><td>编号</td><td>序号</td><td>型号及名称</td><td>规格及性能</td><td>备注</td></tr>
<tr><td></td><td></td><td></td><td></td><td></td></tr>
<tr><td></td><td></td><td></td><td></td><td></td></tr>
<tr><td rowspan="2">要求</td><td>指标</td><td colspan="4"></td></tr>
<tr><td>标准</td><td colspan="4">(采用标准的代号及名称,试验项目的条款号)</td></tr>
</table>

表 1（续）

试验项目名称	
试验结果	
结论	
说明	
试验日期： 试验人员：(签名)　　　　　　　　　　　　　　　　　　　(试验单位盖章) 审核人员：(签名)　　　　　　　　　　　　　　　　　　　年　　月　　日	

4 死区

4.1 目的

本试验用于确定仪表输入变化不引起输出响应的最大范围。

4.2 试验设备

本试验采用以下设备：

a) 一台能提供给仪表所需范围的输入信号源。在选择信号源时，应保证其阶跃值不大于仪表规定死区的 1/3。

b) 一台能测量输入信号微小变化的输入监视器。

c) 一台能测量输出信号微小变化的输出监视器，其分辨力不大于仪表规定死区的 1/10。

除上述设备外，可能还需要其他设备，应保证仪表不受影响。

4.3 试验配置

试验配置如图 1 所示。

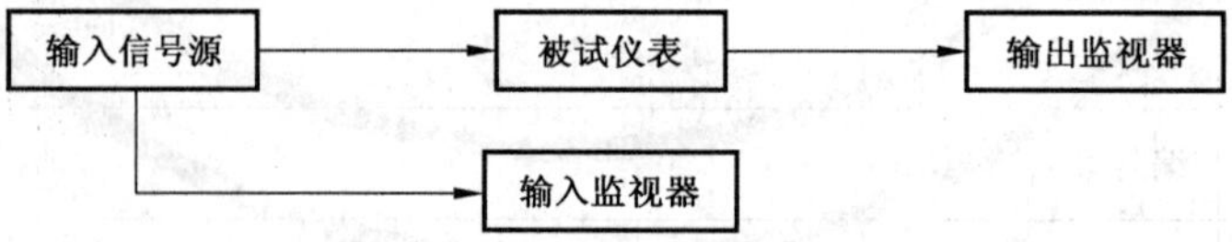

图 1 死区试验配置示意图

4.4 试验程序

试验前，仪表应在 0%～100%全范围内至少上、下行程循环运行三次。

仪表的死区应至少在仪表量程的 10%，50%和 90%三点上测量。

试验时，将仪表放置在参比工作条件下。仪表的输入或输出分别设定在选定的试验点(例如：量程的 10%、50%和 90%)上。

缓慢地增大(或减小) 输入，直到刚可察觉输出产生变化时，记录其输入值。

然后，在相反方向上缓慢地减小(或增大)输入，直到刚可察觉输出产生变化时，记录其输入值。

在各试验点上按上述步骤进行 3 次～5 次测定。以每次得到的输入值之差作为该点的死区(用输入量程的百分数表示）。

将各试验点死区中的最大值作为仪表的死区。

5 始动漂移

5.1 目的

本试验用于确定仪表因预热引起的输出变化。

5.2 试验设备

本试验采用以下设备：

a) 一台能提供给仪表所需范围的输入信号源。其稳定性至少为仪表基本误差限绝对值的1/5。

b) 一台能用来监视仪表输出信号的记录仪。

c) 一台计时器。

5.3 试验配置

始动漂移试验配置如图2所示。

图2 始动漂移试验配置示意图

5.4 试验程序

试验前将仪表放置在参比工作条件下24 h，不接通动力源。应预先接通输入信号源和记录仪的电源，以保证试验设备的稳定。

试验应在仪表量程的10%和90%处进行。

试验时接通仪表的动力源并施加10%量程的输入信号，记下5 min、1 h和4 h时的输出值、切换值、静差和设定值。然后断开输入信号和电源，仪表再放在参比工作条件下24 h。用90%量程的输入信号重复上述试验。相邻两时间的输出值、切换值、静差和设定值的最大差值即为始动漂移。

注：也可以将输出达到并维持在技术要求规定的极限范围内所需的时间作为始动漂移试验结果列入报告。

对设定点可测量的仪表，应将仪表的设定点分别设定在量程的10%和90%处或有效调整范围的最小值和最大值上进行试验。

6 安装位置影响

6.1 目的

本试验用于确定由于安装位置变化所造成的仪表输出变化。

6.2 试验设备

本试验采用以下设备：

a) 一台能提供给仪表所需范围的输入信号源；

b) 一台能测量仪表输出信号的输出监视器；

c) 一台能测量仪表位置倾斜角度的量角仪或其他合适的仪器。

除非另有规定,试验设备的精确度等级应与仪表基本误差限相适配。

6.3 试验配置

安装位置影响试验配置如图 3 所示。

图 3 安装位置影响试验配置示意图

6.4 试验程序

试验前,仪表放置在参比工作条件下的参比工作位置(制造商规定的正常工作位置)上,施加仪表量程的 0%和 100%输入信号使仪表预运行。

调整输入信号到量程的 0%,50%和 100%处,待输出稳定后,测量仪表的下限值、量程、切换值、设定值和静差。

仪表应在试验点上,以上、下行程为一个循环,作至少三个循环的试验取平均值。

试验时,将仪表从参比工作位置前、后、左、右各倾斜 10°或制造商规定的最大倾斜角度。对于可在任意位置上安装使用的仪表应倾斜 90°和 180°。然后,测量仪表的下限值、量程、切换值、设定值和静差。

将试验前参比工作位置上和试验时各种位置倾斜后测得的值进行比较,并计算仪表的下限值、量程、切换值、设定值和静差的变化。

7 输出负载影响

7.1 目的

本试验用于确定电动仪表输出负载变化时造成的仪表输出变化。

7.2 试验设备

本试验采用以下设备:

a) 一台能提供给仪表所需范围的输入信号源,其稳定性至少为仪表基本误差限绝对值的 1/5。

b) 一台能测量仪表输出信号的输出监视器。该仪器使用时应不影响负载的实际值。

c) 一台与仪表负载电阻(R_L)相适配的可变电阻器。

7.3 试验配置

输出负载影响试验配置如图 4 和图 5 所示。

图 4 输出负载试验电流输出配置图

图5 输出负载试验电压输出配置图

7.4 试验程序

试验时,除输出负载外,其余试验条件均应保持在参比工作条件。

试验时,应分别施加仪表量程的0%、50%和100%的输入信号,将负载电阻从制造商规定的最小值调整到最大值(电流输出仪表)或从最大值调整到最小值(电压输出仪表)。待输出稳定后,测量仪表的下限值、量程、切换值、设定值和静差的变化。

两线制变送器应记录被试仪表在范围上限值时的电压降。

8 环境温度影响

8.1 目的

本试验用于确定由于环境温度循环变化造成的仪表输出变化。

8.2 试验设备

本试验采用以下设备:

a) 一台温度试验箱,能使仪表所处的环境温度在规定的温度范围内变化并能使其他环境条件保持在参比条件下的;

b) 一台能提供给仪表所需范围的输入信号源;

c) 一台能测量仪表输出信号的输出监视器;

d) 一台能记录仪表输出信号的扩展标度记录仪,分辨力为1%。

8.3 试验配置

环境温度影响试验配置如图6所示。

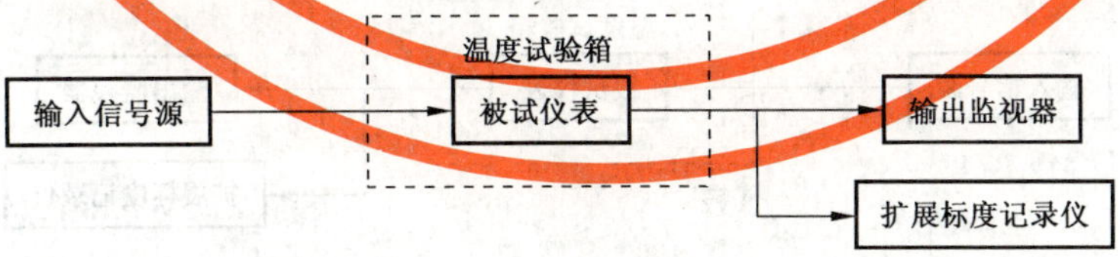

图6 环境温度影响试验配置示意图

8.4 试验程序

试验时除温度外,其余试验条件均应保持在参比工作条件。

试验应在温度试验箱中进行,试验温度和试验的顺序如下:

+20 ℃,+40 ℃,+55 ℃,+70 ℃,+85 ℃,+20 ℃,0 ℃,−10 ℃,−25 ℃,−40 ℃,+20 ℃。

仪表的正常工作温度范围所不包括的温度不进行试验。如仪表的正常工作温度范围的最高和(或)

最低温度接近上述某两个温度值时，则用正常工作温度范围的最高和(或)最低温度代替。

试验时，应先在参比温度下测量仪表的参比性能，然后在温度循环的预期值上进行测量。试验温度应逐渐变化，每一温度的允差为±2 ℃，环境温度的变化速率应小于1 ℃/min。在每一温度上应保持足够的时间(不少于2 h)，使仪表内部达到热稳定。在每个试验温度点上测量仪表的下限值、量程、切换值、设定点和静差等，然后计算每两个相邻温度点上，温度每变化10 ℃时上述仪表性能的变化。

第一个循环结束后，仪表不作任何调整即进行与第一次完全相同的第二次温度循环。

试验中，应在仪表量程的50%处用扩展标度记录仪记录仪表输出值，并确定仪表稳定的最少时间，若温度变化过程造成仪表的输出变化大于温度稳态后的输出变化时，这就表示仪表对温度比较敏感，就应按本标准的第9章进行试验。

第一次温度循环后，若温度变化造成仪表的误差变化小于规定的误差限绝对值的25%时，不必进行第二次温度循环。需要进行第二次温度循环时，应取两次循环测量和计算得到的每10 ℃变化时的最大值。

9 瞬时温度影响

9.1 目的

本试验用于确定温度瞬时变化时造成的仪表输出变化。

9.2 试验设备

本试验采用以下设备：

a) 一台能使仪表所处的环境温度在规定的温度范围内瞬时变化并能使其他环境条件保持在参比条件下的温度试验箱；

b) 一台能提供给仪表所需范围的输入信号源；

c) 一台能测量仪表输出信号的输出监视器；

d) 一台能记录仪表输出信号的扩展标度记录仪。

9.3 试验配置

瞬时温度影响试验配置如图7所示。

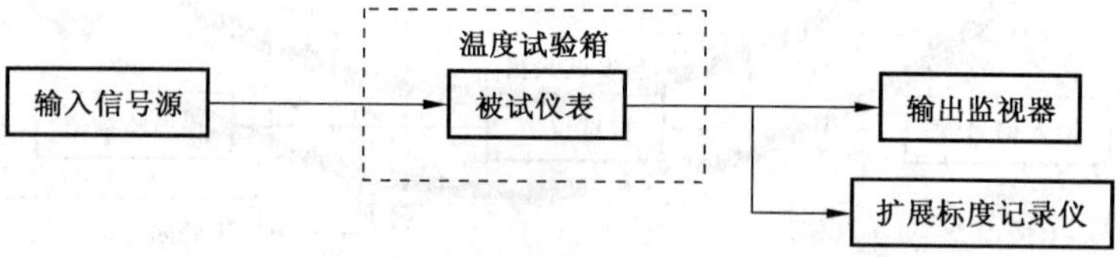

图7 瞬时温度影响试验配置示意图

9.4 试验程序

除非另有规定，温度瞬变一般从参比温度阶跃到仪表规定的工作上、下极限温度处。试验时除温度外其余试验条件保持在参比工作条件。

试验时应将仪表放置在温度试验箱内，施加仪表量程的0%输入信号，然后按参比温度→工作上限温度→参比温度→工作下限温度→参比温度的顺序进行温度瞬变。在每个温度值上，应稳定足够时间(不少于2 h)，并用扩展标度记录仪连续监视仪表的输出变化。

当温度开始瞬变时，应监视温度试验箱温度和仪表输出的变化，直至新的温度稳定点。测量和计算每变化 10 ℃时仪表的下限值、量程，切换值、设定值和静差的变化。

还应分别在仪表量程的 50％和 100％处，按上述相同方法进行试验。

试验中若缺少记录仪或为了缩短试验时间，可采用下述方法进行：

温度瞬变前允许仪表在参比温度上有足够的时间稳定(不少于 2 h)。然后施加仪表量程的 0％，50％和 100％的输入信号，测量仪表的下限值、量程、切换值、设定值和静差，同时记录时间。

立即开始从参比温度→仪表工作极限温度的温度瞬变。

在选定的时间间隔上测量仪表量程的 0％，50％和 100％时的输出变化。在每个试验间隔上还应记录温度试验箱的温度，同时记录时间，测量和计算每变化 10 ℃时仪表的下限值、量程、切换值、设定值和静差的变化。

试验还应在仪表工作极限温度→参比温度的温度瞬变条件下按上述要求重复进行。

瞬时温度影响应取同一试验点上测量结果的最大值。

10 湿热影响

10.1 目的

本试验用于确定温度为 40 ℃±2 ℃、相对湿度为 90％～95％的湿热环境造成的仪表输出变化。纯机械仪表可不做此项试验。

10.2 试验设备

本试验采用以下设备：

a） 一台能提供给仪表所需范围的输入信号源；

b） 一台能测量仪表输出信号的输出监视器；

c） 一台能使温度保持在 40 ℃±2 ℃、相对湿度保持在 90％～95％以内的湿热试验箱。

除上述设备外，可能还需要其他设备，应保证仪表不受影响。

10.3 试验配置

湿热影响试验配置如图 8 所示。

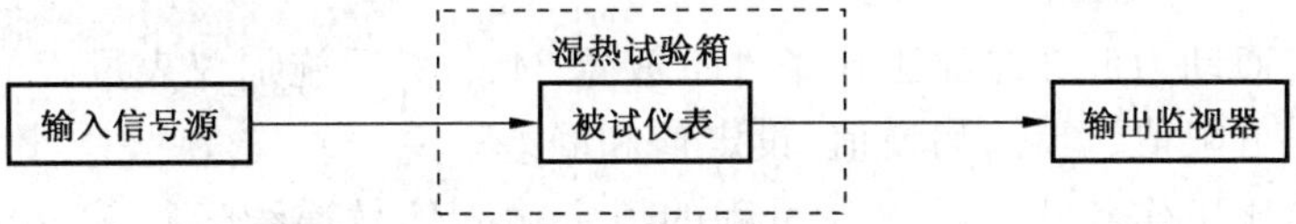

图 8 湿热影响试验配置示意图

10.4 试验程序

试验前，仪表在参比条件下放置 24 h，然后施加仪表量程的 0％，50％和 100％的输入信号，测量仪表的下限值、量程、切换值、设定值和静差。

将仪表放进湿热试验箱，使试验箱的温度升至 40 ℃±2 ℃和相对湿度为 90％～95％保持至少 48 h，在上述周期最后的 4 h 内，接通动力源。周期结束后，立即施加仪表量程的 0％、50％和 100％输入信号，测量仪表的下限值、量程、切换值、设定值和静差。必要时测量仪表的基本性能。

仪表继续放在湿热试验箱内，在不少于 1 h 内降到 25 ℃以下，试验箱仍保持关闭使箱内空气饱和，稳定后再测量仪表的下限值、量程、切换值、设定值和静差。

然后将仪表从试验箱中取出检查仪表是否有飞弧现象、冷凝水聚集和元器件、零部件损坏。

试验后分别将试验过程中的两次测得值与试验前测得值进行比较，并计算仪表的下限值、量程、切换值、设定值和静差的变化。

除非另有规定，仪表应再在参比条件下放置不少于 24 h，然后测量仪表的下限值、量程、切换值、设定值和静差，与试验前在参比条件下的测量结果进行比较，得到湿热所造成的残余输出变化。必要时还应测量仪表的参比性能。

11 长期漂移

11.1 目的

本试验用于确定仪表长期连续工作造成的仪表输出变化。

11.2 试验设备

本试验采用以下设备：

a) 一台能提供给仪表所需范围的输入信号源。其稳定性至少为仪表基本误差限绝对值的 1/5。

b) 一台能连续记录仪表输出信号的扩展标度记录仪。

c) 一台能够连续提供仪表所需能量 30 d 以上的动力源。

11.3 试验配置

长期漂移试验配置如图 9 所示。

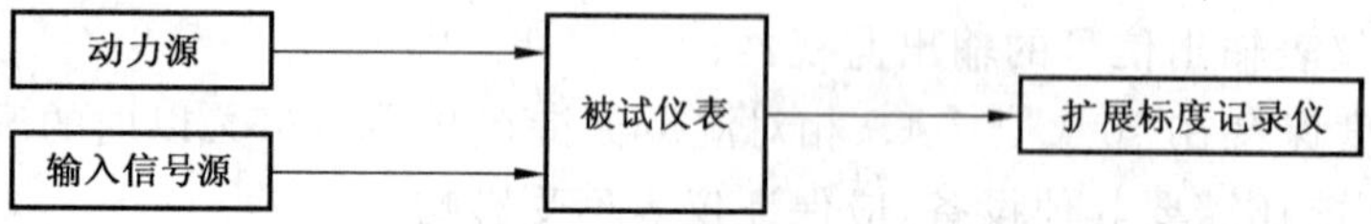

图 9 长期漂移试验配置示意图

11.4 试验程序

试验前，仪表应接通动力源在参比工作条件下放置 24 h，然后施加仪表量程的 0%、50%和 100%的输入信号，测量仪表的下限值、量程、切换值、设定值和静差。

试验时，仪表在参比工作条件下用 90%量程的恒定输入信号连续运行 30 d，每天观察和记录仪表输出变化。在试验结束后，应施加仪表量程的 0%、50%和 100%的输入信号，测量仪表的下限值、量程、切换值、设定值和静差。

将试验前和试验后测得的值进行比较，并计算仪表的下限值、量程、切换值、设定值和静差的变化。

12 过范围影响

12.1 目的

本试验用于确定由于输入过范围信号，造成仪表在施加正常输入时产生残余输出变化。对于差压装置，过范围压力是交替施加在低压和高压侧上，在恶劣条件下测得试验结果。

12.2 试验设备

本试验采用以下设备：

a） 一台能提供给仪表最大过范围值的信号源；

b） 一台能测量仪表过范围值的压力表；

c） 一台能测量仪表输出信号的监视器，该仪器应与仪表经受的最大过范围值相适配；

d） 差压仪表试验应有二台与过范围值相适配的阀门，用来控制仪表的输入压力。

12.3 试验配置

12.3.1 电动仪表

电动仪表的试验配置如图10所示。

图 10 电动仪表试验配置示意图

12.3.2 气动仪表

气动仪表的试验配置如图11和图12所示。

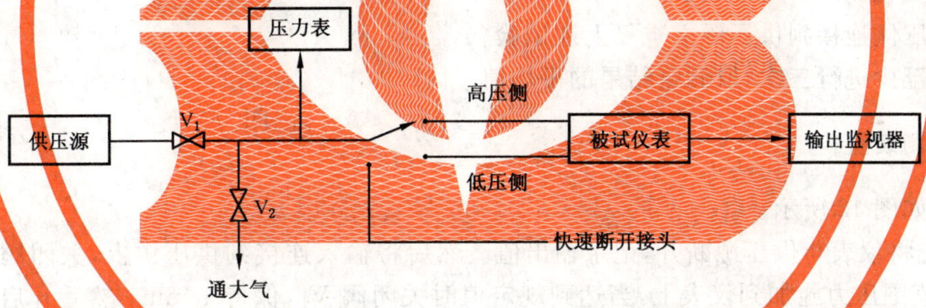

图 11 差动装置试验配置示意图

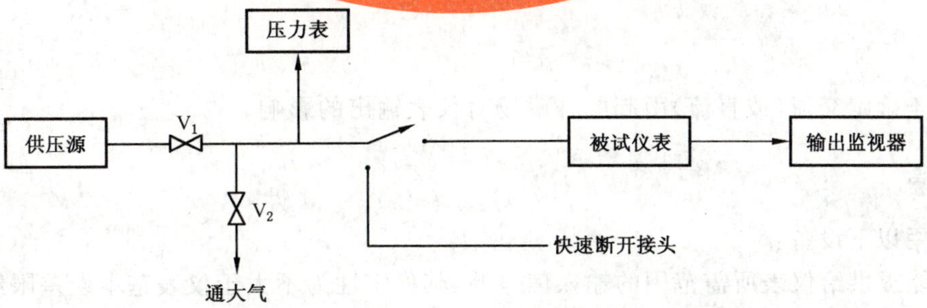

图 12 单侧装置试验配置示意图

12.4 试验程序

12.4.1 电动仪表

试验前,仪表放置在参比条件下施加仪表量程的0%、50%和100%输入信号,测量仪表的下限值、量程、切换值、设定值和静差。

首先进行短时过范围试验。向仪表施加0%的输入信号并缓慢增加到仪表量程的150%(过范围值为量程的50%)或制造商规定的最大过范围值,持续1 min。然后将输入信号降到零,过5 min后,测量仪表的下限值、量程、切换值、设定值和静差。

将试验前后测得的值进行比较,并计算仪表的下限值、量程、切换值、设定值和静差的变化。

然后进行长期过范围试验。除过范围值为量程的5%,持续时间为7 d外,试验步骤及要求与短时过范围试验相同。如有标准规定更严时,应按高要求进行试验。

注:对于输入可能低于范围下限值的仪表,可参照上述程序进行相应的过范围试验。

12.4.2 气动仪表

12.4.2.1 差动装置

试验配置如图11所示。

试验时,先将仪表与供压源断开,记录输出值。然后将输入低压侧连接到供压源上。关闭阀 V_2,并开启阀 V_1,将最大过范围压力施加到仪表上,当达到规定值时关闭阀 V_1,保持1 min。然后开启阀 V_2,使压力降到零,并将仪表的低压侧从供压源上断开,使仪表的两侧直接通大气。过5 min后,测量和计算仪表的输出变化。

将输入高压侧连接到供压源上重复上述试验。

上述试验至少进行三次,取测量结果的平均值。

12.4.2.2 单侧装置

试验配置如图12所示。

试验时,先将仪表与供压源断开,记录输出值。然后将输入连接到供压源上,关闭阀 V_2,并开启阀 V_1,将最大过范围压力施加到仪表上,当达到规定值时关闭阀 V_1,保持1 min。然后开启阀 V_2,使压力降到零,并断开供压源。过5 min后,测量和计算仪表的输出变化。

上述试验至少进行三次,取测量结果的平均值。

13 外界磁场影响

13.1 目的

本试验用于确定交流(或直流)引起的外磁场对仪表输出的影响。

13.2 试验设备

本试验采用以下设备:

a) 一台能提供给仪表所需范围的输入信号源,其稳定性为不大于仪表基本误差限绝对值的1/5。

b) 一台能测量仪表输出信号的输出监视器,通常是扩展标度记录仪。

c) 一台能对仪表施加所需试验磁场的交流(或直流)磁场试验装置。该装置由电压为220 V和频率为50 Hz的交流电源(或直流电源)供电并能产生400 A/m(或30 A/m或>1 A/m)的磁场。

d） 一台能与交流磁场试验装置相适配的移相器。

e） 由电网供电时，应有一台交流稳压电源。

13.3 试验配置

外界磁场影响试验配置如图 13 所示。

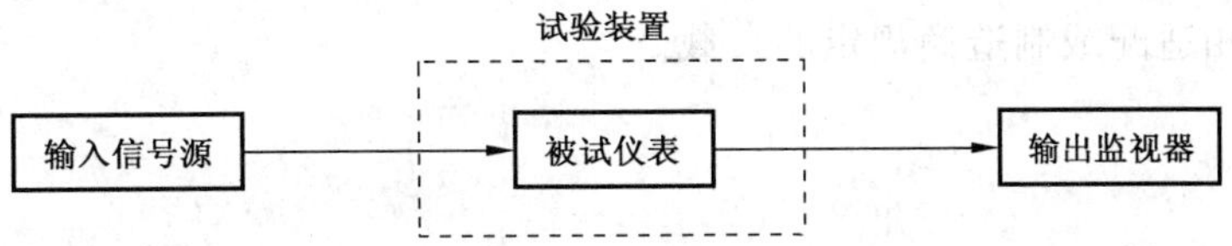

注：外界磁场影响试验装置包括电源（试验发生器）、感应线圈和辅助试验装置。

图 13 外界磁场影响试验配置示意图

13.4 试验程序

13.4.1 试验的环境条件

试验应在下列环境条件下进行：

a） 气候条件：一般试验的大气条件。

b） 电磁条件：试验室的电磁条件应确保能正确操作被试仪表，不致影响试验结果。

13.4.2 交流磁场

试验前，在无磁场条件下施加仪表量程的 0%、50%和 100%输入信号，测量仪表的下限值、量程、切换值、设定值和静差。

试验时，仪表放置在磁场线圈的中心转台上，信号源和标准仪器应离开磁场至少 3 m，施加仪表量程的 0%、50%和 100%输入信号，施加产品标准规定的磁场强度，磁场指向仪表的主要轴线。随后转动中心转台和磁场线圈并调整移相器（0°～360°），使仪表处在不同方向的磁场和相位上，测量仪表的下限值、量程、切换值、设定值和静差。试验应在被试仪表的其余两个轴线上重复进行。

将试验前和试验时测得的值进行比较，并计算仪表的下限值、量程、切换值、设定值和静差的变化。

13.4.3 直流磁场

试验前，在无磁场条件下施加仪表量程的 0%，50%和 100%输入信号，测量仪表的下限值、量程、切换值、设定值和静差。

试验时，仪表放置在磁场线圈的中心转台上，信号源和标准仪器应离开磁场至少 3 m，施加仪表量程的 0%、50%和 100%输入信号，施加产品标准规定的磁场强度。随后转动中心转台和磁场线圈，使仪表处于最不利的磁场方向上，测量仪表的下限值、量程、切换值、设定值和静差。

将试验前和试验时测得的值进行比较，并计算仪表的下限值、量程、切换值、设定值和静差的变化。

14 加速寿命试验

14.1 目的

本试验用于确定在增大试验速度并在规定的动作次数后造成的仪表残余输出变化。

14.2 试验设备

本试验采用以下设备：

a) 一台能提供给仪表所需范围的正弦输入信号源（电动仪表）或交变压力输入信号源（气动仪表）；

b) 一台能测量仪表输出信号的输出监视器；

c) 一台与仪表相适配或制造商规定的负载。

14.3 试验配置

试验配置如图 14 所示。

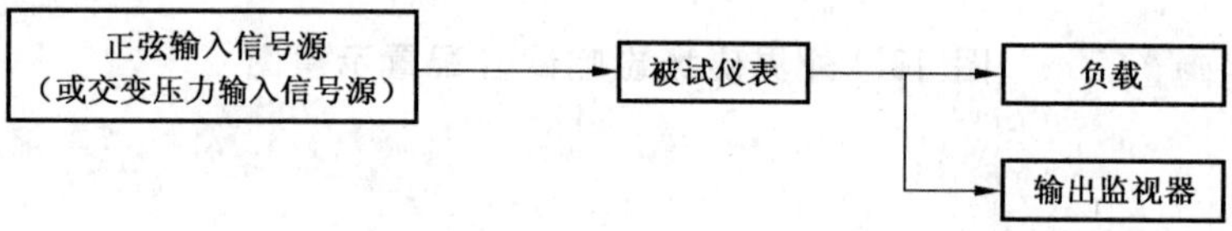

图 14 加速寿命试验配置示意图

14.4 试验程序

试验前，仪表放置在参比工作条件下，施加仪表量程的 0%，50%和 100%输入信号，测量仪表的下限值、量程、切换值、设定值和静差。

试验时应调整施加在仪表上的正弦输入信号，使信号的峰-峰值为 50%的量程，其中点位于输入范围中点，其频率应使增益不小于 0.8，常用试验频率为 0.5 Hz。仪表应在制造商规定的额定负载下运行 100 000 次测试循环或标准规定值。

注：气动仪表试验时，输入信号采用变化频率不低于 1 次/min 的气动压力信号。

试验后施加仪表量程的 0%、50%和 100%输入信号，测量仪表的下限值、量程、切换值、设定值和静差。

将试验前后测量的值进行比较，并计算仪表的下限值、量程、切换值、设定值和静差的变化。

15 触点电阻

15.1 目的

本试验用于确定触点直流电阻的数值。

15.2 试验设备

a) 在直流工作电流已确定时，应优先采用电流表-电压表法进行试验。试验采用以下设备：

   1) 一台能使电流稳定输出的直流稳压电源；

   2) 一台与试验要求相适配的电流表；

   3) 一台能测量触点电压值的仪器，电压通常是毫伏或微伏级，仪器自身应不汲取电流。仪器一般可为电位差计、真空管电压表、数字电压表或其他高阻抗电压测量装置。

b) 在直流工作电流未确定时，可采用电桥法进行试验。试验采用以下设备：

   一台能与仪表相适配的电桥。

15.3 试验配置

15.3.1 电流表-电压表法

电流表-电压表法的试验配置如图15所示。

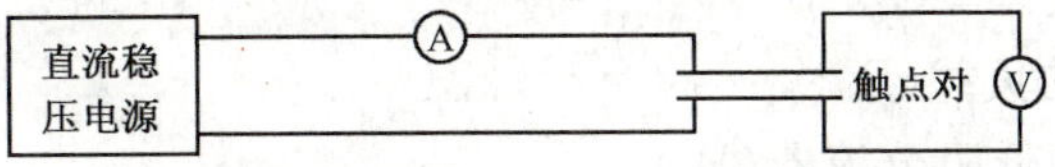

图15 电流表-电压表法试验配置示意图

15.3.2 电桥法

电桥法的试验配置如图16所示。

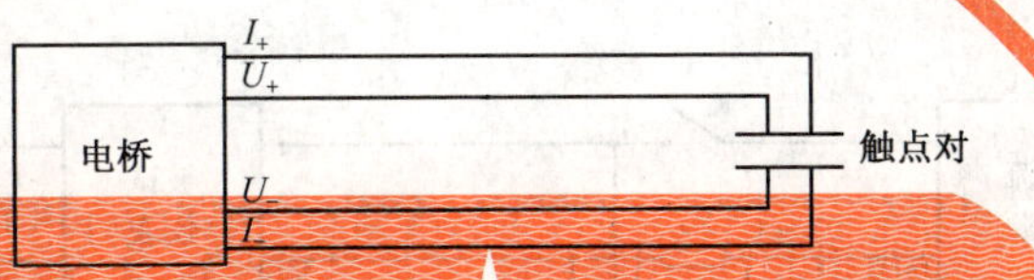

图16 电桥法试验配置示意图

15.4 试验程序

15.4.1 电流表-电压表法

试验时，应调整直流稳压电源，使电流表上得到预期的电流值。电流表应在尽可能靠近触点处。记录触点两端的电压值。应在尽可能靠近触点处测量。

按式(1)确定直流触点电阻：

$$R_c = \frac{U_R}{I_R} \qquad \cdots\cdots(1)$$

式中：

U_R ——电压表测得的值，单位为伏特(V)；

I_R ——电流表测得的值，单位为安培(A)；

R_c ——触点电阻，单位为欧姆(Ω)。

当一对触点用不同金属制成时，为消除热电势对测量结果准确性的影响，应改变电压和电流导线的极性分别取得读数，取不同极性时的电压表读数的平均值来确定触点电阻值。

15.4.2 电桥法

仪表如图16所示以四线连接到测量设备上，电压测量导线应连接到触点端附近以获得最精确的数值。

试验时，应遵守所用电桥使用说明书的规定。

16 启动电流

16.1 目的

本试验用于确定仪表在交流电源供电时的启动电流。

本试验仅适用于交流供电的仪表。

16.2 试验设备

本试验采用以下设备：

a) 一台电压和电流可调的交流电源装置。该电源装置在试验时不会造成电源过载和限制提供给仪表的峰值启动电流。

b) 一台与仪表相适配的负载(R_L)。

c) 一台监视仪表电流的低阻分流器(R_f)。

d) 一台监视仪表供电电压和启动电流的存储示波器或高速示波器。

e) 一台能接通和断开仪表供电电源的开关(K)。

16.3 试验配置

试验配置如图 17 所示。

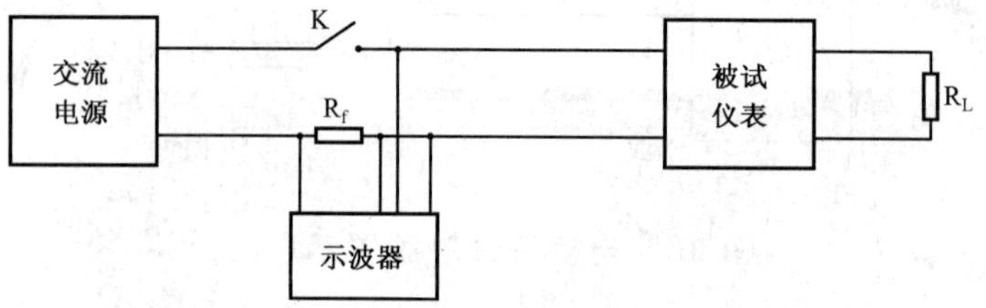

图 17 启动电流试验配置示意图

16.4 试验程序

试验分别在仪表规定的参比工作电压以及正常工作电压的下限值和上限值条件下进行。对于在不同电源频率下工作的仪表，应在每种频率条件下进行试验。

试验前，允许电源装置和示波器预热稳定。

试验时，将交流电源调整到所需电压和频率上，然后在示波器工作时，闭合仪表供电电源开关，记录由仪表产生的电流最大峰值。

试验中应监视交流电源的正弦波波形，确保交流电压不发生畸变，若发生畸变则需要较大容量的电源装置。

试验在制造商规定的额定负载条件下重复 10 次，并以 10 次试验测量结果的最大值作为启动电流。

17 直流功耗

17.1 目的

本试验用于确定仪表在直流电源供电时的功耗。

17.2 试验设备

本试验采用以下设备：

a) 一台能供给仪表所需范围的输入信号源，其稳定性至少为仪表基本误差限绝对值的 1/5；

b) 一台能测量仪表输出信号的输出监视器；

c) 一台与仪表相适配的负载(R_L)；

d） 一台仪表所需的直流稳压电源，该稳压电源的最大输出电流值应大于仪表的最大电流值；

e） 一台测量仪表电源电压的直流电压表；

f） 一台测量仪表电源电流的直流电流表。

17.3 试验配置

试验配置如图 18 所示。

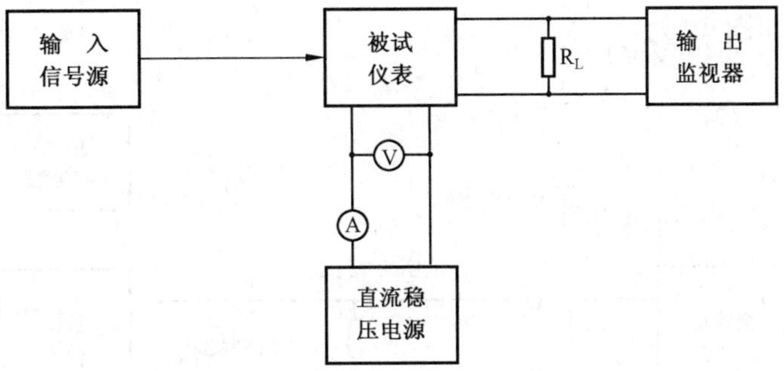

图 18 直流功耗试验配置示意图

17.4 试验程序

试验应在参比工作条件下进行。在导致被试仪表功耗最大的输入负载条件下，调整稳压电源，使仪表的供电电压达到预期的电压值，进行试验。

记录电压表和电流表上的示值。

将所得的数值代入式(2)，计算仪表实际功耗：

$$P = U_m \left(I_m - \frac{U_m}{R_v} \right) \qquad \cdots\cdots (2)$$

式中：

P ——仪表实际功耗，单位为瓦特(W)；

U_m ——电压表测得的值，单位为伏特(V)；

I_m ——电流表测得的值，单位为安培(A)；

R_v ——电压表的内阻，单位为欧姆(Ω)。

18 交流功耗

18.1 目的

本试验用于确定仪表在交流电源供电时的实际功耗和视在功耗。

18.2 试验设备

本试验采用以下设备：

a） 一台能供给仪表所需范围的输入信号源，其稳定性至少为仪表基本误差限绝对值的 1/5；

b） 一台能测量仪表输出信号的输出监视器；

c） 一台与仪表相适配的负载(R_L)；

d） 一台能提供给仪表所需电压和频率的交流稳压电源；

e） 一台测量仪表电源频率的频率表；

f) 一台测量仪表电源电压的交流电压表；

g) 一台测量仪表电源电流的交流电流表；

h) 一台测量仪表功耗的功率表。

18.3 试验配置

18.3.1 实际功耗

实际功耗试验配置如图 19 所示。

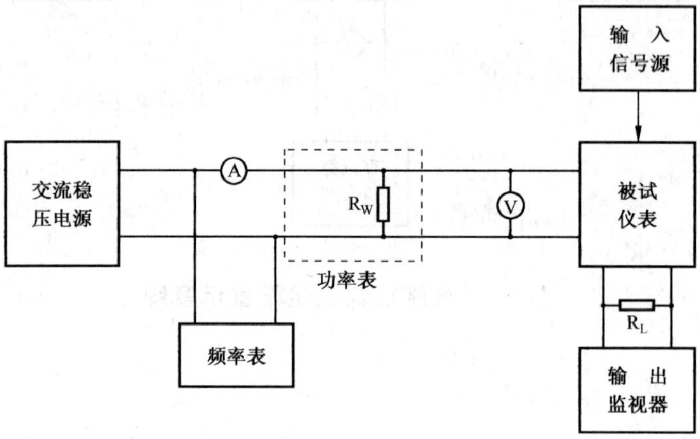

图 19 实际功耗试验配置示意图

18.3.2 视在功耗

视在功耗试验配置如图 20 所示。

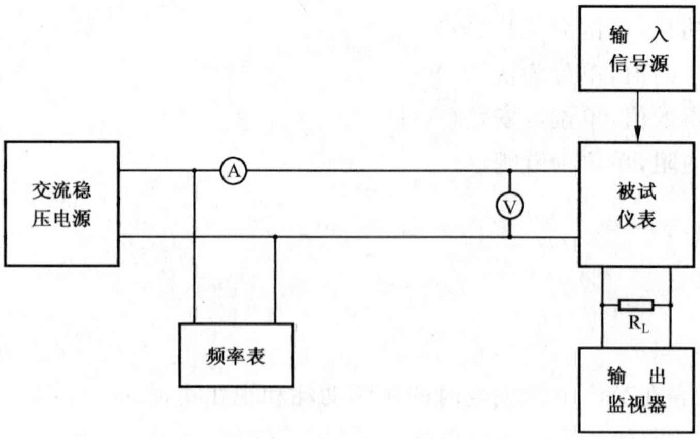

图 20 视在功耗试验配置示意图

18.4 试验程序

试验应在参比工作条件下进行。在导致被试仪表功耗最大的输入和负载条件下，按照仪表的技术条件调整交流稳压电源到预期的电压和频率上进行试验。对于可在多种频率上使用的仪表应在所有频率上分别进行试验。

记录电流表、电压表和功率表上的示值。

将所测得的数值代入式(3),计算仪表实际功耗:

$$P_c = P_w - \left(\frac{U_m^2}{R_w} + \frac{U_m^2}{R_v}\right) \quad \cdots\cdots(3)$$

式中:

P_c——仪表的实际功耗,单位为瓦特(W);

P_w——功率表测得的功率,单位为瓦特(W);

U_m——电压表测得的值,单位为伏特(V);

R_w——功率表的电压线圈内阻,单位为欧姆(Ω);

R_v——电压表的内阻,单位为欧姆(Ω)。

将所测得的数值代入式(4),计算仪表视在功耗:

$$P_s = I_m U_m - \frac{U_m^2}{R_v} \quad \cdots\cdots(4)$$

式中:

P_s——仪表的视在功耗,单位为瓦特(W);

I_m——电流表测得的值,单位为安培(A);

U_m——电压表测得的值,单位为伏特(V);

R_v——电压表的内阻,单位为欧姆(Ω)。

19 耗气量

19.1 目的

本试验用于确定仪表在供源压力稳态时的最大耗气量。

19.2 试验设备

本试验采用以下设备:

a) 一台能提供仪表所需范围的输入信号源;

b) 一台测量仪表输出信号的输出监视器;

c) 一台测量仪表供气压力的压力表;

d) 一台测量耗气量的转子流量计,其量程及精确度等级应根据被试仪表耗气量指标及测量要求而定。

19.3 试验配置

试验配置如图21所示。

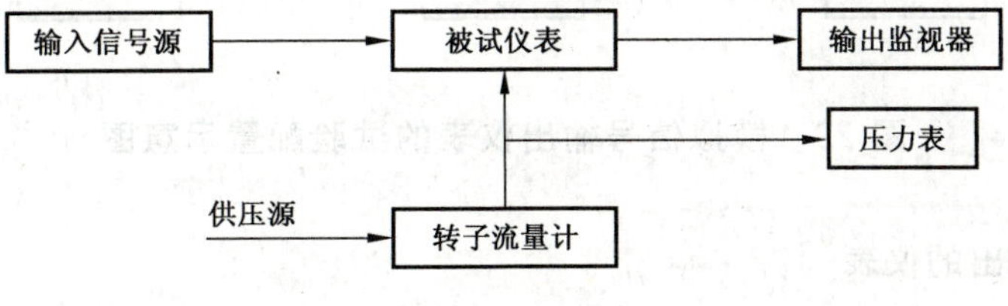

图21 耗气量试验配置示意图

19.4 试验程序

测量时，输出应接至密封的容器，确保没有空气流出。

试验时应记录从仪表0%输出开始，以10%的间隔上升到100%，供压源处于稳态输出时的转子流量计示值。并用压力表监视，应使仪表供气压力保持在公称值处。

先以上述方法用10%的增量来寻找最大耗气量，然后再以1%的增量来寻找，最后以最大值作为仪表的最大耗气量。

在确定最大耗气量时，还应考虑参比供气压力和温度，并按制造商规定的修正系数修正耗气量。

最大耗气量应以立方米每小时(m^3/h)或立方米每分(m^3/min)为单位列入报告。

20 输入阻抗

20.1 目的

本试验用于确定仪表接到输入信号源时呈现的有效阻抗。

本试验仅适用于输入量为电压信号的仪表。

20.2 试验设备

本试验采用以下设备：

a) 一台能提供给仪表所需范围的输入信号源，其稳定性至少为仪表基本误差限绝对值的1/5；

b) 一台与仪表相适配的十进位电阻箱。

注1：当仪表具有几个兆欧或更高的输入阻抗以及输入导线需要屏蔽时，应将电阻箱屏蔽，把电阻箱作为输入端，一般可用分立电阻代替电阻箱。

注2：当试验差动输入装置时，应采用两个相同阻值的十进位电阻箱分别串接到两根输入信号线上。

仪表为模拟信号输出时，应有一台输出监视器来测量仪表的输出变化。监视器应能检测微小的输出变化，并具有与仪器相适配的分辨力。

仪表为非模拟信号输出时(如报警器)，则需要一台高阻抗(兆欧级)毫伏电压表和(或)一台微伏电压表，用来测量十进位电阻箱两端的电压降。

20.3 试验配置

20.3.1 模拟信号输出的仪表

模拟信号输出仪表的试验配置如图22所示。

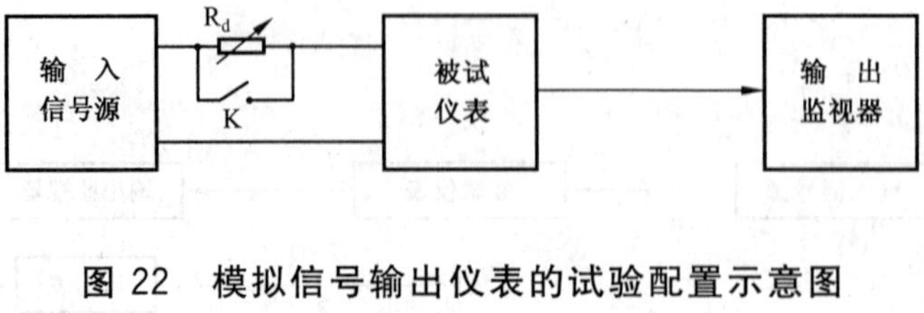

图22 模拟信号输出仪表的试验配置示意图

20.3.2 非模拟信号输出的仪表

非模拟信号输出仪表的试验配置如图23所示。

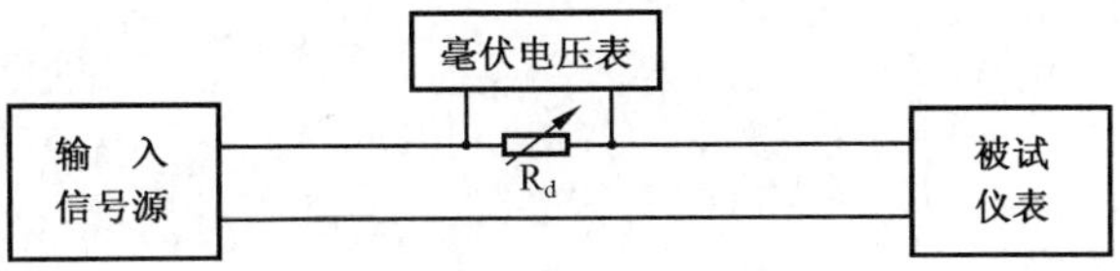

图 23　非模拟信号输出仪表的试验配置示意图

20.4　试验程序

20.4.1　模拟信号输出的仪表

试验前，将电阻箱调整到规定的输入阻抗值 R_d，其允差不超过规定输入阻抗值的±1%。

试验时，先将电阻箱的端子短路，记录100%输入信号时的输出，然后在不改变输入信号的条件下将与电阻箱并联的开关开路，再记录输出值。

按式(5)计算输入阻抗：

$$Z_{in}=\frac{R_d U_{R_d}}{U_{R_0}-U_{R_d}} \qquad \cdots\cdots(5)$$

式中：

Z_{in} ——仪表的输入阻抗，单位为欧姆(Ω)；

R_d ——接入输入端的电阻值，单位为欧姆(Ω)；

U_{R_d} ——接入电阻时仪表相应的输出电压，单位为伏特(V)；

U_{R_0} ——短接电阻时仪表相应的输出电压，单位为伏特(V)。

20.4.2　非模拟信号输出的仪表

试验前，将电阻箱调整到规定的输入阻抗值 R_d，其允差不超过规定输入阻抗的±1%，然后对仪表施加100%的输入信号，并测量电阻箱两端的电压。

按式(6)计算输入阻抗：

$$Z_{in}=R_d\left(\frac{U_{in}}{U_d}-1\right) \qquad \cdots\cdots(6)$$

式中：

Z_{in} ——仪表的输入阻抗，单位为欧姆(Ω)；

R_d ——接入输入端的电阻值，单位为欧姆(Ω)；

U_{in} ——信号源的输出电压，单位为伏特(V)；

U_d ——接入电阻时电阻两端的电压值，单位为伏特(V)。

21　零点和量程可调范围

21.1　目的

本试验用于确定仪表零点和量程可调整的范围。

21.2　试验设备

本试验采用以下设备：

a)　一台能提供给仪表所需范围的输入信号源；

b)　一台测量仪表输出信号的输出监视器。

21.3 试验配置

试验配置如图 24 所示。

图 24 零点和量程可调范围试验配置示意图

21.4 试验程序

21.4.1 试验准备

试验前，应调整零点和量程，使 0% 和 100% 的输出在制造商规定的误差限内。

21.4.2 零点可调范围

试验时，将可调零点调整到最小值上（量程调整保持在 21.4.1 确定的位置），施加输入信号使仪表的输出为 0%，记录输入信号值，然后再将可调零点调整到最大值上，再施加输入信号使仪表的输出为 0%，记录输入信号值。在可调零点最小和最大值上得到的两个输入信号值即为零点可调范围。

21.4.3 量程可调范围

试验时，将可调量程调整到最小值上（零点调整保持在 21.4.1 确定的位置），施加输入信号使仪表输出为 0% 和 100%，分别记录两个输入信号值。然后再将可调量程调整到最大值上，再施加输入信号使仪表输出为 0% 和 100%，分别记录两个输入信号值。并分别计算在可调量程最小和最大值上得到的量程值，其变化作为量程可调范围。

21.4.4 零点和量程可调范围

试验应在可调零点和量程的最小与最小、最小与最大、最大与最小、最大与最大值上分别进行。试验时，分别将可调零点和量程调整到某一组合的值上，施加输入信号使仪表的输出为 0% 和 100%，分别记录两个输入信号值。然后，根据每种组合值上测得的两个输入信号值计算量程，并最终确定零点和量程可调范围。

22 输入导线影响

22.1 目的

本试验用于确定由于仪表输入端与测量信号源之间加长了规定的电缆对仪表输出的影响。

22.2 试验设备

本试验采用以下设备：

a) 一台能提供给仪表所需范围的输入信号源；

b) 一台测量仪表输出信号的输出监视器；

c) 两台电阻箱或与试验规定的输入导线阻值相等的电缆线。

22.3 试验配置

22.3.1 用输入电缆线的方式

用输入电缆线方式的试验配置如图 25 所示。

图 25 用输入电缆线的试验配置示意图

22.3.2 用等效电阻箱的方式

用等效电阻箱方式的试验配置如图 26 所示。

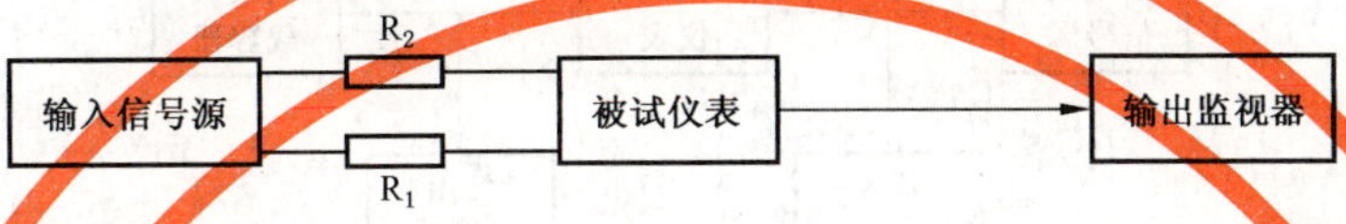

注：$R_1=R_2=R/2$，其中 R 为规定的输入电缆的电阻。

图 26 用等效电阻箱的试验配置示意图

22.4 试验程序

在参比工作条件下，先不增加电缆长度或等效的电阻，在仪表输入端施加仪表输入量程的 0%、50%和 100%的信号，测量仪表的下限值、量程、切换值、设定值和静差。

然后在仪表输入端与信号源之间加入规定的电阻或阻值与此相等的电缆，并施加仪表量程的 0%、50%和 100%输入信号，测量和计算仪表的下限值、量程、切换值、设定值和静差的变化。

23 频率响应

23.1 目的

本试验用于确定由于在各种频率上调制输入信号所造成的仪表输出响应。

23.2 试验设备

本试验采用以下设备：

a) 一台能在所要求频率范围内将正弦波信号提供给仪表的正弦波信号源，其稳定性至少为仪表基本误差限绝对值的 1/5；

b) 一台能同时记录仪表输入和输出信号的高速双通道记录仪或双迹示波器。

试验中可能需要其他试验设备，应符合仪表的技术规定。

23.3 试验配置

23.3.1 电动仪表

电动仪表试验配置中可能需要复合装置，如图 27 中所示的正弦波信号源是由可变振荡器和(或)其他信号设备组成，使仪表得到合适的输入信号。

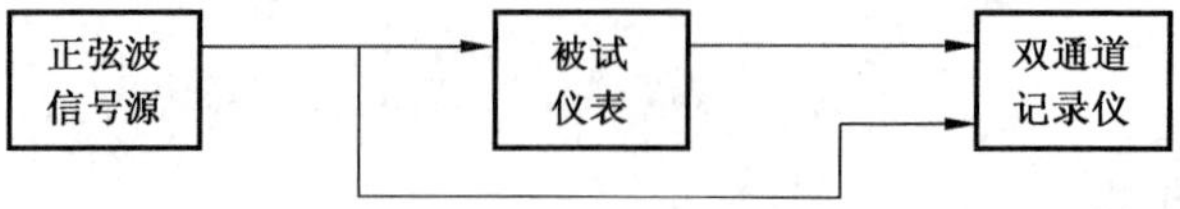

图 27　电动仪表试验配置示意图

23.3.2　气动仪表

气动仪表试验配置中可能需要复合装置，如图 28 中所示的正弦波信号源是由可变振荡器和(或)其他信号设备组成，使仪表得到合适的输入信号。

气动仪表试验时需用一根长度尽可能短的铜管接到气动负载容器上，并将图 28 中所示的输入和输出传感器接到仪表的最近处。

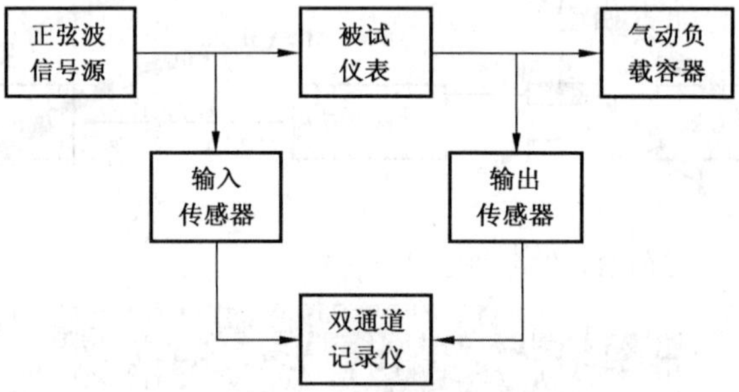

图 28　气动仪表试验配置示意图

23.3.3　复合仪表

当仪表是气输入、电输出或电输入、气输出的复合仪表时，可选择电动和气动配置中所适用于仪表的部分。

23.4　试验程序

试验配置分别如图 27、图 28 所示。

除非另有规定，试验时应将可调量程调整到量程的 50%附近或可调量程范围的中点，并将可调零点设定在可调范围中点。

如有其他调整可改变仪表的动态特性时，则应在最小和最大影响处进行试验。

仪表的输入和输出信号应同时由双通道记录仪加以监视，选择其记录速度使试验结果有最大可读性，而且在各个预期的频率上无过分的示迹长度。

试验时，应把正弦波信号施加到仪表输入端上，正弦波信号的峰-峰值应不超过量程的 20%，但最小也应满足有效测量的需要，并不引起输出的失真或饱和。输入信号的频率应从相当低(接近零)的频率(不超过 0.005 Hz)的初始值递增到较高频率，使仪表输出衰减到约为其初始幅值的 10%，或者相位滞后为 300°。在每一个频率阶跃上，至少应同时记录一个完整的输入输出循环。

然后以图解方式分析试验结果，如图 29 所示。

23.5　试验结果的表示

除非另有规定，试验结果以图形表示，如图 29 所示。

根据曲线图确定下列各点：

a)　相对增益为 0.7 时的频率；

b)　相位滞后为 45°时的频率；

c) 相位滞后为90°时的频率；

d) 最大相对增益及其所对应的频率和相位角。

注：上述推荐频率范围和阶跃不适用于控制器。

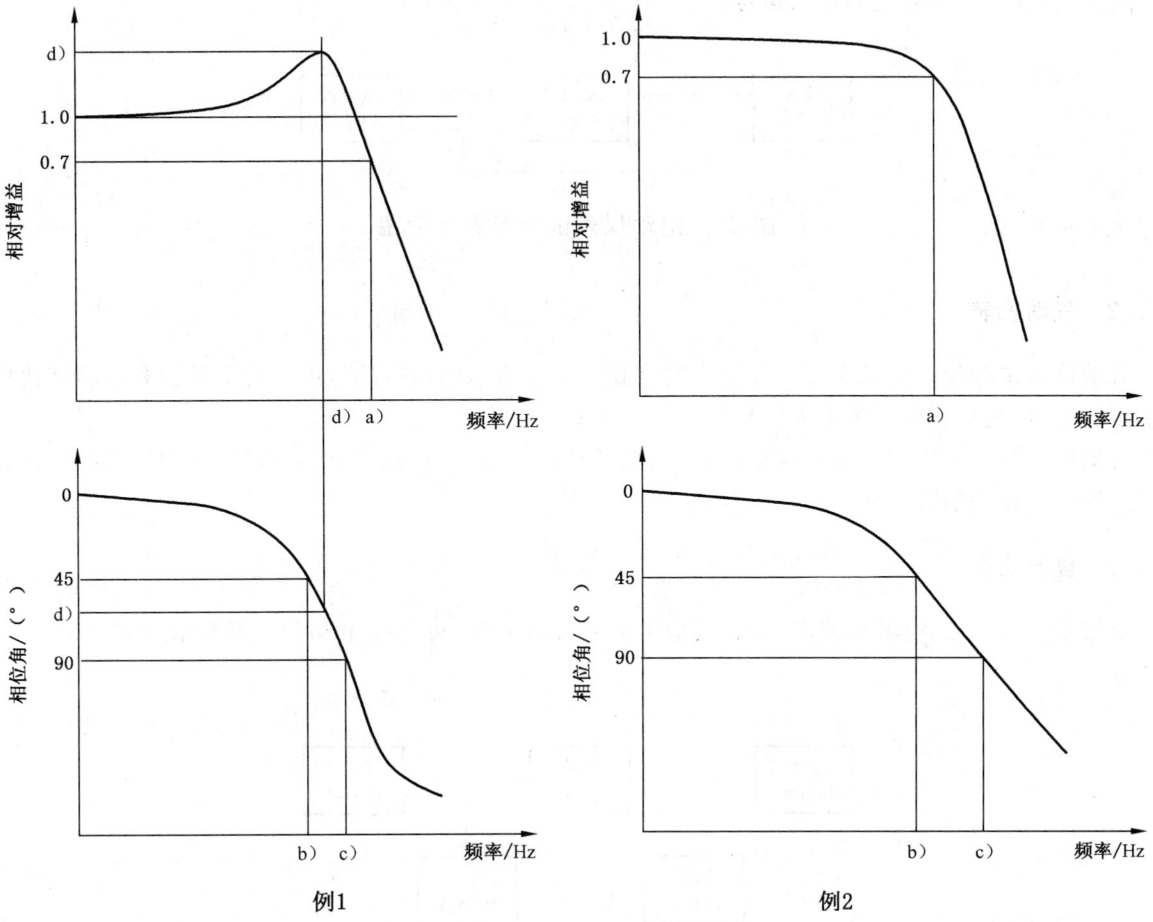

图 29 频率响应试验结果两例

24 阶跃响应

24.1 目的

本试验用于确定输入从一个值阶跃到另一个值(阶跃脉冲)所造成的仪表输出响应。

24.2 试验设备

本试验采用以下设备：

a) 一台能提供给仪表所需输入阶跃的信号源。该信号源的输出阶跃必须能在被试仪表的输出上升(或下降)到其最终值时所需时间的5%或更少的时间内实现，其稳定性至少为被试仪表基本误差限绝对值的1/5；

b) 一台能同时记录仪表输入和输出信号的高速双通道记录仪或双迹示波器。

试验中可能需要的其他试验设备，应符合仪表的技术规定。

24.3 试验配置

24.3.1 电动仪表

电动仪表试验配置中可能需要复合装置，如图 30 中所示的信号源是由可变振荡器和(或)其他信号设备组成，使仪表得到合适的输入信号。

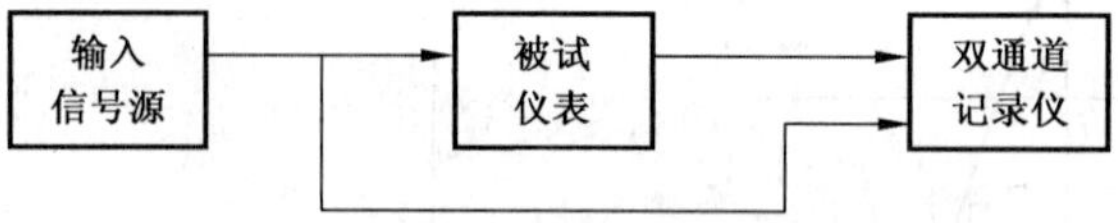

图 30 电动仪表试验配置示意图

24.3.2 气动仪表

气动仪表试验配置中可能需要复合装置，如图 31 中所示的信号源是由可变振荡器和(或)其他信号设备组成，使仪表得到合适的输入信号。

气动仪表试验时需用一根长度尽可能短的铜管接到气动负载容器上，并将图 31 中所示的输入和输出传感器接到仪表的最近处。

24.3.3 复合仪表

当仪表是气输入、电输出或电输入、气输出的复合仪表时，可选择电动和气动配置中所适用于仪表的部分。

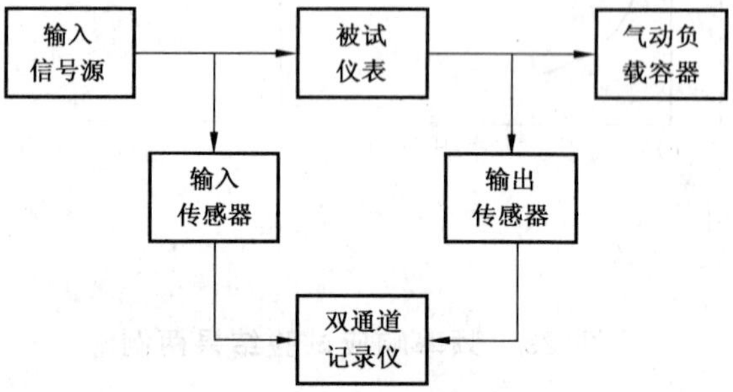

图 31 气动仪表试验配置示意图

24.4 试验程序

根据仪表的种类，分别按图 30，或图 31 进行配置。

试验前对仪表进行预调，然后在仪表上施加相当于 80％输入量程的阶跃信号，先由量程的 10％～90％再由量程的 90％～10％，测量仪表的阶跃响应时间(或时间常数)和建立时间。

然后再按正反行程在仪表上施加相当于 10％输入量程的阶跃信号，分别由输入量程的 5％～15％，45％～55％，85％～95％，和 95％～85％，55％～45％，15％～5％，测量仪表的阶跃响应时间(或时间常数)和建立时间。

阶跃输入的上升时间应短于仪表的响应时间。

除非另有规定，应测量每一试验条件下输出达到和保持偏离最终稳态值在输出量程 1％内的时间(建立时间)，并记录时滞和瞬时过冲(若有的话)。

仪表的输入和输出信号应同时由双通道记录仪加以监视。选择合适的记录速度使试验结果有最大可读性。

对仪表施加输入阶跃增量时的系统典型时间响应如图 32 所示。

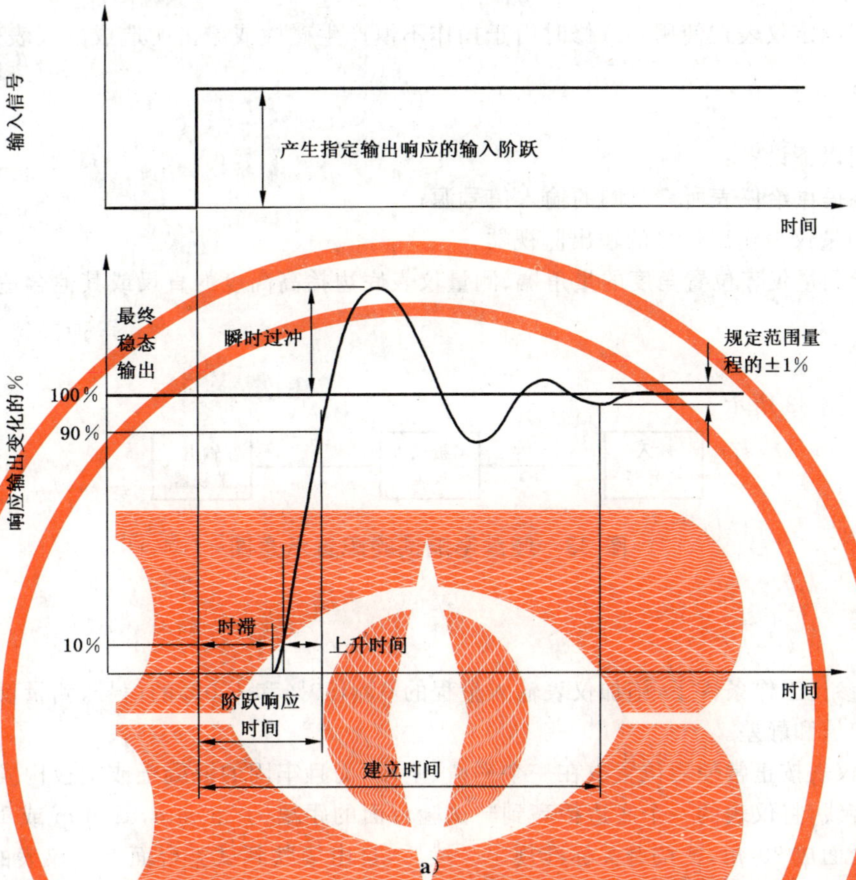

a)

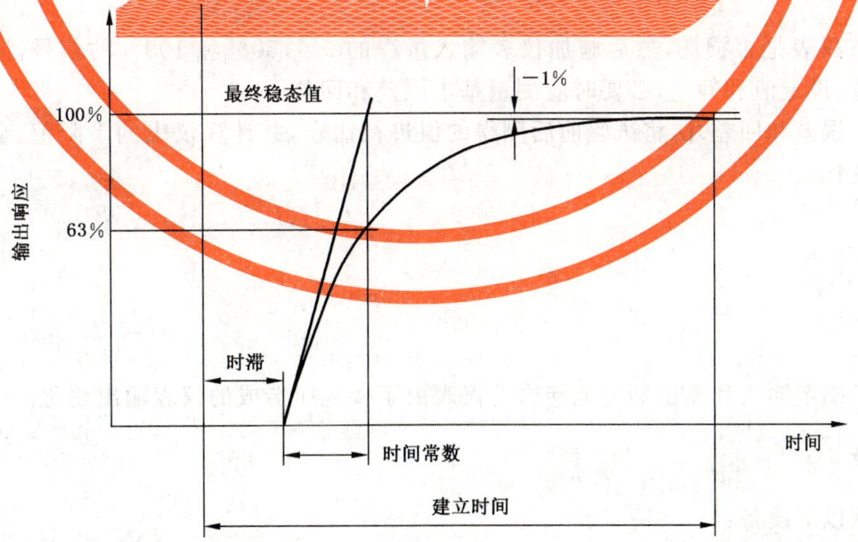

b)

图 32 阶跃输入响应两例

25 倾跌影响

25.1 目的

本试验用于确定仪表在使用和维修时由于操作不慎产生碰撞或敲击所造成的仪表残余输出变化。

25.2 试验设备

本试验采用以下设备：

a) 一台能提供给仪表所需范围的输入信号源；

b) 一台测量仪表输出信号的输出监视器；

c) 一台能测量仪表位置角度的量角器、测量仪表底边抬高高度的直尺或其他合适的仪器。

25.3 试验配置

试验配置如图33所示。

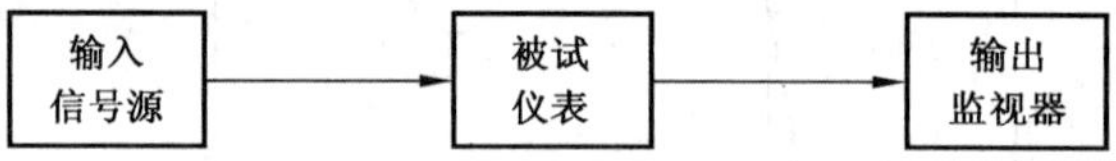

图33 倾跌影响试验配置示意图

25.4 试验程序

试验前，在参比工作条件下，施加仪表输入量程的0%，50%和100%的信号，测量仪表的下限值、量程、切换值，设定值和静差。

试验时，将仪表按正常使用位置放在一个平滑、坚硬，而且牢固的混凝土或钢板构成的试验台面上，断开仪表的外接线，将仪表的一个底边抬高到与试验台面的距离为25 mm，50 mm或100 mm，或使仪表底面与试验台面成30°角，或按有关标准规定。然后，自由倾跌到试验台面上。仪表的四个底边各倾跌一次。

倾跌后检查仪表是否损坏，然后施加仪表输入量程的0%，50%和100%的信号，测量仪表的下限值、量程、切换值、设定值和静差，必要时应测量基本误差和回差。

除仪表基本误差和回差外，将试验前后测得的值进行比较，并计算仪表的下限值、量程、切换值、设定值和静差的变化。

26 接地影响

26.1 目的

本试验用于确定输入和输出端与地绝缘的仪表由于接地所造成的仪表输出变化。

26.2 试验设备

本试验采用以下设备：

a) 一台能提供给仪表所需范围的输入信号源；

b) 一台测量仪表输出信号的输出监视器。

26.3 试验配置

试验配置如图34所示。

图 34 接地影响试验配置示意图

26.4 试验程序

本试验仅适用于输入和输出端子与地绝缘的电动仪表。对于带有开路电阻的仪表，试验前应先断开开路电阻。

试验前，在参比工作条件下，施加仪表输入量程的 0%，50%和 100%的信号，测量仪表的下限值、量程、切换值、设定值和静差。

试验时，将仪表的输入和输出端子与地分别依次连接，并施加仪表输入量程的 0%，50%和 100%的信号，测量仪表的下限值、量程、切换值、设定值和静差以及记录任何瞬态变化。

将试验前和试验时测得的值进行比较，并计算仪表的下限值、量程、切换值、设定值和静差的变化。

27 振动(正弦)影响

27.1 目的

本试验用于确定仪表在振动条件下使用时所造成的仪表输出变化，并检验其机械状况。

在特殊振动条件下使用的仪表，其振动试验方法由有关各方协商决定。

本试验不适用安装在运动对象上的仪表。

27.2 试验设备

本试验采用以下设备：

a） 一台振动试验台。当仪表(包括夹具)安装在振动台上进行试验时，仪表各固定点的基本运动应为时间的正弦函数，并基本上同相位沿平行直线运动。横向运动、加速度波形失真度和振幅误差均应符合 GB/T 2423.10—2008 的规定。

b） 一台能提供给仪表所需范围的输入信号源。

c） 一台测量仪表输出信号的输出监视器。

27.3 试验配置

试验配置如图 35 所示。

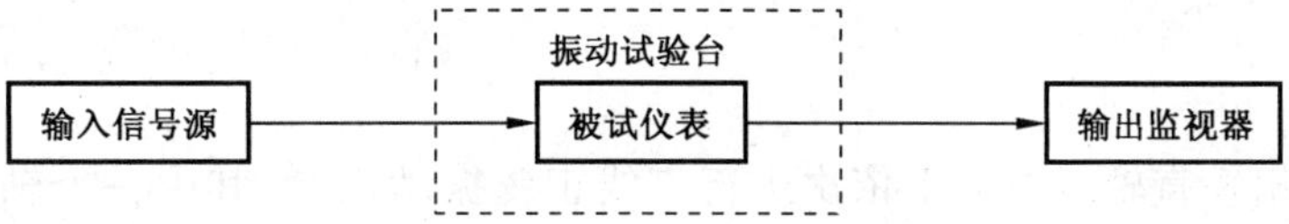

图 35 振动影响试验配置示意图

27.4 试验要求

27.4.1 仪表进行振动试验时，宜根据仪表的工作条件和安装场所从表 2 规定的数值中选取振动试验参数。交越频率以下规定为定位移，交越频率以上规定为定加速度。

27.4.2 在振动试验前后以及试验过程中，仪表的性能均应符合产品标准的规定，并且不应产生机械损坏。振动试验时，通常应按参比条件对仪表供给能源和50%的输入信号。对于难以实现上述要求的仪表，可在产品标准中另行规定。

27.4.3 仪表应根据制造商说明书规定的正常安装方式安装在振动台上。用来支承仪表的振动台、安装板和夹具应有足够的刚度，使振动传递到被试仪表正常安装点时其损耗或增益为最小。

安装板和夹具引起的幅值变化和波形失真都应最小。假如仪表的结构许可或仪表重心不影响它的工作性能和试验效果时，则仪表可采用其他方式安装在振动台上。

带减震器使用的仪表通常应连同减震器一起进行试验，若不能使用原有的减震器进行试验时，在产品标准中必须规定特殊的安装方式和试验方法。

如果仪表的外形尺寸和质量不允许整台仪表安装在现有的试验设备上进行试验时，允许按独立的功能部件进行试验，其试验方法应由产品标准另行规定。

表 2 振动试验参数表

典型的应用环境	试验频率范围[a] Hz	位移幅值 mm	加速度幅值 m/s^2
控制室或低振动级别现场	10～150[b]	0.35	1
控制室或中振动级别现场	10～150[b]	0.75	2
一般应用现场或低振动管道	10～1 000[c]	0.15	20
高振动级别的现场或管道	10～1 000[c]	0.35	50

[a] 全部试验频率范围表参见 GB/T 17214.3。

[b] 试验频率范围采用低频振动等级(GB/T 17214.3)，但下限为 10 Hz(不是 0.1 Hz)并且交越频率为 8 Hz～9 Hz。

[c] 试验频率范围采用高频振动等级(GB/T 17214.3)，但上限为 1 000 Hz(不是 10 000 Hz)并且交越频率为 57 Hz～62 Hz。

27.5 试验程序

27.5.1 预处理

应在产品标准中规定仪表是否需要预处理。如预热、加压等。

27.5.2 初始检测

按产品标准的规定检查仪表的外观质量和性能。

27.5.3 试验

仪表应在三个互相垂直轴线方向上依次进行直线正弦振动试验，其中一个轴线应为垂直方向。本试验分为三个阶段：

第一阶段：寻找初始谐振。

本阶段试验的目的是确定仪表对振动的响应特性。按产品标准规定的幅值和频率范围，以连续扫频的方式寻找初始谐振，且频率应随时间按指数规律变化。扫频速率应不大于 0.5 倍频程/min。

在寻找初始谐振期间，应检查仪表以确定导致下列现象的危险频率：

a) 仪表出现输出信号显著变化、性能超差或动作失灵等故障；

b) 机械谐振或其他响应现象。

记录出现上述现象的所有频率和幅值，并记录仪表的性能变化。

第二阶段：耐久性试验。

本阶段试验的目的是检查仪表耐振动作用的能力。采用扫频耐久试验或(和)定频耐久试验应由产品标准加以规定。

a) 扫频耐久试验。按产品标准规定的幅值、频率范围和试验循环次数(或试验持续时间)，以对数规律连续扫频的方式以 1 倍频程/min 的速率对寻找初始谐振期间发现的影响进行扫频。必要时可将频率范围分成几段分别进行，但不能因此而减少仪表所受的应力。

b) 定频耐久试验。按产品标准规定的幅值和试验时间，在振动响应检查中发现的最危险的频率上进行耐久性试验。如果振动响应检查中未发现仪表存在明显的危险频率，则在规定频率范围的上限频率上进行耐久性试验。

第三阶段：寻找最后谐振。

本阶段试验的目的是确定仪表经受耐久性试验后，仪表的振动响应特性是否发生变化，试验方法与寻找初始谐振时相同。寻找最终谐振期间找出的谐振频率和导致输出信号显著变化的频率应与寻找初始谐振期间找出的相应频率进行比较。

27.5.4 恢复

如有要求，产品标准可规定仪表在振动试验后有一段恢复时间，以便使仪表恢复到和初始检测时相同的条件。例如温度等。

27.5.5 最后检测

振动试验后，按产品标准的规定检查仪表的外观质量和性能。与初始检测的测得值进行比较，并计算仪表的下限值、量程、切换值、设定值和静差的变化。

28 共模、串模干扰影响

28.1 目的

共模干扰影响试验用于确定在输入和(或)输出端子依次与地之间施加骚扰电压所造成的输出变化；串模干扰影响试验用于确定一个骚扰电压串联叠加在输入信号上所造成的输出变化。

28.2 试验设备

本试验采用以下设备：

a) 一台能够提供给被试仪表所需范围的输入信号源。输入信号源应不受共模和串模干扰试验信号影响，其性能应符合被试仪表有关技术要求的规定。

电流输入仪表的信号源应为电流源，其输出端子上跨接不小于 10 μF 的电容。

电压输入仪表的信号源应为电压源，在主电源频率下其输出阻抗不大于 100 Ω。

b) 一台能测量被试仪表输出信号的输出监测仪器，其性能应符合被试仪表有关技术要求的规定。

c) 一台能对被试仪表施加共模和串模骚扰电压，具有调相功能的试验装置，它应具有以下基本特性：

——共模输出电压：交流 0 V～250 V；
　　　　　　　　　直流 0 V～50 V，极性可变；

——串模输出电压：交流 0 mV～1 000 mV；
　　　　　　　　　直流 0 mV～1 000 mV，极性可变；

——相位调节范围：0°～360°；

——频率：50 Hz(正弦波)；

——谐波失真：<5%。

28.3 试验配置

28.3.1 共模干扰影响试验配置

28.3.1.1 被试仪表为非金属外壳(非导电外壳)

被试仪表应放置在接地参考平面上。该接地参考平面应是一种最小厚度为0.25 mm的铜或铝的金属板,其他金属材料虽可使用但它们至少有0.65 mm的厚度。

接地参考平面的最小尺寸取决于被试仪表的尺寸,接地参考平面每边至少应伸出被试仪表的投影面0.1 m,并将它与保护接地系统相连。

对盘装式仪表进行试验时,其上下左右表面(显示和接线端子部分除外)应覆盖一层导电良好的金属箔,试验按金属外壳仪表试验方法进行。

试验配置原理如图36、图37所示。

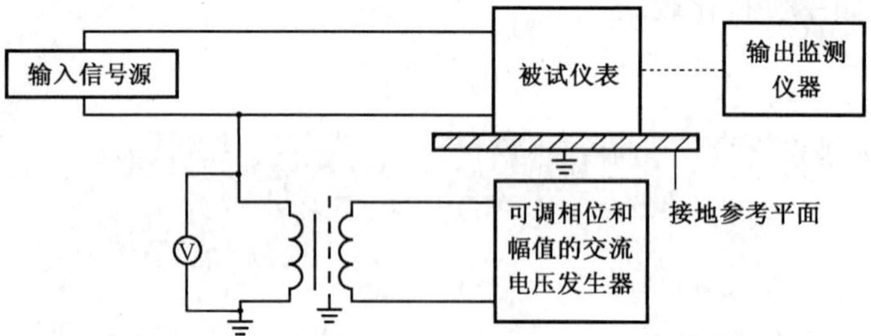

图36 交流共模干扰影响试验配置原理图(非导电外壳)

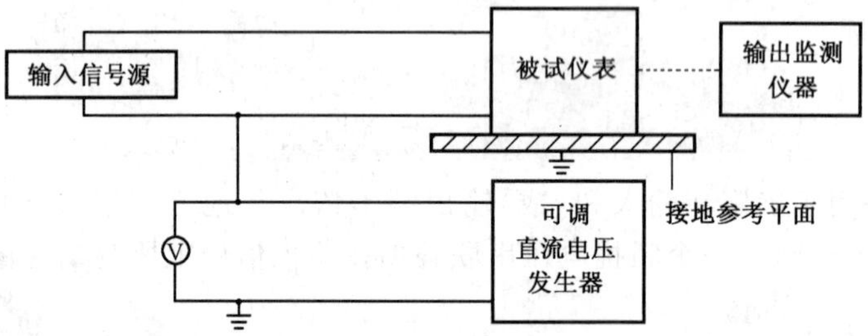

图37 直流共模干扰影响试验配置原理图(非导电外壳)

28.3.1.2 被试仪表为金属外壳(导电外壳)

试验配置原理如图38、图39所示。

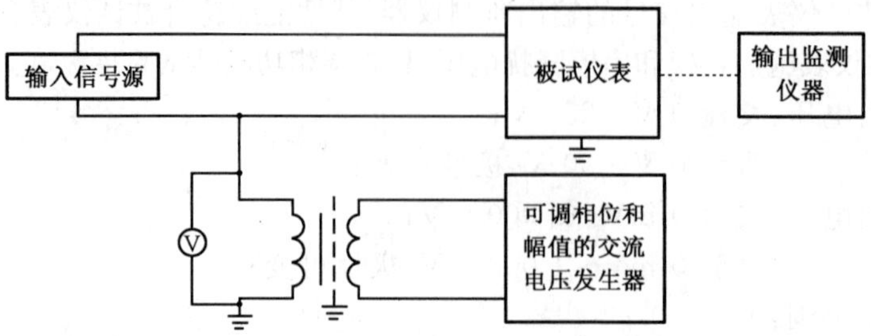

图38 交流共模干扰影响试验配置原理图(导电外壳)

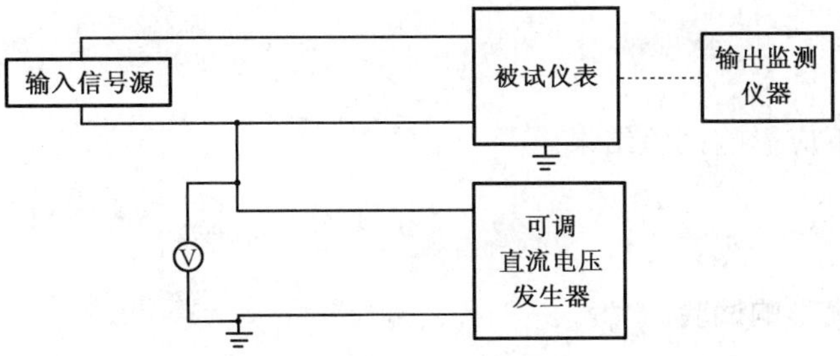

图 39　直流共模干扰影响试验配置原理图(导电外壳)

注：被试仪表为金属外壳的试验配置也可按非金属外壳仪表试验配置进行试验。

28.3.2　串模干扰影响试验配置

试验配置原理如图 40、图 41 所示。

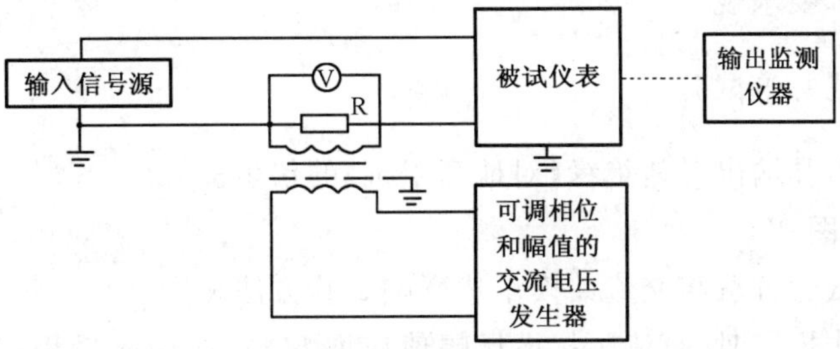

图 40　交流串模干扰影响试验配置原理图

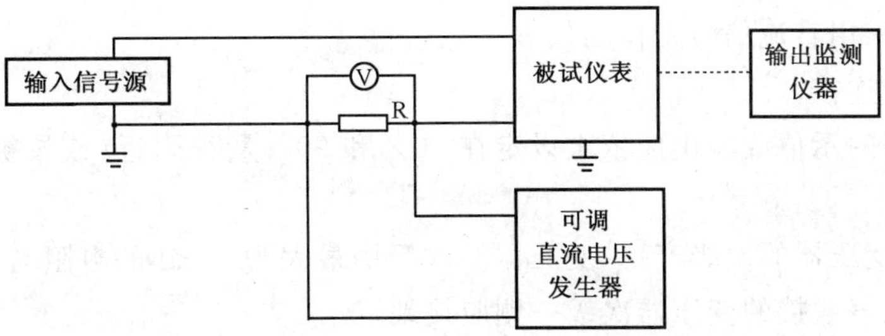

图 41　直流串模干扰影响试验配置原理图

28.4　试验程序

28.4.1　基本要求

进行本试验不应使被试仪表出现危险或不安全的后果。

28.4.2　环境条件

28.4.2.1　气候条件

试验在一般试验的大气条件下进行。

被试仪表应在其指定的气候条件下工作。

28.4.2.2　电磁环境条件

实验室的电磁环境不应影响试验结果。

28.4.3　试验的实施

28.4.3.1　交流共模干扰影响试验

本试验仅适用于信号输入或输出对地绝缘(对地高阻抗)的仪表。

试验配置按图36或图38。

试验时被试仪表的输出应依次设定在量程的10%和90%附近(或按被试仪表有关技术要求规定的状态)。

在每个输入或输出端子(如果有的话)与地之间依次施加与主电源频率相同的有效值为250 V正弦波交流骚扰电压,如果制造商规定的值小于250 V,应施加此较低的电压值,同时调节骚扰电压的相位(0°～360°),使被试仪表的输出的变化为最大。被试仪表受最大交流共模干扰影响试验影响时的性能要求由被试仪表有关技术要求规定。

28.4.3.2　直流共模干扰影响试验

本试验仅适用于输入和输出对地绝缘(对地高阻抗)的仪表。

试验配置按图37或图39。

直流共模干扰影响试验方法与交流共模干扰影响试验方法相同。

如果制造商未作具体规定时,直流骚扰电压幅值应取50 V或输入量程的1 000倍(选较小者),并分别以正向及反向施加在被试仪表的输入或输出端子与地之间。

28.4.3.3　交流串模干扰影响试验

本试验仅适用于采用直流信号工作的仪表。

试验配置按图40连接。

试验时,被试仪表的示值或输出应依次设定在10%和90%量程附近(或按被试仪表有关技术要求规定的状态)。

串模骚扰电压由变压器的次级产生,变压器的次级用最大为10 Ω的电阻与其并联,并与输入端子串联,不直接与被试仪表联接的变压器次级一侧应接地。

逐渐增大串模电压幅值,至最大值。其最大值为50 mV、100 mV、500 mV、1 V峰值(或按有关技术要求规定),如果制造商未作具体规定时,交流串模骚扰电压幅值应取1 V峰值,同时调节骚扰电压的相位(0°～360°),使被试仪表的输出的变化为最大。被试仪表受最大交流串模干扰影响试验影响时的性能要求由被试仪表有关技术要求规定。

注:需要时,可测取使输出变化等于量程0.5%所对应的串模电压。

28.4.3.4　直流串模干扰影响试验

本试验仅适用于采用交流信号工作的仪表。

试验配置按图41连接。

直流串模干扰影响试验方法与交流串模干扰影响试验方法相同。

直流串模骚扰电压幅值应取50 mV、100 mV、500 mV、1 V,如果制造商未作具体规定时,直流串模骚扰电压幅值应取1 V并分别以正向及反向施加在被试仪表的输入端。

28.4.4 试验判据

若有关标准或产品技术规范没有给出不同的技术要求，试验结果应该按被试仪表的运行条件和功能规范进行如下分类：

a) 在技术要求限值内的性能正常；

b) 功能或性能暂时降低或丧失，但能自行恢复；

c) 功能或性能暂时降低或丧失，但要求操作人员干预或系统复位；

d) 因设备(元件)或软件的损坏或数据的丢失而造成不能自行恢复至正常状态的功能降低或丧失。

29 电源电压频率变化影响

29.1 目的

本试验用于确定仪表电源电压和频率变化所造成的输出变化。

29.2 试验设备

本试验采用以下设备：

a) 一台能够提供给被试仪表所需范围的输入信号源，其性能应符合被试仪表有关技术要求的规定；

b) 一台能测量被试仪表输出信号的输出监测仪器，其性能应符合被试仪表有关技术要求的规定；

c) 一台能对被试仪表供电，并能进行调压和调频的电源变化试验装置，它应具有以下基本特性：

——电压调节范围：交流 0 V～250 V；
　　　　　　　　　直流 0 V～60 V；

——频率调节范围：30 Hz～100 Hz；

——额定输出功率：大于被试仪表最大消耗功率；

——谐波失真：≤2%。

注：试验装置的参数最终取决于被试仪表的试验要求，不应影响被试仪表的试验结果。

29.3 试验配置

电源电压频率变化影响试验配置原理图如图 42 所示。

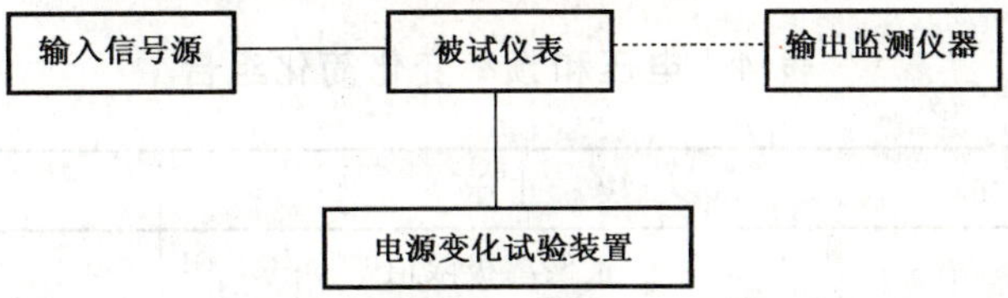

图 42 电源电压频率变化影响试验配置原理图

29.4 试验程序

29.4.1 基本要求

进行本试验不应使被试仪表出现危险或不安全的后果。

29.4.2 环境条件

29.4.2.1 气候条件

试验在一般试验的大气条件下进行。

被试仪表应在其指定的气候条件下工作。

29.4.2.2 电磁环境条件

实验室的电磁环境不应影响试验结果。

29.4.3 试验的实施

29.4.3.1 交流电源电压和频率变化

在公称电压和公称频率下按被试仪表有关技术规定的要求进行仪表性能测量。

被试仪表电源的电压和频率按表3组合变化(电源电压和频率偏离极限值应按被试仪表有关技术要求规定)。试验时被试仪表的输出应设定在量程10%和90%附近(或按被试仪表有关技术要求规定的状态)。

在此过程中观察和记录被试仪表下限值、量程、切换值、设定值、静差等变化和持续时间。被试仪表受交流电源电压和频率变化影响时的性能要求由被试仪表有关技术要求规定。

表3 电压和频率变化组合

组合号	电压	频率
1	公称值	正偏离极限值
2	公称值	负偏离极限值
3	正偏离极限值	正偏离极限值
4	正偏离极限值	公称值
5	正偏离极限值	负偏离极限值
6	负偏离极限值	正偏离极限值
7	负偏离极限值	公称值
8	负偏离极限值	负偏离极限值

交流电源的电压和频率也可简化为按表4组合变化。

表4 电压和频率变化简化组合

组合号	电压	频率
1	正偏离极限值	正偏离极限值
2	正偏离极限值	负偏离极限值
3	负偏离极限值	正偏离极限值
4	负偏离极限值	负偏离极限值

除电源电压频率组合变化试验外,允许单独按电压变化或频率变化进行试验。

29.4.3.2 直流电压电源变化

在公称电压下，按被试仪表有关技术规定的要求进行仪表性能测量。

使被试仪表电源电压按正和负偏离极限值变化(电源电压的正偏离极限值和负偏离极限值应按被试仪表有关技术要求规定)。试验时被试仪表的输出应设定在量程10%和90%附近(或按被试仪表有关技术要求规定的状态)。

在此过程中观察和记录被试仪表下限值、量程、切换值、设定值、静差等变化和持续时间。被试仪表受直流电源电压变化影响时的性能要求由被试仪表有关技术要求规定。

29.4.4 试验判据

若有关标准或产品技术规范没有给出不同的技术要求，试验结果应该按被试仪表的运行条件和功能规范进行如下分类：

a) 技术要求限值内的性能正常；
b) 功能或性能暂时降低或丧失，但能自行恢复；
c) 功能或性能暂时降低或丧失，但要求操作人员干预或系统复位；
d) 因设备(元件)或软件的损坏或数据的丢失而造成不能自行恢复至正常状态的功能降低或丧失。

30 电源电压低降影响

30.1 目的

本试验用于确定交流或直流供电的仪表，由于电源电压低降所造成的输出变化。

30.2 试验设备

本试验采用以下设备：

a) 一台能提供被试仪表所需范围的输入信号源，其性能应符合被试仪表有关技术要求的规定；
b) 一台能测量被试仪表输出信号的输出监测仪器(如二通道记录仪或数字示波器等)，其性能应符合被试仪表有关技术要求的规定；
c) 一台能对被试仪表供电电源的电压进行调节的电源电压低降试验装置，它应具有以下基本特性：
   ——电压调节范围：交流 0 V～250 V，50 Hz；
   直流 0 V～60 V；
   ——低降持续时间：10 ms～10 s；
   ——额定输出功率：应大于被试仪表最大消耗功率。

注：试验装置的参数最终取决于被试仪表的试验要求，不应影响被试仪表的试验结果。

30.3 试验配置

电源电压低降影响试验配置原理图如图43所示。

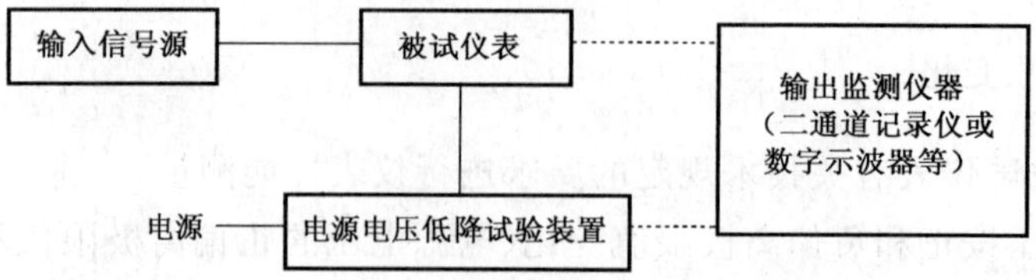

图 43 电源电压低降影响试验配置原理图

30.4 试验程序

30.4.1 基本要求

进行本试验不应使被试仪表出现危险或不安全的后果。

30.4.2 环境条件

30.4.2.1 气候条件

试验在一般试验的大气条件下进行。

被试仪表应在其指定的气候条件下工作。

30.4.2.2 电磁环境条件

实验室的电磁环境不应影响试验结果。

30.4.3 试验的实施

试验时被试仪表的输出应设定在量程的100％附近(或按被试仪表有关技术要求规定的状态)。

将电源电压降低到公称值的75％并保持5 s。然后恢复到公称值，上升时间不应小于100 ms，以避免引起瞬变。在此过程中观察和记录被试仪表输出、切换值、设定值、静差等变化和持续时间。被试仪表受电源电压低降影响时的性能要求由被试仪表有关技术要求规定。

30.4.4 试验判据

若有关标准或产品技术规范没有给出不同的技术要求，试验结果应该按被试仪表的运行条件和功能规范进行如下分类：

a) 技术要求限值内的性能正常；

b) 功能或性能暂时降低或丧失，但能自行恢复；

c) 功能或性能暂时降低或丧失，但要求操作人员干预或系统复位；

d) 因设备(元件)或软件的损坏或数据的丢失而造成不能自行恢复至正常状态的功能降低或丧失。

31 电源短时中断影响

31.1 目的

本试验用于确定仪表电源短时中断所造成的输出瞬变和恢复供电后输出的稳态影响。

31.2 试验设备

本试验采用以下设备：

a) 一台能够提供被试仪表所需范围的输入信号源，其性能应符合被试仪表有关技术要求的规定；

b) 一台能测量、记录被试仪表输出信号和电源中断的监测仪器（如二通道记录仪或数字示波器），其性能应符合被试仪表有关技术要求的规定；

c) 一台能对被试仪表的供电电源进行中断的试验装置，它应具有以下基本特性：

——中断时间：直流 5 ms，20 ms，100 ms，200 ms，500 ms，1 000 ms；
交流 半周期，1 周期，5 周期，10 周期，25 周期，50 周期；

——中断相位控制：过零点或随机；

——额定输出功率：大于被试仪表最大消耗功率。

注：试验装置的参数最终取决于被试仪表的试验要求，不应影响被试仪表的试验结果。

31.3 试验配置

电源短时中断影响试验配置原理如图 44 所示。

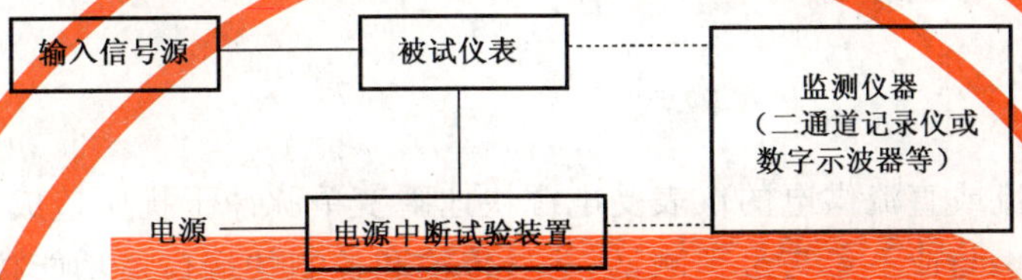

图 44 电源短时中断影响试验配置原理图

31.4 试验程序

31.4.1 基本要求

进行本试验不应使被试仪表出现危险或不安全的后果。

31.4.2 环境条件

31.4.2.1 气候条件

试验在一般试验的大气条件下进行。

被试仪表应在其指定的气候条件下工作。

31.4.2.2 电磁环境条件

实验室的电磁环境不应影响试验结果。

31.4.3 试验的实施

试验时输入信号应保持在量程的 50%附近（或按被试仪表有关技术要求规定）。

中断时间规定如下：

——直流供电仪表：5 ms，20 ms，100 ms，200 ms 或 500 ms（或按被试仪表有关技术要求规定）；

——交流供电仪表：半周期，1 周期，5 周期，10 周期，25 周期（或按被试仪表有关技术要求规定）。

交流电源供电时，如过零点中断，应重复进行 3 次，如采用随机相位中断，应重复进行 10 次。直流供电仪表应重复 3 次。

观察和记录由于供电电源短时中断而引起的被试仪表输出最大瞬时变化，以及电源重新接通后输出恢复到稳态值 99%所需的时间和永久变化。被试仪表受电源短时中断影响的性能要求由被试仪表有关技术要求规定。

两次试验之间的时间间隔至少等于中断时间的10倍。

31.4.4 试验判据

若有关标准或产品技术规范没有给出不同的技术要求，试验结果应该按被试仪表的运行条件和功能规范进行如下分类：

a) 技术要求限值内的性能正常；

b) 功能或性能暂时降低或丧失，但能自行恢复；

c) 功能或性能暂时降低或丧失，但要求操作人员干预或系统复位；

d) 因设备(元件)或软件的损坏或数据的丢失而造成不能自行恢复至正常状态的功能降低或丧失。

32 电源快速瞬变单脉冲干扰影响

32.1 目的

本试验用于确定交流或直流供电的仪表受电源快速瞬变单脉冲干扰所造成的输出变化。

本试验不包括直接参与或不参与过程测量、信号传输和控制的端口及功能接地端口，也不适用于连接电池或再充电时必须从装置上拆下的可充电电池输入端口。

32.2 试验设备

本试验采用以下设备：

a) 一台能够提供被试仪表所需范围的输入信号源，其性能应符合被试仪表有关技术要求的规定；

b) 一台能测量被试仪表输出信号的输出监测仪器，其性能应符合被试仪表有关技术要求的规定；

c) 一台能对被试仪表的供电电源施加电源快速瞬变单脉冲的试验装置，其应具有以下基本特性：

——脉冲上升时间：100 ns、1.2 μs(10%～90%处)；

——脉冲宽度：10 μs、50 μs(50%处)；

——脉冲组合：100 ns/10 μs、1.2 μs/50 μs；

——脉冲重复率：0.1 次/s～1 次/s；

——脉冲极性：正/负；

——输出方式：对称，非对称；

——电压输出：在 0 V～2 000 V 之间连续可调；

——相位调节范围：0°～360°；

——输出阻抗：50 Ω；

——耦合/去耦网络：不应明显影响脉冲参数。

32.3 试验配置

电源快速瞬变单脉冲干扰影响试验配置如图45所示。

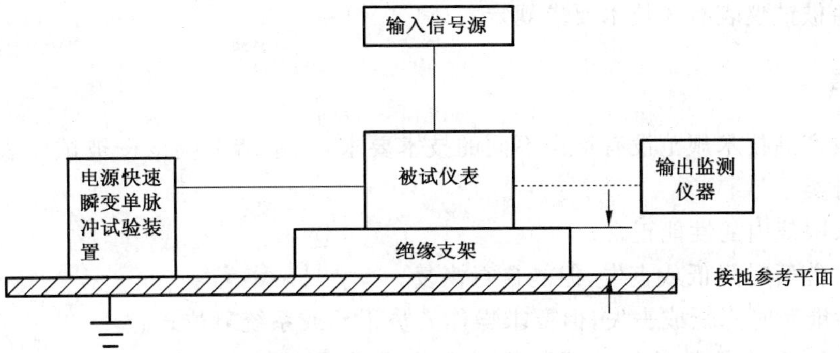

图 45　电源快速瞬变单脉冲干扰影响试验配置

32.4　试验程序

32.4.1　基本要求

进行本试验不应使被试仪表出现危险或不安全的后果。

32.4.2　环境条件

32.4.2.1　气候条件

试验在一般试验的大气条件下进行。

被试仪表应在其指定的气候条件下工作。

32.4.2.2　电磁环境条件

实验室的电磁环境不应影响试验结果。

32.4.3　试验的实施

被试仪表和电缆应放置在厚度为 0.1 m 的绝缘支架上与接地参考平面隔开，接地参考平面应是一种最小厚度为 0.25 mm 的铜或铝的金属板，其他金属材料虽可使用但它们至少有 0.65 mm 的厚度，见图 45。

接地参考平面的最小尺寸取决于被试仪表的尺寸，而且每边至少应伸出被试仪表的投影面 0.1 m，并将它与保护接地系统相连。

按照被试仪表的安装技术条件，应该将它与接地系统连接，不允许有其他附加的接地连接线。

试验时被试仪表的输出应设定在量程的 50%附近(或按被试仪表标准规定状态)。

将正极性和负极性 100 ns/10 μs 瞬变单脉冲以对称、非对称的形式分别叠加到被试仪表交流供电电源的 90°和 180°相位上各 1 min，如随机叠加到供电电源的相位上则应施加 5 min。

或将正极性和负极性 2 个同相位 1.2 μs/50 μs 瞬变单脉冲以对称、非对称的形式分别叠加到被试仪表交流供电电源的 90°和 180°相位上，如随机叠加到供电电源的相位上则应施加 10 个脉冲。

将正极性和负极性 100 ns/10 μs 瞬变单脉冲以对称、非对称的形式分别叠加到被试仪表直流供电电源正、负极上各 1 min。

或将正极性和负极性 2 个 1.2 μs/50 μs 瞬变单脉冲以对称、非对称的形式分别叠加到被试仪表直流供电电源正、负极上。

瞬变单脉冲幅值为主电源电压有效值的 100%、200%、300%、500%和 800%(或按被试仪表标准规定状态)。

观察和记录被试仪表的输出最大瞬时变化和永久变化。被试仪表的电源受快速瞬变单脉冲干扰影响时的性能要求由被试仪表有关技术要求规定。

32.4.4 试验判据

若有关标准或产品技术规范没有给出不同的技术要求,试验结果应该按被试仪表的运行条件和功能规范进行如下分类:

a) 技术要求限值内的性能正常;

b) 功能或性能暂时降低或丧失,但能自行恢复;

c) 功能或性能暂时降低或丧失,但要求操作人员干预或系统复位;

d) 因设备(元件)或软件的损坏或数据的丢失而造成不能自行恢复至正常状态的功能降低或丧失。

ICS 71.040.10
N 53

中华人民共和国国家标准

GB/T 29248—2012

基础电泳装置

Basic electrophoresis system

2012-12-31 发布 2013-06-01 实施

中华人民共和国国家质量监督检验检疫总局
中国国家标准化管理委员会 发布

前　言

本标准按照 GB/T 1.1—2009 给出的规则起草。

本标准由中国机械工业联合会提出。

本标准由中国机械工业联合会归口。

本标准负责起草单位:北京市六一仪器厂。

本标准参加起草单位:机械工业仪器仪表综合技术经济研究所、北京百晶生物技术公司、上海天能科技有限公司、大连竞迈生物科技有限公司、吉林省农业科学院、上海交通大学。

本标准主要起草人:王晓平、金丽辉、朱龙寅、黄昕、辛毅、郝东云、曹成喜、高秀东、崔红松、王继有、孔力、潘长清。

基础电泳装置

1 范围

本标准规定了基础电泳装置的术语和定义、产品分类、基本参数、要求、试验方法、检验规则、标志以及包装、运输、贮存。

本标准适用于电泳电压不大于10kV的分体式基础电泳装置(以下简称电泳装置)。

本标准不适用于定值输出的电泳装置和从加样、电泳、染色、脱色、凝胶扫描及结果处理等程序上进行半自动或全自动处理的电泳分析系统。

2 规范性引用文件

下列文件对于本文件的应用是必不可少的。凡是注日期的引用文件,仅注日期的版本适用于本文件。凡是不注日期的引用文件,其最新版本(包括所有的修改单)适用于本文件。

GB/T 191—2008 包装储运图示标志

GB/T 2822—2005 标准尺寸

GB 4793.1—2007 测量、控制和实验室用电气设备的安全要求 第1部分:通用要求

GB 5465.2—2008 电气设备用图形符号 第2部分:图形符号

GB/T 9969—2008 工业产品使用说明书 总则

GB/T 14710—2009 医用电气设备环境要求及试验方法

SJ/T 1670—2001 电子电源术语及定义

3 术语和定义

下列术语和定义适用于本文件。

3.1

电泳 electrophoresis

在溶液中,带电粒子在外加的电场的作用下向相反电极移动的现象。

3.2

电泳装置 electrophoresis system

进行电泳所用的,可对荷电颗粒进行分离、提纯或制备的装置。通常由电泳仪、电泳仪电源及其附件组成。

3.3

基础电泳装置 basic electrophoresis system

电泳电压不大于10kV的分体式电泳装置。

3.4

电泳仪 electrophoresis apparatus

进行电泳的器具,主要由缓冲液池、电极和支架组成。根据不同要求还可有制胶、冷却、循环等附件。

3.5

电泳仪电源　power supplies of electrophoresis apparatus

专为进行电泳提供外加电场的直流电源。其输出电压或电流或功率要求相对稳定或按特定规律变化。

3.6

电泳条带　electrophoresis bands

电泳后载体上的介质所形成的条带。

3.7

电泳样品　electrophoresis samples

需经电泳分离检测的物质。

3.8

胶室　gel cell

电泳过程中用以形成各种不同规格和形状载体的模具。

3.9

胶面　gel surface

制胶过程中凝胶所形成的表面。

3.10

介质　medium

具有作抗对流和分离效应的亲水性物质，也称为电泳支持物。

3.11

样品梳(试样格)　sample comb

制胶过程中用以形成加样孔的模具。

3.12

脉冲场电泳　pulsed field electrophoresis

通过不断交替改变电场的方法，将大小不同的大分子量 DNA 分离开来的电泳技术。

3.13

影响量　influence quantity

来自电源设备外部而影响其性能的任何量。

3.14

源电压效应　source voltage effect

源电压的变化引起的稳定输出量的变化。

[SJ/T 1670—2001，定义 3.14]

3.15

负载效应　load effect

负载变化引起的稳定输出量变化。

[SJ/T 1670—2001，定义 3.13]

3.16

时间漂移　time drift

所有影响量保持不变，在预热时间后的规定时间内连续工作时，电泳仪电源输出电压或电流或功率的相对变化量。

3.17

温度系数　temperature coefficient

其他影响量保持不变，电泳仪电源输出电压或电流或功率的相对变化量与环境温度变化量之比。

3.18

纹波系数　ripple factor

电泳仪电源输出电压中交流分量所占的比例。

3.19

额定值　specified value

规定的电泳仪电源输出的电压或电流或功率的最大值。

4　产品分类

4.1　电泳装置组成

电泳装置由电泳仪电源和电泳仪及其附件组成。

4.2　电泳仪电源

4.2.1　电泳仪电源按输出电压额定值可分为低压、中压、高压、超高压四种类型，输出电压额定值见表1。

表1　电泳仪电源按输出电压额定值分类表

类型	输出电压额定值 U V
低压	$U<500$
中压	$500\leqslant U<1\ 500$
高压	$1\ 500\leqslant U\leqslant 5\ 000$
超高压	$5\ 000<U\leqslant 10\ 000$

4.2.2　电泳仪电源按输出方式可分为稳压、稳流和稳功率三种类型。

4.3　电泳仪

电泳仪按其电泳方式可分为垂直式和水平式两大类。垂直式又分为板状和管状两类，管状一般为圆盘式，水平式也可分为板状和条状两类。

5　基本参数

5.1　使用条件

电泳装置应可在下列条件下正常使用：

a)　环境温度：15 ℃～35 ℃；

b)　相对湿度：不大于75%；

c)　大气压力：75 kPa ～106 kPa；

d)　电源电压：单相正弦交流 220 V±22 V，50 Hz±1 Hz；

e)　电泳仪周围应无强烈的震动；

f)　周围空气中无腐蚀性气体存在。

5.2　电泳仪槽体尺寸

电泳仪槽体的尺寸应按 GB/T 2822—2005 中 Ra20 系列选取组合。

5.3 圆盘电泳仪外径与所容纳玻璃管数

圆盘电泳仪外径与所容纳玻璃管数应采用表2所列的组合。

表2 圆盘电泳仪外径与所容纳玻璃管数

外径 mm	管数					
	4	6	8	10	12	16
φ60	●	—	—	—	—	—
φ70	○	—	—	—	—	—
φ80	—	●	—	—	—	—
φ90	—	○	—	—	—	—
φ100	—	—	●	—	—	—
φ110	—	—	○	—	—	—
φ120	—	—	○	●	—	—
φ130	—	—	—	○	●	—
φ140	—	—	—	○	○	—
φ150	—	—	—	—	○	●
φ160	—	—	—	—	—	○
注：符号“●”表示优先采用，符号“○”表示可采用，符号“—”表示不采用。						

6 要求

6.1 外观及结构

6.1.1 电泳仪电源面板上的装配件宜布置均匀，调节旋钮和开关应灵活可靠。

6.1.2 指示或显示装置应清晰。指针式仪表的等级指数不应大于2.5，数字显示式仪表的示值误差不应超过±2％。其图形符号符合GB/T 5465.2—2008的规定。

6.1.3 电泳仪的槽体应采用耐腐蚀的绝缘材料，优先采用注塑成型。电泳仪槽体宜是部分或全部透明，不应有直径大于2 mm的气泡。

6.1.4 电泳仪应采用槽盖和散热设计方式。

6.1.5 电泳仪的电极应耐电解腐蚀、耐高温、具有良好的导电性能，不应焊接、绞接。要有适当保护，并便于清洗、维修和更换。

6.1.6 电泳仪的外接端与槽内电极之间的连接应可靠，不应有断路现象。

6.2 技术性能

6.2.1 电泳仪电源

6.2.1.1 电泳仪电源的主要性能指标应符合表3的规定。

表 3 电泳仪电源的主要性能指标

序号	项目	指标		
		稳压	稳流	稳功率
1	源电压效应	≤1%	≤1%	≤2%
2	负载效应	≤1%	≤2%	≤4%
3	时间漂移	≤3%(连续工作 8 h)		
4	连续工作时间	≥8 h		
5	温度系数	≤0.5%/℃		

6.2.1.2 电泳仪电源的纹波系数应在产品说明书中说明。

6.2.1.3 电泳仪电源应有短路保护和报警功能。

6.2.1.4 高压电泳仪电源应有开路(空载)报警和保护功能。

6.2.1.5 电泳仪电源应有稳定状态指示,对状态发生改变应能作出明确的响应。

6.2.1.6 电泳仪电源应有定时装置,其计时误差限值不超过±1%。

6.2.1.7 电泳仪电源宜有来电恢复功能。电泳仪电源正常工作状态下,遇电网停电,来电后仪器报警提示后恢复原工作状态。

6.2.1.8 电泳仪电源宜有小电流维持功能。电泳仪电源按照预设的程序或时间完成工作后,可按设定以小电流状态维持弱电场。

6.2.2 电泳仪连续工作时间

在正常使用条件下,电泳仪的连续工作时间应满足电泳仪电源的连续工作时间。

6.2.3 槽体

电泳仪的缓冲液池和冷却装置不应渗漏。

6.3 安全

6.3.1 正负极标志

电泳仪电源的输出端子应有符合 GB/T 5465.2—2008 中 5005、5006 的正负极标志。

6.3.2 结构和连接、断开

仪器装置的结构、连接及断开应符合 GB 4793.1—2007 中 6.9～6.11 的规定。

6.3.3 可触及零部件的允许限值

可触及零部件的允许限值应符合 GB 4793.1—2007 中 6.2 及 6.3 的规定。

6.3.4 保护连接

保护连接的完整性、保护导体端子以及保护连接的阻抗应满足 GB 4793.1—2007 中 6.5 的规定。保护导体端子与规定要采用保护连接的每一个可触及零部件之间的阻抗不应超过 0.1 Ω(电源线的阻抗除外)。

6.3.5 电气间隙和爬电距离

电气间隙和爬电距离应符合 GB 4793.1—2007 中 6.7.1～6.7.4 的规定。

6.3.6 介电强度

在采用规定值的介电强度电压试验时，不应出现击穿或重复飞弧(电晕效应和类似现象可忽略不计)。

6.4 环境可靠性

在包装完好条件下，电泳仪电源、电泳仪按GB/T 14710—2009规定的气候环境条件Ⅱ组、机械环境条件Ⅱ组进行环境试验。试验结束后打开包装进行测试，其结果应符合6.1～6.3的规定。

7 试验方法

7.1 主要试验仪器与设备

主要试验仪器与设备有：

a) 交流稳压电源：负载效应不大于1%，输出波形失真不大于5%；
b) 交流调压器：(0～250)V；
c) 交流电压表：频率范围的上限不低于100 kHz，等级指数不大于0.5，电池供电工作；
d) 恒温箱：温度误差不超过0.5 ℃；
e) 直流电压表和电流表：等级指数不大于0.5；
f) 负载电阻器：误差小于5%；
g) 电介质强度试验装置、漏电流试验装置和接地电阻试验装置；
h) 环境试验所需的设备和仪器。

7.2 试验条件

7.2.1 试验条件应符合5.1的有关规定。

7.2.2 除特别规定，电泳仪电源应在输出功率为额定值条件下预热30 min。

7.2.3 除特别指明，测试点为电泳仪电源输出端子。

7.2.4 当输出电压(电流)超过测量仪表量程时，测量时允许先经分压(分流)，然后按分压(分流)比对测量结果，进行修正。

7.3 外观及结构试验

采用目测、手动操作、通用或专用量具测量等方法进行检查，其结果应符合6.1的规定。

7.4 技术性能试验

7.4.1 电泳仪电源试验

7.4.1.1 源电压效应试验

7.4.1.1.1 试验电路如图1所示。

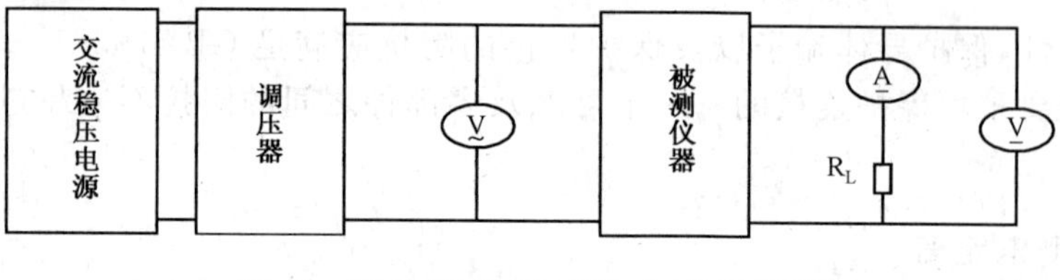

图1 源电压效应试验电路示意图

7.4.1.1.2 试验步骤如下：

a) 在输入电压为标称值，输出电压(或输出电流)为额定值、输出电流(或输出电压)为额定功率下最大值的50%时，测出输出电压 U_0(或输出电流 I_0)；

b) 在输入电压为标称值，输出功率为额定值时，测出输出电压 $U_{0,P}$ 和输出电流 $I_{0,P}$，并按式(1)计算出输出功率 $P_{0,P}$；

c) 将输入电压相对于标称值分别升高或降低10%时，在输出电压(或输出电流)达到稳态后10 s内测出输出电压 U_i(或输出电流 I_i)；

d) 将输入电压相对于标称值分别升高或降低10%时，在输出功率达到稳态后10 s内测出输出电压 $U_{i,P}$ 和输出电流 $I_{i,P}$，按式(2)计算出输出功率 $P_{i,P}$；

e) 按式(3)或式(4)或式(5)分别计算源电压效应 ξ_U、ξ_I、ξ_P，取其最大值。

$$P_{0,P}=U_{0,P}\cdot I_{0,P} \qquad (1)$$

式中：

$U_{0,P}$——输入电压为标称值时的输出电压，单位为伏(V)；

$I_{0,P}$——输入电压为标称值时的输出电流，单位为安(A)；

$P_{0,P}$——输入电压为标称值时的输出功率，单位为瓦(W)。

$$P_{i,P}=U_{i,P}\cdot I_{i,P} \qquad (2)$$

式中：

$U_{i,P}$——输入电压相对于标称值升高或降低10%时的输出电压，单位为伏(V)；

$I_{i,P}$——输入电压相对于标称值升高或降低10%时的输出电流，单位为安(A)；

$P_{i,P}$——输入电压相对于标称值升高或降低10%时的输出功率，单位为瓦(W)。

$$\xi_U=\left|\frac{U_0-U_i}{U_0}\right|\times 100\% \qquad (3)$$

式中：

U_0——输入电压为标称值，输出电压为额定值、输出电流为额定功率下最大值的50%时的输出电压，单位为伏(V)；

U_i——输入电压相对于标称值分别升高或降低10%时，在输出电压达到稳态后10 s内测出的输出电压，单位为伏(V)；

ξ_U——源于电压的源电压效应。

$$\xi_I=\left|\frac{I_0-I_i}{I_0}\right|\times 100\% \qquad (4)$$

式中：

I_0——输入电压为标称值，输出电流为额定值、输出电压为额定功率下最大值的50%时的输出电流，单位为安(A)；

I_i——输入电压相对于标称值分别升高或降低10%时，在输出电流达到稳态后10 s内测出的输出电流，单位为安(A)；

ξ_I——源于电流的源电压效应。

$$\xi_P=\left|\frac{P_{0,P}-P_{i,P}}{P_{0,P}}\right|\times 100\% \qquad (5)$$

式中：

ξ_P——源于功率的源电压效应。

7.4.1.2 负载效应试验

7.4.1.2.1 试验电路如图2所示。

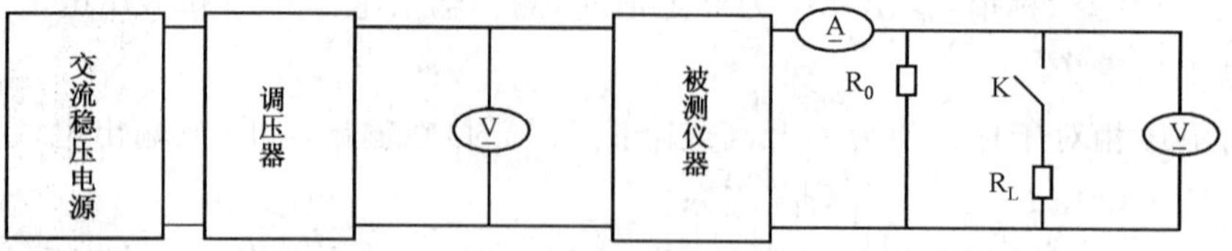

图2 负载效应试验电路示意图

7.4.1.2.2 试验步骤如下：

a) 在输入电压相对于标称值升高10%，输出电压(或输出电流)为额定值和输出电流(或输出电压)为额定功率下最大值的50%时，测出输出电压$U_{o,1}$(或输出电流$I_{o,1}$)，改变负载电阻使输出电流(或输出电压)在额定功率下最大值的50%和30%之间阶跃变化，在达到稳态后的10 s内测出输出电压$U_{i,1}$(或输出电流$I_{i,1}$)；

b) 在输入电压相对于标称值升高10%，输出功率为额定值，输出电压接近额定值时，测出$U_{o,2}$和$I_{o,2}$，改变负载使输出电流接近额定值时，测出$U_{i,2}$和$I_{i,2}$；

c) 按式(6)、式(7)计算出功率$P_{o,1}$和$P_{i,1}$；

d) 把输入电压相对于标称值降低10%，重复上述测试；

e) 按式(8)或式(9)或式(10)分别计算负载效应η_U、η_I、η_P，取其最大值。

$$P_{o,1}=U_{o,2}\cdot I_{o,2} \qquad \cdots\cdots(6)$$

式中：

$U_{o,2}$——输入电压相对于标称值升高10%或降低10%，输出功率为额定值，输出电压接近额定值时的电压，单位为伏(V)；

$I_{o,2}$——输入电压相对于标称值升高10%或降低10%，输出功率为额定值，输出电压接近额定值时的电流，单位为安(A)；

$P_{o,1}$——输入电压相对于标称值升高10%或降低10%时的输出功率，单位为瓦(W)。

$$P_{i,1}=U_{i,2}\cdot I_{i,2} \qquad \cdots\cdots(7)$$

式中：

$U_{i,2}$——输入电压相对于标称值升高10%或降低10%，输出功率为额定值，输出电压接近额定值时，改变负载使输出电流接近额定值时的电压，单位为伏(V)；

$I_{i,2}$——输入电压相对于标称值升高10%或降低10%，输出功率为额定值，输出电压接近额定值时，改变负载使输出电流接近额定值时的电流，单位为安(A)；

$P_{i,1}$——输入电压相对于标称值升高或降低10%，改变负载电阻，在达到稳态后的输出功率，单位为瓦(W)。

$$\eta_U=\left|\frac{U_{o,1}-U_{i,1}}{U_{o,1}}\right|\times 100\% \qquad \cdots\cdots(8)$$

式中：

$U_{o,1}$——输入电压相对于标称值升高10%或降低10%，输出电压为额定值和输出电流为额定功率下最大值的50%时的电压，单位为伏(V)；

$U_{i,1}$——输入电压相对于标称值升高10%或降低10%，输出电压为额定值和输出电流为额定功率下最大值的50%时，改变负载电阻使输出电流在额定功率下最大值的50%和30%之间阶跃变化，在达到稳态后的10 s内的电压，单位为伏(V)；

η_U ——源于电压的负载效应。

$$\eta_I = \left| \frac{I_{0,1} - I_{i,1}}{I_{0,1}} \right| \times 100\% \qquad \cdots\cdots(9)$$

式中：

$I_{0,1}$——输入电压相对于标称值升高10%或降低10%，输出电流为额定值和输出电压为额定功率下最大值的50%时的电流，单位为安(A)；

$I_{i,1}$——输入电压相对于标称值升高10%或降低10%，输出电流为额定值和输出电压为额定功率下最大值的50%时，改变负载电阻使输出电压在额定功率下最大值的50%和30%之间阶跃变化，在达到稳态后的10 s内的电流，单位为安(A)；

η_I ——源于电流的负载效应。

$$\eta_P = \left| \frac{P_{0,1} - P_{i,1}}{P_{0,1}} \right| \times 100\% \qquad \cdots\cdots(10)$$

式中：

η_P ——源于功率的负载效应。

7.4.1.3 时间漂移试验和连续工作时间试验

7.4.1.3.1 试验电路如图3所示。

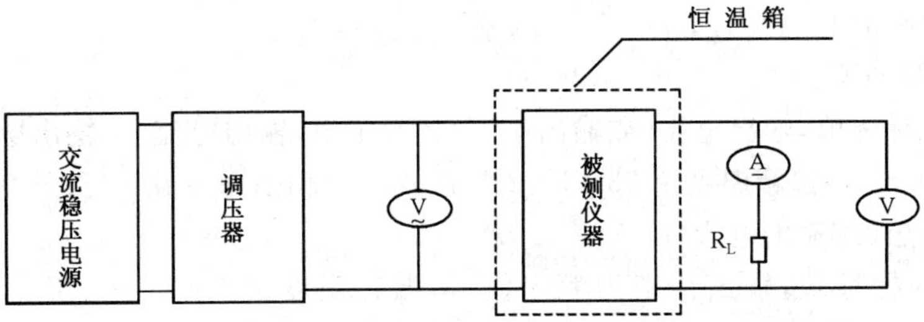

图3 时间漂移试验和连续工作时间试验电路示意图

7.4.1.3.2 试验步骤如下：

a) 输入电压为标称值，输出电压(或输出电流)为额定值，输出电流(或输出电压)为其额定功率下最大值的50%，在恒温箱温度变化不大于±2 ℃时，连续工作8 h(产品说明书标明的连续工作时间超过8 h时，按标明的时间试验)。每30 min测量一次输出电压(或输出电流)，分别找出其最大值和最小值；

b) 按式(11)或式(12)或式(13)分别计算8 h时间漂移λ_U、λ_I、λ_P，取其最大值。

$$\lambda_U = \left| \frac{U_{max} - U_{min}}{U_0} \right| \times 100\% \qquad \cdots\cdots(11)$$

式中：

U_{max}——输入电压为标称值，输出电压为额定值，输出电流为其额定功率下最大值的50%，在恒温箱温度变化不大于±2 ℃时，连续工作8 h。每30 min测量一次输出电压，测出输出电压的最大值，单位为伏(V)。

U_{min}——输入电压为标称值，输出电压为额定值，输出电流为其额定功率下最大值的50%，在恒温箱温度变化不大于±2 ℃时，连续工作8 h。每30 min测量一次输出电压，测出输出电压的最小值，单位为伏(V)。

λ_U ——源于电压的时间漂移。

$$\lambda_I = \left| \frac{I_{max} - I_{min}}{I_0} \right| \times 100\% \qquad \cdots\cdots(12)$$

式中：

I_{max}——输入电压为标称值，输出电流为额定值，输出电压为其额定功率下最大值的50%，在恒温箱温度变化不大于±2 ℃时，连续工作8 h。每30 min测量一次输出电流，测出输出电流的最大值，单位为安(A)。

I_{min}——输入电压为标称值，输出电流为额定值，输出电压为其额定功率下最大值的50%，在恒温箱温度变化不大于±2 ℃时，连续工作8 h。每30 min测量一次输出电流，测出输出电流的最小值，单位为安(A)。

λ_I——源于电流的时间漂移。

$$\lambda_P=\left|\frac{P_{max}-P_{min}}{P_{0,2}}\right|\times 100\% \qquad (13)$$

式中：

P_{max}——最大电流与最大电压的乘积；

P_{min}——最小电流与最小电压的乘积；

$P_{0,2}$——输入电压为标称值，电流与电压的乘积；

λ_P——源于功率的时间漂移。

7.4.1.4 温度系数试验

7.4.1.4.1 试验电路如图3所示。

7.4.1.4.2 试验步骤如下：

a) 输入电压为标称值，输出电压(或输出电流)为额定值，输出电流(或输出电压)为其额定功率下最大值的50%，恒温箱温度由23 ℃±2 ℃向40 ℃变化，每变化10 ℃±2 ℃，恒温1 h后测量一次输出电压(或输出电流)；

b) 输入电压为标称值，输出功率为额定值，恒温箱温度由23 ℃±2 ℃向40 ℃变化，每变化10 ℃±2 ℃，恒温1 h后测量一次输出电压和输出电流；

c) 恒温箱温度由室温向5℃变化时，重复上述测试；

d) 按式(14)或式(15)或式(16)分别计算温度系数δ_U、δ_I、δ_P，取其最大值。

$$\delta_U=\left|\frac{U_1-U_2}{U_1}/\Delta t\right|\times 100\% \qquad (14)$$

式中：

U_1——输入电压为标称值，输出电压为额定值，输出电流为其额定功率下最大值的50%，恒温箱温度23 ℃，恒温1 h后测量一次输出电压，单位为伏(V)；

U_2——输入电压为标称值，输出电压为额定值，输出电流为其额定功率下最大值的50%，恒温箱温度由23 ℃±2 ℃向40 ℃变化，每变化10 ℃±2 ℃，恒温1 h后测量一次输出电压，单位为伏(V)；

Δt——温度变化值，单位为摄氏度(℃)；

δ_U——源于电压的温度系数。

$$\delta_I=\left|\frac{I_1-I_2}{I_1}/\Delta t\right|\times 100\% \qquad (15)$$

式中：

I_1——输入电压为标称值，输出电流为额定值，输出电压为其额定功率下最大值的50%，恒温箱温度23 ℃，恒温1 h后测量一次输出电流，单位为安(A)；

I_2——输入电压为标称值，输出电流为额定值，输出电压为其额定功率下最大值的50%，恒温箱温度由23 ℃±2 ℃向40 ℃变化，每变化10 ℃±2 ℃，恒温1 h后测量一次输出电流，单位为安(A)；

Δt——温度变化值，单位为摄氏度(℃)；

δ_I——源于电流的温度系数。

$$\delta_P = \left| \frac{U_3 \cdot I_3 - U_4 \cdot I_4}{U_3 \cdot I_3} / \Delta t \right| \times 100\% \quad \cdots\cdots (16)$$

式中：

U_3——输入电压为标称值，输出功率为额定值，恒温箱温度 23 ℃，恒温 1 h 后测量一次输出电压，单位为伏(V)；

U_4——输入电压为标称值，输出功率为额定值，恒温箱温度由 23 ℃±2 ℃向 40 ℃变化，每变化 10 ℃±2 ℃，恒温 1 h 后测量一次输出电压，单位为伏(V)；

I_3——输入电压为标称值，输出功率为额定值，恒温箱温度 23 ℃，恒温 1 h 后测量一次输出电流，单位为安(A)；

I_4——输入电压为标称值，输出功率为额定值，恒温箱温度由 23 ℃±2 ℃向 40 ℃变化，每变化 10 ℃±2 ℃，恒温 1 h 后测量一次输出电流，单位为安(A)；

Δt——温度变化值，单位为摄氏度(℃)；

δ_P——源于功率的温度系数。

7.4.1.5 纹波系数试验

7.4.1.5.1 试验电路如图 4 所示。

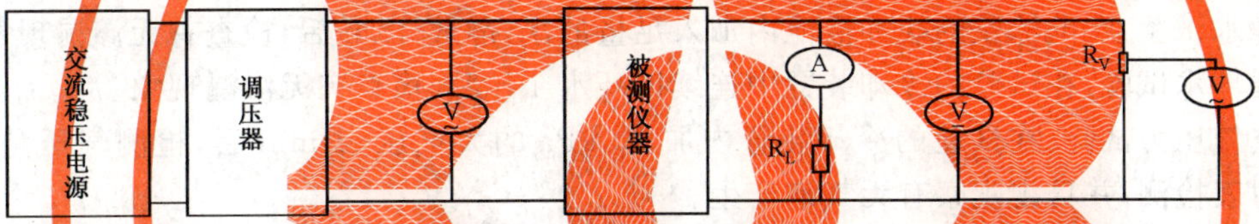

图 4 纹波系数试验电路示意图

7.4.1.5.2 试验步骤如下：

a) 输入电压为标称值，输出电压为额定值，输出电流为其额定功率下最大值的 50%时，读出交流电压表显示的交流分量的有效值；

b) 输出电压分别升高和降低 10%，重复上述测试(微电脑控制的电泳仪电源输出电压分别降低 10%和 20%)；

c) 按式(17)分别计算输出电压的纹波系数 γ，取其最大值。

$$\gamma = \frac{\Delta U}{U} \times 100\% \quad \cdots\cdots (17)$$

式中：

ΔU——输出电压中交流分量的有效值，单位为伏(V)；

U——额定输出电压，单位为伏(V)；

γ——纹波系数。

7.4.1.6 短路保护和报警功能试验

先将电泳仪电源输出端正负极用短连线短路，然后开机将输出电压、电流等设置到额定值的三分之一以上，启动输出后应在 15 s 内作出报警指示并进入保护状态，在撤销短路后仪器应可以在不烧保险和切断设备电源的情况下恢复正常开机状态。

7.4.1.7 开路(空载)报警和保护功能试验

设置输出电压不小于 1 500 V，并使输出电流不大于 1 mA，电泳仪电源应在 5 s 内作出报警指示并在 10 s 内关闭输出。

7.4.1.8 稳定状态指示试验

当输出达到稳定值后观察是否有稳定状态指示。改变稳定状态后，稳定状态指示是否有相应改变。

7.4.1.9 定时装置试验

用记时器或秒表测量，设置 20 min±0.5 min，定时时间到，应到时提示或关闭输出。

7.4.1.10 来电恢复功能试验

电泳仪电源正常工作状态下，关断电源开关，来电后仪器恢复停电前工作状态，并报警提示。

7.4.1.11 小电流维持功能试验

电泳仪电源按照预设的程序或时间完成工作后，可在小电流的状态下继续工作。

7.4.2 电泳仪连续工作时间

连接电泳仪电源，检查电泳仪在电泳仪电源连续工作时间内是否连续正常工作。

7.4.3 槽体试验

7.4.3.1 静水试验：在电泳仪的缓冲液池内加入足量的水，静放 48 h 后，检查有无渗漏现象。

7.4.3.2 循环水试验：在试验的冷却装置中连续循环水 4 h 后，检查有无渗漏现象。

7.4.3.3 空气压力试验：在试验的冷却装置内加 30 kPa 的大气压，2 min 后，检测气压是否下降。用气压泵、压力表检测，并目视观察有无气泡产生。

7.4.3.4 电泳仪冷却装置的渗漏试验可按 7.4.3.2 或 7.4.3.3 中任一种方法进行。

7.5 安全试验

7.5.1 正负极标志试验

用目视方法检查电泳仪电源输出端子的正负极标志，其结果应符合 6.3.1 的规定。

7.5.2 结构和连接、断开试验

电泳装置的结构、连接及断开试验按照 GB 4793.1—2007 中 6.9～6.11 的相关条款进行。

7.5.3 可触及零部件的允许限值试验

可触及零部件的判定按照 GB 4793.1—2007 的 6.2.1 进行，测量可触及零部件的允许限值对照 GB 4793.1—2007 的 6.3.1 和 6.3.2 的规定，判别其是否合格。且其正常条件下的防护应满足 GB 4793.1—2007的 6.4 的要求。

7.5.4 保护连接试验

按 GB 4793.1—2007 中 6.5 的规定检查保护连接的完整性、保护导体端子以及保护连接的阻抗，其结果应符合 6.4 的规定。

7.5.5 电气间隙和爬电距离试验

测量电气间隙和爬电距离的值对照 GB 4793.1—2007 的 6.7.1～6.7.4 的相关规定值的要求，判别其是否合格。

7.5.6 介电强度试验

7.5.6.1 本试验应在测试和检查合格的产品上进行。

7.5.6.2 用耐压测试仪，在要求绝缘的部位之间施加规定要求的试验电压，结果应符合 6.3.6 的规定。

7.6 环境可靠性试验

环境可靠性试验按 GB/T 14710—2009 的规定进行，其结果应符合 6.4 的规定。

注：环境试验时不进行电源适应能力试验。

8 检验规则

8.1 检验分类

电泳装置的检验分为：

a) 出厂检验；

b) 型式检验。

8.2 检验项目

出厂检验、型式检验的项目、要求及试验方法的条款号见表 4。

8.3 出厂检验

出厂检验由制造商质量检验部门负责，逐台检验合格后签发产品合格证，方能出厂。

表 4 检验项目表

序号	检验项目	要求的条款号	试验方法的条款号	出厂检验	型式检验
1	外观及结构	6.1	7.3	●	●
2	电泳仪电源源电压效应	6.2.1.1 表 3	7.4.1.1	●	●
3	电泳仪电源负载效应	6.2.1.1 表 3	7.4.1.2	●	●
4	电泳仪电源时间漂移	6.2.1.1 表 3	7.4.1.3	—	●
5	电泳仪电源连续工作时间	6.2.1.1 表 3	7.4.1.3	—	●
6	电泳仪电源温度系数	6.2.1.1 表 3	7.4.1.4	—	●
7	电泳仪电源纹波系数	6.2.1.2	7.4.1.5	●	●
8	电泳仪电源短路保护和报警	6.2.1.3	7.4.1.6	●	●
9	电泳仪电源开路(空载)报警和保护	6.2.1.4	7.4.1.7	●	●
10	电泳仪电源稳定状态指示	6.2.1.5	7.4.1.8	●	●
11	电泳仪电源定时装置	6.2.1.6	7.4.1.9	●	●
12	电泳仪电源来电恢复	6.2.1.7	7.4.1.10	—	●
13	电泳仪电源小电流维持	6.2.1.8	7.4.1.11	—	●
14	电泳仪连续工作时间	6.2.2	7.4.2	—	●
15	槽体	6.2.3	7.4.3	●	●
16	正负极标志	6.3.1	7.5.1	—	●

表 4(续)

序号	检验项目	要求的条款号	试验方法的条款号	出厂检验	型式检验
17	结构和连接、断开	6.3.2	7.5.2	—	●
18	可触及零部件	6.3.3	7.5.3	—	●
19	保护连接	6.3.4	7.5.4	●	●
20	电气间隙和爬电距离	6.3.5	7.5.5	—	●
21	介电强度	6.3.6	7.5.6	●	●
22	环境可靠性	6.4	7.6	—	●
注:“●”表示应检验的项目,符号“—”表示不必检验的项目。					

8.4 型式检验

8.4.1 有下列情况之一时,应进行型式检验:

a) 新产品设计定型或生产注册时;

b) 连续生产中,定期进行的例行型式检验;

c) 间隔一年以上再生产时;

d) 设计、工艺或材料有重大改变时;

e) 国家质量监督部门提出要求时。

8.4.2 型式检验的样本在出厂检验合格的产品中随机抽取 3 台,所有项目均应检验并符合第 6 章的要求。

8.4.3 型式检验不合格,应分析原因,找出问题并落实措施,重新进行型式检验。若再次型式检验不合格,则应停产整顿,产品停止出厂检验,待解决问题,型式检验合格后,方可恢复出厂检验。

9 标志

9.1 标志、标签

9.1.1 产品外部标志包含铭牌在内,应标有:

a) 制造厂名称;

b) 仪器型号及名称;

c) 产品编号或生产日期;

d) 执行标准号;

e) 电泳仪电源标志:

1) 供电电源电压和频率的额定值;

2) 输入功率;

3) 熔断器规格型号及额定值;

4) 输出电压、电流、功率的额定值。

9.1.2 产品外包装应标有:

a) 产品名称和型号;

b) 执行标准号;

c) 体积(长×宽×高);

d) 重量(净重、毛重);
e) 产品编号或生产日期;
f) 储运标志,图示标志应符合 GB/T 191—2008 的规定;
g) 储运允许环境条件;
h) 制造厂名称、地址、电话。

9.1.3 产品检验合格证应标有:
a) 产品名称和型号;
b) 检验日期;
c) 检验员代号;
d) 制造厂名称。

9.2 说明书

说明书应包括下列内容:
a) GB 4793.1—2007 中 5.4 规定的内容;
b) GB/T 9969—2008 中规定的内容;
c) 纹波系数;
d) 执行标准号;
e) 对于电泳仪电源具有的过载、变载、漏电、过热等保护功能及其他附属功能,应在说明书中给以明确的指示和说明。

10 包装、运输和贮存

10.1 包装

产品包装应符合下列要求:
a) 产品及附件、以及随机文件应置于中性塑料等材料制件的内包装袋中;
b) 外包装箱应能保证产品不受自然损坏,箱内应有防雨和软性衬垫等物;
c) 随机文件应有检验合格证、说明书、装箱清单;
d) 包装箱外部应有 9.1.2 规定的标志。

10.2 运输

按订货合同规定。

10.3 贮存

包装后的产品应贮存在温度−40 ℃～+55 ℃(含有液晶的电泳仪电源贮存在温度−20 ℃～+55 ℃)、相对湿度不超过 93%、无腐蚀性气体和通风良好的室内。

ICS 17.060
N 61

中华人民共和国国家标准

GB/T 29249—2012

电子称量式烘干法水分测定仪

Electronic weighing moisture analyzer of oven drying

2012-12-31 发布 2013-06-01 实施

中华人民共和国国家质量监督检验检疫总局
中国国家标准化管理委员会 发布

前　言

本标准按照 GB/T 1.1—2009 给出的规则起草。

本标准由中国机械工业联合会提出。

本标准由中国机械工业联合会归口。

本标准负责起草单位:沈阳龙腾电子有限公司、辽宁省计量科学研究院、上海精科天美科学仪器有限公司、机械工业仪器仪表综合技术经济研究所、中国仪器仪表行业协会实验室仪器分会、长沙湘仪天平仪器设备有限公司、长沙湘平科技发展有限公司、上海良平仪器仪表有限公司。

本标准参加起草单位:湖南省计量检测研究院、沈阳计量研究所、上海菁海仪器有限公司、上海市计量测试技术研究院、上海舜宇恒平科学仪器有限公司、赛多利斯科学仪器(北京)有限公司、上海民桥精密科学仪器有限公司、常州市富月砝码有限公司。

本标准主要起草人:张志、孟淑燕、董莉、金丽辉、王家龙、周凌嵘、熊一凡、梁辉、钟小军、杨秀英、张柏荣、朱俊、吴群、王兵、归剑刚、忻秀月、刘洋、邓爱群、张光荣、冯晓升。

电子称量式烘干法水分测定仪

1 范围

本标准规定了电子称量式烘干法水分测定仪的术语和定义、基本参数、要求、试验方法、检验规则、标志、包装、运输及贮存。

本标准适用于对物理形态和化学形态相对稳定的样品进行游离水分含量测定的电子称量式烘干法水分测定仪(以下简称水分仪)。

2 规范性引用文件

下列文件对于本文件的应用是必不可少的。凡是注日期的引用文件,仅注日期的版本适用于本文件。凡是不注日期的引用文件,其最新版本(包括所有的修改单)适用于本文件。

GB/T 191—2008 包装储运图示标志

GB/T 2829—2002 周期检验计数抽样程序及表(适用于对过程稳定性的检验)

GB 4793.1—2007 测量、控制和实验室用电气设备的安全要求 第1部分:通用要求

GB/T 9969—2008 工业产品使用说明书 总则

GB/T 11606—2007 分析仪器环境试验方法

GB/T 12113—2003 接触电流和保护导体电流的测量方法

JJG 658—2010 烘干法水分测定仪

JJG 1036—2008 电子天平

3 术语和定义

下列术语和定义适用于本文件。

3.1

实际分度值 scale interval

以质量单位表示水分仪衡量装置相邻两个示值之差,用 d 表示。

3.2

检定分度值 verification scale interval

以质量单位表示的水分仪的衡量装置用于划分等级与进行计量检定的值,用 e 表示。

3.3

水分含量 moisture content

样品实际含水及挥发成分的百分率,即样品烘干前后的质量差与样品初始质量的比值,用百分数(%)表示。

3.4

水分含量可读性 moisture readability

水分仪可显示的水分含量变化的最小增量,以百分数(%)表示。

3.5

加热温度范围 heating range

水分仪工作时可设定和显示加热的上限温度和下限温度区间。

3.6

工作时间 operating time

水分仪可显示出从开始加热到测试结束所运行的时间。

3.7

水分测定重复性 repeatability of moisture content determination

水分仪在相同的测定条件下，对同一稳定样品的多次重复测定，以标准偏差计算出的结果。

3.8

水分测定误差 moisture measuring error

水分仪的显示水分值与标准水分值之间的差值。

4 基本参数

4.1 准确度等级

4.1.1 水分仪按其衡量装置的检定分度值和检定分度数(衡量装置的最大秤量与检定分度值之比)，划分成下列两个准确度等级：

a) 特种准确度级 符号为 ①；

b) 高准确度级 符号为⑪。

4.1.2 准确度等级与检定分度值和检定分度数的关系见表 1。

表 1

准确度等级	分度值	分度数	
		最小	最大
①	$e \leqslant 0.001$ g	50 000	不限制
⑪	0.001 g $< e \leqslant 0.05$ g	100	100 000
	0.1 g $\leqslant e$	5 000	

4.2 正常工作条件

4.2.1 水分仪温度界限的范围、温度波动度和相对湿度范围应符合表 2 的规定。

表 2

准确度等级	温度界限的范围 ℃	温度波动度 ℃/h	相对湿度范围 %
①	≥5	≤1	30～70
⑪	≥15	≤5	30～75

4.2.2 周围无强磁场的干扰，无可燃性气体及易燃品存在。

4.2.3 水分仪的预热时间应符合制造厂规定的要求。

4.2.4 供电电源的额定电压为交流 220 V，允许偏离额定值的范围为－15%～＋10%；额定频率为 50 Hz，允许偏离额定值的范围为±2%。

4.2.5 水分仪应放在稳固的平台上，避免阳光直射和气流的影响。

5 要求

5.1 外观

5.1.1 水分仪的镀层、涂层、化学处理表面应色泽均匀，不应有露底、脱皮、起层、起泡、起毛、水渍（水迹）、斑痕、毛刺、裂痕等显见的缺陷。

5.1.2 水分仪按键应定位准确，运动自如，不应有错位等缺陷，水分仪上所有指示标记应清晰。

5.1.3 数字读数显示器应亮度均匀，数字显示应完整清晰，无显见的歪斜现象。

5.1.4 干燥室外罩应平整，上盖开关灵活，能方便地放入和移出试样盘。

5.1.5 烘干装置易接触发热表面应具有 GB 4793.1—2007 表 1 中符号 13 的"防止烫伤"警示标志。

5.2 功能

5.2.1 水分仪可具有水分测定的分析模式（如：自动模式、定时模式、手动模式等）。

5.2.2 水分仪可具有一种或几种加热模式（如：渐进加热、快速加热等）。

5.2.3 水分仪应具有功能设定键，用户可以自主选择测定模式、加热温度、测定时间等。

5.2.4 显示屏应清晰显示：工作状态、样品重量、加热温度、工作时间、含水率等。

5.2.5 水分仪应具有自动安全保护功能或超温（最高温度）报警装置。

5.2.6 水分仪可配置标准外设接口，当与外部设备相连时不应影响水分仪的计量性能及正常工作。

5.2.7 水分仪应具有置零装置。

5.2.8 水分仪水准器，应安装在易于观察的部位。

5.2.9 水分仪衡量装置应具备校准功能。

5.3 衡量装置

5.3.1 示值误差

当水分仪空载并已调到零位的情况下，无论是加载或卸载，在最小秤量与最大秤量之间的任何一次单称量结果的示值的最大允许误差（MPE）应符合表 3 的规定。

表 3

最大允许误差（以检定分度值 e 表示）	载荷 m（以检定分度值 e 表示）	
	①	ⅡⅠ
$\pm 0.5\ e$	$0 \leqslant m \leqslant 5 \times 10^4$	$0 \leqslant m \leqslant 5 \times 10^3$
$\pm 1.0\ e$	$5 \times 10^4 < m \leqslant 2 \times 10^5$	$5 \times 10^3 < m \leqslant 2 \times 10^4$
$\pm 1.5\ e$	$2 \times 10^5 < m$	$2 \times 10^4 < m \leqslant 1 \times 10^5$

5.3.2 重复性

同一载荷多次称量结果之间的差值，不应大于水分仪在该载荷下示值的最大允许误差的绝对值。

5.3.3 偏载

同一载荷在不同位置的示值误差，不应大于水分仪在该载荷下示值的最大允许误差。

5.3.4 鉴别力

在水分仪衡量装置平衡稳定时轻缓地加上和取下一个等于 1.4 d 专用的附加载荷时，水分仪的示值应明显地改变。

注：对于 $d<1$ mg 的衡量装置，附加载荷可暂用 e 值替代。

5.4 烘干装置

5.4.1 水分测定误差

水分仪的水分测定误差应符合表 4 的规定。

表 4

准确度等级	水分测定重复性 %	水分测定最大允许误差 %
Ⅰ	≤0.1	±0.2
Ⅱ	≤0.2	±0.5

5.4.2 水分测定重复性

水分仪的水分测定重复性应符合表 4 的规定。

5.4.3 温度允差

水分仪的烘干装置的显示温度与设定温度允差应为±2 ℃。

5.5 电气安全

5.5.1 介电强度

在采用规定值的介电强度电压试验时，水分仪不应出现击穿或重复飞弧(电晕效应和类似现象可忽略不计)。

5.5.2 保护连接

水分仪的保护导体端子与规定要采用保护连接的每一个可触及零部件之间的阻抗不应超过 0.1 Ω(电源线的阻抗除外)。

5.5.3 接触电流

水分仪的接触电流是正弦波电流，在正常的条件下为交流有效值 0.5 mA，在单一故障条件下为交流有效值 3.5 mA。

5.6 其他

5.6.1 测定结果的指示

5.6.1.1 在正常使用条件下，测定结果的读数应清晰、易读。

5.6.1.2 测定结果应包括所需表达的单位名称或符号，如以百分数表示的水分含量值，加热温度(℃)、时间(s)、质量(g)等示值。

5.6.1.3 秤量超过 Max+9e 时，天平应无显示或可报警。

5.6.2 打印装置

5.6.2.1 打印结果应清晰，与显示示值一致。

5.6.2.2 打印的计量单位的名称或符号，应在数值之后或放在数据的上方。

5.7 运输、贮存适应性

水分仪在包装条件下，模拟运输、贮存基本环境条件，进行高温、低温、跌落和碰撞试验。每次试验结束后，打开包装，水分仪应完好无损，其结果应符合 5.3.1、5.3.2、5.3.3、5.4.1 和 5.4.2 的要求。

6 试验方法

6.1 试验条件

试验条件应符合 4.2 的规定。

6.2 试验设备

试验设备应符合 JJG 658—2010 中 7.1.1 和 7.1.2 的要求。

6.3 外观和功能试验

采用目视和手动操作等方法进行检查，其结果应符合 5.1 和 5.2 的要求。

6.4 衡量装置试验

6.4.1 按 JJG 1036—2008 规定的相关方法对衡量装置的示值误差、重复性、偏载进行试验，其结果应符合 5.3.1～5.3.3 的要求。

6.4.2 在水分仪的衡量装置处于平衡状态时分别对最小秤量、1/2 最大秤量和最大秤量进行鉴别力试验，其结果应符合 5.3.4 的要求。

6.5 烘干装置试验

6.5.1 试样配制

按 JJG 658—2010 中附录 A 的方法配制标准氯化钠(NaCl)溶液。

6.5.2 水分测定误差试验

按 JJG 658—2010 中 7.3.3.2 的方法对水分测定误差进行试验，其结果应符合表 4 的要求。

6.5.3 水分测定重复性试验

试验步骤如下：

a) 在试样盘上放玻璃纤维滤纸，温度 105 ℃，预烘 10 min 以上；

b) 设定水分仪测定方式为自动测定方式，温度 105 ℃，失水率 1 mg/60 s(或可以自行设定)；

c) 用移液器取 5 mL 标准氯化钠溶液均匀滴放在玻璃纤维纸上，随后进行水分测定，测试结束记录样品含水率；

d) 按以上方法用标准氯化钠溶液重复做 6 次试验，记录含水率 q_1、q_2、…、q_6 代入式(1)，计算水分测定重复性的标准偏差。其结果应符合表 4 的要求。

注：出厂检验时可采用二水酒石酸钠法进行快速水分测定重复性试验(见附录 A)。

$$s=\sqrt{\frac{\sum_{k=1}^{n}(q_k-\bar{q})^2}{n-1}} \qquad \cdots\cdots(1)$$

式中：

s ——水分测定重复性；

q_k——第 k 次测试的含水率；

$\bar{q}$ ——n 次测试含水率的算术平均值。

6.5.4 温度允差试验

目视水分仪显示温度，计算与设定温度之差，其结果应符合 5.4.3 的要求。

6.6 电气安全试验

6.6.1 介电强度试验

6.6.1.1 在正常工作条件下，水分仪处于非工作状态，电源开关置于接通位置。

6.6.1.2 使用耐压测试仪，在基本绝缘部位、双重绝缘或加强绝缘部位之间，施加在电网电源电路的基本绝缘试验电压为 50 Hz 交流有效值 1 690 V；双重绝缘或加强绝缘试验电压为 50 Hz 交流有效值2 704 V。

注 1：基本绝缘部位之间——在正常条件下是危险带电的电路（电源输入端）和与保护导体端子连接的可触及零部件之间（例如与保护导体端子连接的金属外壳等）。

注 2：双重绝缘或加强绝缘部位之间——在正常条件下是危险带电的电路（电源输入端）和与保护导体端子不连接的可触及零部件之间（如与保护导体端子不连接的塑料外壳、信号输出端、RS232 接口、USB 接口等）。

6.6.1.3 在进行试验时，电压在 5 s 或 5 s 以内逐渐升高到规定值，使电压不出现明显的跳变，然后保持 1 min，其结果应符合 5.5.1 的要求。

6.6.2 保护连接试验

使用接地电阻测试仪，设置直流 25 A 或交流 25 A、50 Hz，在一端为水分仪的电源输入插座的接地端，另一端为保护连接要求与保护导体端子相连的可触及导电零部件之间进行接地完整性试验。通过施加试验电流 1 min（试验电压不应超过 12 V），然后按式(2)计算阻抗，其结果应符合 5.5.2 的要求。

$$Z=\frac{U}{I} \qquad \cdots\cdots(2)$$

式中：

Z——阻抗，单位为欧姆(Ω)；

U——试验电压，单位为伏特(V)；

I——试验电流，单位为安培(A)。

6.6.3 接触电流试验

使用接触电流测试仪，设置电源供电电压 242 V，水分仪处于正常工作状态和单一故障条件（具体按 GB 4793.1—2007 的 4.4 的规定）时分别进行试验。对具有保护导体端子或功能接地连接的水分仪，选择 GB/T 12113—2003 中图 4 的测量网络，测试棒一端应连接到保护导体端子上，另一端应连接到水分仪的任意可触及部分。按换相键，重复测试，其结果应符合 5.5.3 的要求。

6.7 其他试验

采用目视和手动操作等方法进行检查，其结果应符合 5.6 的要求。

6.8 运输、贮存适应性试验

6.8.1 高温试验

把外包装完好的水分仪放在常温环境下达到温度平衡后，放入高温试验箱(室)内。将试验温度以不大于1 ℃/min的升温速率(不超过5 min的平均值)升温到55 ℃±3 ℃，保持4 h，再降温，待恢复至常温后将水分仪取出，在正常工作条件下放置24 h后进行测试，其结果应符合5.7的要求。

6.8.2 低温试验

把外包装完好的水分仪放在常温环境下达到温度平衡后，放入低温试验箱(室)内。将试验温度以不大于1 ℃/min的降温速率(不超过5 min的平均值)降温到－40 ℃±3 ℃(带液晶显示的水分仪其低温为：－20 ℃±2 ℃)，保持4 h，再升温，待其恢复至常温后将水分仪取出，在正常工作条件下放置24 h后进行测试，其结果应符合5.7的要求。

6.8.3 跌落试验

把外包装完好的水分仪，按GB/T 11606—2007中第17章规定的方法进行试验，试验后在正常工作条件下放置24 h后进行测试，其结果应符合5.7的要求。

6.8.4 碰撞试验

把外包装完好的水分仪按GB/T 11606—2007中第18章规定的方法进行试验，试验后在正常工作条件下放置24 h后进行测试，其结果应符合5.7的要求。

7 检验规则

7.1 检验分类

水分仪的检验分为：

a) 出厂检验；

b) 定型检验；

c) 周期检验。

7.2 检验项目

出厂检验、定型检验和周期检验的项目、要求及试验方法的条款号见表5。

表5

序号	检验项目	要求条款号	试验方法条款号	出厂检验	定型检验	周期检验
1	外观	5.1	6.3	●	●	●
2	功能	5.2	6.3	●	●	●
3	衡量装置	5.3	6.4	●	●	●
4	水分测定最大允许误差	5.4.1	6.5.2	—	●	●
5	水分测定重复性	5.4.2	6.5.3	●	●	●

表 5（续）

序号	检验项目	要求条款号	试验方法条款号	出厂检验	定型检验	周期检验
6	温度允差	5.4.3	6.5.4	—	●	●
7	介电强度	5.5.1	6.6.1	●	●	●
8	保护连接	5.5.2	6.6.2	—	●	●
9	接触电流	5.5.3	6.6.3	—	●	●
10	其他	5.6	6.7	●	●	●
11	运输、贮存适应性	5.7	6.8	—	●	●
注：符号“●”表示应检验的项目，符号“—”表示不必检验的项目。						

7.3 出厂检验

水分仪由制造厂质量检验部门逐台检验合格，并签发产品合格证后，方可出厂。

7.4 定型检验

7.4.1 具有以下情形之一时，应进行定型检验：

a） 新产品设计定型或生产定型时；

b） 老产品转厂生产时；

c） 产品的设计、结构、工艺、材料有较大变动且有可能影响产品性能时；

d） 质量监督机构要求时。

7.4.2 定型检验的产品样本为 3 台，所有项目应符合规定的要求。

7.4.3 经定型检验合格的水分仪应整修，更换寿命终了或接近终了的零部件，并重新进行出厂检验，合格后签发产品合格证，方能出厂。

7.5 周期检验

7.5.1 检验情况

在下列情况之一时，进行周期检验：

a） 正常生产时，应每二年进行不少于一次的周期检验；

b） 产品停产二年后，恢复生产时；

c） 出厂检验结果与上次周期检验有较大差异时；

d） 质量监督机构提出要求时。

注：特殊订货或非批量生产的水分仪除外。

7.5.2 抽样方案及判定规则

7.5.2.1 周期检验采用 GB/T 2829—2002 中判别水平Ⅰ的一次抽样方案。

7.5.2.2 周期检验项目的不合格分类、不合格质量水平（RQL）、判别水平（DL）及判定数组（Ac，Re）见表 6。

表 6

序号	检验项目	条款号	不合格分类	不合格质量水平 RQL	判别水平 DL	抽样方案	
						样本量 n	判定数组(Ac,Re)
1	电气安全	5.5	A	30			(0,1)
2	衡量装置	5.3					
3	水分测定最大允许误差	5.4.1					
4	水分测定重复性	5.4.2					
5	温度允差	5.4.3	B	65	Ⅰ	3	(1,2)
6	功能	5.2					
7	其他	5.6					
8	运输、贮存适应性	5.7					
9	外观	5.1	C	100			(2,3)

7.5.2.3 周期检验按 GB/T 2829—2002 的规定进行合格或不合格判断，其中批质量以每百单位产品不合格数表示。

7.5.3 样本抽取

周期检验的样本应在出厂检验合格品中随机抽取。

7.5.4 周期检验后的处置

7.5.4.1 周期检验不合格，应分析原因，找出问题并落实措施，重新进行周期检验。若再次周期检验不合格，则应停产整顿，产品停止出厂检验，待解决问题，周期检验合格后，方可恢复出厂检验。

7.5.4.2 若周期检验合格，经出厂检验合格的批可以作为合格品出厂或入库。

8 标志

8.1 必备标志

下列标志必备：

a) 生产单位的名称；

b) 产品名称及型号；

c) 制造计量器具许可证标志和编号；

d) 准确度等级；

e) 称量范围；

f) 实际分度值；

g) 检定分度值；

h) 水分含量可读性；

i) 出厂编号及生产日期；

j) 高温警示标志。

8.2 适当时的必备标志

下列标志适当时必备：

a) 电源电压；…V；

b) 电源频率；…Hz；

c) 烘干温度范围；…℃/…℃。

8.3 包装标志

水分仪的包装应含下列内容：

a) 产品名称、型号及商标；

b) 执行产品标准号；

c) GB/T 191—2008 规定的包装储运图示标志，如“易碎物品”、“向上”、“怕雨”及“堆码层数极限”标志；

d) 制造计量器具许可证标志和编号；

e) 生产单位名称、地址、邮政编码；

f) 包装箱外型尺寸及重量。

8.4 使用说明书

使用说明书的要求及编制方法应符合 GB/T 9969—2008 的规定。

9 包装、运输及贮存

9.1 包装

9.1.1 水分仪的包装应符合水分仪设计图纸的规定。

9.1.2 水分仪的随机文件应包括：

a) 合格证；

b) 装箱单；

c) 使用说明书。

9.2 运输

水分仪在包装完整的条件下，允许用一般交通工具运输。在运输过程中应防止受到剧烈震动、雨淋与曝晒。

9.3 贮存

水分仪应贮存在－15 ℃～＋45 ℃温度下，相对湿度不大于85％的通风库房中，库房内不应有腐蚀性气体和腐蚀性化学药品，贮存期一般不应超过一年。

附 录 A
(资料性附录)
二水酒石酸钠法重复性试验

A.1 二水酒石酸钠

二水酒石酸钠(分子式:$Na_2C_4H_4O_6 \cdot 2H_2O$)分析醇,它是一种具有稳定含水率的理想化学物质,理论含水率为15.66%。采用二水酒石酸法可进行水分测定重复性的快速试验。

A.2 试验用品

A.2.1 试验样品:二水酒石酸钠(分子式:$Na_2C_4H_4O_6 \cdot 2H_2O$)分析醇。

A.2.2 试验工具:取样匙。

A.3 水分测定重复性

A.3.1 样品用量:每次称取 5 g±5 mg 样品,共做 6 次测试。

A.3.2 预热水分仪,温度 160 ℃,预烘 10 min 以上。

A.3.3 设定水分仪测定方式为自动测定方式,温度 160 ℃,失水率 1 mg/60 s(或可以自行设定)。

A.3.4 把样品均匀放在冷却到室温的样品盘中,开始测试,测试结束记录样品含水率。

A.3.5 重复做 6 次试验,记录含水率 q_1、q_2…q_6,按式(A.1)计算。

$$s=\sqrt{\frac{\sum_{k=1}^{n}(q_k-\bar{q})^2}{n-1}} \quad \cdots\cdots(A.1)$$

式中:

s ——水分测定重复性的标准偏差;

q_k ——第 k 次测试结果;

$\bar{q}$ ——n 次测试的算术平均值。

ICS 19.040
N 61

中华人民共和国国家标准

GB/T 29250—2012

远红外线干燥箱

Far infrared ovens

2012-12-31 发布　　　　2013-06-01 实施

中华人民共和国国家质量监督检验检疫总局
中国国家标准化管理委员会　发布

前　言

本标准按照 GB/T 1.1—2009 给出的规则起草。

本标准由中国机械工业联合会提出。

本标准由中国机械工业联合会归口。

本标准负责起草单位：重庆四达试验设备有限公司、杭州雪中炭恒温技术有限公司、机械工业仪器仪表综合技术经济研究所、衡阳衡仪电气有限公司、安徽省计量科学研究院、浙江省计量科学研究院、中国电器科学研究院、宁波东方加热设备有限公司。

本标准参加起草单位：湖南省计量检测研究院、无锡苏南试验设备有限公司、工业和信息化部电子第五研究所、上海爱斯佩克环境设备有限公司、沈阳仪表科学研究院、上海精宏实验设备有限公司、重庆银河试验仪器有限公司。

本标准主要起草人：陈云生、徐月明、金丽辉、刘湘衡、金美峰、沈才忠、周修源、王晓峰、廉振荣、倪一明、邹苏阳、冯华、徐秋玲、熊知明、何纲健、周连琴、励雅琴、王家龙、王华斌。

远红外线干燥箱

1 范围

本标准规定了远红外线干燥箱(以下简称红外箱)的使用条件、要求、试验方法、检验规则以及标志、包装、运输和贮存。

本标准适用于采用远红外辐射能发生器(通称为远红外辐射器或辐射元件)对物品进行干燥、烘焙的干燥箱。

2 规范性引用文件

下列文件对于本文件的应用是必不可少的。凡是注日期的引用文件,仅注日期的版本适用于本文件。凡是不注日期的引用文件,其最新版本(包括所有的修改单)适用于本文件。

GB/T 191—2008 包装储运图示标志

GB/T 2829—2002 周期检验计数抽样程序及表(适用于对过程稳定性的检验)

GB 4793.1—2007 测量、控制和实验室用电气设备的安全要求 第1部分:通用要求

GB 4793.6—2008 测量、控制和实验室用电气设备的安全要求 第6部分:实验室用材料加热设备的特殊要求

3 使用条件

3.1 环境条件

红外箱应在下列条件下使用:

a) 室内使用;

b) 温度:5 ℃~35 ℃;

c) 环境温度低于 31 ℃时最大相对湿度为 80%,环境温度为 35 ℃时最大相对湿度线性降到 67%;

d) 大气压:80 kPa~106 kPa;

e) 无阳光直接照射或其他热源直接辐射;

f) 污染等级 2 级,周围无爆炸性气体、高浓度粉尘或腐蚀性气体;

g) 周围无强烈振动和气流存在。

3.2 供电条件

为红外箱供电的电源应符合以下条件:

a) 额定电压:交流 220 V 或 380 V,允许偏离额定值的范围为−15%~+10%;

b) 额定频率:50 Hz,允许偏离额定值的范围为±2%;

c) 允许电网电源上出现典型的瞬态过电压。

3.3 负载条件

红外箱的负载应同时满足下列条件:

a) 每立方米工作室容积内放置负载的质量不应超过 80 kg;

b) 负载的总体积不应大于工作室容积的 1/5；

c) 在垂直于主导风向的任意截面上，负载截面积之和不应大于该处工作室截面积的 1/3，负载置放时不可阻塞气流的流动。

4 产品分类

红外箱按换热方式分为鼓风型红外箱和非鼓风型红外箱。

5 要求

5.1 外观

红外箱涂镀层应平整、光滑、色泽均匀，不应有露底、起泡、起层或擦伤的痕迹。

5.2 最高工作温度

红外箱最高工作温度一般可分为：200 ℃、300 ℃、400 ℃和 500 ℃。其他温度等级由制造商与用户协商确定。

5.3 温度波动度

5.3.1 最高工作温度不大于 300 ℃的非鼓风型红外箱的温度波动度限值为±1.5 ℃；300 ℃以上的非鼓风型红外箱的温度波动度限值为±3.0 ℃。

5.3.2 最高工作温度不大于 300 ℃的鼓风型红外箱的温度波动度限值为±1.0 ℃；300 ℃以上的鼓风型红外箱的温度波动度限值为±2.0 ℃。

5.4 温度均匀度

5.4.1 非鼓风型红外箱的温度均匀度限值为最高工作温度的±3.5%。

5.4.2 鼓风型红外箱的温度均匀度限值为最高工作温度的±2.5%。

5.5 温度指示误差

5.5.1 最高工作温度不大于 200 ℃的红外箱，温度指示误差限值为±3.0 ℃。

5.5.2 最高工作温度大于 200 ℃的红外箱，温度指示误差限值为最高工作温度的±1.5%。

5.6 温度稳定度

5.6.1 最高工作温度不大于 200 ℃的红外箱，24 h 内的温度稳定度不应大于 2.0 ℃。

5.6.2 最高工作温度大于 200 ℃的红外箱，工作室容积不大于 2 m^3 时，24 h 内的温度稳定度不应大于最高工作温度的 1.0%；工作室容积大于 2 m^3 时，24 h 内的温度稳定度不应大于最高工作温度的 1.5%。

5.7 表面温度

5.7.1 最高工作温度不大于 200 ℃的红外箱，在距箱体门框、观察窗、排气孔、电机轴等周围 80 mm 及以外的任意表面上，其表面温度不应大于室内温度加 35 ℃。

5.7.2 最高工作温度大于 200 ℃的红外箱，表面温度的限值见式(1)：

$$T_1 = T_r + 35 + (T_m - 200)/10 \qquad \cdots\cdots(1)$$

式中：

T_l——表面温度限值，单位为摄氏度(℃)；

T_r——室内环境温度，单位为摄氏度(℃)；

T_m——最高工作温度，单位为摄氏度(℃)。

5.8 换气量

红外箱应有换气装置，换气量的大小可由制造商与用户协商确定。

5.9 升温时间

红外箱工作空间的温度从 35 ℃升至最高工作温度的时间不应大于 120 min。

5.10 电气安全

5.10.1 绝缘电阻

红外箱带电部分对箱壳的冷态绝缘电阻不应小于 1 MΩ。

5.10.2 介电强度

将受试红外箱的保护导体端子(或电源插头的保护导体端子)作为一端，所有电源输入端短接作为另一端，在两端之间施加按表 1 规定的 50 Hz 交流正弦波试验电压，在 5 s 内将试验电压升高到规定值，使试验电压不出现明显跳变，然后至少保持 5 s，应无击穿、闪络、电流突然增加或重复飞弧现象。

表 1

受试设备相线—中线电压(U) V	电气间隙[a] mm	基准试验电压 V	试验地海拔高度(1～500)m 时试验电压修正系数[b]	海拔校正后试验电压 V
150<U≤300	1.5	1 390	1.12	1 560

[a] 其他电网电源的电气间隙，按 GB 4793.1—2007 中表 4 确定。

[b] 试验地海拔高度超过 500 m 时，按 GB 4793.1—2007 中表 10 确定修正系数。

5.11 超温保护

红外箱应设有独立的超温保护装置，其超温保护措施应符合 GB 4793.6—2008 中 10.101 的规定，超温保护装置应满足 GB 4793.6—2008 中 14.3 的要求。

5.12 连续工作时间

红外箱连续工作时间不应小于 72 h。

5.13 辐射元件

5.13.1 辐射元件的涂层应无开裂、局部剥落的现象。

5.13.2 辐射元件应能承受骤冷试验并保持正常工作性能。

5.13.3 辐射元件辐射特性曲线峰值处的波长在红外箱工作温度下，应大于 4 μm。

5.13.4 辐射元件涂层的全辐射系数应大于 0.8。

6 试验方法

6.1 主要测试仪器与装置

6.1.1 温度测量系统

采用铂电阻、热电偶等温度传感器及温度显示仪表组成的温度测量系统，应满足以下要求：

a) 温度测量范围满足被测红外箱的测量要求；

b) 时间常数：不大于 40 s；

c) 由测量系统引入的相应测量不确定度换算成温度值不应大于被测温度指示误差绝对值的 1/3；

d) 温度测量通道数量 9 个～13 个。

6.1.2 表面温度计

表面温度计的分辨力不应大于 1 ℃。

6.1.3 绝缘电阻测试仪

工作电压为 500 V，准确度为 10 级的绝缘电阻测试仪。

6.1.4 介电强度测试仪

能提供满足试验要求的试验电压。

6.2 试验条件

6.2.1 试验条件应满足 3.1 和 3.2 的要求。

6.2.2 测试在空载条件下进行。

6.3 测试点的位置及数量

6.3.1 工作室容积不大于 2 m^3 的红外箱应布置 9 个测试点，一个点布置在工作空间的几何中心点(O 点)，其余 8 个点布置在工作空间的 8 个顶角上。工作室容积大于 2 m^3 的红外箱，应在工作空间几何中心水平面增加 4 个测试点。各测试点距工作室内壁(加热器一侧除外)的距离，为工作室各自边长的 1/6；测试点距加热器一侧为边长的 1/5。各试点的位置如图 1 所示。

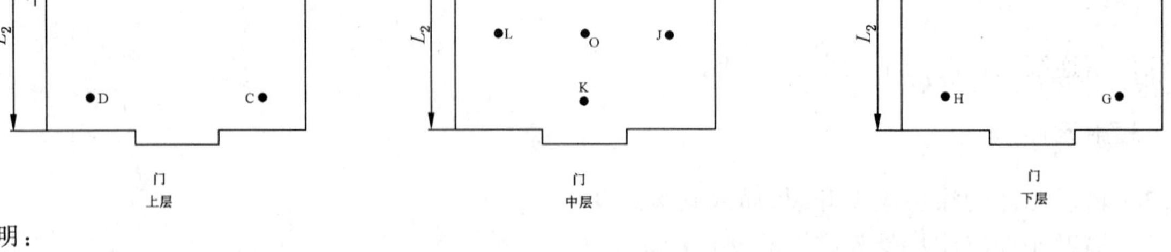

说明：

A,B,…,K,L,O——温度测试点。

注：工作室容积不大于 2 m^3 时，测试点为：O、A、B、C、D、E、F、G、H 共 9 个点；工作室容积大于 2 m^3 时，测试点为：O、A、B、C、D、E、F、G、H、I、J、K、L 共 13 个点。

图 1 测试点的位置示意图

6.3.2 工作室容积不大于 0.1 m^3 时，不必进行温度均匀度试验。需要做此试验时，其测试点离工作室内壁的距离，可由制造商自行规定或根据用户要求协商确定，但工作空间容积不小于工作室容积的 1/5。

6.3.3 工作室容积大于 10 m^3 的红外箱，测试点离工作室内壁的距离，由制造商与用户协商确定。

6.4 外观检查

用目视方法在 6.5 的测试前和 6.16 的测试后各检查一次，结果应符合 5.1 的规定。

6.5 最高工作温度试验

将干燥箱温度设置为最高工作温度，启动温度测量系统记录升温过程，并在达到最高工作温度时继续维持 30 min 以上。红外箱能够达到的最高温度应符合 5.2 的规定。

6.6 温度波动度试验

6.6.1 选取红外箱最高工作温度作为测试温度，当红外箱工作温度达到设定温度 2 h 后测试工作空间几何中心点的温度，每 1 min 测量一次温度，30 min 内共测 30 个温度值。

6.6.2 取测试点温度最大值与最小值之差的一半，冠以"±"号，为该测试点的温度波动度，其结果应符合 5.3 的规定。

6.7 温度均匀度试验

6.7.1 选取红外箱最高工作温度作为测试温度，当红外箱工作温度达到设定温度 2 h 后，每 1 min 依次测量一次各测试点的温度，30 min 内每点各测 30 个温度值。

6.7.2 对测得的温度数据，按测试仪表的修正值进行修正。

6.7.3 全部测试温度值的平均值作为基准值，计算各测试点的温度平均值与基准值之差的最大绝对值，冠以"±"号，即为红外箱的温度均匀度，其结果应符合 5.4 的规定。

6.8 温度指示误差试验

6.8.1 选取红外箱最高工作温度作为测试温度，当红外箱工作温度达到设定温度 2 h 后，每 1 min 依次测量一次各测试点的温度，30 min 内每点各测 30 个温度值。

6.8.2 对测得的温度数据，按测试仪表的修正值进行修正。

6.8.3 计算全部测试温度值的平均值，即红外箱工作空间温度平均值，红外箱的温控仪温度指示值与温度平均值之差，即温度指示误差，其结果应符合 5.5 的规定。

6.9 温度稳定度试验

6.9.1 选取红外箱最高工作温度作为测试温度。

6.9.2 当红外箱工作温度达到设定温度 2 h 后测试工作空间几何中心点的温度，每 1 min 测试一次温度，30 min 内共测 30 个温度值，取其平均值为起始温度平均值。

6.9.3 每隔 4 h 测试一次，共测 6 次。每次在 5 min 内用等间隔时间记录 6 个温度值，并计算其温度平均值。

6.9.4 取 6 个温度平均值与起始温度平均值之差中的最大绝对值作为红外箱的温度稳定度，其结果应符合 5.6 的规定。

6.10 表面温度试验

红外箱在最高工作温度条件下保持恒温 2 h 以上，用表面温度计测试红外箱的表面温度，测试点为距箱体门框、观察窗、排气孔、电机轴等周围 80 mm 及以外的任意表面，其结果应符合 5.7 的规定。

6.11 换气量试验

按附录A测试红外箱的换气量，其结果应符合5.8的规定。

6.12 升温时间试验

保持红外箱按最大功率加热，记录工作空间从35 ℃升至首次达到最高工作温度的时间，其结果应符合5.9的规定。

6.13 电气安全试验

6.13.1 绝缘电阻试验

绝缘电阻试验，采用6.1.3规定的绝缘电阻测试仪，在6.5的试验前进行。试验时应将有关的外部开关处于开启状态，如果辐射元件、循环风扇等部件是通过自动控制电路才能接入测量电路的，则应对这些部件单独进行试验，其结果应符合5.10.1的规定。

6.13.2 介电强度试验

本试验应在6.13.1的试验之后，在测试和检查合格的产品上进行。

按表1确定试验电压，按GB 4793.1—2007中6.8.4的规定进行试验。试验时应将有关的外部开关处于开启状态，如果辐射元件、循环风扇等部件是通过自动控制电路才能接入测量电路的，则应对这些部件单独进行试验，其结果应符合5.10.2的规定。

6.14 超温保护试验

通过检查红外箱的电气原理图和超温保护元器件的技术文件，确认制造商采取的超温保护措施及元器件是否符合5.11的规定。

如果超温保护装置不能自动复位，超温保护试验进行到使超温保护装置动作1次时结束；如果超温保护装置能够自动复位，应保持试验使超温保护装置连续动作3次时结束。

试验期间以及试验结束以后的一段时间，红外箱的表面温度应符合5.7的限值规定，红外箱内部的温升不应超过电气零部件及材料在所处环境的耐热限值。

6.15 连续工作时间试验

6.15.1 在红外箱连续72 h的工作过程中，应每隔24 h按6.6的规定测试温度波动度，并计算其温度平均值。

6.15.2 温度波动度应符合5.3的规定，且相邻24 h的温度平均值之差应符合5.6的规定。

6.16 辐射元件试验

6.16.1 辐射元件外观检查

用目视方法检查辐射元件外观，结果应符合5.13.1的要求。

6.16.2 辐射元件骤冷试验

对辐射元件施加额定电压，当辐射元件达到最高工作温度5 min后切断电源，立即将辐射元件水平地浸入常温水中，1 min后取出，应无异常现象，并符合5.13.2的要求。

6.16.3 辐射元件辐射波长及辐射系数试验

查看企业提供所采用的辐射元件辐射特性曲线的相关证明资料，辐射元件辐射波长及辐射系数结果应符合 5.13.3 和 5.13.4 的要求。

7 检验规则

7.1 检验分类

红外箱的检验分为：

a) 出厂检验；

b) 定型检验；

c) 周期检验。

7.2 检验项目

出厂检验、定型检验和周期检验的项目、要求及试验方法的条款号见表 2。

表 2

序号	检验项目	要求的条款号	试验方法的条款号	出厂检验	定型检验	周期检验
1	外观	5.1	6.4	●	●	●
2	最高工作温度	5.2	6.5	●	●	●
3	温度波动度	5.3	6.6	●	●	●
4	温度均匀度	5.4	6.7	—	●	●
5	温度指示误差	5.5	6.8	●	●	●
6	温度稳定度	5.6	6.9	—	●	●
7	表面温度	5.7	6.10	●	●	●
8	换气量	5.8	6.11	—	●	●
9	升温时间	5.9	6.12	—	●	●
10	绝缘电阻	5.10.1	6.13.1	●	●	●
11	介电强度	5.10.2	6.13.2	●	●	●
12	超温保护	5.11	6.14	●	●	●
13	连续工作时间	5.12	6.15	—	●	●
14	辐射元件外观	5.13.1	6.16.1	●	●	●
15	辐射元件骤冷	5.13.2	6.16.2	—	●	●
16	辐射元件辐射波长	5.13.3	6.16.3	—	●	●
17	辐射元件辐射系数	5.13.4	6.16.3	—	●	●
注：符号“●”表示应检验的项目，符号“—”表示不必检验的项目。						

7.3 出厂检验

7.3.1 出厂检验由制造商质量检验部门执行，对检验合格的红外箱应出具质量合格证明文件，并准许出厂。

7.3.2 出厂检验项目分为逐台检验和抽样检验，逐台检验项目为表 2 中序号第 1、10、11 和 14 项，抽样检验项目为表 2 中序号第 2、3、5、7 和 12 项。

7.3.3 抽样检验项目采用随机抽样检验。成批生产的红外箱，批量为 90 台以上时，抽样数量为 5 台；批量为 26～90 台时，抽样数量为 3 台；批量为 25 台（含）以下时，抽样数量为 2 台。

7.3.4 抽检时，如有一台不合格，应对不合格项目加倍抽检；第二次检验合格时，仅将第一次抽样不合格的产品返修，检验合格以后允许出厂。如第二次抽检仍有一台不合格，则应对该批产品的抽检项目逐台检验，检验合格时允许出厂。

7.4 定型检验

7.4.1 具有以下情形之一，应进行定型检验：

a) 新产品设计定型或生产定型时；

b) 老产品转厂生产时；

c) 产品的设计结构、工艺、材料有较大变动且有可能影响产品性能时；

d) 质量监督机构要求时。

7.4.2 红外箱定型检验的样本为 3 台，检验项目见表 2，所有项目应符合第 5 章的要求。

7.4.3 定型检验由制造商质量检验部门执行，也可委托质量检验技术机构执行，应出具定型检验报告。

7.4.4 经定型检验合格的红外箱，原则上不宜出厂。如需出厂，应整修，更换寿命终了或接近终了的零部件，并重新进行出厂检验。检验合格后签发产品合格证，方能出厂。

7.5 周期检验

7.5.1 通则

产品有下列情况之一时，应进行周期检验：

a) 正常生产时，每两年进行至少一次的检验；

b) 产品停产一年后，恢复生产时；

c) 出厂检验结果与上次周期检验有重大差异时；

d) 国家质量监督机构要求时。

注：特殊订货或非批量生产的产品除外。

7.5.2 抽样方案及判定规则

7.5.2.1 周期检验采用 GB/T 2829—2002 中判别水平Ⅰ的一次抽样方案。

7.5.2.2 周期检验项目的不合格分类、不合格质量水平（RQL）、判别水平（DL）及判定数组（Ac，Re）见表 3。

7.5.2.3 周期检验按 GB/T 2829—2002 的规定进行合格或不合格判断，其中批质量以每百单位产品不合格数表示。

7.5.3 样本抽取

周期检验的样本应在出厂检验合格品中随机抽取。

7.5.4 周期检验后的处置

7.5.4.1 周期检验不合格，应分析原因，找出问题并落实措施，重新进行周期检验。若再次周期检验不合格，则应停产整顿，产品停止出厂检验，待解决问题，周期检验合格后，方可恢复出厂检验。

7.5.4.2 若周期检验合格，经出厂检验合格的批可以作为合格品出厂或入库。

表 3

序号	不合格分类	检验项目及条款		不合格质量水平(RQL)	判别水平(DL)	抽样方案	
		项目	条款			样本量 n	判定数组(Ac, Re)
1	A	最高工作温度	5.2	30	I	3	(0, 1)
2		温度波动度	5.3				
3		温度均匀度	5.4				
4		温度指示误差	5.5				
5		温度稳定度	5.6				
6		表面温度	5.7				
7		绝缘电阻	5.10.1				
8		介电强度	5.10.2				
9		超温保护	5.11				
10	B	外观	5.1	65			(1, 2)
11		换气量	5.8				
12		升温时间	5.9				
13		连续工作时间	5.12				
14		辐射元件外观	5.13.1				
15		辐射元件骤冷	5.13.2				
16		辐射元件辐射波长	5.13.3				
17		辐射元件辐射系数	5.13.4				

8 标志、包装、运输和贮存

8.1 标志

8.1.1 红外箱的铭牌,字迹应清晰耐久,固定牢靠。

8.1.2 产品铭牌的内容应包括:

a) 产品型号、名称;

b) 最高工作温度;

c) 额定电压、额定频率及额定功率;

d) 出厂编号及制造日期;

e) 制造商名称。

8.1.3 在红外箱明显部位应有符合 GB 4793.1—2007 的表 1 中序号 13 规定的“小心烫伤”的标志。

8.1.4 需要单独接地的红外箱箱体应设有明显的保护接地标志。

8.2 包装

8.2.1 包装箱的文字及标志应符合 GB/T 191—2008 的规定。

8.2.2 包装箱应牢固可靠。

8.2.3 包装箱应防雨淋、防潮气聚集。

8.2.4 红外箱的附件及技术文件紧固在包装箱内，随同干燥箱提供的主要文件资料包括：

a) 产品合格证明书；

b) 产品使用说明书；

c) 装箱清单。

8.3 运输

红外箱在包装完整的条件下，允许用一般交通工具运输。在运输过程中应防止受到剧烈振动、雨淋与曝晒。

8.4 贮存

8.4.1 包装完备的红外箱应贮存在通风良好、无腐蚀性气体及化学药品的库房内。

8.4.2 贮存期长达一年以上者，出厂前应重新进行出厂检验，合格后方能出厂。

附 录 A
（规范性附录）
红外箱的换气量测试

A.1 主要测试仪器

换气量的主要测试仪器如下：

a) 采用铂电阻、热电偶等温度传感器及温度显示仪表组成的温度测量系统；

b) 准确度不低于 0.5 级的电能表。当采用电流互感器扩大电能表的量程时，互感器的准确度不应低于 0.2 级；

c) 计时器。

A.2 测试方法

A.2.1 将红外箱通气孔（吸气孔和排气孔）全闭，当工作空间的温度达到环境温度加 50 ℃±2 ℃并进入恒温状态后，测试干燥箱 3 h 的平均电功率 P_1；然后将通气孔全开，当工作空间的温度重新进入恒温状态后（温度设定值不应变动），再测试红外箱 3 h 的平均电功率 P_2。

A.2.2 在测试红外箱平均电功率的时间内，平均每小时测量一次工作空间的温度和环境温度，各得出 6 个温度值，并分别计算它们的平均温度。

A.2.3 红外箱的换气量按式(A.1)计算：

$$V=3.9(P_2-P_1)/[c_p\times\alpha(T_2-T_1)] \qquad \cdots\cdots\cdots\cdots(A.1)$$

式中：

V —— 红外箱的换气量，单位为立方米每小时(m^3/h)；

P_1——红外箱通气孔全闭时的平均电功率（不包括鼓风电机的功率），单位为瓦特(W)；

P_2——红外箱通气孔全开时的平均电功率（不包括鼓风电机的功率），单位为瓦特(W)；

T_1——测试期间环境温度的平均值，单位为摄氏度(℃)；

T_2——测试期间红外箱工作空间温度的平均值，单位为摄氏度(℃)；

c_p——空气比定压热容，$c_p=1.003$ J/(g·℃)；

α ——温度为 T_2 时的空气密度，单位为克每升(g/L)。

ICS 19.040
N 61

中华人民共和国国家标准

GB/T 29251—2012

真 空 干 燥 箱

Vacuum ovens

2012-12-31 发布　　2013-06-01 实施

中华人民共和国国家质量监督检验检疫总局
中国国家标准化管理委员会　发布

前　言

本标准按照 GB/T 1.1—2009 给出的规则起草。

本标准由中国机械工业联合会提出。

本标准由中国机械工业联合会归口。

本标准负责起草单位：重庆四达试验设备有限公司、杭州雪中炭恒温技术有限公司、机械工业仪器仪表综合技术经济研究所、浙江省计量科学研究院、无锡苏南试验设备有限公司、宁波东方加热设备有限公司、工业和信息化部电子第五研究所。

本标准参加起草单位：湖南省计量检测研究院、沈阳仪表科学研究院、安徽省计量科学研究院、衡阳衡仪电气有限公司、上海爱斯佩克环境设备有限公司、中国电器科学研究院、上海精宏实验设备有限公司、重庆银河试验仪器有限公司。

本标准主要起草人：陈云生、徐月明、金丽辉、周连琴、倪一明、王晓峰、邹苏阳、熊知明、徐秋玲、何纲健、刘湘衡、冯华、周修源、励雅琴、廉振荣、王家龙、沈才忠、金美峰、王华斌。

真 空 干 燥 箱

1 范围

本标准规定了真空干燥箱的使用条件、要求、试验方法、检验规则以及标志、包装、运输和贮存。

本标准适用于在真空状态下对物品进行加热干燥、烘焙以及干热灭菌的真空干燥箱(以下简称真空箱)。

2 规范性引用文件

下列文件对于本文件的应用是必不可少的。凡是注日期的引用文件,仅注日期的版本适用于本文件。凡是不注日期的引用文件,其最新版本(包括所有的修改单)适用于本文件。

GB/T 191—2008 包装储运图示标志

GB/T 2829—2002 周期检验计数抽样程序及表(适用于对过程稳定性的检验)

3 使用条件

3.1 环境条件

真空箱应在以下环境条件下使用:

a) 室内使用;

b) 温度为 5 ℃~35 ℃;

c) 环境温度低于 31 ℃时最大相对湿度为 80%,环境温度为 35 ℃时最大相对湿度线性降到 67%;

d) 大气压:80 kPa~106 kPa;

e) 无阳光直接照射或其他热源直接辐射;

f) 污染等级 2 级,周围无爆炸性气体、高浓度粉尘或腐蚀性物质存在;

g) 周围无强烈振动和气流存在。

3.2 供电条件

为真空箱供电的电源应符合以下条件:

a) 额定电压 220 V 或 380 V,允许偏离额定值的范围:−15%~+10%;

b) 额定频率 50 Hz,允许偏离额定值的范围:±2%。

3.3 负载条件

真空箱的负载应同时满足下列条件:

a) 每立方米工作室容积内放置负载的质量不应超过 80 kg;

b) 负载的总体积不应大于工作室容积的 1/5。

4 产品分类

4.1 真空箱按工作室几何形状分为方型和圆型。

4.2 真空箱的极限压力可分为：1 kPa、0.5 kPa、0.3 kPa、0.1 kPa，其他极限压力等级由制造商与用户协商确定。

5 要求

5.1 外观

真空箱涂镀层应平整、光滑、色泽均匀，不应有露底、起泡、起层或擦伤的痕迹。

5.2 最高工作温度

真空箱最高工作温度可分为：150 ℃、200 ℃和 250 ℃。其他温度等级由制造商与用户协商确定。

5.3 温度波动度

真空箱的温度波动度限值为±1 ℃。

5.4 真空密封性

工作室容积在 0.1 m^3 及以上真空箱的极限压力达到 0.3 kPa 后，在环境温度下保持 24 h 的极限压力不应大于 8 kPa。

5.5 温度指示误差

5.5.1 最高工作温度不超过 200 ℃的真空箱，温度指示误差不应大于±3 ℃。

5.5.2 最高工作温度超过 200 ℃的真空箱，温度指示误差不应大于最高工作温度的±1.5%。

5.6 温度稳定度

5.6.1 最高工作温度不超过 200 ℃的真空箱，24 h 内的温度稳定度不应大于 2 ℃。

5.6.2 最高工作温度超过 200 ℃的真空箱，24 h 内的温度稳定度不应大于最高工作温度的 1%。

5.7 表面温度

5.7.1 最高工作温度不超过 200 ℃真空箱，在距箱体的门框、观察窗等周围 80 mm 及以外的任意表面上，其表面温度不应大于室内温度加 35 ℃。

5.7.2 最高工作温度超过 200 ℃的真空箱，表面温度的限值由式(1)确定：

$$T_l = T_r + 35 + (T_m - 200)/10 \quad \cdots\cdots (1)$$

式中：

T_l ——表面温度限值，单位为摄氏度(℃)；

T_r ——室内环境温度，单位为摄氏度(℃)；

T_m ——最高工作温度，单位为摄氏度(℃)。

5.8 升温时间

真空箱工作空间的温度从 35 ℃升至最高工作温度的时间不应超过 120 min。

5.9 电气安全

5.9.1 绝缘电阻

带电部分对真空箱壳体的冷态绝缘电阻不应小于 1 MΩ。

5.9.2 耐电压强度

电加热端子(包括引线)与控制器开路时,箱壳应能承受交流电压 1 500 V,频率 50 Hz,历时 1 min 的耐压强度试验,无绝缘击穿或闪络现象。

5.10 超温保护

真空箱应设有独立的超温保护装置。

5.11 连续工作时间

真空箱连续工作时间不应小于 72 h。

6 试验方法

6.1 主要测试仪器与设备

6.1.1 温度测量系统

采用铂电阻、热电偶等温度传感器及温度显示仪表组成温度测量系统,应满足以下要求:

a) 温度测量范围满足被测真空箱的测量要求;
b) 时间常数:不大于 40 s;
c) 由测量系统所引入的不确定度换算成温度值不应大于被测温度波动度和温度指示误差绝对值的 1/3。

6.1.2 表面温度计

表面温度计的分辨率不应大于 1 ℃。

6.1.3 其他测试仪器和设备

分辨力不低于 0.1 kPa 的真空表以及真空泵、胶管。

6.2 试验条件

6.2.1 试验条件应满足 3.1 和 3.2 的要求。
6.2.2 测试在空载条件下进行。
6.2.3 除真空密封性测试外,其余项目的测试均在常压条件下进行。

6.3 外观试验

用目视方法在 6.4 的测试前和 6.12 的测试后各检查一次,结果应符合 5.1 的规定。

6.4 最高工作温度试验

将真空箱温度设置到由制造商规定的最高工作温度,启动温度测量系统记录升温过程,并在达到最高工作温度时继续维持 30 min 以上。真空箱能够达到的最高温度应符合 5.2 的规定。

6.5 温度波动度试验

6.5.1 选取真空箱最高工作温度作为测试温度,当真空箱工作温度达到设定温度 2 h 后测试工作空间几何中心点的温度,每 1 min 测量一次温度,30 min 内共测 30 个温度值。

6.5.2 取测试点温度最大值与最小值之差的一半，冠以“±”号，作为该测试点的温度波动度，其结果应符合5.3的规定。

6.6 真空密封性试验

6.6.1 未配置真空泵的真空箱，用真空胶管连接真空箱与真空泵的吸气口，使整个真空系统处于密封状态。

6.6.2 开启真空泵，当真空箱的真空度达到0.3 kPa时，继续运行1 h后将真空泵吸气口与真空箱出气口连接胶管卡紧，使其处于断路状态，同时关闭真空泵。配置有真空泵的真空箱，则直接关闭真空泵和进、出气阀。24 h内真空箱的真空度应符合5.4的规定。

6.7 温度指示误差试验

6.7.1 选取真空箱最高工作温度作为测试温度，当真空箱工作温度达到设定温度2 h后，每1 min依次测量一次中心点的温度，30 min内共测30个温度值，同时记录30个真空箱温度指示值。

6.7.2 计算中心点温度平均值与温度指示平均值，该温度平均值与温度指示平均值之差，即温度指示误差，其结果应符合5.5的规定。

6.8 温度稳定度试验

6.8.1 选取真空箱最高工作温度作为测试温度。

6.8.2 当真空箱工作温度达到设定温度2 h后测试中心点的温度，每1 min测试一次温度，30 min内共测30个温度值，取其平均值为起始温度平均值。

6.8.3 每隔4h测试一次，共测6次。每次在5 min内用等间隔时间记录6个温度值，并计算其温度平均值。

6.8.4 取6个温度平均值中与起始温度平均值之差的最大值，称为真空箱的温度稳定度，其结果应符合5.6的规定。

6.9 表面温度试验

真空箱在最高工作温度条件下保持恒温2 h以上，用表面温度计测试真空箱的表面温度，测试点为距箱体门框、观察窗、排气孔、电机轴等周围80 mm及以外的任意表面，其结果应符合5.7的规定。

6.10 升温时间试验

保持真空箱按最大功率加热，记录工作空间从35 ℃升至首次达到最高工作温度的时间，其结果应符合5.8的规定。

6.11 电气安全试验

6.11.1 绝缘电阻试验

绝缘电阻的测试，采用工作电压为500 V，准确度为10级的绝缘电阻测量仪，其结果应符合5.9.1的规定。

6.11.2 耐电压强度试验

6.11.2.1 本试验应在经6.11.1的试验合格后的产品上进行。

6.11.2.2 电源接线端子对箱体金属外壳之间的耐压试验，采用5 kV耐压测试仪，进行交流电压1 500 V，频率50 Hz，历时1 min的耐压强度试验，其结果应符合5.9.2的规定。

6.12 超温保护试验

6.12.1 通过检查真空箱的电气原理图和超温保护元器件的技术文件，确认采取的超温保护措施及元器件是否符合5.10的规定。

6.12.2 如果超温保护装置不能自动复位，超温保护试验进行到使超温保护装置动作1次时结束；如果超温保护装置能够自动复位，应保持试验使超温保护装置连续动作3次时结束。

6.12.3 试验期间以及试验结束以后的一段时间，真空箱的表面温度应符合5.7的限值规定，真空箱内部的温升不应超过电气零部件及材料所处环境的耐热限值。

6.13 连续工作时间试验

6.13.1 在真空箱连续72 h的工作过程中，每隔24 h应按6.5的规定测试温度波动度，并计算其温度平均值。

6.13.2 测试的温度波动度应符合5.3的规定，且相邻24 h的温度平均值之差应符合5.6的规定。

7 检验规则

7.1 检验分类

真空箱的检验分为：

a) 出厂检验；

b) 定型检验；

c) 周期检验。

7.2 检验项目

出厂检验、定型检验和周期检验的项目、要求及试验方法的条款号见表1。

表 1

序号	检验项目	要求的条款号	试验方法的条款号	出厂检验	定型检验	周期检验
1	外观	5.1	6.3	●	●	●
2	最高工作温度	5.2	6.4	—	●	●
3	温度波动度	5.3	6.5	●	●	●
4	真空密封性	5.4	6.6	●	●	●
5	温度指示误差	5.5	6.7	●	●	●
6	温度稳定度	5.6	6.8	—	●	●
7	表面温度	5.7	6.9	●	●	●
8	升温时间	5.8	6.10	●	●	●
9	电气安全	5.9	6.11	●	●	●
10	超温保护	5.10	6.12	●	●	●
11	连续工作时间	5.11	6.13	—	●	●
注：符号"●"表示应检验的项目，符号"—"表示不必检验的项目。						

7.3 出厂检验

7.3.1 出厂检验由制造商质量检验部门执行，对检验合格的真空箱应出具质量合格证明文件，并准许出厂。

7.3.2 出厂检验项目分逐台检验和抽样检验，逐台检验项目为表1中序号第1、8、9和10项，抽样检验项目为表1中序号第3、4、5和7项。

7.3.3 抽样检验项目采用随机抽样检验。成批生产的真空箱，批量为90台以上时，抽样数量为5台；批量为26台～90台时，抽样数量为3台；批量为25台(含)以下时，抽样数量为2台。

7.3.4 抽检时，如有一台不合格，应对不合格项目加倍抽检；第二次检验合格时，仅将第一次抽样不合格的产品返修，检验合格以后允许出厂。如第二次抽检仍有一台不合格，则应对该批产品逐台检验，检验合格后允许出厂。

7.4 定型检验

7.4.1 具有以下情形之一，应进行定型检验：

a) 新产品设计定型或生产定型时；

b) 老产品转厂生产时；

c) 产品的设计结构、工艺、材料有较大变动且有可能影响产品性能时；

d) 国家质量监督机构要求时。

7.4.2 真空箱定型检验的样本为3台，检验项目见表1，所有项目应符合规定的要求。

7.4.3 定型检验由制造厂质量检验部门执行，也可委托质量检验技术机构执行，应出具定型检验报告。

7.4.4 经定型检验合格的真空箱应整修，更换寿命终了或接近终了的零部件，并重新进行出厂检验。检验合格后签发产品合格证，方能出厂。

7.5 周期检验

7.5.1 通则

产品有下列情况之一时，应进行周期检验：

a) 正常生产时，每两年进行至少一次的检验；

b) 产品停产一年后，恢复生产时；

c) 出厂检验结果与上次周期检验有重大差异时；

d) 国家质量监督机构要求时。

注：特殊订货或非批量生产的产品除外。

7.5.2 抽样方案及判定规则

7.5.2.1 周期检验采用GB/T 2829—2002中判别水平Ⅰ的一次抽样方案。

7.5.2.2 周期检验项目的不合格分类、不合格质量水平(RQL)、判别水平(DL)及判定数组(Ac，Re)见表2。

7.5.2.3 周期检验按GB/T 2829—2002的规定进行合格或不合格判断，其中批质量以每百单位产品不合格数表示。

7.5.3 样本抽取

周期检验的样本应在出厂检验合格品中随机抽取。

7.5.4 **周期检验后的处置**

7.5.4.1 周期检验不合格，应分析原因，找出问题并落实措施，重新进行周期检验。若再次周期检验不合格，则应停产整顿，产品停止出厂检验，待解决问题，周期检验合格后，方可恢复出厂检验。

7.5.4.2 若周期检验合格，经出厂检验合格的批可以作为合格品出厂或入库。

表 2

<table>
<tr><th rowspan="2">顺序</th><th rowspan="2">不合格分类</th><th colspan="2">检验项目及条款</th><th rowspan="2">不合格质量水平（RQL）</th><th rowspan="2">判别水平（DL）</th><th colspan="2">抽样方案</th></tr>
<tr><th>项目</th><th>条款</th><th>样本量 n</th><th>判定数组（Ac，Re）</th></tr>
<tr><td>1</td><td rowspan="9">A</td><td>最高工作温度</td><td>5.2</td><td rowspan="9">30</td><td rowspan="12">Ⅰ</td><td rowspan="12">3</td><td rowspan="9">（0，1）</td></tr>
<tr><td>2</td><td>温度波动度</td><td>5.3</td></tr>
<tr><td>3</td><td>真空密封性</td><td>5.4</td></tr>
<tr><td>4</td><td>温度指示误差</td><td>5.5</td></tr>
<tr><td>5</td><td>温度稳定度</td><td>5.6</td></tr>
<tr><td>6</td><td>表面温度</td><td>5.7</td></tr>
<tr><td>7</td><td>绝缘电阻</td><td>5.9.1</td></tr>
<tr><td>8</td><td>耐电压强度</td><td>5.9.2</td></tr>
<tr><td>9</td><td>超温保护</td><td>5.10</td></tr>
<tr><td>10</td><td rowspan="3">B</td><td>外观</td><td>5.1</td><td rowspan="3">65</td><td rowspan="3">（1，2）</td></tr>
<tr><td>11</td><td>升温时间</td><td>5.8</td></tr>
<tr><td>12</td><td>连续工作时间</td><td>5.11</td></tr>
</table>

8 标志、包装、运输和贮存

8.1 标志

8.1.1 真空箱的铭牌，字迹应清晰耐久，固定牢靠。

8.1.2 产品铭牌的内容应包括：

a) 产品型号、名称；

b) 最高工作温度；

c) 极限压力；

d) 额定电压及功率；

e) 出厂编号及制造日期；

f) 制造商名称。

8.1.3 箱体应设有明显的接地标志。

8.2 包装

8.2.1 包装箱的标志应符合 GB/T 191—2008 的规定。

8.2.2 包装箱应牢固可靠。

8.2.3 包装箱应防雨淋、防潮气聚集。

8.2.4　真空箱的附件及技术文件应紧固在包装箱内，随同真空箱提供的主要文件资料包括：

a）　产品合格证明书；

b）　产品使用说明书；

c）　装箱清单。

8.3　运输

真空箱在包装完整的条件下，允许用一般交通工具运输。在运输过程中应防止受到剧烈振动、雨淋与曝晒。

8.4　贮存

8.4.1　包装完备的真空箱应贮存在通风良好、无腐蚀性气体及化学药品的库房内。

8.4.2　贮存时间超过一年，出厂前应重新进行出厂检验，合格后方能出厂。

ICS 19.040
N 61

中华人民共和国国家标准

GB/T 29252—2012

实验室仪器和设备质量检验规则

Rule of the quality inspection of laboratory instruments and equipments

2012-12-31 发布　　2013-06-01 实施

中华人民共和国国家质量监督检验检疫总局
中国国家标准化管理委员会　发布

前　言

本标准由中国机械工业联合会提出。

本标准由全国实验室仪器和设备标准化技术委员会(SAC/TC 526)归口。

本标准主要起草单位:衡阳衡仪电气有限公司、沈阳仪表科学研究院、重庆四达试验设备有限公司、机械工业仪器仪表综合技术经济研究所、长沙开元仪器有限公司。

本标准主要起草人:刘湘衡、徐秋玲、陈云生、金丽辉、文胜。

本标准为首次发布。

实验室仪器和设备质量检验规则

1 范围

本标准规定了实验室仪器和设备质量检验的术语和定义、检验分类和检验项目、检验条件、不合格的分类、出厂检验、周期检验和定型检验。

本标准适用于实验室仪器和设备的出厂检验、周期检验和定型检验。

2 规范性引用文件

下列文件对于本文件的应用是必不可少的。凡是注日期的引用文件，仅注日期的版本适用于本文件。凡是不注日期的引用文件，其最新版本(包括所有的修改单)适用于本文件。

GB/T 2828.1—2003 计数抽样检验程序 第1部分：按接收质量限(AQL)检索的逐批检验抽样计划

GB/T 2829—2002 周期检验计数抽样程序及表(适用于对过程稳定性的检验)

GB/T 13264 不合格品百分数的小批计数抽样检验程序及抽样表

3 术语和定义

下列术语和定义适用于本文件。

3.1

单位产品 item

为实施抽样检验的需要而划分的基本单位。

[GB/T 2829—2002，定义3.1.1]

示例：单件产品，一对产品，一组产品，一个部件，或一定长度、一定面积、一定体积、一定重量的产品。

3.2

批 lot

汇集在一起的一定数量的某种产品。

注1：检验批可由几个投产批或投产批的一部分组成。

注2：改写 GB/T 2828.1—2003，定义3.1.13。

3.3

连续批 continuing series of lots

由同一生产厂在认为相同条件下连续生产的一系列的批。

[GB/T 3358.2—1993，定义3.22]

3.4

批量 lot size

N

批中的产品的数量。

[GB/T 2828.1—2003，定义3.1.14]

3.5

样本　sample

取自一个批并且提供有关该批的信息的一个或一组产品。

[GB/T 2828.1—2003,定义 3.1.15]

3.6

样本量　sample size

n

样本中产品的数量。

[GB/T 2828.1—2003,定义 3.1.16]

3.7

质量　quality

一组固有特性满足要求的程度。

[GB/T 19000—2008,定义 3.1.1]

注 1:术语"质量"可使用形容词如差、好或优秀来修饰。

注 2:"固有的"(其反义词是"赋与的")就是指在某事或某物中本来就有的,尤其是那种永久的特性。

3.8

要求　requirement

明示的、通常隐含的或必须履行的需求或期望。

[GB/T 19000—2008,定义 3.1.2]

注 1:"通常隐含"是指组织、顾客和其他相关方的惯例或一般做法,所考虑的需求或期望是不言而喻的。

注 2:特定要求可使用修饰词表示,如产品要求、质量管理要求、顾客要求。

注 3:规定要求是经明示的要求。

注 4:要求可由不同的相关方提出。

3.9

质量特性　quality characteristic

与要求有关的,产品、过程或体系的固有特性。

[GB/T 19000—2008,定义 3.5.2]

注 1:"固有的"是指本来就有的,尤其是那种永久的特性。

注 2:赋予产品、过程或体系的特性(如产品的价格,产品的所有者)不是它们的质量特性。

3.10

合格　conformity

满足要求。

[GB/T 19000—2008,定义 3.6.1]

3.11

不合格　nonconformity

未满足要求。

[GB/T 19000—2008,定义 3.6.2]

注:不合格按质量特性表示质量的重要性,或者按质量特性不符合的严重程度来分类,一般将不合格分为 A 类不合格、B 类不合格和 C 类不合格。

3.12

A 类不合格　nonconformity type A

单位产品的极重要质量特性未满足要求,或者单位产品的质量特性极严重地未满足要求。

注:改写 GB/T 2829—2002,定义 3.1.8。

3.13

B 类不合格　nonconformity type B

单位产品的重要质量特性未满足要求，或者单位产品的质量特性严重地未满足要求。

注：改写 GB/T 2829—2002，定义 3.1.9。

3.14

C 类不合格　nonconformity type C

单位产品的一般质量特性未满足要求，或者单位产品的质量特性轻微地未满足要求。

注：改写 GB/T 2829—2002，定义 3.1.10。

3.15

不合格品　nonconforming item

具有一个或多个不合格的单位产品。

注 1：不合格品通常按不合格的严重程度分为 A 类不合格品、B 类不合格品和 C 类不合格品。

注 2：改写 GB/T 2828.1—2003，定义 3.1.7

3.16

A 类不合格品　nonconforming item type A

有一个或一个以上 A 类不合格，也可能还有 B 类不合格和(或)C 类不合格的单位产品。

[GB/T 2829—2002，定义 3.1.12]

3.17

B 类不合格品　nonconforming item type B

有一个或一个以上 B 类不合格，也可能还有 C 类不合格，但不包括 A 类不合格的单位产品。

[GB/T 2829—2002，定义 3.1.13]

3.18

C 类不合格品　nonconforming item type C

有一个或一个以上 C 类不合格，但不包括 A 类不合格和 B 类不合格的单位产品。

[GB/T 2829—2002，定义 3.1.14]

3.19

(样本)不合格品百分数　percent nonconforming (in a sample)

样本中的不合格品数除以样本量再乘以 100。

注：改写 GB/T 2828—2003，定义 3.1.8。

3.20

(样本)每百单位产品不合格数　nonconformities per 100 items (in a sample)

样本中的不合格数除以样本量再乘以 100。

注：改写 GB/T 2828—2003，定义 3.1.10。

3.21

质量水平　quality level

与有关要求相比较，产品的相对质量的量度。

示例：批的不合格品百分数，接收质量限。

注：改写 GB/T 3358.2—1993，定义 3.3。

3.22

接收质量限　acceptance quality limit

AQL

当一个连续系列批被提交验收抽样时，可允许的最差过程平均质量水平。

[GB/T 2828.1—2003，定义 3.1.26]

注：接收质量限以不合格品百分数或每百单位产品不合格数表示。

3.23

不合格质量水平　nonconforming quality level

RQL

在抽样检验中，认为不可接受的批质量下限值。

[GB/T 2829—2002，定义 3.1.18]

注：不合格质量水平以不合格品百分数或每百单位产品不合格数表示

3.24

纠正　correction

为消除已发现的不合格所采取的措施。

[GB/T 19000—2008，定义 3.6.6]

示例：返工、降级。

3.25

返工　rework

为使不合格产品符合要求而对其采取的措施。

[GB/T 19000—2008，定义 3.6.7]

3.26

检验　inspection

为确定产品的各特性是否合格，测定、检查、试验或度量产品的一种或多种特性，并且与规定要求进行比较的活动。

[GB/T 2828.1—2003，定义 3.1.1]

3.27

试验　test

按照程序确定一个或多个特性。

[GB/T 19000—2008，定义 3.8.3]

3.28

出厂检验　acceptance inspection

验收检验

为判断提交的产品、批是否可接收所进行的检验。

注：改写 GB/T 3358.2—1993，定义 3.13。

3.29

周期检验　periodic inspection

质量一致性检验　quality conformance inspection

为判断在规定周期内(按时间规定，也可按制造的单位产品数量规定)生产过程的稳定性是否符合规定要求，从逐批检验合格的某个批或若干批中抽取样本的检验。

[GB/T 2829—2002，定义 3.1.22]

3.30

定型检验　type inspection

型式检验

为判断某一生产线能否成批制造符合规定质量要求而进行的周期与逐批检验。

[GB/T 2829—2002，定义 3.1.23]

3.31

计数检验　inspection by attributes

关于规定的一个或一组要求，或者仅将单位产品划分为合格或不合格，或者仅计算单位产品中不合格数的检验。

[GB/T 2828.1—2003,定义 3.1.3]

注：计数检验既包括产品是否合格的检验,又包括每百单位产品不合格数的检验。

3.32

逐批检验　lot-by-lot inspection

对系列批中的每一批都进行检验。

[GB/T 3358.2—1993,定义 3.14]

3.33

100%检验　100% inspection

全检　complete inspection

对特定范围内每个产品都进行检验。

注：改写 GB/T 3358.2—1993,定义 3.15。

3.34

抽样检验　sampling inspection

利用所抽取的样本对产品或过程进行的检验。

[GB/T 3358.2—1993,定义 4.1]

3.35

抽样计划　sampling scheme

抽样方案和从一个抽样方案改变到另一抽样方案的规则的组合。

[GB/T 2828.1—2003,中 3.1.18]

3.36

抽样方案　sampling plan

所使用的样本量和有关批接收准则的组合。

[GB/T 2828.1—2003,定义 3.1.17]

注：抽样方案不包括如何抽出样本的规则。

3.37

一次抽样方案　single sampling plan

由样本量和判定数组[Ac,Re]结合在一起组成的抽样方案。

[GB/T 2829—2002,定义 3.1.30]

3.38

二次抽样方案　double sampling plan

由第一样本量 n_1、第二样本量 n_2,和判定数组[A_1,A_2,R_1,R_2]结合在一起组成的抽样方案。

[GB/T 2829—2002,定义 3.1.31]

3.39

正常检验　normal inspection

当过程平均优于接收质量限时抽样方案的一种使用法。此时抽样方案具有为保证生产方以高概率接收而设计的接收准则。

[GB/T 2828.1—2003,定义 3.1.20]

注：当没有理由怀疑过程平均不同于某一可接收水平时,进行正常检验。

3.40

加严检验　tightened inspection

具有比相应正常检验抽样方案接收准则更严历的接收准则的抽样方案的一种使用法。

[GB/T 2828.1—2003,定义 3.1.21]

注：当预先规定的连续批数的检验结果表明过程平均可能比接收质量限低劣时,进行加严检验。

3.41

放宽检验 reduced inspection

具有样本量比相应正常检验抽样方案小，接收准则和正常检验抽样方案的接收准则相差不大的抽样方案的一种使用法。

[GB/T 2828.1—2003，定义 3.1.22]

注 1：放宽检验的鉴别能力小于正常检验。

注 2：当预先规定连续批数的检验结果表明过程平均优于接收质量限时，可进行放宽检验。

3.42

判别水平 distinguish level

DL

判别生产过程稳定性不符合规定要求之能力大小的等级。

[GB/T 2829—2002，定义 3.1.33]

3.43

合格判定数 acceptance number

接收数

Ac

在计数检验抽样中，合格批的样本中允许的不合格或不合格品的最大数目。

[GB/T 2829—2002，定义 3.1.25]

3.44

不合格判定数 non-acceptance number

拒收数 rejection number

Re

在计数检验抽样中，不合格批的样本中允许的不合格或不合格品的最小数目。

[GB/T 2829—2002，定义 3.1.26]

3.45

判定数组

合格判定数和不合格判定数或合格判定数系列和不合格判定数系列的组合。

[GB/T 2829—2002，定义 3.1.27]

3.46

简单随机抽样 simple random sampling

从批量为 N 的批中按不放回抽样抽取 n 个样本时，任何 n 个样本被抽取的概率都相等的抽样方法。

[GB/T 3358.1—1993，定义 5.7]

4 检验分类和检验项目

4.1 检验分类

实验室仪器和设备的检验分为：

a） 出厂检验；

b） 周期检验；

c） 定型检验。

4.2 出厂检验

4.2.1 产品交货时应进行出厂检验，以判断提交的产品是否符合规定的质量要求。

4.2.2 出厂检验由制造厂质量检验部门执行,并出具质量合格证明文件。必要时,订货方可派代表参与。

4.2.3 出厂检验是对产品部分质量特性的检验,产品标准应规定出厂检验的项目,必要时还应规定出厂检验的检验项目顺序。出厂检验一般应采用非破坏性的试验方式。

4.2.4 出厂检验应逐批检验,可以是所有的出厂检验项目都执行100%检验;也可以是其中一部分项目采用100%检验,而另一部分项目采用抽样检验。

4.2.4.1 属于以下情形之一,应采用100%检验:

a) 受生产工艺或生产技能变化影响较大的质量特性;
b) 对于达到预定要求至关重要的质量特性;
c) 基本的安全试验项目;
d) 检验方法简单,检验成本低廉及所需检验工时不多的项目。

4.2.4.2 属于以下情形之一,可采用抽样检验:

a) 受零部件或设备质量影响大而受生产工艺和生产技能影响较少的质量特性;
b) 由设计结构决定的质量特性;
c) 检验方法复杂,检验成本昂贵或所需检验工时太多的项目;
d) 可能导致样品破坏的安全试验项目。

4.3 周期检验

4.3.1 正常生产的产品,应定期或在积累一定产量时进行周期检验,以判断产品在生产过程中能否保证质量的持续稳定。

4.3.2 出现以下情形之一,也应进行周期检验:

a) 当产品停止生产一个周期以上又恢复生产时;
b) 出厂检验结果与上次周期检验有重大差异时;
c) 质量监督机构要求时。

4.3.3 产品标准应根据产品生产过程稳定的大约持续时间、试验时间和试验费用等因素,适当地规定周期检验的周期,通常为三个月,半年或一年,最长不宜超过二年。也允许按照产品制造的数量规定检验周期。

4.3.4 在同一产品标准中,允许针对不同试验组规定不同的检验周期,如可靠性试验的周期可适当延长至五年。

4.3.5 周期检验由制造厂质量检验部门执行,也可委托质量检验技术机构执行。应出具周期检验报告。

4.3.6 周期检验样本应在经出厂检验合格的批中抽取。

4.4 定型检验

4.4.1 属于以下情形之一时,应进行定型检验:

a) 新产品设计定型或生产定型时;
b) 老产品转厂生产时;
c) 产品的设计、结构、工艺、材料有较大变动且有可能影响产品性能时;
d) 质量监督机构要求时。

4.4.2 定型检验由制造厂质量检验部门执行,也可委托质量检验技术机构执行。应出具定型检验报告。

4.4.3 定型检验的样本应在经出厂检验合格的批中抽取。

4.5 检验项目及试验分组

4.5.1 实验室仪器和设备的检验项目可分为(但不限于)6 个试验组:

——a 组为基本检验项目组,主要包括外形、外观、尺寸和标志检查,功能、重要质量特性、一般质量特性和安全性能等。重要质量特性有基本误差、灵敏度、不稳定性和非线性等。安全性能有防电击和电灼伤、防机械危险、防高过温和火焰蔓延、防辐射影响、防过压力及爆炸危险等。

——b 组为温、湿度试验项目组,主要包括低温、高温、温度变化、湿热等试验。

——c 组为机械环境试验项目组,主要包括振动、冲击、自由跌落和包装运输等试验。

——d 组为特殊环境试验项目组,可包括电源电压和频率变化、电磁兼容、低气压、高气压、防尘防水、模拟地面上的太阳辐照、盐雾、长霉和其他特殊环境试验等。

——e 组为现场试验项目组。

——f 组为可靠性试验项目组。

4.5.2 对各试验组,推荐的试验项目见表 1。在产品标准中或技术协议中,应根据该产品的实际需要和实施上的可能规定选择检验项目,并将这些检验项目归并成尽可能少的试验组。

4.5.3 在产品标准中,应针对每个检验项目规定相应的试验方法。

表 1 检验项目及试验分组

检验项目			出厂检验	周期检验	定型检验
分组	序号	名称			
a 组基本项目	1	外形、外观、尺寸和标志检查	●	●	●
	2	功能和重要质量特性	●	●	●
	3	一般质量特性	○	●	●
	4	安全性能	●	●	●
b 组温、湿度项目	5	低温试验	—	○	●
	6	高温试验	—	○	●
	7	温度变化试验	—	○	●
	8	湿热试验	—	○	●
c 组机械环境项目	9	振动试验	—	○	●
	10	冲击试验	—	○	●
	11	自由跌落试验	—	○	●
	12	包装运输试验	—	○	●
d 组特殊环境项目	13	电源电压和频率变化试验	—	●	●
	14	电磁兼容试验	—	○	●
	15	低气压试验	—	○	●
	16	高气压试验	—	○	●
	17	防水防尘试验	—	○	●
	18	模拟地面上的太阳辐射试验	—	○	●
	19	盐雾试验	—	○	●
	20	长霉等生物条件试验	—	○	●
	21	其他特殊环境试验	—	○	●

表 1（续）

检验项目			出厂检验	周期检验	定型检验
分组	序号	名称			
e组	22	现场使用试验	○	○	●
f组	23	可靠性试验	—	○	●
注：符号“●”表示应检验的项目，符号“○”表示可选的检验项目，符号“—”表示不必检验的项目。					

5 检验条件

5.1 参考条件

5.1.1 检验实验室仪器和设备的参考条件如下：

——温度为 23 ℃；

——相对湿度为 50%；

——气压为 101.3 kPa；

——供电电压为额定值；

——交流供电频率为额定值；

——交流供电波形为正弦波。

5.1.2 如被测参数随温度、相对湿度或气压变化的规律是已知的，必要时，应将在 5.2 规定的试验条件下测得的参数值修正到 5.1.1 规定的参考条件下的参数值。

5.2 试验条件

5.2.1 实验室仪器和设备的检验应在规定的试验条件下进行。应根据实验室仪器和设备的准确度、尺寸、环境敏感程度等因素确定试验条件。在不产生疑义的前提下，检验也可在室内自然条件下进行。

5.2.2 试验条件宜选用下列推荐值：

——温度：

- (22～24)℃；
- (21～25)℃；
- (20～26)℃；
- (18～28)℃；
- (13～33)℃。

——相对湿度：

- (40～60)%；
- (45～75)%；
- (30～90)%。

——气压：

- (97～103)kPa；
- (94～103)kPa；
- (86～106)kPa；
- (80～106)kPa。

——供电电压偏离额定值不超过：

- ±1%；
- ±5%；
- ±10%；
- −15%，+10%。

——交流供电频率偏离额定值不超过±1%；

——交流供电波形总畸变不超过5%；

——外磁场干扰小于地磁场引起干扰的2倍。

5.2.3 对试验环境中的振动、噪声、清洁度、冷或热源辐射、电磁辐射、气流等因素有特殊要求的检验项目，应在产品标准中明确规定具体要求。

6 不合格的分类

6.1 当涉及多个质量特性，且它们在质量和(或)经济效果上的重要性不同时，宜按不合格的严重程度分为A类不合格、B类不合格和C类不合格。

对简单产品，也可区分为两种类别的不合格，甚至不区分不合格的类别。

6.2 下列情况应判为A类不合格：

——对人身安全或公共安全构成危险；

——严重损坏仪器基本功能；

——极重要质量特性不符合规定；

——质量特性极严重不符合规定。

6.3 下列情况应判为B类不合格：

——重要质量特性不符合规定；

——质量特性严重不符合规定；

——突然的电气失效或结构失效(如结构件破裂，明显的变形等)；

——机械连接或构件的松动、位移、脱落导致元件失效，引起仪器不能正常工作；

——性能降低不能达到预定要求；

——锈蚀、剥落、损伤等方式造成部件性能的变化，妨碍正常操作使用；

——不能满足产品标准规定的要求的其他失效。

6.4 下列情况应判为C类不合格：

——一般质量特性不符合规定；

——质量特性轻微不符合规定。

6.5 必要时，还应规定各类不合格之间的折算系数。

7 出厂检验

7.1 100%检验

7.1.1 在对所有项目都采用100%检验的出厂检验中，应对检验批中的每一单位产品，按产品标准规定的检验顺序对所有项目进行检验。

7.1.2 当所有检验项目均合格时，该单位产品判为合格品。当任何项目出现不合格时，该单位产品判为不合格品，此时，通常应中止对该单位产品的检验。

7.1.3 当涉及多个质量特性，且产品标准或技术协议对不合格作了分类，并规定了单位产品允许的分类不合格数时，应在检验后统计各类不合格的累计数。当各类不合格的累计数均小于或等于允许的不合格数时，该单位产品判为合格品，否则判为不合格品。

7.1.4 不合格品经返工后可再次提交检验。再次检验时需对所有项目进行检验，还是仅检验不合格的项目，应在产品标准中规定。

7.2 抽样检验

7.2.1 接收质量限

7.2.1.1 出厂检验中的抽样检验使用接收质量限(AQL)和样本量字码检索所需的抽样方案和抽样计划。

产品标准或技术协议应规定AQL，可以为不合格组或单个的不合格规定不同的AQL。不合格组的划分应适应特定场合的质量要求。当以不合格百分数表示质量水平时，AQL值不应超过10%的不合格品，当以每百单位产品不合格数表示质量水平时，可使用的AQL值最高可达每百单位中有1 000个不合格。

7.2.1.2 应根据使用要求、质量特性、不合格的类型，合理地规定AQL值。当以不合格百分数表示质量水平时，宜如下选择AQL值：

a) 根据对产品的使用要求：
——高要求时(如军工品和重要工业产品)：小于或等于0.65；
——中等要求时(如一般工业产品)：1.0～2.5；
——低要求时(如一般民用产品)：大于或等于4.0。

b) 根据质量特性：
——电气性能：0.4或0.65；
——机械性能：1.0或1.5；
——外观质量：2.5或4.0。

c) 根据不合格的类型：
——A类不合格：0.65或1.0；
——B类不合格：1.5或2.5；
——C类不合格：4.0或6.5。

7.2.2 抽样和组批规则

7.2.2.1 每个批应由同型号、同等级、同类、同规格，在同一时段和一致的条件下制造的产品组成。

7.2.2.2 应按简单随机抽样法，从已经100%检验后的合格批中抽取作为样本的产品。样本应一次性抽足。

7.2.3 正常检验和加严检验

7.2.3.1 开始检验时应采用正常检验。除非要求改变检验的严格度，对后续批，正常或加严检验应继续不变。

7.2.3.2 当正在采用正常检验时，只要初次检验中连续5批都不合格，则应转移到加严检验。

7.2.3.3 当正在采用加严检验时，如果初次检验的接连5批都合格，应恢复正常检验。

7.2.3.4 如初次加严检验的一系列连续批中不合格批的累计达到5批，应暂时停止检验，直到为改进产品质量已采取有效行动时，才可恢复到加严检验。

7.2.3.5 本标准不推荐采用放宽检验。

7.2.3.6 本标准不推荐采用跳批抽样。

7.2.4 抽样方案

7.2.4.1 检验水平标志着检验量，产品标准应规定所采用的检验水平。一般情况下，应使用Ⅱ水平；要求鉴别力较低时可使用Ⅰ水平;要求鉴别力较高时可使用Ⅲ水平。

对价格昂贵、试验费高、试验周期长的产品宜使用特殊检验水平。产品质量特性主要由设计和结构决定的产品,也可采用特殊检验水平。以手工装配为主的产品,则不宜采用特殊检验水平。

检验水平的选择与检验的严格度是不同的,因此,当在正常和加严检验间转移时,已规定的检验水平应保持不变。

7.2.4.2 选择特殊检验水平时,应注意与AQL协调一致,通常:

——选择特殊水平S-1时,AQL≥1.5;

——选择特殊水平S-2时,AQL≥1.0;

——选择特殊水平S-3时,AQL≥0.25;

——选择特殊水平S-4时,AQL≥0.10。

7.2.4.3 抽样检验的样本量由样本量字码确定。根据特定的批量和规定的检验水平,可从表2中查出相应的样本量字码。批量大于1 200时,则可从GB/T 2828.1—2003的表1中查找相应的样本量字码。

表2 样本量字码

批量	特殊检验水平				一般检验水平		
	S-1	S-2	S-3	S-4	Ⅰ	Ⅱ	Ⅲ
2～8	A	A	A	A	A	A	B
9～15	A	A	A	A	A	B	C
16～25	A	A	B	B	B	C	D
26～50	A	B	B	C	C	D	E
51～90	B	B	C	C	C	E	F
91～150	B	B	C	D	D	F	G
151～280	B	C	D	E	E	G	H
281～500	B	C	D	E	F	H	J
501～1 200	C	C	E	F	G	J	K

7.2.4.4 对实验室仪器和设备的出厂检验,应优先采用一次抽样方案。必要时也可采用二次抽样方案。不推荐采用多次抽样方案。

7.2.4.5 根据采用一次或二次抽样方案,正常或加严检验,使用AQL和样本量字码可分别从对应的抽样方案表(表3～表6)中查取抽样方案,得到样本量、合格判定数和不合格判定数。

正常检验一次抽样方案使用表3,加严检验一次抽样方案使用表4。正常检验二次抽样方案使用表5,加严检验二次抽样方案使用表6。

如与给定的样本量字码和AQL对应格中是箭头,则应沿箭头方向读出第一个合格判定数和不合格判定数,并可得到对应的新的样本量。如新样本量等于或超过批量,则执行100%检验。

如果不同类别的不合格品或不合格导致不同的样本量时,应采用其中较大的样本量。对某一指定的AQL,可使用样本量较大、合格判定数为1的一次抽样方案来代替合格判定数为0的一次抽样方案。

当给定的AQL在表3～表6所列出的AQL值之外时,可分别从GB/T 2828.1—2003的表2-A、表2-B、表3-A或表3-B1中查找相应的抽样方案。

表 3　用于出厂检验的正常检验一次抽样方案

样本量字码	样本量	AQL												
		0.4	0.65	1.0	1.5	2.5	4.0	6.5	10	15	25	40	65	100
		Ac Re	Ac Re	Ac Re	Ac Re	Ac Re	Ac Re	Ac Re	Ac Re	Ac Re	Ac Re	Ac Re	Ac Re	Ac Re
A	2	↓	↓	↓	↓	↓	↓	0 1	↓	↓	1 2	2 3	3 4	5 6
B	3	↓	↓	↓	↓	↓	0 1	↑	↓	1 2	2 3	3 4	5 6	7 8
C	5	↓	↓	↓	↓	0 1	↑	↓	1 2	2 3	3 4	5 6	7 8	10 11
D	8	↓	↓	↓	0 1	↑	↓	1 2	2 3	3 4	5 6	7 8	10 11	14 15
E	13	↓	↓	0 1	↑	↓	1 2	2 3	3 4	5 6	7 8	10 11	14 15	21 22
F	20	↓	0 1	↑	↓	1 2	2 3	3 4	5 6	7 8	10 11	14 15	21 22	↑
G	32	0 1	↑	↓	1 2	2 3	3 4	5 6	7 8	10 11	14 15	21 22	↑	↑
H	50	↑	↓	1 2	2 3	3 4	5 6	7 8	10 11	14 15	21 22	↑	↑	↑
J	80	↓	1 2	2 3	3 4	5 6	7 8	10 11	14 15	21 22	↑	↑	↑	↑
K	125	1 2	2 3	3 4	5 6	7 8	10 11	14 15	21 22	↑	↑	↑	↑	↑

↓ ——使用箭头下面第一个抽样方案。如样本量等于或超过批量，则执行 100%检验。

↑ ——使用箭头上面第一个抽样方案。

Ac ——合格判定数。

Re ——不合格判定数。

表 4　用于出厂检验的加严检验一次抽样方案

样本量字码	样本量	AQL												
		0.4	0.65	1.0	1.5	2.5	4.0	6.5	10	15	25	40	65	100
		Ac Re	Ac Re	Ac Re	Ac Re	Ac Re	Ac Re	Ac Re	Ac Re	Ac Re	Ac Re	Ac Re	Ac Re	Ac Re
A	2	↓	↓	↓	↓	↓	↓	↓	0 1	↓	↓	1 2	2 3	3 4
B	3	↓	↓	↓	↓	↓	↓	0 1	↓	↓	1 2	2 3	3 4	5 6
C	5	↓	↓	↓	↓	↓	0 1	↓	↓	1 2	2 3	3 4	5 6	8 9
D	8	↓	↓	↓	↓	0 1	↓	↓	1 2	2 3	3 4	5 6	8 9	12 13
E	13	↓	↓	↓	0 1	↓	↓	1 2	2 3	3 4	5 6	8 9	12 13	18 19
F	20	↓	↓	0 1	↓	↓	1 2	2 3	3 4	5 6	8 9	12 13	18 19	↑
G	32	↓	0 1	↓	↓	1 2	2 3	3 4	5 6	8 9	12 13	18 19	↑	↑
H	50	0 1	↓	↓	1 2	2 3	3 4	5 6	8 9	12 13	18 19	↑	↑	↑
J	80	↓	↓	1 2	2 3	3 4	5 6	8 9	12 13	18 19	↑	↑	↑	↑
K	125	—	1 2	2 3	3 4	5 6	8 9	12 13	18 19	↑	↑	↑	↑	↑

↓ ——使用箭头下面第一个抽样方案。如样本量等于或超过批量，则执行 100%检验。

↑ ——使用箭头上面第一个抽样方案。

Ac ——合格判定数。

Re ——不合格判定数。

表5 用于出厂检验的正常检验二次抽样方案

样本量字码	样本	样本量	累计样本量	AQL 1.0	1.5	2.5	4.0	6.5	10	15	25	40	65	100
				Ac Re	Ac Re	Ac Re	Ac Re	Ac Re	Ac Re	Ac Re	Ac Re	Ac Re	Ac Re	Ac Re
A	—	—	—	↓	↓	↓	↓	*	↓	↓	*	*	*	*
B	第一	2	2	↓	↓	↓	*	↑	↓	0 2	0 3	1 3	2 5	3 6
	第二	2	4							1 2	3 4	4 5	6 7	9 10
C	第一	3	3	↓	↓	*	↑	↓	0 2	0 3	1 3	2 5	3 6	5 9
	第二	3	6						1 2	3 4	4 5	6 7	9 10	12 13
D	第一	5	5	↓	*	↑	↓	0 2	0 3	1 3	2 5	3 6	5 9	7 11
	第二	5	10					1 2	3 4	4 5	6 7	9 10	12 13	18 19
E	第一	8	8	*	↑	↓	0 2	0 3	1 3	2 5	3 6	5 9	7 11	11 16
	第二	8	16				1 2	3 4	4 5	6 7	9 10	12 13	18 19	26 27
F	第一	13	13	↑	↓	0 2	0 3	1 3	2 5	3 6	5 9	7 11	11 16	↑
	第二	13	26			1 2	3 4	4 5	6 7	9 10	12 13	18 19	26 27	
G	第一	20	20	↓	0 2	0 3	1 3	2 5	3 6	5 9	7 11	11 16	↑	↑
	第二	20	40		1 2	3 4	4 5	6 7	9 10	12 13	18 19	26 27		
H	第一	32	32	0 2	0 3	1 3	2 5	3 6	5 9	7 11	11 16	↑	↑	↑
	第二	32	64	1 2	3 4	4 5	6 7	9 10	12 13	18 19	26 27			
J	第一	50	50	0 3	1 3	2 5	3 6	5 9	7 11	11 16	↑	↑	↑	↑
	第二	50	100	3 4	4 5	6 7	9 10	12 13	18 19	26 27				
K	第一	80	80	1 3	2 5	3 6	5 9	7 11	11 16	↑	↑	↑	↑	↑
	第二	80	160	4 5	6 7	9 10	12 13	18 19	26 27					

↓ ——使用箭头下面第一个抽样方案。如样本量等于或超过批量，则执行100%检验。

↑ ——使用箭头上面第一个抽样方案。

Ac ——合格判定数。

Re ——不合格判定数。

* ——使用对应的一次抽样方案(或使用下面适用的二次抽样方案)。

表6 用于出厂检验的加严检验二次抽样方案

样本量字码	样本	样本量	累计样本量	AQL 1.0	1.5	2.5	4.0	6.5	10	15	25	40	65	100
				Ac Re	Ac Re	Ac Re	Ac Re	Ac Re	Ac Re	Ac Re	Ac Re	Ac Re	Ac Re	Ac Re
A	—	—	—	↓	↓	↓	↓	↓	↓	↓	↓	*	*	*
B	第一	2	2	↓	↓	↓	↓	*	↓	↓	0 2	0 3	1 3	2 5
	第二	2	4								1 2	3 4	4 5	6 7
C	第一	3	3	↓	↓	↓	*	↓	↓	0 2	0 3	1 3	2 5	4 7
	第二	3	6							1 2	3 4	4 5	6 7	10 11
D	第一	5	5	↓	↓	*	↓	↓	0 2	0 3	1 3	2 5	4 7	6 10
	第二	5	10						1 2	3 4	4 5	6 7	10 11	15 16

表 6（续）

样本量字码	样本	样本量	累计样本量	AQL 1.0 Ac Re	1.5 Ac Re	2.5 Ac Re	4.0 Ac Re	6.5 Ac Re	10 Ac Re	15 Ac Re	25 Ac Re	40 Ac Re	65 Ac Re	100 Ac Re
E	第一	8	8	↓	*	↓	↓	0 2	0 3	1 3	2 5	4 7	6 10	9 14
	第二	8	16					1 2	3 4	4 5	6 7	10 11	15 16	23 24
F	第一	13	13	*	↓	↓	0 2	0 3	1 3	2 5	4 7	6 10	9 14	↑
	第二	13	26				1 2	3 4	4 5	6 7	10 11	15 16	23 24	
G	第一	20	20	↓	↓	0 2	0 3	1 3	2 5	4 7	6 10	9 14	↑	↑
	第二	20	40			1 2	3 4	4 5	6 7	10 11	15 16	23 24		
H	第一	32	32	↓	0 2	0 3	1 3	2 5	4 7	6 10	9 14	↑	↑	↑
	第二	32	64		1 2	3 4	4 5	6 7	10 11	15 16	23 24			
J	第一	50	50	0 2	0 3	1 3	2 5	4 7	6 10	9 14	↑	↑	↑	↑
	第二	50	100	1 2	3 4	4 5	6 7	10 11	15 16	23 24				
K	第一	80	80	0 3	1 3	2 5	4 7	6 10	9 14	↑	↑	↑	↑	↑
	第二	80	160	3 4	4 5	6 7	10 11	15 16	23 24					

↓ ——使用箭头下面第一个抽样方案。如样本量等于或超过批量，则执行 100%检验。

↑ ——使用箭头上面第一个抽样方案。

Ac ——合格判定数。

Re ——不合格判定数。

* ——使用对应的一次抽样方案（或使用下面适用的二次抽样方案）。

7.2.4.6 对具体的制造者来说，具体产品的 AQL、检验水平通常是一个具体的值，而产品批量的差异也不会太大，因此，产品标准应在规定 AQL、检验水平和抽样方案类型的同时，尽可能地直接规定样本量。

7.2.4.7 对于小批量（批量为 10～250 个单位产品）生产的产品，尤其是产品检验总费用很高，或试验带有破坏性时，宜选用 GB/T 13264 中规定的一次抽样方案。

7.2.5 合格判定方法

7.2.5.1 对一次抽样方案，如样本中发现的不合格品数小于或等于合格判定数，应判为合格批；如大于或等于不合格判定数，则判为不合格批。

7.2.5.2 对二次抽样方案，如在第一样本中发现的不合格品数小于或等于第一合格判定数，应判为合格批；如大于或等于第一不合格判定数，则判为不合格批。此时，不必再检验第二样本。

如第一样本中发现的不合格品数介于第一合格判定数和第一不合格判定数之间，则应检验第二样本，并累计在第一样本和第二样本中发现的不合格品数。如不合格品累计数小于或等于第二合格判定数，应判为合格批；如大于或等于第二不合格判定数，则判为不合格批。

7.2.5.3 在每百单位产品不合格数检验的情形下，为判定批合格与否，使用不合格检验所规定的程序（见 7.2.5.1 和 7.2.5.2），只不过以术语“不合格”取代“不合格品”。

7.2.5.4 抽样检验是基于假定不合格的出现是随机且统计独立的，如果已知产品的某个不合格可能由某一条件引起的，此条件还可能引起其他一些不合格，则应仅考虑该产品是否为合格品，而不管该产品有多少个不合格。

7.2.5.5 对合格批中在抽样检验时发现的不合格品(含因不合格数超过允许值的单位产品)应经返工后,执行100%检验。不合格批应就不合格项目执行100%检验。

7.3 出厂检验合格后的处置

7.3.1 执行出厂检验的部门应为合格批或合格批中的每一单位产品出具合格证明文件,声明"该(批)产品经检验符合×××的要求,准予出厂",或"该(批)产品经检验合格,准予出厂"。必要时,应附具检验数据。

7.3.2 合格产品或合格批可交付或入库暂存。如库存时间超过规定时限,则应重新进行出厂检验方可交付。

8 周期检验

8.1 抽样和组批规则

8.1.1 周期检验的样本应从本周期制造的并经出厂检验合格的某个批或若干批中,按简单随机抽样法抽取。

8.1.2 抽样方法要保证样本能代表本周期的实际制造水平。宜从本周期各个不同时间里分散抽样组成周期检验的样本。如要求在固定时间集中抽样时,应在本周期制造的单位产品数量超过一半之后再进行。

8.1.3 如使用二次抽样方案,第一样本和第二样本应一次性抽足。

8.2 样本的检验

8.2.1 在进行周期检验前,应对样本进行出厂检验的所有项目进行试验。若发现样本中有不合格,则应以本周期正常制造的单位产品代替,应将此情况记入周期检验报告,但不作为判断周期检验合格与否的依据。

8.2.2 在进行周期检验时,按产品技术标准或技术协议中规定的检验项目、方法和顺序分组进行,试验结束后再对每个经过试验的样本逐个进行检验,最后以试验组为单位分别累积不合格品(或不合格)总数,当不合格按其严重程度分类时,应分类累计。

8.2.3 在周期检验的环境适应性试验过程中,如出现试验设备故障允许修复,在不超过规定缺陷数的情况下,按下述要求继续进行试验:

a) 在气候环境试验时发生故障,应从发生故障的前一个阶梯继续进行试验;
b) 如修复故障时做了调整,则应重新进行该项试验;
c) 在机械类环境试验时发生故障,应重新进行该项试验。

8.2.4 如在周期检验中,发现A类不合格品(或A类不合格),不允许更换和代替,而周期检验也不必再进行。

8.3 抽样方案

8.3.1 周期检验以不合格质量水平(RQL)质量指标。根据(RQL)和判别水平检索抽样方案。

8.3.2 在产品标准或技术协议中,应规定具体的RQL值。原则上应就每个试验组分别规定RQL值。通常,对A类规定的RQL值要小于对B类规定的RQL值,对C类规定的RQL值要大于对B类规定的RQL值。

8.3.3 在确定RQL值时,应考虑以下因素:

a) 订货方要求、供货方能力和单位产品价格三者之间的平衡;
b) 所给出的RQL值应是优先值;

c) 新产品可参照类似的老产品确定 RQL 值；

d) 尽量不使用大于 100 的 RQL 值；

e) 必要时，可从使用要求确定 RQL 值，具体如下：

——军工产品及重要工业产品：小于或等于 15；

——一般工业产品：20～40；

——一般民用产品：大于或等于 50。

8.3.4 GB/T 2829—2002 给出了三种能力不同的判别水平，其中判别水平Ⅲ的判别能力最强，判别水平Ⅱ次之，判别水平Ⅰ最弱。

产品标准应规定周期检验所采用的判别水平，原则上所有试验组应采用同一判别水平。

本标准推荐优先采用判别水平Ⅱ。当需要的判别力不强或经济上不允许时也可使用判别水平Ⅰ。

8.3.5 周期检验宜优先采用一次抽样方案，必要时也可采用二次抽样方案。

8.3.6 采用判别水平Ⅱ的一次抽样方案见表 7。在与规定的不合格质量水平对应一系列的一次抽样方案中，应根据所能承受的试验费用和试验设备的现有能力，选择适当的抽样方案。本标准推荐优先选用判定数组[Ac,Re]=[1,2]的抽样方案。

如采用判别水平Ⅱ的二次抽样方案，则可按表 8 检索。

如采用判别水平Ⅰ或Ⅲ的一次或二次抽样方案，则可分别按 GB/T 2829—2002 中的表 2、表 4、表 5 和表 7 检索。

表 7 用于周期检验的判别水平Ⅱ的一次抽样方案

样本量	RQL										
	10	12	15	20	25	30	40	50	65	80	100
	Ac Re	Ac Re	Ac Re	Ac Re	Ac Re	Ac Re	Ac Re	Ac Re	Ac Re	Ac Re	Ac Re
1	—	—	—	—	—	—	—	—	—	0 1	—
2	—	—	—	—	—	—	—	—	0 1	—	—
3	—	—	—	—	—	—	—	0 1	—	—	1 2
4	—	—	—	—	—	—	0 1	—	—	1 2	2 3
5	—	—	—	—	—	0 1	—	—	1 2	2 3	3 4
6	—	—	—	—	0 1	—	—	1 2	2 3	3 4	4 5
8	—	—	—	0 1	—	—	1 2	2 3	3 4	4 5	5 6
10	—	—	0 1	—	—	1 2	2 3	3 4	4 5	5 6	7 8
12	—	0 1	—	—	1 2	2 3	3 4	4 5	5 6	—	—
16	0 1	—	—	1 2	2 3	3 4	4 5	5 6	—	—	—
20	—	—	1 2	2 3	3 4	4 5	5 6	—	—	—	—
25	—	1 2	2 3	3 4	4 5	5 6	—	—	—	—	—
32	1 2	2 3	3 4	4 5	5 6	—	—	—	—	—	—
40	2 3	3 4	4 5	5 6	—	—	—	—	—	—	—
50	3 4	4 5	5 6	—	—	—	—	—	—	—	—
65	4 5	5 6	—	—	—	—	—	—	—	—	—
Ac——合格判定数。 Re——不合格判定数。											

示例:某实验室仪器和设备的周期检验规定某试验组的 RQL=30,判别水平为Ⅱ,则可按下列步骤求取一次抽样方案。

a) 因为规定判别水平Ⅱ,所以使用表7进行检索。

b) 在表7中,由 RQL=30,从上至下所确定的一系列一次抽样方案:

1) $n=5$,Ac=0,Re=1;

2) $n=10$,Ac=1,Re=2;

3) $n=12$,Ac=2,Re=3;

4) $n=16$,Ac=3,Re=4;

5) $n=20$,Ac=4,Re=5;

6) $n=25$,Ac=5,Re=6。

c) 根据所能承受的试验费用与试验设备的现有能力,认为选择 $n=10$,Ac=1,Re-2 为周期检验某试验组的抽样方案较为合适。

8.4 合格判定方法

8.4.1 只有按所确定的全部抽样方案判定合格,才可最终判定该周期检验所代表的产品周期检验合格,否则应判为不合格。

8.4.2 采用一次抽样方案时,如在样本中发现的不合格品数(或不合格数)小于或等于合格判定数,则判定该批合格;如在样本中发现的不合格品数(或不合格数)大于或等于不合格判定数,则判定该批不合格。

8.4.3 采用二次抽样方案时,如在第一样本中发现的不合格品数(或不合格数):

a) 小于或等于第一合格判定数,则判定该批合格;

b) 大于或等于第一不合格判定数,则判定该批不合格;

c) 介于第一合格数和第一不合格判定数之间,则对第二样本进行检验。如在第一和第二样本中发现的不合格品数(或不合格数)总和,

——小于或等于第二合格判定数,则判定该批合格;

——大于或等于第二不合格判定数,则判定该批不合格。

8.5 周期检验后的处置

8.5.1 本周期的周期检验合格后,该周期检验所代表的产品经出厂检验合格的产品,可交付或入库暂存。

8.5.2 如本周期的周期检验不合格,应调查周期检验不合格的原因。

——如因试验设备出故障或操作上的错误造成周期检验不合格,则允许重新进行周期检验;

——如造成周期检验不合格的原因可立即纠正,允许用纠正不合格原因后制造的产品进行周期检验;

——如造成周期检验不合格的原因可通过筛选剔除或可修复,则允许用经过筛选或修复的产品进行周期检验。

8.5.3 如果周期检验不合格不属于8.5.2所述情况,那么它所代表的产品应暂停出厂检验;经出厂检验合格已入库的产品应停止交付;已交付的产品原则上应收回或双方协商解决。

同时,应暂停该周期检验所代表的产品的正常批量生产,只有在纠正后制造的产品经周期检验合格后,才能恢复正常批量生产和出厂检验。

8.5.4 对经周期检验并合格的单位产品,如要交付使用,应经整修,并经出厂检验合格后方可交付,同时宜申明"该单位产品已进行过周期检验"。

9 定型检验

9.1 抽样和组批规则

9.1.1 定型检验的样本应从经出厂检验合格的产品中，按简单随机抽样法抽取。

9.1.2 第一样本和第二样本应一次性抽足。

9.2 样本的检验

定型检验的样本检验与周期检验相同，见8.2。

9.3 抽样方案

9.3.1 定型检验以不合格质量水平(RQL)为质量指标。根据(RQL)和判别水平检索抽样方案。

9.3.2 在产品标准或技术协议中，应规定具体的RQL值和判别水平。

9.3.3 定型检验宜采用判别水平Ⅱ的二次抽样方案，见表8。在与规定的RQL相对应的一系列二次抽样方案中，宜优先选用判定数组$[A_1, A_2, R_1, R_2]=[0,1,2,2]$的抽样方案。

如采用判别水平Ⅱ的一次抽样方案，可按表7检索。

如采用判别水平Ⅰ或Ⅲ的一次或二次抽样方案，可分别按GB/T 2829—2002中的表2、表4、表5和表7检索。

表8 用于定型检验的判别水平Ⅱ的二次抽样方案

样本	样本量	RQL										
		10	12	15	20	25	30	40	50	65	80	100
		Ac Re	Ac Re	Ac Re	Ac Re	Ac Re	Ac Re	Ac Re	Ac Re	Ac Re	Ac Re	Ac Re
第一	2	—	—	—	—	—	—	—	—	—	0 2	0 3
第二	2										1 2	3 4
第一	3	—	—	—	—	—	—	—	—	0 2	0 3	1 3
第二	3									1 2	3 4	4 5
第一	4	—	—	—	—	—	—	—	0 2	0 3	1 3	1 5
第二	4								1 2	3 4	4 5	5 6
第一	5	—	—	—	—	—	—	0 2	0 3	1 3	1 5	2 5
第二	5							1 2	3 4	4 5	5 6	6 7
第一	6	—	—	—	—	—	0 2	0 3	1 3	1 5	2 5	3 6
第二	6						1 2	3 4	4 5	5 6	6 7	9 10
第一	8	—	—	—	—	0 2	0 3	1 3	1 5	2 5	—	—
第二	8					1 2	3 4	4 5	5 6	6 7		
第一	10	—	—	—	0 2	0 3	1 3	1 5	2 5	—	—	—
第二	10				1 2	3 4	4 5	5 6	6 7			
第一	12	—	—	0 2	0 3	1 3	1 5	2 5	—	—	—	—
第二	12			1 2	3 4	4 5	5 6	6 7				
第一	16	—	0 2	0 3	1 3	1 5	2 5	—	—	—	—	—
第二	16		1 2	3 4	4 5	5 6	6 7					

表 8（续）

样本	样本量	RQL										
		10	12	15	20	25	30	40	50	65	80	100
		Ac Re	Ac Re	Ac Re	Ac Re	Ac Re	Ac Re	Ac Re	Ac Re	Ac Re	Ac Re	Ac Re
第一	20	0 2	0 3	1 3	1 5	2 5	—	—	—	—	—	—
第二	20	1 2	3 4	4 5	5 6	6 7						
第一	25	0 3	1 3	1 5	2 5	—	—	—	—	—	—	—
第二	25	3 4	4 5	5 6	6 7							
第一	32	1 3	1 5	2 5	—	—	—	—	—	—	—	—
第二	32	4 5	5 6	6 7								
Ac——合格判定数。 Re——不合格判定数。												

示例：某实验室仪器和设备的定型检验规定某试验组的 RQL=40，判别水平为Ⅱ，则可按下列步骤求取二次抽样方案：

a) 因为规定判别水平Ⅱ，所以使用表 8 进行检索。

b) 在表 8 中，与 RQL=40 对应的有 5 组二次抽样方案，根据 9.3.3，优先选用判定数组$[A_1, A_2, R_1, R_2]=[0,1,2,2]$的方案，其样本时为 $n_1=5, n_2=5$。

c) 选中的二次抽样方案为：

$n_1=5, A_1=0, R_1=2$；

$n_2=5, A_2=1, R_2=2$。

9.4 合格判定方法

如在第一样本中发现的不合格品数(或不合格数)：

a) 小于或等于第一合格判定数，则判定定型检验合格；

b) 大于或等于第一不合格判定数，则判定定型检验不合格；

c) 介于第一合格数和第一不合格判定数之间，则对第二样本进行检验。如在第一和第二样本中发现的不合格品数(或不合格数)总和：

——小于或等于第二合格判定数，则判定定型检验合格；

——大于或等于第二不合格判定数，则判定定型检验不合格。

9.5 定型检验后的处置

9.5.1 定型检验合格后，则证明该产品符合设计要求。

9.5.2 如定型检验不合格，应调查不合格的原因，见 8.5.2。

9.5.3 如定型检验不合格不属于 8.5.2 所述情况，应在纠正后，方可再次提交定型检验。

9.5.4 经定型检验且合格的产品，如要交付使用，应经整修，并经出厂检验合格后方可交付。同时宜申明“该单位产品已进行过定型检验”。

ICS 01.080.20
N 60

中华人民共和国国家标准

GB/T 29253—2012

实验室仪器和设备常用图形符号

Major graphical symbols for laboratory instruments and equipment

2012-12-31 发布

2013-06-01 实施

中华人民共和国国家质量监督检验检疫总局
中国国家标准化管理委员会 发布

前言

本标准按照 GB/T 1.1—2009 给出的规则起草。

本标准由中国机械工业联合会提出并归口。

本标准起草单位：衡阳衡仪电气有限公司、机械工业仪器仪表综合技术经济研究所、杭州雪中炭恒温技术有限公司、长沙平凡仪器仪表有限公司、沈阳仪表科学研究院、上海精密科学仪器有限公司、长沙开元仪器股份有限公司。

本标准主要起草人：刘湘衡、金丽辉、徐月明、姚希华、张晶、徐秋玲、董莉、文胜。

实验室仪器和设备常用图形符号

1 范围

本标准规定了实验室仪器和设备用图形符号(以下简称图形符号)的术语和定义、分类和用途、表示规则、设计要求、应用和标记,给出了实验室仪器和设备常用的图形符号的名称、含义和应用范围。

本标准适用于实验室仪器和设备。

2 规范性引用文件

下列文件对于本文件的应用是必不可少的。凡是注日期的引用文件,仅注日期的版本适用于本文件。凡是不注日期的引用文件,其最新版本(包括所有的修改单)适用于本文件。

GB/T 2893.2 图形符号 安全色和安全标志 第2部分:产品安全标签的设计原则

GB/T 5465.2 电气设备用图形符号 第2部分:图形符号

GB/T 16273(所有部分) 设备用图形符号

GB/T 16902.1—2004 图形符号表示规则 设备用图形符号 第1部分:原形符号

GB/T 16902.2—2008 设备用图形符号表示规则 第2部分:箭头的形式和使用

GB/T 17045—2008 电击防护 装置和设备的通用部分

3 术语和定义

下列术语和定义适用于本文件。

3.1

符号 symbol

表达一定事物或概念,具有简化特征的视觉形象。

[GB/T 15565.1—2008,定义2.3]

3.2

图形符号 graphical symbol

以图形为主要特征,信息传递不依赖于语言的符号。

[GB/T 15565.1—2008,定义2.5]

3.3

符号原图 symbol original

按照图形符号表示规则在设计模板上绘制的用来作为基准或进行复制的图形符号设计图。

[GB/T 15565.1—2008,定义2.5.1]

3.4

通用符号 common symbol

适用多个领域、专业或普遍使用的图形符号。

[GB/T 15565.1—2008,定义2.5.3]

3.5

简化符号 special symbol

省略部分符号细节的图形符号。

[GB/T 15565.1—2008,定义 2.5.6]

3.6

一般符号 general symbol

基本符号 basic symbol

表示一类事物或其特征,或作为符号族中各个图形符号组成基础的较简明的图形符号。

[GB/T 15565.1—2008,定义 2.5.7]

3.7

特定符号 specified symbol

将限定要素或其他符号要素附加在一般符号之上形成的含义具体的图形符号。

[GB/T 15565.1—2008,定义 2.5.8]

3.8

设备用图形符号 graphical symbol for use on equipment

用于各种设备,作为操作指示或显示其功能、工作状态的图形符号。

[GB/T 15565.1—2008,定义 2.5.13]

3.9

显示符号 display symbol

呈现设备功能或工作状态的设备用图形符号。

[GB/T 15565.1—2008,定义 2.5.13.1]

3.10

控制符号 control symbol

作为操作指示的设备用图形符号。

[GB/T 15565.1—2008,定义 2.5.13.2]

3.11

图标 icon

呈现在屏幕或显示器上的设备用图形符号。

注:图标可分静态图标、根据用户的输入改变的交互式图标和根据设备状态改变的动态图标。

[GB/T 15565.1—2008,定义 2.5.13.3]

3.12

标志用图形符号 graphical symbols for use on sign

用于图形标志,表示公共、安全、交通、包装储运等信息的图形符号。

[GB/T 15565.1—2008,定义 2.5.14]

3.13

安全符号 safety symbol

与安全色及安全形状共同形成安全标志的标志用图形符号

[GB/T 15565.1—2008,定义 2.5.14.2]

3.14

基本图型 basic pattern

用于设计设备用图形符号的通用图形。

注:基本图型由 12.5 mm 的方格组成的边长 75 mm 的正方形及叠加在其上的七种几何形状构成(见图 1)。

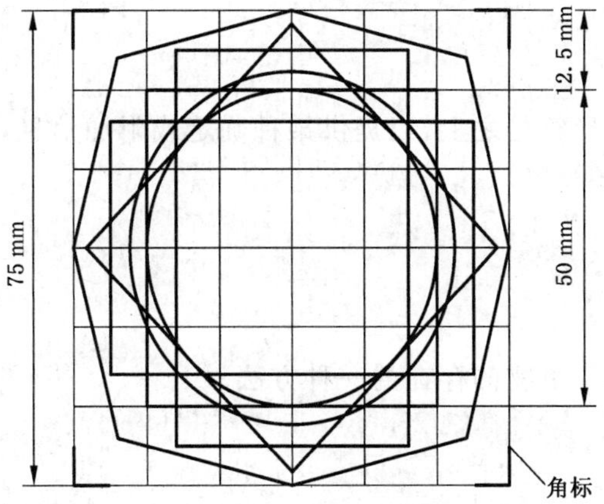

图 1　基本图形

[GB/T 15565.1—2008,定义 3.2]

3.15

基本模型　basic model

用于设计标志用图形符号的通用图形。

注：基本模型由包含四种几何形状(正方形、斜置正方形、圆形、正三角形),由边长 5 mm 的网格分割(见图 2)。

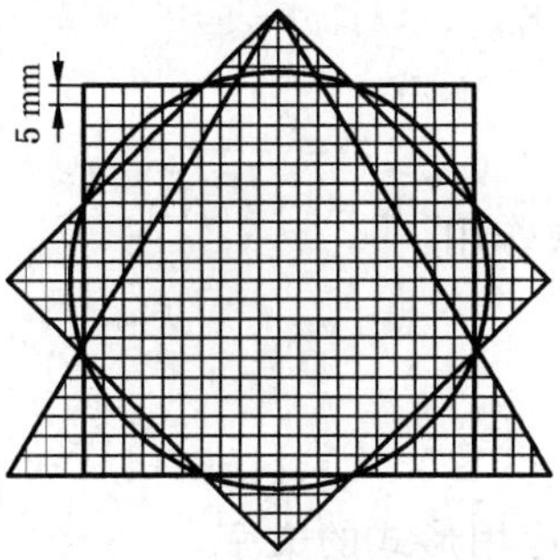

图 2　基本模型

[GB/T 15565.1—2008,定义 3.3]

3.16

角标　corner marking

位于基本图型最外沿四个拐角处的垂直相交线。

[GB/T 15565.1—2008,定义 3.4]

3.17

公称尺寸　nominal size

便于图形符号复制的参考尺寸。

注：在设备用图形符号的符号原图上为 50 mm。

[GB/T 15565.1—2008,定义 3.5]

3.18

图形符号要素　graphical symbol element

具有特定含义的图形符号的组成部分。

注 1：字母、数字、标点符号和数学符号可用做图形符号要素。

注 2：具有特定含义的图形符号要素在成簇符号中可用于表示同一个概念。

3.19

限定要素 determinant

附加于一般符号或其他图形符号之上，以提供某种确定或附加信息，不能单独使用的符号要素。

注：一般符号也可作为限定要素使用。

[GB/T 15565.1—2008,定义 3.7]

3.20

否定 negation

表示与肯定相反或否认具体事物的存在的一种方法。

注：否定通常表示禁止。

[GB/T 15565.1—2008,定义 3.8]

3.21

否定要素 negation element

否定图形符号原含义的符号要素。

注：否定要素通常包括直杠和叉形两种形式。

[GB/T 15565.1—2008,定义 3.9]

3.22

对象 referent

图形符号所要表示的概念或事物。

[GB/T 15565.1—2008,定义 3.14]

3.23

功能 function

图形符号所要表示的对象的用途或作用。

[GB/T 15565.1—2008,定义 3.18]

3.24

说明 description

解释图形符号的功能、应用场所和应用形式的文字。

[GB/T 15565.1—2008,定义 3.20]

3.25

图像内容 image content

对图形符号中符号要素及其相对位置的描述。

[GB/T 15565.1—2008,定义 3.21]

3.26

应用场所 field of application

图形符号应用的环境或范围。

[GB/T 15565.1—2008,定义 3.22]

3.27

应用形式 format of application

承载和显示图形符号或标志的客体类型。

[GB/T 15565.1—2008,定义 3.23]

3.28

含义 meaning

图形符号所要传递的信息。

[GB/T 16900—2008,定义 3.1]

3.29

原形符号　symbol original

在基本图型上按照表示规则绘制的图形符号的设计图。

注：原形符号的用途是作为基准或用于复制。

3.30

标题　title

用于标识图形符号的唯一名称。

注：仅为图形符号提供唯一的名称而不描述其应用。

4　分类及用途

4.1　分类

4.1.1　实验室仪器和设备用图形符号分为：

——显示符号；

——控制符号；

——图标；

——安全符号。

注：按图形符号的分类，安全符号属于标志用图形符号。但安全符号也常常标识在实验室仪器和设备那些可能影响安全或健康的部件或位置上。

4.1.2　安全符号又可分为：

——禁止标志；

——指令标志；

——警告标志；

——提示标志；

——消防安全标志；

——辅助标志。

4.2　用途

实验室仪器和设备用图形符号主要用于：

a)　标识设备或其组成部分(如控制器或显示器)；

b)　指示工作状态或功能(如开、关、告警)；

c)　标示连接(如端子、接头、加注点)；

d)　提供包装信息(如包装物的标识、装卸说明)；

e)　提供设备的操作说明(如使用限制)；

f)　传递与安全及健康有关的信息(如当心触电、当心烫伤)。

5　表示规则

5.1　含义

5.1.1　图形符号的含义由标题、图形表示和应用说明综合体现，含义的表述应清楚、明确且不依赖专用技术和学科术语。图形符号和含义宜一一对应，即一个含义使用一个图形符号表示，且一个图形符号仅表达一个含义。

5.1.2 对于不同的用途和专业，在不引起混淆的前提下，同一图形符号也可表示不同含义。

5.1.3 当表达的含义相似，但为了实现不同功能或为了满足不同视图要求而为图形符号设计了不同形式，这些图形符号均应赋予不同含义。

5.1.4 图形符号宜设计成在任何方向上都能正确理解其含义；含义与方向有关的图形符号，如设置在可能发生方向改变的载体（如可旋转的旋钮）上将会导致其含义的理解出现偏差，应明确说明。

5.2 名称

图形符号的名称是根据所表达的对象给出的图形符号的命名，名称应符合含义。

5.3 表现形式

图形符号的表现形式应满足专业中距离观察的要求，其表现形式宜为粗线条，并在抽象和具象之间，安全符号的表现形式应使非专业人士也可正确理解其含义。

6 设计要求

6.1 一般要求

6.1.1 显示符号、控制符号和图标等图形符号应在基本图型上按照 GB/T 16902.1 的要求设计。

6.1.2 安全符号应在基本模型上按照 GB/T 2893.2 的要求设计。

6.1.3 设计图形符号时应遵循以下程序：

a）调查需求：调查待传递信息的客观需求，并论证确需用图形符号传递该信息；

b）确定应用领域：按照 4.1 中的图形符号分类，确定待设计图形符号的应用领域；

c）描述对象：清晰明确地描述图形符号所表示的对象以及图形符号的功能和含义；

d）收集资料：查找并收集现行国家标准、行业标准、国际标准、国外标准以及其他相关资料中已有的表示相似对象的图形符号；

e）采用现行标准：如现行国家标准中已存在表示同一对象的图形符号，且其设计符合 GB/T 16902.1、GB/T 16902.2 或 GB/T 2893.2 的要求，则应直接采用；

f）设计方案：如现行国家标准中不存在表示同一对象的图形符号或者未能采用现行标准，则应按照 GB/T 16902.1、GB/T 16902.2 或 GB/T 2893.2 的要求设计表示该对象的图形符号；

g）测试：对图形符号方案的易理解性和理解度进行测试；

h）确定图形符号：根据测试情况可直接确定标准图形符号，也可对图形符号方案进行修改直至获得满意的方案。

6.2 构形

图形符号的构形应：

——清晰简洁：图形符号细节数量少，细节之间易于辨认；

——易于理解：易与所要表达的含义相联系，即容易看懂；

——易于记忆：易为人们学习、记忆；

——易于区分：易与可能同时使用的其他图形符号相区别；

——易于绘制：便于绘制和复制，能用常规制作方法生产，并且满足缩微摄影和计算机处理的要求。

6.3 组合

应优先选用标准中规定的图形符号和(或)图形符号要素组合形成新的图形符号。新的图形符号的含义应与各组成部分所表示的含义不相抵触。当组合成新的图形符号时,所采用的组合方法应符合所属领域相关标准的要求。

6.4 否定

6.4.1 否定表示与肯定相反,否认具体事物的存在或表示消除功能。例如:

——在图形符号标识功能控制时,否定通常表示对功能的否定或消除;

——在图形符号表示功能状态的情形中,否定通常表示相反的功能状态;

——当图形符号的用途是表示操作时,否定通常表示相反的操作。

注:只有当否定方案表示特定的含义时,将否定的原形符号标准化才是必要的。

6.4.2 根据否定的范围,否定分为:

a) 全部否定:否定图形符号的整体含义;

b) 部分否定:仅否定图形符号的某部分。

6.4.3 否定的表现形式通常是覆盖在符号要素上面的两条斜杠所形成的直角叉形。作为例外,如果仅为了视角上的清晰,两斜杠相交的角度可偏离 90°。

6.4.4 GB/T 2893.2 中规定的带有红色否定斜杠的红色圆环用于安全符号,不应用做其他设备用图形符号的否定。

6.4.5 当在图形符号或符号要素之上附加否定要素时,不应干扰图形符号的清晰度和理解性。如否定要素对图形符号的影响较大,在不妨碍正常理解的前提下,可将图形符号镜像表示。

6.4.6 如既可用肯定形式也可用否定形式传递信息,则应采用肯定形式。与否定要素结合的图形符号应以肯定形式表达。

6.5 原形符号

6.5.1 原形符号是含有角标的图样,如图 3 所示。这些角标用于方便原形符号的精确定位和确定比例。每个角标均由长度为 6 mm 的垂直线和水平线组成。角标顶点间的距离为 75 mm。在原形符号中,基本图型的公称尺寸为 50 mm。

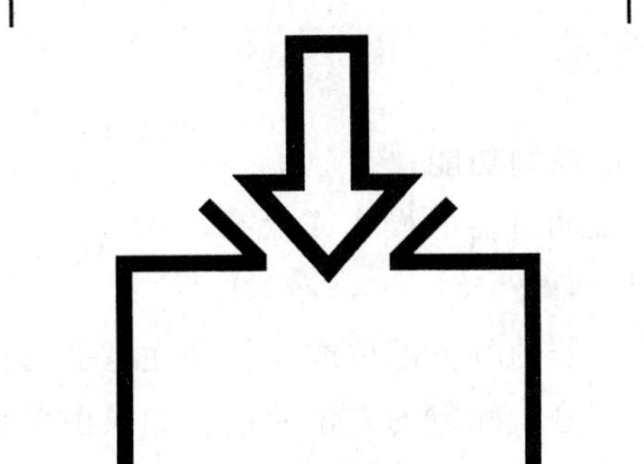

GB/T 16273—2008(009)

图 3 原形符号示例

注 1:在基本图型中绘制的原形符号,实际使用时,可通过改变比例,放大或缩小图形符号的尺寸。

注2：在图形符号复制品的预期尺寸比较小或在观察距离比较大的地方，例如在小键帽上，在形成原形符号时宜特别注意避免不必要的细节和复杂性。宜注意的是，清晰度也取决于照明级别和亮度、对比度等其他因素。

6.5.2 原形符号的形成宜遵循以下程序：

a) 确认所要设计的图形符号的必要性；

b) 明确描述图形符号的目的并考虑图形符号方向的影响(见 GB/T 16902.1—2004 的 4.2)；

c) 分析预期的使用者、所涉及的任务和使用环境的特征；

d) 考虑在同一领域和(或)相关领域中已存在的或正在标准化的原形符号；

e) 按 GB/T 16902.1—2004 第 7 章所述设计原形符号；

f) 考虑原形符号在其使用环境中的清晰度和可理解性。

6.5.3 为了图形符号的整体一致性，其线宽宜为 2 mm。为了视觉上的清晰，可将 4 mm 的线宽与 2 mm的线宽组合使用。当原形符号用于特定领域时，只要符合视觉设计原则，也可更改线宽。

6.5.4 选择原形符号线条间的最小间距时，应考虑视觉的清晰和所要使用的复制方法。原则上，符号原图中平行线间的最小间距不小于线宽的 1.5 倍。

6.5.5 原形符号中宜避免出现小于 30°的角。

6.5.6 除非原形符号的含义或清晰度要求填实，否则在原形符号中宜避免出现填实区域。

6.5.7 原形符号中的箭头应符合 GB/T 16902.2 的要求。

6.5.8 对于诸如字母、数字、标点符号和数学符号等原形符号的组成要素，宜使用简单的字符形式。在原形符号中的最小字符高度宜为 10 mm。

7 应用

7.1 一般要求

7.1.1 通用符号应优先选用本标准、GB/T 5465.2 和 GB/T 16273 规定的图形符号。

7.1.2 允许选用标准规定的图形符号和(或)图形符号要素形成新的图形符号，新的图形符号的含义应与各组成部分所表示的含义不相抵触。

7.1.3 使用图形符号时可等比例放大或缩小。

7.1.4 标准中没有的专业图形符号应按第六章的要求设计。

7.2 位置

7.2.1 图形符号应放置在：

a) 控制器上或其附近，以指示控制功能；

b) 操作面板或显示器上，以说明机器的操作或状态；

c) 机器某些有要求的部件上。

7.2.2 安全符号应标示在仪器和仪器的醒目部位或需特别注意的部位。

7.2.3 设备用图形符号宜按原形符号所确定的方位使用。如果由于仪器设计的原因，需采用不同的方位(例如，镜像颠倒或旋转)，应以不产生含义上的模糊和混淆为原则。

7.3 颜色

7.3.1 设备用图形符号的颜色一般宜为黑色，图形符号的背景色宜为白色。

7.3.2 表示否定的直杠和叉形宜为红色，也可使用红色表示所要否定的符号要素。

7.3.3 安全符号的颜色应符合 GB/T 2893.2 的要求。

7.3.4 当图形符号需进行单色复制时，表示否定的直杠和叉形宜为20%的黑色。

7.4 修改

7.4.1 为了改进原形符号的外观和可感知性，或为了与使用符号的仪器和设备的设计相协调，可对原形符号进行必要的修改，如：

a) 改变线宽；

b) 圆滑拐角；

c) 填实图形符号的区域；

d) 按照 GB/T 16902.2—2008 修改箭头的设计；

e) 中断相交的线条；

f) 否定图形符号。

7.4.2 修改后的图形符号与原形符号的区别宜尽可能小，并能够清楚地表明其原有的含义。

8 标记

8.1 设备用图形符号应只有一个标记，该标记由如下内容组成：

a) 标准编号；

b) 图形编号。

示例：GB/T××××—200×(1-16)。

8.2 本标准中所引用的其他标准中所规定的图形符号应使用原标准的标记。

示例：本标准中编号为×××的图形符号应标记为 GB/T 5465.2—2008(5115)。

8.3 在产品标准或其他技术文件中引用设备用图形符号时，不必给出具体符号的图形，只需给出具体符号的编号。

示例 1：应使用图形符号 GB/T 5465.2—2008(5115)。

示例 2：应使用图形符号 GB/T ××××—200×(1-16)。

9 常用图形符号

9.1 电源及其转换的图形符号见表1。

9.2 开关、控制与调节的图形符号见表2。

9.3 测量、仪表与换能器的图形符号见表3。

9.4 连接与通讯的图形符号见表4。

9.5 信号及其处理的图形符号见表5。

9.6 显示、记录与打印的图形符号见表6。

9.7 执行机构的图形符号见表7。

9.8 照明的图形符号见表8。

9.9 温度与湿度的图形符号见表9。

9.10 给排水、通风与供气的图形符号见表10。

9.11 提示与警告的图形符号见表11。

9.12 安全与保护的图形符号见表12。

9.13 时间和日期的图形符号见表13。

9.14 其他有关的图形符号见表14。

表 1　电源及其转换的图形符号

序号	图形符号	含义	说明
1-01	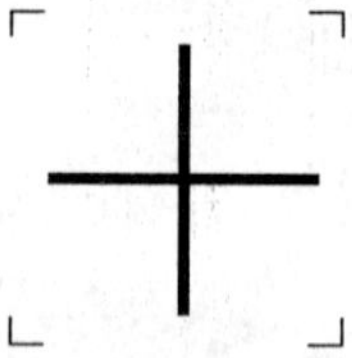	正号;正极 Plus;positive polarity 标识使用或产生直流设备的正极。 **注**:本图形符号的含义取决于其取向	GB/T 5465.2—2008(5005)
1-02		负号;负极 Minus;negative polarity 标识使用或产生直流设备的负极。 **注**:本图形符号的含义取决于其取向	GB/T 5465.2—2008(5006)
1-03	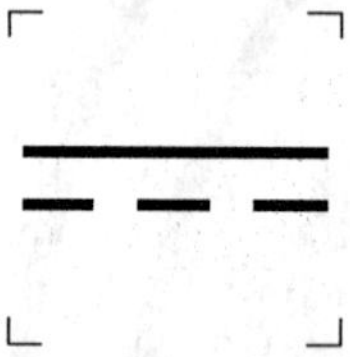	直流电 Direct current 标志在只适用于直流电的设备的铭牌上,用于标识直流电的端子	GB/T 5465.2—2008(5031)
1-04	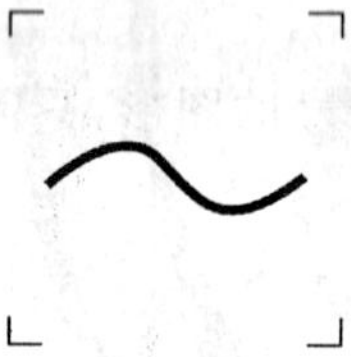	交流电 Alternating current 标志在只适用于交流电的设备的铭牌上,用于标识交流电的端子	GB/T 5465.2—2008(5032)
1-05		三相交流电 Three-phase alternating current 标志在只适用于三相交流电的设备的铭牌上,用于标识三相交流电的端子	GB/T 5465.2—2008(5032-1)
1-06		带中性线三相交流电 Three-phase alternating current with neutral conductor 标志在只适用于带中性线的三相交流电的设备的铭牌上,用于标识相应的端子	GB/T 5465.2—2008(5032-2)
1-07	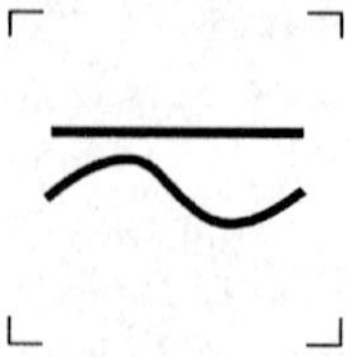	交直流两用 Both direct and alternating current 标志在交、直流两用的设备的铭牌上,用于标识相应的端子	GB/T 5465.2—2008(5033)

表 1（续）

序号	图形符号	含义	说明
1-08	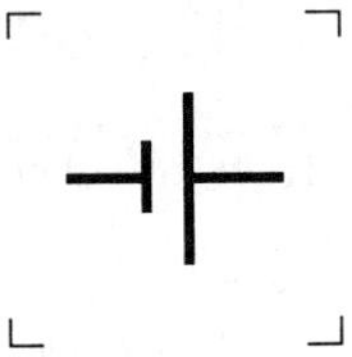	电池，一般符号 Battery，general 用于电池供电的设备。 标识与一次或二次电池电源供电的设备有关的器件，例如：电池盒盖、连接器端子	GB/T 5465.2—2008(5001A)
1-09		电池，一般符号 Battery，general 用于电池供电的设备。 与符号 1-08 含义相同，是电池一般符号的另一种图形表示形式	GB/T 5465.2—2008(5001B)
1-10		电池定位 Positioning of cell 用于电池座的上面或内部。 标识电池座本身和标识座内电池的定位	GB/T 5465.2—2008(5002)
1-11		可充电电池 Rechargeable battery 标识只与可充电（二次）电池一起使用的设备，或标识可充电电池。当在电池座上显示时，也可指明电池位置	GB/T 5465.2—2008(5639)
1-12		电池检验 Battery check 标识对一次电池或二次电池状况检验的控制或标识电池状况指示器。 **注 1**：根据电池的状况，黑影部分尺寸可改变。 **注 2**：当在 LED 等指示器上显示时，本符号表示电池正在充电	GB/T 5465.2—2008(5546)
1-13	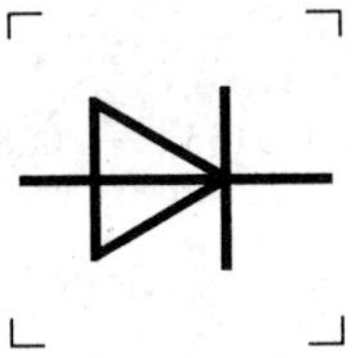	整流器，一般符号 Rectifier，general 标识整流设备及其相关端子和控制	GB/T 5465.2—2008(5186)
1-14		交流/直流变换器；整流器；电源转接器 AC/DC-converter; rectifier; substitute power supply 标识交流/直流变换器，在有插接装置的情况下用于标识相关插座	GB/T 5465.2—2008(5003)

表 1（续）

序号	图形符号	含义	说明
1-15		直流/交流变换器 DC/AC-converter 标识直流/交流变换器及其相应的端子或控制	GB/T 5465.2—2008(5194)
1-16		直流/直流变换器 DC/DC-converter 标识直流/直流变换器及其相应的端子或控制	
1-17		有稳定输出电压的变换器 Converter with stabilized output voltage 标识供给恒定电压的变换器的控制及终端	GB/T 5465.2—2008(5284)
1-18		有稳定输出电流的变换器 Converter with stabilized output current 标识供给恒定电流的变换器	GB/T 5465.2—2008(5302)
1-19		变频器 Frequency converter 标识变频器	GB/T 5465.2—2008(5970)
1-20	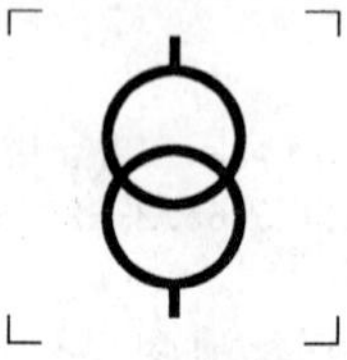	变压器 Transformer 标识电气设备可通过变压器与电力线连接的开关、控制器、连接器或端子。同样可用于变压器的包封或外壳上(如插接装置)	GB/T 5465.2—2008(5156)
1-21	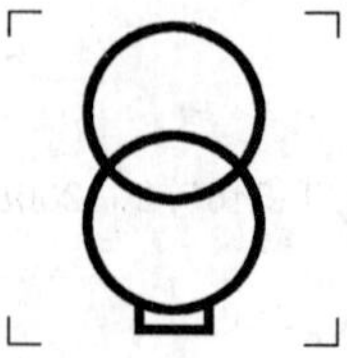	短路保护变压器 Short-circuit-proof transformer 标识变压器能经受内部或外部短路	GB/T 5465.2—2008(5220)

表 1（续）

序号	图形符号	含义	说明
1-22	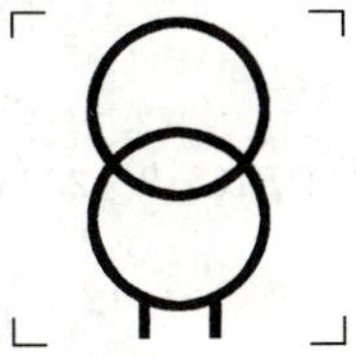	非短路保护变压器 Non-short-circuit-proof transformer 标识变压器不能承受短路	GB/T 5465.2—2008(5223)
1-23		隔离变压器，一般符号 Isolating transformer, general 标识变压器是隔离型的。 **注**：为表示失效保护功能，可在符号旁边使用字母 F	GB/T 5465.2—2008(5221)
1-24		安全隔离变压器，一般符号 Safety isolating transformer, general 标识安全隔离变压器	GB/T 5465.2—2008(5222)
1-25		抗干扰隔离变压器，一般符号 Perturbation attenuation isolating transformer, general 标识抗干扰隔离变压器。 **注**：为表示失效保护功能，可在符号旁边使用字母 F	GB/T 5465.2—2008(5948)
1-26		抗干扰安全隔离变压器 Perturbation attenuation safety isolating transformer 标识设计用于提供安全超低电压(SELV)或保护(PELV)电路的隔离变压器，次级绕组上的中点用于电源抗干扰，主要用于限制瞬间干扰对连接到变压器周围器件的影响。 **注**：指示失效保护功能，可在符号旁边使用字母 F	GB/T 5465.2—2008(5968)
1-27		Ⅲ类手持灯用变压器，耐短路 Transformer for ClassⅢ handlamps, short-circuit proof 标识Ⅲ类手用钨丝灯的耐短路变压器。 **注**：耐短路的特点可以是固有的也可以是非固有的	GB/T 5465.2—2008(5953)

表 1（续）

序号	图形符号	含义	说明
1-28	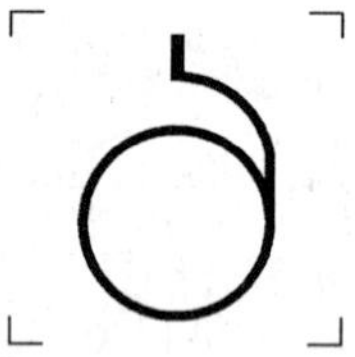	自耦变压器，一般符号 Auto-transformer，general 标识一般使用的自耦变压器。 注：为指示失效保护功能，可在符号旁边使用字母 F	GB/T 5465.2—2008(5941)
1-29	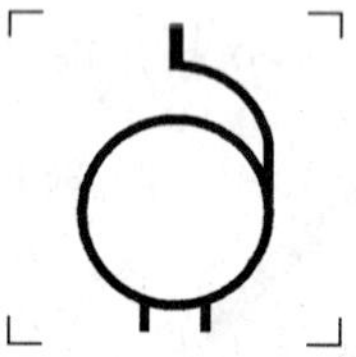	自耦变压器，非耐短路 Auto-transformer，non-short-circuit proof 标识非耐短路的自耦变压器	GB/T 5465.2—2008(5942)
1-30		自耦变压器，耐短路 Auto-transformer，short-circuit proof 标识耐短路的自耦变压器	GB/T 5465.2—2008(5943)
1-31		最小供电容量 Minimum supply capacity 指示只用于每相不小于 100 A 电流容量的低压供电的设备	GB/T 5465.2—2008(5855)
1-32		蓄电池充电指示 Battery charging condition 用于蓄电池供电设备，标识在面板或显示器上，用于指示蓄电池需充电	GB/T 16273.6—2003(1-07)
1-33		交流频率 Alternating current of frequency 标志在只适用于交流电的设备的铭牌上，用于标识交流电的端子，表示交流电及其频率	GB/T 9238—1998(A20)
1-34		单相交流频率 Single phase alternating current of frequency 标志在只适用于单相交流电的设备的铭牌上，用于标识交流电的端子，表示单相交流电及其频率	GB/T 9238—1998(A24)

表 1（续）

序号	图形符号	含义	说明
1-35		多相交流频率 Multiphase alternating current of frequency 标志在只适用于多相交流电的设备的铭牌上，用于标识交流电的端子，表示交流电的相数及其频率。 **注**：具体标志时用数字代替字母 m	GB/T 9238—1998(A25)

表 2　开关、控制与调节的图形符号

序号	图形符号	含义	说明
2-001	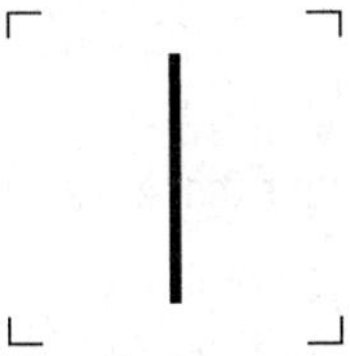	通（电源） “ON”（power） 表示已接通电源，必须标在电源开关或开关的位置，以及与安全有关的地方。 **注**：本图形符号的含义取决于其取向	GB/T 5465.2—2008(5007)
2-002	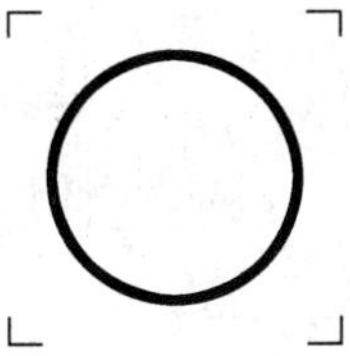	断（电源） “OFF”（power） 表示已与电源断开，必须标在电源开关或开关的位置，以及与安全有关的地方	GB/T 5465.2—2008(5008)
2-003		待机 Stand-by 标识开关或开关位置，表示设备部分已接通处于待机状态	GB/T 5465.2—2008(5009)
2-004		通/断（按-按） “ON”/“OFF”（push-push） 标识与电源接通或断开，必须标在电源开关或电源开关的位置，以及与安全有关的地方。“接通”或“断开”每个位置都是稳定位置	GB/T 5465.2—2008(5010)
2-005	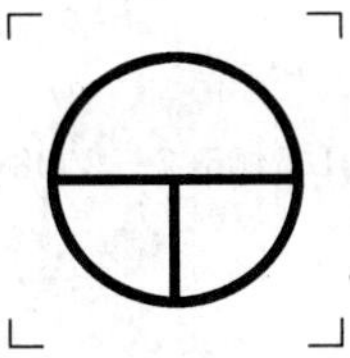	通/断（按钮开关） “ON”/“OFF”（push button） 标识已与电源接通，必须标在电源开关或电源开关的位置，以及与安全有关的地方。“断开”是稳定位置，只有按下按钮时，才保持在“接通”位置	GB/T 5465.2—2008(5011)

表 2（续）

序号	图形符号	含义	说明
2-006	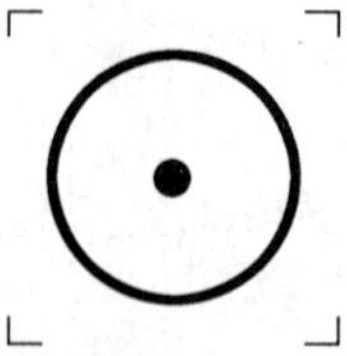	设备的一部分“通” “ON” for a part of equipment 指示设备的一部分处于“通”的状态，例如不能使用符号 5007，则本符号标识开关处于“通”的位置	GB/T 5465.2—2008(5264)
2-007	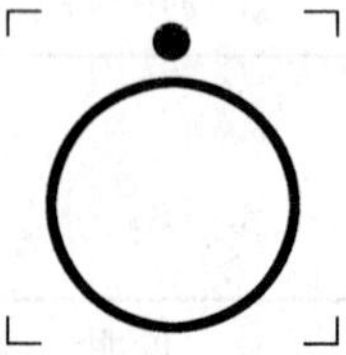	设备的一部分“断” “OFF” for a part of equipment 指示设备的一部分处于“断”的状态，例如不能使用符号 5008，则本符号标识开关处于“断”的位置	GB/T 5465.2—2008(5265)
2-008		设备的一部分处于等待或预备状态 Stand-by or preparatory for a part of equipment 指示设备的一部分处于“待机”或“预备”的状态，例如不能使用符号 5009，则本符号标识开关处于“待机”或“预备”状态	GB/T 5465.2—2008(5266)
2-009	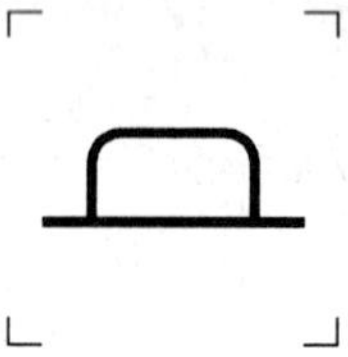	双位按钮控制的“按入”状态 “IN” position of a bi-stable push control 表示对应双位按钮控制相应功能的“按入”状态	GB/T 5465.2—2008(5268)
2-010	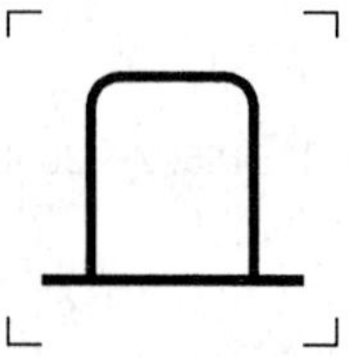	双位按钮控制的“弹出”状态 “OUT” position of a bi-stable push control 表示对应双位按钮控制相应功能的“弹出”状态	GB/T 5465.2—2008(5269)
2-011		起动(动作的开始) Start (start of action) 标识起动按钮	GB/T 5465.2—2008(5104)
2-012		停机(动作的停止) Stop (stop of action) 标识使活动功能停止的控制或指示。 **注**：表示通过电动或机械切断连接来停机。	GB/T 5465.2—2008(5110A)

表 2（续）

序号	图形符号	含义	说明
2-013	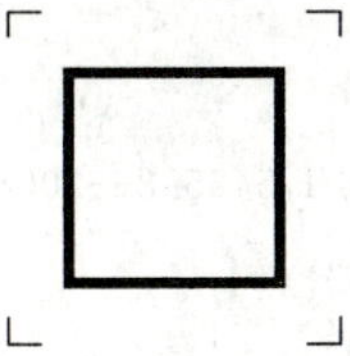	停机（动作的停止） Stop (stop of action) 是 2-012 的另一种形式，与其含义相同	GB/T 5465.2—2008(5110B)
2-014		暂停；中断 Pause；interruption 标识暂时停止运转并使设备保持运转模式的控制或指示	GB/T 5465.2—2008(5111A)
2-015		暂停；中断 Pause interruption 是 2-014 的另一种形式，与其含义相同	GB/T 5465.2—2008(5111B)
2-016		快速起动 Fast start 标识诸如加工、程序控制、磁带等起动，短时间内即可达到工作速率的控制。 **注**：特别适合与符号 5104 用在同一设备上	GB/T 5465.2—2008(5177)
2-017		快速停止 Fast stop 标识诸如加工、程序控制、磁带等短时间实现停止的控制。 **注**：特别适合与符号 5110 用在同一设备上	GB/T 5465.2—2008(5178)
2-018		起动，测试运行 Start，test run 标识起动一个测试运行的控制或指示	GB/T 5465.2—2008(5659)
2-019	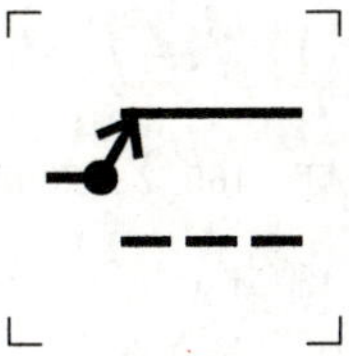	正常运行 Normal operation 标识正常提供服务的设备，或标识选择该设备的转换开关的位置	GB/T 5465.2—2008(5433)

表 2（续）

序号	图形符号	含义	说明
2-020		备用操作 Reserve operation 当设备无法正常使用时标识提供备用设备的转换开关的位置	GB/T 5465.2—2008(5434)
2-021		脚踏开关 Foot switch 标识脚踏开关或与脚踏开关的连接	GB/T 5465.2—2008(5114)
2-022	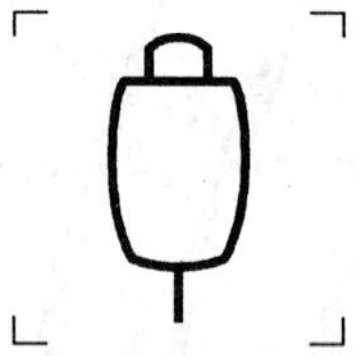	手持开关 Hand-held switch 标识与手持开关有关的控制或连接点	GB/T 5465.2—2008(5322)
2-023		主电源开关 Main electrical switch 标识主电源开关或与主电源有关的控制或连接	GB/T 16273.1—2008(068)
2-024	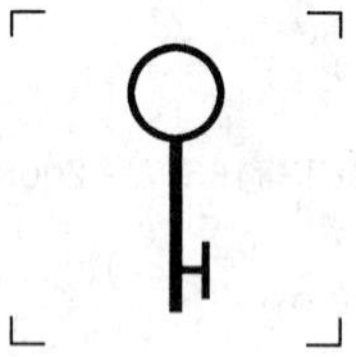	钥匙开关；钥匙紧固器 Key switch；key fastener 标识与钥匙开关有关的连接或控制	GB/T 16273.1—2008(108)
2-025		限制开关，一般符号 Limit switch，general 标识限制开关或与限制开关有关的连接和控制	GB/T 16273.1—2008(135)
2-026	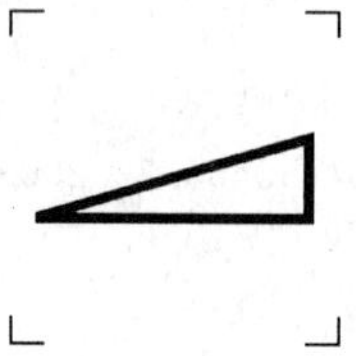	可变性（可调性） Variability 标识量的控制方法，被控量随图形的宽度而增加	GB/T 5465.2—2008(5004)

表 2（续）

序号	图形符号	含义	说明
2-027		可变性，旋转调整 Variability, rotational adjustment 标识量的控制方法，被控量随图形的宽度而增加	GB/T 16273.1—2008(137)
2-028		调到最小 Adjustment to a minimum 标识将量值调到最小值的控制。 **注**：如，“零”控制或电桥平衡；消除无用信号；仪表、指示器的最小偏差等	GB/T 5465.2—2008(5146)
2-029		调到最大 Adjustment to a maximum 标识将量值调到最大值的控制。 **注**：如，仪表、指示器的调谐和最大偏差等	GB/T 5465.2—2008(5147)
2-030	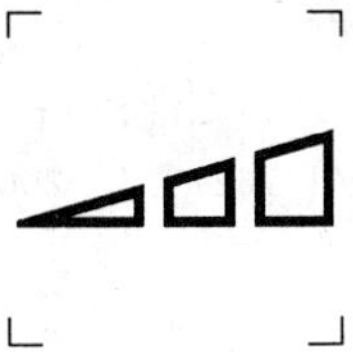	步调节 Variability in steps 标识控制量值的设备。被测设备随图形的高度逐步增加	GB/T 5465.2—2008(5181)
2-031	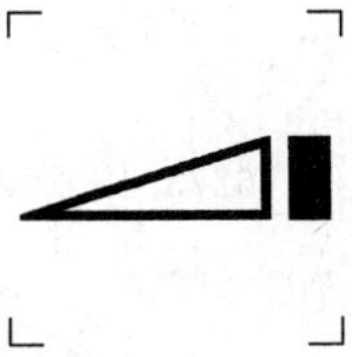	调节，最大步 Variability, maximum step 标识速度、加热功率、冷冻温度、气压等可变量的控制单元。这个数量的最大值可以通过辅助操作临时切换	GB/T 5465.2—2008(5183)
2-032	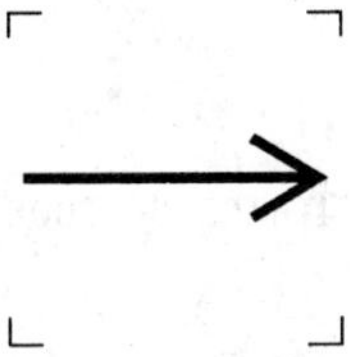	单向运动 Movement in one direction 表示控制动作或被控制物沿着所指的方向运动	GB/T 5465.2—2008(5022)
2-033	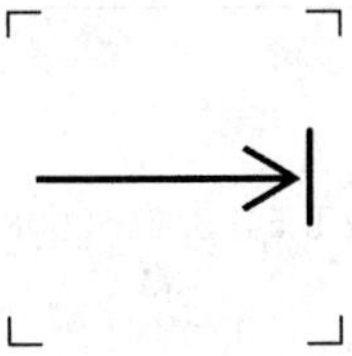	单向局限运动 Movement limited in one direction 表示某个控制动作或被控制物可按标出的方向在一定限度内运动	GB/T 16273.4—2001(1-06)

表 2（续）

序号	图形符号	含义	说明
2-034	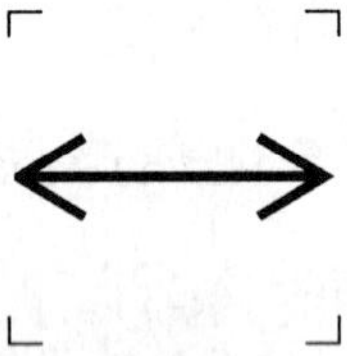	双向运动 Movement in both direction 表示控制动作或被控制物可按标出的方向双向运动	GB/T 5465.2—2008(5023)
2-035	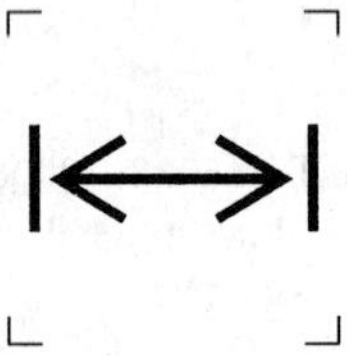	双向局限运动 Movement limited in both direction 表示某个控制动作或被控制物可按标出的方向在一定限度内运动	GB/T 5465.2—2008(5024)
2-036	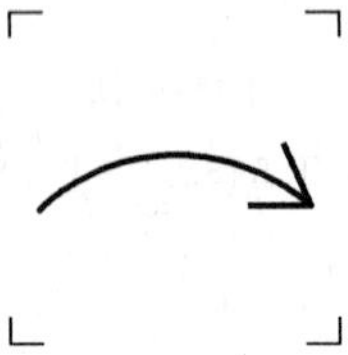	向右连续旋转的方向 Direction of continuous rotation to the right 表示控制动作或被控制物顺时针方向连续旋转	GB/T 16273.4—2001(1-01)
2-037	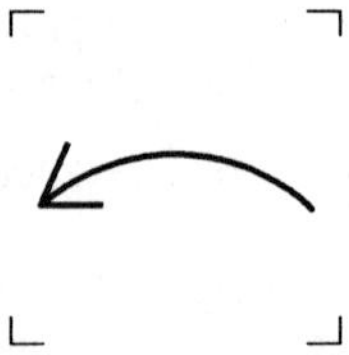	向左连续旋转的方向 Direction of continuous rotation to the left 表示控制动作或被控制物逆时针方向连续旋转	GB/T 16273.4—2001(1-02)
2-038	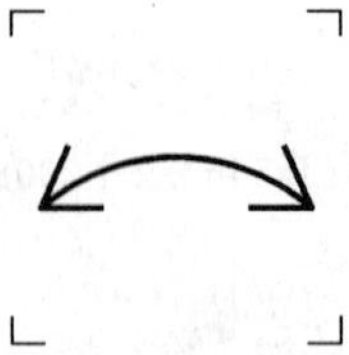	双向转动 Rotation in two directions 表示控制动作或被控制物可双向旋转	GB/T 16273.4—2001(1-15)
2-039	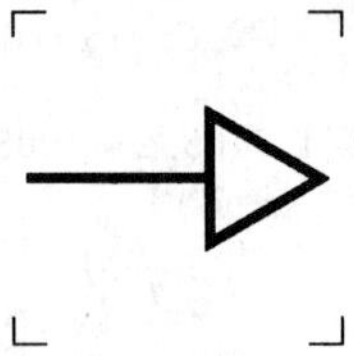	常速运转；常速 Normal run；normal speed 标识按所指方向以正常速度运转的开关或开关位置。 **注**：图上所示符号的方向，表示“正常正向运转”。如果符号反向，表示“正常反向运转”	GB/T 5465.2—2008(5107A)
2-040	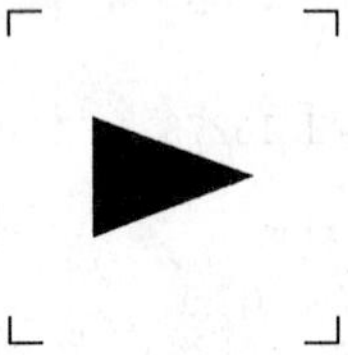	常速运转；常速 Normal run；normal speed 是 2-039 的另一种形式，与其含义相同	GB/T 5465.2—2008(5107B)

表 2（续）

序号	图形符号	含义	说明
2-041	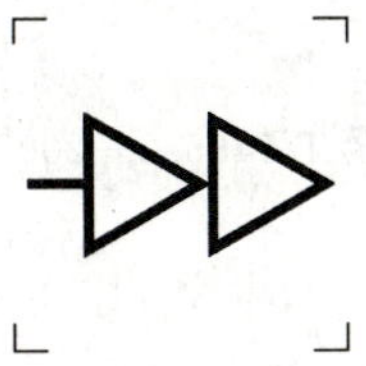	快速运转；快速 Fast run；fast speed 标识按所指方向以运转速度比正常速度快的开关或开关位置。 **注：**图上所示符号的方向，表示“快速正向运转”。如果符号反向，表示“快速反向运转”	GB/T 5465.2—2008(5108A)
2-042		快速运转；快速 Fast run；fast speed 是 2-041 的另一种形式，与其含义相同	GB/T 5465.2—2008(5108B)
2-043		慢速运转；慢速 Slow run；slow speed 标识按三角形指示的方向以低于正常速度运转控制或指示。 **注：**图上所示方向，表示“慢速向前运转”。如果符号方向相反，表示“慢速向后运转”	GB/T 5465.2—2008(5124A)
2-044		慢速运转；慢速 Slow run；slow speed 是 2-043 的另一种形式，与其含义相同	GB/T 5465.2—2008(5124B)
2-045		重述 Recapitulate 标识可以快速选取已录制节目中刚放完的一部分，进行重放的开关或开关位置	GB/T 5465.2—2008(5125A)
2-046		重述 Recapitulate 是 2-045 的另一种形式，与其含义相同	GB/T 5465.2—2008(5125B)
2-047	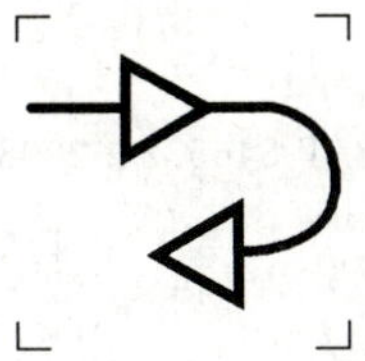	自动反向 Auto reverse 标识自动反向动作的控制	GB/T 5465.2—2008(5457)

表 2（续）

序号	图形符号	含义	说明
2-048		复原 Return to an initial state 标识回复到起始状态的控制	GB/T 5465.2—2008(5495)
2-049		功能性运动，步进模式 Functional movement，stepwise mode 用于可编程设备。 标识相对于所有功能自动执行的反向操作的步进模式激活的控制，如：用于检查等	GB/T 5465.2—2008(5628)
2-050		弹出 Eject 标识对弹出功能的控制	GB/T 5465.2—2008(5459)
2-051		手动移动 Manual movement 指示手动控制的移动，如：手动松闸。 **注**：在这里本符号表示水平方向移动	GB/T 5465.2—2008(5822)
2-052		高音控制 Treble control 用于电声设备和无线电接收机 标识高音频的控制	GB/T 5465.2—2008(5037)
2-053		低音控制 Bass control 用于电声设备和无线电接收机。 标识低音频的控制	GB/T 5465.2—2008(5038)
2-054		自动增益控制，大范围 Automatic gain control，large field 标识控制或者选择自动增益控制的大的参考范围的指标	GB/T 5465.2—2008(5244)

表 2（续）

序号	图形符号	含义	说明
2-055	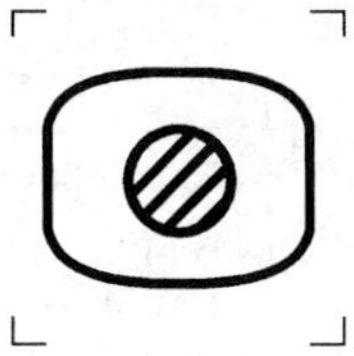	自动增益控制，小范围 Automatic gain control, small field 标识控制或者选择自动增益控制的小的参考范围的指标	GB/T 5465.2—2008(5245)
2-056		主控台 Principal control panel 指示设备由主控台进行操作	GB/T 5465.2—2008(5263)
2-057		同步功能 Synchronizing function 标识同步控制	GB/T 5465.2—2008(5267)
2-058		逻辑控制通路选择 Channel selector with logic control 标识由逻辑控制电路控制对通路进行从n中取一的选择器	GB/T 5465.2—2008(5271)
2-059	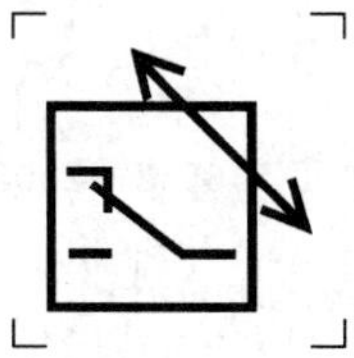	自动转换单元 Auto change-over unit Channel selector with logic control 标识自动转换单元的控制和终端	GB/T 5465.2—2008(5273)
2-060		手动转换单元 Manual change-over unit 标识手动转换单元的控制和终端	GB/T 5465.2—2008(5274)
2-061		优先 Priority 指示设备、电路或功能的优先状态。 注：表示优先顺序的数字或以包括在本符号内	GB/T 5465.2—2008(5430)

表 2（续）

序号	图形符号	含义	说明
2-062	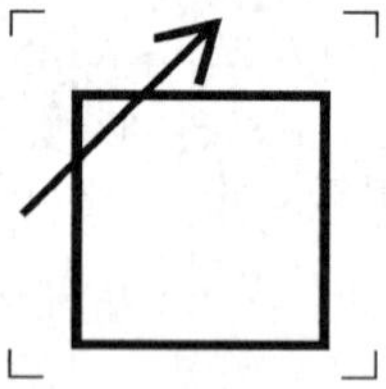	可调整装置 Adjustable device 标识可调整设备的控制和终端。 注：可以在符号内增加字母或图形符号，以表示此装置的特征	GB/T 5465.2—2008(5285)
2-063	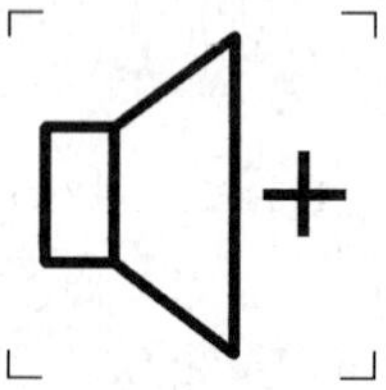	响度 Loudness 标识给定音量下提高低音或高音的控制	GB/T 5465.2—2008(5535)
2-064		亮度和对比度 Brightness and contrast 用于显示设备，标识亮度和对比度组合的控制	GB/T 5465.2—2008(5435)
2-065		亮度；辉度 Brightness; brilliance 标识诸如亮度调节器、电视接收机、监视器或示波器等设备的亮度控制	GB/T 5465.2—2008(5056)
2-066	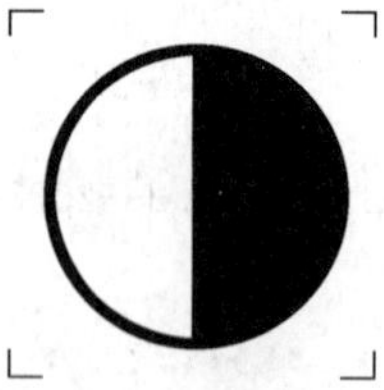	对比度 Contrast 标识诸如电视接收机、监视器或示波器等的对比度控制	GB/T 5465.2—2008(5057)
2-067		色饱和度 Colour saturation 标识色彩饱和度控制	GB/T 5465.2—2008(5058)
2-068		总注销 General cancel 标识取消以前预约的任何服务项目的控制	GB/T 5465.2—2008(5503)

表 2（续）

序号	图形符号	含义	说明
2-069		锁定，一般符号 Locking, general 标识锁定功能或显示锁定状态的控制	GB/T 5465.2—2008(5569)
2-070		解锁 Unlocking 标识解锁功能或显示解锁状态的控制	GB/T 5465.2—2008(5570)
2-071		遥控接收指示器 Remote control reception indicator 标识设备上正在接收遥控指令的指示器	GB/T 5465.2—2008(5444)
2-072	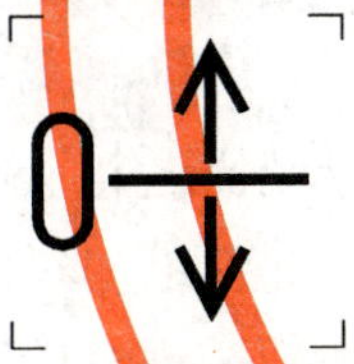	零位偏移 Zero line shift 标识零位正向或反向偏移的控制。 注：指示零位只向一个方向偏移时，省略另一个箭头	GB/T 5465.2—2008(5643)
2-073		设置 Setup 标识控制进入改变产品或程序的基本配置	GB/T 5465.2—2008(5849)
2-074	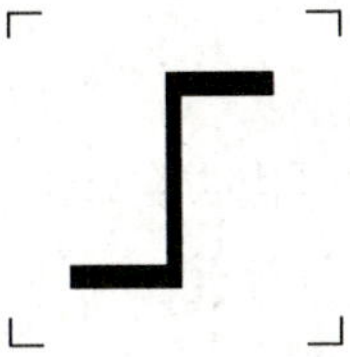	限值，一般符号 Limits, general 标识显示和/或设定限值的控制或指示	GB/T 5465.2—2008(5649)
2-075		可调上限 Adjustable upper limit 标识显示和/或设定上限的控制或指示	GB/T 5465.2—2008(5650)

表 2（续）

序号	图形符号	含义	说明
2-076	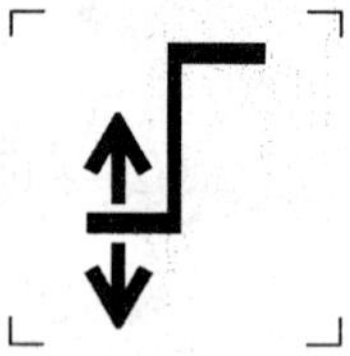	可调下限 Adjustable lower limit 标识显示和/或设定下限的控制或指示	GB/T 5465.2—2008(5651)
2-077	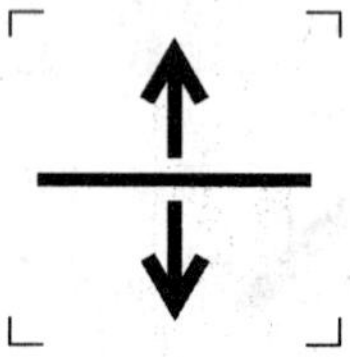	基线调整 Baseline adjustment 标识调整基线的控制或指示	GB/T 5465.2—2008(5652)
2-078	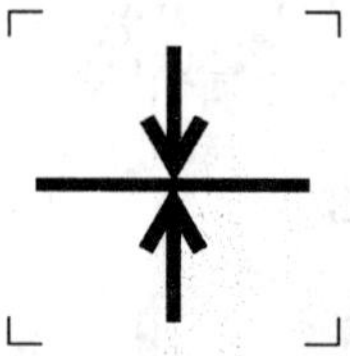	基线重置为确定值 Baseline reset to a determined value 标识为了重置显示基准电平（如某一设定点），对偏移进行补偿的控制	GB/T 5465.2—2008(5653)
2-079		准备 Ready 标识开关或开关位置，指示设备处于准备状态	GB/T 16273.1—2008(032)
2-080		准备完毕（可以操作） Ready (to proceed) 指示设备已准备就绪，可以操作	GB/T 16273.1—2008(031)
2-081		遥控 Remote control 标识遥控控制器、指示器、接口及状态	GB/T 16273.1—2008(083)
2-082		遥控，开启；遥控，激活 Remote control,switch on; Remote control,activate 用于指示器或面板，表示遥控状态已被激活	GB/T 16273.1—2008(084)

表 2（续）

序号	图形符号	含义	说明
2-083		遥控，关闭；遥控，休眠 Remote control，switch off； Remote control，deactivate 用于指示器或面板，表示遥控状态已被关闭	GB/T 16273.1—2008(085)
2-084		自动控制(闭环) Automatic control (closed loop) 标识自动控制状态，用于自动控制的控制器、指示器和接口	GB/T 16273.1—2008(102)
2-085		手动控制 Manual control 标识手动控制状态，用于手动控制的控制器、指示器和接口	GB/T 16273.1—2008(103)
2-086	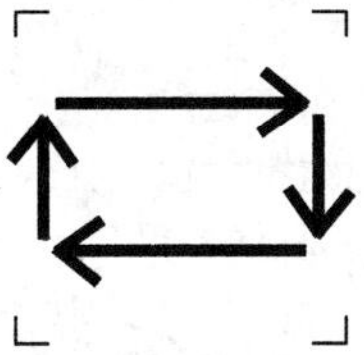	自动循环 Automatic cycle 标识自动循环状态，用于自动循环的控制器、指示器和接口	GB/T 17712—1999(3.2)
2-087		平衡 Balance 标识平衡控制	GB/T 5465.2—2008(5072)
2-088		功能选择 Function selection 标识功能选择控制器和指示器	GB/T 9283—1998(5.3)
2-089	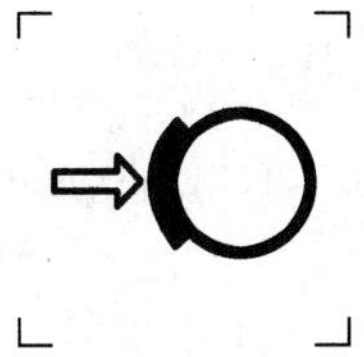	制动 Brake on 标识制动状态，用于制动的控制器和指示器	GB/T 16273.1—2008(066)

表 2（续）

序号	图形符号	含义	说明
2-090	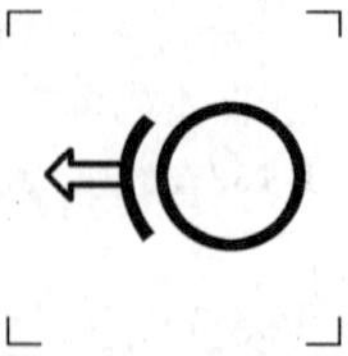	松开制动 Brake off 标识松开制动状态，用于松开制动的控制器和指示器	GB/T 16273.1—2008(067)
2-091	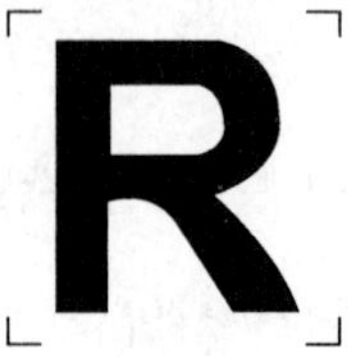	重复 Repeat 标识重复状态，用于重复的控制器和指示器	GB/T 17712—1999(7.16)
2-092	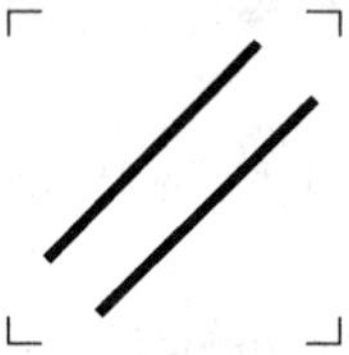	复位 Reset 标识复位状态，用于复位的控制器和指示器	GB/T 17712—1999(7.17)
2-093		清除 Clean out 标识清除状态，用于清除的控制器和指示器	GB/T 17712—1999(7.18)
2-094		程序预置 Program preset 标识程序预置的状态和控制	GB/T 17712—1999(A6.1)
2-095		程序调出 Program call-out 标识程序调出的状态和控制	GB/T 17712—1999(A6.2)
2-096	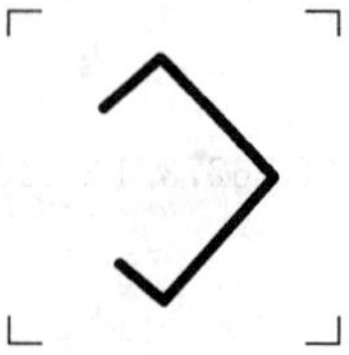	程序删除 Program delete 标识程序删除的状态和控制	GB/T 17712—1999(A6.3)

表 2（续）

序号	图形符号	含义	说明
2-097	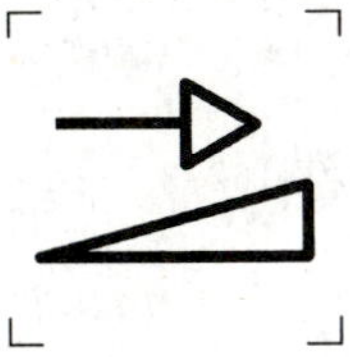	升速 Increase in speed 标示运转速度逐渐增加的控制或指示	GB/T 9238—1998(A2)
2-098	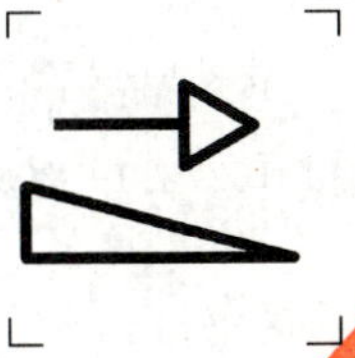	降速 Decrease in speed 标示运转速度逐渐减小的控制或指示	GB/T 9238—1998(A3)
2-099		锁定或夹紧 Lock or tighten 标识锁定或夹紧功能，或显示锁定或夹紧状态的控制	GB/T 9238—1998(A9)
2-100		开锁，松开(夹具松开) Unlock，unclamp (chuck open) 标识解锁或松开功能，或显示解锁或松开状态的控制	GB/T 9238—1998(A10)
2-101		门，关闭 Door，closed 指示已标记项目正确操作的步骤，如：门、盖或边沿一定要关闭，或用于标识关闭门、盖或边沿等的控制	GB/T 5465-2—2008(5623)
2-102		门，开启 Door，open 指示已标记项目正确操作的步骤，如：门、盖或边沿一定要开启，或用于标识开启门、盖或边沿等的控制	GB/T 5465-2—2008(5623)
2-103		已打开，机械式 Opened，mechanical 标识机械式的门、盖、窗处于打开状态	GB/T 16273.1—2008(012)

表 2（续）

序号	图形符号	含义	说明
2-104		已关闭，机械式 Closed，mechanical 标识机械式的门、盖、窗处于关闭状态	GB/T 16273.1—2008(013)
2-105		开启（容器） Open (a container) 标识容器的盖或入口开启的状态、控制或操作	GB/T 16273.1—2008(014)
2-106		关闭（容器） Close (a container) 标识容器的盖或入口关闭的状态、控制或操作	GB/T 16273.1—2008(015)
2-107		输入；入口 Input；entrance 标识容器的入口位置或物料输入的控制或操作	ISO 7000—2004(0794)
2-108	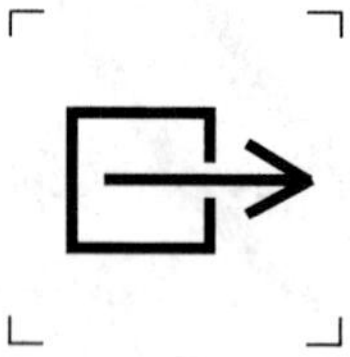	输出；出口 Output；exit 标识容器的出口位置或物料输出的控制或操作	ISO 7000—2004(0795)
2-109	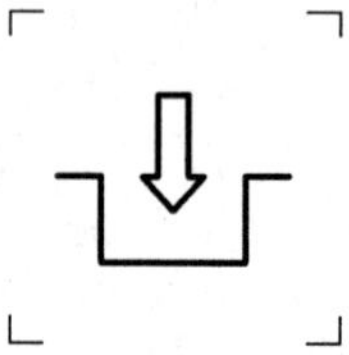	结合；机械挂钩 Engaging；mechanical activation 标识机械连接装置的激活或连接状态	GB/T 16273.1—2008(016)
2-110	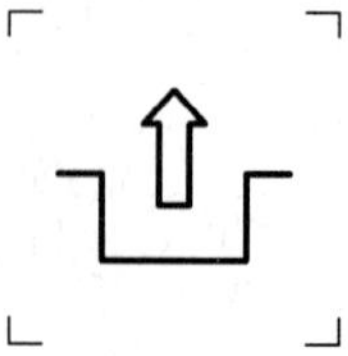	脱开；机械脱钩 Disengaging；mechanical deactivation 标识机械连接装置的复位或脱开状态	GB/T 16273.1—2008(017)

表 3 测量、仪表与换能器的图形符号

序号	图形符号	含义	说明
3-01		标定;校准 Calibration 用于校准控制器和指示器	GB/T 16273.1—2008(001)
3-02	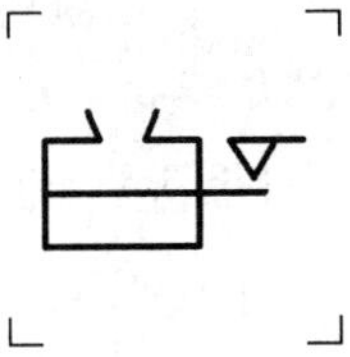	液面指示器 Level indicator (fluid) 标识液面指示器及其控制器和接口	GB/T 16273.1—2008(008)
3-03		探针;传感器 Feeler;sensor 标识探针(传感器)及其控制器和接口	GB/T 16273.1—2008(029)
3-04	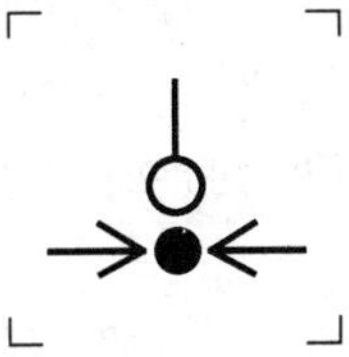	压力计 Pressure gauge 标识压力计及其控制器和接口	GB/T 16273.1—2008(030)
3-05		湿度测量 Measure humidity 标识湿度测量仪表、控制器和接口,或指示湿度测试程序开始	GB/T 16273.1—2008(035)
3-06	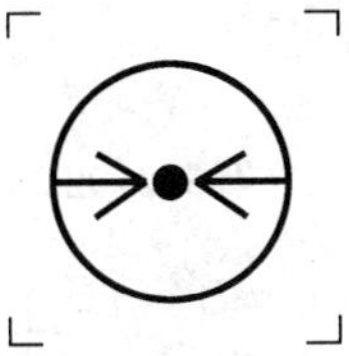	压力测量 Pressure measurement 标识压力测量仪表、控制器和接口,或指示压力测试程序开始	GB/T 16273.1—2008(036)
3-07		计数 Counting 标识计数器及其控制器或接口,或指示进入计数程序	GB/T 16273.1—2008(107)

表 3 (续)

序号	图形符号	含义	说明
3-08	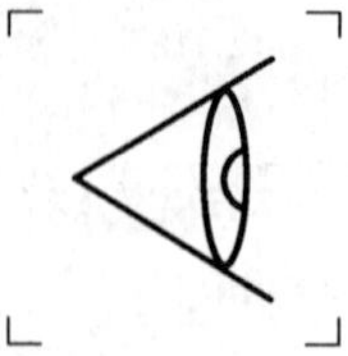	检查;检验 Examine;check 标识检查、检验指示器、控制器或接口,表示进入检查、检验状态	GB/T 16273.1—2008(110)
3-09	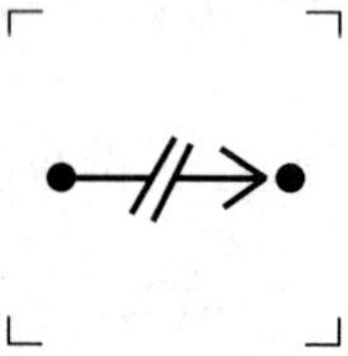	检测障碍物 Test barrier 标识障碍物检测指示器、控制器,表示进入障碍物检测程序	GB/T 16273.1—2008(111)
3-10		计时表(耗用的工作小时数) Hour meter;elapsed operating hours 标识计时表,指示耗用的工作小时数	GB/T 16273.1—2008(139)
3-11		耳机 Earphone 表示耳机的参照符号	GB/T 5465.2—2008(5076)
3-12		头戴耳机 Headphone 标识连接头戴耳机的插座、接线端或开关	GB/T 5465.2—2008(5077)
3-13		头戴立体声耳机 Stereophonic headphone 标识连接立体声耳机的插座、接线端或开关	GB/T 5465.2—2008(5078)
3-14		头戴送、受话器 Headset 标识连接头戴送、受话器的插座、接线端或开关	GB/T 5465.2—2008(5079)

表 3（续）

序号	图形符号	含义	说明
3-15	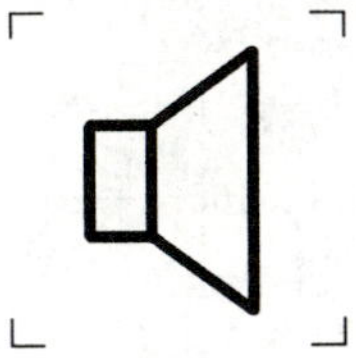	扬声器 Loudspeaker 标识连接扬声器的插座、接线端或开关。 **注**：阻抗、电压、功率等额定值也可加在图形符号上	GB/T 5465.2—2008(5080)
3-16	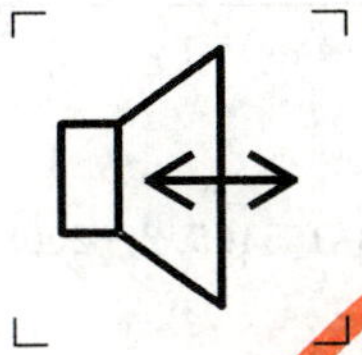	扬声器/传声器 Loudspeaker/microphone 用于对讲设备。标识讲话/收听转换按钮	GB/T 5465.2—2008(5081)
3-17		传声器，一般符号 Microphone, general 表示传声器的参照符号	GB/T 5465.2—2008(5082)
3-18		立体声传声器 Stereophonic microphone 表示立体声传声器的参照符号	GB/T 5465.2—2008(5083)
3-19		全向传声器 Omnidirectional microphone 表示传声器的全向传声特性。 **注 1**：内部符号表示方向特性。如不致引起混淆，可不必用带传声器外壳的符号。 **注 2**：也可见符号 3-17	GB/T 5465.2—2008(5073)
3-20		双向传声器 Bi-directional microphone 表示传声器的双向传声特性。 **注 1**：内部符号表示方向特性。如不致引起混淆，可不必用带传声器外壳的符号。 **注 2**：也可见符号 3-17	GB/T 5465.2—2008(5074)
3-21		单向或心形传声器 Unidirectional or cordiform microphone 表示传声器的单向传声特性。 **注 1**：内部符号表示方向特性。如不致引起混淆，可不必用带传声器外壳的符号。 **注 2**：也可见符号 3-17	GB/T 5465.2—2008(5075)

表 3（续）

序号	图形符号	含义	说明
3-22		手持话筒 Handheld microphone 标识手持话筒的控制和端子	GB/T 5465.2—2008(5913)
3-23		数字指示器 Digital indicator 标识数字指示器的控制和连接	GB/T 5465.2—2008(5753)
3-24	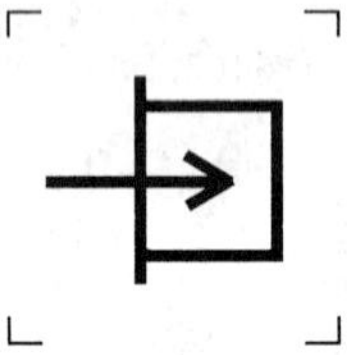	水听器 Hydrophone 标识水听器的接线端和控制	GB/T 5465.2—2008(5151)
3-25	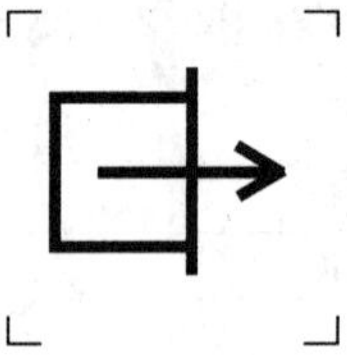	水下发声器 Underwater sound projector 标识水下发声器的接线端和控制	GB/T 5465.2—2008(5153)
3-26	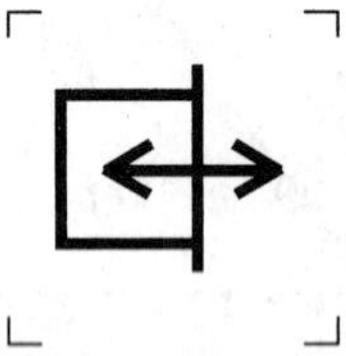	水声可逆换能器 Reversible transducer for underwater sound 标识水声可逆互能器的接线端和控制	GB/T 5465.2—2008(5154)
3-27	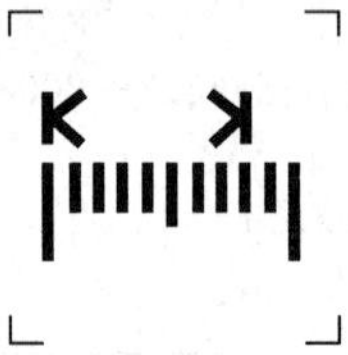	测距 Distance measurement 标识距离测量的控制或指示	GB/T 5465.2—2008(5658)
3-28		灯测试 Lamp test 标识所有灯和控制的功能	GB/T 5465.2—2008(5857)

表 3（续）

序号	图形符号	含义	说明
3-29	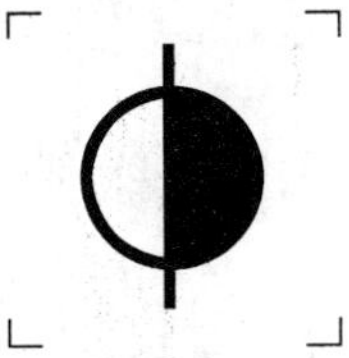	光电检测 Photoelectric scanner 标识光电检测的设备及控制器	GB/T 9238—1998(4.19)
3-30		频闪灯 Stroboscopic lamp 标识频闪灯及其控制器	GB/T 9238—1998(4.20)
3-31	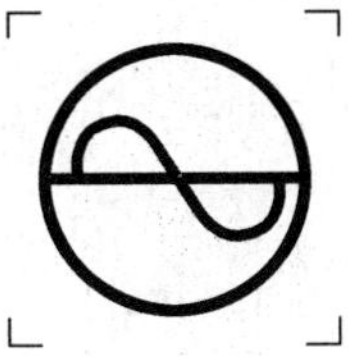	测振 Measure vibration 标识振动测量的控制和指示	GB/T 9238—1998(8.10)
3-32		每分钟转数 Number of revolutions per minute 标识转数测量仪表	GB/T 9238—1998(A1)
3-33	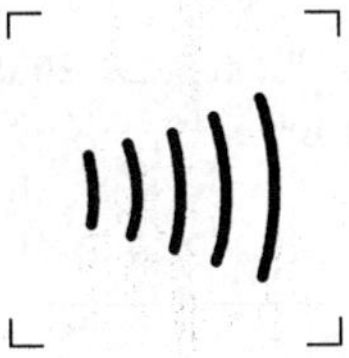	通断性测试 Continuity test 标识连续性测试状态	

表 4　连接与通讯的图形符号

序号	图形符号	含义	说明
4-01	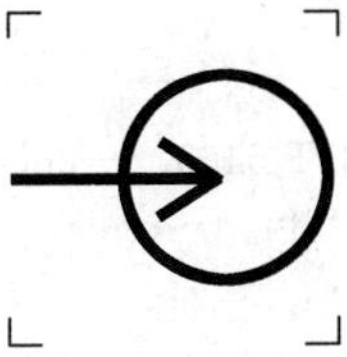	输入 Input 在需要区别输入和输出的场合标识输入端	GB/T 5465.2—2008(5034)

表 4（续）

序号	图形符号	含义	说明
4-02	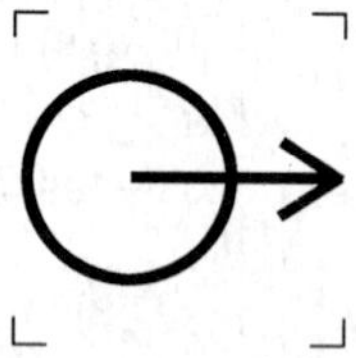	输出 Output 在需要区别输入和输出的场合标识输出端	GB/T 5465.2—2008(5035)
4-03	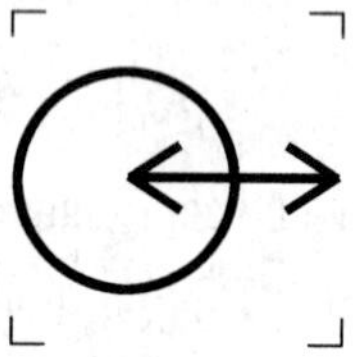	输入/输出 Input/output 标识组合式输入/输出连接器或方式	GB/T 5465.2—2008(5448)
4-04		天线 Aerial;antenna 用于无线电接收及发射设备 标识连接天线的端子。除专门说明其天线类型之外，一般应使用此符号	GB/T 5465.2—2008(5039)
4-05		调谐器;无线电接收机 Tuner;radio receiver 用于可连接调谐器或无线电接收机的设备，标识相应的输入端	GB/T 5465.2—2008(5043)
4-06		电话;电话适配器 Telephone;telephone adapter 标识连接电话适配器的端子，也可表示电话间	GB/T 5465.2—2008(5090)
4-07		讲 Speak 指示“讲”的设备	GB/T 5465.2—2008(5210)
4-08		听 Listen 指示“听”的设备	GB/T 5465.2—2008(5211)

表 4（续）

序号	图形符号	含义	说明
4-09	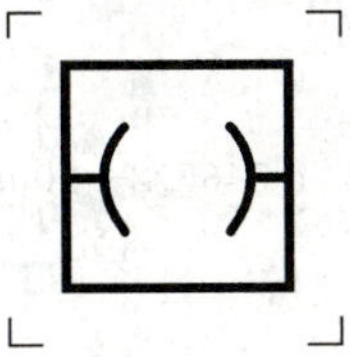	接口器件，一般符号 Interface device，general 标识设备间的接口装置。 注：可在符号中心指示接口类型	GB/T 5465.2—2008(5424)
4-10		接口器件，140 Mbit/s Interface device，140 Mbit/s 标识设备间的 140 Mbit/s 传号反转码接口器件	GB/T 5465.2—2008(5424-1)
4-11		接口器件，二进制 Interface device，binary 标识设备间的同步接口器件	GB/T 5465.2—2008(5424-2)
4-12		接口器件，同步 Interface device，synchronization 标识设备间的二进制接口器件	GB/T 5465.2—2008(5424-3)
4-13		串行接口 Serial interface 标识串行数据连接的连接器	GB/T 5465.2—2008(5850)
4-14	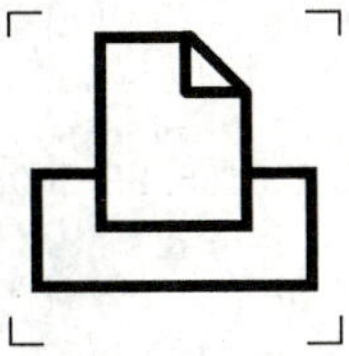	打印机接口；并行接口 Printer connection；parallel interface 标识并行数据的连接，或标识打印功能	GB/T 5465.2—2008(5851)
4-15	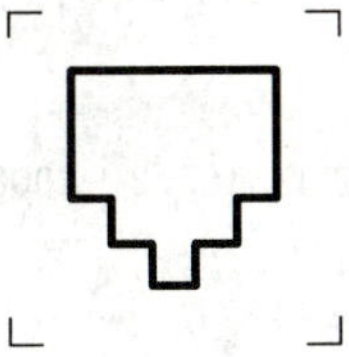	电话线 Telephone line 标识任何连接到电话线上的通信设备的终端	GB/T 5465.2—2008(5989)

表 4（续）

序号	图形符号	含义	说明
4-16	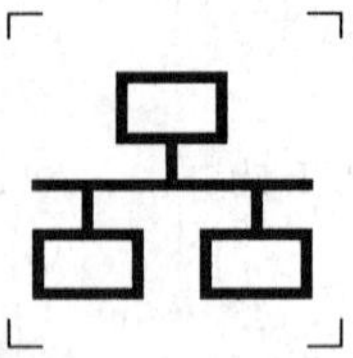	计算机网络 Computer network 标识计算机网络本身或指示计算机网络的连接终端	GB/T 5465.2—2008(5988)
4-17	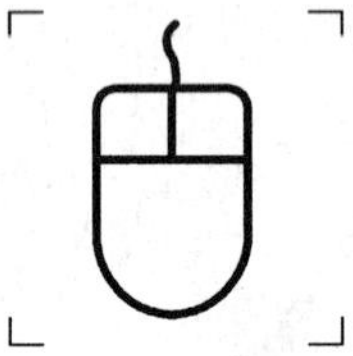	鼠标 Mouse 与计算机鼠标有关的标识	GB/T 5465.2—2008(5990)
4-18	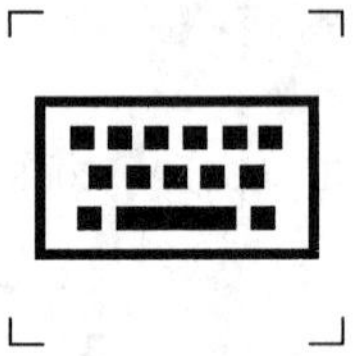	键盘 Keyboard 与计算机键盘有关的标识，如用于终端	GB/T 5465.2—2008(5991)
4-19		数字锁定 Looking，numerals；num-lock 用于键盘。 指示数字锁定状态、键入数字字符的锁定和解锁。 **注：**本符号不可用于某个键	GB/T 5465.2—2008(5992)
4-20		大写字母锁定 Looking，capitals；caps-lock 用于键盘。 指示大写锁定状态、键入大写字母的锁定和解锁。 **注：**本符号不可用于某个键	GB/T 5465.2—2008(5993)
4-21		滚动锁定 Locking，scroll；scroll lock 用于键盘。 指示计算机屏幕上滚动窗口的锁定和解锁	GB/T 5465.2—2008(5994)
4-22		键区 Keypad 指示与字母数字键区有关	GB/T 5465.2—2008(5770)

表 4(续)

序号	图形符号	含义	说明
4-23	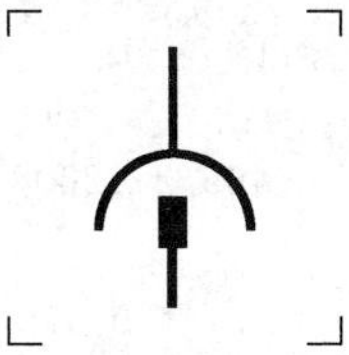	插头和插座;插塞连接件 Plug and socket;Plug connection	GB/T 16273.1—2008(088)
4-24		卫星接收模式,一般符号 Satellite reception mode,general 标识允许设备接收卫星信号	GB/T 5465.2—2008(5464)
4-25		视频数据 Video date 标识经过电话线路传送的视频数据的控制和/或指示	GB/T 5465.2—2008(5487)
4-26	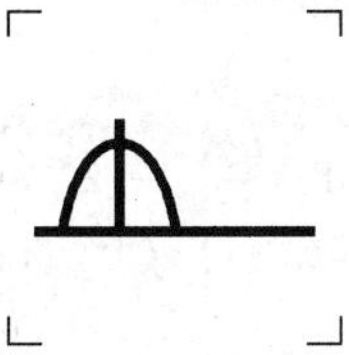	本地 Local 指示信号源或功能控制位于本地。 **注**:相关信号或功能的符号可以加到垂直的竖线上	GB/T 5465.2—2008(5276)
4-27		载波,本地 Carrier,local 指示载波信号来自本地	GB/T 5465.2—2008(5276-1)
4-28		载频,本地 Pilot local 指示载频信号来自本地	GB/T 5465.2—2008(5276-2)
4-29		测量,本地 Measure,local 标识测量信号来自本地	GB/T 5465.2—2008(5276-3)

表 4（续）

序号	图形符号	含义	说明
4-30	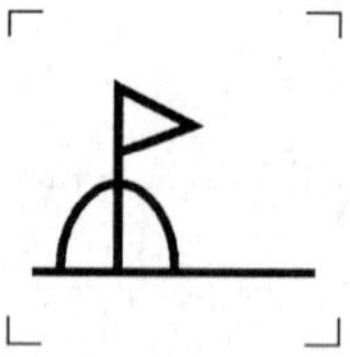	信令，本地 Signalling，local 标识信令信号来自本地	GB/T 5465.2—2008(5276-4)
4-31		告警，本地 Alarm，local 标识告警信号来自本地	GB/T 5465.2—2008(5276-5)
4-32	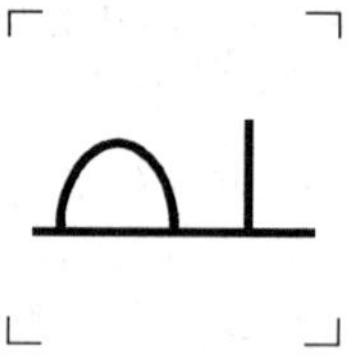	远端 Remote 指示信号源或功能控制信号位于远端。 **注：**相关信号或功能的符号可以加到垂直的竖线上	GB/T 5465.2—2008(5277)
4-33		载波，远端 Carrier，remote 指示载波信号来自远端	GB/T 5465.2—2008(5277-1)
4-34		载频，远端 Pilot，remote 指示载频信号来自远端	GB/T 5465.2—2008(5277-2)
4-35	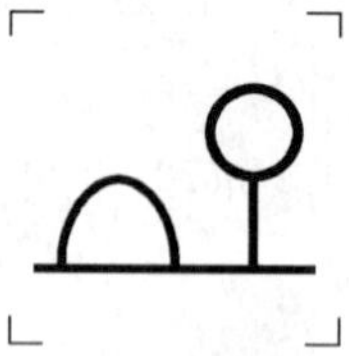	测量，远端 Measure，remote 标识测量信号来自远端	GB/T 5465.2—2008(5277-3)
4-36		信令，远端 Signalling，remote 标识信令信号来自远端	GB/T 5465.2—2008(5277-4)

表 4（续）

序号	图形符号	含义	说明
4-37		告警，远端 Alarm，remote 标识告警信号来自远端	GB/T 5465.2—2008(5277-5)
4-38	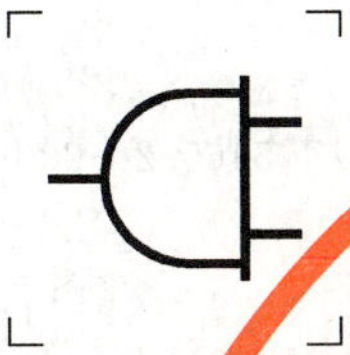	电源插头 Power plug 标识电源(市电电源)的连接件(如插头或塞绳)，或标识连接件的存放位置	GB/T 5465.2—2008(5534)
4-39	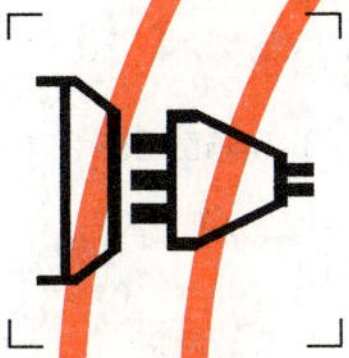	电气装置的供电型式 Power supply type of electric device 标识三极插头插座类电源	GB/T 5465.2—2008(5939)
4-40		电缆盘 Cable coiling 标识盘绕或非盘绕电源电缆的控制	GB/T 5465.2—2008(5572)
4-41	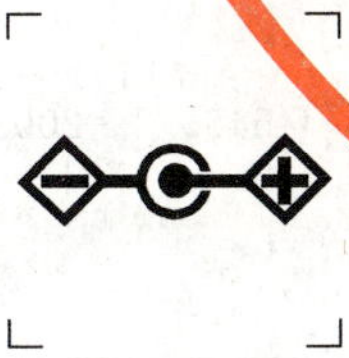	直流电源连接器的极性 Polarity of d. c. power connector 标识直流电源正负连接(极性)，或直流电源所连接设备的正负极性	GB/T 5465.2—2008(5926)

表 5　信号及其处理的图形符号

序号	图形符号	含义	说明
5-01	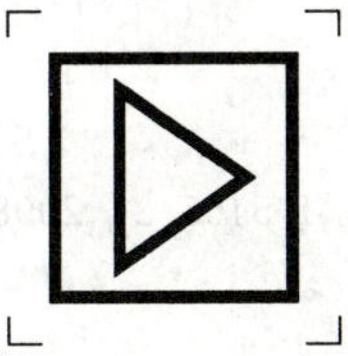	放大器 Amplifier 标识放大器的接线端和控制。 标识内置放大器	GB/T 5465.2—2008(5084)

表 5（续）

序号	图形符号	含义	说明
5-02		高通滤波器 High-pass filter 标识连接和操作高通滤波器的接线端或控制。 注：本符号的含义取决于它的取向	GB/T 5465.2—2008(5091)
5-03		低通滤波器 Low-pass filter 标识连接和操作低通滤波器的接线端或控制。 注：本符号的含义取决于它的取向	GB/T 5465.2—2008(5092)
5-04		带通滤波器 Band-pass filter 标识带通滤波器及其接线端或控制装置	GB/T 5465.2—2008(5157)
5-05		可调中心频率的带通滤波器 Band-pass filter with variable centre frequency 标识可调中心频率的带通滤波器及其接线端或控制装置	GB/T 5465.2—2008(5158)
5-06		可调带宽的带通滤波器、选择性控制 Band-pass filter with variable pass-band; selectivity control 标识可调带宽的带通滤波器及其接线端或控制装置	GB/T 5465.2—2008(5159)
5-07		带阻滤波器 Band-stop filter 标识带阻滤波器及其接线端或控制装置	GB/T 5465.2—2008(5160)
5-08		可调带阻滤波器 Variable band-pass filter 标识可调带阻滤波器及其相应的端子或控制	GB/T 5465.2—2008(5195)

表 5（续）

序号	图形符号	含义	说明
5-09	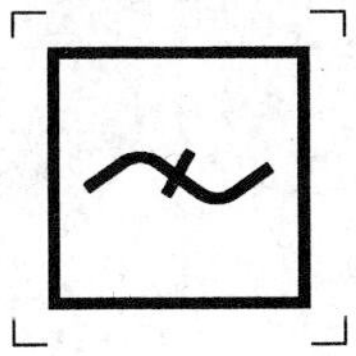	拒波滤波器；陷波器 Rejection filter；wave trap 标识拒波滤波器或与拒波滤波器关联的端子或控制	GB/T 5465.2—2008(5185)
5-10	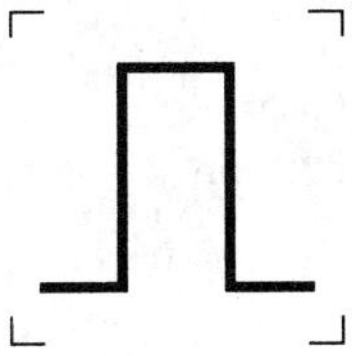	脉冲，一般符号 Pulse，general 标识产生脉冲的控制。 **注：**与符号 5-11 一起使用时，本符号表示“短脉冲”	GB/T 5465.2—2008(5130)
5-11	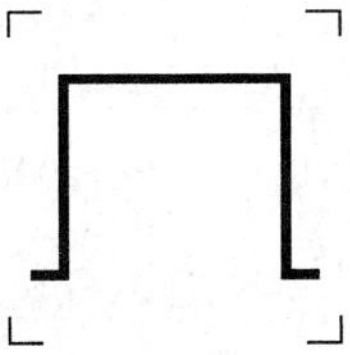	长脉冲 Long pulse 标识脉冲长度选择选开关的长脉冲位置	GB/T 5465.2—2008(5131)
5-12	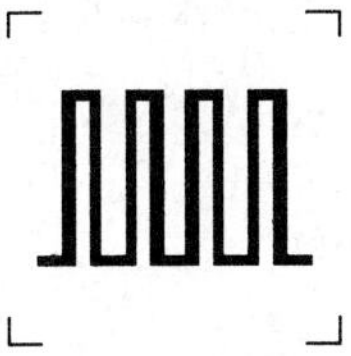	多脉冲 Multi-pulse 指示与脉冲序列有关，例如标识产生多脉冲的控制	GB/T 5465.2—2008(5842)
5-13	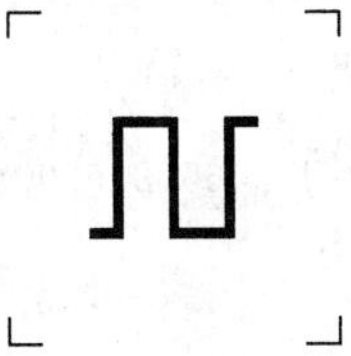	二电平信号 Two-level signal 用于数字传输设备，表示一个二电平信号，如一个二进制信号	GB/T 5465.2—2008(5315)
5-14	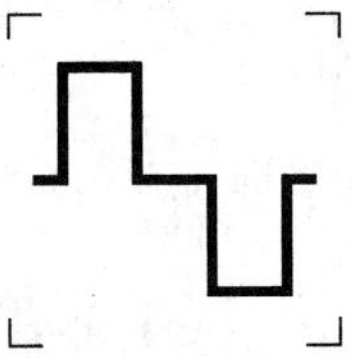	三电平信号 Three-level signal 用于数字传输设备，表示一个三电平信号，如双极性信号	GB/T 5465.2—2008(5316)
5-15	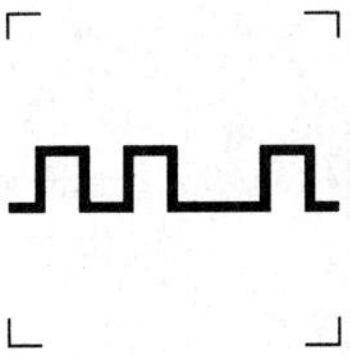	二进制编码信号 Binary coded signal 用于数字传输设备，表示一个二进制编码信号，脉冲编码调制(PCM)	GB/T 5465.2—2008(5317)

表 5（续）

序号	图形符号	含义	说明
5-16	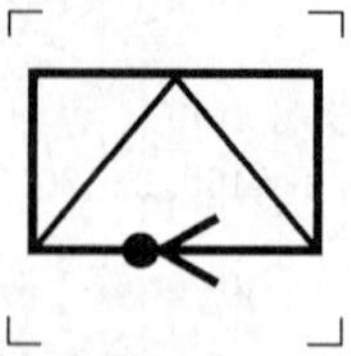	解调器 Demodulator 标识对调制载波进行解调的装置	GB/T 5465.2—2008(5260)
5-17		调制器 Modulator 标识对载波进行调制的装置	GB/T 5465.2—2008(5261)
5-18		调制解调器 Modem 标识调制解调器的控制和终端	GB/T 5465.2—2008(5262)
5-19	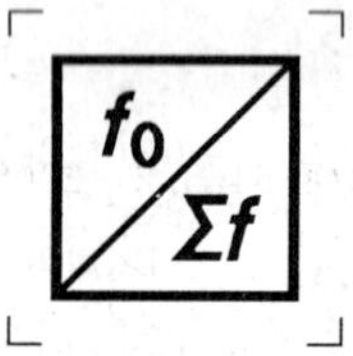	谐波发生器 Harmonic generator 标识从一个基频中产生谐波单元。 **注**：f_0 可以用频率值来替代，例如 4 kHz	GB/T 5465.2—2008(5272)
5-20	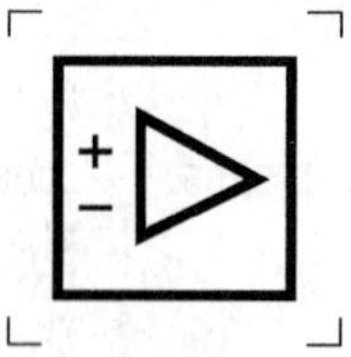	运算放大器 Operational 标识运算放大器及其控制、连接或装置	GB/T 5465.2—2008(5303)
5-21		具有逻辑元件的设备 Equipment containing logic element 标识执行逻辑运算的设备及其控制、连接或装置	GB/T 5465.2—2008(5304)
5-22		取样单元 Sampling unit 标识一个取样单元及其控制、连接或装置	GB/T 5465.2—2008(5305)

表 5（续）

序号	图形符号	含义	说明
5-23	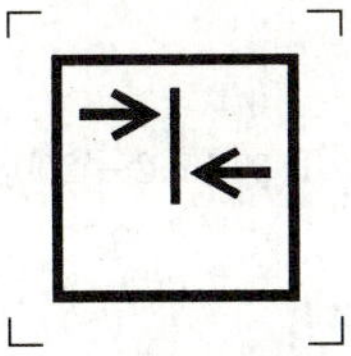	比较器，一般符号 Comparator, general 标识比较器及其控制、连接或装置	GB/T 5465.2—2008(5306)
5-24		比较器，电压 Comparator, voltage 标识电压比较器及其控制、连接或装置	GB/T 5465.2—2008(5306-1)
5-25		比较器，电流 Comparator, current 标识电流比较器及其控制、连接或装置	GB/T 5465.2—2008(5306-2)
5-26		比较器，频率 Comparator, frequency 标识频率比较器及其控制、连接或装置	GB/T 5465.2—2008(5306-3)

表 6　显示、记录与打印的图形符号

序号	图形符号	含义	说明
6-01	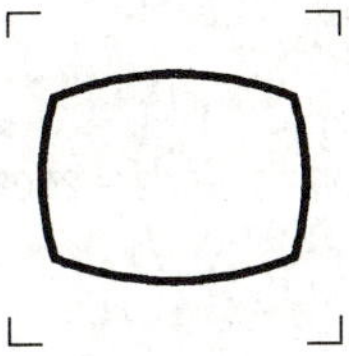	视频；电视 Television; video 标识专门用于视频信号（主要是黑白）的控制和终端	GB/T 5465.2—2008(5049)
6-02	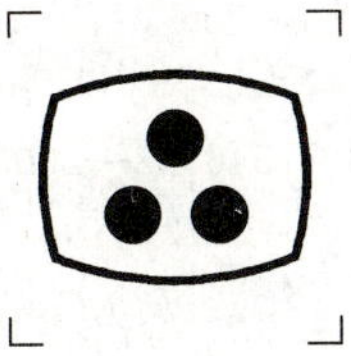	彩色电视 Colour television 标识专门用于彩色视频信号的控制和终端	GB/T 5465.2—2008(5050)

表 6（续）

序号	图形符号	含义	说明
6-03	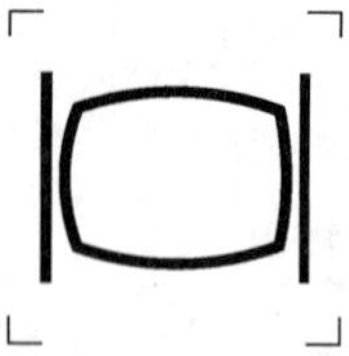	电视监视器 Television monitor 标识电视监视器的终端和控制	GB/T 5465.2—2008(5051)
6-04	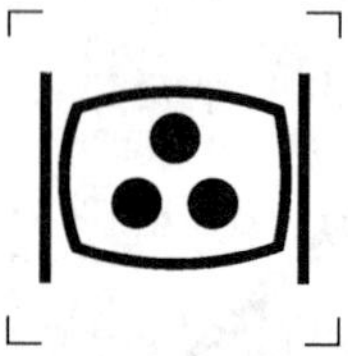	彩色电视监视器 Colour television monitor 标识彩色电视监视器的终端和控制。 **注**：如果本符号被复制成彩色的，应按左、上、右的顺序分别用红、蓝、绿的颜色标示	GB/T 5465.2—2008(5052)
6-05	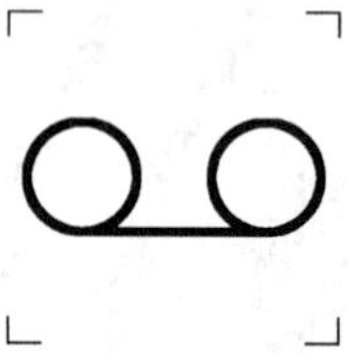	带式录音机 Tape recorder 标识连接的操作磁带录音机的接线端、开关和控制	GB/T 5465.2—2008(5093)
6-06		立体声磁带录音机 Magnetic tape stereo sound recorder 标识连接和操作立体声磁带录音机的接线端、开关和控制	GB/T 5465.2—2008(5094)
6-07	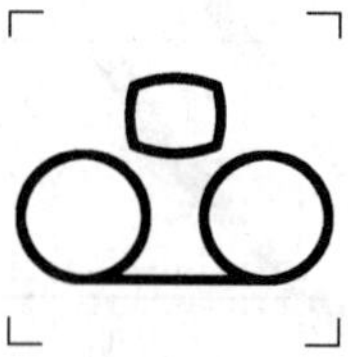	磁带录像机 Videotape recorder 标识电视磁带录像机的接线端和控制	GB/T 5465.2—2008(5118)
6-08		彩色磁带录像机 Colour videotape recorder 标识彩色磁带录像机的接线端和控制。 **注**：如果这个符号带有颜色，那么三个圆点的颜色应分别为红色（左），蓝色（上）、绿色（右）	GB/T 5465.2—2008(5119)
6-09		电视摄像机 Television camera 标识连接电视摄像机的接线端和控制	GB/T 5465.2—2008(5116)

表 6（续）

序号	图形符号	含义	说明
6-10		彩色电视摄像机 Colour television camera 标识连接彩色电视摄像机的接线端和控制。 **注**：如果本符号带有颜色，那么三个圆点的颜色应分别为红色(左)、蓝色(上)、绿色(右)	GB/T 5465.2—2008(5117)
6-11		图形记录器 Graphical recorder 指示图形记录器	GB/T 5465.2—2008(5192)
6-12	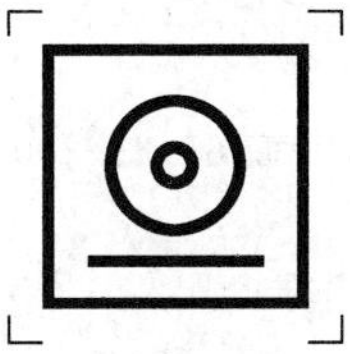	打印机 Printer 指示打印机	GB/T 5465.2—2008(5193)
6-13		静物照相机 Still camera 标识电子和摄影静物照相机的控制和/或终端	GB/T 5465.2—2008(5885)
6-14		照相记录仪 Camera recorder 标识照相机记录器的控制和/或终端	GB/T 5465.2—2008(5887)
6-15	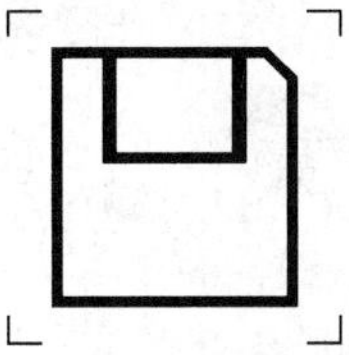	存储盘 Memory disk 标识盒式盘的控制，例如软盘和光盘，或指示插入该盘的状态	GB/T 5465.2—2008(5884)
6-16		磁盘媒体 Disk media 标识磁盘驱动器的控制，或指示磁盘媒体已经被手稿或访问	GB/T 5465.2—2008(5986)

表 6（续）

序号	图形符号	含义	说明
6-17	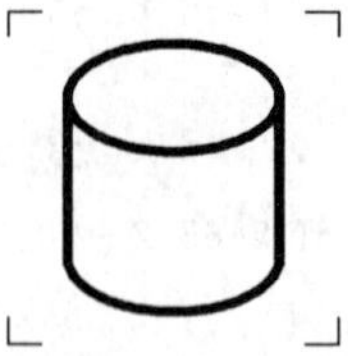	硬盘 Hard disk 标识硬盘本身或指示硬盘正在被访问。 **注**：为指示访问状态，本图形符号通常与一个动态指示器(如 LED)一同使用，访问状态将把它激活	GB/T 5465.2—2008(5987)
6-18		印出；打印出 Print out	GB/T 16273.1—2008(109)
6-19	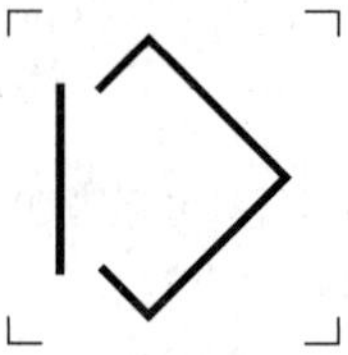	储存/存储方式结束 Storage/store mode finished 标识对储存/存储方式结束的控制	GB/T 5465.2—2008(5460)
6-20		辅助应用 Application assistance 标识辅助应用的控制，例如显示或不显示附加信息	GB/T 5465.2—2008(5289)
6-21		索引主页面 Main index page 标识在图文方式中选择索引主页面的控制	GB/T 5465.2—2008(5476)
6-22		屏幕上的附加信息 Additional information on screen 标识为使用者显示附加信息的控制，例如输入电源、选择功能、告警、时间等	GB/T 5465.2—2008(5510)
6-23		菜单 Manu 标识能显示菜单(有效选项)的控制	GB/T 5465.2—2008(5511)

表 6（续）

序号	图形符号	含义	说明
6-24	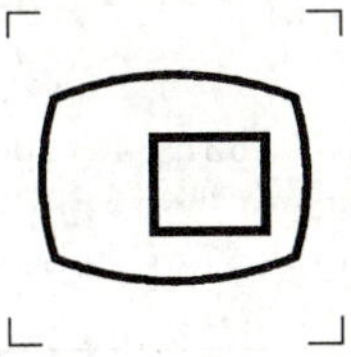	系统状态显示 System status display 标识可显示仪表与接口总路线相连状态的控制	GB/T 5465.2—2008(5512)
6-25		感兴趣区的放大 Enlargement of region of interest 标识对显示图像感兴趣区的放大的控制或指示	GB/T 5465.2—2008(5792)
6-26		CD 播放机 Compact disk player 标识 CD 播放机的控制和端子	GB/T 5465.2—2008(5544)
6-27		图像固定 Picture freeze 用于显示设备，标识通过这种控制所显示的图像能够被固定。 **注**：三角形可以填实	GB/T 5465.2—2008(5467)
6-28		逐帧画面，一般符号 Frame by frame，general 标识逐帧画面模式下操作的控制，即逐一查看每个静止的画面。 **注**：三角形可填实	GB/T 5465.2—2008(5471)
6-29		页号减 Page number down 用于图文方式设备。 标识所选页号减一的控制。 **注**：三角形可填实	GB/T 5465.2—2008(5483)
6-30		页号加 Page number up 用于图文方式设备。 标识所选页号加一的控制。 **注**：三角形可填实	GB/T 5465.2—2008(5484)

表 7 执行机构的图形符号

序号	图形符号	含义	说明
7-01		泵;液体泵 Pump;liquid pump 标识泵或液体泵的控制、显示和接口	GB/T 16273.1—2008(058)
7-02		离心泵 Centrifugal pump 标识离心泵的控制、显示和接口	GB/T 16273.1—2008(059)
7-03		冷却剂泵 Coolant pump 标识冷却剂泵的控制、显示和接口	GB/T 16273.1—2008(060)
7-04		加热剂泵 Hot liquid pump 标识加热剂泵的控制、显示和接口	
7-05		水泵 Water pump 标识水泵的控制、显示和接口	GB/T 16273.1—2008(061)
7-06		润滑剂泵 Lubricant pump 标识润滑剂泵的控制、显示和接口	GB/T 16273.1—2008(062)
7-07		压缩机;真空泵 Compressor;vacuum pump 标识压缩机或真空泵的控制、显示和接口	GB/T 16273.1—2008(063)
7-08		液体环流型旋转式压缩机;液体环流型真空泵 Rotary compressor,liquid-ring type; vacuum pump,liquid-ring type 标识液体环流型旋转式压缩机或液体环流型真空泵的控制、显示和接口	GB/T 16273.1—2008(064)

表 7（续）

序号	图形符号	含义	说明
7-09		制冷压缩机 Refrigeration compressor 标识制冷压缩机的控制、显示和接口	
7-10	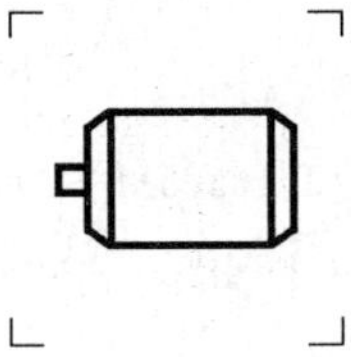	电动机，一般符号 Electric motor, general 标识电动机的控制、显示和接口	GB/T 16273.1—2008(069)
7-11	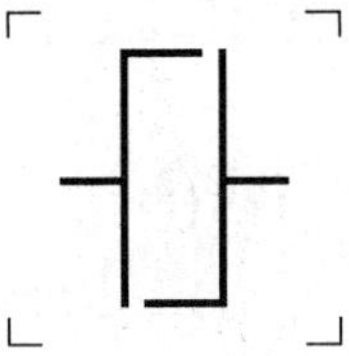	联轴器 Coupling 标识联轴器	GB/T 16273.1—2008(075)
7-12		搅拌器，一般符号 Agitator, general 标识搅拌器的控制、显示或接口	GB/T 16273.1—2008(076)
7-13		通风器，一般符号 Ventilator, general 标识通风器的控制、显示或接口	GB/T 16273.1—2008(077)
7-14	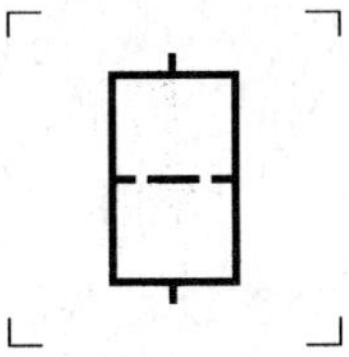	过滤器；过滤容器；滤净器 Filter; filter vessel; strainer 标识过滤或波净器的控制、显示或接口	GB/T 16273.1—2008(078)
7-15		阀；截止元件 Valve; shut-off element 标识阀或截止元件的控制、显示或接口	GB/T 16273.1—2008(086)

表 7（续）

序号	图形符号	含义	说明
7-16		排水防气阀 Drains trap 标识排水防气阀的控制、显示或接口	GB/T 16273.1—2008(087)
7-17		旋转式发电机，一般符号 Electric generator，rotating，general 标识旋转式发电机的控制、显示或接口	GB/T 16273.1—2008(136)
7-18		传动装置 Transmission 标识设备的传动装置	GB/T 16273.1—2008(150)
7-19		液压系统 Hydraulic system 标识设备的传动装置	GB/T 16273.1—2008(155)
7-20		通风扇；循环风扇 Ventilating；air circulating fan 标识通风扇和循环风扇及其控制器	GB/T 16273.6—2003(1-36)
7-21	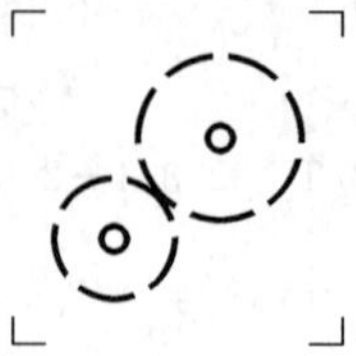	齿轮传动 Gear drive 标识齿轮传动装置及其控制器	GB/T 16273.1—2008(070)
7-22	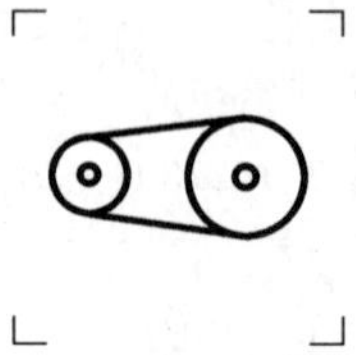	带传动 Belt drive 表示带传动装置及其控制器	GB/T 16273.1—2008(071)

表 7（续）

序号	图形符号	含义	说明
7-23	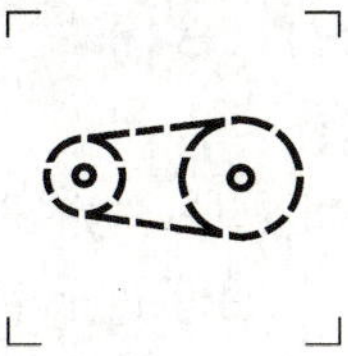	链传动 Chain drive 表示条传动装置及其控制器	GB/T 16273.1—2008(072)
7-24		凸轮 Cam 标识凸轮及其控制器	GB/T 16273.1—2008(074)
7-25		转子(端视图) Rotor (end view) 标识转子的位置及其控制器	GB/T 9238—1998(4.1)
7-26	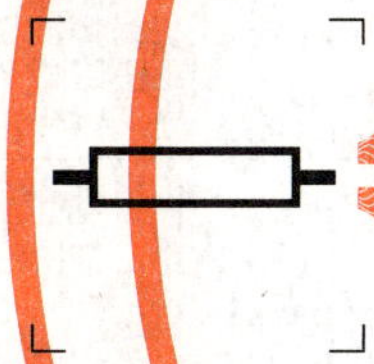	转子(侧视图,轴线水平) Rotor (side view, horizontal axis) 标识转子的位置	GB/T 9238—1998(4.2)
7-27	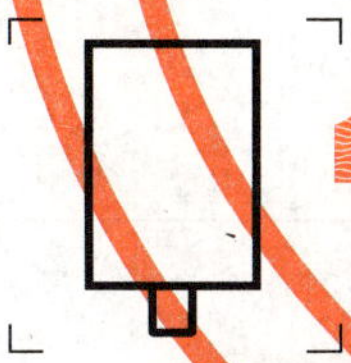	转子(侧视图,轴线垂直) Rotor (side view, vertical axis) 表示转子的位置	GB/T 9238—1998(4.3)

表 8　照明的图形符号

序号	图形符号	含义	说明
8-01		灯;照明;照明设备 Lamp; lighting; illumination 标识控制照明光源的开关,如室内的照明、设备表盘的照明灯等。 **注**:电能消耗等规格可标在图形符号旁边或下面	GB/T 5465.2—2008(5012)
8-02		间接照明 Indirect lighting 当需要与符号 8-01 区别时,用本符号表示间接照明的控制	GB/T 5465.2—2008(5320)

表 8（续）

序号	图形符号	含义	说明
8-03		低强度照明 Low-intensity lighting 当需要与符号 8-01 区别时，用本符号表示低强度照明的控制。如暗室照明	GB/T 5465.2—2008(5321)
8-04		光导照明 Optical conductor lighting 标识通过光导进行照明的控制或指示	GB/T 5465.2—2008(5896)
8-05		带反射镜的照明 Lighting with reflector 标识一种照明或带反光镜的光照射的控制或指示	GB/T 5465.2—2008(5918)
8-06		背景光 Background light 标识背景光的补偿控制	GB/T 5465.2—2008(5541)
8-07		箱内灯 Oven,lighting 标识箱内灯的控制 **注**：也可见符号 8-01	GB/T 5465.2—2008(5619)
8-08		固定照明的连接设备；DCL Devices for connection of fixedluminaries; DCL 用于照明连接设备(DCL)。 标识仅与固定照明设备一同使用的出口或插头	GB/T 5465.2—2008(5974)
8-09		内室照明；内部(顶)灯 Interior compartment illumination; interior (dome) light	GB/T 16273.1—2008(157)

表 8（续）

序号	图形符号	含义	说明
8-10	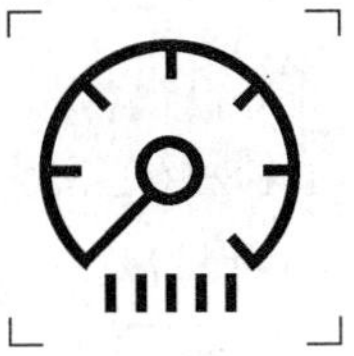	仪表照明 Instrumental illumination 标识仪表盘照明的开关或端子	GB/T 16273.1—2008(160)
8-11		工作灯 Working light 标识工作灯的开关或端子	GB/T 16273.1—2008(133)
8-12		泛光灯；工作灯 Flood light; working light 标识泛光灯或工作灯的开关或端子	GB/T 16273.1—2008(134)
8-13	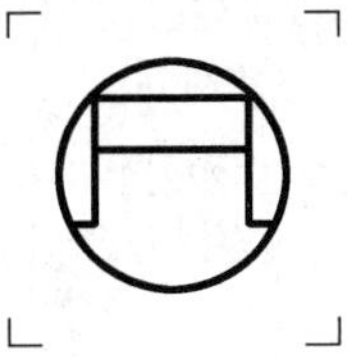	独立的照明辅助设备 Independent in lighting radiation 标识放电灯（例如：萤光灯或高压汞灯、低压钠灯、高压钠灯和金属卤化物灯）的独立的照明辅助设备	GB/T 5465.2—2008(5138)

表 9　温度与湿度的图形符号

序号	图形符号	含义	说明
9-01		湿度 Moisture 标识设备内潮湿凝露状况的指示器。 注：水滴可填实	GB/T 5465.2—2008(5536)
9-02		温度，一般符号 Temperature, general 标识温度的控制、显示或接口	GB/T 16273.1—2008(021)

表 9（续）

序号	图形符号	含义	说明
9-03	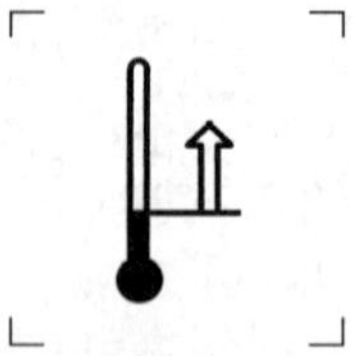	温度，升高 Temperature increasing 标示温度升高的控制或显示	GB/T 16273.1—2008(022)
9-04		温度，降低 Temperature，decreasing 标示温度降低的控制或显示	GB/T 16273.1—2008(023)
9-05		高于工作温度 Above working temperature range 标识温度过高的显示或警告	GB/T 16273.1—2008(024)
9-06		低于工作温度 Below working temperature range 标识温度过低的显示或警告	GB/T 16273.1—2008(025)
9-07		温度上限 Upper limit of temperature 标识温度上限的显示或控制	GB/T 16273.1—2008(026)
9-08		温度下限 Lower limit of temperature 标识温度下限的显示或控制	GB/T 16273.1—2008(027)
9-09		恒温器 Thermostat 标识恒温器的显示、控制或接口	GB/T 16273.1—2008(028)

表 9（续）

序号	图形符号	含义	说明
9-10		提高温度的预置开关 Present switching for temperature increase 标识加温预置开关的控制或接口	GB/T 16273.1—2008(033)
9-11		相对湿度；含水量 Relative humidity；moisture content 标识大气或物料的相对湿度或含水量	GB/T 16273.1—2008(034)
9-12		速冻；快速结霜 Fast freeze；superfrost 标识激活速冻功能的控制和/或标识速冻功能的指示	GB/T 5465.2—2008(5854)
9-13		散热，一般符号 Transfer of heat，general 标识散热的设备及其控制、显示或接口	GB/T 16273.1—2008(044)
9-14		冷却，冷气调节 Cooling，air conditioning 标识冷却设备或冷气调节的控制、显示或接口	GB/T 16273.1—2008(045)
9-15	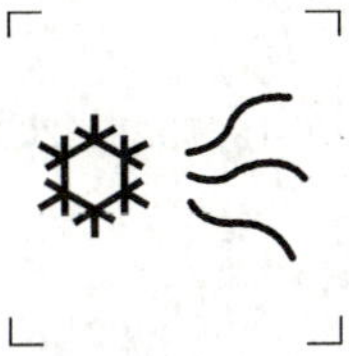	风冷 Air cooling 标识风冷设备及其控制、显示或接口	GB/T 16273.1—2008(046)
9-16		水冷 Water cooling 标识水冷设备及其控制、显示或接口	GB/T 16273.1—2008(047)

表 9（续）

序号	图形符号	含义	说明
9-17		辐射散热 Emission of heat by radiation 标识辐射散热的设备及其控制、显示或接口	GB/T 16273.1—2008(048)
9-18		热载体外流 Outward flow of heat carrier 标识热载体外流的控制、显示或接口	GB/T 16273.1—2008(049)
9-19	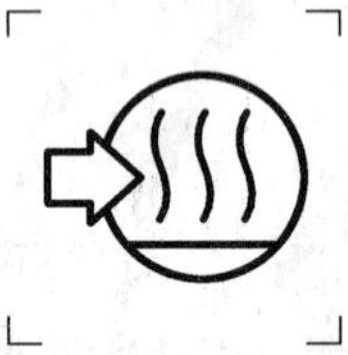	热载体回流 Return flow of heat carrier 标识热载体回流的控制、显示或接口	GB/T 16273.1—2008(050)

表 10　给排水、通风与供气的图形符号

序号	图形符号	含义	说明
10-01	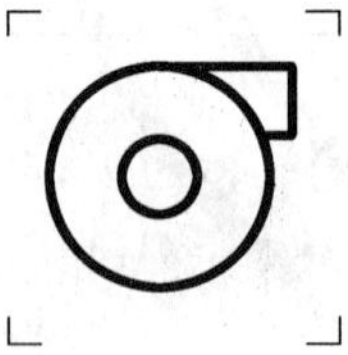	通风机 Air impeller; blower; fan 标识操作通风机的开关或控制。如仪器上的风扇、室内风扇	GB/T 5465.2—2008(5015)
10-02	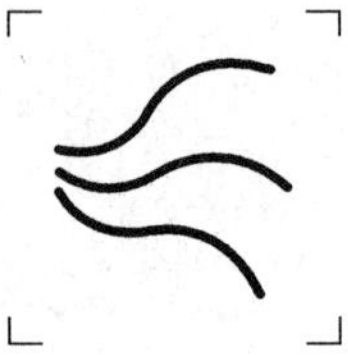	通风 Air 标识通风设备及其控制、显示或接口	GB/T 16273.1—2008(041)
10-03		放气 Bleeding 标识放气设备及其控制、显示或接口	GB/T 16273.1—2008(042)

表 10（续）

序号	图形符号	含义	说明
10-04	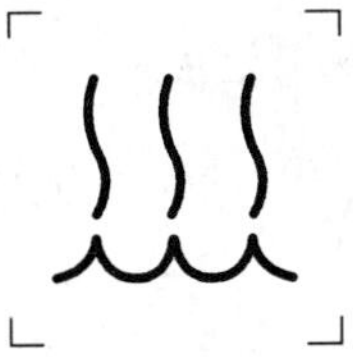	蒸汽 Steam 标识产生蒸汽的设备及其控制、显示或接口	GB/T 16273.1—2008(043)
10-05	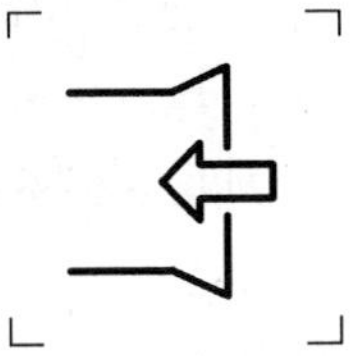	吸入 Suction 标识吸入设备及其控制、显示或接口	GB/T 16273.1—2008(094)
10-06	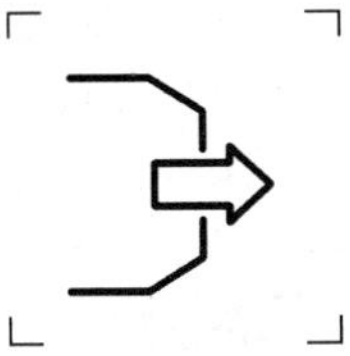	吹出 Blowing 标识吹出设备及其控制、显示或接口	GB/T 16273.1—2008(095)
10-07	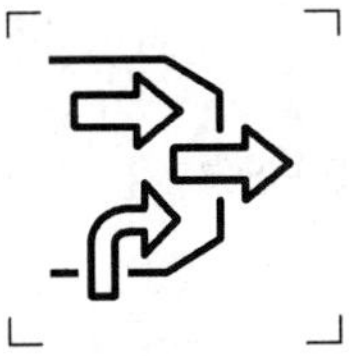	混合 Admixture 标识混合设备及其控制、显示或接口	GB/T 16273.1—2008(096)
10-08		进气 Intake air 标识进气的控制、显示或接口	GB/T 16273.1—2008(165)
10-09		排气 Exhaust gas 标识排气的控制、显示或接口	GB/T 16273.1—2008(166)
10-10		水龙头，关 Water tap，closed 标识关闭的水龙头、接头或关闭水源的控制	GB/T 5465.2—2008(5573)

表 10（续）

序号	图形符号	含义	说明
10-11		水龙头，开 Water tap，open 标识打开的水龙头、接头或打开水源的控制。 注：本符号也可用于标识电器产品，如可用水清洗的防水电气设备	GB/T 5465.2—2008(5574)
10-12		节约；节能 Save；economize 标识激活经济模式的控制，例如节能或节水。 注：节约量的百分比可在图中表示	GB/T 5465.2—2008(5581)
10-13		凝液收集器，一般符号 Condensate collector，general 标识凝液收集器	GB/T 5465.2—2008(5595)
10-14		凝液收集器，满 Condensate collector，full 标识凝液收集器已经盛满	GB/T 5465.2—2008(5596)
10-15	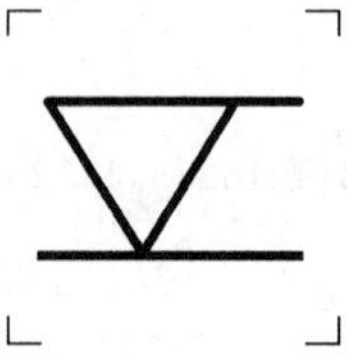	水准，标高 Level 标识水准或标高的控制和指示	GB/T 16273.1—2008(002)
10-16		水准，过高 Level，too high 表示水准过高	GB/T 16273.1—2008(003)
10-17		水准，过低 Level too low 表示水准过低	GB/T 16273.1—2008(004)

表 10（续）

序号	图形符号	含义	说明
10-18	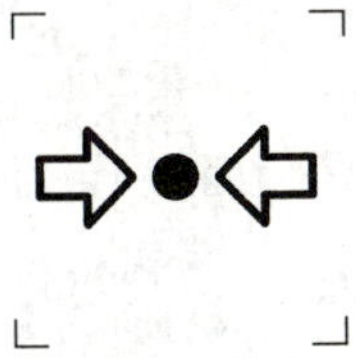	压力 Pressure 标识压力的控制或显示	GB/T 16273.1—2008(131)
10-19		压力，过高 Pressure，too high 表示压力过高	GB/T 16273.1—2008(005)
10-20		压力，过低 Pressure，too low 表示压力过低	GB/T 16273.1—2008(006)
10-21	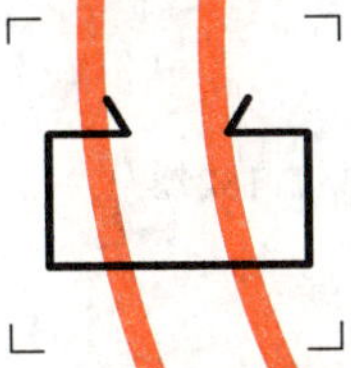	容器 Reservoir 标识容器及其显示	GB/T 16273.1—2008(007)
10-22		注入 Filling 标识气体或物料注入容器的控制、显示或接口	GB/T 16273.1—2008(009)
10-23		排出，排空 Draining；emptying 标识气体或物料排出容器的控制、显示或接口	GB/T 16273.1—2008(010)
10-24	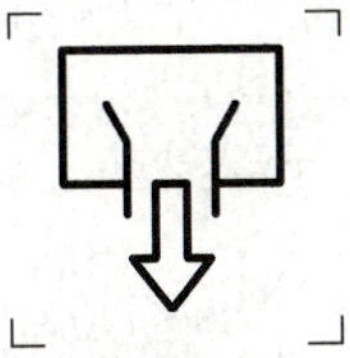	溢出 Overflow 标识气体或物料溢出	GB/T 16273.1—2008(011)

表 10（续）

序号	图形符号	含义	说明
10-25		容量，空 Volume，empty 表示容器处于空的状态	GB/T 16273.1—2008(161)
10-26	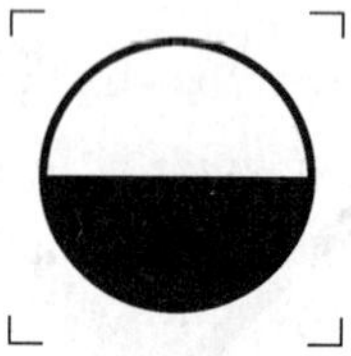	容量，半满 Volume，half full 表示容器处于半满的状态	GB/T 16273.1—2008(162)
10-27		容量，满 Volume，full 表示容器处于满的状态	GB/T 16273.1—2008(163)
10-28		水，液体 Water，fluid 表示水或其他液体的控制、显示和接口	GB/T 16273.1—2008(040)
10-29		高水位 High water level 标识选定的高水位控制和显示	GB/T 5465.2—2008(5234)
10-30		低水位 Low water level 标识选定的低水位控制和显示	GB/T 5465.2—2008(5235)
10-31	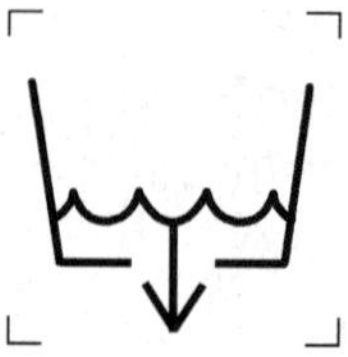	排水 Draining 标识排水控制	GB/T 5465.2—2008(5236)

表 10（续）

序号	图形符号	含义	说明
10-32	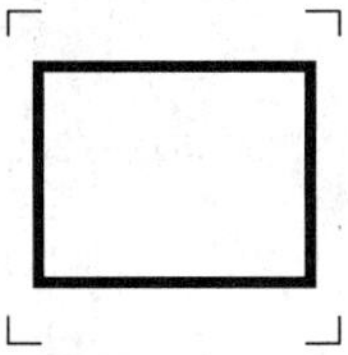	炉（箱式）；干燥箱，一般符号 Oven，general 标识控制和/或激活条件。 **注**：仅用作更复杂符号（如符号 10-33 至 10-37）的基本元素	GB/T 5465.2—2008(5607)
10-33		干燥箱，热循环空气 Oven，warm circulating air 标识热空气循环的控制和/或指示	GB/T 5465.2—2008(5610)
10-34		干燥箱，底部加热 Oven，lower heating 标识底部加热的干燥箱的控制和/或操作条件	GB/T 5465.2—2008(5612)
10-35		干燥箱，顶部加热 Oven，upper heating 标识顶部加热的干燥箱的控制和/或操作条件	GB/T 5465.2—2008(5613)
10-36		干燥箱，底部和顶部加热 Oven，lower and upper heating 标识底部和顶部加热的干燥箱的控制和/或操作条件	GB/T 5465.2—2008(5614)
10-37		干燥箱，微波加热 Oven，microwave heating 标识微波的干燥箱的控制和/或操作条件	GB/T 5465.2—2008(5615)
10-38		换气装置 Fresh air device 标识换气的控制、显示或接口	

表 11　提示与警告的图形符号

序号	图形符号	含义	说明
11-01	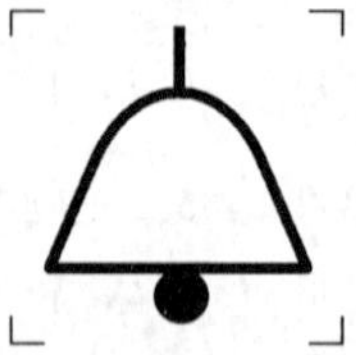	铃 Bell 标识操作铃的开关，如门铃	GB/T 5465.2—2008(5013)
11-02		关闭铃音 Bell cancel 标识关闭铃音的控制或表示铃音的工作状态。 **注 1**：在不易混淆的情况下，该符号也可用来表示“听觉信号，关闭”。 **注 2**：可将本符号的交叉线换成虚线，用来表示暂时关闭铃音	GB/T 5465.2—2008(5576)
11-03		喇叭 Horn 标识操作喇叭的开关，如厂用喇叭、音响报警信号等	GB/T 5465.2—2008(5014)
11-04	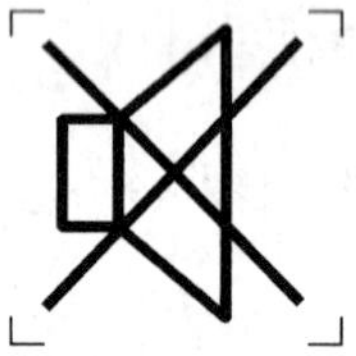	静音 Sound muting 标识抑制声音的控制	GB/T 5465.2—2008(5436)
11-05		信号灯 Signal lamp 标识连通或断开信号的开关	GB/T 5465.2—2008(5115)
11-06		静电敏感器件 Electrostatic sensitive devices 指示包装内有静电敏感器件，或标识未进行抗静电测试的器件或连接器	GB/T 5465.2—2008(5134)
11-07		非电离的电磁辐射 Non-ionizing electromagnetic radiation 指示高于常规的，有潜在危险的非电离辐射；或指示其设备或系统，如射频发射装置或应用射频发射电磁能量的区域	GB/T 5465.2—2008(5140)

表 11（续）

序号	图形符号	含义	说明
11-08		激光设备辐射 Radiation of laser apparatus 标识激光设备的辐射。 **注**：用作警告告示志时，应遵守 GB/T 2893.2 的规定	GB/T 5465.2—2008(5152)
11-09		红外辐射 Radiation，infrared 标识切换红外辐射开和关的控制或指示，并且标识相应的连接器。本符号不能用于控制或指示激光辐射。 **注**：在警告信号的情况下，应遵守 GB/T 2893.2的规则	GB/T 5465.2—2008(5750)
11-10		紫外线辐射 Radiation，ultraviolet 标识切换紫外线辐射开和关的控制或指示，并且标识相应的连接器。本符号不能用于控制或指示激光辐射。 **注**：在警告信号的情况下，应遵守 GB/T 2893.2的规则	GB/T 5465.2—2008(5751)
11-11		不要重复使用 Do not re-use 标识不得重复使用的功能或材料	GB/T 16273.1—2008(117)
11-12		运行期间不允许操作 Do not actuate during operation 标识运行期间不允许操作的设备	GB/T 16273.1—2008(118)
11-13		仅在运行期间才能操作 Actuate only during operation 标识仅在运行期间才能操作的设备	GB/T 16273.1—2008(119)
11-14		不得用于住宅区 Not to be used in residential areas 标识不宜用在居住区的仪器和设备	GB/T 5465.2—2008(5109)

表 11（续）

序号	图形符号	含义	说明
11-15		仅限室内使用 For indoor use only 标识设计仅限室内使用的仪器和设备	GB/T 5465.2—2008(5957)
11-16		用于热带地区 Suitable for use in the tropics 标识用于热带地区的仪器和设备	GB/T 5465.2—2008(5785)
11-17		用于亚热带地区 Suitable for use in the subtropics 标识用于亚热带地区的仪器和设备	GB/T 5465.2—2008(5786)
11-18		帮助；询问 Assistance；query 标识帮助或询问的控制或显示	GB/T 16273.1—2008(122)
11-19		一般故障；失效，一般符号 Malfunction，general；failure 提示设备的一般故障或失效	GB/T 16273.1—2008(164)
11-20	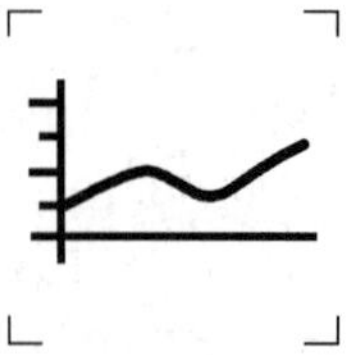	趋势 Trend 指示趋势信息时的参考	GB/T 5465.2—2008(5847)
11-21		手册；操作说明书 Handbook；manual for operations 标识手册或操作说明书的控制和显示，或提示需参考手册或操作说明书	GB/T 16273.1—2008(167)

表 11（续）

序号	图形符号	含义	说明
11-22		手册；技术说明书 Operator's manual; operating instructions 标识手册或技术说明书的控制和显示，或提示需参考手册或技术说明书	GB/T 16273.1—2008(168)
11-23		精致易碎的物品 Delicate items 标识对精致易碎物品的处理程序步骤指示或控制	GB/T 5465.2—2008(5297)

表 12　安全与保护的图形符号

序号	图形符号	含义	说明
12-01	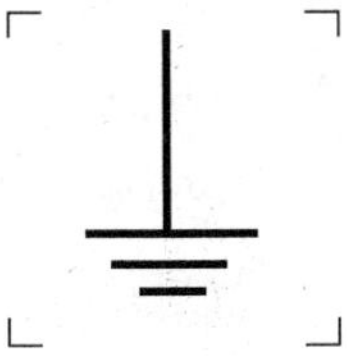	接地 Earth; ground 标识接地端子的一般符号	GB/T 5465.2—2008(5017)
12-02		功能性接地 Functional earthing; functional grounding (US) 表示功能性接地端子，例如为避免设备发生故障而专门设计的一种接地系统	GB/T 5465.2—2008(5018)
12-03		保护接地 Protective earth, protective ground 标识在发生故障时防止电击的与外保护导体相连接的端子，或与保护接地电极相连接的端子	GB/T 5465.2—2008(5019)
12-04	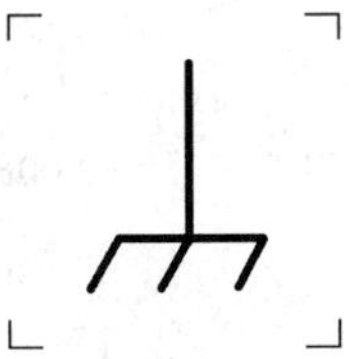	接机壳，接机架 Frame or chassis 标识连接机壳、机架的端子	GB/T 5465.2—2008(5020)

表 12（续）

序号	图形符号	含义	说明
12-05		等电位 Equipotentiality 标识那些相互连接后使设备或系统的各部分达到相同电位的端子，这并不一定是接地电位，如局部互连线。 注：电位值可标在符号旁边	GB/T 5465.2—2008(5021)
12-06	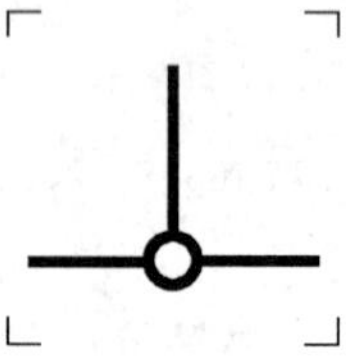	信号低端 Signal low terminal 指示最接近地电位或机壳电位的信号端电位	GB/T 5465.2—2008(5173)
12-07		危险电压 Dangerous voltage 表示危险电压引起的危险。 注：在用于表示警戒符号时需与GB/T 2893.2的规定结合使用	GB/T 5465.2—2008(5036)
12-08		小心，烫伤 Caution，hot surface 指示所标出的部分可能是烫的，不要随意触摸。 注：在用于表示警戒符号时需与GB/T 2893.2的规定结合使用	GB/T 5465.2—2008(5041)
12-09	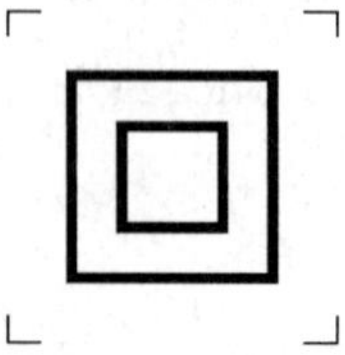	Ⅱ类设备 Class Ⅱ equipment 标识能满足GB/T 17045—2008中规定的第Ⅱ类设备安全要求的设备。 注：双重方块符号的位置应明显地作为技术资料的一部分，在任何情况下，不能与制造厂的名称或其他标记相混淆	GB/T 5465.2—2008(5172)
12-10		Ⅲ类设备 Class Ⅲ equipment 标识能满足GB/T 17045—2008中规定的第Ⅲ类设备安全要求的设备	GB/T 5465.2—2008(5180)
12-11		测试电压 Test voltage 标识该设备能承受500 V的测试电压。 注：测试电压的其他数值可以按照相关标准给出：例见GB 6738—1986	GB/T 5465.2—2008(5179)

表 12（续）

序号	图形符号	含义	说明
12-12		告警，一般符号 Alarm，general 指示控制设备上的告警。 **注**：可在三角形内和下面指出告警类型。	GB/T 5465.2—2008(5307)
12-13		紧急告警 Urgent alarm 标识控制设备上的紧急告警。 **注 1**：可在三角形内和下面指出告警类型。 **注 2**：告警的紧迫性可以用改变告警的特征来表示，如可视信号的闪烁频率，或可见信号的编码。	GB/T 5465.2—2008(5308)
12-14		告警系统解除 Alarm system clear 用于告警设备。表示一个告警循环能够恢复到该设备的初始状态的控制。 **注**：可在三角形内和下面指出告警类型。	GB/T 5465.2—2008(5309)
12-15		告警禁止 Alarm inhibit 标识控制设备的告警禁止。 **注 1**：可在三角形内和下面指出告警类型。 **注 2**：该图形符号也可用断线交叉代替实交叉线表示临时告警禁止	GB/T 5465.2—2008(5319)
12-16		应急告警接收模式 Emergency warning reception mode 标识选择应急告警广播自动接收模式的控制，或指示该模式已被激活	GB/T 5465.2—2008(5914)
12-17		告警信号的频率 Frequency of an alarm signal 标识告警信号的频率控制	GB/T 5465.2—2008(5249)
12-18		警告 Caution 标识危险部位或场所，提示参考有关资料	GB/T 16273.1—2008(123)

表 12（续）

序号	图形符号	含义	说明
12-19		生物危险 Biological risks 指示所标示的部位或场所可能有生物危险	GB/T 16273.1—2008(124)
12-20	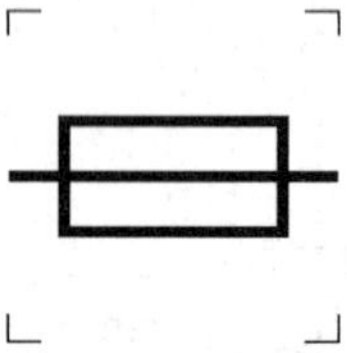	熔断器 Fuse 标识熔断器盒及其位置	GB/T 5465.2—2008(5016)
12-21	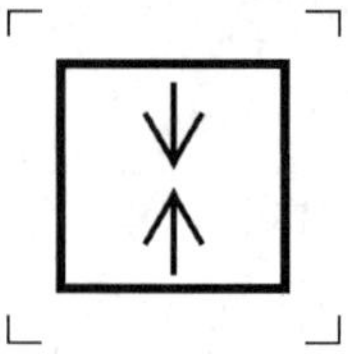	过压保护装置 Overvoltage protection device 标识具有过压保护的设备，例如：雷电过电压	GB/T 5465.2—2008(5275)
12-22	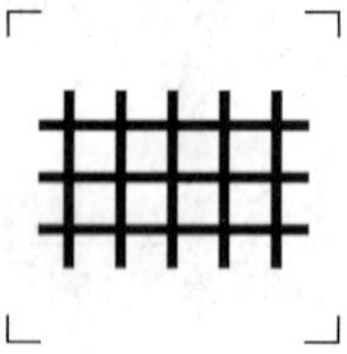	安全罩 Safety cover 标识安全罩及其位置	GB/T 16273.1—2008(116)
12-23		紧急停止 Emergency stop 标识紧急停止控制装置。当电工机械的用户和设备安全放在第一位时，本符号应代替符号 2-012 或 2-017 使用。 **注 1**：在 GB 18209.1—2000 中规定了本符号的使用。 **注 2**：关于形状、颜色及紧急停止制动器安排等的附加要求，见 GB 5226.1—2002。	GB/T 5465.2—2008(5638)
12-24		小心，电击危险 Caution, risk of electric shock 指示所标出的部分可能是带有危险电压的，不要随意触摸。 **注**：在用于表示警戒符号时需与 GB/T 2893.2 的规定结合使用	GB 4793.1—2007(12)
12-25		禁止带电操作 Do not live working 表示不能从危险带电导体上安装或拆卸	GB 4793.2—2008(101)

表 12（续）

序号	图形符号	含义	说明
12-26		允许带电操作 Allow live working 表示允许从危险带电导体上安装或拆卸	GB 4793.2—2008(102)
12-27		不要触摸 Do not touch 指示所标出的部分可能是危险的，不要随意触摸	GB/T 17712—1999(A7.5)
12-28		小心，冻伤危险 Caution，risk of cold hazard 指示所标出的部分为低温，可能导致冻伤，不要随意触摸。 **注**：在用于表示警戒符号时需与 GB/T 2893.2的规定结合使用	
12-29		小心，燃烧危险 Caution，risk of fire 指示所标出的位置或区域具有易燃物质。 **注**：在用于表示警戒符号时需与 GB/T 2893.2的规定结合使用	
12-30		小心，生物危险 Caution，risk of biological hazard 指示所标出的位置或区域具有危险生物。 **注**：在用于表示警戒符号时需与 GB/T 2893.2的规定结合使用	
12-31		小心，紫外线辐射危险 Caution，risk of UV radiation 指示所标出的位置或区域具有紫外线辐射，可能导致危险。 **注**：在用于表示警戒符号时需与 GB/T 2893.2的规定结合使用	

表 13　时间和日期的图形符号

序号	图形符号	含义	说明
13-01		钟;定时开关;计时器 Clock;time switch;timer 标识与时钟、时间开关和计时器有关的端子的控制	GB/T 5465.2—2008(5184)
13-02		可编程定时器,一般符号 Programmable timer,general 标识可编程定时器的控制,例如有编程功能的操作元件	GB/T 5465.2—2008(5440)
13-03		可编程的起点 Programmable start 标识可编程定时器的控制,表示在某一特定时点或经过某一特定时长后开始操作;或标识已编程的开始时间显示	GB/T 5465.2—2008(5132)
13-04		可编程停止;睡眠定时器 Programmable stop;sleep timer 标识在一个时间点或者一段时间以后停止操作的可编程定时器的控制,或者标识已经编程或者将要编程的停止时间或期限的显示	GB/T 5465.2—2008(5270)
13-05		可编程序的持续时间 Programmable duration 标识控制一个可编程序的定时器在特定时间准时开始操作和在特定时间准时或在特定期间后停止操作;或标识显示已编程或被编程的持续时间	GB/T 5465.2—2008(5417)
13-06	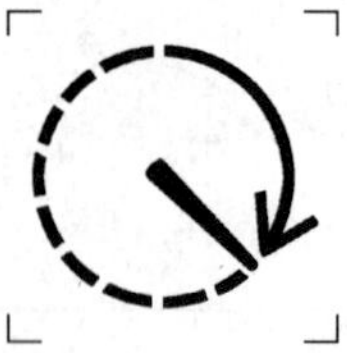	流逝时间显示 Elapsed time display 标识从开始操作起所流逝时间的显示或控制	GB/T 5465.2—2008(5415)
13-07		剩余时间显示 Remaining time display 标识一直到操作结束剩余时间的显示或控制	GB/T 5465.2—2008(5416)

表 13（续）

序号	图形符号	含义	说明
13-08		定时器 Self-timer 标识自动定时器功能或标识该功能正在操作	GB/T 5465.2—2008(5879)
13-09		世界时间 World time 标识世界时间功能或标识该功能正在操作	GB/T 5465.2—2008(5880)
13-10		夏令时 Summer time 标识夏令时开始功能或标识该功能正在操作	GB/T 5465.2—2008(5881)
13-11		日期 Date 标识设定和指示日期的控制	GB/T 5465.2—2008(5662)

表 14　其他有关的图形符号

序号	图形符号	含义	说明
14-01		润滑 Lubrication 标识润滑点或显示润滑状态	GB/T 16273.1—2008(037)
14-02	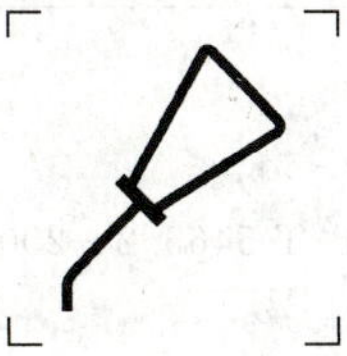	加注润滑油 Lubrication oil 标识润滑油加注口或提示需加注润滑油	GB/T 16273.1—2008(038)

表 14（续）

序号	图形符号	含义	说明
14-03	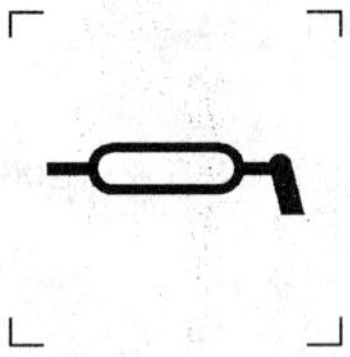	加注润滑脂 Lubrication grease 标识润滑脂加注点或提示需加注润滑脂	GB/T 16273.1—2008(039)
14-04		重量 Weight 标识重量或称重点	GB/T 16273.1—2008(089)
14-05		人工清洗 Manual cleaning 显示清洗状态或提示需人工清洗	GB/T 16273.1—2008(104)
14-06		自动清洗 Automatic cleaning 标识清洗状态或提示自动清洗	GB/T 16273.1—2008(105)
14-07		回收，一般符号；可再循环，一般符号 General symbol for recovery；recyclable, general symbol 标识回收或循环的控制和显示	GB/T 16273.1—2008(130)
14-08		提升点 Lift point 标识设备或物品的提升点	GB/T 16273.1—2008(140)
14-09		清洁/更换过滤器 Filter cleaning/changing 标识或建议清洁或更换过滤器	GB/T 5465.2—2008(5575)

表 14（续）

序号	图形符号	含义	说明
14-10		维修或修理 Maintenance or repair 显示维修和修理状态，或提示需维修或修理	
14-11		呼叫操作人员 Call operator 标识呼叫操作人员的状态、操作或控制	GB/T 17712—1999(8.8)
14-12		维修呼叫 Maintenance call 标识呼叫维修的状态、控制或操作	GB/T 17712—1999(8.9)
14-13	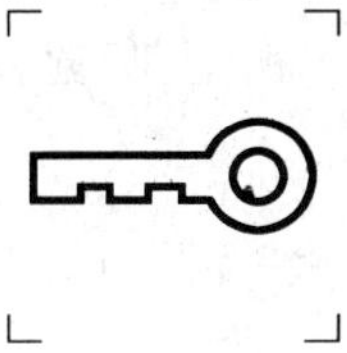	选取密码 Select password 标识选择或输入密码的显示、控制或操作	GB/T 17712—1999(A4.2)

参 考 文 献

［1］ GB 2893.2—2008 图形符号 安全色和安全标志 第2部分:产品安全标签的设计原则
［2］ GB 4793.1—2007 测量、控制和实验室用电气设备的安全要求 第1部分:通用要求
［3］ GB 4793.2—2008 测量、控制和实验室用电气设备的安全要求 第2部分:电工测量和试验用手持和手操电流传感器的特殊要求
［4］ GB 5226.1—2002 机械安全 机械电气设备 第1部分:通用技术条件
［5］ GB/T 5465.2—2008 电气设备用图形符号 第2部分:图形符号
［6］ GB/T 5465.11—2007 电气设备用图形符号基本规则 第1部分:原形符号的生成
［7］ GB 6738—1986 显示和记录电测量仪器和其附件的安全要求
［8］ GB/T 9238—1999 平衡机及其仪器仪表用图形符号
［9］ GB/T 15565.1—2008 图形符号 术语 第1部分:通用
［10］ GB/T 16273.1—2008 设备用图形符号 第1部分:通用符号
［11］ GB/T 16273.4—2001 设备用图形符号 第4部分:带有箭头的符号
［12］ GB/T 16273.6—2001 设备用图形符号 第6部分:运输、车辆检测及装载机械通用符号
［13］ GB/T 16900—2008 图形符号表示规则 总则
［14］ GB/T 16902.1—2004 图形符号表示规则 设备用图形符号 第1部分:原形符号
［15］ GB/T 16902.2—2008 图形符号表示规则 设备用图形符号 第2部分:箭头的形式和使用
［16］ GB/T 17712—1999 速印机和文件复印机 图形符号
［17］ GB 18209.1—2000 机械安全 指示、标志和操作 第1部分:关于视觉、听觉和触觉信号的要求

索　引

汉语拼音索引

符号含义　　　　符号编号

D

E

F

G

H

J

K

L

M

N

P

Q

R

S

T

W

X

Y

Z

英文对应词索引

英文对应词 符号编号

A

B

C

D

F

G

H

I

K

L

M

N

O

P

Q

R

S

T

U

V

W

Z